Verlag für Systemische Forschung
im Carl-Auer Verlag

Die Dissertation wurde mit Mitteln der EQUA-Stiftung
(www.equa-stiftung.de) gefördert.

Ralph Wiechers

Familienmanagement zwischen Unternehmen und Familie

Zur Handhabung typischer Eigenarten von Unternehmensfamilien und Familienunternehmen

2006

Carl-Auer im Internet: **www.carl-auer.de**
Bitte fordern Sie unser Gesamtverzeichnis an:

Carl-Auer Verlag
Häusserstr. 14
69115 Heidelberg

Über alle Rechte der deutschen Ausgabe verfügt
der Verlag für Systemische Forschung
im Carl-Auer-Systeme Verlag, Heidelberg
Fotomechanische Wiedergabe nur mit Genehmigung des Verlages
Reihengestaltung nach Entwürfen von Uwe Göbel & Jan Riemer
Printed in Germany 2006

Erste Auflage, 2006
ISBN 13: 978-89670-360-6
ISBN 10: 3-89670-360-9

Bibliografische Information Der Deutschen Bibliothek
Die Deutsche Bibliothek verzeichnet diese Publikation in der
Deutschen Nationalbibliografie; detaillierte bibliografische Daten
sind im Internet über http://dnb.ddb.de abrufbar.

Die Dissertation wurde mit Mitteln der EQUA-Stiftung
(www.equa-stiftung. de) gefördert.

Diese Publikation beruht auf der gleichnamigen Dissertation zum Dr. rer. pol. an der
Fakultät für Wirtschaftswissenschaften der Privaten Universität Witten/Herdecke, 2005.

Für meine liebe Familie
mit herzlichem Dank
für die Geduld
und Unterstützung.

Inhaltsverzeichnis (Übersicht)

Inhaltsverzeichnis (Detail)

Vorwort

Familienunternehmen machen einen Unterschied. Weltweit erbringen sie in allen an Marktwirtschaft orientierten Volkswirtschaften einen großen Teil der jeweiligen Wertschöpfung. Im Rahmen des gesamtgesellschaftlichen Kontextes bilden sie stabile Strukturen aus, entlang derer Traditionen und Werte vermittelt werden. Als Unternehmen folgen sie nicht immer den Empfehlungen der klassischen Ökonomie, engagieren sich gesellschaftlich, orientieren sich nicht an Quartalsberichterstattungen und sind dennoch mindestens so erfolgreich wie ihre börsennotierten Pendants. Wie kommt es, dass die Forschung von diesem Organisationstypus erst seit kurzer Zeit, genauer: seit 20 bis 25 Jahren, in nennenswertem Umfang Notiz genommen hat? Familienunternehmen stellen nach wie vor einen weißen Fleck auf der Forschungslandkarte dar. Obgleich sich mittlerweile viele Disziplinen um die Erforschung der Spezifika von Familienunternehmen bemühen – hierzu zählt die Ökonomie ebenso wie die Psychologie, die Soziologie, die Sozialpsychologie oder die Rechtswissenschaften – kann man derzeit noch immer auf keine *Theorie des Familienunternehmens* zurückgreifen.

So verwundet es nicht, dass sich auch die Literatur zu Fragen der Führung bislang kaum mit spezifischen Aspekten des Familienunternehmens beschäftigt. Weder hat die Finanzierungstheorie auf die Besonderheiten von Familienunternehmen reagiert, noch Disziplinen wie das strategische Management, das Personalmanagement, die Organisationstheorie oder die Stakeholdertheorie. Doch in allen diesen Bereichen lassen sich besondere Merkmale in Familienunternehmen identifizieren, die es in die bisherigen Theorieangebote jener Disziplinen aufzunehmen gilt. Dass dies noch nicht erfolgt ist liegt möglicherweise daran, dass immer noch wenig über die Familie des Familienunternehmens bekannt ist. Sie ist die entscheidende Variable, die den Unterschied des Familienunternehmens begründet. Sie ist es, die die klassische strategische Planung irritieren oder schlimmstenfalls subvertieren kann, sie kann Personalentscheidungen nach anderen als den sonst etablierten Kriterien vornehmen und sie ist der Grund, warum manche organisationale Strukturen in Familienunternehmen im Vergleich zu Nichtfamilienunternehmen anders ausgeprägt sind.

Die vorliegende Arbeit geht der Frage nach, welchen Unterschied die Familie im Rahmen der *Führung in Familienunternehmen* macht, genauer: ob die angemessene Handhabung familienunternehmenstypischer Aspekte im Familienunternehmen als eine weitere Führungsaufgabe im Familienunternehmen verstanden werden kann. Hierzu wird versucht, die charakteristischen Merkmale von Familienunternehmen aus der klassischen Führungsfunktion herauszufiltern und als eigene Managementfunktion zu reformulieren. Im Rahmen der wissenschaftlichen Diskussion wird also *eine neue Managementdisziplin* vorgeschlagen, die die Handhabung der Familie des Familienunternehmens zur Aufgabe hat und somit einen Beitrag zur langfristigen Überlebenssicherung von Familienunternehmen leistet.

1. Einleitendes

Draw a distinction and a universe comes into being.
(George Spencer-Brown,
Schachmeister, Dichter, Songwriter)[1]

1.1. Familienunternehmen: ein ebenso wohlbekanntes wie unbekanntes Phänomen

1.1.1. Familienunternehmen in Wirtschaft und Gesellschaft

Obgleich in der Literatur unterschiedliche Definitionsgrundlagen zu divergierenden Aussagen über die Anzahl und volkswirtschaftliche Relevanz von Familienunternehmen führen, bleibt der Tenor aller Untersuchungen immer gleich: Familienunternehmen sind heutzutage – nach wie vor – die dominierende Organisationsform der Wirtschaft. So kommt KLEIN[2] bei einer empirischen Untersuchung bei Unternehmen mit mehr als 1 Mio. € Jahresumsatz zu dem Ergebnis, dass mittelständische Unternehmen (1-50 Mio. € Umsatz) zu 70% Familienunternehmen seien und dass darüber hinaus 50% aller Un-

---

[1] Mit der Aufforderung „Draw a distinction" leitet George Spencer-Brown sein Kalkül ein. Für ihn ergibt sich alles Weitere aus der getroffenen Unterscheidung: „Disctinction is perfect continence." Vgl. [Spencer-Brown, G. (1969): Laws of Form], S. 1 und 3

[2] Vgl. zu einer ersten Untersuchung [Klein, S. B. (2000): Family Businesses in Germany: Significance and Structure] sowie zu einer Neuauflage mit ähnlichen Ergebnissen [Klein, S. B. (2004): Familienunternehmen – Theoretische und empirische Grundlagen], S. 41 ff. Die diesen Angaben zugrunde liegende Definition von Familienunternehmen lautet bei [Klein, S. B. (2004): Familienunternehmen – Theoretische und empirische Grundlagen], S. 18: „Ein Familienunternehmen ist ein Unternehmen, auf das die Familie einen maßgeblichen Einfluß ausübt. Von einem maßgeblichen Einfluß der Familie auf das Unternehmen soll dann ausgegangen werden, wenn die Familie einen der Einflußfaktoren Eigenkapital, Kontrolle oder Management vollständig dominiert oder der Mindereinfluß durch entsprechenden Einfluß bei einem anderen Faktor ausgeglichen wird. Als notwendige Bedingung wird eine Beteiligung der Familie am Eigenkapital vorausgesetzt."

ternehmen mit 50-250 Mio. € Umsatz sowie 30% aller Unternehmen über 250 Mio. € Umsatz diesem Typus zugerechnet werden können. Dies zeigt gleich zu Beginn, dass Familienunternehmen kein ausschließlich mittelständisches Phänomen sind. Kumuliert erwirtschaften Familienunternehmen in allen Branchen (außer in der Dienstleistungsbranche) mehr Umsatz als Nicht-Familienunternehmen, was gesamtwirtschaftlich einen Umsatzanteil von 55% aller Umsätze von Unternehmen größer 1 Mio. € ausmacht.[1] Nicht verwunderlich ist daher, dass 53% aller Beschäftigen von Unternehmen mit mehr als 1 Mio. € Umsatz in Familienunternehmen arbeiten.

Das sich ergebende Bild ist kein deutsches Phänomen, ganz im Gegenteil: Weltweit sind in marktwirtschaftlich ausgebildeten Volkswirtschaften Familienunternehmen *die* dominante Organisationsform. Auch wenn auf internationaler Ebene die Vergleichbarkeit erhobener Daten durch variierende Definitionen eingeschränkt ist, können einzelne Merkmale dennoch Hinweise auf die Relevanz von Familienunternehmen geben. So ermittelten ASTRACHAN und SHANKER[2] in einer Untersuchung, dass 80-90% aller amerikanischen Unternehmen Familienunternehmen seien, 62% aller Arbeitskräfte beschäftigten und gemeinsam 64% des amerikanischen Bruttoinlandsproduktes erwirtschafteten. Eine ähnliche Dominanz zeigen empirische Untersuchungen in weiten Teilen Europas,[3] Nord- und Südamerikas, in Japan oder Australien. [1]

---

[1] Besonders dominant sind Familienunternehmen im verarbeitenden Gewerbe. Hier erwirtschaften sie 50% mehr Umsatz als Nicht-Familienunternehmen. Vgl. [Klein, S. B. (2004): Familienunternehmen – Theoretische und empirische Grundlagen], S. 51.

[2] [Astrachan, J. H., & Shanker, M. C. (2003): Family Businesses' Contribution to the U.S. Economy: A Closer Look] sowie ebenso für die USA, im Tenor ähnlich: [Heck, R. K. Z., & Stafford, K. (2001): The vital institution of family business: Economic benefits hidden in plain sight]

[3] Für Schweden vgl. [Morck, R., & Yeung, B. (2003): Agency problems in Large Family Business Groups]; für Italien und Finnland vgl. [Family Firm Institute (2005): Facts and Perspectives on Family Business Around the World], S. 5; für Spanien vgl. [Gallo, M., & Garcia Pont, C. (1988): La empresa familiar en la economia Espanola]; für die Niederlande vgl. [Flören, R. (1998): The significance of

Es scheint daher mindestens aus einem gesamtwirtschaftlichen Blickwinkel heraus angemessen, mehr über die Stabilität respektive Instabilität dieses Organisationstyps zu erfahren. Denn wo immer Familienunternehmen bedroht sind, ist gleichsam ein gesamtgesellschaftliches Wohlstandsniveau gefährdet. Es ist daher nur allzu verständlich, dass die Generationennachfolge als eines der hervorstechenden Spezifika von Familienunternehmen das noch junge Feld der Familienunternehmensforschung schon seit einiger Zeit dominiert. Denn gerade die Übergangsphase ist für das Überleben von Familienunternehmen kritisch. Bis in die vierte Generation schafft es nur eine Minderheit aller Unternehmen, wobei die Schätzungen hier durchaus variieren.[2] In jedem Fall scheint die dritte Generation eine kritische Hürde für Familienunternehmen zu sein. Fast in jeder Sprache hat sich zu diesem „Gesetz der dritten Generation" ein Sprichwort eingebürgert, so auch im Deutschen:[3] „Der Vater er-

---

family business in the Netherlands]; für das Vereinigte Königreich vgl. [Leach, P., Kenway-Smith, W., Hart, A., Morris, T., Ainsworth, J., Beterlsen, E., Iraqi, S., & Pasari, V. (1990): Managing the Family business in the UK: A Stoy Hayward Survey in Conjunction With the London Business School].

1 Für Kanada, Chile, Brasilien und Australien vgl. [Family Firm Institute (2005): Facts and Perspectives on Family Business Around the World]; laut einer Untersuchung von [Birley, S. (2001): Owner-manager attitudes to family and business issues: A 16 country study] klassifizieren sich 99% der 554 befragten japanischen Unternehmen selbst als Familienunternehmen.

2 Astrachan stellte fest, dass in den USA nur 3% aller Familienunternehmen erfolgreich die vierte Generation erreichen, vgl. [Family Firm Institute (2005): Facts and Perspectives on Family Business Around the World]. Das [Institut für Mittelstandsforschung (1996): Generationswechsel in mittelstandischen Unternehmen. Protokoll des 6. Symposiums des ifm] ermittelte für Deutschland, dass es nicht einmal 10% der Familienunternehmen bis in die vierte Generation schaffen.

3 Ähnliche Sprichwörter finden sich beispielsweise im Spanischen, Portugiesischen oder Italienischen wieder, hier exemplarisch ein Beispiel aus dem Altenglischen: „There' nobbut three generations atween clog and clog". Mehr, vgl. [Ward, J. L. (2004): Perpetuating the Family Business: 50 Lessons Learned from Long-Lasting, Successful Families in Business], S. 4.

stellt's, der Sohn erhält's, beim Enkel zerfällt's".[1][2] Entsprechend machte man sich in England zu Beginn des letzten Jahrhunderts ernsthaft Gedanken darüber, ob das Zurückfallen in der wirtschaftlichen Entwicklung gegenüber den viel jüngeren Industrienationen Deutschland und USA mit dem Gesetz der dritten Generation zusammenhängen könnte.[3]

Auch in Deutschland steht in den nächsten Jahren bei über 350.000 Familienunternehmen die Übergabe an, dabei scheint sie bei einem großen Teil noch ungeklärt zu sein.[4] Jedoch ist anzumerken, dass dies sowohl an einem fehlenden Nachfolger bzw. einem unwilligen Senior liegen kann, wie auch daran, dass die Unternehmen schlicht nicht übergabefähig sind. Doch welchen Grund eine nicht erfolgende Nachfolge auch immer haben mag, Fakt ist, dass ein nahezu gleiches Wegbrechen einer Vielzahl von Leistungsträgern volkswirtschaftlich nur schwer verkraftbar ist.[5]

---

1 [Villalonga, B., & Amit, R. (2004): How Do Family Ownership, Control, And Management Affect Firm Value?] finden bei einer empirischen Analyse heraus, dass die Wertentwicklung von Unternehmen signifikant an Performanz einbüßt, wenn sie nicht länger vom Gründer geführt oder mittels Beirat beeinflusst, sondern vom Nachfolger kontrolliert werden (Management, Anteilseignerschaft oder Beirat).

2 Zur besseren Lesbarkeit wird in der vorliegenden Arbeit darauf zu verzichten, bei Personenbeschreibungen (Gesellschafter, Unternehmen u.ä.) die maskuline wie die feminie Form gleichzeitig zu verwenden. Derartige Begriffsverwendungen meinen also stets beide möglichen Ausprägungsformen zugleich.

3 So bei [Habig, H., & Berninghaus, J. (2004): Die Nachfolge im Familienunternehmen ganzheitlich regeln], S. 15.

4 Vgl. hierzu [Institut für Mittelstandsforschung (2004): Jahrbuch zur Mittelstandsforschung].

5 So scheint bislang unerforscht, ob die in Deutschland seit einigen Jahren vorherrschenden wirtschaftlichen Friktionen damit zusammenhängen könnten, dass sich aktuell (und auch noch in den nächsten Jahren) zahlreiche Unternehmen der Nachkriegsgründerzeit genau in der Übergabephase jener dritten Generation befinden. Hieran gekoppelt sind mehrere Milliarden an Wertschöpfung ebenso wie zehntausende – möglicherweise gar hunderttausende – Arbeitsplätze.

1.1.2. Familienunternehmen in der Literatur

1.1.2.1. Grundlage eines Forschungsfeldes

Die Erforschung von Familienunternehmen als Organisationsphänomen begann in den 1960er und 1970er Jahren mit einigen wenigen Artikeln.[1] Diese frühen „Klassiker" fokussierten typische Probleme von Familienunternehmen wie z.B. Nepotismus, Geschwister- und Generationenrivalitäten oder unprofessionelles Management. Das diesen Überlegungen zugrunde liegende Modell war ein Familienunternehmen, das aus zwei sich überlappenden Subsystemen besteht: der Familie und dem Unternehmen.[2]

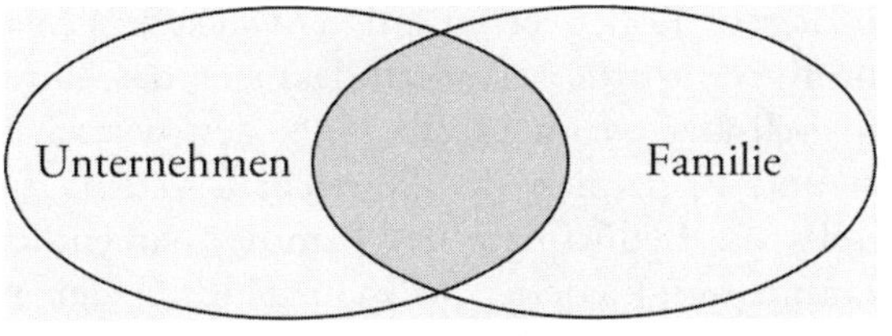

Abbildung 1: Das 2-Kreise-Modell. Eigene Darstellung.

Jedem dieser beiden Kreise wurden eigene Normen, Wertesysteme, Mitgliedschaftsregeln und Organisationsstrukturen zugesprochen.[3]

---

[1] Vgl. [Gersick, K. E., Davis, J. A., McCollom Hampton, M., & Lansberg, I. (1997): Generation to Generation – Life Cycles of the Family Business], S. 4 f.

[2] Vgl. hierzu als frühe Werke: [Calder, G. H. (1961): The peculiar problems of family businesses]; [Donnelly, R. (1964): The family business]; [Levinson, H (1973): Conflicts that plague family business]; [Barry, B. (1975): The development of organization structure in the family firm] oder auch [Barnes, L. B., & Hershon, S. (1976): Transferring power in the family business].

[3] Vgl. [Simon, F. B. (2001): Die Familie des Familienunternehmens], S. 359: „Die Familie und ihr Familienunternehmen können als zwei soziale Systeme betrachtet werden, die nach unterschiedlichen Kommunikationsregeln funktionieren. Sie sind eng miteinander verkoppelt und durchlaufen eine Koevolution." Und [Ward, J. L. (2004): Perpetuating the Family Business: 50 Lessons Learned from Long-Lasting, Successful Families in Business], S. 22 f.: „Family members must have emotional and other personal needs satisfied; meeting those needs within the business may be harmful to its success."; ebenso [Fleming, Q. J. (2000): Keep

Die sich hieraus ergebenden Probleme wurden schon früh personifiziert,[1] das 2-Kreise-Modell avancierte zum Rollenmodell, aus dem intrapsychische Konflikte einzelner Akteure abgeleitet wurden. Als Paradebeispiel gilt die Figur des Vaters und Unternehmenslenkers in einer Person, der jeweils unterschiedliche rollenspezifische Verhaltensweisen gegenüber seinem Sohn und zugleich designierten Unternehmensnachfolger an den Tag zu legen hat, je nachdem, in welcher Rolle er gerade auftritt. Die Rollenverwechslung entwickelte sich zum stabilen Erklärungsmuster für Konflikte, die in Familienunternehmen entstehen und zum Schaden des Unternehmens anwachsen können.

Parallel zu diesem Rollenverständnis entwickelte sich ein systemisches Verständnis. Es wurde vermutet, dass sich das Unternehmen in Zielkonflikten befindet, wenn es einerseits den wirtschaftlichen Gepflogenheiten und Prinzipien des Wirtschaftssystems zu folgen hat und andererseits die Bedürfnisse der Familie, namentlich Beschäftigung von Familienmitgliedern, Selbstverständnis der Familie und Renditeerwartungen, berücksichtigen soll.[2]

Schon bald reichten die Erkenntnisse aus dem 2-Kreise-Modell nicht mehr aus und man entdeckte Differenzierungsbedarf. TAGIURI und DAVIS[3] schlugen Anfang der 1980er Jahre vor, den Unternehmenszirkel in *Management* und *Eigentum* zu unterteilen. Hiervon versprachen sie sich ein Modell, das die unterschiedlichen Ausprä-

---

the family baggage out of the family business: Avoiding the seven deadly sins that destroy family business], S. 27 ff.

[1] Vg. [Gersick, K. E., Davis, J. A., McCollom Hampton, M., & Lansberg, I. (1997): Generation to Generation – Life Cycles of the Family Business], S. 5.

[2] Hierzu [Gersick, K. E., Davis, J. A., McCollom Hampton, M., & Lansberg, I. (1997): Generation to Generation – Life Cycles of the Family Business], S. 5: „In addition, the business itself has to operate according to sound business practices and principles, while at the same time meeting family needs for employment, identity, and income."

[3] Die ursprüngliche Arbeit von 1982 war ein Diskussionspapier der Harvard Business School, das 1996 veröffentlicht wurde: [Tagiuri, R., & Davis, J. (1982): Bivalent Attributes of the family firm. Working Paper, Harvard Business School, Cambridge, Mass.; Reprinted 1996].

gungsformen von Familienunternehmen besser erklären kann. Auch diese Darstellungsform zielte auf die bessere Erklärbarkeit von Rollenkonflikten und –verwechslungen ab.

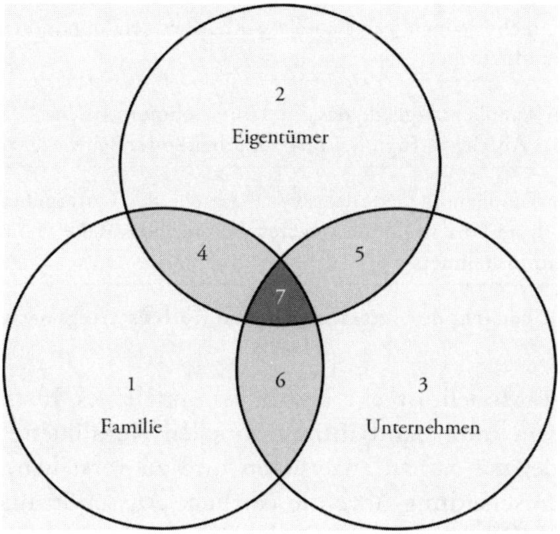

Abbildung 2: Das 3-Kreise-Modell nach TAGIURI and DAVIS, 1982.

Das sich hieraus ergebende 3-Kreise-Modell beschreibt das Familienunternehmen als Gesamtheit, die aus drei unabhängigen, sich jedoch überlappenden Subsystemen besteht: Unternehmen, Familie und Eigentümer. Hieraus ergeben sich sieben unterschiedliche Rollentypen, die entsprechend klassifiziert werden können:

Nr.	Rollenprofil
1	Ein Familienmitglied, das weder Anteile am Unternehmen hält noch im Unternehmen mitarbeitet. Beispiel: Ehepartner.
2	Ein Anteilseigner, der weder zur Familie gehört noch im Unternehmen arbeitet. Beispiel: dritter Investor, Eigenkapitalgeber.
3	Ein Mitarbeiter, der weder Teil des Unternehmens ist noch Anteile hält. Beispiel: angestellter Fremdmanager.

4	Ein Familienmitglied, das am Unternehmen beteiligt ist, nicht jedoch in diesem arbeitet.
5	Ein Mitarbeiter des Unternehmens, der am Unternehmen beteiligt ist, nicht jedoch zur Familie zählt. Beispiel: minderheitsbeteiligter Fremdmanager.
6	Ein Familienmitglied, das im Unternehmen arbeitet, jedoch nicht über Anteile verfügt. Beispiel: mitarbeitender Schwiegersohn.
7	Ein Familienmitglied, das sowohl Anteile des Unternehmens hält als auch im Unternehmen arbeitet. Beispiel: klassische Figur des Familienunternehmers.

Abbildung 3: Übersicht der unterschiedlichen Rollensettings nach TAGIURI und DAVIS

Das 3-Kreise-Modell ist ein besonders nützliches Instrument, um die Quelle von inter- und intrapersonellen Konflikten, Dilemmata, Zielinkongruenzen etc. zu analysieren und zu verstehen. So mag im Falle einer Entscheidung über die jährliche Ausschüttung ein Akteur in Position 4 (Familienmitglied; Anteilseigner; nicht im Unternehmen arbeitend) die Erhöhung von Ausschüttungen mit Blick auf eine angemessene Rendite fordern. Zugleich könnte ein Akteur in Position 6 (im Unternehmen mitarbeitendes Familienmitglied; nicht beteiligt) genau das Gegenteil fordern, um die einbehaltenen Dividenden reinvestieren und somit seine eigenen Reputations- und Karrieremöglichkeiten verbessern zu können. Angenommen, diese zwei zur Familie gehörenden Personen wären Geschwister, so verdeutlicht sich, warum Sachkonflikte, die unter familiären Bedingungen diskutiert werden, schnell zum Problem des Unternehmens werden können.[1]

Das 3-Kreise-Modell dient als Blick- und Analyseraster, um Komplexität schnell ordnen und verständlich darstellen zu können. Dabei wird das große Ganze, also die Gesamtheit der miteinander

[1] Mehr zu diesem Beispiel vgl. [Wiechers, R. (2004): Die Unternehmerfamilie: ein Risiko des Familienunternehmens? – Zum Umgang mit familieninduzierten Risiken im Familienunternehmen.], S. 154 ff.

verschränkten Kreise, als *Familienunternehmen* bezeichnet. DUNEMANN und BARRETT beschreiben diesen Ansatz als generelle Strömung in der Familienunternehmensforschung:

> „Often a dichotomy is made between the 'family' and the 'business', where these are claimed to form distinct subsystems interacting so as to comprise a whole system known as the 'family business'. If family dynamics and business dynamics demonstrably interact and influence each other, then researchers contend that a synthesis exists between the two, meaning the emergence of a new and unique system identified as a 'family business'."[1].

Die Antwort auf die Frage, was genau dieses von DUNEMANN und BARETT als *„new and unique"* bezeichnete System auszeichnet, bleiben die Autoren ebenso schuldig wie viele andere. Das augenscheinlich Einzige, was sich über derartig modellierte Familienunternehmen sagen lässt, ist, dass es sich um besonders komplexe Gebilde handelt, in denen alles mit allem irgendwie zusammenhängt.[2]

Das von TAGIURI und DAVIS als drei interagierende Kreise konzipierte Modell von Familienunternehmen wurde in den folgenden Jahren von anderen Wissenschaftlern noch mehrfach, teils abenteuerlich, variiert. So schlägt WARD[3] etwa vor, mengenmäßige Veränderungen der Familie durch die relative Größe der Kreise abzubilden,

---

[1] Vgl. [Dunemann, M., & Barrett, R. (2004): Family Business and Succession Planning: A Review of the Literature], S. 7. Siehe als Beispiele für die Behandlung von Familienunternehmen als Gesamtsystem: [Habig, H., & Berninghaus, J. (2004): Die Nachfolge im Familienunternehmen ganzheitlich regeln], S. 17; [Gersick, K. E., Davis, J. A., McCollom Hampton, M., & Lansberg, I. (1997): Generation to Generation – Life Cycles of the Family Business], S. 4-7; oder auch [Poza, E. J. (2004): Family Business], S.9: „Understanding comes when all three subsystems, with their interactions and interdepencencies, are studied in their totality as one system."

[2] So bspw. [Zahra, S. A., & Sharma, P. (2004): Family Business Research: A Strategic Reflection], S. 335: „The reciprocal influence of family and business dimensions on family firms makes them a complex research setting."

[3] Vgl. [Ward, J. L. (2004): Perpetuating the Family Business: 50 Lessons Learned from Long-Lasting, Successful Families in Business], S. 15

und BROWN[1] ergänzt das Modell um das „Bermuda-Dreieck des Familienunternehmens“: Geld, Macht und Liebe. SIMON[2] verbildlicht die Entkoppelung der drei Systeme durch das Auseinanderziehen der Kreise, HUBLER und AYRES[3] stellen mit unterschiedlichen Radien der Kreise dar, wie relevant die durch sie repräsentierten Subsysteme für die Familie sind. KLEIN[4] differenziert den Unternehmenszirkel noch einmal in *Führung* auf der einen Seite und *Unternehmen* auf der anderen. Ähnlich ersetzen RUTER und THÜMMEL[5] den Unternehmenszirkel durch *Geschäftsführung* und integrieren den *Beirat* als vierten Kreis, der zwischen den anderen vermittelt. NEUBAUER und LANK,[6] die ebenfalls versuchen, betriebliche Kontrollinstanzen in die Darstellung zu integrieren, ergänzen den nach TAGIURI und DAVIS bereits in Eigentümer und Management aufgefächerten Unternehmenszirkel weiter um das Feld der Kontrollorgane (Beirat oder Aufsichtsrat)[7]. Die Familie wird durch eine vierte, krawattenförmige Figur repräsentiert, die sich quer zu den drei Kreisen

---

1 Vgl. [Brown, B. M. (1999): Die Entwicklung von Führungskräften in Unternehmerfamilien], S.25

2 Vgl. [Simon, F. B. (2002): Nachbemerkung: Die Entkopplung von Familie und Unternehmen: Ein System zwischen Gefühl und Geschäft.]. Siehe hierzu auch [Wimmer, R., Groth, T., & Simon, F. B. (2004): Erfolgsmuster von Mehrgenerationen-Familienunternehmen], S. 9, die auf einen natürlichen „structural drift“ der einzelnen Subsysteme im Zeitverlauf verweisen.

3 Vgl. [Hubler and Ayres, 1996, Family Business Management Course], zit. nach [Carlock, R. S., & Ward, J. L. (2001): Strategic planning for family business: Parallel planning to unify the family and the business], S. 6 f.

4 Vgl. [Klein, S. B. (2004): Familienunternehmen – Theoretische und empirische Grundlagen], S. 5.

5 Vgl. [Ruter, R. X., & Thümmel, R. C. (1994): Beiräte in mittelständischen Familienunternehmen], S. 32.

6 Vgl. [Neubauer, F., & Lank, A. (1998): The Family Business: Its Governance and Sustainability], S. 14 f.

7 Im Original wird hier vom *Board of Directors* gesprochen. Dies bezeichnet ein im angloamerikanischen Raum vorherrschendes Kontrollorgan, das keine genaue Entsprechung im deutschen Gesellschaftsrecht findet. Hilfsweise werden daher an dieser Stelle die in Deutschland ähnlichen Zwecken dienenden Organe *Beirat* und *Aufsichtsrat* genannt.

Management, Kontrollorgane und Eigentümer legt. Hieraus ergeben sich 15 (!) unterschiedliche Rollentypen im Familienunternehmen.

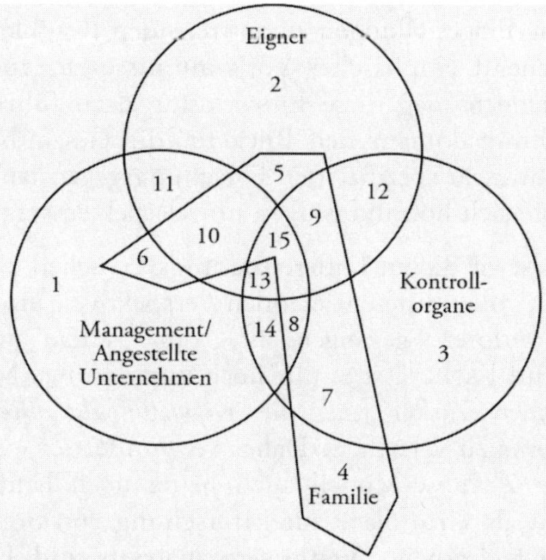

Die unterschiedlichen Rollen nach Neubauer/Lank:

1. Nicht-Familienmanagement und Angestellte des Unternehmens
2. Nicht mitarbeitende Anteilseigner des Unternehmens
3. Nicht aus der Familie stammende Mitglieder von Kontrollorganen (bspw. Beirat, Aufsichtsrat o.ä.)
4. Familienmitglieder, die weder mitarbeiten, noch eine Kontrollfunktion innehaben, noch Anteile halten
5. Am Unternehmen beteiligte Familienmitglieder
6. Am Unternehmen nicht beteiligte ,aber in selbigem mitarbeitende Familienmitglieder
7. Nichtbeteiligte Familienmitglieder, die einem Kontrollorgan angehören
8. Familienmitglieder, die sowohl im Unternehmen arbeiten als auch einem Kontrollgremium angehören
9. Am Unternehmen beteiligte und in Kontrollorganen aktive Familienmitglieder, die nicht im Unternehmen beschäftigt sind
10. Am Unternehmen beteiligte Mitarbeiter aus der Familie
11. Am Unternehmen beteiligte Nicht-Familienmitarbeiter und Manager
12. Am Unternehmen beteiligte und in Kontrollorganen aktive Nicht-Familienmitglieder, die nicht im Unternehmen beschäftigt sind
13. Nicht-Familienmitglieder, die am Unternehmen beteiligt, im Mangement und in Kontrollorganen aktiv sind
14. Nicht-Familienmitglieder, die im Management und in Kontrollorganen aktiv, nicht jedoch beteiligt sind.
15. Ein am Unternehmen beteiligtes Familienmitglied, das zugleich im Management sowie in Kontrollgremien des Unternehmens aktiv ist

Abbildung 4: Familienunternehmensmodell nach NEUBAUER und LANK.

Wann immer neue Schnitte gezogen und somit weitere Rollenfelder in einem Modell zur Darstellung von Familienunternehmen zur Diskussion gestellt werden, wächst die im Modell eingefangene Komplexität an. Im Gegensatz zur ursprünglichen Darstellungsform des 2-Kreise-Modells werden zunehmend mehr Rollensettings definiert, denen je individuelle Ziele unterstellt werden. Hieraus leitet die Forschung dann immer neue, rollentypische Konflikte bzw. Dilemmata ab, seien sie intrapsychischer oder interpersoneller Natur. Diese Entwicklung ist dazu angetan, die Familienunternehmensforschung in immer neue Fragestellungen zu auftretenden Konflikten, zur Messung entsprechend empirischer Vorkommnisse etc. zu verwickeln.[1] Letztendlich jedoch mag diese Entwicklung dazu führen, der noch jungen Forschungsdomäne den Blick für die Gesamtheit ihres bislang noch nicht exakt spezifizierten Forschungsgegenstandes zu verdecken, indem sie sich hoffnungslos in Einzelaspekten verstrickt.

Weiterhin ist an diesen Differenzierungsversuchen problematisch, dass neben der rollendifferenzierenden Perspektive ganz nebenbei der Systemblick verloren gegangen ist. Ein System wie das von NEUBAUER und LANK lässt es nur noch unter großen Mühen zu, die unterschiedlichen Zirkel und die Krawatte *als miteinander verschränkte Systeme* zu verstehen. Daher verwundert es wenig, dass das ursprüngliche 2-Kreise-Modell auch heute noch häufig verwendet wird. Es dient als Grundlage zur Erforschung von organisationalem Verhalten, Strategiearbeit, Wettbewerbsanalysen und Familiendynamik.[2] Dieses ursprünglich wenig ausdifferenzierte Modell erscheint so als das robustere. Auch neuere Arbeiten, die sich mit einer theoretischen Fundierung von Familienunternehmen beschäftigen, nutzen wieder zunehmend dieses Basismodell.[3]

---

[1] Ein Mekka für die empirische Sozialforschung der Familienunternehmenslandschaft!

[2] Vgl. [Gersick, K. E., Davis, J. A., McCollom Hampton, M., & Lansberg, I. (1997): Generation to Generation – Life Cycles of the Family Business], S. 5.

[3] [Astrachan, J. H., Klein, S. B., & Smyrnios, K. X. (2002): The F-PEC Scale of Family Influence: A Proposal for Solving the Family Business Definition Problem] untersuchen beispielsweise den potentiellen Einfluss von Familien auf die jeweiligen Unternehmen, um an einer Definition für Familienunternehmen zu arbeiten. Die zugrunde liegende Skala F-PEC misst demnach auch den Familieneinfluss auf unterschiedlichen Ebenen; die Sphäre der Gesellschafter kommt hier allenfalls in den jeweiligen Kriterien vor. Darüber hinaus nutzt [Habbershon, T. G., & Williams, M. L. (1999): A Resource-Based Framework for Assessing the Strategic Advantages of Family Firms.] die Unterscheidung von Unternehmen und Fami-

Auch die vorliegende Arbeit wird auf dieses Fundament zurückgreifen, um aus einer Systemperspektive heraus darzustellen, welche Implikationen die gegenseitige Verschränkung von Familie und Unternehmen für die Führung dieses Unternehmens mit sich bringt. Die dieser Arbeit zugrunde liegende Theorie geht von operativ geschlossenen, also sich autonom reproduzierenden Systemen aus. Das Systemverständnis wird in späteren Kapiteln noch detailliert entfaltet werden,[1] als erste Hinführung sei an dieser Stelle jedoch auf die Worte LUHMANNs verwiesen:[2]

> „Operative Schließung heißt [...] nicht, dass ein Organisationssystem keine Kontakte mit der innergesellschaftlichen Umwelt unterhalten kann. [...] Als Empfänger von Kommunikationen regeln die eigenen Strukturen der Organisation, durch welche Informationen man sich irritieren und zu eigener Informationsverarbeitung anregen lässt. Als Absender von Kommunikationen trifft die Organisation Entscheidungen darüber, was sie mitteilen will und was nicht. Insofern bleibt die Umwelt für die Organisation eine eigene Konstruktion, deren Realität natürlich nicht bestritten wird. [...][3] Was im Organisationssystem als Umwelt beobachtet wird, ist immer ein eigenes Konstrukt, also eine Ausfüllung der Fremdreferenz im System.[4]“

---

lie, um zu ermitteln, inwiefern die Familie als Wettbewerbsvorteil in Familienunternehmen bezeichnet werden kann. Auch hier ist die grobe Unterscheidung *Unternehmen* vs. *Familie* relevant, Anteilseignerschaft ist dabei eher eine Art Untermerkmal des familiären Einflusses im Unternehmen.

1 vgl. hierzu bspw. Kap. 2.2.1. Organisation als soziales System, S. 78. Vgl. des weiteren einführend: [Luhmann, N. (1984): Soziale Systeme: Grundriß einer allgemeinen Theorie]

2 [Luhmann, N. (2000): Organisation und Entscheidung], S. 52

3 Luhmann verweist an dieser Stelle auf die Übereinstimmung seiner Annahmen mit Karl Weick und auf [Weick, K. E. (1977): Enactment Processes in Organizations] und: [Weick, K. E. (1995): Der Prozeß des Organisierens], S. 212 ff.

4 „The ‚outside' oder ‚external' world cannot be known“, liest man bei [Weick, K. E. (1977): Enactment Processes in Organizations], und weiter, S. 273: „The outside is a void, there is only the inside.“

Dieser Ansatz radikalisiert das Systemverständnis der 1950er bis 1970er Jahre, in denen man offene Systeme angenommen hatte.[1] Daher wird im Weiteren von folgendem Modell des Familienunternehmens ausgegangen:

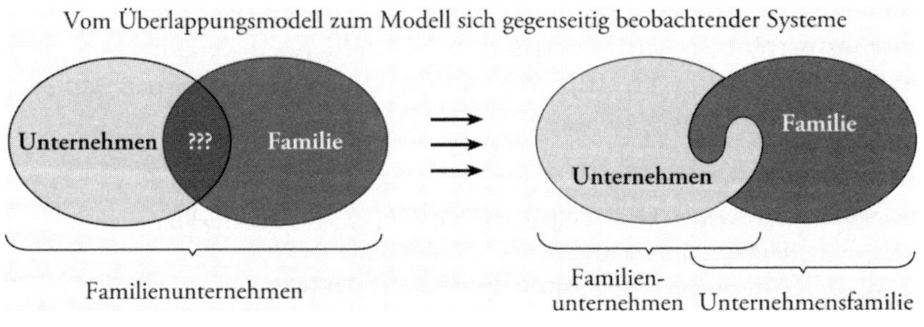

Abbildung 5: Vom Überlappungsmodell zum Modell sich gegenseitig beobachtender Systeme. Eigene Darstellung.

Die Darstellung macht zweierlei deutlich: Zum einen überlappen sich die rechts dargestellten Systeme nicht, sondern sind miteinander verschränkt. Dies berücksichtigt die Grundannahme, dass Systeme operativ geschlossen sind und andere Systeme nur in ihrer Umwelt, nicht jedoch überlappend „zu ihnen“ präsent sein können. Beide Systeme finden einander somit in ihrer Umwelt vor und bezeichnen sich mit Verweis auf das jeweils andere System sodann als *Familienunternehmen* (= das Unternehmen) und *Unternehmensfamilie* (= die Familie). Hierauf werden spätere Kapitel noch näher eingehen.

Zum anderen wird, die genannten Bezeichnungen nehmen es bereits vorweg, unter *Familienunternehmen* nun nicht länger das große Ganze, die alles miteinander vereinende und verbindende Gesamt-

[1] Das Verständnis von gegenüber der Umwelt offenen Systemen ist gleichzeitig die Grundlage vieler systemorientierter Arbeiten der amerikanischen Familienunternehmensliteratur. Vgl. hierzu beispielsweise [Kepner, E. (1983): The Family and the Firm: A Coevolutionary Perspective] sowie jüngst [Habbershon, T. G., Williams, M. L., & MacMillan, I. C. (2003): A Unified Systems Theory of Family Firm Performance].

heit, verstanden. Vielmehr bezieht sich der Terminus *Familienunternehmen* in der vorliegenden Arbeit auf das Unternehmen, und zwar immer dann, wenn es von einem Beobachter im Verhältnis zur Familie bezeichnet wird.[1] Vice versa wird die Familie immer dann als *Unternehmensfamilie* bezeichnet, wenn sie im Kontext des angeschlossenen Unternehmens benannt wird.[2]

Das Einpflegen des reziproken Verhältnisses von zwei an sich *unabhängigen,* jedoch miteinander verhakten Systemen in die Darstellung des 2-Kreise-Modells nach TAGIURI und DAVIS ist sicherlich keine bahnbrechende Neuerung. Schon lange ist klar, dass genau die gegenseitige Bezugnahme von Familienunternehmen und Unternehmensfamilie den Kern der gesamten Familienunternehmensforschung ausmacht.[3] Daher ist auch auch diese Inderdependenz Grundlage entsprechender Theorien, um Familienunternehmen besser erforschen zu können.

---

[1] Wird das Unternehmen primär im Kontext des Wirtschaftssystems bezeichnet, wählt man eher den Ausdruck *Wirtschaftsunternehmen*, im Kontext der Branche *Dienstleistungsunternehmen* etc. Mehr hierzu ab Kap. 3.3. Das Familienunternehmen: ein Unternehmen mit Familienanschlu, S. 214 ff.

[2] Auch hier gestehenden wir einem Beobachter natürlich zu, die Familie kontextabhängig jeweils anders zu bezeichnen, etwa als *Großfamilie*, *Traditionsfamilie* etc.

[3] So beispielsweise: [Sharma, P. (2004): An Overview of the Field of Family Business Studies: Current Status and Directions for the Future], S. 9: „The intertwinement and reciprocal relationships between the family and business systems is being recognized as the key feature distinguishing this field of study from others.". Siehe hierzu ebenso: [Astrachan, J. H. (2003): Discussion: Commentary on the special issue: the emergence of a field]; [Dyer, W. G. J. (2003): The Family: The Missing Variable in Organizational Research]; [Habbershon, T. G., Williams, M. L., & MacMillan, I. C. (2003): A Unified Systems Theory of Family Firm Performance]; [Rogoff, E. G., & Heck, R. K. Z. (2003): Evolving research in entrepreneurship and family business: recognizing family as the oxygen that feeds the fire of entrepreneurship].

1.1.2.2. Heutige Forschungslandschaft und Forschungsschwerpunkte

Ohne Frage ist es mittlerweile eine internationale Angelegenheit geworden, offene Fragen und ungeklärte Aspekte von Familienunternehmen zu erforschen. Dennoch ist es erstaunlich festzustellen, dass es an elaborierten Forschungsergebnissen und Theorien zum Thema *Familienunternehmen* noch immer mangelt.[1] Insbesondere in Deutschland sind es sehr wenige und eher junge Forschungseinrichtungen, die sich dem Thema Familienunternehmen verschrieben haben.[2] Daneben gibt es eine Handvoll beratungsnaher Institutionen, die sich ausschließlich um Familienunternehmen kümmern.

Die deutschen Einrichtungen orientieren sich größtenteils, wie andere internationale Forschungsinstitutionen zum Thema Familienunternehmen auch, an Amerika. Dort hat sich schon seit Jahren eine kontinuierlich wachsende Basis von Forschungs-, Lehr- und Weiterbildungseinrichtungen um diesen Themenkomplex herum formieren können.[3] Insbesondere von der nordamerikanischen Forschungslandschaft angetrieben, gewinnt das Thema *Familienunternehmen*

---

[1] [Chrisman, J. J., Chua, J. H., & Sharma, P. (2003): Current Trends and Future Directions in Family Business Management Studies: Toward a Theory of the Family Firm], S. 32: „There is currently no dominant theory of the family firm."

[2] An dieser Stelle zu nennen ist insbesondere das Wittener Institut für Familienunternehmen (WIFU) an der Priv. Universität Witten/Herdecke sowie eher mittelstandsorientierte Forschungseinrichtungen wie das Institut für Mittelstandsforschung (IfM) in Bonn und in Mannheim. Weitere Forschungseinrichtungen sind im Entstehen begriffen und unterstreichen die Wichtigkeit der Forschungsrichtung. Hierzu zählen das European Family Business Center an der European Business School (ebs) in Oestrich-Winkel und das INTES-Zentrum für Familienunternehmen an der Wissenschaftlichen Hochschule für Unternehmensführung (WHU) in Vallendar.

[3] Eine Liste von nahezu 50 AACSB-akkreditierten Weiterbildungsprogrammen mit dem Schwerpunkt *Familienunternehmen* findet sich beispielsweise unter <http://ww.aacsb.edu/members/ communities/interestgrps/familybusndoc.asp>. [Klein, S. B. (2003): Family Business Research in German Publications 1990-2000], S. 8 berichtet von etwa 100 U.S.-Forschungseinrichtungen, hierunter namhafte Universitäten und Business Schools wie UCLA, Wharton, Kellogg, Harvard, INSEAD, IMD etc.; vgl. [Aronoff, C. E., & Ward, J. L. (1995): Family-Owned Businesses: A Thing of the Past or a Model for the Future?], S. 124.

denn auch in der Wissenschaft an Momentum. So nahm die Anzahl der publizierten Artikel zum Thema Familienunternehmen in den letzten zwei Dekaden ebenso exponentiell zu[1] wie deren sukzessive Verbreitung in angesehenen wissenschaftlichen Zeitschriften, wie z.B. dem *Academy of Management Journal*, dem *Academy of Management Review, dem Journal of Finance* oder *Organizational Science.*[2] Das zunehmende Interesse an diesem Forschungsfeld erklärt auch die kontinuierlich wachsenden Mitgliederzahlen entsprechender Institutionen im Feld.[3]

Unterschiedliche Disziplinen wie Ökonomie, Psychologie, Soziologie oder die Rechtswissenschaften versuchen, das Phänomen Familienunternehmen in den Griff zu bekommen.[4] Doch auch die amerikanische Forschungslandschaft bekommt den Untersuchungsgegen-

---

[1] [Sharma, P. (2004): An Overview of the Field of Family Business Studies: Current Status and Directions for the Future], S. 1 berichtet von insgesamt 33 Artikeln bis 1989, gefolgt von 110 Artikeln im Zeitraum 1990-1999 (= durchschnittlich 11 Artikel pro Jahr) und einem Bestand von 195 Artikeln allein für die Jahre 2000-2003 (= durchschnittlich 49 Artikel pro Jahr).

[2] Beispielsweise im *Academy of Management Review*: [Gomez-Mejia, L. R., Larraza-Kintana, M., & Makri, M. (2003): The determinants of executive compensation in family-controlled publicly traded corporations; Gomez-Mejia, L. R., Nunez-Nickel, M., & Gutierrez, I. (2001): The Role of Family Ties in Agency Contracts]; [Lee, D. S., Lim, G. H., & Lim, W. S. (2003): Family business succession: Appropriation risk and choice of successor]; im *Journal of Finance:* [Anderson, R. C., & Reeb, D. M. (2003): Founding-Family Ownership and Firm Performance: Evidence from the S&P 500; Burkart, M., Panunzi, F., & Shleifer, A. (2003): Family Firms; Shleifer, A., & Vishny, R. W. (1997): A Survey of Corporate Governance] oder in *Organization Science*: [Schulze, W. S., Lubatkin, M. H., Dino, R. N., & Buchholtz, A. K. (2001): Agency Relationships in Family Firms: Theory and Evidence].

[3] Beispielsweise im *Family Firm Institute* (FFI; 1992: 500 Mitglieder; 2004: ca. 1.200 Mitglieder); ebenso in der *Canadian Association of Family Enterprises* (CAFÉ; 1983: 15 Mitglieder; 2004: 2.400 Mitglieder) oder dem *Family Business Network* (FBN; gegründet 1990, heute 1.800 Mitglieder).

[4] [Zahra, S. A., & Sharma, P. (2004): Family Business Research: A Strategic Reflection], S. 336: „Since its inception, the field of family business studies has borrowed heavily from other disciplines, including psychology, sociology, economics, law, and family systems [...].“

stand nicht richtig zu fassen. Nach wie vor ist die internationale Familienunternehmensforschung in ihrem Fokus, und somit auch in ihren Forschungsergebnissen, thematisch stark fragmentiert. Während bis zum Ende des letzten Jahrzehnts Themen wie Nachfolge, professionelles Management in Familienunternehmen, Messung von Performance- und anderen Unterschieden von Familienunternehmen und Nicht-Familienunternehmen sowie erste Fragen zur Corporate Governance auf der Tagesordnung standen,[1] wird gegenwärtig eine erneute Diskussion über die Definition von Familienunternehmen – und somit über die Abgrenzung sowohl des Forschungsgegenstandes wie auch des gesamten Forschungsfeldes – geführt. Dabei liegen identifizierte, jedoch noch immer weitgehend unbearbeitete Themen im Feld der Familienunternehmensforschung brach. Hierzu zählt beispielsweise die Erforschung von *Zielen* in Familienunternehmen, ein genaueres Verständnis von monetären und insbesondere nichtmonetären Renditen, von Besonderheiten des Fremdmanagements in Familienunternehmen, ein tieferes Verständnis der Konstitution und Ausdifferenzierung von Unternehmensfamilien etc.

Die insbesondere in der angloamerikanischen Forschungslandschaft dominierenden deskriptiven und meist quantitativ orientierten Forschungsansätze werden immer wieder als problematisch kritisiert.[2] Sie mögen zwar dazu beitragen, Einzelaspekte von Familienunternehmen zu analysieren, nicht jedoch dazu, das Verständnis von Familienunternehmen weiter zu vertiefen.[3]

---

[1] Vgl. [Aronoff, C. E. (1998): Megatrends in Family Business] sowie [Chrisman, J. J., Chua, J. H., & Sharma, P. (2003): Current Trends and Future Directions in Family Business Management Studies: Toward a Theory of the Family Firm], S. 50.

[2] So beispielsweise [Handler, W. C. (1989): Methodological issues and considerations in studying family businesses]; [Wortman, J., M. S. (1994): Theoretical foundations for family-owned businesses: A conceptual and research based paradigm] und jüngst wieder [Zahra, S. A., & Sharma, P. (2004): Family Business Research: A Strategic Reflection], S. 336.

[3] Hierzu [Zahra, S. A., & Sharma, P. (2004): Family Business Research: A Strategic Reflection], S. 336: „[...] the field remains dominated by familiar research methods and analytical tools that essentially give published research a mechanical

1.1.2.3. Was ist ein Familienunternehmen?

Mittlerweile bei einer beachtlichen Fülle interessanter Forschungsergebnisse angekommen, scheint die Forschung augenblicklich den erreichten Stand zu resümieren.[1] Dabei fällt auf, dass die Grundlage der eigenen Arbeit, nämlich die Abgrenzung des Forschungsgegenstandes, noch immer nicht hinreichend geklärt ist. Wenn man verschiedenen Forschern Glauben schenken mag, ist dies jedoch eine notwendige Grundlage zur Formulierung einer Theorie des Familienunternehmens,[2] die noch immer auf sich warten lässt. Gegenwärtig wird daher erneut die Frage nach der *richtigen* Definition von Familienunternehmen diskutiert.[3] Derartige Schleifen zurück zu den Wur-

---

quality that does not help us understand the forces that drive the empirical observations."

[1] Hierfür spricht eine interessante Häufung von Reviews und Überblicksartikeln, so beispielsweise [Sharma, P., Chrisman, J. J., & Chua, J. H. (1997): Strategic Management of the Family Business: Past Research and Future Challenges]; [Bird, B., Welsch, H., Astrachan, J. H., & Pistrui, D. (2002): Family Business Research: The Evolution of an Academic Field]; [Chrisman, J. J., Chua, J. H., & Sharma, P. (2003): Current Trends and Future Directions in Family Business Management Studies: Toward a Theory of the Family Firm]; [Astrachan, J. H. (2003): Discussion: Commentary on the special issue: the emergence of a field]; [Sharma, P. (2004): An Overview of the Field of Family Business Studies: Current Status and Directions for the Future] sowie [Zahra, S. A., & Sharma, P. (2004): Family Business Research: A Strategic Reflection].

[2] So beispielsweise [Chua, J. H., Chrisman, J. J., & Sharma, P. (1999): Defining the Family Business by Behaviour], S. 22; [Chrisman, J. J., Chua, J. H., & Sharma, P. (2003): Current Trends and Future Directions in Family Business Management Studies: Toward a Theory of the Family Firm], S. 8: „ [...] a theory of the family firm must start with a definition of a family firm"; auch [Klein, S. B., Astrachan, J. H., & Smyrnios, K. X. (2004): The F-PEC Scale of Family Influence: Construction, Validation, and Further Implication for Theory], S. 18.

[3] Die Diskussion über die „passende" Definition ist im Prinzip so alt wie das Forschungsfeld selbst. Zu früheren Beiträgen, die auch in aktuellen Diskussionen teils noch immer ins Feld geführt werden, vgl. [Handler, W. C. (1989): Methodological issues and considerations in studying family businesses]; [Litz, R. A. (1995): The family business: Toward definitional clarity] und [Chua, J. H., Chrisman, J. J., & Sharma, P. (1999): Defining the Family Business by Behaviour].

zeln des eigenen Forschungsfeldes sind nichts Ungewöhnliches: Sie sind auch in etablierten Feldern wie *Entrepreneurship*[1] oder *Führung*[2] (i.S.v. Leadership) nach wie vor zu beobachten.

Zu Beginn gingen Forscher von unterschiedlichen Kombinationen der Komponenten (1) Eigentum, (2) Management und (3) generationsübergreifende Nachfolge aus, um die Einbindung einer Familie in ein Unternehmen greifbar und den Komplex *Familienunternehmen* somit definierbar zu machen.[3] Unglücklicherweise brachte die Präzisierung dieser Definitionsversuche einige Probleme mit sich. Beispielsweise: Muss eine Familie 100% der Anteile halten, damit von familiärer Anteilseignerschaft gesprochen werden kann, oder reicht auch die mehrheitliche Kontrolle – oder gar die effektive Kontrolle? Reicht es aus, den Einfluss einer Familie über Governance-Gremien zu sichern, oder ist ein familienbesetztes Management eine conditio sine qua non? Gilt eine für sehr wahrscheinlich gehaltene Führungsnachfolge in der Familie bereits als solche, oder reicht gar die Möglichkeit, dass die Nachfolge in der Familie erfolgen könnte?

Da die Diskussion um die Abgrenzbarkeit von Familienunternehmen noch im vollen Gange zu sein scheint, kann im Folgenden nur ein ebenso kurz gehaltener wie grober Überblick der unterschiedlichen Ansätze gegeben werden.

Allgemein lassen sich die unterschiedlichen Definitionsansätze in zwei große Gruppen einteilen, die weiter differenziert werden können. Das eine Lager kann hilfsweise als *Beobachter erster Ordnung* bezeichnet werden, das andere als *Beobachter zweiter Ordnung*. Beim erstgenannten Ansatz definieren Forscher Kriterien, die in Unternehmen gesucht (d.h. gemessen) werden, um anschließend darüber Auskunft zu geben, ob und wenn ja, wie sehr, es sich bei dem Untersuchungs-

---

[1] Vgl. [Shane, S., & Venkataraman, S. (2000): The promise of entrepreneurship as a field of research].

[2] Vgl. [Yukl, G. (1989): Managerial leadership: A review of theory and research].

[3] Vgl. [Chrisman, J. J., Chua, J. H., & Sharma, P. (2003): Current Trends and Future Directions in Family Business Management Studies: Toward a Theory of the Family Firm], S. 8.

objekt um ein Familienunternehmen handelt. Hier entscheidet die Forschung, ob es sich bei dem Unternehmen um ein Familienunternehmen handelt, indem sie die entsprechenden Kriterien vorgibt.

Die zweite Gruppe beschreibt – grob gesprochen – diejenigen Unternehmen als Familienunternehmen, die sich selbst als solche beschreiben. Hier wird also festgestellt, ob es in der Selbstbeschreibung oder im beobachtbaren Verhalten von Unternehmen Merkmale gibt, die darauf hinweisen, ob sich das Unternehmen als Familienunternehmen versteht oder nicht. Es ist hier nicht die Forschung, die definiert, was ein Familienunternehmen ist, vielmehr erforscht sie Unternehmen, die sich selbst als Familienunternehmen beschreiben. Allen Ansätzen gemeinsam ist die Familie als entscheidender Faktor, der die Vision und spezielle Kontrollmechanismen in einem Unternehmen beeinflusst. Die unterschiedlichen Ansätze lassen sich, wie in der untenstehenden Grafik zu erkennen, noch weiter differenzieren:

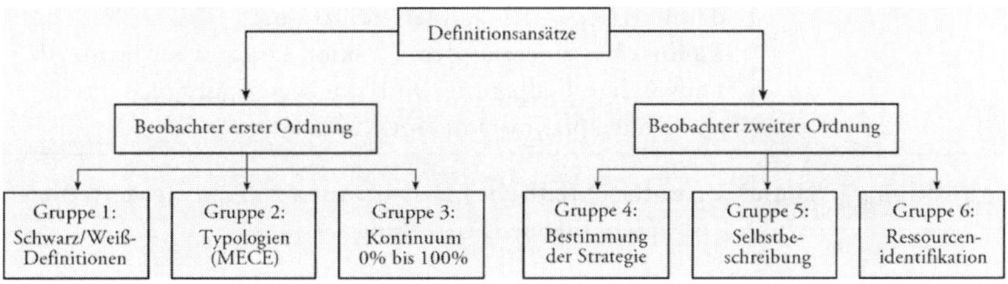

Abbildung 6: Gruppierung unterschiedlicher Definitionsansätze. Eigene Darstellung.

Gruppe 1: Schwarz/Weiß-Definitionen

Die erste Gruppe von Definitionsansätzen findet ihren gemeinsamen Nenner in der Frage, welche Merkmale dafür ausschlaggebend sind, ob ein Unternehmen als Familienunternehmen gelten soll oder nicht. Hierbei handelt es sich um die typischste Art, Familienunternehmen von Nicht-Familienunternehmen zu unterscheiden. Die zugrunde gelegten Kriterien können jedoch stark variieren. Beispiele für diesen Definitionstyp finden sich in der Tabelle auf der nächsten Seite:

Autor(en), Jahr	Definition
BARNES & HERSHON, 1976:[1]	Controlling ownership is rested in the hands of an individual or of the members of a single family.
ALCORN, 1982:[2]	a profit-making concern that is either a proprietorship, a partnership, or a corporation. If part of the stock is publicly owned, the family must also operate the business.
DAVIS & TAGIURI, 1985:[3]	a business in which two or more extended family members influence the direction of the business
GALLO, SVEEN, 1991:[4]	a business where a single family owns the majority of stock and hast total control
KLEIN, 2004:[5]	ein Unternehmen, auf das die Familie einen maßgeblichen Einfluss ausübt. Von einem maßgeblichen Einfluss der Familie auf das Unternehmen soll dann ausgegangen werden, wenn die Familie einen der Einflussfaktoren Eigenkapital, Kontrolle oder Management vollständig dominiert oder der Mindereinfluss durch entsprechenden Einfluss bei einem anderen Faktor ausgeglichen wird. Als notwendige Bedingung wird eine Beteiligung der Familie am Eigenkapital vorausgesetzt.

Abbildung 7: Sammlung unterschiedlicher Definitionen zu Familienunternehmen. Eigene Darstellung.

---

1 Vgl. [Barnes, L. B., & Hershon, S. (1976): Transferring power in the family business].

2 Vgl. [Alcorn, P. B. (1982): Success and survival in the family-owned business], S. 230.

3 Vgl. [Davis, J. A., & Tagiuri, R. (1985): Bivalent attitudes of the family firm], zit. bei [Chua, J. H., Chrisman, J. J., & Sharma, P. (1999): Defining the Family Business by Behaviour], S. 21.

4 Vgl. [Gallo, M., & Sveen, J. (1991): Internationalizing the family business: Facilitating and restraining factors], S. 181.

5 Vgl. [Klein, S. B. (2004): Familienunternehmen – Theoretische und empirische Grundlagen], S. 18.

Es fällt auf, dass die Merkmale (a) Eigentum und (b) Management in je unterschiedlichen Kombinationen zur Definition herangezogen werden, beispielsweise (1) sowohl Eigentum als auch Management in der Familie, (2) in jedem Fall Eigentum in den Händen der Familie (nicht zwangsläufig Management) oder (3) in jedem Fall Management durch die Familie, nicht zwingend jedoch Eigentum. Diese Variationsbreite lässt bereits erahnen, welche Schwierigkeiten es beim Vergleich von Untersuchungsergebnissen aufgrund unterschiedlicher Definitionen geben kann. So zählen beispielsweise ASTRACHAN und SHANKER[1] bei Verwendung einer „engen" bzw. einer „breiten" Definition einmal 3 Mio. und einmal 24,2 Mio. Familienunternehmen in den USA.

Jedoch sind es gerade derartige Eins-Null-Definitionen, die es zulassen, von Familienunternehmen im Gegensatz zu Nicht-Familienunternehmen zu sprechen. Und dies ist die Voraussetzung für die Untersuchung von Performanceunterschieden, unterschiedlichen Kapitalkosten oder ähnlichen vergleichenden Untersuchungen.

Gruppe 2: Typologien

Aufgrund der Dominanz von Familienunternehmen wird gemeinhin die Homogenität dieses Unternehmenstyps angezweifelt. So haben empirische Untersuchungen gezeigt, dass Unternehmen nicht entweder der Kategorie *Familienunternehmen* angehören oder eben nicht, sondern mit Blick auf ihren Familieneinfluss und deren Einbindung stark variieren können. Einer der beiden Vorschläge zur Erfassung dieser Variation stammt von SHARMA[2], die eine Klassifizierung von 72 (!) unterschiedlichen, überschneidungsfreien und dennoch – nach eigenen Angaben – alle möglichen Varianten abdeckenden Ty-

---

1 [Astrachan, J. H., & Shanker, M. C. (2003): Family Businesses' Contribution to the U.S. Economy: A Closer Look], S. 218.

2 Vgl. [Sharma, P. (2002): Stakeholder mapping technique: Toward the development of a family firm typology] sowie in Kurzform: [Sharma, P. (2004): An Overview of the Field of Family Business Studies: Current Status and Directions for the Future].

pen von Familienunternehmen[1] vorschlägt. Diese basieren auf dem 3-Kreise-Modell und den sich hieraus ergebenden unterschiedlichen Ausprägungsformen, wenn sowohl Eigentum, als auch Management und Familie kontingent gesetzt wird.[2]

Beispiel:

Typ 1	Das Unternehmen hat (a) ausschließlich Fremdmanagement, das nicht beteiligt ist (keine mitarbeitenden Familienmitglieder), und (b) nur Gesellschafter aus der Familie.
Typ 2	Das Unternehmen hat (a) ausschließlich Fremdmanagement, das nicht beteiligt ist (keine mitarbeitenden Familienmitglieder), und (b) sowohl Gesellschafter aus der Familie als auch sonstige Gesellschafter.
Typ 3	Das Unternehmen hat (a) sowohl nicht beteiligtes Fremdmanagement, als auch beteiligte Führungskräfte aus der Familie sowie (b) Gesellschafter aus der Familie und sonstige Gesellschafter.
etc.	Variation über die sich aus dem 3-Kreise-Modell ergebenden, sieben möglichen Rollen einzelner Akteure: (1) Familienmitglied, das weder Anteilseigner noch Angestellter ist (2) Angestellter, der weder Familienmitglied noch Eigentümer ist (3) Anteilseigner, der weder Familienmitglied noch Mitarbeiter ist (4) Familienmitglied, das Mitarbeiter im Unternehmen, nicht jedoch Eigentümer ist (5) Familienmitglied, das Anteilseigner, nicht jedoch Mitarbeiter ist (6) Mitarbeiter, der Anteilseigner, nicht jedoch Familienmitglied ist (7) Familienmitglied, das sowohl Anteilseigner als auch Mitarbeiter ist.

---

[1] [Sharma, P. (2004): An Overview of the Field of Family Business Studies: Current Status and Directions for the Future], S. 5 spricht an dieser Stelle von „collectively exhaustive and mutually exclusive", auch bezeichnet als MECE.

[2] Würde man der Logik von [Sharma, P. (2002): Stakeholder mapping technique: Toward the development of a family firm typology] folgen und anstelle des sieben unterschiedliche Rollentypen bereitstellenden 3-Kreise-Modells das vergleichsweise elaboriertere Modell von NEUBAUER und LANK (= 15 unterschiedliche Rollentypen, vgl. oben Kap. 1.1.2.1. Grundlage eines Forschungsfeldes, S. 17 f.) zugrunde legen, ergäben sich auf einen Schlag etwas mehr als 530.000 unterschiedliche Ausprägungsformen von Familienunternehmen. Dies zeigt die vergleichsweise beliebige Zuhilfenahme des 3-Kreise-Modells auf.

Es ist offensichtlich, dass dieser Ansatz ausgesprochen unhandlich ist, weil er auf einen Schlag, wenn auch indirekt, 72 unterschiedliche Definitionen von Familienunternehmen gleichzeitig anbietet. Daher verwundert es nicht, dass dieser Vorschlag bislang in der Literatur nur wenig Rezeption fand.

Gruppe 3: Kontinuum

Ein zweiter, gewissermaßen handlicherer und ästhetischerer Ansatz, der ebenfalls mögliche Inhomogenitäten von Familienunternehmen berücksichtigt, ist die F-PEC-Skala von ASTRACHAN, KLEIN und SMYRNIOS.[1] Dieser Ansatz bricht mit der prinzipiellen Dichotomie von Familienunternehmen und Nicht-Familienunternehmen und fokussiert stattdessen die Messbarkeit des Familieneinflusses in einem Unternehmen, wobei dieser theoretisch *nicht vorhanden* (0%-Familienunternehmen), *teilweise vorhanden* oder *vollständig vorhanden* (100%-Familienunternehmen) sein kann.[2] Die Skala ist als Kontinuum zu verstehen, auf dem der jeweils vorherrschende Grad der Familieneinbindung in einem Unternehmen markiert werden kann.

Die Bezeichnung F-PEC steht dabei für ***F**amily influence through* ***P**ower, **E**xperience and **C**ulture* [3] und berücksichtigt somit die drei Dimensionen: Macht (Power), Erfahrung (Experience) und Kultur (Culture) in je unterschiedlicher Weise. So setzt sich der Faktor *Macht,* jeweils gewichtet, zusammen aus (1) Eigentum (= Anteil der Stimmrechte in der Familie), (2) Governance (= Anteil der Gre-

---

[1] Zum Grundkonzept vgl. [Astrachan, J. H., Klein, S. B., & Smyrnios, K. X. (2002): The F-PEC Scale of Family Influence: A Proposal for Solving the Family Business Definition Problem] sowie zur Validierung dieses Ansatzes [Klein, S. B., Astrachan, J. H., & Smyrnios, K. X. (2004): The F-PEC Scale of Family Influence: Construction, Validation, and Further Implication for Theory].

[2] Vgl. [Klein, S. B., Astrachan, J. H., & Smyrnios, K. X. (2004): The F-PEC Scale of Family Influence: Construction, Validation, and Further Implication for Theory], S. 18.

[3] Vgl. [Klein, S. B. (2004): Familienunternehmen – Theoretische und empirische Grundlagen], S. 14.

mienplätze, die die Familie oder von ihr direkt bestimmte Vertreter besetzen) und (3) Geschäftsleitungsbeteiligung (= Anteil der Leitung; Bestimmung erfolgt analog der zuvor genannten Größe). Die Dimension *Erfahrung* basiert auf der Hypothese, dass ein Familienunternehmen von Generation zu Generation hinzulernt, sodass die Erfahrung der beiden Organisationselemente miteinander (Familie und Unternehmen) wächst.[1] Die erste Generation erhält bei der F-PEC-Bestimmung einen fixen Einflussfaktor von 50%, jede weitere gemeisterte Generation bekommt eine entsprechende Gratifikation des Erfahrungsfaktors. Der Teilbereich *Kultur* schließlich errechnet sich (1) aus dem Grad, in dem die Familie das Wertesystem des Unternehmens beeinflusst, und (2) aus dem Kommittment[2] der Familie für das Unternehmen.

Der Ansatz scheint auf den ersten Blick einleuchtend, da F-PEC mit einer kontinuierlichen Skala auf wesentliche Kritikpunkte, die Inhomogenität und die geringe Differenzierbarkeit von *Familienunternehmen* innerhalb ihrer Gruppe, angemessen eingeht. Ebenso bindet F-PEC die in der Literatur als wichtig identifizierten Einflussfaktoren (Einflussnahme, Kontinuität über Generationen hinweg, positive Zuwendung der Familie zum Unternehmen) mit ein. Fraglich ist bei diesem Ansatz jedoch, ab welchem Schwellenwert gemessener *Familiarität* [3] in einem Unternehmen nun der Begriff *Famili-*

---

[1] Die Bestimmung der aktuell vorhandenen Generation (also 1., 2., 3. oder spätere Generation) ist abhängig (1) von der Generation in der Eignerschaft, (2) im Management, (3) in den Governance-Gremien sowie (4) den mitarbeitenden Familienmitgliedern. Vgl. hierzu [Astrachan, J. H., Klein, S. B., & Smyrnios, K. X. (2002): The F-PEC Scale of Family Influence: A Proposal for Solving the Family Business Definition Problem], S. 49 f.

[2] Die Bezeichnung *Kommittment* wurde von [Klein, S. B. (2004): Familienunternehmen – Theoretische und empirische Grundlagen], S. 16 übernommen. Es darf vermutet werden, dass es sich hierbei um eine neue Wortschöpfung handelt, die sich an das englische Wort *commitment* (= Verpflichtung, Bindung; vgl. z.B. PONS Kompaktwörterbuch Deutsch-Englisch) handelt.

[3] Der Begriff *Familiarität* bezeichnet ein Bündel familienunternehmenstypischer Aspekte im Unternehmen, die aufgrund der Verkoppelung des Unternehmens

enunternehmen verwendet werden kann. Ebenso unklar bleibt auch, welche Auswirkungen die Verrechenbarkeit der einzelnen Einflüsse aufweisen. F-PEC erlaubt beispielsweise im Einflussbereich *Macht* die gegenseitige Austauschbarkeit der Einflussfaktoren Eigentum, Management und/oder Governance. In einem gegebenen Zahlenverhältnis scheint einer von drei Beiratssitzen also austauschbar mit einem von drei Vorstandsposten zu sein.[1] Ebenso ist die (lineare) Additivität der einbezogenen Elemente kritisch zu hinterfragen. Wie viel mehr Familiarität ist ad hoc gegeben, wenn ein bislang fremdbesetzter Beiratsposten kurzfristig von einem Familienmitglied übernommen wird?

Dies alles sind kritische Einzelaspekte eines an sich sehr interessanten, weil innovativen, Ansatzes zum weiteren Umgang mit Familienunternehmen. Die Fokussierung hierauf lenkt den Blick jedoch von einem weiteren, sehr viel fundamentaleren Kritikpunkt weg. F-PEC ist ein Messinstrumentarium für Forscher, die anhand distinkt bestimmbarer Merkmale *nicht die Familiarität* in einem Familienunternehmen messen, *sondern* vielmehr *die Potentialität von Familiarität* in einem Familienunternehmen.[2] Mit anderen Worten kann F-PEC dabei helfen vorherzusagen, wie viel Familienunternehmenstypisches

---

mit einer Unternehmensfamilie reüssiert. Detaillierteres hierzu findet sich weiter unten im Kap. 1.1.2.3. Was ist ein Familienunternehmen?, S. 31 ff.

[1] Zu diesem Kritikpunkt vgl. auch [Sharma, P. (2004): An Overview of the Field of Family Business Studies: Current Status and Directions for the Future], S. 4.

[2] So auch [Klein, S. B., Astrachan, J. H., & Smyrnios, K. X. (2004): The F-PEC Scale of Family Influence: Construction, Validation, and Further Implication for Theory], S. 5: „As family businesses are highly complex organizations, measuring the extent to which a family is able to influence the business through various channels on a relatively comprehensive scale, does not capture a) the influence exercised in various businesses and different situations and b) does not capture the complexity of the system as a whole. Instead, the F-PEC helps to understand one facet of the complex organization, potential family influence, and by allowing measurement of influence, it can add to our understanding of under what conditions influence is exercised and with what effect." Unglücklicherweise ist F-PEC nicht in der Lage, den tatsächlichen Einfluss zu messen, so dass F-PEC durch einen zweiten Zugang, vermutlich einen eher qualitativen Zugang zu Familienunternehmen, ergänzt werden muss.

in einem Unternehmen stecken könnte, wenn es sich genau so verhalten würde, wie es die Erwartungen des Forschers prognostizieren, beispielsweise Machtausübung nur entlang der vordefinierten Linien (Stimmrechte, Beirat/Board, Geschäftsleitung). Dadurch können viele Aspekte, die ohne Frage auch zum Familienunternehmenstypischen eines Unternehmens beitragen, nicht berücksichtigt werden. Man denke nur an das Einflüsterungspotential von Ehepartnern, an den informellen Durchgriff von Anteilseignern an der Hierarchie vorbei, beispielsweise um Entscheidungen zu subvertieren, etc.[1]

Gruppe 4: Bestimmung der Strategie

Um zu beobachten, wie viel Familiarität sich ein Unternehmen selbst zuschreibt, sind diese für quantitative Untersuchungen konzipierten Definitionsansätze wenig hilfreich. Mittels Fragebogen kann bedauerlicherweise nur schwer erhoben und berechnet werden, ob z.B. strategische Entscheidungen mit Verweis auf die Unternehmensfamilie anders behandelt werden, ob personelle Entscheidungen im Unternehmen mit dem Verweis auf die Differenz von Kompetenz und Herkunft[2] behandelt werden oder Investitionsentscheidungen aufgrund kontinuierlich zu hoher Privatentnahmen (familienunternehmenstypisch) nur in geringem Maße mit Eigenkapital finanziert werden können.

Einen alternativen Ansatz zur Bestimmung von Familienunternehmen liefert die Suche nach Merkmalen von Unternehmen, die deutlich machen, ob sich diese in unterschiedlicher Art und Weise in ihrem Verhalten auf die Familie beziehen[3]. So kann herausgefunden

---

[1] Vgl. hierzu ausführlicher weiter unten Kap. 3.4.1. Wobei nimmt das Unternehmen Bezug auf die Familie?, S. 244 ff.

[2] Hierzu ausführlich [Klett, D. (2005): Zwischen Kompetenz und Herkunft – zwischen Gleichheit und Selektion: Paradoxe Anforderungen an Familienunternehmen und ihre Unternehmensfamilien].

[3] [Johannisson, B., & Huse, M. (2000): Recruiting outside board members in the small family business: An ideological challenge] sprechen hier beispielsweise von der Familie als emotionaler bzw. kognitiver Konstruktion.

werden, ob sich Unternehmen selbst als Familienunternehmen verstehen, ob sich also in ihrem täglichen Handeln Eigenarten erkennen lassen, die als typisch für Familienunternehmen gelten.

Einen prominenten Versuch in diese Richtung haben CHUA, CHRISMAN und SHARMA unternommen.[1] Sie schlagen vor, auf das Verhalten von (Familien)-Unternehmen abzustellen und herauszufinden, inwiefern sich diese selbst als Familienunternehmen verstehen,[2] d.h. in welchem Maße Familienunternehmenstypisches in ihrem Verhalten von einem Beobachter identifiziert werden kann.[3] Dabei fokussieren diese Wissenschaftler die strategische Ausrichtung des Unternehmens sowie die Frage, ob die Vision des Unternehmens von einer Koalition formuliert wird,[4] die von einer oder mehreren Familien gestellt bzw. kontrolliert wird und darauf angelegt ist, mehrere Generationen nachhaltig zu überdauern:

---

[1] Vgl. [Chua, J. H., Chrisman, J. J., & Sharma, P. (1999): Defining the Family Business by Behaviour].

[2] Vgl. [Chrisman, J. J., Chua, J. H., & Sharma, P. (2003): Current Trends and Future Directions in Family Business Management Studies: Toward a Theory of the Family Firm], S. 9: „The observation that firms with the same extent of family involvement may or may not consider themselves family firms has prompted some researchers (Westhead & Cowling, 1998) to define family firms partially by whether the firms consider themselves to be family firms." Das Zitat verweist auf [Westhead, P., & Cowling, M. (1998): Family firm research: The need for a methodological rethink]. Hierzu [Klein, S. B., Astrachan, J. H., & Smyrnios, K. X. (2004): The F-PEC Scale of Family Influence: Construction, Validation, and Further Implication for Theory], S. 6: „One commonly referred to dimension not taken into consideration in the F-PEC is self-assessment."

[3] Vgl. [Chua, J. H., Chrisman, J. J., & Sharma, P. (1999): Defining the Family Business by Behaviour], S. 24: „Previous authors have tried to define the family business by its ownership and management but companies with the same level of family involvement in ownership and management may or may not consider themselves family business and, more importantly, may or may not behave as family business."

[4] [Chua, J. H., Chrisman, J. J., & Sharma, P. (1999): Defining the Family Business by Behaviour] greifen hier auf die Koalitionstheorie von CYERT/MARCH zurück, vgl. hierzu [Cyert, R. M., & March, J. G. (1963): A Behavioral Theory of the Firm] sowie für eine deutsche Übersetzung den Koalitionsansatz betreffend: [March, J. G. (1990): Die Unternehmung als politische Koalition].

> „The family business is a business governed and/or managed with the intention to shape and pursue the vision of the business held by a dominant coalition controlled by members of the same family or a small number of families in a manner that is potentially sustainable across generations of the family or families."[1]

Einen ähnlichen Ansatz verfolgen auch WIMMER, GROTH und SIMON, wenn sie schreiben:[2]

> „Ein Unternehmen, bei dem eine Familie bzw. ein Familienverband einen bestimmenden Einfluss auf die Entwicklung des Unternehmens ausübt."

Interessant an diesen Ansätzen ist ohne Frage, dass die ansonsten typischen formalen Kriterien wie Eigentum, Anzahl besetzter Sitzplätze im Beirat etc. nicht herangezogen werden müssen, um ein Familienunternehmen zu beschreiben. Demnach könnte auch eine Familie, die schon seit Generationen die Geschäftsleitung oder andere wichtige Positionen in einem Unternehmen stellt, ohne am Unternehmen beteiligt zu sein, durchaus die Familie sein, die ein Unternehmen maßgeblich beeinflusst und dieses (für einen Beobachter) zum Familienunternehmen werden lässt.

Zu diesem Ansatz ist jedoch kritisch anzumerken, dass er sich in seiner Bewertung ausschließlich auf strategische Aspekte bezieht. Zwar ist die strategische Ausrichtung in Familienunternehmen ohne Frage ein wichtiger Aspekt, bei dem die Familie als besonderes Merkmal des Familienunternehmens zum Tragen kommt. Doch unglücklicherweise greift der Ansatz, der die Überlegungen des strategischen Managements zum Ausgangspunkt nimmt, zu kurz. Nicht nur in strategischen Fragen spielt die Familie im unternehmerischen Handeln eine Rolle. Auch klassische Themen der Familienunternehmensforschung wie die Klassifikationskriterien für Anwärter auf

---

[1] Vgl. [Chua, J. H., Chrisman, J. J., & Sharma, P. (1999): Defining the Family Business by Behaviour], S. 25.

[2] Vgl. [Wimmer, R., Groth, T., & Simon, F. B. (2004): Erfolgsmuster von Mehrgenerationen-Familienunternehmen], S. 3.

freigewordene Stellen (Personalmanagement), die Handhabung der Außendarstellung des Unternehmens (Marketing, PR) oder die Behandlung von (fast) alltäglichen Finanzierungsfragen weisen in Familienunternehmen häufig ein erhebliches Maß an erkennbarem familiären Einfluss auf.[1] Ein Beobachtungsansatz, der nach familienunternehmenstypischen Merkmalen Ausschau hält, um ein Unternehmen als Familienunternehmen einordnen zu können, darf sich daher nicht nur auf die Beobachtung von strategischen Fragestellungen beschränken.

Gruppe 5: Selbstbeschreibung

Ein weiterer, gleichsam pragmatischer Ansatz zur Definition von Familienunternehmen liegt im Ermitteln von Selbstbeschreibungen.[2] Wer sollte besser wissen, ob es sich bei einem Unternehmen um ein Familienunternehmen handelt, als das Unternehmen respektive seine Führung selbst? BIRLEY[3] hat daher im Rahmen einer empirischen Analyse in 16 Ländern die Definierbarkeit von Familienunternehmen mittels Selbstbeschreibung im Vergleich zu beobachtbarem Verhalten untersucht. Dabei befragte sie zum einen Eigentümer-Unternehmer, ob sie ihr eigenes Unternehmen als Familienunternehmen bezeichnen würden. Zum anderen füllten die Eigentümer-Unternehmer einen Fragebogen mit 20 Positionen aus, dessen Fragen familienunternehmenstypische Verhaltensweisen bei den untersuchten Unternehmen identifizieren sollten. So fragte beispielsweise die erste Position nach der Zustimmung (auf einer Skala von 1 bis 5) ob „Kinder schon früh an das Unternehmen herangeführt werden soll-

---

1 Vgl. hierzu weiter unten Kap. 3.5. Die Funktion des Familienmanagements in Unternehmen und Familie, S. 336 ff.

2 So beispielsweise bei [Westhead, P. (1997): Ambitions, "external" environment and strategic factor differences between family and non-family companies] sowie bei [Gallo, M. Á., Tàpies, J., & Cappuyns, K. (2004): Comparison of Family and Nonfamily Business: Financial Logic and Personal Preferences].

3 [Birley, S. (2001): Owner-manager attitudes to family and business issues: A 16 country study].

ten". Ergebnis des Fragebogens war die Klassifizierung des jeweiligen Unternehmens in (1) „Family In" (= alles sprach dafür, dass die Familie im Unternehmen eine elementare Rolle spielt), (2) „Family Out" (= die Ansichten des Eigentümer-Unternehmers waren denen der „Family In"-Gruppe entgegengesetzt) sowie (3) „Jugglers" (= Unternehmen, bei denen der Eigentümer-Unternehmer keine starke Neigung in Richtung der einen oder anderen Gruppe erkennen ließ). Das Resultat überraschte die Forscherin:

> 17% der als „Family In" klassifizierten Unternehmen sagten aus, sie seien *kein* Familienunternehmen; umgekehrt gaben 26% aus der „Family Out"-Gruppe an, ein Familienunternehmen zu sein.[1]

Die Ergebnisse lassen vielerlei Interpretationsmöglichkeiten zu. Entweder gibt es einen Unterschied zwischen Selbst- und Fremdwahrnehmung oder zwischen dem, was Eigentümer-Unternehmer sagen, und dem, was sie tun. Oder es ist zu vermuten, dass die falschen Kriterien zur Klassifikation von „Family In" und „Family Out" herangezogen wurden. Oder die Bedeutungen des Begriffs *Familienunternehmen* weichen in den unterschiedlichen internationalen Sprachspielen derart voneinander ab, dass er kaum mehr vergleichend benutzt werden kann.[2] In jedem Fall zeigen diese Ergebnisse, wie relevant die Klärung des Begriffs *Familienunternehmen* ist. Subsumierend kann jedoch festgestellt werden, dass die Frage nach der Selbstbeschreibung noch keine stichhaltigen Anhaltspunkte dafür liefert, ob es sich auch nach wissenschaftlichen Kriterien um ein solches Unternehmen handelt. Untersuchungen, die vorwiegend auf Selbstbeschreibungen beruhen, sind daher mit aller gebotenen Vorsicht zu genießen.

---

1 Die Ergebnisse variierten auch nach Ländern. So wurden in den Niederlanden 53% der Unternehmen, die sich selbst als Familienunternehmen bezeichneten, entsprechend der Umfragekriterien in die „Family Out"-Kategorie eingeordnet; in Griechenland traf dies nur auf 10% aller Fälle zu.

2 So z.B. [Birley, S. (2001): Owner-manager attitudes to family and business issues: A 16 country study], S. 75.

Sofern für ein Forschungsvorhaben nicht nur die Potentialität von familiärem Einfluss auf ein Unternehmen eine Rolle spielt, sondern auch die Frage, inwiefern Familiarität in Unternehmen *tatsächlich* zum Tragen kommt, also im täglichen Handeln beobachtbar ist, greifen die bislang vorgestellten Ansätze allesamt zu kurz. Denn wie die beiden zuvor skizzierten Ansätze deutlich zeigen, scheint die Erarbeitung eines qualitativ begründeten Begriffsverständnisses von Familienunternehmen sehr schwierig zu sein, sie steckt noch in den Kinderschuhen und hat nach wie vor mit vielen Problemen zu kämpfen. Darüber hinaus ergeben sich aus derartigen Ansätzen offensichtliche Nachteile für die empirische Sozialforschung, die das Feld der Familienunternehmensforschung noch immer stark dominiert[1]. Nichtsdestoweniger gibt es auch in dieser eher qualitativ orientierten Definitionsgruppe noch weitere Ansätze, die allerdings noch nicht weit genug gediehen sind, um bereits als Definitionsgrundlage dienen zu können. Auf *einen* viel beachteten Ansatz lohnt jedoch ein kurzer Blick:[2]

Gruppe 6: Ressourcenidentifikation

HABBERSHON[3] hat 1999 erstmals die Frage aufgeworfen, wie es eigentlich zu den immer wieder proklamierten Wettbewerbsvorteilen in Familienunternehmen kommen könne, wenn es tatsächlich die Familie ist, die einen Unterschied macht. Unter Rückgriff auf das Instrumentarium der Strategieliteratur, insbesondere des *Resource-Based*

---

[1] Vgl. hierzu weiter oben Kap. 1.1.2.2. Heutige Forschungslandschaft und Forschungsschwerpunkte, S. 28.

[2] Dieses Vorgehen folgt dem Vorschlag von [Chrisman, J. J., Chua, J. H., & Sharma, P. (2003): Current Trends and Future Directions in Family Business Management Studies: Toward a Theory of the Family Firm], S. 10.

[3] Vgl. [Habbershon, T. G., & Williams, M. L. (1999): A Resource-Based Framework for Assessing the Strategic Advantages of Family Firms.; Habbershon, T. G., Williams, M. L., & MacMillan, I. C. (2003): A Unified Systems Theory of Family Firm Performance].

View of competitive advantages (RBV)[1] wurde ein Modell vorgeschlagen, das die Familie als spezifische Ressource des Familienunternehmens ansieht. Eine Ressource ist dabei ein bestimmtes Merkmal, ein Besitz oder eine Fähigkeit, mit der Renten im ökonomischen Sinne erzielt werden können.[2] Nach diesem Ansatz entstehen Familienunternehmen Vorteile durch die Einbindung von und die Interaktion mit der Unternehmensfamilie, die in unterschiedlichen Ausprägungsformen stattfinden kann.

Derartigen Ressourcen werden insbesondere vier Eigenschaften unterstellt: sie sind *(1) wertvoll* (= befähigen das Unternehmen, Strategien zu verfolgen, die effizienz- oder effektivitätssteigernd wirken), *(2) selten* (wären sie auch im Besitz von Konkurrenten, könnten keine Wettbewerbsvorteile mehr erzielt werden), *(3) nicht vollständig imitierbar* (beruhen beispielsweise auf einzigartigen historischen Bedingungen, sind kausal nicht eindeutig zu klären oder hängen von komplexen Rahmenbedingungen sozialer Art ab) und *(4) nicht substituierbar* (es darf kein strategisch gleichwertiges Äquivalent geben, das entweder nicht selten oder imitierbar ist). Verfüge ein Unternehmen über die von HABBERSHON als *familiness* bezeichnete Ressource, so sei dies das Bündel bestimmter Merkmale und Fähigkeiten, das einem Familienunternehmen zu den empirisch beobachtbaren Wettbewerbsvorteilen verhelfen könne.[3]

Zwar handelt es sich bei dieser Arbeit nicht primär um einen Beitrag zur Definitionsdebatte, dennoch kann das Verständnis von *Familiarität im Unternehmen* herangezogen werden, um den tatsächlichen Einfluss der Familie im Unternehmen zu untersuchen. Dieser Ansatz steht dementsprechend komplementär zum F-PEC-Ansatz

---

[1] Zur Vertiefung vgl. insbesondere [Barney, J. B. (1991): Firm resources and sustained competitive advantage].

[2] Vgl. hierzu [Makadok, R. (2001): Toward a synthesis of the resource-based and dynamic-capability views of rent creation], S. 387 ff.

[3] Dass diese Ressourcen bei entsprechender Bewirtschaftung nicht nur Wettbewerbsvorteile, sondern auch -nachteile sein können, beschreibt [Wiechers, R. (2004): Die Unternehmerfamilie: ein Risiko des Familienunternehmens? – Zum Umgang mit familieninduzierten Risiken im Familienunternehmen.].

und fragt gerade *nicht* nach der *Potentialität* sondern nach der *Aktualität* familienunternehmenstypischer Attribute in einem Familienunternehmen:[1]

> „This approach allows researchers to investigate the entire continuum of the family form of business organization, from those with consolidated family ownership and multiple generations of family management to those firms having controlling family ownership and strategic management input only at the board level. [...] No definitional distinctions are needed because the assessment of the firm's familiness creates the research criteria for relating performance outcomes to firm characteristics."

In der weiteren Arbeit wird dem zuletzt skizzierten Verständnis gefolgt. Dabei wird ein Familienunternehmen als ein Unternehmen verstanden, das in unterschiedlichen nicht vordefinierbaren Aspekten eine entsprechende Unternehmensfamilie in Teile seines täglichen Handels einwebt.[2] Ob hieraus Wettbewerbsvorteile, -nachteile oder nichts dergleichen entstehen, soll für die vorliegende Arbeit irrelevant sein. Es interessiert also, wie mit *Aktualität* von Familie im Familienunternehmen, zu der auch *Potentialität* gehören mag, umgegangen werden kann.

1.1.3. Zwischenresümee zum Stand der Literatur

Würde jemand nach dem aktuellen Forschungsstand fragen, so würde der Tenor eines Werkstattberichts der internationalen Familienunternehmensforschung sehr ambivalent ausfallen. Es ist ohne Frage beeindruckend, welches Momentum und welche Binnendifferenzie-

---

[1] [Habbershon, T. G., & Williams, M. L. (1999): A Resource-Based Framework for Assessing the Strategic Advantages of Family Firms.], S. 11 f.

[2] Einhergehend beispielsweise mit [Chrisman, J. J., Chua, J. H., & Sharma, P. (2003): Current Trends and Future Directions in Family Business Management Studies: Toward a Theory of the Family Firm], S. 9 f.: „[...] some form of family involvement is only a necessary condition. Family involvement must be directed toward behaviors that produce certain distinctiveness [...] before it can be considered a family firm."

rung dieses erst gut 30 Jahre alte Forschungsfeld bereits hat entwickeln können. Schließlich ist bereits eine breite Vielfalt von Themen angerissen worden – nicht zuletzt das Resultat einer großen Bandbreite unterschiedlicher Forschungsrichtungen, die sich gemeinsam mit ein und demselben Forschungsgegenstand beschäftigen. Eine derart dynamische Entwicklung ist auch vonnöten, wenn man sich die weiter oben skizzierte Dominanz von Familienunternehmen in den unterschiedlichen Volkswirtschaften[1] und ihre Bedeutung für deren Wohl und Wehe vor Augen führt. Zunehmend brisant wird es dann, wenn man die verfügbare Forschungs- und Fachliteratur in diesem Kontext resümiert. Es ist an der Zeit, dass sich die Forschung gleichermaßen verbreitert wie auch punktuell vertieft, um brauchbare Ergebnisse für den Transfer in die Praxis liefern zu können.

Zugleich muss sich das Forschungsfeld mit mindestens drei Problemen auseinandersetzen: (1) Es ist noch immer nicht geglückt, eine allgemein akzeptierte Abgrenzung des eigenen Forschungsgegenstandes zu leisten. Es fehlt gewissermaßen die Antwort auf die Frage, was Nicht-Familienunternehmen von Familienunternehmen unterscheidet, und zwar definitorisch ebenso wie performativ. Der kleinste bislang von allen Seiten akzeptierte Nenner lautet für die Familienunternehmensforschung (fast schon tautologisch): es ist die Familie, die den Unterschied für Familienunternehmen macht. (2) Darüber hinaus verwickeln sich weite Teile der Familienunternehmensforschung in quantitativ ausgerichteten Forschungsvorhaben und erforschen diesen oder jenen speziellen Aspekt, ohne brauchbare Ergebnisse zu einer allgemeinen Theorie der Familienunternehmen beizusteuern.[2]

---

[1] Vgl. hierzu Kap. 1.1.1. Familienunternehmen in Wirtschaft und Gesellschaft, S. 13 ff.

[2] Hierzu [Chrisman, J. J., Chua, J. H., & Sharma, P. (2003): Current Trends and Future Directions in Family Business Management Studies: Toward a Theory of the Family Firm], S. 3: „However, much remains to be done. [...] For example, [...] the methodologies used often make generalizations difficult." Sowie [Zahra, S. A., & Sharma, P. (2004): Family Business Research: A Strategic Reflection], S., 336: „Despite this positive trend, the field remains dominated by familiar research methods and analytical tools that essentially give published research a mechanical

Nur wenige Arbeiten versuchen, einen Beitrag zur Theoriebildung zu leisten. Hierzu zählen ohne Frage die Grundlagen der Rollendifferenzierung zur Erklärung von empirisch vorherrschenden Konflikten und Dilemmata in Familienunternehmen[1], darüber hinaus der international leider noch wenig bekannte Ansatz zweier sich im Rahmen von Kommunikation wechselseitig aufeinander beziehender, operativ geschlossener (!) Sozialsysteme (Unternehmen; Familie)[2] sowie mit Blick auf die Strategieliteratur der Ansatz der „Familie als strategischer Ressource", aus der Wettbewerbsvorteile (und auch -nachteile) hervorgehen können.[3] Es darf also dafür geworben werden, zusätzlich zur zweifellos wichtigen empirischen Forschungsarbeit auch qualitative, explorative Forschung zu forcieren, um auf dem Weg zu einer praktischen Theorie vorankommen zu können. (3) Schlussendlich muss angemerkt werden, dass das Forschungsfeld in sich eingeigelt zu sein scheint[4] und noch immer wenig Austausch mit anderen

---

quality that does not help us understand the forces that drive the empirical observations."

[1] Vgl. hierzu im Einzelnen die Darstellung der unterschiedlichen Modelle von Familienunternehmen, Kap. 1.1.2.1. Grundlage eines Forschungsfeldes, S. 17 ff.

[2] Vgl. hierzu als Grundlage bereits 1996: [Wimmer, R., Domayer, E., Oswald, M., & Vater, G. (1996): Familienunternehmen – Auslaufmodell oder Erfolgstyp?] sowie [Simon, F. B. (2001): Die Familie des Familienunternehmens], S. 359: „Die Familie und ihr Familienunternehmen können als zwei soziale Systeme betrachtet werden, die nach unterschiedlichen Kommunikationsregeln funktionieren. Sie sind eng miteinander verkoppelt und durchlaufen eine Koevolution." Der Terminus der *Koevolution zweier Systeme* findet sich schon früh bei [Kepner, E. (1983): The Family and the Firm: A Coevolutionary Perspective].

[3] Vgl. hierzu [Habbershon, T. G., & Williams, M. L. (1999): A Resource-Based Framework for Assessing the Strategic Advantages of Family Firms.] sowie [Habbershon, T. G., Williams, M. L., & MacMillan, I. C. (2003): A Unified Systems Theory of Family Firm Performance] sowie zur Debatte über die Passung dieses Ansatzes auf Familienunternehmen und zur Frage: Was maximiert ein Familienunternehmen? [Chrisman, J. J., Chua, J. H., & Litz, R. A. (2003): A unified systems perspective of family firm performance: an extension and integration].

[4] Vgl. [Zahra, S. A., & Sharma, P. (2004): Family Business Research: A Strategic Reflection], S. 336: "A major problem in the development of the family business

Fachrichtungen stattfindet.[1] Die Entwicklung von belastbaren Theorien muss jedoch skeptisch beurteilt werden, wenn ein Feld sich nicht für Kritik und Evaluation auch in Richtung etablierter Wissenschaftsdomänen öffnet.

Abschließend kann nun angemerkt werden, dass auf die Ergebnisse der Familienunternehmensforschung nur hoch selektiv zurückgegriffen werden kann, wenn man – wie die vorliegende Arbeit – zum Ziel hat, einen generalisierbaren Entwurf zu wagen. Verschiedene Forschungsergebnisse liefern zwar Hinweise und wichtige Anmerkungen, die grundlegende Theoriebasis findet man im Forschungsfeld jedoch (noch !) nicht. In der vorliegenden Arbeit wird daher nur an denjenigen Stellen, an denen es dem Autor ergiebig erscheint, auf entsprechende Literatur aus der Familienunternehmensforschung verwiesen.

---

field is researchers' tendency to talk to one another, rather than communicating and connecting with others in sister disciplines."

[1] Eine Ausnahme ist insbesondere die Bearbeitung des Feldes mit der Principal-Agent-Theorie, deren Ergebnisse mittlerweile auch jenseits der Familienunternehmensforschung für Aufsehen und Anschluss sorgen. Vgl. [Zahra, S. A., & Sharma, P. (2004): Family Business Research: A Strategic Reflection] sowie [Sharma, P. (2004): An Overview of the Field of Family Business Studies: Current Status and Directions for the Future] [Sharma, P. (2004): An Overview of the Field of Family Business Studies: Current Status and Directions for the Future], S. 1.

1.2. Forschungsfeld und Forschungsfrage

1.2.1. Klärung des Forschungskontextes

Im folgenden Abschnitt soll die genaue Forschungsfrage der vorliegenden Arbeit entwickelt werden. Zum Einstieg sei auf eine kleine Passage in einer jährlich erscheinenden Zeitschrift verwiesen. Es handelt sich hierbei um die *Casteller Nachrichten,*[1] herausgegeben von den beiden fürstlichen Familienlinien Castell-Castell und Castell-Rüdenhausen. Diese beiden Familien halten neben anderen Unternehmungen, zu denen Wälder, Landwirtschafts- und Weinbetriebe zählen, seit 1774 zu je 50% die Fürstlich Castell'sche Bank, Credit-Casse KGaA. Das Unternehmen wird seit jeher von Fremdgeschäftsführern geführt. In der Zeitschrift, die einen breiten Überblick über die Familiengeschehnisse des vergangenen Jahres gibt, ist auf Seite 18 eine Rede von Ferdinand Graf zu Castell-Castell abgedruckt. Dieser berichtet anlässlich des 25. Dienstjubiläums des Sprechers der Geschäftsleitung des Bankhauses, Dr. Roland Horster, über dessen Tätigkeiten und Aufgabengebiete aus Unternehmensfamiliensicht:

> „Sie tragen eine wohl einmalige Verantwortung als Sprecher der Geschäftsleitung einer Bank und sind als Generalbevollmächtigter unserer beider Linien darüber hinaus der Chef der Kanzlei und damit auch von Domänenamt, Meierei und Forstabteilung.
>
> Ihre Verantwortung reicht weit in unsere Familie hinein. Sie betreuen unsere Testamente und Eheverträge, beraten uns in allen möglichen Fragen bis in die weitere Familie und tun dies mit großem Verständnis einerseits für jahrhundertealte Traditionen und Strukturen und andererseits für die einzelnen Menschen, seien sie über 80 oder erst drei Monate als. Eine Besonderheit unseres Hauses und eine wichtige Aufgabe für Sie ist der Zusammenhalt der beiden Linien Castell-Castell und Castell-Rüdenhausen. So etwas

[1] [Castell'sche Kanzlei (2003): Casteller Nachrichten]. Wir werden auf diese Zeitschrift weiter unten noch einmal zu sprechen kommen.

gibt es selten, und wenn ich danach gefragt werde, weise ich stets auf Ihren Beitrag zu dieser Balance hin. Nicht durch große Aktionen, sondern durch integre verlässliche Wahrung der Interessen beider Seiten."

Über eine derartige Stellenbeschreibung darf ein sich an der klassischen Führungs- und Managementliteratur orientierender Ökonom berechtigterweise wundern. Warum spricht man voller Selbstverständlichkeit, wenn auch mit ausgesprochener Hochachtung, davon, dass der Verantwortungsbereich des Sprechers der Geschäftsführung einer Bank auch in die Familie hinein reicht? Weshalb betreut ein Fremdmanager Testamente und Eheverträge der Gesellschafter oder kümmert sich um die drei Monate bis 80 Jahre alten Mitglieder der Eigentümerfamilie? Ein informierter Familienunternehmensforscher hingegen mag feststellen, dass es sich bei der hier dargelegten Verantwortlichkeit keinesfalls um einen Einzelfall handelt. Und tatsächlich: Wie im vorherigen Abschnitt herausgearbeitet werden konnte, ist nach dreißig Jahren erfolgreicher Familienunternehmensforschung mindestens eines geklärt worden: Die Familie eines Familienunternehmens macht einen Unterschied, der nicht nur auf der Ebene der Anteilseigner oder Kontrollorgane zu suchen ist, sondern der auf das Unternehmen selbst, also dessen Reproduktion, Routinen und Strukturen, Einfluss ausüben kann.

Es lässt sich daher vermuten, dass der Familieneinfluss im Unternehmen auch vor Führungsaufgaben und Stellenprofilen nicht Halt macht. Auch hier kann die Familie ein unumstößlicher Bestandteil sein, der sich in unterschiedlichen Ausprägungsformen (q.e.d.)[1] bemerkbar macht. Hierzu auch SIMON:[2]

„Wer als Fremdmanager in ein Familienunternehmen eintritt, sollte sich darüber klar sein, dass er nicht nur innerhalb des Unternehmens wichtige Funktionen

---

[1] Ob dem so ist, wird in Kap. 3. Ist Familienmanagement eine Führungs-aufgabe im Familienunternehmen?, S. 157 ff. detailliert untersucht werden.

[2] [Simon, F. B. (2002): Der Dritte in der Eltern-Kind-Beziehung: Familiäre Funktionen des Fremdmanagers.], S. 179.

> übernimmt, sondern auch innerhalb der Familie. Wer denkt, er könne das Unternehmen gegen die Familie führen, hat in der Regel wenig Erfolgschancen. Seine Aufgabe besteht darin, immer die familiäre Dynamik mitzudenken bei seinen Entscheidungen. Oft genug wird er auch für innerfamiliäre Konflikte funktionalisiert; sich dieser Rolle – in Familie und Unternehmen – bewusst zu sein ist Voraussetzung für die erfolgreiche Arbeit als Fremdmanager."

Wie aus dem oben genannten Zitat zu erkennen ist, scheint es neben den klassischen Aufgaben einer Unternehmensführung, zu denen beispielsweise Strategiearbeit, strategisches Controlling, Ressourcenmanagement oder (Re-)Organisationsaufgaben zählen, in Familienunternehmen noch weitere Anforderungen zu geben. Und offensichtlich haben diese mit dem Haupt-Charakteristikum des Familienunternehmens, der Unternehmensfamilie, zu tun.

1.2.2. Bisherige Literatur zum Themenfeld

Durchsucht man als interessierter Ökonom die grundlegende Führungs- und Managementliteratur wird schnell klar, dass es zumindest in den etablierten Werken keinerlei Hinweise zu diesem Phänomen gibt.[1] Diese rezipieren allesamt, in unterschiedlicher Gewichtung, die klassischen Konzepte zu Strategiearbeit, Controlling, Personalführung etc. Hierin finden sich auch vielfältige Hinweise, wie mit distinkten Umwelten eines Unternehmens verfahren werden soll, wie also Kunden, Konkurrenten oder die lokale Öffentlichkeit gehandhabt werden

[1] Vgl. hierzu die gängigen Lehrbücher, exemplarisch: [Steinmann, H., & Schreyögg, G. (2002): Management: Grundlagen der Unternehmensführung]; [Macharzina, K. (2003): Unternehmensführung. Das internationale Managementwissen: Konzepte – Methoden – Praxis.]; [Kieser, A., Reber, G., & Wunderer, R. (1995): Handwörterbuch der Führung] sowie einige klassische Werke der Unternehmensführungs- und Managementliteratur: [Ansoff, H. I. (1980): Strategic Management]; [Freeman, R. W. (1984): Strategic Management: A Stakeholder Approach]; [Müller-Stewens, G., & Lechner, C. (2001): Strategisches Management: Wie strategische Initiativen zum Wandel führen].

sollten.[1] Doch was ist mit der Familie des Familienunternehmens? Ist diese nicht in die Reihe der Anspruchsgruppen in der Umwelt des Unternehmens einzureihen, um dann die legitime Frage zu stellen, wie mit ihr geschickt umzugehen sei? Die ökonomische Literatur gibt hierzu keine klare Antwort.[2]

Wendet man sich auf der Suche nach befriedigenden Antworten der gängigen Familienunternehmensliteratur zu, ergibt sich ein anderes Bild. Zum einen wird offenkundig proklamiert, dass der Schlüssel für erfolgreiche Familienunternehmen *gerade* in einem erfolgreichen Management des Verhältnisses von Familienunternehmen und Unternehmensfamilie[3] zu suchen ist.[4] So sagt SHARMA[1] zusammenfassend:

---

[1] Stakeholder-Ansatz nach [Freeman, R. W. (1984): Strategic Management: A Stakeholder Approach], der verschiedene generische Stakeholder unterscheidet: Eigentümer, Angestellte, Vereinigungen jeglicher Art, Kunden, Interessenvertreter dieser Kunden (z.B. Stiftung Warentest), Wettbewerber, Lieferanten, die Medien, Umweltaktivisten, Regierung, lokale öffentliche Interessensgruppen, politische Gruppierungen, die Finanzierungsägide, Handelsverbände, sonstige Aktivistengruppen und „special interest"-Gruppen.

[2] Noch in den 1990er Jahren wurden familiäre Aspekte als Unzulänglichkeiten von an sich „normalen" Unternehmen diskreditiert. Vgl. hierzu beispielsweise [Albach, H., & Freund, W. (1989): Generationswechsel und Unternehmenskontinuität – Chancen, Risiken, Maßnahmen], S. 266 f., die davon ausgehen, dass das Familienunternehmen an sich aussterben wird und es nurmehr „Unternehmen an sich" (=Wirtschaftsunternehmen) geben wird. Andere schätzen die Familie als „Störfaktor" ein, der im Rahmen eines ökonomischen Kalküls gleichsam herausgerechnet, besser gesagt: gar nicht erst eingerechnet, werden sollte. Vgl. [Perrow, C. (1972): Complex organizations], S. 8 f.

[3] [Wimmer, R., Domayer, E., Oswald, M., & Vater, G. (1996): Familienunternehmen – Auslaufmodell oder Erfolgstyp?] sprechen hier von Nahtstellenmanagement.

[4] Hierzu [Sharma, P. (2004): An Overview of the Field of Family Business Studies: Current Status and Directions for the Future], S. 9: „The intertwinement and reciprocal relationships between the family and business systems is being recognized as the key feature distinguishing this field of study from others."; sowie [Gersick, K. E., Davis, J. A., McCollom Hampton, M., & Lansberg, I. (1997): Generation to Generation – Life Cycles of the Family Business], S. 95: „From the be-

> „Scholars have suggested broad-based conceptual models of sustainable family businesses that take into account the reciprocal relationship between family and business systems.[2] These models are aimed toward the simultaneous development of functional families and profitable firms. Others have encouraged the adoption of a „family embeddedness perspective“ by including the characteristics of family systems in research studies.[3] Large-scale carefully designed empirical studies have revealed that the success of family firms depends on the effective management of the overlap between family and business, rather than on resources of processes in either the family or the business systems.[4] A seeming convergence is appearing that it is the reciprocal impact of family on business that distinguishes the field of family business studies from others.[5]“

Im Forschungsfeld wurde offenbar erkannt, welche Bedeutung einem Management des familiären Einflusses im Familienunternehmen und ebenso dem Transfer der Erkenntnisse in die Führungs- und Managementliteratur zukommt. Denn nur durch das Verbinden von Er-

---

ginning, it was clear that finding strategies that satisfy both subsystems is the key challenge facing all family enterprise.“

[1] [Sharma, P. (2004): An Overview of the Field of Family Business Studies: Current Status and Directions for the Future], S. 5 f.

[2] Vgl. hierzu [Stafford, K., Duncan, K. A., Dane, S., & Winter, M. (1999): A research model of sustainable family businesses].

[3] Vgl. [Aldrich, H. E., & Cliff, J. E. (2003): The pervasive effects of family on entrepreneurship: Toward a family embeddedness perspective; Chrisman, J. J., Chua, J. H., & Sharma, P. (2003): Current Trends and Future Directions in Family Business Management Studies: Toward a Theory of the Family Firm].

[4] Vgl. [Olson, P. D., Zuiker, V. S., Danes, S. M., Stafford, K., Heck, R. K. Z., & Duncan, K. A. (2003): Impact of family and business on family business sustainability].

[5] [Astrachan, J. H. (2003): Discussion: Commentary on the special issue: the emergence of a field]; [Dyer, W. G. J. (2003): The Family: The Missing Variable in Organizational Research]; [Habbershon, T. G., Williams, M. L., & MacMillan, I. C. (2003): A Unified Systems Theory of Family Firm Performance]; [Rogoff, E. G., & Heck, R. K. Z. (2003): Evolving research in entrepreneurship and family business: recognizing family as the oxygen that feeds the fire of entrepreneurship].

kenntnissen der Familienunternehmensforschung mit Resultaten der Managementliteratur wird es möglich sein, eine *Theorie der Führung von und in Familienunternehmen* formulieren zu können.[1] Unglücklicherweise ist genau diese Integration noch nicht erfolgt: [2]

> „Paradoxically, key issues related to effective management of family firms, such as goal and strategy formulation, innovation in and professionalization of firms, resource management, culture, and internationalization, are routinely ignored or remain understudied."

Der sich nach wie vor auf der Suche nach Hinweisen befindliche Ökonom wird also auch in der Familienunternehmensforschung (noch!) nicht fündig. Denn auch diese liefert bislang keine hinreichenden Antworten auf die Frage, was es mit der Handhabung einer Unternehmensfamilie im Rahmen von Führungs- und Managementfunktionen im Familienunternehmen auf sich haben kann,[3] so wie es das Beispiel der Castell'schen Bank exemplarisch zu zeigen vermochte. Wendet man sich von der wissenschaftlichen Literatur zur Ratgeberliteratur, wandelt sich das Bild ein weiteres Mal. Insbesondere die sehr *junge* Ratgeberliteratur enthält erste Hinweise darauf, dass es

---

[1] So auch mit Nachdruck einfordernd [Rogoff, E. G., & Heck, R. K. Z. (2003): Evolving research in entrepreneurship and family business: recognizing family as the oxygen that feeds the fire of entrepreneurship].

[2] Vgl. [Zahra, S. A., & Sharma, P. (2004): Family Business Research: A Strategic Reflection], S. 335.

[3] Einige wenige Ansätze wie beispielsweise [Miller, N. J., Fitzgerald, M. A., Winter, M., & Paul, J. (1999): Exploring the Overlap of Family and Business Demands: Household and Family Business Manager's Adjustment Strategies], die in einer empirischen Studie versucht haben, Unternehmensmanager und die auf Familienseite zu identifizierenden Pendants auf ihre Korrelationen hin zu untersuchen. Das Sample fokussiert jedoch vorwiegend kleine Unternehmen bis 1 Mio. $ Umsatz, weswegen diese Ergebnisse nur von geringer Bedeutung sind, wenn nach systematischen und somit generalisierbaren Antworten auf die Frage nach dem *management of the overlap* gefragt wird. Siehe ferner [Lansberg, I. (1983): Managing human resources in family firms: The problem of institutional overlap] sowie [Olson, P. D., Zuiker, V. S., Danes, S. M., Stafford, K., Heck, R. K. Z., & Duncan, K. A. (2003): Impact of family and business on family business sustainability].

tatsächlich die Aufgabe eines erfolgreichen Unternehmers ist, auch das Verhältnis zur Familie zu managen.[1] Dies mag möglicherweise ebenso in dem Wunsch begründet sein, Wettbewerbsvorteile für das Unternehmen zu sichern,[2] wie auch in der Notwendigkeit, drohende Risiken vom Unternehmen abzuwenden.[3] *Letztendlich jedoch geht es um den Umgang mit Aktualität.* Familienunternehmen sind nun einmal Unternehmen, die sich im Kontext einer faktisch existierenden Unternehmensfamilie als Umwelt des Unternehmens wiederfinden.

Augenscheinlich kann aber auch die Ratgeberliteratur auf kein angemessenes Managementmodell verweisen, in dem der Umgang mit

---

[1] So beispielsweise [Carlock, R. S., & Ward, J. L. (2001): Strategic planning for family business: Parallel planning to unify the family and the business], S. 96: „Incoming CEOs in family firms must also deal with the influence of the family on their role.", und weiter S. 98 f.: „In many families, the CEO of the business also serves as the family's chief arbiter. [...] Finding a successor for the family leader is equally as important to the long-term health of the family business as is finding a successor for the chief executive." Hierzu auch [Poza, E. J. (2004): Family Business], S. 122: „Balancing the sometimes competing demands of family and business is a challenge for nonfamily managers, too. [...] The complexity of getting the job done, however, is compounded in a family firm by the need to skilfully manage relationships with family members."

[2] Im Sinne einer strategischen Ressource, der bei entsprechender Kultivierung das Generieren von Wettbewerbsvorteilen zugeschrieben werden kann. So bei [Habbershon, T. G., & Williams, M. L. (1999): A Resource-Based Framework for Assessing the Strategic Advantages of Family Firms.; Habbershon, T. G., Williams, M. L., & MacMillan, I. C. (2003): A Unified Systems Theory of Family Firm Performance] und in einer Anwendung dieses Konzeptes [Sirmon, D. G., & Hitt, M. A. (2003): Managing Resources: Linking Unique Resources, Management, and Wealth Creation in Family Firms]; [Campbell, N. D., & Heriot, K. C. (2001): Which Family-controlled Business remains family-controlled? A resource based approach].

[3] [Ward, J. L. (2004): Perpetuating the Family Business: 50 Lessons Learned from Long-Lasting, Successful Families in Business], S. 5: „However powerful the business issues may be, it is the perception of a majority of family business members that the most significant dilemmas, in terms of reaching for long-lasting success, are seated within the family."; Vgl. weiterführend ausführlich [Wiechers, R. (2004): Die Unternehmerfamilie: ein Risiko des Familienunternehmens? – Zum Umgang mit familieninduzierten Risiken im Familienunternehmen.].

der Familie *als Funktion* eines Unternehmens erläutert würde. Sie löst das Dilemma auf eigene Weise, indem sie sich regelmäßig mit Personen, nicht mit Funktionen des Familienunternehmens beschäftigt. Verständlicherweise adressiert sie mit ihren Ratschlägen denn auch den Eigentümer-Unternehmer, der *per definitionem* bereits in beide Rollen eingespannt ist, und strebt an, seinen Blick zu klären und mögliche Wege aufzuzeigen.[1] Der Fremdmanager als Adressat derartiger Ratschläge wird dabei jedoch meist vergessen.[2] So finden Unternehmensführer in Familienunternehmen, die nicht aus der Unternehmensfamilie stammen, weder in der wissenschaftlichen Literatur (Ökonomie wie Familienunternehmensforschung) noch in der Ratgeberliteratur angemessene Hinweise dazu, was mit Blick auf die offensichtlich wichtige Unternehmensfamilie im Unternehmen zu tun wäre.

1.2.3. Klärung der Forschungsfrage

Zusammenfassend kann festgestellt werden, dass zumindest die Ratgeberliteratur einige wenige Hinweise für Familienunternehm***er*** bereithält, die die angemessene Handhabung der Familie mit Blick auf das Familienunternehmen betreffen. Diese Ratschläge sind jedoch stets personenorientiert, *nicht funktionsorientiert,* und bilden zudem keine wissenschaftliche Basis für weitere Untersuchungen. Die Familienunternehmensliteratur indes hat das Management des Verhältnisses von Unternehmensfamilie und Familienunternehmen zwar als Kern der eigenen Forschungsziele markiert, hält jedoch nur wenige systematische Hinweise bereit, ob, und wenn ja, wie dieses Management als *Funktion des Familienunternehmens* verstanden werden

---

[1] So gesehen beispielsweise bei [von Moos, A. (2003): Familienunternehmen erfolgreich führen: Corporate Governance als Herausforderung], S. 61-82; [Hennerkes, B.-H. (2004): Die Familie und ihr Unternehmen: Strategie, Liquidität, Kontrolle], S. 28-66; [Poza, E. J. (2004): Family Business], S. 87-170.

[2] Eine Ausnahme stellen die Heftlein von [Eckrich and McClure, 2004, Working for a Family Business: A Non-Family Employee's Guide to...] und [Aronoff, C. E., & Ward, J. L. (2000): More than Family: Non-Family Executives in the Family Business] dar.

könnte.[1] Die klassische Management- und Unternehmensführungsliteratur schweigt sich über dieses Aufgabenfeld erwartungsgemäß aus. Sie leistet keinen Beitrag zur Entfaltung und Kultivierung solcher Managementaufgaben, die – unabhängig von der Besetzung der Führungsstelle durch Familienmitglieder oder Fremdmanager – offensichtlich zu den wichtigen Führungsaufgaben in Familienunternehmen gehören.

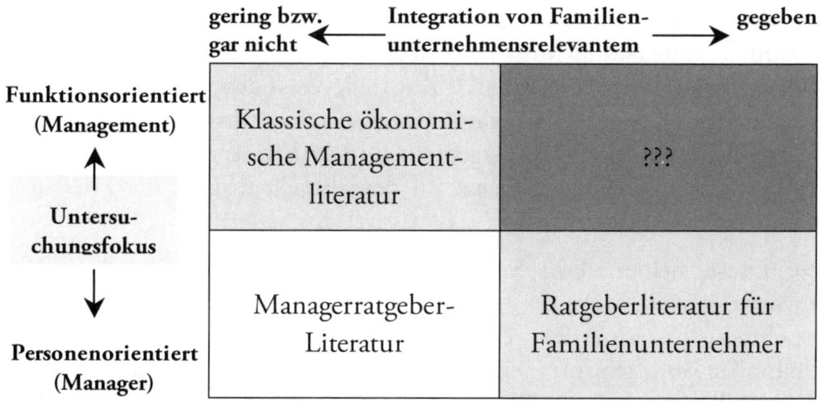

Abbildung 8: Eingrenzung des Forschungsfeldes. Eigene Darstellung.

Das Thema der vorliegenden Arbeit hat sich mit den vorherigen Analysen nun schon teilweise herauskristallisiert. Die Arbeit fokussiert exakt die Grenze zwischen Familienunternehmensforschung auf der einen Seite und Management- und Führungsforschung auf der anderen. Sie setzt sich zum Ziel, beide Seiten gegenseitig ein Stück zugänglicher und somit fruchtbarer zu machen.

---

[1] Der Autor verfolgt unterdessen die Hypothese, dass dieses Manko der historisch starken Rollenorientierung des Forschungsfeldes, insbesondere der angloamerikanischen Familienunternehmensforschung, zuzuschreiben ist. Durch die frühe Fokussierung auf Akteurs- und Rollenmodelle, wie sie das 3-Kreise-Modell nahe legt (vgl. hierzu Kap. 1.1.2.1. weiter oben), wurde der Blick für organisationstheoretische Fragestellungen lange Zeit unnötigerweise verdeckt.

Kern der Arbeit ist also die Suche nach einer klaren Antwort auf die Frage: Sollte die angemessene Handhabung familienunternehmenstypischer Aspekte im Familienunternehmen als Teilaufgabe der Unternehmensführung verstanden werden? Falls ja, schließt sich die Frage an, wie diese Managementaufgabe systematisiert und somit handhabbar gemacht werden kann.

Hiermit bietet die vorliegende Arbeit der Management- und Führungsliteratur einen Baustein an, der in diese Literatur aufgenommen werden sollte, wann immer sie sich mit Fragen der *Führung in Familienunternehmen* beschäftigt.[1] Zugleich versucht sie, innerhalb der Familienunternehmensliteratur einige bereits erforschte Aspekte unter dem Blickwinkel von Management und Führung neu zu ordnen und somit einen alternativen Blick auf den aktuellen Stand der Forschung und deren Beitrag für die Praxis zu werfen.

Diese beiden Forschungsvorhaben abschließend zu bearbeiten würde jedoch bedeuten, sowohl die Kernfragen der Familienunternehmensforschung zu beantworten, als auch eine Theorie der Führung in Familienunternehmen zu entwerfen. Es ist unrealistisch, dies im Rahmen einer einzigen Ausarbeitung leisten zu wollen. Nahezu alle Formen des Managements von relevanten Umweltgruppen eines Unternehmens haben mittlerweile ihre eigene Forschungsdisziplin hervorgebracht. Man denke nur an die Fülle der Literatur zum Mitarbeitermanagement, Kunden- und Lieferantenmanagement, zur Corporate Social Responsibility oder dem Public und Investors Relations Management. Eine ebenso umfangreiche wie nachhaltige Debatte zum vorliegenden Thema wäre denn auch für die Zukunft ebenso zu erwarten wie zu begrüßen.

---

[1] Was, wie weiter oben gezeigt wurde, ein Beitrag der Wissenschaft zum Nutze der Mehrheit aller weltweit in marktwirtschaftlich ausgerichteten Volkswirtschaften wäre, vgl. hierzu Kap. 1.1.1. Familienunternehmen in Wirtschaft und Gesellschaft, S. 13 ff.

Es lautet die Hypothese der vorliegenden Arbeit, dass in Familienunternehmen die Auseinandersetzung mit der Unternehmensfamilie eine eigene Funktion im Rahmen der Unternehmensführung ist. Dabei hat jene als Familienmanagement zu bezeichnende Managementfunktion zur Aufgabe, die aus dem Kopplungsverhältnis von Unternehmen und Familie entstehenden Charakteristika in beiden Systemen derart zu handhaben, dass die langfristige Überlebensfähigkeit sowohl des Familienunternehmens wie notwendigerweise auch der Unternehmensfamilie gewahrt bleibt.

Die vorliegende Arbeit kann lediglich als ein erster Beitrag zur Gliederung und Entfaltung des Forschungsfokus verstanden werden. Falls die Hypothese des Autors zutrifft und die Auseinandersetzung mit der Unternehmensfamilie als (wesentlicher) Bestandteil von Unternehmensführung in Familienunternehmen verstanden werden muss, ganz gleich ob durch Familienmitglieder besetzt oder nicht, wird es in Zukunft noch zahlreiche Beiträge sowohl in der Management- und Führungsliteratur wie auch in der Familienunternehmensforschung zu diesem Themenkomplex geben. Daher soll in der vorliegenden Arbeit primär ein Grundverständnis, gleichsam ein Grundgerüst, zur Analyse und weiteren Erforschung der Managementaufgabe *Unternehmensfamilie* entwickelt werden. Dieses bildet sodann die Basis für anschließende Weiterentwicklungen, Alternativvorschläge, empirische Tests zur Untersuchung einzelner Aspekte, und so weiter. Und letztendlich, so die Hoffnung des Autors, ist die vorliegende Arbeit dann auch ein – wenngleich naturgemäß begrenzter – Beitrag zur Normalisierung des Phänomens *Familienunternehmen* in allgemeinen Fragestellungen der Ökonomie.

1.2.4. Skizze zum weiteren Vorgehen

Die Arbeit umfasst, wie aus der untenstehenden Grafik ersichtlich, vier große Untersuchungsfelder.

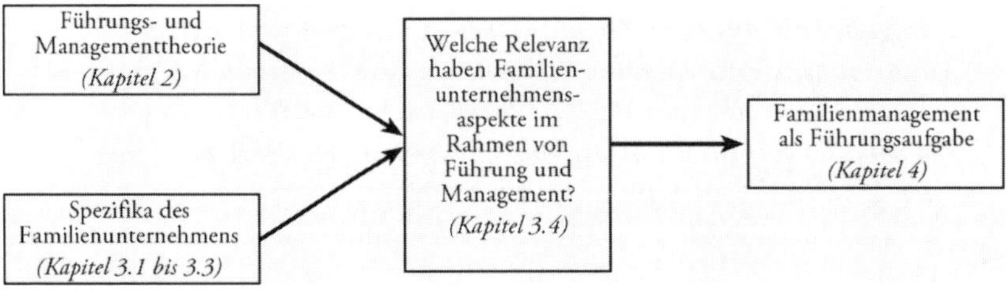

Abbildung 9: Überblick über das Forschungsvorhaben. Eigene Darstellung.

(1) Zu Beginn wird ein Überblick zum allgemeinen Verständnis von Führung und Management gegeben. Hier wird untersucht, ob und in welchem Umfang die Ökonomie nützliche Modelle zur Bearbeitung der Forschungsfrage anbietet. Alternativ hierzu werden andere Konzepte von Führung und Management erprobt, um mit einer Reformulierung des eigenen Führungs- und Managementverständnisses abzuschließen. (2) Dann erfolgt eine Entfaltung und Analyse der Spezifika des vorliegenden Forschungsgegenstandes, also des Familienunternehmens und der Unternehmensfamilie. Dabei wird untersucht, welche besonderen Ausprägungen beiden Systemen eigen sind und wie das Verhältnis der beiden Systeme zueinander beschrieben werden kann. (3) Anschließend erfolgt eine Zusammenführung von Management- und Führungsverständnis auf der einen Seite mit den Spezifika von Unternehmensfamilien und Familienunternehmen auf der anderen Seite, um herauszufinden, welche Relevanz familienunternehmenstypische Aspekte im Rahmen der Unternehmensführung erhalten können. Hier wird also der Frage nachgegangen, ob die angemessene Handhabung der Unternehmensfamilie als Teilaufgabe von Unternehmensführung in Familienunternehmen verstanden werden kann. (4) Hieran anschließend wird ein Modell

zum Familienmanagement[1] als Teil der Unternehmensführung in Familienunternehmen entwickelt. Dabei wird insbesondere nach möglichen *Formen von Familienmanagement* Ausschau gehalten, um schließlich zu fragen, wie die unterschiedlichen Aufgaben und Aspekte des Familienmanagements systematisiert und im Rahmen eines Modells übersichtlich dargestellt werden können. Hier geht es also darum, *was genau* unter dem Terminus *Familienmanagement* subsumiert werden kann. Anschließend wird danach gefragt, *wer* zur Wahrnehmung dieser Managementaufgabe überhaupt in Frage kommt. Abschließend wird ein Prozessmodell vorgestellt, das systematisiert, *wie* Familienmanagement als kontinuierlicher Prozess im Rahmen der Unternehmensführung von Familienunternehmen verstanden werden kann.

---

[1] Der Begriff *Familienmanagement* wird an dieser Stelle vorweggenommen, jedoch erst weiter unter detaillierter erläutert.

2. Zur Theorie von Management und Führung: Ein Aufriss

Business leaders have much more
in common with artists than they do with managers.
(Abraham Zaleznik)[1]

2.1. Der betriebswirtschaftliche Führungsbegriff

2.1.1. Führung als ungenau bestimmter Begriff

Der Versuch, das Phänomen *Führung* zu erfassen, zu beschreiben und einer aussagefähigen Abgrenzung zuzuführen, erweist sich bereits zu Beginn als schwierig. Aus zu vielen Richtungen wurde bereits versucht, sich diesem Phänomen zu nähern. Wirtschaftswissenschaftliche Konzepte gehen aus unterschiedlichen Prozess-, Funktions- oder interaktionalen Perspektiven an den Sachverhalt heran, während gleichzeitig eine ganze Reihe weiterer Sozialwissenschaften (insbesondere Psychologie und Soziologie)[2] versuchen, ihren eigenen Zugang zu finden.[3] Dies erschwert sowohl einen umfassenden als auch einen

---

[1] Entnommen aus [Zaleznik, A. (2004): Managers and Leaders: Are They Different? (reprint from 1977)], S. 74.

[2] Vgl. [Wunderer, R. (1995): Führungsforschung und Betriebswirtschaftslehre].

[3] Vgl. [Macharzina, K. (2003): Unternehmensführung. Das internationale Managementwissen: Konzepte – Methoden – Praxis.], S. 36: „Eine geeignete Führungslehre liegt aber auch deswegen noch nicht vor, da das Führungswissen in der Betriebswirtschaftslehre eher ein Bündel von Leihgaben verwandter Disziplinen, denn ein kohärentes Aussagensystem darstellt, wie WILD bereits in den 1970er Jahren feststellte". Das Zitat verweist auf [Wild, J. (1974): Unternehmensführung. Festschrift für Erich Kosiol zu seinem 75. Geburtstag], S. 146. Zugleich ist die Menge verfügbarer Literatur zu diesem Themenkomplex erschlagend. Das Literaturverzeichnis (!) des *Handbook of Leadership*, 3. Aufl. 1990, eines der führenden Sammelwerke zum Thema Führung, umfasst beispielsweise nahezu 200 Seiten mit ca. 7.500 Quellen. Vgl. [Bass, B. M., & Stogdill, R. M. (1990): Bass and Stogdill's Handbook of Leadership: Theory, Research, & Managerial Applications].

objektivierenden Zugang zu Führung und setzt letztendlich jeden Versuch des Umgangs mit Führung der Kritik aus, Züge der Beliebigkeit, des Zufalls und der subjektiven Präferenz zu tragen. Subsumiert man unter *Führung* jedoch Sachverhalte des *Ingangsetzens* und der *Initiierung* (Impulsgebung) sowie des *Richtungweisens* und der *Lenkung* (Zielausrichtung), folgt man mit einem solchen Begriffsverständnis einer relativ großen Schnittmenge von Autorenmeinungen.[1]

Eine grundlegend wichtige, vor jeder Arbeit mit dem Führungsbegriff zu ziehende Unterscheidung differenziert *Unternehmensführung* (Management)[2] und *Personalführung* (Leadership).[3] Dabei wird die Personalführung als ein Teilbereich der Unternehmensführung verstanden. In der weiteren Analyse wird der Begriff *Führung* im weiteren Sinne, also im Sinne von Unternehmensführung, verwendet.

2.1.2. Begriffsentwicklung

Der Begriff der *Unternehmensführung* unterlag insbesondere ab Mitte des 19. Jahrhunderts einem grundlegenden Wandel.[4] Bis dahin dominierte ein stark nach innen gerichtetes Verständnis von Unternehmensführung im Rahmen eines *Unternehmermodells*,[5] das die *bestmögliche Faktorenkombination zum Zwecke der optimalen Leistungs-*

---

[1] Vgl. [Steinle, C. (1995): Führungsdefinitionen], S. 524

[2] Vgl. [Macharzina, K. (2003): Unternehmensführung. Das internationale Managementwissen: Konzepte – Methoden – Praxis.], S. 39: „Bei der Unternehmensführung („General Management") geht es hingegen um die Steuerung des Gesamtsystems. Sie stellt ein gestaltendes Eingreifen in den gesamten Wertschöpfungsprozess des Unternehmens dar [...]."

[3] Vgl. [Kirsch, W., & zu Knyphausen, D. (1992): Führung und Management. Begriffsstrategische Überlegungen am Beispiel des Personalmanagements.].

[4] [Macharzina, K. (2003): Unternehmensführung. Das internationale Managementwissen: Konzepte – Methoden – Praxis.], S. 9.

[5] Zum Begriff des *Unternehmermodells*, vgl. [Grochla, E. (1976): Betrieb, Betriebswirtschaft und Unternehmung], Sp. 543.

erstellung beinhaltete.[1] Heutzutage würde man bei einer derartigen Beschreibung an das Shareholder-Value-Konzept oder Ansätze der wertorientierten Unternehmensführung denken.[2] Ab Mitte des 19. Jahrhunderts kam es, unterstützt durch Modernisierungen im Gesellschaftsrecht,[3] zu einem Auseinanderfallen der Unternehmerfunktion in Eigentum einerseits und Verfügungsgewalt andererseits. Interessanterweise wurde diese Entwicklung erst ab den 1970er Jahren verstärkt im Agenturansatz, auch bekannt als Principal-Agent-Theorie, theoretisch diskutiert.[4]

Eine zweite Erweiterung erfuhr der Begriff der *Unternehmensführung* durch die schrittweise Berücksichtigung weiterer Interessengruppen neben den Anteilseignern (Prinzipal) und Managern (Agent). Die Erweiterung um unterschiedliche *Interessenlager* wie Arbeitnehmer, Gläubiger oder Kunden mündete in dem als *Stakeholder-Ansatz* bezeichneten Modell der Unternehmensführung.[5] Unklar

---

[1] Als früher Vertreter der Bestimmung von Managementfunktionen gilt FAYOL, der diese in Vorschau, Planung, Organistion, Leitung, Koordination und Kontrolle differenziert. Vgl. [Fayol, H. (1929): Allgemeine und industrielle Verwaltung.].

[2] Zur Erläuterung des Shareholder-Value-Konzeptes, vgl. exemplarisch [Bühner, R. (1993): Shareholder Value – Eine Analyse von 550 großen Aktiengesellschaften in der Bundesrepublik Deutschland] sowie zu einer Kritik desselben, vgl. [Wimmer, R. (2002): Aufstieg und Fall des Shareholder Value-Konzepts].

[3] beispielsweise der Aktiengesellschaftsreform; vgl. [Siegrist, H. (1995): Geschichte der Führung – Industrialisierung], S. 1108

[4] Zum Agenturansatz, vgl. [Jensen, M. C., & Meckling, W. H. (1976): Theory of the Firm – Managerial Behavior, Agency Costs and Ownership Structure], 305 ff.

[5] [Freeman, R. W. (1984): Strategic Management: A Stakeholder Approach], S. 25, 55 unterscheidet verschiedene Stakeholder, zu denen die folgenden gehören: Eigentümer, Angestellte, Vereinigungen jeglicher Art, Kunden, Interessenvertreter dieser Kunden (z.B. Stiftung Warentest), Wettbewerber, Lieferanten, die Medien, Umweltaktivisten, Regierung, lokale öffentliche Interessengruppen, politische Gruppierungen, die Finanzierungsägide, Handelsverbände, sonstige Aktivistengruppen und „special interest"-Gruppen. Zur Anwendung des Stakeholder-Ansatzes im Führungsalltag vgl. [Svendson, A. (1998): The stakeholder strategy: profiting from collaborative business relationships] und [Scharioth, J., & Huber, M. (2003): Achieving Excellence in Stakeholder Management]; zu den Grenzen

blieb jedoch, wie eine derartige Fülle unterschiedlicher Interessen im Rahmen der Unternehmensentscheidungen zu berücksichtigen sei. Konzepte, die sich mit dem Problem des Interessenpluralismus in der Unternehmensführung auseinandersetzen, wie z.B. der Koalitionsansatz von CYERT und MARCH[1], die das Modell der autonomen Unternehmensführung durch ein Modell der verteilten Entscheidungsgewalt substituierten, prägen auch noch die heutigen Führungsmodelle grundlegend.

Parallel zur Einarbeitung unterschiedlicher Interessengruppen in die bestehenden Führungstheorien orientierte sich der Führungsansatz ab den 1960er Jahren in eine neue Richtung. Grundlage dieser neuartigen Ansätze, zu denen auch das Konzept des *Strategischen Managements* zählt,[2] war die allmähliche Akzeptanz einer diskontinuierlich verlaufenden und daher im Rahmen der Unternehmensplanung nicht länger antizipierbaren Unternehmensumwelt. Der Kern dieser Unternehmensführungsansätze lag daher in der Bewältigung von unprognostizierbaren Umweltentwicklungen durch das Unternehmen. [3] Neben die vorwiegend im Stakeholderansatz diskutierten marktlichen Interaktionspartner traten nunmehr auch gesamtgesellschaftliche Größen wie politisch-rechtliche, soziale, technische, ökonomische und ökologische Umwelten ins Blickfeld der Unternehmensführungstheorien. Man ging nunmehr davon aus, dass die Herstellung einer *Passung zwischen Umwelt und Unternehmen* eine Aufgabe der Organisationsleitung sei.

---

des Stakeholder-Ansatzes vgl. exemplarisch [Phillips, R. (2003): Stakeholder Theory and Organizational Ethics].

1 Vgl. [Cyert, R. M., & March, J. G. (1963): A Behavioral Theory of the Firm] sowie in der deutschen Übersetzung auszugsweise: [March, J. G. (1990): Die Unternehmung als politische Koalition].

2 Vgl. [Ansoff, H. I. (1980): Strategic Management].

3 Vgl. [Macharzina, K. (2003): Unternehmensführung. Das internationale Managementwissen: Konzepte – Methoden – Praxis.], S. 12.

2.1.3. Einsatzgebiete von Führung

Es dürfte wenig verwundern, dass sich parallel zur Begriffsausweitung auch die „Kernfragen" der Führung erheblich verändert haben. Zählten zuvor Fragen der optimalen Faktorenkombination, beispielsweise bezüglich der effizienten Arbeitsteilung, zu den wichtigen Aspekten von Führung, so stehen heutzutage Fragen zur optimalen Unternehmens-Umwelt-Passung im Vordergrund. Nichtsdestoweniger stehen neben allen umweltrelevanten Fragestellungen, die insbesondere die Strategiearbeit von Unternehmen betreffen,[1] nach wie vor binnenorganisationale Fragen im Fokus der Unternehmensführung. Zu diesen Funktionen der Unternehmensführung gehören insbesondere Aspekte des Controllings,[2] der Organisation,[3] des Personalmanagements[4] sowie Teilbereiche der Unternehmensfinanzierung.[5] Des Weiteren werden häufig, jedoch nicht regelmäßig, Aspekte wie Informations- und Wissensmanagement oder Verhandlungsführung als Aufgabenfelder der Führung markiert.

---

1 Zu einer Übersicht unterschiedlicher Formen der Strategiebearbeitung vgl. [Mintzberg, H., Ahlstrand, B., & Lampel, J. (1999): Strategy Safari: eine Reise durch die Wildnis des strategischen Managements]. Zur Implementierung der Strategiearbeit in allgemeine Fragen des General Managements vgl. [Müller-Stewens, G., & Lechner, C. (2001): Strategisches Management: Wie strategische Initiativen zum Wandel führen].

2 Vgl. [Horváth, P. (1995): Controlling und Führung], S. 211 ff. sowie etwas umfassender: [Macharzina, K. (2003): Unternehmensführung. Das internationale Managementwissen: Konzepte – Methoden – Praxis.], S. 347 ff.

3 Vgl. [Klimecki, R. G. (1995): Organisationsentwicklung und Führung], S 1652 f. sowie [Walgenbach, P. (1995): Organisationsentwicklung und Führung], S. 1682 ff. und [Macharzina, K. (2003): Unternehmensführung. Das internationale Managementwissen: Konzepte – Methoden – Praxis.], S. 397 ff.

4 Zu einer Übersicht unterschiedlicher Aspekte wie Personalauswahl, -beurteilung, -entwicklung und Entlohnung vgl. [Steinmann, H., & Schreyögg, G. (2002): Management: Grundlagen der Unternehmensführung], S. 659 ff.

5 Hierzu gehören insbesondere große Investitionsentscheidungen, aggregierte Budgetplanungen (strategische Budgets) etc. Zu Lletztgenanntem vgl. [Fischer, T. M. (1995): Budgets als Führungsinstrument].

2.1.4. Die Unternehmensfamilie in der klassischen Management- und Führungstheorie

Eine Auswertung unterschiedlicher Managementpublikationen und -zeitschriften von SCHULZE ET AL. zeigt, dass die meisten Ökonomen die Familie eines Familienunternehmens in ihrer täglichen Arbeit außer Acht lassen.[1] Eine von DYER[2] durchgeführte Inhaltsanalyse zahlreicher Ausgaben des *Academy of Management Review* sowie des *Academy of Management Journal* dokumentiert, dass die Familie als Variable der ökonomischen Forschung weder in theoretischen Modellen noch in den jeweiligen Forschungsansätzen vorkommt. Das Feld der Managementforschung scheint also die spezifischen Aspekte von Unternehmensfamilien als unwichtig anzusehen. Zu ähnlichen Ergebnissen kommen Kurzanalysen von Sammelwerken über Strategie,[3] Organisationstheorie[4] oder Führung,[5] um nur einige der betriebswirtschaftlichen Domänen zu nennen.

Auf der Suche nach Gründen, warum die Familie in der klassischen Organisationsforschung bislang fast vollständig vernachlässigt wurde, kommt DYER[6] zu den folgenden drei Ergebnissen:

1.) Im Sinne der rationalistisch orientierten Organisationsforschung sind Familieneinflüsse, die augenscheinlich nicht streng zweckorientierte sind und rationalen Handlungsmustern unterliegen,

---

[1] Vgl. [Schulze, W. S., Lubatkin, M. H., Dino, R. N., & Buchholtz, A. K. (2001): Agency Relationships in Family Firms: Theory and Evidence].

[2] Vgl. [Dyer, W. G. J. (2003): The Family: The Missing Variable in Organizational Research], S. 402.

[3] Vgl. [Hitt, M. A., Ireland, R. D., & Hoskisson, R. E. (2001): Strategic Management: Competitiveness and Globalization].

[4] [Hodge, B. J., Anthony, W. P., & Gales, L. M. (1996): Organization Theory].

[5] [Bass, B. M., & Stogdill, R. M. (1990): Bass and Stogdill's Handbook of Leadership: Theory, Research, & Managerial Applications] sowie [Kieser, A., Reber, G., & Wunderer, R. (1995): Handwörterbuch der Führung].

[6] [Dyer, W. G. J. (2003): The Family: The Missing Variable in Organizational Research].

als partikulare Störpunkte effizienter Unternehmensorganisation im Sinne der ökonomischen Theorie anzusehen und daher nicht weiter untersuchungswürdig;[1]

2.) Zusätzlich mag es praktische Gründe dafür geben, dass in der Organisationsforschung korporative Unternehmen als Forschungsobjekte bevorzugt werden. Nach den Untersuchungsergebnissen von LITZ[2] gehen Managementforscher davon aus, dass über große, kapitalmarktorientierte Unternehmen im Vergleich zu Familienunternehmen (a) mehr öffentlich zugängliche Informationen für Analysen und Forschungsvorhaben zur Verfügung stünden,[3] (b) die Ergebnisse weitaus generalisierbarer seien und (c) die Forschungsergebnisse sowohl auf persönlicher wie auch auf institutioneller Seite stärker honoriert würden.

3.) Noch immer wird häufig davon ausgegangen, dass es eine weitgehende Deckungsgleichheit von kleinen und mittelgroßen Unternehmen (sog. KMU) und der Kategorie Familienunternehmen gibt.[4] Einerseits ist diese Annahme zutreffend, denn fast alle

---

[1] Vgl. [Perrow, C. (1972): Complex organizations], S. 8 ff.: „Particularism means that irrelevant criteria (e.g., only relatives of the boss have a chance at top positions), in contrast to universalistic criteria (competence is all that counts), are employed in choosing employees. (...) The bureaucratic reason for frowning on particularism is that efficiency is foregone if recruitment of access is decided on grounds that are not related to the members' performance in the organization. (...) More serious, the particularistic criteria are likely to be negatively related to performance – the more these particularistic criteria are used, the poorer the performance.“ Oder, um mit den Worten von Fritz B. Simon zu sprechen: „Was ist schon das besondere an den Alpen, wenn man sich die Berge wegdenkt?“

[2] [Litz, R. A. (1997): The family firm's exclusion from business school research: Explaining the void, addressing the opportunity], S. 55 ff.

[3] So bei [Villalonga, B., & Amit, R. (2004): How Do Family Ownership, Control, And Management Affect Firm Value?], S. 28.

[4] [Klein, S. B. (2004): KMU und Familienunternehmen] vergleicht beide Ansätze zur Differenzierung von Unternehmen (also Größenklasse als Kriterium vs. Familieneinfluss) und kommt zu dem Schluss, dass beide Kriterien für je unterschiedliche Aussagen herangezogen werden müssen: Familieneinfluss gruppiert Unter-

KMU sind auch gleichzeitig Familienunternehmen. Andererseits gilt jedoch der Umkehrschluss nicht, dass fast alle Familienunternehmen auch den KMU, die beispielsweise mit einem Umsatz < 50 Mio. € klassifiziert werden,[1] zuzurechnen seien. So sind beispielsweise – bei leichten Unschärfen der jeweils zugrunde liegenden Definitionen von Familienunternehmen – allein in Deutschland ca. 50% aller Unternehmen zwischen 50 Mio. € und 250 Mio. € Umsatz sowie immerhin 30% aller Unternehmen > 250 Mio. € Umsatz Familienunternehmen.[2] In Amerika gelten 25% aller dem S&P 500 angehörenden Unternehmen, die ohne Frage nicht mehr als mittelständisch anzusehen sind, als Familienunternehmen.

Dennoch zeigen die vergleichsweise wenigen Studien zum Thema *Familienunternehmen*, dass der Einfluss der Familie sehr wohl Wirkungen auf die Organisationsgestaltung, auf das organisationale Verhalten sowie deren Performance haben kann.[3]

---

nehmen entlang von Eigentums- und Kontrollfragen besser, wohingegen sich die Unternehmensgröße besser zur Analyse von Strukturen und Graden der Formalisierung in Unternehmen eignet.

[1] Vgl. [Klein, S. B. (2000): Family Businesses in Germany: Significance and Structure], S. 160 .

[2] Vgl. [Klein, S. B. (2000): Family Businesses in Germany: Significance and Structure], S. 160.

[3] Vgl. [Dyer, W. G. J. (2003): The Family: The Missing Variable in Organizational Research], sowie [Gomez-Mejia, L. R., Nunez-Nickel, M., & Gutierrez, I. (2001): The Role of Family Ties in Agency Contracts; Anderson, R. C., & Reeb, D. M. (2003): Founding-Family Ownership and Firm Performance: Evidence from the S&P 500; Poza, E. J., Hanlon, S., & Kishida, R. (2004): Does the Family Business Interaction Factor Represent a Resource or a Cost?; Peng, M. W., & Jiang, Y. (2004): Family ownership and control in large corporations: The good, the bad, the irrelevant; McConaughy, D. L. (2000): Family CEOs vs. Nonfamily CEOs in the family-controlled Firm: An Examination of the Level and Sensitivity of Pay to Performance; Habbershon, T. G., Williams, M. L., & MacMillan, I. C. (2003): A Unified Systems Theory of Family Firm Performance; Heck, R. K. Z. (2004): A Commentary on "Entrepreneurship in Family vs. Non-Family firms: A Resource-Based Analysis of the Effect of Organizational Culture"; Klein, S. B. (2004): Fami-

Die Suche nach Konzepten, welche die Familie in die Aufgabenfelder von Unternehmensführung einbeziehen und auf diese Weise den Weg zu einer *Theorie der Führung in Familienunternehmen* bereiten, bleibt unergiebig. Zwar bilden sich in der noch jungen Familienunternehmensforschung vereinzelte Schwerpunkte typischer Führungsaufgaben heraus wie (1) Strategiearbeit,[1] (2) Corporate Governance[2] oder (3) Personalmanagement mit dem Schwerpunkt auf Führungsnachfolge[3], jedoch fehlt bislang das große Ganze.

---

ly influence on value creation: A resource-based analysis of the value creation process in family firms; Chrisman, J. J., Chua, J. H., & Litz, R. A. (2004): Comparing the Agency Costs of Family and Non-Family Firms: Conceptual Issues and Exploratory Evidence; Anderson, R. C., & Reeb, D. M. (2003): The Balance of Power: Who Monitors the Family?].

1 So bei [Ward, J. L. (1988): The special role of strategic planning for family businesses; Kahn, J. A., & Henderson, D. A. (1992): Location preferences of family firms: Strategic decision of "home sweet home"?; Harris, R., Martinez, J., & Ward, J. L. (1994): Is strategy different for the family-owned business?; Sharma, P., Chrisman, J. J., & Chua, J. H. (1997): Strategic Management of the Family Business: Past Research and Future Challenges; Carlock, R. S., & Ward, J. L. (2001): Strategic planning for family business: Parallel planning to unify the family and the business][Ward, J. L. (1987): Keeping the Family Business Healthy].

2 [Poza, E. J., Hanlon, S., & Kishida, R. (2004): Does the Family Business Interaction Factor Represent a Resource or a Cost?; von Moos, A. (2002): Corporate Governance im Familienunternehmen; Schulze, W. S., Lubatkin, M. H., Dino, R. N., & Buchholtz, A. K. (2001): Agency Relationships in Family Firms: Theory and Evidence; Anderson, R. C., & Reeb, D. M. (2003): The Balance of Power: Who Monitors the Family?] [Gomez-Mejia, L. R., Nunez-Nickel, M., & Gutierrez, I. (2001): The Role of Family Ties in Agency Contracts].

3 Vgl. [Handler, W. C. (1994): Succession in Family Business: A Review of the Research]; [Habig, H., & Berninghaus, J. (2004): Die Nachfolge im Familienunternehmen ganzheitlich regeln]; [Chua, J. H., Chrisman, J. J., & Sharma, P. (2003): Succession and Nonsuccession Concerns of Family Firms and Agency Relationship With Nonfamily Managers; Davis, P. S., & Harveston, P. D. (1998): The Influence of Family on the Family Business Succession Process: a Multi-Generational Perspective; Dunn, B. (1999): The Family Factor: The Impact of Family Relationship Dynamics on Business-Owning Families during Transitions].

Was kann aus diesen Beobachtungen in einem ersten Resümee geschlossen werden? Einerseits fällt auf, welche Relevanz die Familie unter anderem mit Blick auf die Unternehmensführung haben kann, wenn man den Sachverhalt nur detailliert untersucht.[1] Dies zumindest schließt das Argument aus, dass die Familie als Variable der Organisations- und Managementforschung vernachlässigbar wäre. Andererseits fällt ebenso deutlich auf, wie sehr die betriebswirtschaftliche Forschung diese Variable bislang vernachlässigt hat. Dies legt den Schluss nahe, dass es sich bei der Erforschung familienunternehmenstypischer Aspekte um eine noch zu junge Forschungsrichtung handelt, als dass sie sich bereits substanziell in den allgemeinen Forschungsansätzen der Ökonomie hätte niederschlagen können.[2] Unglücklicherweise bedeutet dies auch, dass man nur ganz vereinzelt auf bestehende Konzepte und Modelle zurückgreifen kann, wenn man – wie eben die vorliegende Arbeit – herausfinden möchte, ob ein angemessener Umgang mit der Unternehmensfamilie als Teilaufgabe von Führung in Familienunternehmen verstanden werden kann und, falls ja, wie ein derartiges „Management der Unternehmensfamilie" aussehen mag.

---

[1] So konstatiert der Herausgeber des *Family Business Review* [Astrachan, J. H. (2003): Discussion: Commentary on the special issue: the emergence of a field], S. 571: „Family may become a rediscovered essential resource in the business landscape. Understanding how family can aid business, how business can support family, and how to avoid deleterious effects of family on business and business on family will be beneficial to all."

[2] Zum gleichen Schluss kommen [Zahra, S. A., & Sharma, P. (2004): Family Business Research: A Strategic Reflection] indem sie anregen: „Therefore, we suggest strategies to expedite the growth of family business research toward better understanding the paradoxes faced by family business managers, deepen insights into the problems they encounter, improve rigor in reported research, find ways to promote a dialog with scholars in sister disciplines, and give back to the disciplines from which we borrow heavily."

2.1.5. Kritik des betriebswirtschaftlichen Führungsverständnisses

If theory does not fit reality – too bad for reality.
(unbekannter Autor)[1]

Dass die betriebswirtschaftliche Forschung zur *Unternehmensführung* sich nicht in ausreichendem Maße um die tatsächlichen Belange ihrer Forschungsobjekte kümmert, zu denen Familienunternehmen ebenso wie korporative Unternehmen zählen, ist bereits ein gewichtiger Kritikpunkt an diesem normativ ausgerichteten Forschungsschwerpunkt der Ökonomie. Bei näherer Betrachtung fällt auf, wie sehr die klassische Managementforschung darüber hinaus in ihre eigenen Annahmen verwickelt zu sein scheint. Noch immer tut sich dieser wissenschaftliche Bereich schwer damit, Organisationen nicht als trivial operierende Maschinen zu begreifen. Insbesondere die Führungsmodelle zeigen deutlich, dass auch 50 Jahre nach Gutenberg die Unternehmensführung als dispositiver Faktor einer Organisation angesehen wird, dessen Kernaufgaben in Planung, Organisation und Kontrolle des Betrieblichen zu suchen sind.[2] Hieran können die anders lautenden Forschungsergebnisse der bereits seit 40 Jahren betriebenen Work-Activity-Forschung anscheinend wenig ändern.[3] Diesen Überlegungen folgend, offenbart sich zwangsläufig das dahinter stehende Organisationsbild. Demnach werden Unternehmen bzw. Betriebe, wie sie bei Gutenberg genannt werden, als gestaltbare, kausal

---

[1] Gefunden bei [Macharzina, K. (2003): Unternehmensführung. Das internationale Managementwissen: Konzepte – Methoden – Praxis.], S. 35.

[2] Vgl. [Gutenberg, E. (1951): Grundlagen der Betriebswirtschaftslehre. Erster Band: Die Produktion], S. 131 ff.

[3] Vgl. als grundlegende Untersuchung [Mintzberg, H. (1973): The Nature of Managerial Work], wo gezeigt wird, dass der Alltag einer Führungskraft vor allem aus Interaktionen und Repräsentationen wie Meetings, Vorträgen etc. besteht und nicht von Planungen, formalen Entscheidungen etc. dominiert wird. Zu einem Überblick der bisherigen Work-Activity-Forschung vgl. [Schirmer, F. (1991): Aktivitäten von Managern: Ein kritischer Review über 40 Jahre "Work Activity"-Forschung].

nach Zweck-Mittel-Relationen operierende Einheiten gesehen, die es im Sinne der Führung zu formen gilt. Unternehmensführung wird also in Differenz zum Unternehmen gesehen, die sich ein Unternehmen zum Handlungsgegenstand macht. Eine solche Beschreibung hat den Vorteil, dass die Organisation als ein Instrument der Führung gelten kann, welches sich den Führungsvorhaben entsprechend ausrichten und somit an die Umwelt „anpassen" lässt. Ein derartiges Verständnis ist ohne Frage nützlich, wenn man, wie die betriebswirtschaftliche Führungsforschung, auf der Suche nach normativen Führungsmaximen oder -instrumenten ist. Somit stehen Führung und Organisation in der Ökonomie in einem kausalen Zweck-Mittel-Verhältnis.

Ebenso problematisch wie die Verankerung von Führung in Organisationen erscheint deren mittlerweile zur Kernaufgabe avancierter Umgang mit der organisationalen Umwelt. Nur mühsam scheint die Ökonomie die Subjektivität wahrgenommener Informationen zu akzeptieren, und ebenso zäh scheint deren Einbeziehung in die grundlegenden Theorien der Ökonomie zu sein.[1] Die Grundlage hierzu ist in den elementaren Annahmen der Ökonomie verankert, namentlich: Rationalität und Objektivität.

[1] Vgl. [Macharzina, K. (2003): Unternehmensführung. Das internationale Managementwissen: Konzepte – Methoden – Praxis.], S. 12.

2.2. Management und Führung im Sozialsystem

Wir gehen nicht davon aus, dass es Systeme gibt. Aber wir gehen, so Luhmann, davon aus, dass es sinnvoll ist, „Überlegungen" anzustellen, die davon ausgehen, dass es Systeme gibt.
(Dirk Baecker)[1]

Wie weiter unten noch detaillierter dargestellt werden wird, beobachtet die neuere Systemtheorie als sozialwissenschaftliche Disziplin, im Gegensatz zur Ökonomie, Organisationen als sich autopoietisch reproduzierende soziale Systeme, die sich selbst im Kontext externer Umweltanforderungen und Irritationen beobachtbar und entwicklungsfähig halten. Die an die Überlegungen des Konstruktivismus[2] anschließende Theorie akzeptiert die Subjektivität von Information (Interpretation und Selektion) als eine ihrer Grundannahmen. In Organisationen werden durch hoch selektiven Zugriff auf die Komplexität der Umwelt Konstruktionen der selben angefertigt, die innerhalb des Systems (re)produziert und somit kommunikativ in Form von Entscheidungen verarbeitet werden. Kausalität ist in diesem Zusammenhang die Zuschreibungskategorie eines Beobachters, also ein Sonderfall grundsätzlich vorherrschender Kontingenz. Eine Zweck-Mittel-Wahrnehmung *ist* somit nicht *gegeben*, sondern kann vorkommen, wenn sie als solche von einem Beobachter konstruiert und unterstellt wird. Dabei ist wichtig anzumerken, dass dieses Produkt eines Beobachters für ein System zwar hoch funktional sein kann,

---

1 Aus [Baecker, D. (2002): Wozu Systeme?], S. 102, der mit diesem Ausspruch auf den klassischen Beginn von Luhmann anspielt, der lautet: „Die folgenden Überlegungen gehen davon aus, dass es Systeme gibt"; vgl. [Luhmann, N. (1984): Soziale Systeme: Grundriß einer allgemeinen Theorie], S. 30.

2 „Die Wirklichkeit wird von uns nicht gefunden, sondern erfunden", postulieren die Vertreter des Konstruktivismus. Sie halten die Erkenntnis einer absoluten Wahrheit deshalb nicht für möglich. Vgl. [von Glaserfeld, E. (1992): Konstruktion der Wirklichkeit und des Begriffs der Objektivität] sowie [Watzlawick, P. (2003): Wie wirklich ist die Wirklichkeit?].

unter Umständen aber nichts mit dem zu tun hat, was ein anderer Beobachter über die *gleiche* Umweltwahrnehmung feststellen würde.

2.2.1. Organisation als soziales System

2.2.1.1. System und Umwelt

Im Sinne der neueren Systemtheorie werden Organisationen als soziale Systeme verstanden. In Abgrenzung zur allgemeinen Systemtheorie der 1950er bis 1970er Jahre müssen an dieser Stelle aber noch einige wichtige Aspekte angesprochen werden. Die jüngeren Ansätze beschreiben Systeme als prinzipiell offen für Austauschbeziehungen mit ihrer Umwelt. Dabei wird als Umwelt der Teil von Welt verstanden, der nicht zur Organisation gehört. Umwelt wird also als gegeben unterstellt. Die Wechselwirkung mit der Umwelt wird gar als Grundlage dafür gesehen, dass Systeme die Gelegenheiten, die sich aus der Interaktion zufällig ergeben, für den Aufbau eigener Ordnung nutzen können.[1] Die Umwelt belastet das System mit Ressourcenknappheit und Informationsüberschüssen und verlangt vom System im Anschluss hieran die Reduktion von Komplexität durch Organisation.[2] Eine derartige Offenheit des Systems in Richtung Umwelt lässt natürlich fragen, ob und in wiefern die unterschiedlichen Austauschbeziehungen differenziert werden können. Als Antwort auf diese Frage ergibt sich die Unterscheidung von *Input* und *Output*. Hierzu LUHMANN:[3]

> „Die Unterscheidung differenziert Umweltbeziehungen des Systems je nach dem, ob das System etwas erhält oder etwas abgibt. In der Theorie der Wirtschaftsunternehmen werden zum Beispiel Rohstoffmärkte, Arbeitsmärkte und Finanzmärkte auf der einen Seite und Produkt- oder

---

[1] Vgl. [Luhmann, N. (2000): Organisation und Entscheidung], S. 31.

[2] Vgl. [Luhmann, N. (2000): Organisation und Entscheidung], S. 34.

[3] Vgl. [Luhmann, N. (2000): Organisation und Entscheidung], S. 32; mit Verweis auf eine zusammenfassende Ausführung zu jenen Ansichten: [Romei, R. (1990): La dinamica della organizzazione: Le costanti di compartimento dei sistemi organizzativi aziendali in azione].

> Absatzmärkte auf der anderen Seite unterschieden, und man nimmt an, dass Organisationen sich nur entwickeln können, wenn diese Märkte sich unterscheiden lassen (oder alternativ: sie werden unterscheidbar dadurch, dass sich entsprechende Organisationen entwickeln)."

Viele systemtheoretische Ansätze, auch im Führungs- und Managementbereich, folgen nach wie vor den Grundprinzipien der Theorie offener Systeme. So basiert beispielsweise das weithin bekannte *St. Galler Managementmodell* auf dem Input-Output-Fundament der Organisation als System.[1] Jedoch entsteht ein Problem, wenn man nach dem Zusammenhang von Input und Output bzw. nach der Transformation von Input in Output fragt. Mit mathematischen Transformationsfunktionen als Erklärungsmodell kommt man hier sicher nicht weit. Wer würde schon behaupten, Organisationen seien derart technokratisch und unterkomplex reformulierbar? Allenfalls könnte man, so Vertreter dieses Ansatzes, das Modell einer Maschine verwenden, solange man unterstelle, dass diese keine Defekte habe. Dies würde bedeuten, dass aus identischen Inputs auch identische Outputs zu erwarten wären. Andere Vertreter nehmen an, die internen Prozesse seien prinzipiell unbeobachtbar, und schlagen vor, sich auf die Beobachtung externer Regelmäßigkeiten der als *black box* beschriebene Einheit zu beschränken.[2] Durch die Auffassung vom In-

---

[1] Zum ursprünglichen Ansatz vgl. [Ulrich, H., & Krieg, W. (1972): St. Galler Management-Modell] sowie zur Überarbeitung dieses Ansatzes zum *neuen St. Galler Managementmodell* vgl. [Rüegg-Stürm, J. (2002): Das neue St. Galler Management-Modell: Grundkategorien einer integrierten Managementlehre], der ebenfalls Output und Input (und entsprechend zwischengeschaltete Prozesse) unterscheidet. Zur Ausgestaltung dieser Ansätze als „Managementkonzepte" vgl. [Malik, F. (1984): Strategie des Managements komplexer Systeme: Ein Beitrag zur Management-Kybernetik evolutionärer Systeme] und auch [Bleicher, K. (2004): Das Konzept Integriertes Management: Visionen – Missionen – Programme].

[2] Vgl. hierzu als Vertreter der Kybernetik, die sich mit dem Phänomen unter dem Aspekt von Kontrolle und Kommunikation beschäftigt: [Glanville, R. (1979): The Form of Cybernetics: Whitening the Black Box], S. 35: „A black box is an unknown machine which is assumed to be determinable but in which the determinable mechanism is hidden from view. In contrast, a „White Box" is one in which the mechanism is apparent. The black box's mechanism can only be de-

put-Output-Verhältnis als Erklärung eines Beobachters wurde der Weg bereitet für legitime Spekulationen über Mechanismen, die möglicherweise zu Unregelmäßigkeiten, Unzuverlässigkeiten und nicht etwa trivialen sondern nicht-trivialen Verhaltensweisen der black box, sprich: der Organisation, führen könnten. Eine Vermutung, die zu einer ganz anderen Art von Systemtheorie überleitete, war das Konzept vorherrschender *Selbstreferenzialität*.[1] Mit seiner Hilfe konnte erklärt werden, wie es zu unvorhersagbaren Outputs kommen kann, die dann nicht länger als Ausnahme, Störung oder Defekt deklariert wurden, sondern als Erwartbarkeit in Form unerwartbarer Ergebnisse.

Die neuere Systemtheorie hat das Konzept der Selbstreferenzialität aufgegriffen und kontinuierlich weiter entwickelt.[2] Sie kommt zu dem Schluss, dass die Orientierung an Input und Output keine neuen Erkenntnisse liefert; stattdessen schlägt sie vor, die Grenze von System und Umwelt, insbesondere die Reproduktion ihrer System/Umwelt-Grenze, näher zu erforschen.[3] Sie postuliert, dass ein System sich durch nichts anderes reproduziert als durch seine eigenen Elemente.

---

termined by the observer's interpretation of the relationship that exists between the input and the output." Hierzu weiterführend: [Glanville, R. (1982): In every white box there are two black boxes, trying to get out].

[1] Zu einer Applikation eines Maschinenmodells mit selbstreferenziellen Operationsweisen siehe [Förster, H. v. (1993): Für Niklas Luhmann: wie rekursiv ist Kommunikation?].

[2] An dieser Stelle muss die vorliegende Arbeit darauf verzichten, die ohnehin verkürzt dargestellte Entwicklung der Systemtheorie weiter zu entfalten. Vielmehr wird hier bewusst ein Sprung hin zur neueren Systemtheorie gewagt. Zur weiterführenden Beschreibung der Entwicklungsgeschichte vgl. beispielsweise bei Luhmann das Kapitel „Zur Einführung: Paradigmawechsel in der Systemtheorie", [Luhmann, N. (1984): Soziale Systeme: Grundriß einer allgemeinen Theorie], S. 15 ff. sowie [Luhmann, N. (2002): Einführung in die Systemtheorie], S. 15 ff.

[3] Hierzu [Luhmann, N. (2000): Organisation und Entscheidung], S. 8: „Systeme sind ihr Prozessieren ihrer Unterscheidungen".

So definiert LUHMANN, gleichsam zirkulär:[1] „Eine Organisation ist ein System, das sich selbst als Organisation erzeugt."

Durch diese Reproduktionen erhält sich das System und klärt mit jedem Schritt die Differenz von System und Umwelt für sich neu.[2] Denn durch den Rückgriff auf eigene Elemente schließt sich das System in seiner Operationsweise. Nichts aus der Umwelt wird in das System aufgenommen und verarbeitet, um anschließend wieder der Umwelt zur Verfügung gestellt zu werden. Daher spricht die neuere Systemtheorie von *operativ geschlossenen Systemen*.[3] Hierzu LUHMANN:[4]

> „Operative Schließung heißt [...] nicht, dass ein Organisationssystem keine Kontakte mit der innergesellschaftlichen Umwelt unterhalten kann. [...] Als Empfänger von Kommunikationen regeln die eigenen Strukturen der Organisation, durch welche Informationen man sich irritieren und zu eigener Informationsverarbeitung anregen lässt. Als Absender von Kommunikationen trifft die Organisation Entscheidungen darüber, was sie mitteilen will und was nicht. Insofern bleibt die Umwelt für die Organisation eine eigene Konstruktion, deren Realität natürlich nicht bestritten wird. [...][5] Was im Organisationssystem als

---

[1] Vgl. [Luhmann, N. (2000): Organisation und Entscheidung], S. 45.

[2] So [Luhmann, N. (2000): Organisation und Entscheidung], S. 55: „Wenn wir im Folgenden Organisationen als autopoietische Systeme beschreiben, geht es also immer um die Erzeugung und Reproduktion einer Differenz (systemtheoretisch: von System und Umwelt), und der Begriff Autopoiesis besagt, dass ein Beobachter, der ihn verwendet, voraussetzt, dass diese Differenz vom System selbst erzeugt und mit systemeigenen Operationen reproduziert wird."

[3] Vgl. [Luhmann, N. (2000): Organisation und Entscheidung], S. 56. „die Information reproduziert die Grenzen des Systems und kann daher nicht die Grenzen des Systems überschreiten, nie von außen nach innen oder von innen nach außen erfolgen."

[4] [Luhmann, N. (2000): Organisation und Entscheidung], S. 52.

[5] Luhmann verweist an dieser Stelle auf die Übereinstimmung seiner Annahmen mit Karl Weick und verweist auf [Weick, K. E. (1977): Enactment Processes in Organizations] und [Weick, K. E. (1995): Der Prozeß des Organisierens], S. 212 ff.

> Umwelt beobachtet wird, ist immer ein eigenes Konstrukt, also eine Ausfüllung der Fremdreferenz im System.[1] [...] Die Umwelt ermöglicht es, [...] die eigenen Operationen auf eine „Nische" zu beziehen, ohne die Frage zu stellen, wie es kommt, dass die Welt und die Gesellschaft im Besonderen solche Nischen enthält."

Dennoch ist die Umwelt, die das System durch seine eigene Reproduktion unweigerlich mitproduziert (nämlich als all das, was das System aktuell nicht ist), der Schlüssel zum Überleben des Systems selbst. Das klingt zunächst widersprüchlich, denn wie kann etwas, das nicht Teil des Systems ist, dennoch als Teil von dessen Reproduktion fungieren? Die Umwelt, und nur die Umwelt, liefert jedoch stets den „Stein des Anstoßes", der die Reproduktion des Systems in Gang hält. Sie liefert eine Irritation, eine *Information*, durch die das System angehalten wird weiterzumachen.[2] Nur in der Umwelt wahrgenommene Unterschiede veranlassen Organisationen, zu entscheiden.[3] Und nur sie ist die Ursache für die kontinuierlichen Veränderung des Systems als Grundlage seiner selbst zu einer anderen Grundlage seiner selbst.[4] Hierzu BAECKER: [5]

---

[1] „The ‚outside' or ‚external' world cannot be known", liest man bei [Weick, K. E. (1977): Enactment Processes in Organizations] und weiter, S. 273: „The outside is a void, there is only the inside."

[2] Hierzu [Luhmann, N. (2000): Organisation und Entscheidung], S. 57: „Der terminus technicus ‚Information' kann vorläufig als irgendein Unterschied, der bei einem späteren Ereignis einen Unterschied ausmacht, definiert werden." Er verweist an dieser Stelle auf [Bateson, G. (1981): Ökologie des Geistes – Anthropologische, psychologische, biologische und epistemologische Perspektiven.], S. 488.

[3] Hierzu [Luhmann, N. (2000): Organisation und Entscheidung], S. 58: „Ein weiteres Korrelat dieser Geschlossenheitsthese ist: dass auch das Negative Informationswert annehmen kann, wenn es unterschieden wird. Es werden keine Anträge gestellt, ein Produkt lässt sich nicht verkaufen, ein Angestellter kommt nicht zum Dienst."

[4] Hierzu [Luhmann, N. (1984): Soziale Systeme: Grundriß einer allgemeinen Theorie], S. 266: „Jede Kommunikation im sozialen System [...] nimmt die Differenz zur Umwelt in Anspruch und trägt dadurch zur Bestimmung bzw. zur Veränderung der Systemgrenze bei."

[5] Vgl. [Baecker, D. (2002): Wozu Systeme?], S. 90.

„Die Reproduktion des Systems in einer Umwelt wird erkauft durch eine Drift des Systems, die man als „evolutionär“ beschreiben kann, wenn man davon ausgehen will, dass das System eine Chance hat, jene Umwelt mitzuselegieren, deren „natürlicher Selektion“ es sich aussetzt. In jedem Fall jedoch gilt: Das System reproduziert sich nicht als Identisches, sondern als Differentes.“

Es kann also festgehalten werden: Jegliche Reproduktion eines Systems ist identisch mit der Reproduktion der Unterscheidung von System und Umwelt. Nur durch die Unterscheidung eines Systems kann es zur Unterscheidung der komplementären Umwelt des Systems kommen und nur durch die Bezugnahme auf jene Umwelt kann sich das System selbst erkennen und somit reproduzieren.[1] Angewandt auf soziale Systeme im Allgemeinen und Organisationen im Besonderen, besagt die Systemtheorie also, dass die Differenz von System und Umwelt im System selbst produziert und reproduziert werden muss und dass genau dies die Systeme dazu zwingt, ihre Umwelt zu beachten.[2]

2.2.1.2. Reproduktion über Entscheidungen

Organisationen bestehen für LUHMANN aus Entscheidungen bzw. aus der Kommunikation von Entscheidungen.[3] Entscheidungen sind

---

[1] LUHMANN spricht an dieser Stelle von der Unterscheidung als Einheit der Differenz, als Unterschied des Unterschiedenen. Dieses Paradox ist ein Kernelement der neueren Systemtheorie: Es postuliert, dass mit der Bestimmung des Systems (die eine Seite der Differenz) immer gleichzeitig auch das mit markiert wurde, was nicht gemeint ist, also die Umwelt des Systems (die andere Seite der Differenz). Diese Überlegungen gehen zurück auf das Formkalkül des Mathematikers George Spencer-Brown. Siehe hierzu [Spencer-Brown, G. (1969): Laws of Form]. Hierzu einführend: [Schönwälder, T., Wille, K., & Hölscher, T. (2004): George Spencer-Brown: Eine Einführung in die "Laws of Form". Lehrbuch.].

[2] Vgl. [Luhmann, N. (2000): Organisation und Entscheidung], S. 36.

[3] In früheren Arbeiten spricht LUHMANN von *Entscheidungen* (vgl. [Luhmann, N. (1988): Organisation]); in seinem jüngsten Werk variiert er diesen Sachverhalt und spricht von der *Kommunikation von Entscheidungen*. Vgl. [Luhmann, N. (2000): Organisation und Entscheidung], S. 123.

dabei keine dauerhaften Phänomene, sondern kurzfristige Ereignisse oder Operationen, die eine Differenz von Vergangenheit und Zukunft voraussetzen und gleichsam einen Unterschied zwischen Vergangenheit und Zukunft machen. Eine Entscheidung bewirkt, dass dieser Unterschied anders ausfällt, als es ohne Entscheidung der Fall wäre.[1] Die *Theorie autopoietischer Organisation* fokussiert dabei, wie sich aus den Verknüpfungen derart temporärer Ereignisse dauerhaft operierende soziale Systeme ergeben können.

Der Terminus *Autopoiesis* – oder auch: Selbstproduktion – *von Systemen* bedeutet ganz allgemein gesprochen, dass Systeme die Operationen, aus denen sie bestehen, durch die Operationen, aus denen sie bestehen, selbst produzieren und reproduzieren.[2] Das Autopoiesiskonzept geht zurück auf MATURANA und VARELA, die es zur Beschreibung von lebenden Systemen entwickelten. Danach:[3]

> „ist den Lebewesen eigentümlich, dass das einzige Produkt ihrer Organisation sie selbst sind, das heißt, es gibt keine Trennung zwischen Erzeuger und Erzeugnis."

LUHMANN hat dieses Konzept der Autopoiesis für alle aus Operationen bestehenden Systeme verallgemeinert.[4] Dieses verallgemeinerte Konzept wird im Folgenden in zwei Schritten, erstens für soziale Systeme im Allgemeinen, zweitens für Organisationen, erläutert werden.

---

[1] So zu lesen bei [Luhmann, N. (2000): Entscheidungen in der "Informationsgesellschaft"].

[2] Vgl. hierzu [Luhmann, N. (1984): Soziale Systeme: Grundriß einer allgemeinen Theorie], S. 60 ff; [Luhmann, N. (1997): Die Gesellschaft der Gesellschaft], S. 65 ff. sowie zu einer kritischen Diskussion des Konzeptes [Mingers, J. (2002): Can social systems be autopoietic? Assessing Luhmann's social theory].

[3] Vgl. [Maturana, H. R., & Varela, F. J. (1990): Der Baum der Erkenntnis. Die biologischen Wurzeln menschlichen Erkennens.], S. 56.

[4] Vgl. [Martens, W., & Ortmann, G. (2004): Organisationen in Luhmanns Systemtheorie], S. 6.

Die basalen Operationen aller sozialen Systeme[1] sind *Kommunikation*. Sie bildet die Grundlage für die Konstitution von Systemen.[2] Diese bestehen nach LUHMANN aus Kommunikation – und nur aus Kommunikation – die sich jeweils sowohl auf andere Systeme, als auch auf sich selbst als Kommunikation bezieht.[3] Kommunikation beschreibt LUHMANN als emergente Einheit von *Selektion von Information, Mitteilung* und *Verstehen*.[4] *Emergenz* beschreibt hierbei das Auftauchen oder Entstehen eines neuen Ordnungsniveaus, das nicht auf die einzelnen Elemente einer emergenten Ordnung zurückgeführt werden kann und das unterschiedlich zum jeweils vorherigen Zustand ist. Durch die immer neue Bezugnahme von Kommunikation auf vorherige Kommunikation werden soziale Systeme zu rekursiven Zusammenhängen aufeinander verweisender Kommunikation (re)produziert. Die Autopoiesis sozialer Systeme besteht also darin, dass Kommunikation sich dauernd in rekursiven Operationen verknüpft und dadurch von ihrer Umwelt unterscheidet. Es ist also die jeweils ereignishafte Verknüpfung der Kommunikation mit sich selbst, die ein System (re)konstruiert.

---

[1] LUHMANN unterscheidet prinzipiell drei unterschiedliche Typen von Systemen: Interaktion, Organisation und Gesellschaft, vgl. [Luhmann, N. (1975): Interaktion, Organisation, Gesellschaft: Anwendungen der Systemtheorie] Letztere unterscheidet er in Funktionssysteme, die in ihrer Autopoiesis je spezifische gesellschaftliche Funktionen abbilden, so Politik, Recht, Religion, das Erziehungssystem, Kunst; vgl. hierzu [Luhmann, N. (1997): Die Gesellschaft der Gesellschaft], S. 707 ff.

[2] LUHMANN grenzt seinen Kommunikationsbegriff vom herkömmlichen Verständnis ab, das Kommunikation im Rahmen eines Sender-Empfänger-Modells als Informationsübertragung auffasst. Nach LUHMANN verbindet Kommunikation zwei füreinander undurchsichtige und nicht zugängliche Systeme miteinander, gerade *weil* sie wechselseitig füreinander geschlossen sind. Daher kann Information auch nicht „übertragen“, sondern nur jeweils von einem psychischen oder organischen System bereitgestellt oder verstanden werden.

[3] Vgl. [Luhmann, N. (1984): Soziale Systeme: Grundriß einer allgemeinen Theorie], S. 60 sowie S. 599 ff.

[4] Vgl. hierzu [Luhmann, N. (1997): Die Gesellschaft der Gesellschaft], S. 72 f.

Bereits an dieser Stelle muss betont werden, dass Menschen, d.h. psychische und organische Systeme, im Rahmen dieser Konzeption nicht mehr als Konstituenten bzw. Elemente sozialer Ordnung betrachtet werden können, so wie es in anderen Organisationskonzepten der Fall ist.[1] Sie sind vielmehr in der Umwelt des Systems verortet und somit nicht Teil der organisationalen Kommunikation. Die Autopoiesis sozialer Systeme ist zwar von den Beiträgen psychischer und organischer Systeme abhängig, wird jedoch nicht selbst aus Psychischem und Organischem aufgebaut. Alle autopoietischen Systeme sind dabei durch eine strikte Selbstbezüglichkeit und *operative Geschlossenheit* gekennzeichnet.

Durch ihre operative Geschlossenheit sind Organisationen als autopoietische Systeme autonom. Der Begriff der operativen Schließung lässt nicht zu, dass das System auch in seiner Umwelt oder die Umwelt im System operiert. Ein System kann operativ geschlossen und dennoch in extremem Maße auf die ständige Zufuhr von Ressourcen sehr spezifischer Art angewiesen sein.[2] So mögen Organisationen zwar materielle Bereitstellungen oder psychische Dispositionen über ihre Mitglieder etc. benötigen, doch in ihren Operationen, also den Entscheidungskommunikationen, können sie immer nur an andere Entscheidungskommunikationen anschließen und sich auf Externes, also ihre Umwelt, nur dadurch beziehen, dass sie diese zum Gegenstand der Kommunikation machen und sich so zu ihr in Bezug setzen und gleichzeitig von ihr unterscheiden. Diese autopoietische Geschlossenheit ist der Grund dafür, dass Organisationen von außen nicht gesteuert, allenfalls (und wenn überhaupt) irritiert werden können.

In Differenz zu anderen sozialen Systemen unterscheiden sich Organisationen also durch eine spezifische Art der Kommunikation. Organisationen haben die Eigenschaft, sich über Entscheidungen, und nur über Entscheidungen, zu reproduzieren. Daher werden Entscheidungen, genauer: die Kommunikation von Entscheidungen,

[1] Vgl. hierzu [Martens, W., & Ortmann, G. (2004): Organisationen in Luhmanns Systemtheorie], S. 7

[2] So [Luhmann, N. (2000): Organisation und Entscheidung], S. 51.

als die basale Operation von Organisation bezeichnet. LUHMANN beschreibt die Autopoiesis von Organisationen treffend, indem er Organisationen zusammenfasst als:[1]

> „Systeme, die aus Entscheidungen bestehen und die Entscheidungen, aus denen sie bestehen, durch die Entscheidungen, aus denen sie bestehen, selbst anfertigen."

An dieser Stelle macht es Sinn, sich den LUHMANNschen Entscheidungsbegriff näher anzuschauen. Er bezeichnet als *Entscheidungen* nicht, wie weithin und insbesondere in der Ökonomie üblich, Wahlakte von Individuen, sondern Kommunikationsvorgänge.[2] Zwar mag man es (auch) mit Wahlakten unter Alternativen zu tun haben, diese werden jedoch erst dann zum Element des sozialen Systems *Organisation*, also zur Entscheidung, wenn sie Teil der organisationalen Kommunikation werden, also wenn auf sie mittels anschließender Entscheidung(en) als Entscheidung Bezug genommen wird.[3] Entscheidungen erfüllen dabei zwei Zwecke.

Zum einen reduzieren sie Unsicherheit, indem sie bei gegebener Kontingenz eine Unterscheidung treffen und als Entscheidung markieren. Hierbei ist all das kontingent, was möglich, aber nicht notwendig ist.[4] Sie transformieren also ein *Dies oder jenes oder irgendet-*

---

1 [Luhmann, N. (1988): Organisation], S. 166.

2 Vgl. hierzu [Luhmann, N. (1984): Soziale Systeme: Grundriß einer allgemeinen Theorie], S. 399 ff.; [Luhmann, N. (1988): Organisation], S. 169 und auch [Luhmann, N. (2000): Organisation und Entscheidung], S. 123 ff.

3 [Martens, W., & Ortmann, G. (2004): Organisationen in Luhmanns Systemtheorie], S. 9 sehen typische Arten der Entscheidungskommunikation in Gremienbeschlüssen, Absprachen, Beratungen, Verhandlungen, Vereinbarungen, Versprechungen, Garantieerklärungen, Koalitionsbildungen, Strategiepapieren, Dienstplänen, Organisationsanweisungen, Organigrammen, Befehlen, Bitten, Stellenbeschreibungen, Ernennungen, Versetzungen, Kündigungen etc.

4 *Kontingenz* bedeutet in der Logik Ausschluss von Notwendigkeit und Unmöglichkeit. Entscheidungen sind nicht notwendig, es könnte auch anderes und anders entschieden werden. Sie sind auch nicht unmöglich, sonst ließen sie sich nicht entscheiden: „Der Begriff der Kontingenz bestimmt ein Datum mit Bezug auf die möglichen Alternativen: er bezeichnet den Sachverhalt, daß das, was aktuell (also

was anderes in ein *Dies und nicht jenes und auch nichts anderes.* Sie asymmetrisieren somit Kontingentes wie z.B.: Verdienen wir unser Geld zukünftig mit Reiseangeboten statt mit Stahl?[1] Setzen wir auf Diversifikation statt aufs Kerngeschäft? Sollten wir Klaus Müller einstellen oder lieber jemand anderes? Die Organisation setzt sich durch Entscheidung, also mittels einer Operation der Gegenwart, in ein Verhältnis zur unbekannten Zukunft und absorbiert somit Unsicherheit.[2]

Dies erlaubt zum anderen, durch Entscheidung die Komplexität der Umwelt zu bearbeiten, um sie zu reduzieren und für die eigenen Zwecke handhabbar zu halten. *Komplexität* bedeutet hierbei, dass ein System vorliegt, in dem nicht alle Elemente, aus denen es besteht, gleichzeitig miteinander verknüpft werden können.[3] Dies kann bezüglich der Organisation ebenso postuliert werden wie bezüglich ihrer Umwelt, was beide Seiten der Unterscheidung von System und Umwelt grundsätzlich unberechenbar macht. Die Organisation setzt sich durch Entscheidung also auch in ein Verhältnis zur unerreichbaren Umwelt und reduziert somit Komplexität.[4]

---

nicht unmöglich) ist, auch anders möglich (also nicht notwendig) ist. Mit Kontingenz wird also die Möglichkeit bezeichnet, daß ein Datum anders ist, als es ist." Siehe [Baraldi, C., Corsi, G., & Esposito, E. (1997): GLU. Glossar zu Nikkal Luhmanns Theorie sozialer Systeme], S. 37.

[1] Vgl. hierzu die Transformation des ehemaligen Stahlkonzerns Preussag AG zum heutigen Touristikkonzern TUI AG. Vgl. [TUI AG (2004): Geschäftsbericht 2004. Werte bewegen. Details überzeugen.], S. 104.

[2] Hierzu [Luhmann, N. (2000): Organisation und Entscheidung], S. 186: „Nur mittels Entscheidungen kann man eine prognostizierbare Zukunft erzeugen."

[3] [Luhmann, N. (1984): Soziale Systeme: Grundriß einer allgemeinen Theorie], S. 46.

[4] Hierzu [Luhmann, N. (1984): Soziale Systeme: Grundriß einer allgemeinen Theorie], S. 249: „Die weiteren Analysen der Differenz von System und Umwelt werden von der Annahme ausgehen, dass die Umwelt immer sehr viel komplexer ist als das System selbst." Und weiter, ebd., S. 250: „Die Differenz von Umwelt und System stabilisiert, mit anderen Worten, ein Komplexitätsgefälle."

Mithin zählt all das zur Entscheidungskommunikation, was im Sinne einer Entscheidung auf vorherige Entscheidungen Bezug nimmt, bzw. jede Kommunikation, auf die im Sinne einer Entscheidung Bezug genommen wird. Demnach kann in Organisationen Nichtentschiedenes im Nachhinein durchaus als Resultat eines Entscheidungsvorgangs deklariert werden. Beispielsweise kann etwa, wenn die Frage nach dem Einsatz einer neuen Technologie aufkommt, eine Nichtentscheidung im Nachhinein ohne weiteres als Entscheidung *gegen* den Einsatz der Innovation, und somit als Entscheidung, deklariert und weiter verarbeitet werden. Demnach unterliegt jedes Aussitzen, jedes *Weiter wie bisher* der Möglichkeit, als Entscheidung aufgegriffen, deklariert und somit im Rahmen organisationaler Autopoiesis verarbeitet zu werden. Ebenso kann, muss jedoch nicht, jede Arbeitshandlung, wie etwa die manuelle Operation am Fließband oder das Ablegen einer Akte, als Entscheidungskommunikation gelten, sofern sie als Erwiderung auf Arbeitsanweisungen, Aufträge der Produktionssteuerung oder Ähnliches zu verstehen ist.[1]

Neben Entscheidungen, so gesteht auch LUHMANN zu, gibt es eine Menge sonstiger Kommunikation, also Nicht-Entscheidungskommunikationen, die ebenfalls zu Organisationen gehören. Dieser „Rest", der vor allem aus den informellen Kommunikationen wie z.B. Gossip, Klatsch und Tratsch in der Kaffeeküche etc. besteht, dient jedoch häufig organisationaler Entscheidung und kann insofern für die Reproduktion von Entscheidung relevant werden.[2] Und genau in diesem Milieu wird die Auffindbarkeit von Organisationskultur vermutet, hierzu jedoch später mehr.

---

[1] Vgl. [Luhmann, N. (2000): Organisation und Entscheidung], S. 63 f.

[2] LUHMANN vermutet sogar, dass sich Führungsentscheidungen stärker auf gossip stützen als auf sorgfältig vorbereitete Informationen., vgl. hierzu [Luhmann, N. (2000): Organisation und Entscheidung], S. 243, Fußnote 33.

2.2.1.3. Binnendifferenzierung und Strukturaufbau

Aus den vorherigen Darstellungen zu Autopoiesis und insbesondere zum Entscheidungsbegriff als temporalisiertes Element dürfte deutlich geworden sein, dass die Reproduktion von Systemen zu jedem Zeitpunkt höchst ungewiss und unwahrscheinlich ist. Doch wenn immerzu Unsicherheit über anschließende Entscheidungen vorherrschen würde, hinge alles zu jedem Zeitpunkt am sprichwörtlichen seidenen Faden. Wie könnten Systeme dann Stabilität und Kontinuität erlangen? Soziale Systeme haben zur Eindämmung dieser vorherrschenden Brisanz *Strukturen* entwickelt, die es ihnen ermöglichen, die Autopoiesis fortzusetzen. Diese Strukturen schränken die vielen möglichen Kommunikationen und Kommunikationsverknüpfungen ein, damit die Autopoiesis einigermaßen gesichert weiterlaufen kann.[1]

Strukturen sozialer Systeme sind dann all diejenigen Phänomene, die deren Autopoiesis durch eine Engführung der möglichen Kommunikationen erleichtern.[2] Strukturen fassen also die Gesamtheit an Möglichkeiten „in ein engeres Muster ‚geltender', üblicher, erwartbarer, wiederholbarer oder wie immer bevorzugter Relationen."[3] Der Strukturbegriff ist mithin ein Komplementärbegriff zur Ereignishaftigkeit und somit zur Temporalisierung der Elemente.[4]

---

[1] Vgl. [Martens, W., & Ortmann, G. (2004): Organisationen in Luhmanns Systemtheorie], S. 12.

[2] Hierzu [Luhmann, N. (2000): Organisation und Entscheidung], S. 57 f.: „Ein System muss [...] sich selbst voraussetzen, wenn es Information erzeugt und bearbeitet. Es muss die Beliebigkeit möglicher Überraschungen schon eingeschränkt haben, es muss über Redundanzen verfügen, um Informationen zu gewinnen und in begrenzter Zeit bearbeiten zu können. Es muss erwarten, typisieren, erraten können, um was es sich handeln könnte. Das gilt für Wahrnehmung [...], und es gilt erst recht für elaborierte Kommunikation."

[3] [Luhmann, N. (1984): Soziale Systeme: Grundriß einer allgemeinen Theorie], S. 437.

[4] [Luhmann, N. (1984): Soziale Systeme: Grundriß einer allgemeinen Theorie], S. 390: „Das Ereignis zieht es vor zu verschwinden."

Unter Einbeziehung des Strukturbegriffs ist *Organisation* demnach die Herstellung von Erwartbarkeit, von Wiederholbarkeit und vor allem von Anschlussfähigkeit.[1] Eine gewisse Stabilität des Systems, eine zeitliche Invarianz sowie eine gewisse Beharrlichkeit von sozialen Strukturen können nur durch ereignishafte Entscheidungen und Operationen erreicht werden. Auch muss diese Stabilität immer neu aktualisiert und modifiziert werden, was nur durch die Selektion von Einschränkungen, sprich: durch Strukturen, geschehen kann. Es gibt im LUHMANNschen Sinne also keine auf Vorrat existierenden, vorherrschenden Regeln oder festgelegten und somit vorab verallgemeinerten Verfahren, die im Bedarfsfall abgerufen würden. Strukturen sind nichts Statisches, keine „Dinge“ wie Skelette oder die Stahlträger eines Gebäudes.[2] Im Gegensatz hierzu hat man es mit einem Organisationsverständnis zu tun, das von einer Temporalisierung von Ereignis und Struktur ausgeht. Die Struktur des Systems besteht aus wiederholten Kommunikationsbeziehungen und stabilisierten Erwartungen, die zeitweise gehegt und immer wieder aktiviert werden müssen.[3] Stabilität gibt es demnach allenfalls als „autopoietische Reproduktion des Systems von Ereignis zu Ereignis.“[4]

Erst das Zusammenspiel von komplexitätsreduzierenden und Kontingenz gleichsam asymmetrisiert mitführenden Entscheidungen auf der einen Seite sowie Strukturen als Phänomenen der Engführung

---

[1] Vgl. [Luhmann, N. (1984): Soziale Systeme: Grundriß einer allgemeinen Theorie], S. 62, S. 79, S. 233 sowie [Luhmann, N. (2000): Organisation und Entscheidung], S. 173 f.

[2] So [Martens, W., & Ortmann, G. (2004): Organisationen in Luhmanns Systemtheorie], S. 13.

[3] Hierzu [Luhmann, N. (1969): Legitimation durch Verfahren], S. 42: „Diese Funktion der Reduktion von Komplexität wird im wesentlichen durch Strukturbildung erfüllt, das heißt, durch Generalisierung von Verhaltenserwartungen, die dann zeitlich über längere Zeitstrecken, sachlich für verschiedene Situationen und sozial für eine Mehrzahl von Personen „gelten“. [...] Die Struktur selbst [...] steuert das selektive Verhalten des Systems, und [ermöglicht] dadurch erhebliche Leistungssteigerung.“

[4] Vgl. [Luhmann, N. (1984): Soziale Systeme: Grundriß einer allgemeinen Theorie], S. 388.

möglicher Kommunikation auf der anderen Seite ermöglicht Organisationen die Aufrechterhaltung ihrer Reproduktionsfähigkeit. Zur Veranschaulichung sei auf die von WEICK und SUTCLIFFE untersuchten, von diesen als *Highly Reliable Organizations (HRO)* bezeichneten Organisationstypen verwiesen.[1] Hierbei handelt es sich um Organisationen, bei denen es auf ein Höchstmaß an Zuverlässigkeit ankommt und bei denen das Zusammenspiel von Struktur und Ereignis besonders augenfällig ist. Als *HRO* werden beispielsweise atomgetriebene Flugzeugträger, Flugsicherungssysteme, Flugoperationen, Geiselverhandlungen, Notfallmedizin, Kernkraftwerke und Löschtrupps in der Busch- und Waldbrandbekämpfung bezeichnet – allesamt Organisationen, bei denen nichts schief gehen darf, wenn Katastrophen vermieden werden sollen.[2]

Was bedeutet also *Organisation* mit Blick auf das Zusammenspiel von Ereignissen und Strukturen, damit auf einem Flugzeugträger unter permanent wechselnden Bedingungen (wechselnde See, Sicht, Windrichtung, Windstärke, Tageszeit etc.) dennoch 100 bis 200 Leute ebenso gleichzeitig, sich in ihrer Tätigkeit aufeinander beziehend wie absolut zuverlässig dafür sorgen können, dass Flugzeuge mit optimaler Tankfüllung, sicher nachmontierter Munition und perfekt gewartet im Abstand von 48 bis 60 Sekunden starten und landen können? Kein noch so talentierter Manager könnte hierfür verlässlich Sorge tragen und die vorherrschende Komplexität so gut überblicken, um die Organisation entsprechend steuern zu können. Es sind vielmehr spezielle, sich aufeinander beziehende und Ereignisse in bestimmter Weise miteinander verknüpfende, weil in ihrer

---

[1] zum Folgenden siehe [Weick, K. E., & Sutcliffe, K. M. (2001): Managing the Unexpected. Assuring High Performance in an Age of Complexity].

[2] [Weick, K. E., & Sutcliffe, K. M. (2003): Das Unerwartete Managen. Wie Unternehmen aus Extremsituationen lernen], S. 43 sehen *Sicherheit* als etwas sehr Flüchtiges, nämlich als „ein dynamisches Nicht-Ereignis (=ein Fehler, der nicht eintritt)".

Beliebigkeit engführende, Strukturen, die solche Organisation ermöglichen, die selbst jedoch wieder Produkt ihrer Erzeugung sind.[1]

Strukturen übernehmen jedoch noch weitere Funktionen der Organisation. Sie sind die Resultate erfolgreich prozessierten Komplexitätsaufbaus der Organisation. In ihnen kondensieren die mit steigender Binnenkomplexität möglichen Differenzierungen der eigenen, wahrgenommenen Umwelt. So unterscheiden Organisationen in ihrer Umwelt beispielsweise eine Organisation von einer anderen, differenzieren etwa zwischen nah und fern, Freund und Feind, konkurrierend und kooperierend oder, enger an die Operation des eigenen Systems anschließend, Lieferant und Abnehmer von Leistungen.[2] Das jedoch ändert nichts daran, dass ein System zu seiner Umwelt nur ein referenzielles und kein operatives Verhältnis unterhält.[3] Hierzu Luhmann:[4] Die Geschlossenheit des Systems ist die Voraussetzung seiner Offenheit,

> „und dies nicht nur in dem Sinne, dass das System seine Umwelt beobachten *kann*, sondern so, dass es sie beobachten *muss*, um eine Beziehung zu sich selbst herstellen zu können.[5]"

Doch wie kann ein System seine Umwelt intern repräsentieren? Handelte es sich um eine Punkt-für-Punkt-Übereinstimmung, gäbe es

---

[1] Welche unverzichtbare und gleichsam möglicherweise verhängnisvolle Rolle eingespielte Regelmäßigkeiten und Erwartungen (also: Strukturen) dabei spielen, weil sie jederzeit durch das Unerwartete überrascht werden können, zeigen [Weick, K. E., & Sutcliffe, K. M. (2003): Das Unerwartete Managen. Wie Unternehmen aus Extremsituationen lernen] instruktiv auf den Seiten 44-54.

[2] Vgl. [Luhmann, N. (1984): Soziale Systeme: Grundriß einer allgemeinen Theorie], S. 257.

[3] So [Luhmann, N. (2000): Organisation und Entscheidung], S. 200.

[4] [Luhmann, N. (2000): Organisation und Entscheidung], S. 209.

[5] So mit aller wünschenswerten Schärfe [Günther, G. (1979): Cognition an Volition: A Contribution to a Cybernetic Theory of Subjectivity], S. 212: Die Umweltindifferenz lebender Subjekte *zwinge* diese zu einer aktiven Rolle mit Bezug auf ihre Umwelt.

keinen Unterschied zwischen System und Umwelt. Das System würde sich mit der Umwelt verwechseln, wüsste nicht mehr, was in Differenz zur Umwelt (noch) zum System gehört; es würde, kurz gesagt, seine Identität verlieren.[1] Auf der Ebene der Strukturbildung macht sich ein System gerade von einer derartigen Verwechslungsgefahr unabhängig, vermeidet also Punkt-für-Punkt-Repräsentationen der Umwelt. Die Umwelt, oder relevante Teile von ihr, wie beispielsweise als konkurrierend markierte Organisationen, werden daher als Innenrepräsentation reformuliert und ihre Relevanz generalisiert.[2] Dabei wird eine Orientierung als generalisiert bezeichnet,

> „soweit sie vom Einzelereignis unabhängig besteht, von einzelnen Abweichungen, Störungen, Widersprüchen nicht betroffen wird und Schwankungen, auch in den relevanten Umständen, innerhalb gewisser Grenzen überdauert. [...] Der Begriff der Generalisierung bezeichnete ein Verhältnis systembedingter Invarianz“.[3]

Die Umweltwahrnehmung wird also innerhalb des Systems (re-)produziert und mittels Beobachtungen, die ihrerseits wieder strukturabhängig und somit limitiert sind, als generalisierte Erwartungen, auch: Erwartungserwartungen, aktuell gehalten.[4] Erst hierdurch ist es möglich, unterschiedlichen, für relevant gehaltenen Umwelten je unterschiedliche Erwartungen zu unterstellen, die wiederum

---

[1] Vgl. [Luhmann, N. (1984): Soziale Systeme: Grundriß einer allgemeinen Theorie], S. 242 f.

[2] Vgl. hierzu [Luhmann, N. (1984): Soziale Systeme: Grundriß einer allgemeinen Theorie], S. 252.

[3] So [Luhmann, N. (1964): Funktionen und Folgen formaler Organisation], S. 55 f.. Des Weiteren, ebd., S. 56: „Man kann [...] Möglichkeiten der Generalisierung in drei verschiedene Richtungen verfolgen: zeitlich – als Sicherung gegenüber einzelnen Abweichungen und Enttäuschungen; sachlich – als Sicherung gegen Zusammenhanglosigkeit und Widersprüchen; sozial – als Sicherung gegen Dissens.“

[4] Vgl. hierzu [Luhmann, N. (1984): Soziale Systeme: Grundriß einer allgemeinen Theorie], S. 258.

selbst erwartet werden dürfen.[1] So unterstellen Organisationen in der Regel einer als *Kunde* bezeichneten Erwartungscollage unterschiedliche Formen der Nutzenwahrnehmung und ein als Nutzenmaximierung beschreibbares Verhalten;[2] sie nehmen an, dass Kapital stets auf der Suche nach angemessenen Renditeversprechen ist, und unterstellen potentiellen Mitgliedern, sie seien *in der Regel* neben Entlohnungserwartungen auch interessiert an Status- und Reputationsgewinnen. Auf diese generalisierten Erwartungen stellen sich Organisationen ein, indem sie im Rahmen ihrer tagtäglichen Operationen mit angemessenen Nutzenversprechen für die eigenen Produkte werben, sich auf die quartalsweise Kommunikation erwarteter Entwicklungen in der zukünftigen Kapitalerwirtschaftung verlassen[3] und sich durch Mitarbeiterbindungsprogramme darauf einstellen, dass in Zukunft neben Gehältern auch nichtmonetäre Entlohnungsformen an der Tagesordnung sein werden. So machen Familienunternehmen auch vor der Familie nicht Halt, wenn es um die Innenrepräsentation wahrgenommener Umweltphänomene geht. Auch hier werden generalisierte Erwartungscollagen angefertigt, deren Aktualität in Abständen überprüft wird und an denen sich manche Entscheidungen in

---

[1] Hierzu [Luhmann, N. (2000): Organisation und Entscheidung], S. 57: „Systeme können überhaupt nur auf Unterschiede reagieren, die sie selbst unterscheiden, die also nicht „draußen" vorhanden sind, sondern „drinnen" konstruiert werden müssen."

[2] So auch [Luhmann, N. (2000): Organisation und Entscheidung], S. 239: „Das System stellt sich zum Beispiel vor, es habe „Kunden", obwohl die so bezeichneten Personen kaum sich selbst [...] als Kunde eines bestimmten Unternehmens beschreiben oder auch nur ansprechen lassen würden." LUHMANN nimmt an dieser Stelle übrigens Porschekunden explizit aus, denen er unterstellt, sie würden sich sehr wohl angesprochen fühlen, wenn sie als solche bezeichnet würden.

[3] Somit verhelfen sie anderen Systemen zu deren Reproduktion, denn: [Luhmann, N. (2000): Organisation und Entscheidung], S. 58: „Wer Prognosen abgibt oder Weisungen erteilt, mag der Meinung sein, damit künftige Zustände bezeichnen oder bewirken zu können. Was aber auf jeden Fall gelingt, ist: Information zu erzeugen – sei es, dass die Erwartung erfüllt, sei es, dass sie enttäuscht wird. Erwartungsvorgaben sind die Voraussetzung dafür, dass die Erfüllung bzw. Enttäuschung genau dieser Erwartungen einen Unterschied macht, der dann als Information weiter bearbeitet werden kann."

Familienunternehmen orientieren. Auf der Suche nach einer Metapher für das Beschriebene könnte man hier von *intern angefertigten Umweltfiktionen* sprechen.

Analog zur Differenzierung der systemeigenen Umwelt vollzieht sich eine Binnendifferenzierung des Systems. Diese ergibt sich, anders als die Umweltdifferenzierung, nicht aus Beobachtungen, sondern aus dem Prozess der autopoietischen Reproduktion. Man kann sagen, Organisationen antworten auf die Steigerung der wahrgenommenen Umweltkomplexität mit Binnendifferenzierung. Unter *Binnendifferenzierung* kann in Organisationen beispielsweise die Spezifizierung von Kommunikation entlang von Abteilungsgrenzen verstanden werden, jedoch ebenso die Ausprägung hierarchisch geordneter Kommunikation. Darüber hinaus kann hierunter auch die Ausdifferenzierung erprobter Kommunikationswege, das Anfertigen von Selbstbeschreibungen, die Inanspruchnahme bestimmter Stellen, beispielsweise von Führungsstellen, bei spezifischen Kommunikationen subsumiert werden. Insbesondere bei der Verknappung verfügbarer Informationen kommt der Binnendifferenzierung eine besondere Rolle zu. Man stelle sich eine Organisation vor, bei der zu jeder Zeit alle im System vorhandenen Informationen überall zur Verarbeitung verfügbar wären. Diese Organisation würde unter der eigenen Last der zu leistenden Informationsverarbeitung zusammenbrechen. Um das auszuschließen, verfügen Organisationen über angemessene Strukturen, damit binnenorganisationale Informationsnetze in der Regel voneinander getrennt bleiben und nur hochselektiv miteinander verbunden werden. So stellt die Organisation ihre eigene, simultan stattfindende und sich dennoch selektiv aufeinander beziehende Reproduktion sicher. Binnendifferenzierung, und somit systeminterner Komplexitätsaufbau, ist ebenso wie die Differenzierung der systemeigenen Umweltwahrnehmung Teil des Strukturaufbaus in Organisationen.

2.2.1.4. Konditionierung von Entscheidungen

Strukturelle Vorkehrungen erleichtern es der Organisation also, unter den Bedingungen hoher Komplexität und Variabilität und in dem Wissen, dass jede Entscheidung auch anders möglich wäre, mit beachtlicher Genauigkeit und Geschwindigkeit ihre eigenen Operationen (sprich: Entscheidungen) zu koordinieren. In Organisationen kondensieren derartige Strukturen vor allem in Entscheidungsprämissen als etablierte Bestandteile eines organisierten Regelwerks, das der Engführung zugelassener Kommunikation und der Bildung von Erwartungen dient. Dabei beruhen Entscheidungsprämissen selbst, wie sollte es auch anders sein, auf Entscheidungen. Es handelt sich also nicht um irgendwie *von außen* eingespeiste Vorgaben zur externen Determination von Entscheidungsroutinen.[1] In solchen Entscheidungsprämissen fixieren Organisationen ihre Struktur: die mehr oder weniger verallgemeinerten Bedingungen, unter denen dann die täglichen Entscheidungen in Organisationen getroffen werden. Zu den entscheidbaren Entscheidungsprämissen zählen insbesondere Entscheidungen über *Entscheidungsprogramme*, über *Kommunikationswege* und über *Personaleinsatz*.[2] Solche Entscheidungsprämissen erlauben eine antizipative, generalisierte Absorption von Komplexität; sie wirken als Redundanzen, welche die Informationslast auf ein handhabbares Format reduzieren.[3] Vgl. hierzu LUHMANN:[4]

> „Sie legen die künftigen Entscheidungen noch nicht fest, sie können ja nicht jetzt schon in der Zukunft entscheiden. Aber sie fokussieren die Kommunikation auf die in den Prämissen festgelegten Unterscheidungen, und das macht es wahrscheinlich, dass man künftige Entscheidungen mit Bezug auf die vorgegebenen Prämissen unter dem Gesichtspunkt der Beachtung oder Nichtbeachtung und der Konformität oder Abweichung beobachten wird, statt die volle Komplexität der Situation jeweils neu aufzurollen.

---

[1] Spätestens an diesem Punkt koppelt sich die Systemtheorie vom klassischen Organisationsverständnis ab, das mit festen, *vorgegebenen* Zielen der Organisation, beispielsweise einer festen Kapitalrendite im Rahmen eines zu erzielenden Shareholder Values rechnet, die sie anschließend als *Mittel zum Zweck* zu realisieren hat.

[2] Vgl. [Luhmann, N. (2000): Organisation und Entscheidung], S. 225 sowie ebd., S. 229: „Hätte eine Organisation nicht die Möglichkeit, auch über Entscheidungsprämissen zu entscheiden, bliebe sie eine Fortsetzung ihrer Umwelt."

[3] So [Luhmann, N. (2000): Organisation und Entscheidung], S. 227.

[4] [Luhmann, N. (2000): Organisation und Entscheidung], S. 224.

> Das sind natürlich erhebliche Vereinfachungen, die aber dadurch kompensiert werden, dass sie die andere Seite der Form nicht ausschließen, sondern mit im Blick behalten."

Entscheidungsprämissen sind demnach nicht die endgültigen Vorgaben, wie zu entscheiden ist, sondern dienen der Orientierung, der Engführung von Anschlusskommunikation, die sich jedoch ebenso *gegen* die Entscheidungsprämisse, als Modifikation oder als Weiterentwicklung, mit Verweis auf selbige beziehen kann. Darüber hinaus werden Entscheidungsprämissen, ähnlich wie Entscheidungen selbst, erst zu solchen, wenn sie operativ bzw. kommunikativ als Entscheidungsprämissen verwendet werden, wenn also auf sie *als Entscheidungsprämissen* Bezug genommen wird.[1]

Die wichtigsten Entscheidungsprämissen einer Organisation sind die *Entscheidungsprogramme*, die *Kommunikationswege* und der *Personaleinsatz*. Über die Änderung dieser Prämissen wird in *Reformen*,[2] die ihrerseits prämissengeleitete Entscheidungsprozesse sind, entschieden. Koordiniert und zusammengeschlossen wird die Gesamtheit von Entscheidungsprämissen durch *Selbstbeschreibungen*,[3] die

---

[1] Vgl. [Luhmann, N. (2000): Organisation und Entscheidung], S. 228.

[2] [Luhmann, N. (2000): Organisation und Entscheidung], S. 337: „Reformen betreffen Entscheidungen über Entscheidungsprämissen in der Absicht, den Gesamtzustand des Systems zu verbessern oder zumindest eine sich abzeichnende Verschlechterung aufzuhalten oder abzuwenden. Ganz ähnliche Vorhaben werden verfolgt, wenn man das Führungspersonal einer Organisation auswechselt. Da dies im üblichen Sprachgebrauch, aus welchen Gründen auch immer, nicht Reform genannt wird, lassen wir diesen Zugriff auf die Entscheidungsprämissen eines Systems hier beiseite und halten nur fest, dass Führungswechsel ebenfalls zu den Strukturänderungen des Systems gehört und offensichtlich ein funktionales Äquivalent für Reformen darstellt."

[3] [Luhmann, N. (2000): Organisation und Entscheidung], S. 421: „Die Funktion von Selbstbeschreibungstexten scheint [...] darin zu liegen, die laufend anfallenden Selbstreferenzen zu raffen, zu bündeln, zu zentrieren, um damit deutlich zu machen, dass es immer um dasselbe „Selbst", immer um ein mit sich identisches System geht". Und weiter, ebd., S. 423: „In der Selbstbeschreibung erinnert das Systemgedächtnis sich selbst." Ein einfaches Beispiel für Selbstbeschreibung ist der Name der Organisation, schwieriger sind Bestimmungen von Markenprofilen, Geschäftsfeldern, Kernkompetenzen. Hierzu [Martens, W., & Ortmann, G.

für eine abschließende Fokussierung kommunizierter Entscheidungen sorgen. Durch Entscheidungsprämissen kann bestimmt werden, welche Entscheidungen als Entscheidungen des Systems zählen und welche nicht.

Entscheidungsprogramme hingegen, als Teil der *entscheidbaren Entscheidungsprämissen*, bestimmen die Aufgaben und Funktionen, die in einer Organisation zu erledigen sind. Sie legen fest, worüber entschieden werden soll, also auch, was den gesetzten Normen entsprechende und was abweichende Entscheidungen sind. Hierbei unterscheidet LUHMANN *Zweckprogramme* und *Konditionalprogramme.* Zweckprogramme sind auf die Erzielung eines festen Zwecks ausgerichtet und lassen daher die Mittelwahl zur Erreichung des Zwecks weitgehend offen. So werden Kosteneinsparungen als Zweck markiert, zu dessen Erreichung anschließend nach geeigneten Mitteln der Reorganisation gesucht wird. Zweckprogramme sind deshalb reine Zukunftsprogramme.[1] Konditionalprogramme setzen dagegen bei der Bestimmung der Mittelwahl an. Sie legen fest, unter welchen Bedingungen welche Entscheidungen zu fällen sind, haben also die Form: „wenn a, dann b". Konditionalprogramme haben demnach die allgemeine Form „wenn – dann", genauer gesagt: „nur wenn – dann".[2]

Die *Kommunikationswege* der Organisation, die ebenso zu den Entscheidungsprämissen gehören, sind eng mit Entscheidungsprogrammen verflochten. Sie schränken die Möglichkeiten ein, wie die Stellen, an denen die Entscheidungen gefällt werden müssen, kommunikativ miteinander verbunden werden dürfen, dementsprechend auch, wo typischerweise Kommunikationsbarrieren etabliert bleiben sollten. Anders gesagt geben sie an, wie die mit Entscheidungen verbundenen Informationen in der Organisation zirkulieren müssen

(2004): Organisationen in Luhmanns Systemtheorie], S. 18: „Die Vielfalt von Produkten, Verfahrensweisen, Kunden und ihre Veränderung in der Zeit werden durch die Feststellung einer Identität des Differenten zusammengeschlossen. [...] Sie dienen der Koordination der Gedächtnisleistungen, mittels derer u.a. Entscheidungsprämissen festgehalten werden."

[1] So [Luhmann, N. (2000): Organisation und Entscheidung], S. 266.

[2] So [Luhmann, N. (2000): Organisation und Entscheidung], S. 263.

oder dürfen. Die Bestimmung der Kommunikationswege findet in der Regel unter Zuhilfenahme der Unterscheidungen oben/unten, hierarchisch/funktional und innen/außen statt.

Der *Personaleinsatz* gilt für LUHMANN insbesondere deswegen als Entscheidungsprämisse, weil durch derartige Entscheidungen gleichzeitig mitgeklärt wird, welche Organisationsoperationen die unterschiedlichen Kompetenzen der Organisationsmitglieder ermöglichen, insbesondere jedoch einschränken. Hierzu zählen Entscheidungen über typischerweise als Mitglieder zu akzeptierende Personen (Einstellungskriterien) ebenso wie die Zuweisung von Personen zu Funktionen oder Stellen. Viele Operationsmöglichkeiten bleiben unerreichbar, wenn die Kompetenzen an einer bestimmten Stelle dies nicht hergeben. Hierzu LUHMANN:[1]

> „[...] Personen werden, das jedenfalls sieht die offizielle Selbstdarstellung der Organisation vor, nicht deshalb gewählt, weil man sie liebt oder weil sie sich einkaufen oder weil man mit ihnen verwandt oder befreundet ist, sondern deshalb, weil sie sich, wie man meint, für bestimmte Aufgaben eignen. Das heißt: sie werden, ähnlich wie Programme, als Entscheidungsprämissen für Entscheidungen gewählt."

Neben den zuvor genannten formal entscheidbaren Entscheidungsprämissen rechnet LUHMANN auch die mit der Geschichte der informalen Kommunikation und die mit vorherrschendem Klatsch und Tratsch zusammenhängenden Einstellungen und Werte, die so genannte *Organisationskultur*, zu den Entscheidungsprämissen.[2] Über diese Entscheidungsprämissen kann gerade *nicht* durch Entscheidungen verfügt werden, weshalb informale Kommunikation und Organisationskultur zu den unentschiedenen und weitgehend *unentscheidbaren Entscheidungsprämissen* zählen.

---

[1] [Luhmann, N. (2000): Organisation und Entscheidung], S. 225.

[2] [Luhmann, N. (2000): Organisation und Entscheidung], S. 244: „Auf ihre Letztkomponenten reduziert, findet man Organisationskultur*en* in der Form von Werten, untermalt durch und gestützt auf die Geschichte des Systems. Werte sind Anhaltspunkte in der Kommunikation, die nicht direkt kommuniziert werden."

2.2.1.5. *Wo bleibt der Mensch? Personen, Mitgliedschaften und Stellen*

Doch wenn von Personen als Stellenbesetzer, als Funktionsträger[1] oder Entscheidungsprämissen die Rede ist, wo bleibt dann der Mensch? Steht nun nicht mehr der Mensch im Mittelpunkt der Betrachtung?[2]

Die angemessene Anschlussfrage der Systemtheorie würde lauten: Wer fragt das? Für Organisationen jedenfalls, so klärt LUHMANN radikal und setzt sich an diesem Punkt zahlreicher Kritik aus, ist der Mensch Teil der Umwelt des Systems. Organisationen wissen nur in hoch selektivem Zugriff etwas mit ihnen anzufangen. Sie sind nicht an Armen, Beinen und Haaren interessiert, ebenso wenig an weiten Teilen ihrer Kommunikation, sei sie nun familiärer Natur oder Bestandteil der Interaktion an Wursttheken oder U-Bahnhöfen. Als relevanten Teil für Organisationen sieht LUHMANN [...]:[3]

> „[...] Personen, die dem Entscheidungsbetrieb Körper und Geist, Reputation und persönliche Kontakte zur Verfügung stellen und dadurch teils ausweiten, teils einschränken, was entschieden werden kann. In vielen Hinsichten und für viele Arten von Organisationen liegt hier die schärfste Absicherung der Redundanz: Wenn man eine Person kennt, kann man sich leicht eine Vorstellung davon machen, wie sie entscheiden wird [...]. Außerdem sind Personen, im Unterschied zu Programmen, kaum veränderbar [...]."

---

1 So bereits in einer frühen Publikation bei [Barnard, C. I. (1938): The Functions of the Executive], der die funktionalen Aufträge an Führung in (1) „develop and maintain a system of communication", (2) „promote the securing of the personal services that constitute the materials of organizations" und (3) „formulate and define the purpose objectives, ends, of the organizations" zur Diskussion stellt.

2 So zumindest die Human Relations-Bewegung der 1930er Jahre mit Verweis auf die Ergebnisse des Hawthorne-Experiments bei General Electric, das zum Ziel hatte, die Auswirkungen veränderter Arbeitsbedingungen auf die Arbeitsproduktivität zu untersuchen. Vgl. hierzu: [Kieser, A. (1999): Human Relations-Bewegung und Organisationspsychologie].

3 [Luhmann, N. (1988): Organisation], S. 177 f.

In Verbindung mit korrespondierenden Stellen fungieren Personen als Erwartungscollagen, als Bündel erwartbarer Verhaltens- und Entscheidungsweisen.[1] Generalisierungen derartiger Erwartungscollagen werden unter speziellen Begriffen wie *Spitzenmanager*, *Reinigungskraft*, *Aushilfsmitarbeiter*, *Abteilungsleiter* oder *Auszubildender* zusammengefasst. Diese Stellenbesetzer bzw. Funktionsträger werden also mit ihrem jeweiligen Beitrag zur organisationalen Entscheidungskommunikation Teil der Reproduktion des Systems. Zur Erklärung dieser Funktionsweise, also der Interaktion zwischen psychischen und sozialen Systemen, zieht LUHMANN mit Verweis auf PARSONS das Konzept der *Interpenetration* heran, das Intersystemverhältnisse als wechselseitige Durchdringung beschreibt.[2] Später ersetzt er dieses durch das Konzept der *strukturellen Kopplung*.[3] Letzteres beinhaltet, dass psychische und soziale Systeme, die sich gegenseitig als Umwelt wahrnehmen, einander wechselseitig ihre je besondere Selektivität zur Verfügung stellen oder gar auferlegen: Organisationen sind auf die selektiven Kompetenzen ihrer Mitglieder angewiesen, die Mitglieder umgekehrt auf die vielfältigen, aber ebenfalls hoch selektiven Möglichkeiten, die ihnen die Organisation bereitstellt (oder vorenthält).

2.2.1.6. Was ist der Zweck der Organisation?

Im Gegensatz zur klassischen Organisationstheorie distanziert sich LUHMANN schon früh von der Vorstellung, dass es sich bei Organisationen um irgendwie geartete „Zweckveranstaltungen" handele,[4]

---

[1] Hierzu vgl. [Luhmann, N. (1991): Die Form "Person"].

[2] Vgl. beispielsweise [Luhmann, N. (1984): Soziale Systeme: Grundriß einer allgemeinen Theorie], S. 286 ff. sowie [Luhmann, N. (1997): Die Gesellschaft der Gesellschaft], D. 618 f.

[3] Vgl. [Luhmann, N. (1995): Die Soziologie und der Mensch], S. 31 f.

[4] Vgl. [Luhmann, N. (1968): Zweckbegriff und Systemrationalität], S. 55 ff: „Organisationen wurden und werden auch heute zumeist noch als Systeme aufgefasst, die auf die Erfüllung bestimmter Zwecke ausgerichtet sind [...]. Gemeinhin gilt, dass ein organisiertes System rational ist, wenn es seine Zwecke erfüllt. Seine Systemrationalität wird demnach als Zweckrationalität interpretiert, und demzufolge

dass Organisationen also als bloße Mittel irgendwo und durch irgendwen gesetzter Ziele verstanden werden könnten. Zwar sind Organisationszwecke wichtig, nicht jedoch als Basisbegriff der Organisationstheorie. Vielmehr geht es bei LUHMANN um die *Funktion von Zwecken* für die Organisation, die sie sich selber setzt. Dabei übernehmen diese selbst definierten Zwecke, die ohne Frage auch denen der Ökonomie ähneln können (beispielsweise die Maximierung von Zahlungsfähigkeit), primär eine Fokussierungsfunktion für die Operationen der Organisation.[1] Organisationen können jedoch, und hier liegt ein Grundunterschied zu klassischen Ansätzen der Organisationstheorie, ihre Zwecke ohne weiteres ändern. Im Zentrum der vorliegenden Analyse steht somit ein Organisationsbegriff, der Rationalität kontingent setzt. Demnach muss man in der Lage sein, Organisationen zu beschreiben ohne davon auszugehen, dass die Organisation per se etwas Rationales sei.[2] BAECKER[3] konstatiert an dieser Stelle, eine Organisation begreife man erst, wenn man erkenne, dass beispielsweise ein Krankenhaus an nichts anderem *mehr* interessiert sei als am Nachschub von Kranken, für die es im Zweifel auch selber sorge.[4] Als (zweck)rational darf eine Organisation sodann allenfalls bezeichnet werden, wenn *Rationalität* heißen darf: Sicherstellung der Reproduktion von Organisation. Dies gilt im Sinne der Systemtheorie als das alleinige Ziel von Systemen im Allgemeinen und daher auch von Organisationen. Ob zu dessen Erreichung von der Organisation Unterzwecke definiert werden, bleibt zunächst ungeklärt. Die

---

gilt die Systemstruktur, oder jedenfalls die amtliche, „formale" Struktur, als Mittel zum Zweck."

1 Vgl. [Luhmann, N. (1968): Zweckbegriff und Systemrationalität], S. 49.

2 An diesem Punkt distanziert sich LUHMANN letztendlich von Max WEBERs Bürokratietheorie, die auf Rationalität basiert [Weber, M. (1921): Wirtschaft und Gesellschaft. Grundriß der verstehenden Soziologie], insb. S. 122-176.

3 Entnommen aus [Baecker, D. (2000): Niklas Luhmann und die Manager], ab min. 27:30.

4 Analog zu [Illich, I. (1976): Die Nemesis der Medizin: Die Kritik der Medikalisierung des Lebens.], der mit dem Begriff der medizinischen *Iatrogenese* aufzeigte, dass Krankenhäuser durch ihre Behandlung ihre Patienten gleichsam auch beschädigen.

Organisation hält sich zugunsten ihrer eigenen Zweckvariabilität im Übrigen auch weitestgehend fern von intendierten Zwecken ihrer Mitglieder unter dem Angebot der Gehaltssubstitution:[1]

> „Ein System, das seine Mitglieder zweckindifferent motivieren kann, gewinnt dadurch intern eine hohe Differenzierungsfähigkeit, da bei der Arbeitsteilung auf die Motivationskraft der Aufgaben wenig Rücksicht genommen werden muss, und extern eine hohe Anpassungsfähigkeit, die es ihm ermöglicht, etwaigen Änderungen in der Nichtmitgliederumwelt, dem Markt, der Politik, den kulturellen Interessen oder der technischen Entwicklung zügig zu folgen, sich rasch und ohne Substanzverluste umzustellen."

Von der Beschreibung einer strikten Trennung von Organisationszwecken auf der einen Seite und hiervon gänzlich unabhängigen, weil durch Entgelt bereits äquivalent erfüllten, Zwecken der Mitglieder auf der anderen Seite wird in jüngster Zeit etwas Abstand genommen. Dies insbesondere, seitdem die Überlappung individueller Ziele mit denjenigen der Organisation, und somit die Verpflichtung jedes Einzelnen auf die Unternehmensziele, zur neuen Philosophie avanciert ist.[2] So heißt es in späteren Arbeiten auch bei LUHMANN:[3]

> „Die Leitung einer Organisation erwartet mehr freiwilliges Engagement. Die Mitglieder erhoffen mehr Befriedigung und „Selbstverwirklichung" in ihrer Arbeit. [...] Mehr Gelegenheit zu personaler Eigenleistung, mehr Konsens, mehr Motivation, mehr Integration – warum sollte das nicht möglich sein, wenn man nur herausfinden könnte, unter welchen organisatorischen Bedingungen diese Erwartungen sich kombinieren und realisieren lassen."

---

[1] Hierzu [Luhmann, N. (1968): Zweckbegriff und Systemrationalität], S. 141.

[2] So [Martens, W., & Ortmann, G. (2004): Organisationen in Luhmanns Systemtheorie], S. 22.

[3] Vgl. [Luhmann, N. (2000): Organisation und Entscheidung], S. 114.

Was aber ist nun das Ziel einer Organisation? Was bezweckt beispielsweise ein Krankenhaus? Die angemessene Antwort hierzu lautet: Das hängt vom Beobachter ab. So kommen unterschiedliche Beobachter zu unterschiedlichen Ergebnissen, beispielsweise sieht der ökonomisch orientierte Beobachter die Ziele der Organisation vorrangig in der Erfüllung fremdgesetzter Zwecke. Sowohl die Principal-Agent-Theorie[1] als auch die Stakeholder-Theorie[2] schließen beispielsweise aus, dass die Ziele von irgendwo anders herkommen könnten als von distinkten Interessengruppen außerhalb der Organisation, namentlich: (1) Anteilseignern respektive Investoren (Renditemaximierung als Auftrag!),[3] oder, nach neueren Ansätzen, (2) Mitarbeitern (humane Beschäftigungsformen bei gleichzeitiger Bezahlung), (3) Öffentlichkeit (Fürsorge für regionale Stabilität, Stichwort: Corporate Social Responsibility), oder (4) noch immer viel zu selten auch Kunden (innovative, qualitativ angemessene Produkte zu niedrigen Preisen). Erst die systemtheoretische und mit ihr einhergehend die funktionalistische Analyse der Organisationszwecke spielt den Ball wieder an die Organisation zurück. Ihr und nur ihr unterstellt sie, für ihre eigene Reproduktion Sorge zu tragen und sich, wenn sinnvoll (zumindest jedoch nicht nachhaltig schädlich), hierzu auch „Unterziele" wie Gewinnakkumulation oder Dividendenzahlungen, beispielsweise zur Beruhigung von Investoren, einzurichten. Die Systemtheorie lässt die Erfüllung gewinnorientierter Ziele also als einen spezifischen Fall *organisational* gesetzter Ziele erscheinen, denn: *das einzige Ziel der Organisation liegt in der Aufrechterhaltung ihrer Reproduktionsfähigkeit.* Ob hierzu die Anhäufung potentieller Zahlungsfähigkeit durch Gewinnakkumulation oder die durch Dividendenzahlungen erfolgende Ruhigstellung etwaiger Umweltkonstrukte wie

---

1 Zum Agenturansatz, auch bekannt als Princial-Agent-Theorie, vgl. [Jensen, M. C., & Meckling, W. H. (1976): Theory of the Firm – Managerial Behavior, Agency Costs and Ownership Structure], 305 ff.

2 [Freeman, R. W. (1984): Strategic Management: A Stakeholder Approach].

3 Vgl. hierzu z.B. [Gutenberg, E. (1951): Grundlagen der Betriebswirtschaftslehre. Erster Band: Die Produktion], S. 486: „Fragt man, wer überhaupt als Träger betrieblicher Willensbildung in Frage kommt, dann wird zunächst zu antworten sein: Diejenigen, denen das Eigentum an den Produktionsmitteln zusteht."

Anteilseigner beizutragen vermag, kann nicht generell beantwortet werden und liegt einzig im Einflussbereich der Organisation selbst. Zwar teilt sie sich, und teilweise auch ihrer Umwelt, durch angefertigte Selbstbeschreibungen mit, was sie vorzuhaben scheint; Verlass ist hierauf langfristig jedoch nicht.

2.2.2. Unternehmen als Organisation

Bislang war stets von Organisationen im Allgemeinen die Rede. Hierzu zählen Krankenhäuser ebenso wie Universitäten, Kindergärten, Parteien, Gewerkschaften, Industriebetriebe, Klöster oder Theater. Sie alle sind Organisationen im Sinne von sich autopoietisch über Entscheidungen reproduzierenden Organisationen. Ohne Ausnahme bilden sie organisationale Strukturen aus, um sich selbst im Unterschied zu ihrer eigenen Umwelt wiederzufinden und somit selbst anschlussfähig für weitere Entscheidungen zu bleiben. Jede dieser genannten Organisationen verfolgt selbst gesteckte Ziele zur Aufrechterhaltung der eigenen Reproduktionsfähigkeit, die von einem Beobachter, der auch das Unternehmen selbst sein kann, allenfalls unterstellt werden können.

Nun interessiert, welche besondere Verbindung zwischen dem Wirtschaftssystem der Gesellschaft auf der einen Seite und denjenigen Organisationen auf der anderen Seite besteht, die als *Unternehmen*, genauer: *Wirtschaftsunternehmen*, bezeichnet werden und nicht etwa als Partei, Theater oder Stiftung.

Um diesen Unterschied zu fassen zu bekommen, ist es sinnvoll, die Umwelt einer Organisation, also alles, von dem sich die Organisation abgrenzt, genauer in den Blick zu nehmen. LUHMANN beschreibt die moderne Gesellschaft als funktional differenziert, also als in Funktionssystemen ausdifferenziert. Hierzu zählen das politische System, das Wissenschafts-, Religions-, Gesundheits-, Erziehungs-, Rechts- und auch das Wirtschaftssystem, um die wesentlichen zu nennen. Sie alle werden als soziale, autopoietische Systeme beschrieben, deren Reproduktionsgrundlage nichts anderes als Kommunikation sein kann.[1] Gleichsam übernehmen sie alle jeweils spezifische Funktionen zur Ordnung gesellschaftlicher Komplexität. Dabei rekurrieren Funktionssysteme auf eine strikte Unterscheidung ihrer jeweiligen Codierungen durch *binäre Unterscheidungen*, die jeweils Grundlage der Ausdifferenzierung eines Funktionssystems sind. So entfaltet sich das politische System beispielsweise an der kontinuierlichen Bearbeitung der Unterscheidung von Opposition und Regierung, das Wissenschaftssystem verwendet die Unterscheidung zwischen Wissen und Nichtwissen, das Religionssystem beschäftigt sich kontinuierlich mit der Differenz von Seelennot und Seelenheil, das Gesundheitssystem kümmert sich um die Distinktion zwischen Gesundheit und Krankheit, das Rechtssystem um die Differenz von Recht und Unrecht. Ebenso fußt auch das Wirtschaftssystem auf einer binären Unterscheidung: Es kümmert sich um die Differenz von Zahlung und Nichtzahlung, nimmt also den Austausch von Zahlungsfähigkeit gegen Zahlungsunfähigkeit in den Blick.

Unterschiedliche Organisationen realisieren innerhalb der jeweiligen Funktionssysteme komplexe Entscheidungszusammenhänge und versuchen sich an der Erprobung unterschiedlicher Programme. Dabei versuchen sie herauszufinden, welche Kommunikationen und Operationen sich in der Auseinandersetzung mit diesen binären Co-

---

1 Zu grundsätzlichen Überlegungen zur Ausdifferenzierung der Gesellschaft in Funktionssysteme vgl. [Luhmann, N. (1997): Die Gesellschaft der Gesellschaft], S. 743 ff. Eine Übersicht über die genannten Funktionssysteme findet sich insbesondere bei [Luhmann, N. (1986): Ökologische Kommunikation. Kann die moderne Gesellschaft sich auf ökologische Gefährdungen einstellen?], S. 101-201. Detaillierte Beschreibungen finden sich im Einzelnen für das politische System bei [Luhmann, N. (2002): Die Politik der Gesellschaft]; für das Wissenschaftssystem: [Luhmann, N. (1990): Die Wissenschaft der Gesellschaft]; für das Religionssystem: [Luhmann, N. (2002): Die Religion der Gesellschaft]; für das Gesundheitssystem: [Luhmann, N. (1990): Der medizinische Code] sowie [Bauch, J. (2002): Gesundheit als sozialer Code. Von der Vergesellschaftung des Gesundheitswesens zur Medikalisierung der Gesellschaft.]; zum Erziehungssystem: [Luhmann, N. (2002): Das Erziehungssystem der Gesellschaft]; zum Rechtssystem: [Luhmann, N. (1995): Das Recht der Gesellschaft] sowie zum Wirtschaftssystem, siehe: [Luhmann, N. (1994): Die Wirtschaft der Gesellschaft] und auch [Luhmann, N. (1993): Organisation im Wirtschaftssystem].

dierungen bewähren. So testen Universitäten unterschiedliche Ansätze und Verfahren der Wissenschaft, Parteien erproben unterschiedliche Programme der Politik, Arztpraxen und Krankenhäuser experimentieren mit unterschiedlichen Programmen des Gesundheitssystems, Kirchen mit variierenden Programmen der Religion, Gerichte und Anwaltskanzleien mit unterschiedlichen Programmen des Rechtssystems und Unternehmen mit unterschiedlichen Programmen der Wirtschaft. Die Codierung der Funktionssysteme erlaubt es den Organisationen, zumindest im Nachhinein Entscheidungen darüber zu treffen, welche Programme falsch waren (das getestete Programm führte zu: Opposition, Nichtwissen, Seelennot, Krankheit, Unrecht oder Nichtzahlung) und welche richtig (das Programm führte zur Regierung, zu Wissen, Seelenheil, Gesundheit, Recht oder Zahlungen).

Die Beobachtung der Anschlusskommunikation in der Umwelt der Organisation erlaubt dieser also, die eigenen Entscheidungen mit je neuen Entscheidungen bezüglich der angestrebten Operationen zu bewerten.[1] Die Beobachtung von ausbleibenden Gesundungen lässt im Krankenhaus den Rückschluss zu, dass die mittels Entscheidung in Gang gesetzten Gesundungsprogramme möglicherweise nicht passend waren; für Kirchen wird es bedenklich, wenn die bislang heilsbringenden Bemühungen kein Seelenheil mehr bewirken, und Unternehmen befinden über die Marktfähigkeit neu eingeführter Produkte, wenn der Absatz ausbleibt, also keine Anschlusszahlungen zu beobachten sind.[2] Organisationen richten sich also an bestimmten Funktionssystemen der Gesellschaft aus. Sie nutzen deren binäre Codierungen, formulieren hieraus Rückkopplungseffekte, um somit

---

[1] [Baecker, D. (1993): Die doppelte Schließung der Organisation] verwendet für diesen Mechanismus den Begriff der *doppelten Schließung* einer Organisation und meint damit genau die Entscheidung über Einscheidungen, also jenen zweiten Rekurs, der es Systemen erlaubt, nicht einfach blind vor sich hin zu operieren.

[2] Hieran schließen sich häufig Reformen an, indem beispielsweise die hierfür verantwortlich gemachten generalisierten Erwartungen ausgetauscht werden, es also zu Stellenneubesetzungen kommt. Die Entscheidung über Personaleinsatz ist, wie oben dargestellt, eine Entscheidung über Entscheidungsprämissen.

über die eigenen Entscheidungen entscheiden können. So gesehen konditionieren sich Kirchen über die binäre Codierung des Religionssystems, Universitäten über die binäre Codierung der Wissenschaft und Unternehmen über die binäre Codierung der Wirtschaft.[1] Erst hierdurch wird eine Organisation zum Unternehmen. Die Bezeichnung *Unternehmen*, genauer gesagt: *Wirtschaftsunternehmen*, ist also die Kategorie eines Beobachters, der eine Organisation bezeichnet, die sich in der Entscheidung über die eigenen Entscheidungen am Wirtschaftssystem der Gesellschaft ausrichtet.

Erst durch die ständige Neuentscheidung über die Angemessenheit der eigenen Entscheidungen, also der Reproduktion der eigenen Organisation, ist diese in der Lage, sich selbst über beobachtete Rückkopplungseffekte zu steuern. Spätestens an diesem Punkt wird klar, dass mit Organisationen keine blind vor sich hin operierenden Systeme gemeint sind, sondern solche, die temporär ihre eigene Blindheit stören, indem sie sich im Kontext eines relevanten Umweltsystems wie Wirtschaft, Religion etc. beobachten und die eigene Beobachtung zum Anlass nehmen zu lernen. Diese Form von Steuerung durch Rückkopplung darf nicht kausalistisch verstanden werden, denn ihr ist gewissermaßen eine dreifache Unsicherheitsstelle eingebaut. (1) Zum einen ist unklar und somit kontingent, an welchem System der Umwelt die eigenen Operationen überhaupt ausgerichtet werden sollen. Einige Kirchenorganisationen führen beispielsweise vor, wie prekär und brisant zugleich die eigene Ausrichtung sein kann. Gilt z.B. das Kloster Andechs, benediktinische Klosterkirche seit 1423 und gleichzeitig einer der größten Bayrischen Bierproduzenten,[2] nun als Organisation des Religionssystems (= Ausrichtung der eigenen Operationen an der Anschlusskommunikation von Seelenheil/Seelennot), oder sollte es sich lieber als Wirtschaftsunterneh-

---

[1] So [Luhmann, N. (2000): Organisation und Entscheidung], S. 238: „Selbstverständlich binden sich Organisationen, sofern sie in bestimmten Funktionssystemen tätig werden, an deren Codes, denn anders wäre gar nicht erkennbar, dass es sich um Wirtschaftsunternehmen oder ein Forschungsinstitut, ein Gericht oder eine politische Partei handelt."

[2] Vgl. [Winterer, P. (2004): Im Kloster Andechs tobt der Bier-Krieg].

men beschreiben (= Adjustierung der eigenen Entscheidungen nach beobachtbaren Anschlusskommunikationen des Wirtschaftssystems: Zahlungen / Nichtzahlungen)?[1] In einer ähnlichen Schwierigkeit stecken Arztpraxen und Krankenhäuser, die sich einmal als Wirtschaftsunternehmen der Anschlusskommunikation Zahlung/Nichtzahlung verschreiben und einmal im Sinne von Gesundheit/Krankheit als Organisation des Gesundheitssystems gelten, um hierdurch ihre Programme zu konditionieren. Die beiden anderen Unsicherheitsstellen liegen in der Kontingenz von Entscheidungen und somit auch in der Kontingenz von Bezugnahmen auf die Codierungen der Organisationsumwelt und deren Weiterbearbeitung in der Organisation. (2) So ist und bleibt es unprognostizierbar, also kontingent, *ob* und *wie* die Anschlusskommunikation im Funktionssystem überhaupt *von der Organisation beobachtet* wird, schließlich hat man es auch an diesem Punkt mit hoch selektivem Beobachtungsverhalten zu tun, von dem noch nicht einmal gesagt werden könnte, dass es zuverlässig, also erwartbar, funktioniert. (3) Schlussendlich kann auch nicht prognostiziert werden, *wie* im Rahmen der Autopoiesis der Organisation *angeschlossen* wird, *wenn* an die interne Bereitstellung der Umweltbeobachtung als Irritation überhaupt angeschlossen wird, also über sie entschieden wird. Der Vertrieb mag, unwahrscheinlich genug, nach innen melden, der Absatz laufe nicht zufriedenstellend, das Produkt komme bei den Kunden nicht an. Nichts vermag vorherzusagen, *wie* die Marketingabteilung, die Produktentwicklung, die Buchhaltung, das Management oder selbst der Vertrieb hieran Anstoß nimmt, um über Adjustierungen zu entscheiden. Typischerweise bleibt es gar fraglich, *ob* überhaupt hieran angeschlossen wird.[2]

---

[1] Die Organisation reformierte sich Ende 2004 im Übrigen durch eine Personalentscheidung, indem sie sich nicht den geschäftigen Pater Anselm Birgi sondern den jungen Pater Eckert vom Münchner Mutterkloster St. Bonifaz zum Abt wählte, was zum Ausscheiden Birgis führte. Dieser ist heute selbständiger Unternehmensberater.

[2] An diesem Punkt kommen Manager ins Spiel, die zum einen für die Irritation der Organisation Sorge tragen, zum anderen aber auch für die Anschlussverarbeitung verantwortlich sind. So u.a. bei [Baecker, D. (2003): The Form of the Firm], S. 7: „We suggest *management* to be the various ways of reintroducing the organisa-

Die Bezeichnung einer Organisation in der *Form des Wirtschaftsunternehmens*[1] ist also abhängig vom Kontext, auf den sie sich bezieht, und abhängig davon, ob und wie sie im Vollzug der Entscheidung über ihre eigenen Entscheidungen hierauf verweist. Aber woraufhin sind nun die Entscheidungen eines Klosters konditioniert? Die Antwort kann nur lauten: Es kommt darauf an. Und worauf? Antwort: Auf den Beobachter. Es ist die jeweilige Form der Organisation, jene von einem Beobachter in den Kontext der Organisation gesetzte Bezugsgröße, die dazu führt, dass ein Schokoladenhersteller als Produzent von Seelenheil und eine Abtei als Wirtschaftsunternehmen gesehen werden kann. Dieser Beobachter ist im Übrigen häufig genug, so bleibt zu hoffen, die Organisation selbst, die sich im Rahmen von Selbstbeobachtung und hieran anschließenden Selbstbeschreibungen als das eine oder das andere markiert.[2] Von

---

tion's environment into the organisation, while – rather ambivalently – both accepting and changing the existing states of the organisation itself." Und weiter: „Management's talk is to maintain, not to destroy, the organisation when realigning it to relevant states of the environment. It does so in order for the organisation not only to survive but to be successful. " Näheres hierzu siehe weiter unten, Kap. 2.2.4. Management in Organisationen, S. 145 sowie [Baecker, D. (1999): Organisation als System], S. 242 ff. und [Baecker, D. (2003): Organisation und Management], S. S. 218 ff. und S. 256 ff.

[1] An dieser Stelle wird auf den bei LUHMANN an vielen Stellen verwendeten Formbegriff im Sinne SPENCER-BROWNs verwiesen. Hierzu: [Spencer-Brown, G. (1969): Laws of Form] sowie [Schönwälder, T., Wille, K., & Hölscher, T. (2004): George Spencer-Brown: Eine Einführung in die "Laws of Form". Lehrbuch.]. BAECKER hat die Bezeichnung des Unternehmens als *Form der Organisation* eingeführt und somit zum Ausdruck gebraucht, dass es von der Beobachtung von System und Umwelt sowie von der Art der beobachteten Unterscheidung abhängt, ob eine Organisation beispielsweise als *Bürokratie* oder als *Wirtschaftsunternehmen* bezeichnet wird. Hierzu: [Baecker, D. (1999): Die Form des Unternehmens] sowie in seiner Weiterentwicklung: [Baecker, D. (2003): The Form of the Firm].

[2] Vgl. [Baecker, D. (1999): Die Form des Unternehmens], S. 25 ff.: „Die Unterscheidung wird von einem Unternehmen getroffen und von einem Beobachter, der das Unternehmen sein kann, beobachtet. [...] Auf der Innenseite der Form des Unternehmens finden wir all das, was traditionell als Unternehmen im Sinne einer Organisation [...] verstanden wird. [...] Wir [...] bezeichnen die Wirtschaft,

Unternehmen oder *Wirtschaftsunternehmen* ist also immer dann die Rede, wenn eine Organisation gemeint ist, die sich fremdreferenziell an der Wirtschaft der Gesellschaft ausrichtet und die eigene Autopoiesis nach den Anschlusskommunikationen der Wirtschaft, also Zahlung oder Nichtzahlung, ausrichtet.[1] Dies hat weitreichende Folgen. Klassifiziert sich die Organisation in ihrer Selbstbeschreibung als Unternehmen, ist der Weg frei für Argumente, die in Entscheidungssituationen auf Kosten oder Nutzen abzielen. Zahlung bzw. Nichtzahlung wird zum Argument, das die Autopoiesis engführen, also strukturell verankert werden kann und somit letztendlich, wenn es derart herangezogen wird, als Entscheidungsprämisse gelten kann. Nur Unternehmen beurteilen und feinjustieren ihre Entscheidungsreproduktion nach in Stellung gebrachten Maßstäben von Effizienz und Effektivität, und das natürlich auch nur, wenn sie sich primär an der Erwartung von Zahlung und Nichtzahlung ausrichten. Obgleich dies von der Ökonomie als Manifestation der Unternehmung angesehen wird, kann noch lange nicht davon ausgegangen werden, dass es derartige Organisationen gibt, die sich vollends mit ihrer Selbstbeschreibung als Unternehmen verwechseln.[2]

Bereits an dieser Stelle deutet sich an, warum ein Unternehmen das eine Mal als Wirtschaftsunternehmen, ein anderes Mal als Familienunternehmen und zu einem späteren Zeitpunkt als ein sich am Seelenheil seiner Mitglieder orientierendes Unternehmen bezeichnet

---

genauer: die Wirtschaft der Gesellschaft, als die Außenseite des Unternehmens. [...] Die Außenseite der Form des Unternehmens ist der als Wirtschaft bezeichnete, mit Strukturen des Zugriffs auf Bedürfnisse, Arbeit und Technik ausdifferenzierte und gegenüber Politik, Wissenschaft, Religion, Erziehung und anderen Funktionssystemen der Gesellschaft differenzierte Reproduktionszusammenhang von Zahlung."

[1] BAECKER spricht, mit Verweis auf das Formkalkül von SPENCER-BROWN, vom *Wiedereintritt des Unternehmens in die Organisation*. Vgl. beispielsweise [Baecker, D. (1999): Die Form des Unternehmens], S. 20.

[2] Etablierte Unternehmensberatungen wie McKinsey mögen an dieser Stelle anderer Meinung sein.

werden kann.[1] Denn auch die Bezeichnung *Familienunternehmen* benennt, so ist zu vermuten, eine Form der Organisation. Wann immer sich eine Organisation also mit Blick auf die Entscheidung über Entscheidungen auf die Familie bezieht, wann immer sie sich selbst also als Organisation im Unterschied zur Familie sieht scheint es angemessen, dass sie sich als Familienunternehmen beobachtet. Geschähe dies nicht durch die Organisation selbst, sondern durch einen Beobachter, der die Organisation im Kontext der Familie betrachtet, würde sich an der Angemessenheit dieses Begriffs nichts ändern. Näheres hierzu weiter unten.

Es bleibt also festzuhalten: Ein Unternehmen ist eine Organisation, die sich am Wirtschaftssystem ausrichtet und dessen Codierung nutzt, um ihre spezifische Reproduktionsfähigkeit unter diesem Aspekt kritisch im Auge zu behalten. Eine Organisation als *Unternehmen* zu bezeichnen heißt also, diese als für die Argumente der Ökonomie mit Blick auf Kosten und Nutzen, Effizienz und Effektivität als offen zu beschreiben.

2.2.3. Führung in Unternehmen

Folgt man dem zuvor skizzierten Beschreibungsversuch einer Organisation als autopoietisches soziales System, stößt man auf Schwierigkeiten, wenn man das in der betriebswirtschaftlichen Beschreibung etablierte Verständnis von Führung auch nur ansatzweise beibehalten möchte. Wäre Führung diejenige Instanz, die mittels Planung, Organisation und Kontrolle über das Wohl und Wehe der Organisation (und damit letztendlich auch über sich selbst) zu entscheiden hätte

---

[1] So geschehen z.B. beim Schuhhersteller Deichmann, der sowohl ein sehr erfolgreiches Wirtschaftsunternehmen als auch ein stabiles Familienunternehmen ist, dem aber immer wieder auch die Bezeichnung des *christlich geführten Unternehmens* zugesprochen wird. So heißt es beispielsweise in einer Laudatio des Altbundespräsidenten Johannes Rau über Heinz-Horst Deichmann: „Karl Barth hat einmal gesagt, „man darf es nicht ausschließen, dass Gott auch einmal durch den Mund eines Bischofs zu uns spricht.“ Nun könnte es sein, wenn Karl Barth hier stünde und die Laudatio hielte, dass er sagte, es könnte sein, dass Gott einmal durch den Mund eines Unternehmers zu uns spricht.“ Vgl. hierzu [o.V. (2003): Johannes Rau über Heinz-Horst Deichmann].

und die zugleich die Aufgabe hätte, die Organisation entsprechend der Umweltwahrnehmung der Führung mittels Organisation anzupassen, was bliebe dann übrig von eben dieser Organisation, der man ihre eigene Reproduktion der System/Umwelt-Grenze zuschreibt? Was hätte die Organisation mit Blick auf die eigene Umweltverarbeitung dann überhaupt noch zu tun? Es liegt auf der Hand, dass ein solches Verständnis von Führung als *Steuerinstitution* nicht umhin kann, die von ihr *gesteuerte* Organisation als *Instrument* zu verstehen, zu degradieren und im Sinne einer trivial operierenden Maschine zu behandeln.[1] Nachfolgend wird hingegenversucht, einen Führungsbegriff zu entwickeln, der mit der Auffassung von Organisationen als sozialen Systemen kompatibel ist.

2.2.3.1. Funktion von Führung

Bezugnehmend auf die Grundlagen sozialer Systeme scheint es angemessen zu erörtern, inwiefern Führung als eine spezifische Ausprägung der organisationalen Kommunikation verstanden werden kann. Ebenso wie Organisationen ihre eigene Komplexität durch Ausdifferenzierung ihrer der Umweltwahrnehmung erhöhen,[2] tun sie dies durch Binnendifferenzierung. Beide Formen von Ausdifferenzierung

---

[1] Paradoxerweise herrscht in manchen Organisationen nach wie vor dieses Verständnis, so dass es verwundert, wie es Organisationen gelingt, derartige Führungsinstitutionen zu subvertieren, um still und heimlich ihren eigenen Zweck, nämlich die Reproduktion des System/Umwelt-Verhältnisses mittels Entscheidungen, verfolgen zu können. Es wäre interessant zu untersuchen, wie diese Organisationen es schaffen, ihre „Führung" ihrerseits zu führen, und zwar derart unbemerkt, dass die Führung sich von den alltäglichen Aufgaben möglichst fernhält, nicht stört und somit keinen Schaden anrichten kann. Möglicherweise dienen zahlreiche Meetings, das Entsenden auf Geschäftsreisen etc. als probate Mittel zu genau diesem Zweck.

[2] [Luhmann, N. (1984): Soziale Systeme: Grundriß einer allgemeinen Theorie], S.257: „Es gibt natürlich viele [...] Differenzierungsmuster in Bezug auf Umwelt, etwa nah/fern oder Freund/Feind, konkurrierend/kooperierend oder, enger an die Operation des Systems anschließend, Lieferant und Abnehmer von Leistungen."

erhöhen die Komplexität eines Systems,[1] beides stärkt das System und somit die System/Umwelt-Differenz durch permanenten Zugriff auf die Grenze des Systems.[2] Während die zugleich stimulierende wie limitierende Umweltdifferenzierung sich auf Erfordernisse der Beobachtung der Umwelt durch das System bezieht, ergibt sich die interne Differenzierung aus dem Prozess der autopoietischen Reproduktion.[3] Interne Differenzierung benutzt also ein völlig anderes Verfahren: Binnendifferenzierung entsteht durch permanentes Erproben und somit Verfestigen von spezifischen Unterscheidungen in der organisationalen Kommunikation. Das einzige Mittel, das der Organisation hierzu zur Verfügung steht, ist die Entscheidung.[4]

Sucht man also nach einem angemessenen Verständnis von Führung in Organisationen als sozialen Systemen, bleibt nichts anderes übrig, als nach Unterscheidungen Ausschau zu halten, die im Rahmen der internen Ausdifferenzierungen als *Führung*, oder besser: *Führungskommunikation*, markiert werden. Bei dieser Form von Führungskommunikation kann es sich, wie zu erwarten, nur um einen spezifischen Typ prozessierter Entscheidungen in der Organisation handeln. *Führungskommunikation* soll also im Weiteren verstanden werden als eine oder mehrere spezifische, im Rahmen der organisationalen Kommunikation prozessierte Unterscheidung(en) im Rahmen der Autopoiesis der Organisation, also im Rahmen der Reproduktion von Entscheidung durch Entscheidung. Als solches Bündel kommunikativ behandelter Differenzen im Rahmen von Entscheidung kann Führung quer durch die Organisation, also nicht gebunden an hie-

---

[1] Vgl. [Luhmann, N. (1984): Soziale Systeme: Grundriß einer allgemeinen Theorie], S. 38: Systemdifferenzierung ist ein Verfahren „[...] der Steigerung von Komplexität. [...] Das System gewinnt durch Differenzierung an Systematizität, es gewinnt neben seiner bloßen Identität (in Differenz zu anderen) eine Zweitfassung seiner Einheit (in Differenz zu sich selbst)."

[2] Vgl. [Luhmann, N. (1984): Soziale Systeme: Grundriß einer allgemeinen Theorie], S. 264.

[3] Vgl. [Luhmann, N. (1984): Soziale Systeme: Grundriß einer allgemeinen Theorie], S. 258.

[4] [Luhmann, N. (2000): Organisation und Entscheidung], S. 39 ff.

rarchisch hohe Stellen, vorkommen. Inwiefern sich unterschiedliche Zuschreibungen von Führungskommunikation an bestimmten Stellen in der Organisation ergeben, soll weiter unten betrachtet werden. Hier geht es zunächst darum festzuhalten, dass Führung gerade *nicht* von einer Stelle her deduziert wird und gerade *nicht* als Omnipotenzfiktion konkreten Personen oder Rollenträgern von vornherein unterstellt wird, sondern als besondere Form einer ausdifferenzierten Kommunikation von Entscheidungen verstanden werden soll, die in Organisationen zum Zwecke der eigenen Reproduktion prozessiert werden.

2.2.3.2. Führungskommunikation und Irritation

Es fällt auf, dass in Organisationen die kommunikative Bezugnahme auf Führung in zwei unterschiedlichen Varianten vorkommt. Eine der beiden beruht darauf, dass Führung als gesellschaftlich begründete Irritation[1] mit Verweis auf bestimmte im Rahmen von Entscheidungen zu verarbeitenden Differenzen verstanden wird.[2] Hierunter ist eine spezifische Form der Bearbeitung der Differenz von System und Umwelt in der Organisation zu verstehen. Von *Führung* wird somit gesprochen, wenn mit Rückgriff auf gesellschaftliche Aspekte – seien es Veränderungen im Rechtssystem, die unerwartete Stagnation eines erwarteten sozialen Wandels, die Entdeckung technologischer Überraschungen oder ökologischer Unsicherheiten – organisationsintern Irritationen erzeugt werden, deren Unsicherheit mit Verweis auf bestimmte Fragestellungen zur Entscheidung gestellt wird.[3] Der

---

[1] [Baecker, D. (2004): Wer rechnet schon mit Führung?], S. 10: „Die allgemeinste Form der Führung lässt sich demnach bestimmen als Wiedereintritt der Unterscheidung zwischen Bestimmtheit und Unbestimmtheit auf der Seite der Bestimmtheit."

[2] Vgl. [Baecker, D. (2004): Wer rechnet schon mit Führung?], S. 2: „Führung bedeutet, eine Organisation aus Übersetzungsleistungen gesellschaftlicher in organisatorische Fragestellungen immer wieder neu zu erfinden."

[3] Vgl. [Baecker, D. (2004): Wer rechnet schon mit Führung?], S. 2: „Immer dann, wenn in welcher Form und von wem auch immer, gesellschaftliche Sachverhalte, Rücksichten und Zeithorizonte in ihrer Differenz zur Wirklichkeit der Organisa-

Führung wird somit die Kommunikation von Unsicherheit anvertraut,[1] wobei sie nicht etwa ausschließlich auf das Wirtschaftssystem, sondern auf Gesellschaft zurückgreift.[2] Somit wird Führung zum nützlichen Störfaktor[3] in der Organisation, zum Irritationspunkt, zum Ankerpunkt manch wahrgenommener Unsicherheit.[4] *Wo* Führung stattfindet, wird mit diesem Verständnis aber noch nicht geklärt. Auch wenn vermutet werden kann, dass von der Organisation hierarchisch höher angesiedelten Stellen der Auftrag zur Führungskommunikation erteilt wird,[5] so bedeutet dies keine determinierte Verankerung.

Gerade an Familienunternehmen läst sich dies gut verdeutlichen: Nur allzu häufig ist zu beobachten, dass im Anschluss an eine vollzogenen Führungsnachfolge der Ausscheidende nicht loslassen kann,[6] dass er nach wie vor seine Gesellschaftsbeobachtung in die Organisation einbringt und somit, gewollt oder ungewollt, nach wie vor das

---

tion in dieser zum Tragen gebracht oder auch gegen diese zum Einwand erhoben werden, haben wir es mit Führung zu tun."

[1] Vgl. [Luhmann, N. (2000): Organisation und Entscheidung], S. 209: „Die Unerreichbarkeit der Umwelt scheint die Quelle aller internen Unsicherheit zu sein, und wenn das so ist, dürfte der Beobachtung der Umwelt durch das System besonderes Gewicht für die systeminterne Unsicherheitsabsorption zufallen."

[2] Vgl. [Baecker, D. (2004): Wer rechnet schon mit Führung?], S. 1: „Die rätselhafte Ressource der Führung ist die Gesellschaft."

[3] Vgl. [Luhmann, N. (2000): Organisation und Entscheidung], S. 188: „Die Last der fehlenden Information ist die Voraussetzung für die Lust am Entscheiden. Bei vollständiger Information könnte keine Entscheidung sich als Entscheidung kenntlich machen."

[4] Vgl. [Baecker, D. (2003): Organisation und Management], S. 281 ff.: Die Differenz von Organisation und Gesellschaft markiert, dass die Führung einer Organisation gegenüber vorhersehbaren und unvorhersehbaren Aspekten der Gesellschaft gleichermaßen sensibel sein muss.

[5] Vgl. [Luhmann, N. (2000): Organisation und Entscheidung], S. 210: „Im klassischen Modell der Organisation war die Funktion der Unsicherheitsabsorption der hierarchischen Spitze der Organisation zugedacht."

[6] Vgl. [Aronoff, C. E. (1998): Megatrends in Family Business], S. 184: „"I'm retired, more or less," said the eldergeneration leader. "I hate that," said his successor, "because I never know when he's retired more and when he's retired less." "

prozessiert, was von der Organisation als Führungskommunikation interpretiert wird: die Wiedereinführung der Differenz von Organisation und Gesellschaft in die Organisation.[1] Der Nachfolger besetzt zwar die hierarchisch höchste Stelle des Unternehmenslenkers, doch ist dies für die Führungskommunikation irrelevant. Führung findet dort, und nur dort, statt, wo Führungskommunikation prozessiert wird.[2]

2.2.3.3. Zuschreibung und Inanspruchnahme von Führung

Die zweite Variante von Führungskommunikation beschreibt die andere Seite derselben Medaille. Sie liegt gewissermaßen in der fiktionalen Einbindung von Führung im Rahmen organisational prozessierter Unsicherheitsabsorption.[3] Im Zuge von Unsicherheitsbewältigung, also im Rahmen von durch Entscheidungen zu vollziehender Unsicherheitsabsorption, mag es zu den typischen Lösungsvorschlägen gehören, auf die Notwendigkeit von Führung zu verweisen.[4] Tatsächlich ist zu beobachten, dass im Falle von durch Unsicherheit abgelöster Sicherheit nach Führung verlangt werden kann, um hierin eine Art Ersatzsicherheit zu suchen, bis die Unsicherheitsabsorption im Rahmen der Autopoiesis wieder greift und verlässliche Resultate

---

[1] Dieser Ausdruck entspricht den Überlegungen eines Formenkalküls von SPENCER-BROWN, vgl. [Spencer-Brown, G. (1969): Laws of Form], dort bezeichnet als *re-entry*.

[2] Auch ein Blick auf die Führungsfunktion der katholischen Kirche unter Papst Johannes Paul II in seinen letzten Amtsjahren lässt vermuten, was gemeint ist: Formalisiert definierte Führungsstellen und tatsächliche Führungskommunikation können durchaus weit auseinanderfallen.

[3] [Luhmann, N. (2000): Organisation und Entscheidung], S. 184: „Unsicherheitsabsorption kann man in gewissem Umfange auf Personen zurechnen. Sie findet aber hauptsächlich in sozialen Beziehungen statt, nämlich immer dann, wenn eine Entscheidung sich an einer anderen orientiert." Weiteres zum Begriff der Unsicherheitsabsorption vgl. [Luhmann, N. (2000): Organisation und Entscheidung], S. 183 ff. sowie insb. Fußnote 4 auf Seite 184, die auf den Ursprung dieses Begriff bei [March, J. G., & Simon, H. A. (1958): Organizations], S. 165 f. verweist.

[4] Vgl. [Luhmann, N. (2000): Organisation und Entscheidung], S. 218.

liefert.[1] Auf Führung wird also im Rahmen organisationaler Entscheidungen verwiesen, sie wird eingebunden und eingefordert, wenn über bestimmte Differenzen zu entscheiden ist. Welches spezifische Differenzenbündel dabei Führungskommunikation kennzeichnet, soll erst im nachfolgenden Kapitel näher beleuchtet werden. Wichtig ist es jedoch, bereits an dieser Stelle festzuhalten, dass im Rahmen eines derartigen Einforderns von Führungskommunikation ein Verweis auf Entscheidungskommunikation an Stellen zu beobachten ist, die das Führungsverständnis der Betriebswirtschaft geradezu auf den Kopf stellen: Es ist nicht die existierende Führungsstelle, beispielsweise die Spitzenposition einer hierarchischen Ordnung, von der aus Führungskommunikation ausgesendet und mit dem Verweis auf Exekution weitergeleitet wird. Genau das Gegenteil ist der Fall: Führung wird im Rahmen der sich ausdifferenzierenden organisationalen Kommunikation *von der Organisation* an bestimmte Stellen in der Organisation *delegiert* und bei Bedarf gleichermaßen eingefordert. Führung ist somit immer ein Teil dessen, wozu sie gemacht wird und worüber sie zu entscheiden hat. Dies bezieht die Möglichkeit ein, dass Führungskommunikation – und somit bestimmte Entscheidungen – distinkten Stellen zugerechnet werden kann, ohne dass diese hiervon Kenntnis hätten. Das aktive Moment prozessierter Unterscheidungen im Rahmen der Entscheidungsreproduktion liegt somit nicht länger in den Händen heroisch anmutender Inhaber sogenannter Führungsstellen[2], sondern vielmehr in den Händen der Organisation, und somit der organisationalen Kommunikation, die auf intelligente Weise ihre eigene Führung herstellt und von dieser bedarfsweise auch Entscheidungen einzufordern, zurückzuweisen, umzudeuten, zu ignorieren, zu hinterfragen oder zu subvertieren weiß.

---

1 Hierzu [Luhmann, N. (2000): Organisation und Entscheidung], S. 218 weiter: „Doch welche Rolle immer starke Führung dabei spielt: die Organisation braucht Zeit, um bei tief greifenden Strukturänderungen die verlorene Sicherheiten wiederzugewinnen."

2 Zu weiterführenden Überlegungen eines postheroischen Managements, vgl.: [Baecker, D. (1994): Postheroisches Management. Ein Vademecum.].

Auch hier kann die oben skizzierte Situation der Führungsnachfolge im Familienunternehmen als Beispiel herangezogen werden. Nicht selten ist zu beobachten, dass nach einem Führungswechsel die Führungskommunikation nach wie vor mit dem Senior geführt wird. Es kommt nicht selten vor, dass im Unternehmen verbliebene Mitarbeiter im Sinne einer Führungskommunikation zu entscheidende Fragen weiterhin an den pensionierten Senior weiterleiten mit der Aufforderung, doch im Sinne einer gerade aufkommenden führungsrelevanten Frage zu entscheiden. Es ist also nicht allein die hierarchische Position, die bestimmt, wo und wie Führungskommunikation in Organisationen stattfindet. So sind denn auch häufig die – nach eigener Überzeugung ohnehin zu früh ausgeschiedenen – Übergeber nur allzu dankbar und übernehmen, ohne es sich bewusst zu machen, die Kontinuität der Führungskommunikation, an der Stelle ihres Nachfolgers vorbei.

Eine *Variation* dieser zuletzt beschriebenen Einforderung von Führungskommunikation liegt in der als *Fiktion* geführten Führungskommunikation. Mit Verweis auf die in vergangenen Jahren immer ähnlich behandelten Entscheidungen kann Führungskommunikation gewissermaßen simuliert werden, indem sie im Rahmen organisationalen Operierens angenommen und auch zugeschrieben, nicht jedoch de facto eingefordert wird. Der ausgeschiedene Senior, der im Urlaub befindliche Prokurist oder der bereits vor einigen Jahren verstorbene Unternehmensgründer wird weiterhin kommunikativ eingebunden, indem gemutmaßt wird, wie er entschieden hätte. So werden die Führungsentscheidungen einer fiktiven Adresse zugeschrieben, was der Organisation ermöglicht, ganz im Sinne beispielsweise des Gründers, in jedem Fall jedoch überhaupt, weitermachen zu können.

2.2.3.4. Worüber wird im Rahmen von Führung entschieden?

Hieran schließt sich die Frage nach dem Spezifikum organisationaler Führungskommunikation an: Mit Verweis auf *welche zu entscheidenden Differenzen* wird gesellschaftliche Irritation in die Organisation eingeführt? – Zugleich aber auch: Mit Verweis auf welche zu entscheidenden Differenzen wird von der Organisation Führungskommunikation eingefordert und prozessiert?

WIMMER[1] bietet hierzu im Rahmen eines systemischen Führungsverständnisses sechs Unterscheidungsdimensionen an, auf die Führungskommunikation im Rahmen vorzunehmender Entscheidungen verweist und anhand derer Führungskommunikation in Organisationen aufgedeckt werden kann. Diese Felder decken sich mit großen Teilen der von der Betriebswirtschaft identifizierten Aufgabenfelder von Unternehmensführung. Auch BAECKER formuliert sein Führungsverständnis inmitten eines Netzwerks von hierarchischen Positionen auf der einen Seite und, mit Verweis auf WIMMER, verschiedenen Sachfragen und Zeithorizonten auf der anderen Seite.[2] Die Verwendung dieser Unterscheidungsdimensionen kann dem Beobachter einer Organisation also Hinweise darauf geben, wann es sich um typische Führungskommunikation handeln könnte. Diese sechs Felder sind in der nachfolgenden Abbildung dargestellt und werden in den folgenden Kapiteln einzeln behandelt:

---

[1] [Wimmer, R. (1993): Wozu brauchen wir ein General Management?]; [Wimmer, R. (1995): Die Funktion des General Managements unter stark veränderten wirtschaftlichen Rahmenbedingungen]; [Wimmer, R., Domayer, E., Oswald, M., & Vater, G. (1996): Familienunternehmen – Auslaufmodell oder Erfolgstyp?], S. 110 ff.

[2] [Baecker, D. (2004): Wer rechnet schon mit Führung?], S. 6: „Führung bewegt sich in einem Netzwerk, das verschiedene hierarchische Positionen auf der einen Seite ([White, H. C. (1992): Identity and Control: A Structural Theory of Action.], S. 230 ff.) und verschiedene Sachfragen und Zeithorizonte auf der anderen Seite (Ressourcen, Personal, Organisation, Steuerung, Marketing, Strategie, vgl. [Wimmer, R. (1993): Wozu brauchen wir ein General Management?]) miteinander kombiniert und gegeneinander im Hinblick auf Durchsetzungschancen von Kontrollversuchen abwägt.“ Im weiteren Verlauf dehnt BAECKER sein Führungsverständnis auf den zweiten Schwerpunkt des Führungsbegriffs, nämlich auf die Personalführung (Leadership), aus, indem er weiter ausführt: „Dieses Netzwerk verknüpft Kontrollversuche, deren Einstiegsbedingen die Bereitschaft ist, sich von denen, die kontrolliert werden sollen, im Gegenzug auch kontrollieren zu lassen ([Machiavelli, N. (2001): Der Fürst]). Einflusschancen werden gegen Abhängigkeitsbereitschaften getauscht und laufend daraufhin geprüft, ob der eine dabei nicht besser fährt als der andere. Dies gilt für Personen, Ressourcen, Institutionen und Aktivitäten gleichermaßen.“

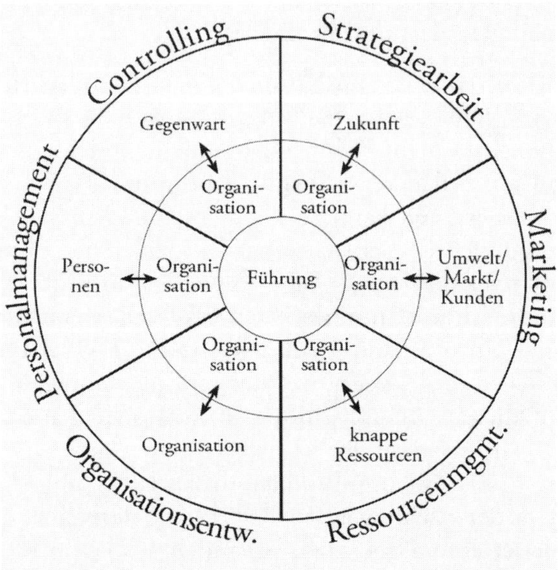

Abbildung 10: Sechs Dimensionen der Führung nach WIMMER, 1995, eigene Darstellung.[1]

(1) Die Differenz von Organisation und Zukunft

Die Bearbeitung der Differenz von Organisation und Zukunft wird betriebswirtschaftlich auch als *Strategieentwicklung* bezeichnet. Typischerweise setzt eine Organisation ihre Routinen und Erfolgsmuster der Vergangenheit fort, sofern sie nicht darin unterbrochen wird. Strategie hat dabei die Aufgabe, die Festlegung der Vergangenheit zu verflüssigen[2] und neue Entscheidungen herbeizuführen, mit deren Hilfe die Unsicherheit der Zukunft absorbiert wird, indem festgelegt wird, was sein soll. Die Bearbeitung der Differenz zielt auf eine Form der Strategiebearbeitung, der es um die Bestimmung des Jetzt durch

---

[1] [Wimmer, R. (1995): Die Funktion des General Managements unter stark veränderten wirtschaftlichen Rahmenbedingungen].

[2] Vgl. [Wimmer, R., & Nagel, R. (2002): Systemische Strategieentwicklung].

die Festlegung des Zukünftigen, nicht des Vergangenen, geht. Dabei werden unterschiedliche Fragen und Aspekte diskutiert, zu denen typischerweise die folgenden gehören:[1]

- Worin liegen Stärken und Schwächen des Unternehmens im Vergleich zu Mitbewerbern?
- Welche Kernkompetenzen unterscheiden das Unternehmen von Konkurrenten?
- Worin liegt der Kern der Wertschöpfung des Unternehmens?
- Welche Geschäftsbereiche tragen hierzu bei? Welche vernichten Wert?
- Welche Trends und Entwicklungen sind in den unterschiedlichen Umweltfeldern des Unternehmens zu erkennen?
- Welche Wettbewerbsintensität herrscht auf dem relevanten Markt? Sind hierbei zukünftige Veränderungen wahrscheinlich?
- Nach welcher Logik bzw. nach welchen Spielregeln funktionieren die für das Unternehmen wichtigsten Märkte? Welche Veränderungen haben sich hierin bereits ergeben oder sind erwartbar?
- Welche Chancen und Risiken beinhalten die erwarteten Veränderungen für das Unternehmen? Wie will sich das Unternehmen hierzu positionieren?
- Was bedeuten die erwarteten Veränderungen für Leistungsangebot, Investitionspolitik, Organisationsdesign etc. des Unternehmens?

Bei dieser Strategiearbeit besteht die Führungsleistung insbesondere in der Stimulation und Aufrechterhaltung einer angemessenen Auseinandersetzung mit diesen strategischen Fragen sowie in der Mobilisierung von Zukunftsbildern, damit die Organisation nicht in den Erfolgsmustern der Vergangenheit verhaftet bleibt. Strategieentwick-

[1] Vgl. hierzu [Wimmer, R., Domayer, E., Oswald, M., & Vater, G. (1996): Familienunternehmen – Auslaufmodell oder Erfolgstyp?], S. 112.

lung ist dabei ein immer wiederkehrender Prozess, der stets die Differenz von Unsicherheit und Sicherheit neu auszuloten hat. Dabei werden typischerweise unterschiedliche Spannungsfelder vitalisiert, also neu zur Diskussion gestellt, die für eine Organisation niemals endgültig entscheidbar sind, über die aber regelmäßig zu entscheiden ist. Neben der bereits beschriebenen Differenz von Vergangenheit und Zukunft wird zugleich die Differenz von Sicherheit und Unsicherheit diskutiert. Zukunft ist per se unprognostizierbar, und dennoch kommt eine Organisation nicht umhin, ihr eigenes Bild der Zukunft zu entwerfen und das eigene Handeln hieran auszurichten. Zwangsläufig hat man es hierbei mit dem kontinuierlichen Abwägen unterschiedlicher Einschätzungen von Umwelten als relevant oder irrelevant und von Erwartungen und Befürchtungen als wahrscheinlich oder unwahrscheinlich zu tun. In diesen Kontext ist die Selbstwahrnehmung eigener Stärken und Schwächen einzuordnen, wohl wissend, dass es sich „lediglich“ um eine Selbstbeobachtung handelt, die von Marktteilnehmern wie Kunden, Lieferanten etc. möglicherweise nicht geteilt wird. Man kommt nicht umhin, die eigenen Überlegungen auf die Differenz von Können und Nichtkönnen zu hinterfragen, also auszuloten, ob die unterschiedlichen Überlegungen für die eigene Organisation überhaupt realisierbar scheinen. Sind unterschiedliche Bilder der Zukunft mobilisiert, führt dies zwangsläufig zur Diskussion der operationalen Rückbindung an die eigene, aktuelle Organisation. Hierbei tritt nicht selten die Differenz von Wünschen und Wollen zutage. Auch wenn es Zielbilder gibt, die zu realisieren lohnend erscheinen, kann dennoch die Mobilisierungsenergie zur zielorientierten Veränderung fehlen. Die beste Strategiearbeit taugt nichts, wenn es keine Routine der Rückbindung gibt, d.h. der Bearbeitung des Unterschieds von Reflexion und Operation.

(2) Die Differenz von Organisation und besonderen Umwelten der Organisation

Die Bearbeitung der Differenz von Organisation und den von ihr intern (re)konstruierten Umwelten setzt die Organisation in ein Verhältnis zu ihrer eigenen Komplexitätsreduktion. Dabei geht es um die Beobachtung und Reflexion der Art und Weise, wie sich das Unternehmen auf seine verschiedenen Umwelten (Kunden, Zulieferer, Banken, Berater, Behörden, Presse, Bürgerinitiativen etc.) einstellt, ihnen Informationen entlockt und im Gegenzug Informationen bereitstellt. Im Zentrum stehen dabei die unterschiedlichen Muster, die sich in der Auseinandersetzung mit den unterschiedlichen Umwelten eingespielt haben. Diese Muster informieren darüber, welche Positionierung das eigene Unternehmen in den unterschiedlichen Austauschprozessen einzunehmen scheint, ermitteln die wahrscheinlichen Fremdwahrnehmungen des eigenen Unternehmens und reflektieren mögliche Veränderungsbedürfnisse mittels organisationsinternen Auswertungen dieser Beobachtungen. Dabei werden unterschiedliche Fragen und Aspekte angeschnitten, zu denen beispielsweise die folgenden gehören:[1]

- Welche Kommunikationsangebote richtet das Unternehmen an seine Kunden?
- Welche Stellen sind hieran beteiligt? Findet ausreichend Abstimmung statt?
- Wie nehmen die Kunden Kommunikationsangebote wahr?
- Wer verantwortet die Bearbeitung von Kundenbeziehungen? Wie werden Kundenbeschwerden intern registriert und verarbeitet?
- Welche Rolle spielen Kundenwahrnehmungen in der Produktentwicklung?
- Welche organisationsinternen Prozesse richten sich an der Bearbeitung von Kundenbedürfnissen aus? Welche lassen selbige unberücksichtigt?
- Nach welchen Kriterien werden Lieferantenangebote eingeholt und ausgewertet?
- An welchen Stellen werden Anfragen von Eigenkapitallieferanten (Investoren) registriert? Wie wird mit diesen umgegangen?

---

[1] Vgl. hierzu [Wimmer, R., Domayer, E., Oswald, M., & Vater, G. (1996): Familienunternehmen – Auslaufmodell oder Erfolgstyp?], S. 127.

- Gibt es Beobachtungen, wie andere Unternehmen in der eigenen Umwelt hiermit umgehen?
- Werden Zulieferer auf die jeweils mit ihnen verbundenen Risiken hin analysiert?
- Welche Form der Informationsbereitstellung wird für die Lieferanten von Fremdkapital gepflegt?
- Welche Reaktionen hierauf sind beobachtbar? Besteht Bedarf an Adjustierung?

In diesen Zusammenhängen hat die Führung die Funktion, die Bilder der Organisation von der externen Umwelt, den Kunden und dem Markt immer wieder zu irritieren, feinzujustieren und dafür zu sorgen, dass die intern konstruierten Problemvorstellungen den externen Problemen entsprechen. Es geht dabei um ein kontinuierliches Vitalisieren der Organisation, um deren kontinuierliche Auseinandersetzung mit ihrer eigenen Umwelt und den davon gezeichneten Bildern. Diese auch als *Relationship Marketing*[1] bezeichnete Führungsdimension vitalisiert typischerweise unterschiedliche Spannungsfelder und stellt Differenzen zur Diskussion, die für die Organisation niemals endgültig geklärt werden können, über die jedoch gerade deswegen stets neu zu befinden und zu entscheiden ist. Dabei geht es auf der Absatzseite um die fortwährende Differenz von Kunden und Markt. Die Organisation kommt nicht umhin, sich ständig zu fragen, für wen sie letztendlich produziert, wer also die tatsächliche Zielgruppe ist. Hat man es mit einem anonymen Markt zu tun oder müssen die Produkte und Prozesse je kundenspezifisch ausgerichtet werden? Diese Differenz entfaltet sich auch im Hinblick auf die Produktentwicklung und die Ausrichtung der organisationalen Prozesse entweder an sich selbst oder an den vermuteten Kundenbedürfnissen (Selbstreferenz und Fremdreferenz). Hier findet sich das Unterneh-

---

[1] So [Kotler, P. (1997): Marketing Management], S. 12 über den Kern von Relationship Marketing: "building long-term satisfying relations with key parties, customers, suppliers, distributors - in order to retain their long-term preference and business." Siehe auch [McKenna, R. (1996): Wenn Kunden zu Partnern bei der Entwicklung und Herstellung der Produkte werden].

men in einem permanenten Spannungsverhältnis der angemessenen Auseinandersetzung mit Kunden- und Lieferantenanfragen. Niemand kann sagen, ob besser den intern registrierten Anforderungen und Erwartungen von Kunden vollends entsprochen werden sollte oder ob sich das Unternehmen vielmehr auf die eigene Innovations- und Erneuerungskraft verlassen sollte. Schließlich lassen sich keine Überraschungen erzielen, wenn man stets nur das erfüllt, was die Austauschpartner wünschen. Wo es um die gemeinsame Entwicklung von Produkten mit Lieferanten oder Abnehmern geht, ist zudem die Differenz von Kooperation und Konkurrenz stets neu auszuloten. Wie viel Wissen darf, wie viel muss preisgegeben werden, um mit externen Partnern kooperieren zu können? Hierbei handelt es sich letztendlich auch um eine Form des Beziehungsmanagements, und zwar immer dann, wenn es um die immer neue Austarierung von Vertrauen und Misstrauen geht. Bei Familienunternehmen z.B. gibt es insbesondere gegenüber Banken eine immer neue Auseinandersetzung mit der Differenz von Transparenz und Verschlossenheit, und zwar immer dann, wenn über Informationsanforderungen von Bankhäusern zu befinden ist und geprüft wird, wozu diese wohl Verwendung finden mögen. Die Bearbeitung der Differenz von Organisation auf der einen Seite und den relevanten Umwelten auf der anderen Seite ist also eine ständige Quelle der Irritation und Unsicherheit, die es kontinuierlich zu behandeln und zu gestalten gilt.

(3) Die Differenz von Organisation und knappen Ressourcen

Auch die Bearbeitung der Differenz von Organisation und knappen Ressourcen, insbesondere Finanzressourcen,[1] ist eine Führungsaufgabe.[2] Dabei geht es mit Blick auf die zukünftige Reproduktionsfähigkeit des Unternehmens primär um dessen Zukunftsfähigkeit. Anders als andere Organisationen wie Parteien, Museen oder Kinder-

[1] Je nach Organisation und Umweltwahrnehmung aber auch: Kunden, Märkte, „qualifizierte" Mitarbeiter etc.

[2] Die hier beschriebene Führungsfunktion ist eines der Kernfelder der Betriebswirtschaft und daher dort sehr umfangreich beschrieben.

gärten werden Unternehmen nicht von dritter Seite mit den notwendigen Finanzmitteln versorgt, um Gehälter zahlen, Gläubiger befriedigen und neue Aufträge erteilen zu können. Sie sind darauf angewiesen, stets aufs Neue für ihre eigene, auch zukünftige, Zahlungsfähigkeit zu sorgen. Die unternehmensspezifische Form der Kapitalbildung eröffnet diesem Typus von Organisation die Chance, die Unsicherheiten der Zukunft im Rahmen ihrer ständigen Reproduktion in gegenwärtig abschätzbare Risiken umzuwandeln, für deren Eintrittsfall vorgesorgt werden kann. Der erwirtschaftete Ertrag dient dazu sicherzustellen, dass das Unternehmen auch zukünftig immer neue Möglichkeiten des Wirtschaftens wahrnehmen und sich darüber hinaus gegen falsch oder gar nicht eingeschätzte Risiken und Probleme angemessen wappnen kann. Neben der Akkumulation von Kapital bedeutet dies auch, im alltäglichen Geschäft den Ressourceneinsatz angemessen zu beschränken, um neben saldierten Gewinnen zusätzliche Ressourcen für die Sicherung der eigenen Reproduktion freistellen zu können. Dabei werden typischerweise unterschiedliche Fragen und Aspekte, unter anderem die folgenden, diskutiert:

- Wie, von wem und nach welchen Kriterien werden Investitionsentscheidungen getroffen?
- Welche unterschiedlichen Formen der Finanzierung werden ins Kalkül genommen, um neue Vorhaben und ambitionierte Projekte trotz Kapitalmangels realisieren zu können?
- Auf welche Art und Weise werden einmal getroffene ressourcenbindende Entscheidungen auf ihr Ergebnis hin beobachtet? Welche Qualitätsmaßstäbe werden hierbei angelegt?
- Welche Quellen der Eigen- und Fremdkapitalbeschaffung stehen dem Unternehmen offen? Warum werden manche dieser Finanzierungsformen nicht genutzt?
- Worin liegen die relevanten Risiken des Geschäfts, für die es vorzusorgen gilt? Wie stark ist das Gesamtunternehmen gefährdet, wenn unterschiedliche Risiken eintreten (Value at risk)?
- Wie lässt sich sicherstellen, dass das Unternehmen trotz angemessener Rentabilität nicht unter Liquiditätsarmut leidet?

- In welcher Form werden vorhandene Reserven gewinnbringend angelegt?
- Auf welche Weise werden die im Unternehmen etablierten Prozesse regelmäßig auf ihren optimalen Ressourceneinsatz hin überprüft?
- Nach welchen Regeln wird über die Gewinnverwendung entschieden?
- Welche Relation von Fremd- und Eigenkapital ist für das eigene Geschäft unter Einbeziehung der latenten Risiken sowie der möglichen Ertragschancen angemessen?

In diesem Kontext ist es die Aufgabe von Führung sicherzustellen, dass die Organisation die vorhandenen Ressourcen stets mit Blick auf eine mögliche Kapitalbildung für die Zukunft des Unternehmens handhabt. Führung vitalisiert dabei die Beobachtung jedes Prozesses im Hinblick darauf, ob die verwendeten Ressourcen nicht besser eingesetzt werden könnten, und ruft durch diese Effizienz- und Effektivitätszumutung Stress und Druck in der Organisation hervor. Typischerweise werden hierzu stets unterschiedliche Differenzen zur Diskussion gestellt, die nie endgültig entschieden werden können und dennoch der Organisation ermöglichen, sich ständig über ihre Handhabung der eigenen Ressourcen klar zu werden. Zu diesen Differenzen zählt allen voran die Unterscheidung von Abhängigkeit und Autarkie. Gerade in Familienunternehmen ist das ständige Ausloten dieser Dimension überlebenswichtig und hat sich bei Mehrgenerationen-Familienunternehmen als bedeutender Erfolgsfaktor für die Existenzsicherung erwiesen.[1] Darüber hinaus ist die Vitalisierung der Differenz von Kosten und Nutzen unumgänglich, um die Rentabilität sowohl von neuen Überlegungen wie von bestehenden Prozessen stets zu überdenken. Ebenso verhält es sich mit dem Unterschied von Kurzfristigkeit und Langfristigkeit, wenn es um die Diskussion der Wert(e)entwicklung und Überlegungen bezüglich des Wachstums

[1] Vgl. hierzu weiter unten zur detaillierteren Erläuterung Kap. 3.4.5. Familie und die Differenz von Organisation und knappen Ressourcen, S. 282 ff.

geht. Hierbei werden regelmäßig unterschiedliche Möglichkeiten des Wachstums ermittelt, zu denen organisches (kontinuierliches) Wachstum ebenso wie akquisitorisches (diskontinuierliches) Wachstum gehören. Mit Blick auf die Riskanz des eigenen Unternehmens werden regelmäßig Entscheidungsvorhaben zwischen Chance und Risiko diskutiert. Mit Blick auf das Gesamtunternehmen und die eigene Portfoliostruktur ergeben sich ähnliche Überlegungen mit Verweis auf Risikostreuung (Diversifikation) auf der einen Seite und Fokussierung auf der anderen. Zusätzlich obliegt es dem Finanzmanagement eines Unternehmens, das Erhalten von Liquidität unter Aufrechterhaltung der Handlungsfähigkeit auf der einen Seite und der Ertragserzielung durch Investitionen und andere rentabilitätsorientierten Kapitalbindungsformen auf der anderen zu optimieren. Hierzu zählt ohne Frage der angemessene Umgang mit erzielten Gewinnen zwischen Ausschüttungsanforderungen einerseits und Akkumulationsbedürfnissen andererseits.

Die Art und Weise, wie die Ressourcenverwendung im jeweiligen Unternehmen beobachtet wird, hängt neben den gewachsenen Strukturen nicht zuletzt stark von den Eigentumsverhältnissen in der Organisation ab. Die möglichen Formen der Kopplung der Organisation an den Kapitalmarkt oder an eine Familie haben Einfluss auf den Umgang mit dieser Differenz. Hierauf soll weiter unten noch detaillierter Bezug genommen werden.[1]

(4) Die Differenz von Organisation und Organisation

Die Bearbeitung der Organisation als Führungsaufgabe setzt die Organisation (Architektur) der Organisation kontingent und thematisiert so die eigene Organisiertheit.[2] Die Organisation der Organisati-

---

[1] Bei an den Kapitalmarkt gekoppelten Unternehmen ist eine eher kurzfristigere Renditeorientierung zu beobachten, im Gegensatz zum langfristigeren Investitionsverhalten in Familienunternehmen. Vgl. hierzu Kap. 3.4.5. Familie und die Differenz von Organisation und knappen Ressourcen, S. 282 ff.

[2] Diese Aufgabe wird in der Ökonomie auch als *Organisationsentwicklung* bezeichnet.

on muss mit den Herausforderungen der Umwelt korrespondieren und so zur Aufrechterhaltung des organisationalen Überlebens beitragen. Während in früheren Zeiten die Organisiertheit eines Unternehmens über längere Zeiträume Bestand haben konnte, sind Organisationen heutzutage gezwungen, die Frage nach der angemessenen Organisiertheit weitaus häufiger zu stellen. Organisation ist ein fragileres Konstrukt geworden, das zunehmend aus nur noch temporär angemessenen Strukturen besteht. Vor diesem Hintergrund ist die zunehmende Präsenz von Projektorganisationen als Teil gesamter Organisationseinheiten einleuchtend. Projektorganisationen liefern einerseits temporär und kurzfristig entstehende, problemorientierte Organisationsstrukturen. Andererseits bringt diese Organisationsform aber auch neue Probleme mit sich, beispielsweise Probleme der hierarchischen Einbindung, der funktionalen Differenzierung und der eigenen Rollendynamiken, der von Beginn an mit angelegten Endlichkeit von Projektvorhaben und so weiter. Gesamtheitlich betrachtet geht es bei der kontinuierlichen Bearbeitung der Frage nach Reorganisation also um die Handhabung der organisationalen Binnendifferenzierung in unterschiedlichen Facetten. So werden in diesem Kontext unterschiedliche Fragen und Aspekte stets neu zur Diskussion und Entscheidung gestellt, beispielsweise die folgenden:

- Wie sind die Kommunikationswege im Unternehmen organisiert? Welche Kommunikation ist formalisiert? Was bleibt informal?
- Wird auf die zunehmende Komplexität der Umwelt mit Blick auf die interne Organisation von Entscheidungen angemessen reagiert?
- Werden viele relevante Blickwinkel in Entscheidungen einbezogen? Wie formalisiert und zentralisiert sind Entscheidungen?
- Mit welchen Mustern und Mechanismen wird auf entstehende Konflikte reagiert? Welche Form der Streitkultur wird gepflegt?
- Welche Form der Führungsstrukturierung herrscht im Unternehmen vor? Welche Funktion erfüllt diese? Was wird dadurch stabilisiert, was verhindert?

- Wie wird die Arbeitsteilung innerhalb der Führungsorganisation und zwischen den einzelnen Führungsebenen realisiert?
- Welche Form strukturierter Organisation bildet das Unternehmen ab? Werden wichtige Aufgabenbereiche in selbstständigen, überlebensfähigen Geschäftsfeldern organisiert? Welche Form der funktionalen Differenzierung ist eingerichtet?
- Sind die organisationalen Strukturen auf die Förderung unternehmerischer Aktivitäten ausgerichtet, um die langfristige Erneuerungsfähigkeit aufrechterhalten zu können?
- Wie wird sichergestellt, dass die Organisationsstrukturen ebenso stabil und verlässlich wie flexibel und wandlungsfähig bleiben?
- Welche Aufsichts- und Kontrollmechanismen sind etabliert, um das notwendige Spannungsverhältnis von Selbstorganisation einerseits und der Beobachtung dieser Aktivitäten auf ihre Zielführung hin andererseits arbeitsfähig zu halten?
- Woran richten sich die Kernprozesse des Unternehmens aus? Werden diese konsequent mit Blick auf ihren Wertbeitrag sowie ihre Kunden- und Marktorientierung gestaltet?
- Wie gestalten sich notwendige Veränderungsprozesse in der Organisation? Welche Muster im Umgang mit organisationalem Wandel haben sich über die Zeit herausgebildet?

In dieser kontinuierlichen Reorganisationsarbeit besteht die Führungsleistung insbesondere in der Stimulation und Aufrechterhaltung einer angemessenen Auseinandersetzung mit den zuvor skizzierten Fragestellungen zur Reorganisation der Organisation. In dieser Differenzbearbeitung hat sich Führung kontingent zu setzen, denn das Organisationsdesign entscheidet neben zahlreichen anderen Aspekten auch darüber, wie Führung organisiert und ausgeübt wird. Die Führung muss also als Teil der Organisation mit reflektiert und im Bedarfsfall reorganisiert werden, was nicht selten zu intraorganisationalen Problemen führt.[1]

Auch die Auseinandersetzung mit Fragen der Organisation erfordert die kontinuierliche Vitalisierung von Differenzen, die nie endgültig entschieden werden können und über die dennoch permanent zu entscheiden ist. So gilt es stets, das Verhältnis von Führenden und Geführten im Rahmen der hierarchischen Ordnung neu auszuloten, und so muss im Rahmen von Aufsichts- und Kontrollfragen (Corporate Governance) eine arbeitsfähige Balance zwischen Vertrauen und Kontrolle gefunden werden. Mithilfe der strukturierten Ordnung im Rahmen der Selbstbeschreibung ist denn auch über das Für und Wider zentralisierter und zumeist kurzfristig kostenschonenderer Arbeitsorganisation einerseits und dezentraler, in selbstständige und überlebensfähige Geschäftsfeldeinheiten gegliederter Organisation andererseits zu befinden.

In Fragen der Formalisierung der Organisation werden die Differenzen von formalisierter Strukturiertheit und Flexibilität offenbar. Entsprechend muss im Rahmen der etablierten Kommunikationsnetzwerke zwischen formalen und informalen Kommunikationsstrukturen unterschieden werden, was typischerweise zur Diskussion über die Differenz von Schriftlichkeit und Mündlichkeit mit ihren jeweiligen Vor- und Nachteilen führt. Hierzu zählt dann auch die Frage, wie in der Organisation Entscheidungen getroffen werden, ob die flexible und schnelle Ad-hoc-Entscheidung bestimmter Stellen oder der eher formalisierte Entscheidungsprozess unter Einbeziehung verschiedener Funktionen und Personen das angemessene Muster zukunftsfähiger Entscheidungsfindung sein sollte. Hieran anschließend wird auch zunehmend relevant, wie mit der Differenz von Wissen

[1] An dieser Stelle unterscheidet sich denn auch das systemtheoretisch fundierte Führungsverständnis von dem betriebswirtschaftlichen. Schließlich wird Führung als Teil der Organisation verstanden und nicht als außenstehende Entität, welche die Organisation zu ihren Zwecken zu organisieren hat. Im systemtheoretischen Sinne kommt Führung nicht umhin, für die Aufrechterhaltung der organisationalen Reproduktionsfähigkeit auch über sich selbst zu entscheiden. Näheres hierzu vgl. [Baecker, D. (2004): Wer rechnet schon mit Führung?].

und Nichtwissen angemessen umzugehen ist und welcher Umgang mit Fehlern einerseits und Erfolgen andererseits die aktuelle und zukünftige Überlebensfähigkeit am besten sichert.

Im Kontext der Auseinandersetzung mit der notwendigen permanenten Wandlungsfähigkeit ist auch regelmäßig über ein angemessenes Verhältnis zwischen Bewahrung von Etabliertem einerseits und Zerstörung und Neuaufbau andererseits zu befinden. Im Kern dieses Veränderungsmanagements hat sich die Organisation als Ganzes kontingent zu setzen, um über angemessene Formen der Reorganisation entscheiden zu können.

(5) Die Differenz von Organisation und Personen

Die Bearbeitung der Differenz von Organisation und Personen wird in der Ökonomie auch als *Personalmanagement* bezeichnet. Nicht erst seitdem die Produktivitätsanforderungen von Unternehmen immer höher werden und der Faktor „Wissen" zunehmend an Bedeutung gewinnt, ist jede Wirtschaftsorganisation auf das Leistungspotential ihrer Mitglieder angewiesen. Doch die Mitgliedschaft allein befähigt die Organisation noch nicht dazu, das hierzu notwendige Niveau sicherzustellen. Als Personen, und damit als psychische Systeme, gehören die Mitglieder zur Umwelt des sozialen Systems Organisation; ein direkter Zugriff und eine damit einhergehende Steuerbarkeit bleibt ihr somit verwehrt. Sie hat sich daher stets mit der Differenz von Personal- und Unternehmensinteressen, also mit dem Ausbalancieren wechselseitiger Erwartungen, auseinander zu setzen. Die Mobilisierung ihres Leistungspotentials ist eine große Herausforderung für die Organisation und stellt sich als ein dauerhaftes Problem dar, für das es erfahrungsgemäß nur temporär angemessene Lösungen gibt. Konkret hat sich ein Unternehmen im Rahmen seines Personalmanagements beispielsweise mit den folgenden typischen Fragen zu beschäftigen:

- Wie sehen die eigenen Verfahren zur Ermittlung des Personalbedarfs aus? Tritt Bedarf beispielsweise immer wieder überraschend auf, oder wird eine bestimmte Fluktuation bereits erwartet?
- Welche Aspekte und Kriterien werden herangezogen, um eine Passung von Personen zum Unternehmen einschätzen zu können? Wer ist an deren Selektion beteiligt? Sind sie noch immer funktional?
- Wie verschafft sich das Unternehmen ein kontinuierliches und angemessenes Bild von den Interessen seiner Mitglieder?
- Wie sehen die damit korrespondierenden Interessen und Erwartungen des Unternehmens aus?
- Wie wird sichergestellt, dass persönliches Wissen auch organisationales Wissen wird – und umgekehrt?
- Wie funktioniert die Logik des Entlohnungssystems? Für was wird entlohnt? Was wird belohnt?
- Wie ist das Verhältnis von monetären und nicht-monetären Entlohnungsformen beschaffen?
- Wie lassen sich angemessene Prozesse entwickeln, um die Selbstmotivation der Mitglieder zu fördern und Prozesse der Demotivation zu verhindern?
- Wie werden die Erwartungen und Erfahrungen wechselseitig kommunizierbar gehalten?
- Welche Formen des gegenseitigen Abgleichs von Erfahrungen und Erwartungen sind etabliert? Können beispielsweise gegenseitige Feedbackgespräche ressentimentfrei geführt werden?
- Wie wird die persönliche, funktionale oder hierarchische Weiterentwicklung behindert oder gefördert?
- Wie wird mit Fehleinschätzungen, Geschicken und Missgeschicken umgegangen? Welche Formen der Konfliktbewältigung haben sich etabliert? Sind diese nach wie vor funktional?

In der Personalarbeit liegt die Führungsleistung in der Schaffung von Rahmenbedingungen, mit denen die Leistungsbereitschaft und Leistungsfähigkeit von Mitarbeitern auf der Grundlage einer tragfähigen Eigeninitiative gesteigert werden kann. So geht es auch hier letztendlich um die Stimulation und Aufrechterhaltung einer angemessenen Auseinandersetzung mit den unterschiedlichen Aspekten eines adäquaten Personalmanagements. Dabei werden typischerweise unterschiedliche Spannungsfelder und Differenzen angespielt und kontinuierlich neu ausgelotet. Zu diesen gehören beispielsweise die Ausbalancierung der Differenz von Einheitlichkeit und Diversität im Rahmen der Neugewinnung von Mitarbeitern und bei der Besetzung von Führungsstellen die Bearbeitung der Differenz von Aufsteiger und Einsteiger (mit ihren spezifischen Vor- und Nachteilen). Im Rahmen der Personaleinschätzung hat man es stets mit der Abwägung von Kompetenz auf der einen Seite und Sympathie auf der anderen zu tun. Für eine angemessene Personalentwicklungsarbeit ist es unerlässlich, eine tragfähige Position zwischen legitim erwartbarer Naturwüchsigkeit von Kompetenzen und Entwickelbarkeit von Fähigkeiten zu finden, also einen guten Umgang mit der Differenz von Begabung und Untauglichkeit zu etablieren. Wenn es um ein angemessenes Karrieremanagement geht, ist ein routinierter Umgang mit der Differenz von Kompetenz auf der einen Seite und Sympathie auf der anderen langfristig überlebenswichtig. Auch im Umgang mit den Entlohnungsstrukturen muss ein gangbarer Weg zwischen Mitarbeiterinteressen und Unternehmensinteressen gefunden werden. Hier ist eine Unternehmenskultur zuträglich, die einen Mittelweg zwischen formaler Entlohnung auf der einen Seite und Belohnung auf der anderen finden kann. Schlussendlich geht es im Hinblick auf ein angemessenes Arbeitsklima stets um die Gratwanderung zwischen Funktionalität und Familiarität sowie im Umgang mit Konflikten und Fehlern – insbesondere in Familienunternehmen – um die Handhabung der Differenz von Harmoniefiktion auf der einen Seite und notwendigem Dissens auf der anderen.

So bleibt zusammenfassend festzuhalten, dass die beste Personalarbeit stets nur so gut ist, wie es der Organisation gelingt, adäquate Formen und funktionale Muster im Umgang mit den Autonomiebestrebungen ihrer Mitglieder einerseits und der eigenen Abhängigkeit von Personalressourcen andererseits auszubilden.

(6) Die Differenz von Organisation und Selbstbeobachtung

Organisationen sind sich selbst intransparent und müssen sich dennoch, nicht zuletzt aufgrund der wachsenden Komplexität der Binnenverhältnisse, steuerungsfähig halten. Die angemessene Einschätzung des aktuellen wirtschaftlichen Zustands der Gesamtorganisation wird somit zunehmend zu einer Überlebensfrage des Unternehmens. Zugleich haben es Unternehmen in der Regel mit einer weiteren, kontinuierlichen Zunahme der Binnenkomplexität ihrer eigenen Organisation zu tun, die sich sowohl durch die zunehmende Binnendifferenzierung wie auch durch die zunehmende Komplexität der organisationalen Umwelt erklären lässt. An keiner Stelle ist mehr ein vollständiger Überblick über alle relevanten Einflussfaktoren zu erlangen. Nur mit Hilfe unterschiedlicher Selbstbeschreibungsdifferenzen, beispielsweise mit der Festlegung von Leistungsziffern oder unterschiedlichen Kennzahlen, kann die Organisation ihre eigene Entwicklung überhaupt noch für sich beobachtbar halten. Abweichungen von den selbst gesetzten Beobachtungskriterien werden hierdurch sichtbar und korrigierbar. Derartiges wird in der Sprache der Betriebswirtschaft auch mit dem Begriff *Controlling* bezeichnet. WIMMER bietet hierzu folgende Definition an:[1]

> „Mit Controlling sind [...] all jene Aktivitäten gemeint, die die Linienverantwortlichen in die Lage versetzen, ihr jeweiliges Geschäft im Sinne einer Selbstkontrolle gezielt zu beobachten, um aus den daraus gewonnenen Eindrücken für die Zukunft die erforderlichen Schlüsse ziehen zu können. Das Controlling organisiert demzufolge das Gedächtnis eines Unternehmens, das, was im Augenblick jeweils zu erinnern ist, und folglich auch das, was beruhigt vergessen werden kann."

[1] [Wimmer, R., Domayer, E., Oswald, M., & Vater, G. (1996): Familienunternehmen – Auslaufmodell oder Erfolgstyp?], S. 175 f.

Es ist wichtig zu beachten, dass die Auswahl der hierzu in Anschlag gebrachten Selbstbeobachtungskriterien, also der Kennzahlen und Messgrößen, selbst ein hoch selektives Unterfangen ist. Das ist für die Organisation riskant – schließlich kann sie niemals sicher sein, die richtigen Aspekte im Blick zu behalten. Auch sie kann nur das sehen, was sie sieht, und sieht nicht, was sie nicht sieht. Und sie sieht auch nicht, *dass* sie nicht sieht, *was* sie nicht sieht.[1] Zusätzlich basieren traditionelle Controllingsysteme in der Regel auf vergangenheitsorientierten Kennzahlen und Beobachtungen. Allerdings ist nicht zwangsläufig davon auszugehen, dass gegenwärtig und zukünftig noch alles so bleibt, wie es in der Vergangenheit war. So obliegt es einem strategischen Controlling, sich mit unterschiedlichen Fragen und Aspekten auseinander zu setzen, welche die Aufrechterhaltung einer angemessenen und arbeitsfähigen Selbstbeobachtung sicherstellen. Zu diesen gehören typischerweise die folgenden:

- Mit welchen Kriterien und Kenngrößen versucht das Unternehmen, stets die aktuelle Situation zu beobachten? Welchen Sinn haben diese Kennzahlen?
- Wie kamen oder kommen diese Kriterien zustande? Nach welchen Mustern werden sie, wenn überhaupt, kritisch auf ihre Passung hin reflektiert? Wer ist hierbei eingebunden?
- Mit welchen Verfahren werden die Kenngrößen erhoben? Werden die Erhebungsprozesse regelmäßig auf ihre Angemessenheit und Exaktheit hin überprüft?
- Welche zeitliche Verzögerung ergibt sich in der Regel, wenn die Kennzahlen zur Interpretation bereit stehen? Geben diese dann noch ein angemessenes Bild der vermeintlich gegenwärtigen Situation?
- Wer ist in die Auseinandersetzung und Interpretation der Kenngrößen eingebunden? Welche Konsequenzen werden aus den Selbstbeobachtungen typischerweise gezogen?

---

1 Vgl. [Luhmann, N. (1986): Ökologische Kommunikation. Kann die moderne Gesellschaft sich auf ökologische Gefährdungen einstellen?], S. 52.

- Wird der Umgang mit knappen Ressourcen in ausreichendem Maße im Blick behalten?
- Nach welcher Logik wird die Produktivität erhoben?
- Inwiefern erfasst die Selbstbeobachtung auch eher qualitative Aspekte, beispielsweise des Kundenmanagements, der Mitarbeiterzufriedenheit oder der Fluktuation?
- Welche Kriterien können Auskunft über das Ausmaß der organisationalen Selbsterneuerungskraft im Hinblick auf Innovationen und Verbesserungspotentiale geben?
- Wie werden Entscheidungen über Investitionen und die hieraus entstehenden Folgen im Blick behalten, um aus Abweichungen von den eigenen Erwartungen lernen zu können?
- Wie werden weiche Faktoren im Blick behalten, beispielsweise geteilte Werte, Arbeitsklima, Konfliktkultur etc.? Wie werden diese zur Interpretation, Diskussion und zu möglicherweise folgenden Anschlussentscheidungen bereitgehalten?

In diesem Feld liegt die Aufgabe von Führung darin, für eine ausreichende Vitalisierung dieser Fragen sowie für die Bereitstellung nützlicher Selbstbeschreibungen Sorge zu tragen, wissend, dass es sich hierbei nur um einen Ausschnitt der Organisation handelt und weite Bereiche nach wie vor intransparent bleiben. So hat Führung auch für eine angemessene Unsicherheit und Skepsis im Umgang mit den herangezogenen Kenngrößen im Unternehmen zu sorgen, damit die Selbstbeschreibungen nicht mit der Organisation verwechselt werden.

Bei der Auseinandersetzung mit der eigenen Selbstbeobachtung werden dann regelmäßig Differenzen angespielt, die in ihrer Ausprägung für die Organisation allenfalls in Erwartung einer temporären Stabilität entscheidbar sind und somit kontinuierlich neu zur Diskussion und Neuentscheidung anstehen. So ist stets neu zu überdenken, welche Steuerungs- und Zielgrößen gemessen werden sollen. Dabei kommt es, abhängig von den etablierten Mustern der Organisation, an verschiedenen Stellen zur Auseinandersetzung über die Vorgabe der Zahlen, beispielsweise von Aufsichtsrat, Muttergesellschaft oder Anteilseignern auf der einen Seite und der Notwendigkeit der individuellen Selektion dieser Messgrößen auf der anderen. Nicht jede Organisation eignet sich beispielsweise dafür, nach Eigenkapitalrendite, dem Gewinn/Umsatz-Verhältnis oder anderen etablierten Größen gesteuert zu werden. Man denke nur an den Unterschied von Handelsunternehmen auf der einen Seite und forschungs- oder anlageintensiven Unternehmen auf der anderen. So ist regelmäßig zu erörtern, wie mit der Notwendigkeit zur Messung von Größen umgegangen werden soll, die nicht ohne weiteres quantitativ zu erfassen, aber für die Überlebenssicherung der Organisation elementar sind. Die Differenz zwischen wichtigen *Soft Facts* auf der einen Seite und den vergleichsweise erheblich leichter zu ermittelnden, meist quantitativen *Hard Facts* auf der anderen Seite ist eine unerschöpfliche Quelle der Unsicherheit, über die regelmäßig neu zu befinden ist. Ebenso ist in einer zeitlichen Betrachtung stets neu auszubalancieren, wie sehr man sich auf vergangenheitsorientierte Messgrößen konzentriert und in welchen Aspekten auch eher zukunftsgerichtete Merkmale, beispielsweise im Rahmen eines Frühwarnsystems, zum Einsatz kommen.[1] Hier schließt sich die Frage an, wie mit den erhobenen Ergebnissen weiter zu verfahren ist. So ist nicht nur in Familienunternehmen, hier jedoch in besonderem Umfang (wie noch zu zeigen sein wird), die Differenz von intimer Anschlussverarbeitung auf der einen Seite und transparentem, offenen Umgang auf der anderen Seite Anlass zur Diskussion. Während sich manche Vertreter nur ungern „in die Karten" schauen lassen, benötigen andere, insbesondere in dezentral organisierten Unternehmen, Informationen dringend zur Selbsteinschätzung für weitere Anschlussoperationen im Rahmen der Entscheidungsreproduktion.[2] Stehen diese Informationen jedoch zur

---

[1] Zum Konzept und Umgang mit Frühindikatoren, so genannten „schwachen Signalen", vgl. einführend [Ansoff, H. I. (1976): Managing Surprise and Discontinuity: Strategic Response to Weak Signals], S. 129 ff. Für konkrete Hinweise zur Einrichtung eines solchen Systems vgl. [Initiative Qualitätssicherung NRW e.V. (2004): Frühwarnindikatoren für den Mittelstand].

[2] An diesem Punkt sei noch einmal auf die Differenz von diktierten Messgrößen auf der einen Seite und gemeinsam selektierten Kennzahlen auf der anderen Seite verwiesen. Eine angemessene Führung, auch und insbesondere auf der mittleren

Interpretation bereit, ist vor allem zu beobachten, wie mit der Weiterverarbeitung umgegangen wird. In manchen Organisationen ist festzustellen, dass nach erfolgter Erhebung von Kennzahlen auch die Suche nach Ursachen und Verantwortlichen beispielsweise für schlechte Abatzzahlen angeschoben wird, wohingegen andere Unternehmen andere Muster entwickelt haben und solche Zahlen zum Anlass nehmen, nachzujustieren statt „Schuldige" zu suchen. Die Differenz zwischen „Ursachenforschung" auf der einen Seite und „Anschlussoperationen" auf der anderen ist eine Differenz, über die im Sinne der Aufrechterhaltung der organisationalen Reproduktionsfähigkeit ebenso zu befinden ist wie über alle anderen hier aufgeführten Differenzen auch.

Die hier vorgestellten, von WIMMER als die *sechs Aufgabenfelder von Führung* beschriebenen Unterscheidungsdimensionen gehören zu den typischen Entscheidungsfeldern von Führung als ihr Beitrag zur organisationalen Kommunikation. Dabei sollte die ständige Sorge um diese Differenzen ein Unternehmen mit einem angemessenen Grad an innerer Unruhe ausstatten, der unerlässlich ist, um die Reproduktionsfähigkeit und somit Lernfähigkeit der Organisation sicherzustellen. Hierdurch hält sich die Organisation aktions- und reaktionsfähig, um so die Überraschungen des Marktes und der anderen Umwelten angemessen handhaben zu können.[1]

Derartige Kommunikation wird in Organisationen notwendigerweise an unterschiedlichen Stellen geführt und ist keinesfalls an eine einzige oder wenige Stellen in der Hierarchie der Organisation dele-

---

Managementebene, kann nur dann eigenverantwortlich erfolgen, wenn hierfür das angemessene Rüstzeug und die notwenigen Informationen bereitstehen. Nicht selten wundern sich Unternehmen über das gehorsame, eher ausführende Verhalten ihrer leitenden Mitarbeiter, verwehren diesen auf der anderen Seite aber auch alle Chancen auf eigenverantwortliches Handeln, indem kein transparenter Umgang mit vermeintlich „intimen" Informationen stattfindet.

[1] Vgl. [Wimmer, R., Domayer, E., Oswald, M., & Vater, G. (1996): Familienunternehmen – Auslaufmodell oder Erfolgstyp?], S. 179.

giert.[1] Daher darf die Bezeichnung *Aufgabenfelder von Führung* nicht mit den *Aufgaben von Führungspersonen* verwechselt werden. Spätestens seit MINTZBERGs[2] Untersuchung über die tatsächlichen Aktivitäten von so genannten *Executives* ist bekannt, dass sie neben der Teilnahme an der organisationalen Führungskommunikation noch viele weitere Aufgaben haben. In späteren Kapiteln[3] wird auf diesen Aspekt noch näher eingegangen werden.

2.2.3.5. Wie wirken Führungsentscheidungen?

Die Führungskommunikation in Organisationen findet ein weiteres Spezifikum in der Art, *wie* Entscheidungen an Entscheidungen von Führung Anschluss nehmen. Führungsentscheidungen werden von nachfolgenden Entscheidungen häufig als Entscheidungsprämissen qualifiziert,[4] was ihnen die Funktion verleiht, als Flanken der organisationalen Kommunikation zu gelten. Sie wirken als Redundanzen, welche die Informationslast der Organisation auf ein bewältigbares Format reduzieren und somit die eigene Reproduktion ermöglichen.[5] Durch das Setzen von Entscheidungsprämissen und ihre laufende Justierung wird somit ein Rahmen gesetzt, in dem eine Organisation ihre Umwelt konstruieren, Informationen verarbeiten und immer

---

[1] Anders sieht dies natürlich in kleinen Organisationen aus.

[2] Vgl. [Mintzberg, H. (1973): The Nature of Managerial Work] als einen der prominentesten Beiträge der Work-Activity-Forschung. Einen Überblick über diese Forschungsrichtung in den letzten 40 Jahren bietet [Schirmer, F. (1991): Aktivitäten von Managern: Ein kritischer Review über 40 Jahre "Work Activity"-Forschung]. Die empirische Langzeituntersuchung mit 15 Topmanagern von [Kotter, J. P. (1982): The General Managers] gibt eine gute Übersicht über das General Management.

[3] Vgl. hierzu Kap. 2.2.5. Grenzstellen als Kondensationspunkt , S. 148 ff.

[4] Vgl. [Luhmann, N. (2000): Organisation und Entscheidung], S. 228: Eine Entscheidungsprämisse wird nur zu einer solchen, wenn sie operativ bzw. kommunikativ so verwendet wird. Zu einer detaillierten Erläuterung des Begriffs der Entscheidungsprämissen, vgl. [Luhmann, N. (2000): Organisation und Entscheidung], S. 222 ff.

[5] Vgl. [Luhmann, N. (2000): Organisation und Entscheidung], S. 227.

neu Unsicherheit in Sicherheit transformieren kann.[1] Vor allem kann durch Entscheidungsprämissen bestimmt werden, welche Entscheidungen als Entscheidungen des Systems zählen und welche nicht.[2] Dies ermöglicht es der Organisation, sich selbst von ihrer Umwelt zu differenzieren und sich nicht als Fortsetzung derselben mit dieser zu verwechseln.[3]

Der Führung wird nun die Aufgabe der Entscheidung über Entscheidungsprämissen zugetragen.[4] Dabei liegen Entscheidungsprämissen, was Programme, Personal und Kommunikationswege betrifft, immer schon vor, und können nur geändert oder aktualisiert werden. Führung arbeitet also mit ihren Entscheidungen der Führungskommunikation an den Rahmenbedingungen der Kommunikation der Organisation und übernimmt somit die Funktion der Richtungssetzung für die Organisation im Auftrag ihrer selbst. In diesem Sinne erhält der Begriff der Unternehmensführung einen funktionalen Charakter.

2.2.3.6. Zusammenfassung zur Führungskommunikation

Die Reformulierung des Phänomens *Führung* auf der Grundlage einer systemtheoretischen Organisationstheorie bedeutet im Vergleich zu den Überlegungen der Ökonomie einen Unterschied in der Führungsforschung, soviel steht fest. In den vorherigen Abschnitten konnte allenfalls ausschnitthaft dargestellt werden, was man zu sehen

---

[1] Vgl. [Luhmann, N. (2000): Organisation und Entscheidung], S. 238.

[2] Vgl. [Luhmann, N. (2000): Organisation und Entscheidung], S. 238.

[3] [Luhmann, N. (1984): Soziale Systeme: Grundriß einer allgemeinen Theorie], S. 384: „Durch die Einschränkung der im System zugelassenen Relationen entsteht Struktur. Dadurch kommt innere Führung zustande." Vgl. auch [Luhmann, N. (2000): Organisation und Entscheidung], S. 229.

[4] Vgl. [Luhmann, N. (2000): Organisation und Entscheidung], S. 230: „wir wollen Entscheidung über Entscheidungsprämissen *Planung* nennen" und weiter, S. 231: „Das System mag [Planungsentscheidungen] hierarchisch auf höheren Ebenen vorsehen, aber das gibt ihnen keine andere Qualität, zumal damit noch nichts darüber gesagt ist, welche Entscheidungen auf Planungsentscheidungen Einfluss nehmen."

bekommt, wenn man als Beobachter die kommunikativen Besonderheiten von Organisationen als autopoietischen Systemen beschreibt, die sich mittels Entscheidungen reproduzieren. In jedem Fall stellt diese relativ junge Theorierichtung eine Alternative zur klassischen Betriebswirtschaftslehre dar, wenn eine brauchbare Beschreibung von Führung gefragt ist. Der Gedanke, Führung nicht nur als *Determinante* eines Systems, sondern auch als funktional eingerichtete *Resultante* eines Systems zu sehen, ist dabei ebenso ungewohnt wie irritierend. Nichtsdestoweniger ist viel über die Spezifika des Phänomens Führung zu lernen, wenn es als besondere Form organisational geführter Kommunikation interpretiert wird. Es konnte gezeigt werden, dass Führung durch die Einbringung von Irritation und Ungewissheit unter Rückgriff auf die Gesellschaft eine nützliche Funktion übernimmt.In diesem Sinne bedeutet Führung, die Fortsetzungsbedingen des Systems in seiner eigenen Kommunikation abzubilden.[1] Ebenso ist deutlich geworden, dass die Organisation ihre Führung gleichermaßen für ihre eigene Reproduktion benutzt, indem sie manche Unsicherheiten mit dem Verweis auf ihre Führungsrelevanz zur Entscheidung delegiert und somit das Verhältnis von Führung und Geführtwerden in Frage, zeitweise gar auf den Kopf stellt. Führungskommunikation kann somit gleichermaßen *Bedingung* wie *Resultat* spezifischer Entscheidungsreproduktion sein.

Im Weiteren soll nun untersucht werden, welchen Unterschied Management in einem Unternehmen machen kann, um anschließend der Frage nachzugehen, wo und wie Management und Führung in Organisationen verankert werden und welche Konsequenzen sich daraus ergeben.

---

[1] Vgl. [Baecker, D. (2003): Organisation und Management], S. 257.

2.2.4. Management in Organisationen

Zuerst jedoch soll ein Basisverständnis von *Management*, nicht: Führung, erarbeitet werden, um zu erklären, warum der Begriff *Management* mittlerweile auch außerhalb des angloamerikanischen Raums im organisationalen Kontext geradezu inflationär verwendet wird.[1]

2.2.4.1. Begriffsverwendung

Die Anwendungsbreite des Begriffs *Management* im Englischen ist praktisch unüberschaubar. Schon eine Person, die in einem Fastfoodrestaurant dem Tresengeschäft vorsteht, kann ein *Manager* sein[2]. Als Besteller bei einem Buchversandservice wird man zum *Manager* erhoben, wenn man Versandadresse, Zahlungsinformationen oder Buchauswahl verändern möchte.[3] Und in der Kneipe kann man gefragt werden: „Do you manage another whiskey?“[4] Der Grund für diese breite Begriffsverwendung liegt im Ursprung des Wortes. Das Verb *managen* geht auf das italienischen Wort *maneggiare* zurück und bedeutet soviel wie „handhaben“ aber auch „ein Pferd in der Manege an der Leine herumführen“. Somit beschreibt das Wort eine Tätigkeit als durchaus unwahrscheinlich oder ungewiss, bezieht das Risiko der Überforderung der Kräfte des Managers und die Möglichkeit des Scheiterns ein.[5] Das Merkmal der Ungewissheit ist dabei ein ebenso interessanter wie wichtiger Aspekt und soll weiter unten noch einmal aufgegriffen werden.

---

[1] Wir alle kennen zahllose Beispiele wie Finanzmanagement, Risikomanagement, Liquiditätsmanagement, Personalmanagement, Kantinenmanagement, PR-Management, Investor-Relations-Management, Flottenmanagement oder Facilitymanagement.

[2] [Baecker, D. (2004): Welchen Unterschied macht das Management?], S. 2.

[3] Vgl. www.amazon.com: „manage your shipping information“ / „manage your payment information“ / (...).

[4] Vgl. [Baecker, D. (2004): Welchen Unterschied macht das Management?], S. 1.

[5] Vgl. [Baecker, D. (2004): Welchen Unterschied macht das Management?], S.1.

Im Deutschen hat das Wort *Manager* eine Bedeutung angenommen, die im Englischen mit der Bezeichnung *executive*, im Französischen mit *cades* erfasst wird.[1] Im Folgenden wird der Begriff *Management* in diesem engeren Sinne verwendet.

2.2.4.2. Managementkommunikation in der Organisation

Mit Blick auf das im vorherigen Abschnitt dargestellte Verständnis von Führung mag die Frage aufkommen, welcher Unterschied zwischen Management und Führung besteht. Und in der Tat werden diese Wörter in weiten Teilen der Literatur nur unscharf voneinander getrennt, teilweise sogar synonym verwandt. Im Folgenden soll dennoch versucht werden, eine Differenz des Managements herauszuarbeiten, die der Bezeichnung eine eigene Legitimation verschafft.

Management in einer Organisation ist, ebenso wie Führung, ein kommunikatives Phänomen, so dass es nahe liegt, von *Managementkommunikation* zu sprechen. Das Wesen von Management liegt in der Einführung einer System/Umwelt-Differenz in die Organisation zum Zwecke der Bearbeitung derselben durch Entscheidung. Management ist also nicht nur diejenige Institution, die mit dem Hinweis auf weitere Bearbeitung nur Blickrichtungen oder Ziele formuliert. Die Aufgabe von Management besteht auch darin, die Organisation zu befähigen, diese Ziele erreichen zu können.[2] In diesem Kontext bedeutet Management, die Organisation mit einem Sinn für die Differenz zwischen der Aktualität und der Potentialität ihrer Zustände auszustatten, ohne die aktuellen Zustände als so unzureichend zu markieren, dass jede Hoffnung aufgegeben wird, potentielle Zustände zu erreichen.[3] Management sorgt also zum einen durch die Einführung *einer* Differenz für den Aufbau struktureller Spannungen, an der sich die Organisation mittels Entscheidungen abzuarbeiten hat.

---

[1] Vgl. [Baecker, D. (2004): Welchen Unterschied macht das Management?], S. 2.

[2] Vgl. [Baecker, D. (2003): Organisation und Management], S. 257: „ Das Management einer Organisation besteht nicht bereits darin, der Organisation Ziele zu setzen, sondern es besteht darin, sie zu befähigen, diese Ziele zu erreichen [...].“

[3] Vgl. [Baecker, D. (2003): Organisation und Management], S. 257.

Zum anderen unternimmt Management über diese Differenzinklusion aber auch den Versuch, die weitere Bearbeitung der Differenz zu ermöglichen. Zusätzlich sorgt Management für Anschlussentscheidungen im Hinblick auf eine in den Raum gestellte Differenz.[1]

Im Vergleich zu Führung ist Management zum einen auf nur *eine bestimmte* Differenz angesetzt und sorgt zum anderen für deren angemessene Anschlussbearbeitung. Somit wird dem Management die Verantwortung für die Bearbeitung derjenigen System/Umwelt-Differenzierung zugeschrieben, auf die es angesetzt ist.[2] Damit ist jedoch noch nicht erklärt, was es mit Begriffen wie *Kundenmanagement, PR-Management, Investorenmanagement,* kurz: spezifischen Formen von Management, auf sich hat.

2.2.4.3. Management als konkretes Differenzmanagement

Die Existenz derartiger Managementbegriffe ledt es jedoch nahe, über die Ausdifferenzierung von Management nachzudenken.[3] Die Wortverwendungen spielen auf Spezialisationen von Management an, die mittels Ausdifferenzierung des systeminternen Managements auf gesteigerte und intern reformulierte Umweltdifferenzierung reagieren.[4] Für unterschiedliche, als wichtig erachtete Umweltfiktionen (z.B. Kunde, Massenmedien, Aktionäre, etc.) richtet die Organisation

---

[1] Vgl. [Baecker, D. (2004): Welchen Unterschied macht das Management?], S. 2 f.: „Wir halten fest, dass das Wort „Management" nach seinem Wortgebrauch eine Tätigkeit bezeichnet, deren Erfolg praktisch ungewiss ist, jedoch durch Organisation wahrscheinlicher gemacht werden kann."

[2] Wird Management also nicht weiter spezifiziert, kann ihm ohne weiteres die Funktion der Wiedereinführung der Differenz von Organisation und Wirtschaftssystem zugeschrieben werden. Vgl. [Baecker, D. (2004): Wer rechnet schon mit Führung?], S. 1: „Das Wesen des Managements liegt darin, Aufgaben der Gestaltung, Lenkung und Kontrolle mit Blick auf ein Funktionssystem der Gesellschaft anzugehen."

[3] Im Sinne von Systemdifferenzierung, vgl. hierzu [Luhmann, N. (1984): Soziale Systeme: Grundriß einer allgemeinen Theorie], S. 256 ff.

[4] Vgl. hierzu den Aspekt der beobachtungsbasierten Umweltdifferenzierung von Systemen, [Luhmann, N. (1984): Soziale Systeme: Grundriß einer allgemeinen Theorie], S. 256 ff.

spezielle Knoten ein, deren Aufgabe die Vitalisierung der jeweiligen Differenz in der Organisation ist. Derartige Kommunikationsknoten heißen dann *PR-Management*, *Investor-Relations-Management* und *Kundenmanagement* und befassen sich mit der organisationsinternen (Wieder-)Bearbeitung einer bereits als stabil angesehenen Fiktion journalistischer Kommunikation, mit mutmaßlich Rendite maximierenden Investoren und mit vermeintlich Nutzen maximierenden Kundenkonstruktionen.

So gesehen klärt sich die Funktion von Personalmanagement, Finanz- und Liquiditätsmanagement, Risikomanagement, Kantinenmanagement oder Flottenmanagement. Ungeklärt bleibt bislang jedoch, ob und wenn ja, in welcher Form, Familienunternehmen sich die Differenz ihrer Organisation und der Unternehmensfamilie kommunikativ zugänglich machen.

2.2.5. Grenzstellen als Kondensationspunkt von Führung

Nachdem nun herausgearbeitet wurde, wie Führung und Management in Organisationen vorkommt, nämlich als spezifische Kommunikation von Entscheidungen, bleibt noch die Frage zu beantworten, *wo* in Organisationen diese Kommunikation stattfindet und welche Konsequenzensich hieraus ergeben. Daher geht es im nächsten Abschnitt um die Frage, *wo* Führungskommunikation stattfindet. Hierzu wird auf ein spezielles Stellenkonzept zurückgegriffen, das seinen Ursprung in der Erforschung formalisierter Organisation hat.

2.2.5.1. Wozu Grenzstellen?

Das Konzept der *Grenzstelle* reagiert auf zwei grundlegende kommunikative Probleme an den Grenzen eines Systems.

Zum einen werden die bereitgestellten Kommunikationsangebote eines Systems, auf die Systeme in der Umwelt in je individueller Weise Bezug nehmen können, immer dann besonders prekär, wenn die Anschlussnahmen Einfluss auf die Autopoiesis des Systems haben. Sind bereitgestellte Preisangebote dauerhaft zu hoch, werden kommunikative Anschlüsse in Form von Zahlungen eher ausbleiben; werden von einer Stelle gegenüber Banken unwissentlich Rückzahlungszusagen getroffen, an die sich die Organisation gebunden zu fühlen hat, die aber nicht erfüllt werden können, so kann es zur unerwarteten Kündigung von Kreditzusagen und somit zu einer empfindlichen Bedrohung der Existenzgrundlage der Organisation kommen. Das erste Problem, auf das zu reagieren ist, liegt also in der Brisanz von *Systemrepräsentationen* gegenüber der Umwelt, nicht zuletzt deshalb, weil das Handeln *eines* Mitglieds der Organisation als Handeln *aller* Mitglieder gelten kann.[1]

Zum anderen gerät eine Organisation dann in Probleme, wenn sie intern so stark differenziert ist, dass der Verkehr mit Außenstehenden[2] nicht mehr in gleicher Weise Sache aller Mitglieder sein kann. Sie ist dann gezwungen, ihre Umweltinteraktion, also das Bereitstellen von Informationen ebenso wie das Beobachten und interne Reformulieren der Systemumwelt, zu organisieren.[3]

Beide Probleme führen dazu, dass die Organisation sowohl die Repräsentation des Systems als auch ihre grenzübergreifende Kommunikation[4] in Stellen organisiert, die als *Grenzstellen* bezeichnet werden. Auf beide Problembereiche wird weiter unten detaillierter Bezug genommen.

---

[1] Vgl. [Luhmann, N. (1964): Funktionen und Folgen formaler Organisation], S. 221.

[2] Gemeint ist die interne Handhabung von Informationen, denn: [Luhmann, N. (2000): Organisation und Entscheidung], S. 56. „die Information reproduziert die Grenzen des Systems und kann daher nicht die Grenzen des Systems überschreiten, nie von außen nach innen oder von innen nach außen erfolgen."

[3] Vgl. [Luhmann, N. (1964): Funktionen und Folgen formaler Organisation], S. 220.

[4] Vgl. hierzu [Luhmann, N. (2000): Organisation und Entscheidung], S. 52: „Operative Schließung heißt [...] nicht, dass ein Organisationssystem keine Kontakte mit der innergesellschaftlichen Umwelt unterhalten kann. [...] Als Empfänger von Kommunikationen regeln die eigenen Strukturen der Organisation, durch welche Informationen man sich irritieren und zu eigener Informationsverarbeitung anregen lässt. Als Absender von Kommunikationen trifft die Organisation Entscheidungen darüber, was sie mitteilen will und was nicht. Insofern bleibt die Umwelt für die Organisation eine eigene Konstruktion, deren Realität natürlich nicht bestritten wird."

2.2.5.2. Organisationale Verankerung von Grenzstellen

Grenzstellen sind keineswegs vornehmlich an der Spitze einer Hierarchie zu suchen. Die Stelle eines Schalterbediensteten der Post, die Stelle des Personalverantwortlichen einer Organisation, die Stelle des Einkäufers einer Fabrik oder die Stelle des Kundenbetreuers einer Bank sind allesamt als Grenzstellen zu verstehen. Sie alle übernehmen spezialisierte Funktionen in der Kommunikation mit einem bestimmten Umweltsektor: Briefmarkenkäufer, Stellensuchende, Repräsentanten anderer Organisationen oder Rendite suchendes Kapital.[1] Alle diese Stellen stehen häufig in engen interaktionalen Kontakten mit Systemen der Umwelt.

2.2.5.3. Repräsentanz als organisationaler Auftrag

All diesen genannten Stellen ist weiterhin gemeinsam, dass ihnen von der Organisation ein spezifisches Verhalten gegenüber anderen Systemen zur Pflicht gemacht ist.[2] LUHMANN beschreibt dies mit der Anforderung, sie müssten nach außen einen guten Eindruck des Systems vermitteln.[3] Schließlich repräsentieren und informieren sie in zwei Richtungen und sind in dieser Funktion von der eigenen Organisation nur begrenzt steuerbar,[4] was für die Organisation ohne Frage ein gewisses Risiko birgt. Darüber hinaus obliegt einer Grenzstelle auch stets ein gewisses Maß an Selektivität, also an Verantwortung dafür, *was* und insbesondere *wie* die Organisation sich nach außen präsentiert.[5] Ihre Funktion ist die Irritation des Systems durch Information ebenso wie die Repräsentation des Systems gegenüber

---

[1] Vgl. [Luhmann, N. (1964): Funktionen und Folgen formaler Organisation], S. 221.

[2] Vgl. [Luhmann, N. (1964): Funktionen und Folgen formaler Organisation], S. 226.

[3] Vgl. [Luhmann, N. (1964): Funktionen und Folgen formaler Organisation], S. 221.

[4] Vgl. [Luhmann, N. (2000): Organisation und Entscheidung], S. 210.

[5] Vgl. [Aldrich, H., & Herker, D. (1977): Boundary Spanning Roles and Organization Structure], S. 219 ff.

der Umwelt.[1] Grenzstellen machen somit das System der Umwelt und die Umwelt dem System verständlich.[2]

2.2.5.4. Grenzstellen und organisationale Kommunikation

Grenzstellen übernehmen mithin unterschiedliche Funktionen für die Organisation, zu deren Zweck sie auch eingerichtet wurden. Sie sind es, die Verhaltenserwartungen, die aus der Umwelt an das System adressiert werden, sozusagen im Rohzustand und unverfälscht (also bevor alles Verfängliche daraus weginterpretiert ist)[3] empfangen. Sie übernehmen dadurch gleichsam eine wichtige Funktion im Rahmen der Unsicherheitsabsorption durch Entscheidung. Ihnen wird die Aufgabe zugeschrieben, die Umwelt für das System zu interpretieren, indem sie Umweltinformationen sichten, sieben und sie in eine Sprache bringen, die im System verstanden und akzeptiert wird. Ihre Verantwortung besteht somit nicht nur in der Richtigkeit bzw. Angemessenheit der Informationswiedergabe, sondern vor allem in der Negativgarantie: der Garantie, dass nichts weiter los ist. Denn für die Unsicherheitsabsorption an den Grenzen ist es notwendig, die Informationen, die in das System hineingegeben werden, so auszuwählen, dass das System sich auf die Bearbeitung dieser spezifischen In-

---

[1] So [Aldrich, H., & Herker, D. (1977): Boundary Spanning Roles and Organization Structure], S. 218: „Two classes of functions are performed by boundary roles: information processing and external representation.“ Eine empirische Analyse dieses Rollensettings findet sich bei [Spekman, R. E. (1979): Influence and Information: An Exploratory Investigation of the Boundary Role Person's Basis of Power].

[2] Vgl. [Luhmann, N. (1964): Funktionen und Folgen formaler Organisation], S. 223; Letztgenanntes ist natürlich gemeint im Sinne der systemeigenen Umwelt(re)konstruktion. Vgl. hierzu auch [Mintzberg, H. (1998): Covert leadership: Notes on managing professionals. Knowledge workers respond to inspiration, not supervision.], der die unterschiedlichen Anforderungen nach *innen* und *außen* mit „leading“ und „linking“ bzw. „controlling/communicating“ und „communicating“ umschreibt.

[3] Vgl. [Luhmann, N. (1964): Funktionen und Folgen formaler Organisation], S. 221.

formationen beschränken und alles andere vernachlässigen kann.[1] Schließlich „reißen" Erwartungserwartungen des Systems, also das, was das System seiner Umwelt an Verhaltenserwartungen unterstellt, mit Blick auf ihre Stimmigkeit zuerst an den Grenzstellen des Systems.[2] An Grenzstellen wird also Umwelt im System (re)präsentiert,[3] aktualisiert und feinjustiert, was Irritation ermöglicht und für Entscheidungen und somit für weitere Organisation sorgt. Grenzstellen dienen dem System daher als Antenne zur Warnung des Systems, denn sie haben sich immer wieder in Widerspruch zum Status quo des Systems zu setzen und Unruhe zu stiften.[4]

2.2.5.5. Kondensation von Führungskommunikation an Grenzstellen

Der Führungskommunikation werden, wie oben beschrieben, zum Teil ähnliche Funktionen zugeschrieben wie den Grenzstellen.[5] Es mag daher wenig verwundern, dass diese spezifische Kommunikation an Stellen kondensiert, die als Grenzstellen beschrieben werden können. Dies bedeutet natürlich im Umkehrschluss nicht, dass deswegen alle Grenzstellen typischerweise an Führungskommunikation beteiligt wären.[6] Vielmehr gründet sich die Feststellung, Führungskommuni-

---

[1] Vgl. [Luhmann, N. (1964): Funktionen und Folgen formaler Organisation], S. 224.

[2] Vgl. [Luhmann, N. (1964): Funktionen und Folgen formaler Organisation], S. 222.

[3] Vgl. [Luhmann, N. (2000): Organisation und Entscheidung], S. 210: „Die Fähigkeit, im System Umwelt erfolgreich zu präsentieren, dürfte eine erstrangige Autoritätsquelle sein, wie immer die Unsicherheit über die Umwelt an den Grenzstellen des Systems absorbiert wird."

[4] Vgl. [Luhmann, N. (1964): Funktionen und Folgen formaler Organisation], S. 223.

[5] Vgl. hierzu Kap. 2.2. Management und Führung im Sozialsystem, S. 77 ff.

[6] Dies kann in besonderen Fällen jedoch nicht ausgeschlossen werden. Vgl. hierzu [Luhmann, N. (1984): Soziale Systeme: Grundriß einer allgemeinen Theorie], S. 261: „Insbesondere bei Primaten hierarchischer Differenzierung sind der Ausdifferenzierung dadurch Schranken gesetzt, dass die Spitze (oder das Herrschaftssystem) der Hierarchie die Grenzbeziehungen des Systems muss kontrollieren können, weil sie sonst die Herrschaft verliert."

kation würde häufig an Grenzstellen kondensieren, auf die Empirie. In Organisationen sind häufig hierarchisch relativ hoch angesiedelte Stellen identifizierbar, die sowohl die Teilnahme an Führungskommunikation zugewiesen bekommen, als auch in ihrer Ausgestaltung Grenzstellencharakter haben. Hinweise hierauf liefert beispielsweise die empirische Forschung zu den Kommunikationsgewohnheiten derartiger Stellen. MINTZBERG[1] beschreibt beispielsweise, dass höhere Managementebenen sich neben der Teilnahme an Entscheidungsprozessen (Suche nach Chancen zu Innovation und Wandel in der Umwelt der Organisation)[2] tendenziell eher auf die Ausübung extern ausgerichteter Aufgaben konzentrieren, wie (1) Aufbau und Pflege interner und externer Kontakte auf formellen und informellen Wegen, (2) Repräsentation der Organisation nach innen und außen zur Erfüllung von Routinen gesetzlicher oder sozialer Art (z.B. Jubiläumsreden) oder (3) Erfüllung der Sprecherfunktion, indem Informationen über Pläne, Maßnahmen oder erzielte Ergebnisse der Unternehmung an externe Interessenten weitergegeben werden. SCHIRMER[3] stellt als Ergebnis einer Vergleichsanalyse von 15 Aktivitätsstudien aus den Jahren 1951 bis 1991 fest, dass Unternehmensführer, überraschend konsistent, im Durchschnitt zwischen 50% und über 80% der Arbeitszeit für die Aufnahme und Weitergabe von Informationen benutzen, wobei hier mündliche Kommunikation eindeutig bevorzugt wird.

Hierarchisch höher angesiedelte Grenzstellen, an denen zugleich die Beteiligung an der organisationalen Führungskommunikation „haften", sind ein interessantes Phänomen. Sie vereinigen in sich die Merkmale der Grenzstelle (selektive Repräsentation der Organisation gegenüber der Umwelt, selektive Informationsaufnahme und Rückführung in die Organisation) und die Merkmale von Führungs-

---

[1] Vgl. [Mintzberg, H. (1973): The Nature of Managerial Work], S. 109 ff.

[2] Vgl. [Mintzberg, H. (1973): The Nature of Managerial Work], S. 92 f.

[3] [Schirmer, F. (1991): Aktivitäten von Managern: Ein kritischer Review über 40 Jahre "Work Activity"-Forschung], S. 221.

kommunikation[1] (Bereitstellung bestimmter Differenzen von Aktualität und Potentialität von Organisation und Zukunft, Organisation und Gegenwart etc.[2] sowie Entscheidung über Entscheidungsprämissen in diesen Dimensionen[3]). An dieser Stelle sei aber noch einmal betont, dass Führungskommunikation nicht an Grenzstellen verankert oder fest angekoppelt ist, sondern dass das Verhältnis eher als lose Kopplung zu beschreiben ist.[4]

---

[1] Vgl. hierzu [Luhmann, N. (1964): Funktionen und Folgen formaler Organisation], S. 235: „Hoher formaler Status der Grenzstelle erleichtert ihr die systeminternen Kommunikationen und die Übernahme von Verantwortung." Darüber hinaus konstatiert [Spekman, R. E. (1979): Influence and Information: An Exploratory Investigation of the Boundary Role Person's Basis of Power] ein erhebliches Maß an Macht und Einfluss durch die Fähigkeit zur Selektion – wenn nicht Kontrolle – der Information über die Umwelt zur Weiterverarbeitung in der Organisation.

[2] Vgl. hierzu weiter oben Kap. 2.2.3.4. Worüber wird im Rahmen von Führung entschieden?, S. 120.

[3] Vgl. hierzu Kap. 2.2.3.2. Führungskommunikation und Irritation , S. 116 sowie Kap. 2.2.3.5. Wie wirken Führungsentscheidungen?, S. 142.

[4] Das Konzept der losen Kopplung stammt ursprünglich aus der allgemeinen Systemtheorie. [Glassmann, R. B. (1973): Persistence and Loose Coupling in Living Systems] verwendet das Konzept zur Analyse der Stabilität und Anpassungsfähigkeit komplexer natürlicher und sozialer Systeme, [Weick, K. E. (1976): Educational Organizations as Loosley Coupled Systems] zu organisationstheoretischen Überlegungen (vgl. dazu [Sim, F. M., Takei, Y., & Spence, L. D. (1981): Explication Loose Coupling]). Wie lose derartige Kopplungen sein können, zeigen typische Probleme in der Unternehmensnachfolge, bei denen die Kommunikations- und Repräsentationsfunktion eher an der Person der Stellenbesetzung als an der hierarchisch verankerten Stelle „klebt". Mit dem Ausscheiden eines Seniors wandert die eingeforderte Führungskommunikation dann ebenso wie die Repräsentation des Unternehmens in der Familie mit; der Junior hat kaum eine Chance, die (ihm) organisational zugedachten Aufgaben jener Grenzstelle zu übernehmen. Kommunikation ist nun mal nicht determinierbar.

2.3. RESÜMEE ZU MANAGEMENT UND FÜHRUNG

In den obigen Abschnitten wurden unterschiedliche Aspekte zu Führung und Management in Unternehmen erläutert. Hierzu wurde zunächst ein systemtheoretisches Organisationsmodell skizziert, das im Unterschied zu typischen Organisationsmodellen der Ökonomie nicht von zweckdeterminierten (beispielsweise Gewinn maximierenden) Organisationen ausgeht. Vielmehr postulierter dieser Theorieansatz, dass Organisationen allein die Aufrechterhaltung ihrer Reproduktionsfähigkeit zum Ziel haben und andere Zwecke allenfalls unterstützend wirken. Zugleich wird ihnen zugesprochen, selbst für die eigenen Organisationsziele verantwortlich zu sein. Diese Annahme ist folgenreich, wenn man Überlegungen bezüglich Führung und Management anstellt. Denn in diesem Modell ist weder Führung noch Management eine externe Instanz, die der Organisation Ziele verordnen könnte oder die Aufgabe hätte, von wem auch immer, die Organisation auf Erreichung dieser oder jener Ziele zu trimmen.

Im Rahmen des systemtheoretischen Organisationsmodells kann *Führung* nur als Teil der Organisation verstanden werden und das nur insofern, als sie Teil ihrer Reproduktion über Entscheidung ist. In diesem Rahmen wird Führung als ein Bündel spezifischer Differenzen reformuliert, deren angemessene und regelmäßige Bearbeitung durch die Organisation die Führung im Blick zu halten hat. Dabei handelt es sich nach WIMMER um die angemessene Vitalisierung der Differenzen von (1) Organisation und ihrer Zukunft, (2) von Organisation und ihren relevanten Umwelten, (3) von Organisation und knappen Ressourcen, (4) Organisation und Organisation, (5) von Organisation und Person sowie (6) von Organisation und Selbstbeobachtung.

Im Unterschied hierzu wird *Management* als eine Funktion verstanden, die in Organisationen auf eine bestimmte System/Umwelt-Differenz angesetzt ist und deren Aufgabe es ist, diese vital zu halten und für angemessene Anschlussbearbeitung zu sorgen. Es ergeben sich hierdurch unterschiedliche Formen von Management, beispielsweise *Kundenmanagement*, *PR-Management*, *Finanzmanagement* oder Ähnliches.

Anschließend wurde organisationstheoretisch erörtert, *wo* Führung in Organisationen typischerweise aufzufinden ist. Anders als die klassischen ökonomischen Konzepte liefert eine funktionalistisch orientierte Analyse keine logische Begründung, weshalb Führung als Funktion einer Organisation typischerweise an hierarchisch hohen Stellen verortet sein sollte. Die Empirie jedoch liefert zahlreiche Hinweise hierauf, beispielsweise im Rahmen der Work-Activity-Forschung zu Unternehmensführern und General Managern. Diese Forschungsergebnisse zeigen auch, dass solche Funktionen typischerweise mit anderen Aufgaben personell verkoppelt sind, die typisch für *Grenzstellen* in Organisationen sind. Diese liegen in der Repräsentation der Organisation nach außen ebenso wie im Selektieren, Sieben und Reformulieren von Informationen aus der Umwelt für die eigene Organisation. So scheint im Rahmen einer systemtheoretischen Analyse Führung als spezifische Kommunikation der Organisation typischerweise an Grenzstellen der Organisation zu kondensieren. Werden diese Stellen mit Personen besetzt, so haben diese meist gleichzeitig die Funktionen einer Grenzstelle ebenso wie die Funktionen von Führungskommunikation zu erfüllen.

3. Ist Familienmanagement eine Führungsaufgabe im Familienunternehmen?

Ich sehe was, was Du nicht siehst.
(Niklas Luhmann)[1]

Nachdem nun ausführlich dargelegt wurde, von welchem Organisationsverständnis, insbesondere, von welchem Führungs- und Managementverständnis in der weiteren Arbeit ausgegangen werden soll, wendet sich das vorliegende Kapitel der eigentlichen Forschungsfrage zu. Ziel ist es herauszufinden, ob familienunternehmenstypische Aspekte in die Aufgabenfelder von Führung hineinspielen. Dazu wird zunächst der Forschungsgegenstand, also das Familienunternehmen und die Unternehmensfamilie, genauer beschrieben und herausgearbeitet, welche Merkmale deren Verhältnis zueinander aus theoretischer Sicht charakterisieren. Anschließend wird der Kernfrage nachgegangen, ob die Handhabung typischer Eigenarten von Unternehmensfamilien und Familienunternehmen als Führungsaufgabe verstanden werden kann. Hierzu werden die unterschiedlichen Aufgabenfelder von Führung mit Hilfe der aktuellen Familienunternehmensliteratur auf familienunternehmenstypische Aspekte hin abgeklopft. In einem Resümee wird zusammengefasst, wo typischerweise Aufgaben von Familienmanagement anfallen und welche Probleme hieraus entstehen.

Weiter oben wurde bereits angedeutet, was in der vorliegenden Arbeit unter *Familienunternehmen* verstanden wird. Die Arbeit schließt an eine Organisationstheorie an, die abweichend von der klassischen Ökonomie (und somit auch abweichend von einem erheblichen Teil der klassischen Familienunternehmensliteratur) Organisationen als operativ geschlossene, autopoietische Systeme betrachtet. Hieraus folgt, dass das zugrunde liegende Modell von Familienunternehmen nicht wie frühere Modelle von sich überlappenden

---

[1] [Luhmann, N. (1990): Ich sehe was, was Du nicht siehst.], S. 228.

Kreisen ausgehen kann.[1] Durch ihre operative Geschlossenheit sind autopoietische Systeme, also das Unternehmen ebenso wie die Familie, autonom. Der Begriff der operativen Schließung lässt nicht zu, dass das System auch in seiner Umwelt oder die Umwelt auch im System operiert,[2] weshalb es im vorliegenden Fall nicht zu Überlappungen der Systeme kommen kann. Trotzdem soll keinesfalls negiert werden, dass die beiden Systeme in einer bestimmten Konstellation zueinander stehen. Erst die Familie als Fremdreferenz des Unternehmens lässt selbiges zum Familienunternehmen werden, und umgekehrt kann eine Familie nur als Unternehmensfamilie beschrieben werden, wenn sie als Familie im Kontext des Unternehmens bezeichnet wird.

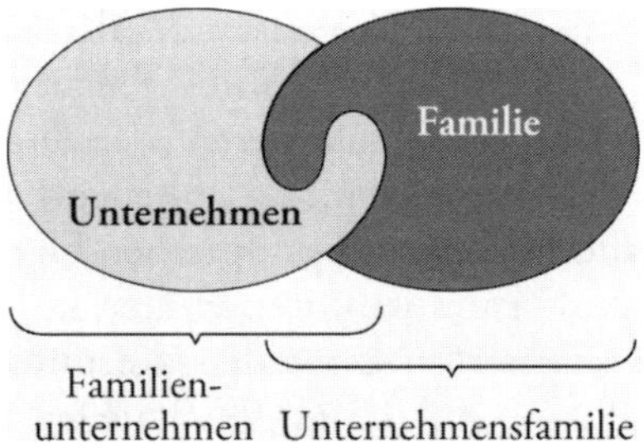

Abbildung 11: Familienunternehmen und Unternehmensfamilie: Zwei Systeme unterschiedlichen Typs. Eigene Darstellung.

1 So in frühen Werken der Familienunternehmensforschung, beispielsweise: [Calder, G. H. (1961): The peculiar problems of family businesses]; [Donnelly, R. (1964): The family business]; [Levinson, H. (1973): Conflicts that plague family business];[Barry, B. (1975): The development of organization structure in the family firm] oder auch [Barnes, L. B., & Hershon, S. (1976): Transferring power in the family business].

2 Vgl. [Luhmann, N. (2000): Organisation und Entscheidung], S. 51.

3.1. Familienunternehmen und Unternehmensfamilie: Zwei Sozialsysteme unterschiedlichen Typs

Ein [...] Punkt, der mich immer fasziniert hat, betrifft die Frage, was passiert, wenn es zwei komplexe Systeme miteinander zu tun bekommen, wenn sie gekoppelt werden oder in Interaktion treten und nicht die Fähigkeit haben, die Komplexität des anderen im eigenen System zu duplizieren, das heißt nicht über die „requisite variety" verfügen, die erforderlich wäre, um ein anderes System abzubilden.

(Niklas Luhmann über Intersystemverhältnisse)[1]

Eine der wenigen gemeinsamen Grundlagen der gesamten Familienunternehmensliteratur liegt in der Anerkennung der Tatsache, dass man es im Falle von Unternehmen und Familien mit zwei in vielen Aspekten höchst unterschiedlichen, prinzipiell voneinander unabhängigen Systemen zu tun hat.[2] Beiden Systemen werden unterschiedliche Mechanismen und Operationsweisen unterstellt.[3] So wer-

---

[1] So gefunden in LUHMANNs Vorlesungen aus dem Jahr 1991/1992, vgl. [Luhmann, N. (2002): Einführung in die Systemtheorie], S. 178.

[2] So [Stafford, K., Duncan, K. A., Dane, S., & Winter, M. (1999): A research model of sustainable family businesses], S. 197: „Whether studying families that own businesses or businesses owned by families, the prevailing theoretical orientation is a systems paradigm."

[3] [Simon, F. B. (2001): Die Familie des Familienunternehmens],S. 359: „Die Familie und ihr Familienunternehmen können als zwei soziale Systeme betrachtet werden, die nach unterschiedlichen Kommunikationsregeln funktionieren. Sie sind eng miteinander verkoppelt und durchlaufen eine Koevolution." Und [Ward, J. L. (2004): Perpetuating the Family Business: 50 Lessons Learned from Long-Lasting, Successful Families in Business], S. 22 f.: „Family members must have emotional and other personal needs satisfied; meeting those needs within the business may be harmful to its success."; im gleichen Tenor (exemplarisch): [Fleming, Q. J. (2000): Keep the family baggage out of the family business: Avoiding the seven deadly sins that destroy family business], S. 27 ff. [Hilse, H., & Simon, F. B. (2000): Familienunternehmen und die Kunst des Managements von

den Unternehmen typischerweise als ergebnisorientiert, rational und objektiv beschrieben, während Familien als emotional und irrational gelten. Aus diesen Überlegungen ergibt sich auch die in zahlreichen, insbesondere früheren, Publikationen und Ratgeberwerken geforderte saubere Trennung der Systeme, die Forderung nach Klärung der Grenze zwischen beiden Systemen.[1] Gemeint war damit das saubere Auseinanderdividieren beider Systeme, das Fernhalten familiärer Spezifika aus dem Unternehmen. Diese gut gemeinten Ratschläge wurden jedoch in der Praxis nicht befolgt, der Ruf nach Professionalisierung verstummte in der Literatur zunehmend. Es musste erkannt werden, dass die Familie für das Familienunternehmen ein konstituierendes Moment darstellt und somit nicht ohne weiteres ausgeklammert werden kann.[2] Die Forschung nahm sich nun genau dieses Phänomens an und richtete ihren Fokus – je nach Modell – auf die Erforschung der Interaktion, Überlappung oder Integration beider Systeme. So konstatiert SHARMA:[3]

> „Scholars have suggested broad-based conceptual models of sustainable family businesses that take into account the reciprocal relationship between family and business

---

Paradoxien], S. 2 ff. sowie [Ibrahim, A. B., & Ellis, W. H. (1994): Family Business Management: Concepts and Practice].

1 Siehe etwa [Perrow, C. (1972): Complex organizations], S. 8-10; [Bechtle, C. (1983): Die Sicherung der Führungsnachfolge in der Familienunternehmung]; [Albach, H., & Freund, W. (1989): Generationswechsel und Unternehmenskontinuität – Chancen, Risiken, Maßnahmen], S. 261-268; [Dyer, W. G. j. (1989): Integrating Professional Management into a Family Owned Business] oder auch [Berenbeim, R. E. (1990): How Business Families Manage the Transition from Owner to Professional Management].

2 So erkannten beispielsweise [Olson, P. D., Zuiker, V. S., Danes, S. M., Stafford, K., Heck, R. K. Z., & Duncan, K. A. (2003): Impact of family and business on family business sustainability], S. 641 als ein Ergebnis ihrer empirischen Untersuchung: „Contrary to the assumptions of business theories, the effect of the family on business ventures was large. The implication of the results in this paper is that investing in family processes and responses to disruptions would yield large returns.“

3 [Sharma, P. (2004): An Overview of the Field of Family Business Studies: Current Status and Directions for the Future], S. 5 f.

> systems.[1] These models are aimed toward the simultaneous development of functional families and profitable firms. Others have encouraged the adoption of a „family embeddedness perspective“ by including the characteristics of family systems in research studies.[2] [...] Empirical studies have revealed that the success of family firms depends on the effective management of the overlap between family and business, rather than on resources of processes in either the family or the business systems.[3] A seeming convergence is appearing that it is the reciprocal impact of family on business that distinguishes the field of family business studies from others.“[4]

Aus theoretischer Sicht, insbesondere unter Zuhilfenahme der Systemtheorie, lassen sich nun einige ebenso interessante wie wichtige Aspekte zum Verhältnis von Familie und Unternehmen aufzeigen.

---

[1] Vgl. hierzu [Stafford, K., Duncan, K. A., Dane, S., & Winter, M. (1999): A research model of sustainable family businesses].

[2] Vgl. [Aldrich, H. E., & Cliff, J. E. (2003): The pervasive effects of family on entrepreneurship: Toward a family embeddedness perspective; Chrisman, J. J., Chua, J. H., & Sharma, P. (2003): Current Trends and Future Directions in Family Business Management Studies: Toward a Theory of the Family Firm].

[3] Vgl. [Olson, P. D., Zuiker, V. S., Danes, S. M., Stafford, K., Heck, R. K. Z., & Duncan, K. A. (2003): Impact of family and business on family business sustainability].

[4] [Astrachan, J. H. (2003): Discussion: Commentary on the special issue: the emergence of a field]; [Dyer, W. G. J. (2003): The Family: The Missing Variable in Organizational Research]; [Habbershon, T. G., Williams, M. L., & MacMillan, I. C. (2003): A Unified Systems Theory of Family Firm Performance]; [Rogoff, E. G., & Heck, R. K. Z. (2003): Evolving research in entrepreneurship and family business: recognizing family as the oxygen that feeds the fire of entrepreneurship].

3.1.1. Das paradoxe Verhältnis von Familienunternehmen und Unternehmensfamilie

Wie aus dem Modell zweier ineinander verhakter Systeme zu ersehen ist, hat man es mit zwei sozialen Systemen zu tun, die beide selbstreferentiell operativ geschlossen sind,[1] sich also mittels spezifischer Kommunikation autopoietisch reproduzieren.[2] Voraussetzung hierfür ist, dass sich die Systeme wechselseitig jeweils in ihrer Umwelt wahrnehmen.[3] Ein Unternehmen wird demnach zum Familienunternehmen, wenn ein Beobachter, der das Unternehmen auch selbst sein kann, selbiges im Unterschied zur Unternehmensfamilie bezeichnet.[4] Die Bezeichnung *Familienunternehmen* ist also, ebenso wie *Wirtschaftsunternehmen* oder *Dienstleistungsunternehmen*, ein Ausschnitt, eine kontextabhängige Bezeichnung einer Organisation, die je nach dem Kontext, von dem sie unterschieden wird, anders bezeichnet wird (Wirtschaft: (*Wirtschafts-*)*Unternehmen*; Dienstleistungsbranche, z.B. im Unterschied zu produzierender Industrie: *Dienstleistungsunternehmen* etc.). Ein Unternehmen wird also erst durch Bezugnahme auf eine Familie und *zugleich* durch Differenzierung von

---

1 [Luhmann, N. (1984): Soziale Systeme: Grundriß einer allgemeinen Theorie], S. 183: „"Zur Selbstreferenz gehört mithin einerseits: daß die Handlung sich selbst in der Perspektive des alter Ego kontrolliert; und andererseits: daß sie sich eben damit einem sozialen System zuordnet, in dem dies der Fall ist."

2 Zur Reproduktion von Organisationen, vgl. weiter oben Kap. 2.2.1. Organisation als soziales System, S. 78ff. sowie zu Familien als soziale, autopoietische Systeme, vgl. weiter unten Kap. 3.2. Die Unternehmensfamilie: eine Familie mit Unternehmensanschluss, S. 178 ff.

3 Vgl. [Luhmann, N. (1984): Soziale Systeme: Grundriß einer allgemeinen Theorie], S. 249, der hier noch den Begriff *Interpenetration* verwendet, um Intersystemverhältnisse zu beschreiben. Später wird dies durch den Begriff der *strukturellen Kopplung* abgelöst.

4 Hierzu [Luhmann, N. (1987): Tautologie und Paradoxie in den Selbstbeschreibungen der modernen Gesellschaft], S. 161: „Selbstreferentielle Systeme können sich selbst beobachten. Sie können ihre eigenen Operationen auf die eigene Identität richten, indem sie eine Differenz zugrundelegen, mit deren Hilfe sich die eigene Identität von anderem unterscheiden läßt."

eben dieser Familie zum Familienunternehmen.[1] Man hat es daher mit einem paradoxen Verhältnis zu tun: Nur durch Bezugnahme auf das, wovon man sich explizit differenziert, wird man zu dem, als was man sich bezeichnet. Dies gilt natürlich nicht nur für das Unternehmen. Auch die Familie wird, wie weiter unten detaillierter beschrieben werden soll,[2] erst durch Bezugnahme auf ein Unternehmen und zugleich durch Abgrenzung von diesem Unternehmen zur Unternehmensfamilie. Auch hier gilt: es hängt vom Beobachter und somit vom beobachteten Kontext ab, ob eine Familie als *Kleinfamilie*, als *konservative Familie*, oder eben als *Unternehmensfamilie* bezeichnet wird.

Das Verhältnis von Familienunternehmen und Unternehmensfamilie ist somit wechselseitig paradox. Die beiden Systeme werden zu selbigen erst durch gleichzeitige Bezugnahme auf und Differenzierung von dem jeweils anderen System, das in der systemeigenen Umwelt vorzufinden ist. Sie stellen sich gewissermaßen aneinander auf. Wenn also von einem *Familienunternehmen* die Rede ist, ist zugleich immer auch die Rede von der (ausgeschlossenen) Familie im Kontext des Unternehmens.

3.1.2. Doppelte Kontingenz

Geht man bei beiden Systemen, also Familie und Unternehmen, gleichermaßen von operativ geschlossenen Systemen aus, stellt sich die Frage, wieso es überhaupt zu dem höchst unwahrscheinlichen Fall der stabilen, wechselseitigen Bezugnahme beider Systeme aufeinander kommt.[3] Denn jedem der beiden Systeme muss zugestanden

---

[1] LUHMANN spricht hierbei von der Einheit der Differenz von System und Umwelt, vgl. hierzu [Luhmann, N. (1984): Soziale Systeme: Grundriß einer allgemeinen Theorie], S. 190.

[2] Vgl. hierzu weiter unten Kap. 3.2. Die Unternehmensfamilie: eine Familie mit Unternehmensanschluss, S. 178 ff.

[3] So auch die leitende Forschungsfrage zur Analyse langlebiger Familienunternehmen, so genannten Mehrgenerationen-Familienunternehmen, die nicht den statistisch typischsten Weg gehen und nach drei Generationen nicht mehr existieren. Nur weniger als 10% aller Familienunternehmen überleben die dritte Gene-

werden, im Laufe der Zeit eigene Operationsweisen auszubilden, die von außen undurchschaubar, in jedem Fall jedoch undeterminierbar sind.[1] Entscheidungen in Unternehmen sind kontingent, das heißt, dass sie immer auch anders getroffen worden sein könnten als tatsächlich geschehen. Anderenfalls müsste nichts entschieden werden, weil ja alles bereits prädeterminiert wäre. Eine ebensolche Kontingenz ist auch in Familien festzustellen: Jede familiäre Kommunikation geht ihren eigenen Weg und folgt dabei nicht einem vorbestimmten Plan, sondern entwickelt sich selbstreferentiell und autopoietisch in unvorhersehbarer Art und Weise. Niemand weiß, welches Thema als nächstes kommt, niemand kann im voraus vermuten, welche neuen Informationen über den einen oder anderen zum nächsten Zeitpunkt zur Diskussion stehen.

Im Verhältnis von Unternehmen und Familie hat man es also mit einem Verhältnis doppelter Kontingenz zu tun.[2] In seiner Ausprägung ist es von Fall zu Fall unterschiedlich, denn kaum ein Familienunternehmen gleicht in seinem spezifischen Verhältnis zur Unternehmensfamilie einem anderen. Das Verhältnis ist also *weder vorab*

---

ration als Familienunternehmen, so [Institut für Mittelstandsforschung (1996): Generationswechsel in mittelstandischen Unternehmen. Protokoll des 6. Symposiums des ifm].

[1] So [Luhmann, N. (1984): Soziale Systeme: Grundriß einer allgemeinen Theorie], S. 265: „selbstreferentielle Systeme fassen Umweltphänomene unter selbstgewählten Gesichtspunkten zusammen."

[2] [Luhmann, N. (1984): Soziale Systeme: Grundriß einer allgemeinen Theorie], S. 148 ff. bietet jenen von Parsons entliehenen Begriff zur Beschreibung sozialer Phänomene an und sagt [Luhmann, N. (1984): Soziale Systeme: Grundriß einer allgemeinen Theorie], S. 149: „Wir halten fest, dass das Problem der doppelten Kontingenz zu den Bedingungen der Möglichkeit von Handlungen gehört und dass daher die Elemente von Handlungssystemen, nämlich Handlungen, nur in diesen Systemen und nur durch Lösung des Problems der doppelten Kontingenz konstituiert werden können."

definiert noch beliebig. Mit den Worten GLANVILLEs[1] beschreibt LUHMANN[2] dies wie folgt:

> „Zwei black boxes bekommen es, auf Grund welcher Zufälle auch immer, miteinander zu tun. Jede bestimmt ihr eigenes Verhalten durch komplexe selbstreferentielle Operationen innerhalb ihrer Grenzen. Das was von ihr sichtbar wird, ist deshalb notwendig Reduktion. Jede unterstellt das gleiche der anderen. Deshalb bleiben die black boxes bei aller Bemühung und bei allem Zeitaufwand (sie selbst sind immer schneller!) füreinander undurchsichtig."

Doch was können die beiden Systeme tun? Man weiß es nicht. Alles ist kontingent. Beide warten vielleicht lieber ab. System A macht sein Handeln, Kommunizieren, Entscheiden von dem des Systems B abhängig, B wiederum das seine von dem des Systems A. Deswegen wird hier von *doppelter* Kontingenz gesprochen. Erst über einen gewissen Zeitverlauf bilden sich Strukturen heraus.[3]

Diese Strukturen sind die wechselseitigen Interaktionsmuster von Unternehmen und Familie, die, je nach Ausprägung, die Aufrechterhaltung der eigenen Reproduktion sowohl des Unternehmens als auch der Familie fördern oder behindern können. Ein Unternehmen, das sich zu sehr über die Familie definiert, läuft Gefahr, andere rele-

---

[1] [Glanville, R. (1982): In every white box there are two black boxes, trying to get out] sowie [Glanville, R. (1979): The Form of Cybernetics: Whitening the Black Box].

[2] Vgl. [Luhmann, N. (1984): Soziale Systeme: Grundriß einer allgemeinen Theorie], S. 156.

[3] Hierzu [Luhmann, N. (2000): Organisation und Entscheidung], S. 53: „Strukturell eingeschränkte Kontingenzen wirken im System als Information, und zwar als Information nicht aus der Umwelt, die das System ja nicht kontaktieren kann, sondern allenfalls über die Umwelt [...]. Ein autopoietisches System kann also nur sich selbst informieren, und Information hat im System die Funktion der selektiven Beschränkung der Möglichkeiten der Fortsetzung eigener Operationen mit der weiteren Funktion, dass über Anschlussmöglichkeiten relativ schnell entschieden werden kann."

vante Umwelten der Organisation aus dem Blick zu verlieren,[1] und ist langfristig vielleicht nicht mehr ausreichend zahlungsfähig; eines, das die Familie „vergisst" und ausschließlich seine wirtschaftlichen, politischen und sonstigen Umwelten fokussiert, wird möglicherweise von unangenehmen Dynamiken der Familie überrascht und gleichfalls gefährdet.[2] Bei Familien darf Entsprechendes vermutet werden, obgleich Forschungsergebnisse zu Unternehmensfamilien bislang noch rar sind. Auf rein materieller Ebene beispielsweise bestreitet ein Großteil von Mitgliedern einer Unternehmensfamilie häufig seinen Lebensunterhalt aus Dividenden des Unternehmens.[3] Darüber hinaus ist das Unternehmen, insbesondere in Mehranteilseigner-Familienunternehmen, oft erst die Basis dafür, sich überhaupt als *eine* Familie zu verstehen.[4] Ohne das Unternehmen würden sich die (häufig über 100) Familienmitglieder nicht als *eine* Familie verstehen, würden sich gegenseitig möglicherweise gar nicht kennen. Welchen Effekt der Wegfall eines Unternehmens für die Familie haben kann, ist, wie viele andere Aspekte von Unternehmensfamilien, noch ein weißer Fleck auf der Forschungslandkarte.

Sowohl Unternehmen als auch Familien befinden sich als System jeweils in der Umwelt des anderen Systems und somit in einem Verhältnis wechselseitiger Beobachtung. Sie stellen sich gegenseitig ihre jeweils vorkonstituierte Eigenkomplexität zur Verfügung.[5] So mag

---

[1] Die Familienunternehmensforschung spricht an dieser Stelle von „Family-First"-Unternehmen, so z.B. [Poza, E. J. (2004): Family Business], S. 10 f.

[2] Vgl. hierzu ausführlich [Wiechers, R. (2004): Die Unternehmerfamilie: ein Risiko des Familienunternehmens? – Zum Umgang mit familieninduzierten Risiken im Familienunternehmen.].

[3] Vgl. [May, P., Redlefsen, M., & Haller, J. (2004): Nicht aktive Gesellschafter in Familienunternehmen: Ergebnisse und Handlungsempfehlungen], S. 4, als Ergebnis einer empirischen Studie zu passiven Gesellschaftern: „45% der nicht aktiven Gesellschafter beziehen einen Großteil ihres Einkommens aus Dividenden des Familienunternehmens und sind dadurch von ihm abhängig."

[4] Vgl. [Simon, F. B. (2002): Gerechtigkeit, Richtigkeit und Rechtmäßigkeit: Entscheidungsfindung in Familienunternehmen.], S. 70.

[5] So [Luhmann, N. (1984): Soziale Systeme: Grundriß einer allgemeinen Theorie], S. 290.

sich beispielsweise im Unternehmen die routinemäßige Bezugnahme auf die Familie in Fragen zukünftiger Besetzung von Führungspositionen eingeschliffen haben, ebenso wie beim Aussortieren neuer Produktvorschläge, die von der Unternehmensfamilie vermeintlich nicht für gut befunden würden und somit für Unmut sorgen könnten.[1] Gleichzeitig machen sich Mitglieder von Unternehmensfamilien Gedanken darüber, welche Dividendenausschüttung sie angemessenerweise fordern könnten oder welche Qualifikationsanforderungen angemessenerweise zu erfüllen wären, falls sie ein Interesse an der Mitarbeit am Unternehmen haben. Hierzu KEPNER:[2]

> „The family may act upon and influence the firm but, at the same time, it is influenced by the communications it receives from the firm."

Bei über mehreren Generationen hinweg erfolgreichen Familienunternehmen ist zu beobachten, dass dieses Verhältnis wechselseitiger Kontingenz in ein Verhältnis reziproker Konditionierung übergeht. Die Leistung des einen Systems wird von der entsprechenden Leistung des anderen anhängig gemacht.[3] Die Familie und das Unternehmen nehmen sich sodann wechselseitig als Ressource war, nicht mehr (ausschließlich) als Quelle unüberschaubarer Unsicherheit.[4]

---

[1] So bei Merck, vgl. [Klein, S. B. (2004): Family influence on value creation: A resource-based analysis of the value creation process in family firms], S. 4: „For example the Merck family in Germany agreed that they will refrain from supplying any manufacturer of weapons with their products although these products would serve the purposes of these clients perfectly."

[2] [Kepner, E. (1983): The Family and the Firm: A Coevolutionary Perspective], S. 58.

[3] Vgl. [Luhmann, N. (1984): Soziale Systeme: Grundriß einer allgemeinen Theorie], S. 186 f.

[4] [Luhmann, N. (1984): Soziale Systeme: Grundriß einer allgemeinen Theorie], S. 252 beschreibt diese unterschiedliche Wahrnehmung von Komplexität der Umwelt als von der Beobachtung des Systems selbst abhängig: „Wird die Umwelt als *Ressource* aufgefasst, erfährt das System Kontingenz als *Abhängigkeit*, wird sie als *Information* aufgefasst, erfährt das System Kontingenz als *Unsicherheit*." Zur weiterführenden Diskussion dieser wichtigen Unterscheidung verweist er auf

Man hat es mit einem Verhältnis gegenseitiger Dienstbarkeit zu tun, wobei jedes System hoch selektiv und höchst individuell auf die Komplexität des anderen Bezug nimmt.

Jüngste qualitative Forschungsansätze erfassen diese Strukturbildung und konstatieren, dass der Umgang mit diesem Verhältnis über das Wohl und Wehe der beiden beteiligten Systeme entscheidet.[1] Dabei wird der Umgang mit der Systemgrenze als *Nahtstellenmanagement* [2] oder *Grenzmanagement* [3] bezeichnet. Näheres hierzu in späteren Abschnitten.[4]

3.1.3. Vertrauen und Misstrauen

Ein wichtiges Strukturmerkmal des Verhältnisses von Familienunternehmen und Unternehmensfamilien ist die Entstehung von Vertrau-

---

[Aldrich, H. E., & Mindlin, S. (1978): Uncertainty and Dependence: Two Perspectives on Environment] sowie [Aldrich, H. E. (1979): Organizations and Environments], S. 110 ff.

1 So die Grundthese des dreijährigen Forschungsprojekts, das am Wittener Institut für Familienunternehmen durchgeführt wurde, vgl. den ersten Ergebnisbericht [Wimmer, R., Groth, T., & Simon, F. B. (2004): Erfolgsmuster von Mehrgenerationen-Familienunternehmen], S. 9 f.

2 So [Wimmer, R., Domayer, E., Oswald, M., & Vater, G. (1996): Familienunternehmen – Auslaufmodell oder Erfolgstyp?], S. 101 f.

3 Bereits an dieser Stelle wird auf die Überlegungen von [Jansen, S. A. (2004): Management von Unternehmenszusammenschlüssen: Theorien, Thesen, Tests und Tools], S. 271 ff. zu einem angemessenen Grenzmanagement verwiesen. Hierzu auch [Wimmer, R., Groth, T., & Simon, F. B. (2004): Erfolgsmuster von Mehrgenerationen-Familienunternehmen], S. 22 f.

4 Siehe hierzu ausführlich weiter unten, Kap. 4. Familienmanagement zwischen Unternehmen und Familie, S. 339 ff.

en bzw. Misstrauen als Folge prozessierter doppelter Kontingenz.[1] Hierzu LUHMANN:[2]

> „Der andere kann anders handeln, als ich erwarte, und er kann, gerade wenn und gerade weil er weiß, was ich erwarte, anders handeln als ich erwarte. Er kann über seine Absichten im Unklaren lassen oder täuschen. Wenn diese Möglichkeit immer zum Verzicht auf soziale Beziehungen zwänge, käme es kaum und nur in einem sehr engen, kurzfristigen Sinne zur Bildung sozialer Systeme." [...]„Wichtig ist [...], dass Vertrauen und Misstrauen nur im Bereich der doppelten Kontingenz auftreten können, also nicht mit allgemeinem Lebensoptimismus oder Lebenspessimismus, Furcht vor Krankheiten oder sonstigen Unglücken, Präferenz für Vertrautes etc. zu verwechseln sind."

Vertrauen ist ein soziales Phänomen, das sich erst über den Zeitverlauf und entlang von Sequentialität aufbauen kann. Man fängt mit begrenzten Risiken an und baut auf Bewährung immer weiter auf. Es erleichtert die Vertrauensgewähr, wenn sie auf beiden Seiten erforderlich wird, so dass das Vertrauen des Einen am Vertrauen des Anderen Halt finden kann. Vertrauen ist somit ein zirkuläres Phänomen, das sich selbst voraussetzt und bestätigt, also auf der Prozessierung von Redundanzen beruht.[3]

Mit Blick auf das Verhältnis von Familienunternehmen und Unternehmensfamilien kann Vertrauen ebenso stabil vorkommen wie Misstrauen. Manchmal ist gar ein begründetes Misstrauen die angemessene Erwartung. Jedoch baut sich auch hier über das zirkuläre Zusammenspiel von Erfahrung und Erwartung Vertrauen zwischen

---

[1] So [Luhmann, N. (1984): Soziale Systeme: Grundriß einer allgemeinen Theorie], S. 179 ff.. Zu einer umfangreichen Ausarbeitung zum Thema Vertrauen vgl. [Luhmann, N. (1968): Vertrauen. Ein Mechanismus der Reduktion sozialer Komplexität.].

[2] Vgl. [Luhmann, N. (1984): Soziale Systeme: Grundriß einer allgemeinen Theorie], S. 179 ff.

[3] Vgl. hierzu [Luhmann, N. (1984): Soziale Systeme: Grundriß einer allgemeinen Theorie], S. 181.

beiden Systemen auf oder ab. So kann ein Unternehmen z.B. darauf vertrauen, dass die Familie in schlechten Zeiten hinter dem Unternehmen steht, im Zweifel Kapital nachschießt und langfristige Strategien mitträgt, deren Investitionen sich nicht unmittelbar refinanzieren. In einem anderen Fall kann das Unternehmen stets im Ungewissen darüber sein, ob die Familie das eine oder andere Vorhaben unterstützt oder ob dem Unternehmen dieses Jahr die notwenige Liquidität entzogen wird. Andersherum kann die Familie darauf vertrauen, dass die Fremdmanager das Wertesystem der Familie teilen und in ihrem Sinne handeln. Selbiges kann sie aber ebenso gut anzweifeln, wenn sie die eine oder andere Entscheidung zur Mittelverwendung vorgelegt bekommt.

3.1.4. Ungeklärte Hierarchie

Neben Misstrauen und Vertrauen als Folge doppelter Kontingenz ist auch das hierarchische Verhältnis von Familienunternehmen und Unternehmensfamilien von Bedeutung. Wer herrscht und wer beherrscht wird, weiß die Principal-Agent-Theorie der Ökonomie auch für Familienunternehmen schnell zu beantworten:[1] Das Verhältnis ist geklärt, wenn die Familie als Prinzipal und das Unternehmen, respektive die Unternehmensführung, als Agent angesehen wird. Dies würde implizieren, dass die Familie die Ziele der Organisation diktieren und somit das Unternehmen als Mittel zum Zweck instrumen-

[1] Die Principal-Agent-Theorie zählt zu den prominentesten Theorieansätzen in der noch jungen Familienunternehmensforschung, unterliegt jedoch auch berechtigter Kritik. Vgl. hierzu [Chrisman, J. J., Chua, J. H., & Sharma, P. (2003): Current Trends and Future Directions in Family Business Management Studies: Toward a Theory of the Family Firm], S. 14: „Conceptually, agency theory can be directly applied to the family business situation as long as the set of goals and objectives proposed for the firm is expanded to allow non-economic benefits. It is in empirical research that the theory may have the most serious problems. " Und weiter S. 20: „In summary, researchers have shown that both altruism and entrenchment have positive and negative effects on family firm performance. " Zum Agenturansatz, auch bekannt als Principal-Agent-Theorie, vgl. [Jensen, M. C., & Meckling, W. H. (1976): Theory of the Firm – Managerial Behavior, Agency Costs and Ownership Structure], 305 ff.

talisieren kann.[1] Die Systemtheorie geht an dieser Stelle einen anderen Weg. Sie analysiert sowohl die Familie als auch das Unternehmen als autopoietische und somit operativ geschlossene Systeme. Zwecke werden nicht *von Außen* vorgegeben sondern, wenn überhaupt, im Rahmen der eigenen Reproduktion im System bestimmt. Diese Grundannahme bleibt auch im Hinblick auf die Analyse des hierarchischen Verhältnisses von Familie und Unternehmen nicht ohne Folgen. Hier entstehen hierarchische Verhältnisse nicht deterministisch über Anweisung und Gehorsam. Denn die Systemtheorie geht davon aus, dass nicht nur Zielsetzungen kontingent sind, also jederzeit auch anders sein könnten. Sie geht auch davon aus, dass die Reaktion hierauf, also Gehorsam oder Widersetzung, kontingent zu setzen ist.[2] Sie vermutet nicht nur bei den Führenden, sondern ebenso bei den Geführten prinzipiell Kontingenz und nimmt an, dass sich Geführte stets für den Gehorsam entscheiden, also auch andere Möglichkeiten hätten. Sie rechnet demnach mit Willkür auf beiden Seiten der Macht, bei Machtausübenden ebenso wie bei Machtunterworfenen.[3]

Das Verhältnis von Unternehmensfamilie und Familienunternehmen bleibt unter hierarchischen Gesichtspunkten zunächst einmal ungeklärt. Dabei ist es nicht etwa so, dass keines der Systeme dem anderen entsprechende hierarchische Funktionalität (= Machtzuschreibung bei gleichzeitiger Unterwerfung) zugestehen würde. Das Gegenteil ist der Fall: Beide Systeme unterwerfen sich dem jeweils anderen. Es kommt zu einem reziproken Machtverhältnis. Das Un-

---

[1] Vgl. weiter oben Kap. 2.2.1.6. Was ist der Zweck der Organisation?, S. 102 ff.

[2] [Weber, M. (1921): Wirtschaft und Gesellschaft. Grundriß der verstehenden Soziologie], S. 28, verwendet an dieser Stelle den Begriff der möglicherweise aufkommenden *Widerstrebung*, gegen die der eigene Wille des Machthabers durchzusetzen sei.

[3] Vgl. zum Machtbegriff LUHMANNs ausführlich: [Luhmann, N. (1975): Macht]. Des Weiteren [Luhmann, N. (1997): Die Gesellschaft der Gesellschaft], S. 355: „Macht erzeugt sich als Medium dadurch, dass sie die Handlungsmöglichkeiten verdoppelt. Dem von Alter gewünschten Verlauf wird ein anderer gegenübergestellt, den weder Alter noch Ego wünschen können, der aber für Alter weniger nachteilig ist als für Ego, nämlich das Verhängen von Sanktionen."

ternehmen sieht in der Unternehmensfamilie, vermittelt durch die Anteilseignerschaft und das mit Stimmrechten ausgestattete Kapital, eine Instanz, die es in (überlebens)wichtigen Entscheidungen der Organisation zu überzeugen gilt. In solchen Situationen fallen Äußerungen wie „Letztendlich entscheidet die Familie" und „Hoffentlich spielen die mit, sonst kommen wir in Teufels Küche." Die Organisation sieht in der Familie also eine Instanz, der sie Machtpotential[1] zuschreibt. Gleiches gilt auf Seiten der Familie. Zwar kann sie theoretisch nach Belieben Forderungen stellen, beispielsweise nach Auszahlung einer hohen Dividende. Aber die Familie hat auch zu erwarten, dass sich das Unternehmen seiner Position im Machtgeflecht bewusst ist. Schließlich ist auch für die Familie das Familienunternehmen in gewisser Hinsicht eine Machtinstanz, deren Anforderungen man im Sinne von Befolgung oder Inkaufnahme unvorteilhafterer Alternativen sehr genau kalkuliert und ggf. akzeptiert. Sollte man wirklich die Forderung nach Ausschüttung stellen, auch wenn unklar ist, ob das Unternehmen damit langfristig noch überlebensfähig bleibt? Sollte tatsächlich in Kauf genommen werden, dass das Unternehmen als identitätsstiftende Institution der Unternehmensfamilie auf dem Spiel steht? Empirische Erkenntnisse über langfristig erfolgreiche Familienunternehmen lehren das Gegenteil. Es lässt sich zeigen, dass die Familien von Mehrgenerationen-Familienunternehmen sich typischerweise in den Dienst des Unternehmens stellen, nach dem Motto „Die Firma geht vor."[2] Im Hinblick auf die hierarchische Ordnung lässt sich also feststellen, dass Familienunternehmen sich mit Unter-

---

[1] Vgl. [Luhmann, N. (1997): Die Gesellschaft der Gesellschaft], S. 355 f.: „Macht, so Luhmann, besteht in Befehlshandlungen Egos, die zu Gehorsamshandlungen Alters führen. Nichts jedoch könnte rätselhafter sein als dies. Denn wie kann die eine Handlung eine andere Handlung bewirken, wenn die Verknüpfung zwischen diesen beiden Handlungen nichts anderes als eine Kommunikation ist? Antwort: Indem Ego Alter eine Alternative androht, die zum einen glaubwürdig gemacht werden kann und zum anderen für Alter noch unerwünschter ist als die erwartete Gehorsamshandlung."

[2] Vgl. hierzu als Ergebnis empirischer Untersuchungen [Wimmer, R., Groth, T., & Simon, F. B. (2004): Erfolgsmuster von Mehrgenerationen-Familienunternehmen], S. 23 sowie [O'Hara, W. (2004): Centuries of Success: Lessons from the World's Most Enduring Family Businesses], S. 319.

nehmensfamilien in ein Verhältnis wechselseitiger Machtunterwerfung bringen. Sie stehen sich gegenseitig je als Alter *und* Ego zur Verfügung, was man auch als gegenseitige Dienstbarkeit beschreiben kann. Die Frage nach einer vorherrschenden Ordnung im Sinne von *oben* und *unten* lohnt daher weniger, eher scheint es angemessen zu fragen, wie die beiden Systeme ihr Verhältnis von *innen* und *außen* zueinander organisieren.[1] Es interessiert also die Frage nach der Ausgestaltung der Grenze zwischen Unternehmen und Familie, also der Grenze, die es dem Unternehmen erlaubt, sich als Familienunternehmen zu verstehen, und die es der Familie ermöglicht, sich als Unternehmensfamilie zu beschreiben.

---

[1] An dieser Stelle wird einmal mehr deutlich, warum sich klassische Forschungsansätze wie beispielsweise die Principal-Agent-Theorie so schwer tun, klassische Hierarchiekonzepte der Ökonomie auf das Verhältnis von Familie und Unternehmen anzuwenden. Es verwundert daher kaum, dass die einen Untersuchungen höhere Agentenkosten in Familienunternehmen feststellen können, während andere Messungen genau das Gegenteil ergeben. Vgl. hierzu [Schulze, W. S., Lubatkin, M. H., Dino, R. N., & Buchholtz, A. K. (2001): Agency Relationships in Family Firms: Theory and Evidence; Anderson, R. C., Mansi, S. A., & Reeb, D. M. (2003): Founding family ownership and the agency cost of debt; Chrisman, J. J., Chua, J. H., & Litz, R. A. (2004): Comparing the Agency Costs of Family and Non-Family Firms: Conceptual Issues and Exploratory Evidence; Peng, M. W., & Jiang, Y. (2004): Family ownership and control in large corporations: The good, the bad, the irrelevant].

3.1.5. Familienunternehmen und Unternehmensfamilien in der empirischen Sozialforschung

The reciprocal influence of family and business dimensions on family firms makes them a complex research setting.
(Shaker A. Zahra und Pramodita Sharma; amerikanische Familienunternehmensforscher)

Bislang gibt es nur wenige empirische Forschungsergebnisse, die sich explizit auf die Klärung des Verhältnisses beider Systeme und ihrer reziproken Dynamik beziehen. So konstatiert beispielsweise SHARMA[1] in einem theoretischen Modell, dass die Konstitution und Performance des Unternehmens nur bei einer korrespondierenden, ebenso günstigen Konstitution und Stabilität der Familie zu einem stabilen Gesamtsystem von Unternehmen und Familie führen kann.

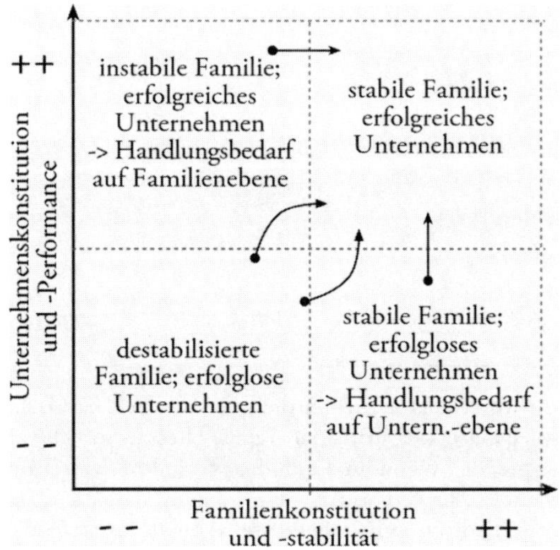

Abbildung 12: Die Stabilität von Unternehmen und Familie beeinflussen sich wechselseitig. In Anlehung an SHARMA, 2004, S. 7. Eigene Darstellung.

---

[1] Vgl. [Sharma, P. (2004): An Overview of the Field of Family Business Studies: Current Status and Directions for the Future], insb. S. 7.

Sie kommt dabei zu dem Schluss, dass Familienunternehmen es anstreben sollten, innerhalb des von ihr vorgeschlagenen 4-Felder-Modells das Feld oben rechts aufzusuchen, also dafür zu sorgen, dass das Unternehmen floriert und zugleich die Familie über eine stabile emotionale Basis verfügt.[1]

Mit dem Erreichen dieses von SHARMA skizzierten Zustands beschäftigen sich auch MILLER, FITZGERALD, WINTER und PAUL in ihren Untersuchungen. Sie veröffentlichten Ende der 1990er Jahre die Ergebnisse einer empirischen Studie mit dem viel versprechenden Titel „Exploring the Overlap of Family and Business Demands: Household and Family Business Managers' Adjustment Strategies". Hier heißt es:[2]

> „This study divided households [...] into two groups: those in which one individual performs two roles, family manager and business manager, and those in which two different individuals perform the two roles. The study compares adjustment strategies that the two groups use to manage the overlap of business and family demands within and across the two family types. Findings suggest that the individual performing dual roles is more likely than two separate managers to make adjustments by bringing the household responsibilities to the business and the business responsibilities home."

---

[1] Das dargestellte Modell lässt sich möglicherweise auch als Entwicklungsmodell von Familienunternehmen verstehen (von unten rechts über oben rechts zum Feld oben links bis zum Zerfall des Unternehmens im Feld unten links). Im Hinblick auf das Feld unten rechts bietet die Entrepreneurship-Forschung einige interessante Erklärungen, weshalb ein starker Familienrückhalt bei gleichzeitig (noch) schwacher Unternehmensperformance vorkommt. Beispielsweise vermuten [Aldrich, H. E., & Cliff, J. E. (2003): The pervasive effects of family on entrepreneurship: Toward a family embeddedness perspective] [...], dass die Familie den Unternehmer dabei unterstützt, Chancen und interessante Möglichkeiten für eine erfolgreiche Unternehmung (venture) zu suchen und zu finden, indem sie ihm über einen langen Zeitraum Rückhalt (und in manchen Fällen auch ausreichend Unterhalt) bietet.

[2] [Miller, N. J., Fitzgerald, M. A., Winter, M., & Paul, J. (1999): Exploring the Overlap of Family and Business Demands: Household and Family Business Manager's Adjustment Strategies], S. 253.

Zur gleichen Zeit stellten STAFFORD, DUNCAN, DANE und WINTER[1] ein Modell zur Erforschung der Erfolgsfaktoren nachhaltig stabiler Familienunternehmen (SFB = sustainable family businesses) vor. Dieses berücksichtigt im Einzelnen sowohl Aspekte der Familie und des Unternehmens, als auch interaktive, sich gegenseitig befruchtende Wirkungen beider Systeme. Dabei werden der Familie und dem Unternehmen gleiche Anteile am Erfolg eines nachhaltig erfolgreichen Familienunternehmens zugeschrieben.[2] Vier Jahre später kommen OLSON, ZUIKER, DANES, STAFFORD, HECK und DUNCAN bei einer empirischen Anwendung dieses Modells auf tendenziell kleine Familienunternehmen zu dem Ergebnis: [3]

> „Contrary to the assumptions of business theories, the effect of the family on business ventures is significant. [...] Having established the relevance of the family to the success of business ventures, the first question that arises is "Does the family help or hinder business success?" The short answer is "Both." Whether the net effect of the family is positive or negative depends on how the family manages the routine overlap between the family and the business and how it responds to disruptions."

Der Ansatz der genannten Forschungsbeiträge, nämlich die Untersuchung der Rekursivität von Familie und Unternehmen, ist durchaus angemessen. Inwiefern die Ergebnisse dieser Studien verallgemeiner-

---

[1] Vgl. [Stafford, K., Duncan, K. A., Dane, S., & Winter, M. (1999): A research model of sustainable family businesses]; hierbei handelt es sich jedoch primär um ein Modell zur Erforschung kleinerer Familienunternehmen.

[2] So [Olson, P. D., Zuiker, V. S., Danes, S. M., Stafford, K., Heck, R. K. Z., & Duncan, K. A. (2003): Impact of family and business on family business sustainability], S. 642 über das Modell: „It addresses issues that, at times, are solely part of the business or solely part of the family system as well as those issues that are more complex, transcending the boundaries of each unique system to utilize resources from both systems. It emphasizes the sustainability of the family business system as a whole entity and treats the family and business systems equitably."

[3] [Olson, P. D., Zuiker, V. S., Danes, S. M., Stafford, K., Heck, R. K. Z., & Duncan, K. A. (2003): Impact of family and business on family business sustainability], S. 659.

bar sind, bleibt dagegen fraglich.[1] Nichtsdestoweniger bleibt festzuhalten, dass die aktuelle Forschungs- und Ratgeberliteratur die Familie mittlerweile als ernstzunehmenden Bestandteil des Familienunternehmens ansieht und dessen Einbeziehung und Handhabung zum Fokus der Forschung macht. Im Folgenden soll daher zunächst auf die Spezifika von Unternehmensfamilien eingegangen werden, um aufzuzeigen, worin deren Besonderheiten liegen. Erst dann können Merkmale und Besonderheiten des Familienunternehmens angemessen behandelt werden.

---

[1] So kommt die Studie von [Olson, P. D., Zuiker, V. S., Danes, S. M., Stafford, K., Heck, R. K. Z., & Duncan, K. A. (2003): Impact of family and business on family business sustainability], S. 640, beispielsweise zu folgenden Detailergebnissen: „The implication of the results in this paper is that investing in family processes and responses to disruptions would yield large returns. Reducing family tension by only 4% would increase annual firm revenue by 0.04% or US$400. If 10% of businessowning families reduced their family tension by 4%, family business revenue in the United States would increase by US$389 million. Employing a relative living at home increases firm revenue by US$1960. If only half of all family businesses employed one more relative of the owner, family business revenue in the United States would increase by US$9.5 billion annually. If, when times were busy, the family hired temporary help, the firm's revenue would increase by US$3300 a year. Assuming 25% of family businesses have a busy season, if half of those with a busy season would hire temporary help, family business revenue would increase by US$4 billion." Der Transfer dieser Ergebnisse in die Beratung, beispielsweise zur Verbesserung der wirtschaftlichen Situation des Unternehmens, bleibt allerdings äußerst fraglich!

3.2. Die Unternehmensfamilie: eine Familie mit Unternehmensanschluss

Human relationships are vast as deserts: They demand all daring.
(Patrick White, Australischer Schriftsteller und Nobelpreisträger)[1]

3.2.1. Entwicklung des Familienbegriffs: eine Skizze

Das Wort *Familie* geht auf den lateinischen Begriff *familia* (von *famulus* „Haussklave") zurück. Er bezeichnete zunächst nicht ein Ehepaar und dessen Kinder, sondern die Gesamtheit der zum Besitz des Patriarchen gehörenden Sklaven. Ein „Mann ohne Familie" war somit, übersetzt, ein „Mann in ärmlichen Verhältnissen". Bis zum Beginn des 18. Jahrhunderts gab es in der deutschen Sprache noch keine Bezeichnung für die Familie im heutigen Sinne. Bis dahin galten Wörter wie englisch *family* oder französisch *famille* zwar als Bezeichnung für die engere Einheit von Eltern und Kindern, sie wurden bis weit ins 18. Jahrhundert jedoch überwiegend als Synonyme für das Haus bzw. den Haushalt gebraucht.[2] Das im frühen 18. Jahrhundert aus dem Französischen ins Deutsche übernommene Wort *Familie* bezeichnete dabei im Alltagsgebrauch den „unter der Leitung eines Hausvaters stehenden Rechtsverband, der über die eigentliche, aus Eltern und Kindern bestehende Kernfamilie hinaus auch noch alle anderen Mitglieder des Haushalts umfasste".[3] Mit dem Wachstum der Städte, der Entwicklung des Bürgertums und der Verbürgerlichung des Industrieproletariats in Europa ab Mitte des 19. Jahrhunderts bildete sich die Vorstellung der so genannten *Normalfamilie* heraus, auch *Kernfamilie* genannt. Aber auch diese

---

1 Patrick White ist Träger des Literaturnobelpreises 1973. Das Zitat ist seinem Buch *Voss* entnommen [White, P. (1994): Voss].

2 Vgl. [Gestrich, A., Krause, J.-U., & Mitterauer, M. (2003): Geschichte der Familie], S. 367.

3 Vgl. [Gestrich, A. (1999): Geschichte der Familie im 19. und 20. Jahrhundert], S. 4 f.

wandelt sich: Noch in den 1950er Jahren bestand die „Normalfamilie“ aus Vater und Mutter, verheiratet, mit eigenen Kindern, wobei beide leibliche Eltern im Haushalt lebten, die Ehe auf lebenslange Dauer angelegt war und auf Monogamie und Heterosexualität basierte; der Mann war Haupternährer, die Frau dagegen mit häuslicher Arbeit betraut. Zwar hat die Familie nach wie vor einen hohen Stellenwert und gehört fest zum Lebensplan vieler junger Menschen, doch die tatsächlichen Lebensformen entsprechen immer seltener dem Ideal der bürgerlichen Familie. Empirisch lässt sich der Wandel der Familienstrukturen an einer Schrumpfung der Haushaltsgröße, einem Rückgang der Eheschließungen (nicht jedoch der Paarbildungen), einer Zunahme der Scheidungen, einem Rückgang der durchschnittlichen Geburten pro Frau und einer Zunahme der Frauenerwerbsarbeit ablesen.[1]

Mittlerweile ist *Familie*, so SIMON, ein häufig gebrauchter und, vielleicht gerade deshalb, sehr schwer zu fassender Begriff:.[2] Wann sollte überhaupt von einer *Familie* die Rede sein?

> „Die Antworten reichen – mit mehr oder weniger originellen Variationen von der „Wohn-“ über die „Güter-“ zur „Zeugungs-“ und „Erziehungsgemeinschaft“. Offenbar handelt es sich um eine Art von Gemeinschaft, aber es ist schwer festzulegen, was ihre spezifischen Merkmale der Unterscheidung sind. Sollte man eine Paarbeziehung als Familie bezeichnen? Wie steht es mit Ein-Eltern-„Familien“? Gehören die persönlich nicht gekannten Urahnen zur Familie? Ist biologische Verwandtschaft eine Voraussetzung für Zugehörigkeit? Sind es übernommene Funktionen und Rollen, die einen Menschen zum Familienmitglied machen usw.? […]“

Geht man vom Gebrauch des Wortes aus, so zeigt sich, dass *Familie* auch in der Sprache widersprüchlich verwendet wird: nämlich so-

[1] [Nave-Herz, R. (1994): Familie heute: Wandel der Familienstrukturen und Folgen für die Erziehung.]sowie [Beck, U. (1986): Risikogesellschaft. Auf dem Weg in eine andere Moderne.], S. 121 ff.

[2] Vgl. [Simon, F. B. (2000): Grenzfunktionen der Familie], S. 140 f.

wohl für das soziale System als auch für das biologische System. Entsprechend gibt es, nach SIMON, auch zwei unterschiedliche Typen von Familienforschung: eine biologische, an Genetik interessierte, und eine soziologische, an Kommunikationsmustern interessierte.[1]

3.2.2. Familie als soziales System

Im Folgenden sollen weniger biologische Aspekte betrachtet werden als die sozialen Spezifika von Familie. Versteht man in diesem Kontext Familien, ebenso wie Organisationen, als soziale Systeme, so spielt unweigerlich die spezifische Kommunikation von Familien eine Rolle. Denn Familien ebenso wie alle anderen sozialen Systeme konstituieren sich durch die Reproduktion von Kommunikation, und nur Kommunikation.[2] Ebenso wie Organisationen basieren Familien daher auf dem *Menschen*, ohne den Kommunikation nicht stattfinden würde. Jedoch, wie in anderen sozialen Systemen auch, ist es nicht der Mensch, der die Kommunikation am Laufen hält, sondern es ist die Kommunikation selbst, die sich auf vorherige Kommunikation bezieht und hieraus neue Kommunikation, im vorliegenden Fall: Familienkommunikation, (re)produziert. Der Mensch aus Fleisch und Blut ist somit in der Familie (im Sinne eines Systems familiärer Kommunikation) Umwelt des Systems und spielt erst dann eine Rolle, wenn er zum Kommunikationsgegenstand wird. Dabei entscheiden über die Mitgliedschaft in einer Familie keinesfalls formale Kriterien, wie es in Organisationen der Fall ist. Mitglied einer Familie ist, wer in der familiären Kommunikation als solches behandelt wird, nicht zwangläufig also, wer zu einer Haus- oder Wohngemeinschaft gehört oder sich einem formalen Ritual (Verlobung, Heirat) unterzogen hat.[3] Ein *typischer*, jedoch kein zwangsläufiger, Anlass zur Erlangung einer Mitgliedschaft ist eine Geburt, eine Adoption oder eine

---

[1] Vgl. [Simon, F. B. (2000): Grenzfunktionen der Familie], S. 140.

[2] Zur Systemtheorie der Familie, vgl. insbesondere [Luhmann, N. (1990): Sozialsystem Familie].

[3] Vgl. [Beushausen, J. (2002): Die Konstruktion von Gesundheit und Krankheit im sozialen System Familie – Theorie und Empirie], S. 84 ff.

Heirat.[1] Ohne dass es tatsächlich zu forcieren wäre, gerät die betreffende Person mitten in die familiäre Kommunikation – und somit in das System Familie, wenn sie von dieser (kommunikativ) als Mitglied behandelt wird.[2] „Man kommt nicht leicht hinein, aber wenn man erst einmal drin ist, kommt man schlecht wieder raus", stellt SIMON fest[3] und bezeichnet dieses Spezifikum familiärer Mitgliedschaft als nicht-kündbare Beziehung.

Eine Familie als soziales System reproduziert sich nicht wie ein Unternehmen, das über den Zeitverlauf versucht, mehr Zahlungsfähigkeit zu erhalten als zu verlieren, um das eigene Überleben langfristig wahrscheinlicher zu machen.[4] Für eine Familie dagegen bedeutet Überleben, dass sie als Einheit von Personen, die sich *irgendwie* als zusammengehörig erleben, erhalten bleibt. Es sind Gefühle wie Liebe, Zuneigung, Verpflichtung, Dankbarkeit, Loyalität usw., die dafür sorgen, dass Familienmitglieder den Kontakt zueinander herstellen

---

[1] Man denke nur an geborene und anschließend verstoßene Kinder, an Scheinhochzeiten, und – gerade im Kontext von Familienunternehmen nicht selten vollzogene – formale Adoptionen auf der einen Seite und an langjährige, in die Familie integrierte Lebenspartner oder Ziehkinder auf der anderen Seite. Zuweilen werden auch Haustiere als Familienmitglieder behandelt. Im Falle von Familienunternehmen sind es nicht selten langjährige Mitarbeiter, die schon „irgendwie zur Familie gehören". So sollte man sich nicht wundern, wenn der Prokurist zum Kindergeburtstag und der Chauffeur zum Weihnachtsfest eingeladen wird.

[2] Dieser Ansatz, der Familie als System betrachtet, klingt gleichsam tautologisch, was jedoch nur noch mehr den selbstbezüglichen Aspekt sozialer Systeme betont.

[3] Vgl. [Simon, F. B. (2002): Familien und Unternehmen. Überlegungen zu Unterschieden, Gemeinsamkeiten und den Folgen.], S. 23.

[4] Dabei soll natürlich nicht bestritten werden, dass Familien auch Einnahmen brauchen, um ihren Lebensunterhalt zu bestreiten. Diesen müssen sie jedoch nicht „als System" erwirtschaften, vielmehr sind hierfür einzelne Mitglieder abgestellt. Familien können also nicht Bankrott gehen, bzw. wenn sie es täten, würde nicht automatisch die Familie aufhören zu existieren. Vgl. hierzu [Simon, F. B. (2002): Familien und Unternehmen. Überlegungen zu Unterschieden, Gemeinsamkeiten und den Folgen.], S. 27.

und erhalten. Diese Gefühle sind es auch, die dafür sorgen, dass eine gemeinsame Interaktionsgeschichte durchlaufen wird.[1]

Im Gegensatz zu Organisationen sind Familien also nicht auf ein Wirtschaftssystem bezogen und haben in diesem Sinne auch keine spezifische Leistung zu erbringen.[2] Das soll natürlich nicht heißen, dass Familien ohne Funktion seinen. Zwar ist richtig, dass die Gesamtheit aller Familien keine einheitliche Funktion der Gesellschaft repräsentiert. Dennoch kann sie für ihre Mitglieder durchaus eine elementare Funktion übernehmen. Ihr wird, wie später noch detaillierter darzustellen ist, eine starke Personenzentrierung zugewiesen. Damit fungiert sie für ihre Mitglieder als eine Art Gegenwelt zur übrigen Gesellschaft, in der Personen (wie oben bereits für Organisationen beschrieben) immer nur selektiv interessieren:

> „Die Familie etabliert sich als Ort, an dem man das Gesamtverhalten, das als Person Bezugspunkt für Kommunikation werden kann, behandelt, erlebt, sichtbar gemacht, überwacht, betreut, gestützt werden kann."[3]

Die Familie zeichnet sich in ihrer spezifischen Kommunikation also dadurch aus, dass im Prinzip alles, was das einzelne Familienmitglied betrifft, zum Gegenstand der Kommunikation werden kann. Dabei spielen weniger die Beiträge der einzelnen Mitglieder eine Rolle als die Möglichkeit, mittels familiärer Kommunikation die Biografie eines Familienmitglieds, die gemeinsame Geschichte sowie die ihm zugeschriebenen Eigenschaften und unerwünschten Marotten aktuell zu halten.[4] So erstreckt sich das Spektrum der Themen von der

---

[1] Vgl. [Simon, F. B. (2002): Familien und Unternehmen. Überlegungen zu Unterschieden, Gemeinsamkeiten und den Folgen.], S. 28.

[2] Ausführlicher hierzu siehe [Luhmann, N. (2000): Organisation und Entscheidung], S. 436 f. sowie zu einer Diskussion von Familie als Teilsystem der Gesellschaft: [Kaufmann, F.-X. (1994): Läßt sich Familie als gesellschaftliches Teilsystem begreifen?] und [Simon, F. B. (2002): Familien und Unternehmen. Überlegungen zu Unterschieden, Gemeinsamkeiten und den Folgen.].

[3] [Luhmann, N. (1990): Sozialsystem Familie], S. 208.

[4] Vgl. hierzu den Aufsatz „Tabus in Familienunternehmen" in [Baecker, D. (2003): Organisation und Management], S. 126 f.

Übernahme physischer Funktionen durch einzelne Personen (Geburten, Stillen, Sexualverkehr, Altenpflege etc.) über die psychische Befindlichkeit Einzelner (Liebe, Hass, Kränkungen, Tröstungen usw.) bis hin zur Thematisierung der Erlebnisse, die jeder Einzelne außerhalb der Familie hat (Erfolge und Frustrationen am Arbeitsplatz, etc.).[1] Die Familie ist also ein Kommunikationssystem, das unterschiedliche Facetten von Personen integriert und somit über eigene und fremde Erfahrungen mit und von Mitgliedern informiert.[2] In ihr werden Erwartungscollagen über Personen angefertigt und aktuell gehalten. So gesehen hält die Familie ihre Mitglieder kommunikativ über ihre eigenen Personen informiert. Genau hierin liegt die spezifische Funktion familiärer Kommunikation für ihre Mitglieder. Die Familie unterscheidet sich auf diese Weise von ihrer Umwelt, indem sie das „externe und das interne Verhalten bestimmter Personen intern relevant“ hält.[3]

3.2.3. Spezifika familiärer Kommunikation

Derartiges ist jedoch nur möglich, wenn viele Aspekte von Personen kommunikativ bearbeitet werden können und sich die Selektivität von Themen, zumindest praktisch, in Grenzen hält. LUHMANN bezeichnet die Familie als System enthemmter Kommunikation:[4] Alle Themen sind potentiell möglich und können mit Fragen, Beiträgen oder Aktualisierungen angesprochen werden. Dabei wird die Kommunikation über Themen sachlich differenziert und zugleich zeitlich struktu-

---

[1] So [Simon, F. B. (2002): Die Familie des Familienunternehmens: Besonderheiten der Familiendynamik], S. 27 mit Verweis auf [Luhmann, N. (1988): Sozialsystem Familie], [Simon, F. B. (1999): Organisationen und Familien als soziale Organisationen unterschiedlichen Typs] und [Simon, F. B. (1999): Familien, Unternehmen und Familienunternehmen. Einige Überlegungen zu Unterschieden, Gemeinsamkeiten und den Folgen.].

[2] Vgl. [Blom, T., & van Dijk, L. (1999): A theoretical frame of reference for family systems therapy? An introduction to Luhmann's theory of social systems], S. 207 ff.

[3] So [Luhmann, N. (1990): Sozialsystem Familie], S. 200.

[4] [Luhmann, N. (1990): Sozialsystem Familie], S. 203.

riert. Jedes Thema unterscheidet sich von anderen Themen und unterscheidet dadurch Gegenstände der Kommunikation voneinander.[1] Zwar kann man als Familienmitglied versuchen, ein Thema oder die Auskunft hierüber zu verweigern; allerdings muss man dann damit rechnen, dass die Verweigerung selbst zum Thema wird und Anschlussfragen anderer Mitglieder über die Motivation dieses Verhaltens auslöst. Wenn z.B. der Ehemann von Woche zu Woche später vom Dienst nach Hause kommt, kann seine Frau ihn nach Gründen fragen. Dabei stellt sich die Kontinuität der familiären Kommunikation erst durch die Bereitschaft der Mitglieder her, über alles (und jeden) zu kommunizieren und dies auch zu müssen, wenn es verlangt wird.[2] Wer Informationen verheimlicht, muss damit rechnen, dabei ertappt und mit diesem Verhalten zum Thema zu werden. Familiäre Kommunikation greift also Beiträge, z.B. Äußerungen von Meinungen und Einstellungen, auf, um diese zum Zwecke der Aktualisierung von Personenerwartbarkeiten mit den bereits vorherrschenden Identitätsannahmen abzugleichen. Erst hierdurch kann die familiäre Kommunikation ihre Aufgabe, über Personen zu informieren, erfüllen. Allerdings: Intern immer zu aktualisieren, wie Mitglieder außerhalb der Familie vorkommen, ist für die Familie gar nicht vollständig zu leisten. Dafür müsste die Familie stets im Blick behalten, als was für Personen Familienmitglieder etwa im Beruf, in der Kirche, im Straßenverkehr, im Kleingärtnerverein oder beim Stammtisch vorkommen, müsste also als Beobachter diverse, jeweils rollenspezifische Beschreibungen vorhalten. Derartiges kann die Familie gar nicht leisten, weshalb sie alles, was sie hoch selektiv über ihre Mitglieder erfährt, an die intern bereits bestehenden Personenkenntnisse zurückbindet. Es ist und bleibt dieselbe Mutter, die nun anscheinend ihre Tierliebe entdeckt hat, auch wenn man sie bislang doch eher distanziert gegenüber der Tierwelt beobachten konnte.

---

[1] Hierzu [Luhmann, N. (2000): Organisation und Entscheidung] S. 59: „Die Themenstruktur eines Kommunikationssystems setzt voraus, dass zu jedem Thema mehrere verschiedene Beiträge möglich sind. Anders wäre das Thema nicht als Thema zu erkennen."

[2] [Luhmann, N. (1990): Sozialsystem Familie], S. 202.

Personen übernehmen jedoch nicht nur als Erwartungscollage eine Funktion in der Familie. Sie fungieren darüber hinaus als *Themenkondensatoren* der Kommunikation. Anders als in Organisationen wäre keine der an Familienkommunikation beteiligten Personen austauschbar, ohne dass dies weitreiche Folgen hätte. Die Personen bleiben konstant, doch die Funktionen und Beschreibungen um sie herum werden ausgetauscht, aktualisiert, modifiziert oder revidiert.[1] In kaum einem anderen sozialen System gibt es eine so hohe Rollenflexibilität wie in der Familie. Im Verlauf der Zeit oder infolge entsprechend behandelter Ereignisse werden Väter zu Pflegefällen, übernehmen ältere Schwestern eine Mutterrolle und üben Mütter, wenn notwendig, eine fehlende väterliche Autorität gegenüber den Kindern aus. Die Kontexte von Personen mögen sich innerhalb und außerhalb der Familie verändern, die Mitglieder bleiben jedoch (in der Regel) dieselben.

Natürlich kann das außerfamiliäre Leben innerhalb der Familie nicht vollständig reformuliert werden. Würde die familiäre Kommunikation dies versuchen, würde sie sich vollends überfordern. Vielmehr können die unterschiedlichen Facetten von Überlegungen, Handlungen, Einstellungen und Entscheidungen der einzelnen Mitglieder in ihren unterschiedlichen Rollen in der Familie nur holzschnittartig zur Geltung kommen: Der Vater arbeitet in irgendeinem Amt und muss sich mit langweiligen Akten herumschlagen. Der Schwiegersohn studiert Medizin und ist Fan irgendeiner Rockband. Familiäre Kommunikation verfügt weder über die notwendige Kapazität noch über die Semantik, um Personen *en detail* aktuell zu halten; sie ist darauf angewiesen, Komplexität zu reduzieren, zu abstrahieren und Unwichtiges zu vergessen.

Neben diesen funktionalen Beschreibungen gibt es noch zwei weitere elementare Merkmale familiärer Kommunikation. Zum einen findet in der Familie Kommunikation im Allgemeinen als Face-to-face-Kommunikation statt. Man trifft sich am Frühstückstisch,

---

[1] Vgl. [Simon, F. B. (2002): Familien und Unternehmen. Überlegungen zu Unterschieden, Gemeinsamkeiten und den Folgen.], S. 22.

spricht miteinander – und vergisst möglicherweise auch sehr bald wieder, was gesagt wurde. Es handelt sich in der Familie also tendenziell, anders als in Unternehmen,[1] um mündliche Kommunikation mit ihren jeweiligen Folgen. Was mündlich kommuniziert wird, ist nicht besonders dauerhaft: Alles, was nicht immer wieder aktiv erinnert wird, wird vergessen.[2]

Ein weiteres Charakteristikum von Familie ist die Gleichheit der Familienmitglieder. Wann immer in Familien Entscheidungen zu treffen sind, orientieren sich diese nach SIMON langfristig an einem abstrakten Gerechtigkeitsprinzip,[3]

> „das auf die Familienmitglieder als Personen bezogen ist. Die ‚Gleichheit vor dem familiären Gesetz' bezieht sich auf den Status als Mitglied der Familie. Wer diesen Status hat, hat ihn ungeachtet seiner konkreten Leistungen für die Familie, und er ist mit Gleichheitsansprüchen verbunden."

Grundlage dieser Überlegungen ist bei SIMON ein familienimmanenter Mechanismus der langfristigen Verrechnung,[4] der Führung imaginärer Konten („Ich merke mir, was du mir Gutes oder Böses angetan hast, und ich rechne damit, dass du das auch tust!").[5] Dies bedeutet, dass ein Familienmitglied, wenn es einem anderen etwas Gutes tut, keine unmittelbare Bezahlung erwartet. Vielmehr werden gewissermaßen persönliche Schuldscheine gesammelt und mental ent-

---

[1] Dort werden typischerweise schriftliche Kommunikationsformen, z.B. in Form von Akten, Dokumenten, Abrechnungen, Bilanzen usw., bevorzugt. Sie haben gegenüber mündlicher Kommunikation den Vorteil, weniger schnell vergessen zu werden, vgl. [Simon, F. B. (2002): Familien und Unternehmen. Überlegungen zu Unterschieden, Gemeinsamkeiten und den Folgen.], S. 27.

[2] Vgl. [Simon, F. B. (2002): Familien und Unternehmen. Überlegungen zu Unterschieden, Gemeinsamkeiten und den Folgen.], S. 26.

[3] So [Simon, F. B. (2002): Gerechtigkeit, Richtigkeit und Rechtmäßigkeit: Entscheidungsfindung in Familienunternehmen.], S. 61.

[4] So ausführlich bei [Simon, F. B., & C/O/N/E/C/T/A-Autorengruppe (1992): Radikale Marktwirtschaft. Die Grundlagen des systemischen Managements.].

[5] So [Simon, F. B. (2002): Familien und Unternehmen. Überlegungen zu Unterschieden, Gemeinsamkeiten und den Folgen.], S. 25.

sprechende Verdienst- und Schuldkonten geführt. Der Ausgleich eines subjektiv wahrgenommenen Saldos, der in seiner Höhe oder dem herrschenden Vorzeichen (+/-) nichts mit dem Saldo des jeweils anderen Familienmitglieds zu tun haben muss, wird im Allgemeinen erst nach geraumer Zeit, manchmal sogar erst von nachfolgenden Generationen, eingeklagt.[1] Hierzu SIMON:[2]

> „Im Klartext heißt das: Es gibt kaum ein System, in dem einzelne Personen in gleicher Weise bereit sind, das Risiko einzugehen, dass ihre Opfer und Leistungen nicht entlohnt werden. In keinem anderen sozialen System gibt es vergleichbar viel Bereitschaft zur Selbstausbeutung (und damit auch Gefahr der Ausbeutung) der Beteiligten. Sie geht im Extrem bis zu Selbstaufgabe."

Zusammenfassend lässt sich also sagen, dass es sinnvoll ist, Familien als soziale Systeme zu beschreiben. Familien bilden entlang spezifischer Kommunikationsmerkmale wie Personenorientierung, Mündlichkeit und langfristiger Gleichheitserwartung einen kommunikativen Raum, in dem sie ihre Mitglieder über ihre Mitglieder als Personen collagenartig informiert halten. Hierbei sind alle Themen erlaubt, weshalb die Familie auch als ein System enthemmter Kommunikation beschrieben wird. Sämtliche Themen, die über eine Person von Außen nach Innen vermittelt wurden, stehen potentiell zur Kommunikation bereit. Zwar kristallisieren sich in Familien gewisse favorisierte Themen heraus (Reproduktion des Dorfgesprächs in der Familie; Wochenendausflüge und Urlaube, etc.), über die Art der

---

1 Gerade Familienunternehmen liefern hierfür einen hervorragenden Rahmen: In Stämmen beispielsweise können entlang von Vererbungslinien noch offene Rechnung oft über Generationen hinweg weitervererbt werden. Sie werden irgendwann präsentiert, wenn schon längst niemand mehr recht weiß, *warum genau* überhaupt ein Saldo existiert, wobei jedoch nicht bezweifelt wird, *dass* er noch existiert. Ähnlich streiten sich Urenkel eines Unternehmensgründers häufig noch über eine Ungerechtigkeit, die ihren Großvätern von *deren Vater* angetan wurde.

2 [Simon, F. B. (2002): Familien und Unternehmen. Überlegungen zu Unterschieden, Gemeinsamkeiten und den Folgen.], S. 25.

Inhalte können jedoch keine allgemeinen Aussagen getroffen werden.[1] Gesellschaftliche Funktionen, wie sie von Funktionssystemen wie Wirtschaft, Recht etc. und ihren entsprechenden Organisationen bekannt sind, hat die Familie dabei nicht zu erfüllen. Sie kann sich voll und ganz auf die hoch selektive Re-Integration ihrer Mitglieder mit ihren inner- und außerfamiliären Rollen, konzentrieren.

3.2.4. Was macht eine Familie zur Unternehmensfamilie?

Inwiefern, so ist nun zu fragen, unterscheidet sich eine Familie von einer Unternehmensfamilie? Mit anderen Worten: was meint man zu bezeichnen, wenn man von einer *Unternehmensfamilie* spricht? Mit Blick auf das Modell zweier ineinander verhakter sozialer Systeme, nämlich Unternehmen und Familie, hat man es bei einer Unternehmensfamilie mit einer Familie zu tun, der ein Unternehmensanschluss zugesprochen wird.

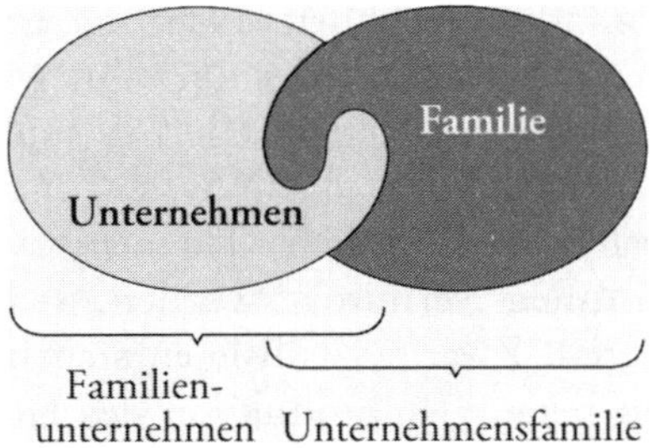

Abbildung 13: Familienunternehmen und Unternehmensfamilie: Zwei Systeme unterschiedlichen Typs. Eigene Darstellung.

[1] Klar wird an dieser Stelle natürlich auch, weshalb es neuen Familienmitgliedern, bzw. Familienmitgliedern in spe, häufig schwer fällt, die spezifische Kommunikation der Familie zu verstehen und *mitzureden*. Die Angemessenheit und Auswahl der favorisierten Themen ist schon lange verhandelt, die Reproduktion der familiären Kommunikation folgt schon lange dem Prinzip selbstverständlicher Autonomie.

Eine Familie wird also dadurch zur Unternehmensfamilie, dass sie mit Verweis auf ein Unternehmen als solche bezeichnet wird.[1] Wie sich eine solche Familie typischerweise bildet, welche Ausprägungen es gibt und welche spezifischen Merkmale insbesondere bei Mehranteilseigner-Unternehmensfamilien vorzufinden sind, soll im Folgenden erläutert werden.

3.2.5. Der Unterschied der Unternehmensfamilie

Dass eine Familie durch ein angeschlossenes Unternehmen zur Unternehmensfamilie wird, ist bereits erläutert worden. Dabei spielen die von der Familie gehaltenen Unternehmensanteile *die* entscheidende Rolle, wenn man die Ausdifferenzierung von Unternehmensfamilien im Zeitverlauf charakterisieren möchte. Um die Anteile herum entwickelt sich die Unternehmensfamilie von Generation zu Generation, mal in Form einer Kernfamilie, mal als Großfamilie mit mehr als 100 Familienmitgliedern. Determiniert von der Gründungssituation und entlang der Generationenfolge hängt es insbesondere von den Strategien der Anteilsvererbung ab,[2] welche Form der Unternehmensfamilie sich langfristig herausbildet.

3.2.5.1. Unterschiedliche Gründungssituationen

(1) Einzelgründung

Die wohl typischste Gründungssituation eines Unternehmens stellt die Einzelgründung eines Unternehmens durch einen Unternehmer der ersten Generation dar.[3] Dieser ist zugleich häufig Namensgeber

---

[1] Somit ist die Unternehmensfamilie im Sinne von SPENCER-BROWN eine *Form* der Familie. Zum Formbegriff, vgl. [Spencer-Brown, G. (1969): Laws of Form], S. 4: „Call the space, cloven by any distinction, together with the entire content of the space, the form of the distinction."

[2] Im Weiteren wird ausschließlich die Vererbung von Anteilen fokussiert und nicht weiter berücksichtigt, wie mit anderen Erbschaftspositionen verfahren wird (beispielsweise Immobilien, liquides Vermögen, Sachinvestitionen oder Wertpapiere).

[3] Vgl. hierzu [Klein, S. B. (2004): Familienunternehmen – Theoretische und empirische Grundlagen], S. 161 ff.

für das Unternehmen und firmiert auch noch nach seinem Tod als *der* Gründer, um den sich häufig Geschichten und Mythen ranken.

Steht dieser Unternehmer vor der Entscheidung, wie nach seiner meist erfolgreichen und bis in die späten Lebensjahre hineinreichenden aktiven Zeit mit dem Unternehmen weiter zu verfahren sei, legt er, meist unbewusst, die Grundlage für die Gestaltung der Unternehmensfamilie in den nächsten Generation*en*. Er etabliert und prozessiert die erste Vererbungsregel für die Anteile, die auch in der zweiten, dritten und jeder späteren Generation häufig richtungsweisende Funktion hat. Vererbt er alle Anteile an eines von mehreren Kindern, wie dies in Adelsgeschlechtern oder Bauernfamilien üblich war und ist, so etabliert er damit schon früh die Notwendigkeit zur Auseinandersetzung mit Ungleichheit. Hat er nur ein Kind, so dürfte ihm die Entscheidung leicht fallen, sofern die Anteile innerhalb der Familie weitergeben werden sollen – und die Richtungsentscheidung verschiebt sich damit um eine Generation nach hinten. Vererbt er die Anteile zu gleichen Teilen an beispielsweise drei Kinder, so legt er damit den Grundstein für Stammesbildungen oder Großfamilienorganisationen in späteren Generationen.

(2) Geschwistergründung

Eine weitaus seltener vorkommende, aber dennoch vorzufindende Gründungssituation ist die der Geschwistergründung. Hierbei sind es beispielsweise zwei Brüder oder Vettern, also Mitglieder einer Familie, die das Unternehmen gegründet haben. Auch in späteren Generationen wird beiden ein maßgeblicher Anteil am Erfolg des Unternehmens zugesprochen. Aus Geschwistergründungen können jedoch spezielle Probleme in der Vererbungsstruktur entstehen: Häufig sind die Anteile zu Beginn 50:50 aufgeteilt, was in kritischen Situationen zu Pattsituationen führen kann, die dem Unternehmen schaden. Wenn es jedoch den beiden Familienstämmen, die aus den Gründungsgeschwistern in späteren Generationen hervorgehen, gelingt, die Grenze zwischen den Familienstämmen sauber im Griff zu behalten und mit dieser besonderen Konstellation verantwortungsvoll umzugehen, kann auch ein Unternehmen, das auf eine Geschwistergründungen zurückgeht, eine enorme Stabilität ausbilden.

(3) Partnergründung

Ein insbesondere in der produzierenden Industrie vorzufindendes Modell ist die Partnergründung. Hierbei handelt es sich um Unternehmensgründungen von zwei nicht-verwandten Personen. Häufig handelt es sich um einen Kaufmann und einen Ingenieur, die ihre Kompetenzen gemeinsam in das Unternehmen eingebracht haben.[1] Der aus dieser Konstellation entstehende Familienunternehmenstyp ist häufig weniger anfällig als die Geschwistergründung, weil die beiden voneinander unabhängigen Familien früh lernen, distanziert und respektvoll miteinander umzugehen. Meist weiß jede der beiden Parteien zu schätzen, was die andere Familie zum Erfolg der Firma beigetragen hat.

3.2.5.2. Unterschiedliche Erbschaftsstrategien

Neben den unterschiedlichen Gründungsformen spielt es für den Typus der Unternehmensfamilie eine wesentliche Rolle, welche Erbschaftsstrategien in früheren Generationen verfolgt wurden und noch immer werden. Dabei ist anzumerken, dass der erste Erbgang häufig die Weichen für spätere Erbschaftsstrategien legt: Hat der Gründer z.B. von Anfang an alle Kinder gleich behandelt, so wird es späteren Generationen schwer fallen, sich nicht ebenso zu verhalten.

(1) Thronfolger-Regelung

Das aus dem Adel bekannte Erbschaftsmodell wird auch häufig als *Thronfolger-Regelung* bezeichnet. Gemeint ist damit die Vererbung sämtlicher Unternehmensanteile an eine Person der nachfolgenden Generation, unabhängig davon, wie viele Kinder in der Familie

---

[1] Hierzu auch [Klein, S. B. (2004): Familienunternehmen – Theoretische und empirische Grundlagen], S. 184 f.

sind.[1] Dieses Modell kennt man neben Adelsgeschlechtern auch aus Bauernfamilien. Dort erbte meist der Erstgeborene den Hof, alle anderen gingen leer aus oder wurden mit entsprechenden Apanagezahlungen oder sonstigen Entschädigungsformen anteilig abgefunden.

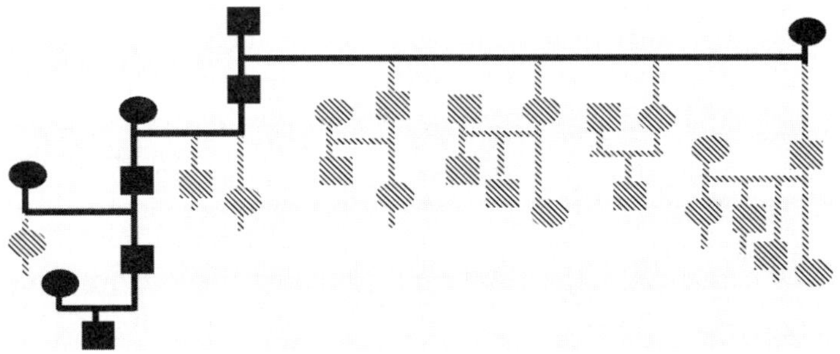

Abbildung 14: Entwicklung der Thronfolger-Regelung nach WIMMER ET AL.[2]

Etabliert sich das Thronfolger-Modell auch in Unternehmensfamilien, so hat dies weitreichende Konsequenzen für die Entwicklung der Unternehmensfamilie. In der Regel bleibt es pro Generation bei einer Kleinfamilie, die hinter dem Unternehmen steht und die die Anteile in der nächsten Generation wieder an eines ihrer Kinder weitergibt.

(2) Gleichmäßige Vererbung

Ein hierzu entgegengesetztes Modell ist die gleichmäßige Vererbung von Unternehmensanteilen an alle existierenden Nachkommen. Wenn sich diese bereits in der ersten Generation praktizierte Vererbungsstrategie auch in den nachfolgenden Generationen (bei entsprechender Kinderzahl) durchsetzt, hat dies zwangsläufig Auswirkungen auf die Form der Unternehmensfamilie.

---

[1] Vgl. hierzu ausführlich [Klein, S. B. (2004): Familienunternehmen – Theoretische und empirische Grundlagen], S. 165 ff.

[2] Vgl. [Wimmer, R., Groth, T., & Simon, F. B. (2004): Erfolgsmuster von Mehrgenerationen-Familienunternehmen], S. 79.

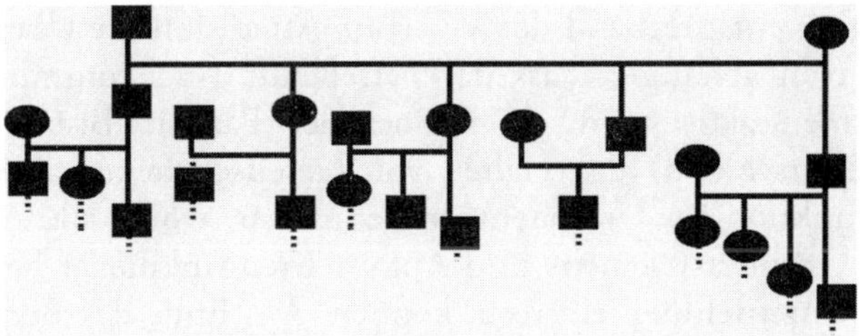

Abbildung 15: Entwicklung bei gleichmäßiger Vererbung nach WIMMER ET AL.[1]

Hier wird die Familie von Generation zu Generation größer, denn schließlich zählen zur Unternehmensfamilie nicht nur die Halter von Anteilen, sondern jeweils auch deren Angehörige wie z.B. Ehepartner und noch nicht Anteile haltende Kinder. Unternehmensfamilien wie Merck, Haniel oder Henkel, die dieses Vererbungsmodell schon seit Generationen praktizieren, zählen mittlerweile weit über 100 Familienmitglieder.

Dieses Vererbungsmodell führt zu dem in der Familienunternehmensforschung idealtypisch beschriebenen Entwicklungsmodell von Unternehmensfamilien. Hier werden im Rahmen eines Lebenszyklusmodells die Stufen (1) Kleinfamilie, (2) Geschwistergesellschaft und (3) Vettern-Konsortium unterschieden.[2] Ein derartiger Verlauf ergibt sich allerdings nur dann, wenn die Vererbungsstrategien dem Modell der gleichmäßigen Vererbung entsprechen.

(3) Mischformen

In der Praxis sind neben diesen beiden Vererbungsstrategien noch weitere Spezialformen vorzufinden. So machen beispielsweise manche

---

[1] Vgl. [Wimmer, R., Groth, T., & Simon, F. B. (2004): Erfolgsmuster von Mehrgenerationen-Familienunternehmen], S. 58.

[2] Vgl. einführend [Gersick, K. E., Davis, J. A., McCollom Hampton, M., & Lansberg, I. (1997): Generation to Generation – Life Cycles of the Family Business], S. 17 und [Gersick, K. E., Lansberg, I., Desjardins, M., & Dunn, B. (1999): Stages and Transitions: Managing Change in the Family Business], S. 288 ff. sowie für die deutschsprachige Rezeption [Klein, S. B. (2004): Familienunternehmen – Theoretische und empirische Grundlagen], S. 160 ff.

Anteilseigner entsprechend der Vererbungstradition die Übergabe der Anteile davon abhängig, dass der betreffende Nachkomme auch im Unternehmen aktiv wird. So ist bei der Familie Brenninkmeijer (C&A, Deutschland) das Halten von Gesellschafteranteilen an eine Leitungsfunktion im Unternehmen gebunden, wobei alle Abkömmlinge der Gründer Clemens und August Brenninkmeijer bei Interesse in das Unternehmen eintreten können. Am Ende des Berufslebens müssen die Anteile dann wieder zurückgegeben werden.[1]

Andere Familien vertreten die Position, dass der im Unternehmen Aktive die Mehrheit der Anteile erhalten sollte, während die anderen Kinder mit Anteilsminderheiten versorgt werden. Hierdurch soll der teils erhebliche Mehraufwand aktiver Gesellschafter goutiert werden.[2]

Mischformen dieser Art sind in der Praxis in vielerlei Ausprägungen vorzufinden. So legt der Erbschaftsvertrag einer Unternehmensfamilie in Nordrhein-Westfalen fest, dass grundsätzlich alle Nachkommen im Falle eines plötzlichen Todes des Erblassers gleich zu berechtigen seien. Dabei hat aber der bzw. haben die im Unternehmen aktiven Nachkommen das Recht, sich nach zehn Jahren erfolgreicher Unternehmensführung mittels einer Kapitalerhöhung bei gleichzeitigem Verzicht der Bezugsrechte aller anderen Gesellschafter die Mehrheit am Unternehmen zu „erkaufen“. Diese Regelung geht davon aus, dass derjenige, der ein Unternehmen zehn Jahre erfolgreich geführt hat,[3] in dieser Zeit das Unternehmen quasi noch einmal

---

[1] Vgl. hierzu [Wimmer, R., Groth, T., & Simon, F. B. (2004): Erfolgsmuster von Mehrgenerationen-Familienunternehmen], S. 60. Ein ähnliches Modell verfolgt beispielsweise auch die Schweizer Bankiersfamilie Pictet.

[2] Oder, um mit den Worten eines geschäftsführenden Gesellschafters eines Automobilzulieferers mit einem Umsatz von ca. einer Millarde Euro zu sprechen: „Das habe ich meinen Kindern klar gemacht: Eine Mehrheitsbeteiligung, die ist nicht vergnügungssteuerpflichtig, das ist nicht die reine Freude!“. Vgl. hierzu [Wimmer, R., Groth, T., & Simon, F. B. (2004): Erfolgsmuster von Mehrgenerationen-Familienunternehmen], S. 71.

[3] Auch die Messkriterien zur Feststellung, ob die Führung „erfolgreich“ war, wurden im Vertrag festgelegt. Hiermit sollte beispielsweise ausgeschlossen werden, dass der aktive Gesellschafter das Unternehmen über zehn Jahre herunterwirtschaftet, um es dann sehr günstig von seinen Mitgesellschaftern zu erwerben.

geschaffen hat und ihm daher auch der entsprechende Lohn in Form der Anteile zusteht.

Über Unternehmensfamilien, die aus diesen Mischformen hervorgehen, kann keine einheitliche Aussage getroffen werden. Klar ist in jedem Fall, dass es hier schwerer fällt festzustellen, wer zur Unternehmensfamilie gehört. Ist ein Gesellschafter bei C&A, der seine Mitarbeit niedergelegt und somit seine Anteile abgegeben hat, nach wie vor voll akzeptiertes Mitglied der Unternehmensfamilie oder entsteht ein Ausstoßungsprozess seitens der weiterhin aktiven Familienmitglieder und deren Kernfamilien? Fühlt sich ein Minderheitsgesellschafter, der vielleicht 5% der Anteile hält, neben seinem Vetter 2. Grades mit 65% nach wie vor als gleichberechtigtes Familienmitglied, obgleich sie doch *nur* durch die Anteile zusammengehalten werden und sich ansonsten vielleicht nicht einmal kennen würden?

3.2.6. Formen von Mehrgenerationen-Unternehmensfamilien

Insbesondere bei Unternehmensfamilien, die sich bereits seit mehreren Generationen erfolgreich halten, kann untersucht werden, welche Muster erfolgversprechend sind und welche Spezifika familiärer Kommunikation der eine oder andere Vererbungsmodus hervorruft. Unglücklicherweise ist die Erforschung von Mehrgenerationen-Unternehmensfamilien bislang noch nicht weit fortgeschritten. Erst seit kurzer Zeit beschäftigt sich die Familienunternehmensforschung mit den Erfolgsmustern langlebiger Familienunternehmen und dazugehöriger Unternehmensfamilien.[1] Als Mehrgenerationen-Familienunternehmen gelten solche Unternehmen, die bereits seit

[1] Vgl. hierzu insbesondere [O'Hara, W. (2004): Centuries of Success: Lessons from the World's Most Enduring Family Businesses], [Ward, J. L. (2004): Perpetuating the Family Business: 50 Lessons Learned from Long-Lasting, Successful Families in Business] und [Wimmer, R., Groth, T., & Simon, F. B. (2004): Erfolgsmuster von Mehrgenerationen-Familienunternehmen] sowie als Ratgeber aus der Praxis mit einer Erfolgsfaktorenliste von Familienunternehmen, die allesamt älter als 200 Jahre sind: [The Henokiens Association of family and bicentenary companies (2003): Becoming Henokien one day. 51 Questions to prepare the handing down of a family company].

mehr als drei Generationen bestehen und somit zu den wenigen Unternehmen gehören, welche die kritische dritte Generation erfolgreich überstanden haben.[1] Hinter diesen Familienunternehmen stehen entsprechende Mehrgenerationen-Unternehmensfamilien, die auf der Familienseite erfolgreiche eigene Muster etabliert haben. Als Mehrgenerationen-Unternehmensfamilien können analog also diejenigen Unternehmensfamilien verstanden werden, die mindestens teilweise bereits die vierte Generation erreicht haben und nach wie vor als Familie im Sinne einer Unternehmensfamilie gelten.

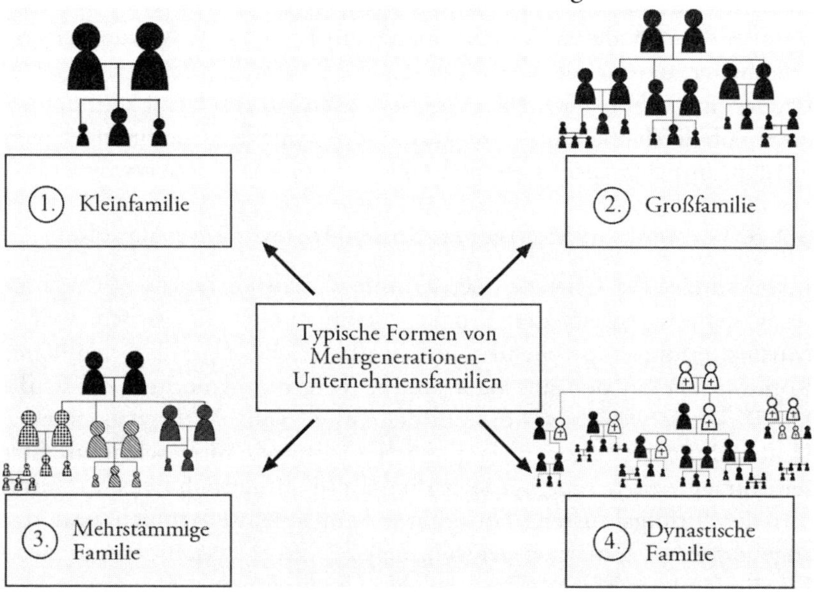

Abbildung 16: Vier typische Erscheinungsformen von Mehrgenerationen-Unternehmensfamilien. Eigene Darstellung.

[1] Astrachan ermittelte für die USA, dass nur 3% aller Familienunternehmen die vierte Generation erreichen [Family Firm Institute (2005): Facts and Perspectives on Family Business Around the World]; in Deutschland schaffen es laut [Institut für Mittelstandsforschung (1996): Generationswechsel in mittelstandischen Unternehmen. Protokoll des 6. Symposiums des ifm] nicht einmal 10% der Familienunternehmen bis in die vierte Generation.

Nachfolgend sollen vier unterschiedliche Typen von Unternehmensfamilienkonstellationen vorgestellt werden, die die Erforschung von langlebigen Familienunternehmen zutage gefördert hat.

3.2.6.1. Kleinfamilie

Die Kleinfamilie ist eine auch nach mehreren Generationen noch häufig vorkommende Familienform. Sie besteht primär aus Verwandten ersten Grades, also Vater, Mutter und Kindern. Diese Form kann sich nur dann stabil über mehrere Generationen hinweg halten, wenn als Vererbungsstrategie von Anfang an strikt die Thronfolgerregelung durchgehalten wurde. In der Praxis bedeutet dies häufig, dass neben den Anteilen des Unternehmens auch die Geschäftsführungsposition auf ein Familienmitglied übertragen wird. Diese Familienreproduktion als Kernfamilie reduziert im Vergleich zu den anderen typischen Formen von Mehrgenerationen-Unternehmensfamilien die entstehende Komplexität erheblich. Hier sind nur wenige Familienmitglieder im Blick zu behalten; dabei gibt es typischerweise kaum Probleme, ein ausreichendes Maß an Kommunikation aufrechtzuerhalten, da Eltern und Kinder in der Regel über viele Jahre regelmäßig am Frühstückstisch, am Wochenende zu Hause oder in gemeinsamen Urlauben zusammenkommen.

Diese Familienform führt häufig dazu, dass mit den Anteilen zugleich die Rolle des Unternehmers (Verausgabung des eigenen Lebens für das Unternehmen) vererbt wird. Ein Nachfahre verschreibt sich dementsprechend „mit Haut und Haaren" dem Unternehmen, was zugleich auch bedeutet, dass die Abhängigkeit des Unternehmens und der Familie vom gewählten Nachfolger besonders groß sein kann.[1]

Diejenigen Kinder, die keine Unternehmensanteile erben, werden im Rahmen dieser Vererbungsstrategien typischerweise mit anderen Vermögenswerten zumindest anteilig „ausbezahlt". Hierzu zählen beispielsweise stimmrechtslose Minderheitsanteile, langfristige und

---

[1] Vgl. hierzu [Wimmer, R., Groth, T., & Simon, F. B. (2004): Erfolgsmuster von Mehrgenerationen-Familienunternehmen], S. 70 f.

entsprechend verzinste Gesellschafterdarlehen mit Rückzahlungsanspruch, Immobilien oder Ähnliches. Insbesondere bei großen und werthaltigen Unternehmen wird es in der Regel nicht gelingen, die Nachkommen absolut gleich zu behandeln. Manche Mehrgenerationen-Unternehmensfamilien tragen hierzu schon früh bei, indem sie eine Kultur der Ungerechtigkeit tradieren. So befindet sich z.B. im Stammhaus der Großmutter einer schwäbischen Unternehmensfamilie über dem Küchentisch schon immer ein besticktes Küchentuch mit der Aufschrift: „Man muss auch lernen, Ungerechtigkeit zu ertragen".[1]

3.2.6.2. Großfamilie

Wird in einer Familie nicht strikt die Thronfolger-Regelung verfolgt, so entwickelt sich im Laufe der Jahre ein anderer Familientypus. Durch immer weitere Gleichvererbung der Anteile ergibt sich über Generationen hinweg eine Großfamilie, deren Mitglieder in der Regel Verwandte zweiten Grades sind. Die Familie besteht hier also aus Eltern, Geschwistern, Schwägern und Schwägerinnen.

3.2.6.3. Dynastische Familie

Die Großfamilie entwickelt sich im weiteren Zeitverlauf zu einer so genannten *dynastischen Familie*.[2] Hier sind Verwandte dritten und höheren Grades, etwa Vettern und Cousinen sowie Onkel und Tanten zunehmenden Grades, zu finden. Spätestens in der vierten Generation tritt, sofern immer an alle Nachfahren weitervererbt wurde, ein Organisationsproblem auf: Zunächst haben 20-60, später bis zu einigen Hundert mehr oder weniger entfernten Verwandten mitein-

[1] Paradoxerweise ist diese Form des Umgangs mit Unfairness absolut fair, da jeder gleichermaßen mit der kontingenten Erwartung aufwächst, dass er der Erbende sein könnte oder auch nicht.

[2] Andere Autoren sprechen von *Netzwerkfamilie,* vgl. [Gersick, K. E. (2002): Staying connected while growing apart] oder *Konförderation*, vgl. [Jaffe, D. T., & Lane, S. H. (2004): Sustaining a Family Dynasty: Key Issues Facing Complex Multigenerational Business- and Investment-Owning Families], S. 87.

ander zu tun, die sich ohne die Existenz des Unternehmens kaum kennen würden.[1]

Bei solchen Mitgliederzahlen kann nicht mehr davon ausgegangen werden, dass sich die familiäre Kommunikation, wie in der Kleinfamilie, beispielsweise am Küchentisch, in Urlauben etc. reproduziert. Häufig leben die unterschiedlichen Familienmitglieder gar auf anderen Kontinenten, was es erschwert, eine gemeinsame Kommunikationsgrundlage aufrechtzuerhalten. Mehrgenerationen-Unternehmensfamilien greifen hier auf Organisationsstrukturen der Familie zurück, welche die Bindung der Familienmitglieder untereinander und aller an das Unternehmen sicherstellen. Die dynastische Familie ist eine bewusst herbeigeführte Familienform und beruht häufig auf der Einsicht, dass der Bildung von Familienstämmen[2] entgegenzuwirken sei. Daher finden sich in entsprechenden Satzungen und Regelwerken häufig auch keine definitorischen Verweise auf Blutslinien oder ähnliche Kriterien, die zu einer Binnenstrukturierung der Familie führen würden.

Unternehmensfamilien dieses Typus, zu denen beispielsweise die Familien hinter Haniel, Henkel oder Merck zählen, haben hierzu ausgefeilte Organisationsformen und Mechanismen entwickelt, wie z.B. explizierte Regelwerke, formale Familiengremien (z.B. Familienrat) oder Familieninstitutionen (z.B. Family Office). Um die Kommunikation und somit den Zusammenhalt der Familienmitglieder pflegen zu können, werden regelmäßig Familientreffen veranstaltet, zukünftige Gesellschafter der jungen Generation durch Weiterbildungsangebote schon früh an ihre Rolle herangeführt, eingeheiratete Familienmitglieder mit Tradition und Prinzipien der Familie vertraut gemacht, Familienstrategien erarbeitet und weiterentwickelt, gemeinsame Firmenbesichtigungen in unterschiedlichen Ländern der Erde organisiert etc. Unter dem Strich wird durch derartige Maßnahmen dafür gesorgt, dass die Gesamtfamilie den einzelnen Mitglie-

---

[1] Vgl. hierzu [Wimmer, R., Groth, T., & Simon, F. B. (2004): Erfolgsmuster von Mehrgenerationen-Familienunternehmen], S. 58 ff.

[2] Zu mehrstämmigen Familien vgl. den nächsten Abschnitt.

dern, die in der Regel selbst in Kernfamilien organisiert sind, einen Mehrwert bietet (Stolz, Ehr- und Verantwortlichkeitsgefühl, Freude am Miteinander und der geteilten Geschichte usw.). Wäre die Mitgliedschaft in der Groß- oder dynastischen Familie eine reine Bürde, würde die Familie sich nicht länger als *eine* große Familie reproduzieren.

3.2.6.4. Mehrstämmige Familie

Sind die Anteile im Verlauf von Generationen verteilt und gestreut worden, ohne dass ein gemeinsames Familiengefühl wie im zuvor beschriebenen Fall existiert, hat man es häufig mit Familien zu tun, die in Stämmen organisiert sind.[1] Diese berufen sich zwar meist auf einen gemeinsamen Vorfahr, in der Regel den Gründer des Unternehmens, haben aber schon früh dafür gesorgt, dass sich innerhalb des großen Familiengefüges eigene Identitäten etabliert haben. Zu mehrstämmigen Familien kommt es auch dann, wenn die Unternehmensgründung beispielsweise durch zwei Brüder erfolgte.[2] Allerdings etabliert sich eine Gliederung der Familie in Stämme häufig in der zweiten Generation, wenn die Nachfahren des Gründers, die allesamt Anteilseigner sind, ihre zumeist gleich großen Stimmrechte bei der Vererbung in ihren jeweiligen Kernfamilien bündeln und somit zusammenhalten. Was die Mitglieder der Stämme verbindet, ist häufig keine gemeinsame Sachorientierung, sondern Differenzen zwischen den Stämmen, die sich im Laufe der Zeit entwickelt haben und auf einen Geschwisterkonflikt zurückgehen.[3] Die Erben der dritten Generation beziehen sich dann auf ihren direkten Vorfahr, also

---

[1] Vgl. [von Moos, A. (2002): Corporate Governance im Familienunternehmen], S. 1060.

[2] Zur Geschwistergründung vgl. weiter oben Kap. 3.2.5.1. Unterschiedliche Gründungssituationen, S. 189 ff.

[3] Vgl. hierzu das sehr eingängige Fallbeispiel: „147 Years to Build – One Year to Destroy: The Demise of the Fairfax Dynasty" in [Neubauer, F., & Lank, A. (1998): The Family Business: Its Governance and Sustainability], S. 78 – 80, sowie die Ausführungen bei [Oetker, A. (1999): Stakeholderkonflikte in Familienkonzernen: Ansätze zu ihrer Regelung durch strategische Führungsentscheidungen.], S. 65 ff.

einen Anteilseigner der zweiten Generation, und vermeiden so unbewusst die Entstehung einer Groß- oder dynastischen Familie.[1] Ohne eine bewusste Gegensteuerung mithilfe organisatorischer Maßnahmen besteht die Tendenz, dass das Stammesdenken von Generation zu Generation weitergegeben wird. Hierzu merken WIMMER, GROTH und SIMON an:[2]

> „Doch nicht allein das Denken setzt sich fort, immer wieder ist zu beobachten, dass damit auch Konflikte oder Rivalitäten zwischen den Geschwistern „weitervererbt" werden. Mit Stämmen bilden sich neue soziale Einheiten, die als solche die Entscheidungsfindung organisieren und zu einer eigenen Überlebenseinheit werden. Die Stämme entwickeln eine Sensibilität für Ungleichheiten untereinander, die mit einem gegenseitigen „Belauern" vergleichbar ist.[3]"

Der Gesellschafterkreis des Unternehmens Dr. Oetker, Bielefeld, beispielsweise wurde im Jahr 2002 durch den Gründer Dr. Rudolf-August Oetker in acht Stämme aufgeteilt: Er überschrieb jedem seiner acht Kinder je 12,5 % des Unternehmens, wobei bereits von Anfang an vorgesehen war, dass jedes Kind mit seinen Nachkommen einen Stamm bilden und jeder dieser Stämme in der Gesellschafterversammlung eine Stimme erhalten sollte. Gleichzeitig wurde fixiert, dass elementare Änderungen im Unternehmen nur mit der Zustimmung aller acht Stimmen möglich sind, was vermuten lässt, dass es

---

[1] Vgl. [Simon, F. B. (2002): Die Familie des Familienunternehmens: Besonderheiten der Familiendynamik], S. 47 f.

[2] Vgl. [Wimmer, R., Groth, T., & Simon, F. B. (2004): Erfolgsmuster von Mehrgenerationen-Familienunternehmen], S. 63.

[3] [Murray, B., Gersick, K. E., & Lansberg, I. (2001): From Back Office to Executive Suite – The Evolving Role of the Family Office.], S. 113 nennen Unterschiede in der Vermögensakkumulation durch die Konzentration von Führungsverantwortung in einem Stamm als ein Beispiel dafür, was zu Konflikten zwischen den Stämmen führen kann. Sie schlagen deshalb das Family Office vor, das als dritte Partei den Auftrag hat, Konflikte zu lösen.

in Zukunft wenig tiefgreifende Veränderungen (wie z.B. Verkauf des Unternehmens) geben wird.[1]

Obgleich mehrstämmige Familienorganisationen bislang noch wenig erforscht sind, werden sie in der Literatur immer wieder als besonders konfliktanfällig beschrieben.[2] Es scheint jedoch eine Rolle zu spielen, in welchem Verhältnis die Stämme mit Blick auf das Unternehmen zueinander stehen. So kann beispielsweise vermutet werden, dass Stammeskonstellationen, die aus Geschwister- oder Partnergründungen resultieren, ganz andere kommunikative Merkmale und Stabilitätsmuster ausgebildet haben als diejenigen, die sich im Anschluss an eine Einzelgründung ergeben haben. In den beiden erstgenannten Fällen scheint bereits zu Anfang gegenseitiger Respekt gewährt zu werden, weil jeder Stamm weiß, was der andere von Anfang an für das Unternehmen geleistet hat und in welcher eingeschliffenen und erprobten gegenseitigen Abhängigkeit man sich schon immer befindet.

3.2.7. Organisationale Spezifika von komplexen Unternehmensfamilien

Die vorliegende Arbeit wird sich im Weiteren vorwiegend mit Unternehmensfamilien komplexeren Typs[3] befassen. Hierzu gehören

---

[1] Das Beispiel wurde entnommen aus [Wimmer, R., Groth, T., & Simon, F. B. (2004): Erfolgsmuster von Mehrgenerationen-Familienunternehmen], S. 64 f.

[2] So beispielsweise bei [Hennerkes, B.-H. (1998): Familienunternehmen sichern und optimieren.], S. 75, [Terberger, D. (1998): Konfliktmanagement in Familienunternehmen: Ein eignerorientiertes Konzept zur professionellen Konfliktbewältigung in Familienunternehmen], S. 71 ff., [Hennerkes, B.-H. (2004): Die Familie und ihr Unternehmen: Strategie, Liquidität, Kontrolle] , S. 56 ff., [Klein, S. B. (2004): Familienunternehmen – Theoretische und empirische Grundlagen], S. 186 ff. und auch [Wimmer, R., Groth, T., & Simon, F. B. (2004): Erfolgsmuster von Mehrgenerationen-Familienunternehmen], S. 66.

[3] [Luhmann, N. (1984): Soziale Systeme: Grundriß einer allgemeinen Theorie], S. 46: „Als komplex wollen wir eine zusammenhängende Menge von Elementen bezeichnen, wenn auf Grund immanenter Beschränkungen der Verknüpfungskapazität der Elemente nicht mehr jedes Element jederzeit mit jedem anderen verknüpft sein kann." Und weiter, ebd., S. 47: „Komplexität in dem angegebenen

Großfamilien, dynastische und mehrstämmige Familien.[1] Im Gegensatz zur Kleinfamilie ergeben sich insbesondere bei diesen Familienformen elementare Unterschiede und organisatorische Anforderungen, deren angemessene Erfüllung über die Stabilität und Vitalität der Familie als Unternehmensfamilie mitentscheidet. Hierzu WIMMER, GROTH und SIMON:[2]

> „Diese Strukturen benötigen [...] die Etablierung einer Reihe organisatorischer Ordnungsprinzipien, deren Aufbau und Pflege nur gelingt, wenn die drei Systeme [Anm.d.V.: Unternehmen, Familie und Gesellschafter] in dieser Frage zusammenwirken. [...] Wenn hier nicht ein extra-familialer Grund für den Zusammenhalt der Familie aufgebaut wird, ist das Überleben der Großfamilie äußerst unwahrscheinlich."

Die typischen Organisationsbedürfnisse von Großfamilien, die zuvor bereits angeklungen sind, entfallen bei der Kleinfamilie. Diese muss nur begrenzt aktiv für den Zusammenhalt zwischen den Familienmitgliedern sorgen (es sind nicht Hunderte), auch müssen keine Abstimmungen mit einem anderen Stamm oder einem anderen Fa-

---

Sinne heißt Selektionszwang, Selektionszwang heißt Kontingenz, und Kontingenz heißt Risiko. Jeder komplexe Sachverhalt beruht auf einer Selektion der Relationen zwischen seinen Elementen, die er benutzt, um sich zu konstituieren und zu erhalten." [Luhmann, N. (1984): Soziale Systeme: Grundriß einer allgemeinen Theorie]. Dieses „auch anders möglich sein" bezeichnen wir mit dem traditionsreichen Terminus Kontingenz."

[1] GERSICK bietet hierzu den Begriff der *Netzwerkfamilie* als netzartiges Konstrukt zwischen unterschiedlichen Kleinfamilien an. Der Ansatz der Netzwerktheorie sollte in jedem Fall verfolgt werden, um mehr über die Spezifika von Mehrgenerationen-Unternehmensfamilien herauszufinden. GERSICK verwendet den Begriff jedoch in keinem wissenschaftlich fundierten Kontext, weswegen im Weiteren hiervon kein Gebrauch gemacht wird. Vgl. hierzu [Gersick, K. E. (2002): Staying connected while growing apart] und weiterführend [Gersick, K. E. (2002): Part II: Governance in the Evolving Business Family] sowie für ähnliche Ansätze: [Jaffe, D. T., & Lane, S. H. (2004): Sustaining a Family Dynasty: Key Issues Facing Complex Multigenerational Business- and Investment-Owning Families].

[2] [Wimmer, R., Groth, T., & Simon, F. B. (2004): Erfolgsmuster von Mehrgenerationen-Familienunternehmen], S. 11.

milienteil vorgenommen werden. Die Kleinfamilie benötigt daher in der Regel keine elaborierten Regularien, um kommunizieren zu können. Dies mag sich zwar in Adelsfamilien, die nach der Thronfolger-Regelung vererben, aber dennoch eine Großfamilie mit hundert oder mehr Familienmitgliedern pflegen, anders verhalten. Derartige Sonderfälle sind jedoch unter die Großfamilie zu subsumieren, auch wenn sich aus der Logik der Anteilsvererbung eine andere Einordnung ergeben würde.[1]

Die beschriebenen Formen komplexer Familiensysteme sind also typischerweise auch Mehranteilseigner-Unternehmensfamilien, bei denen mehrere Personen Anteile am Unternehmen halten. Ihnen ist gemeinsam, dass sie mit zunehmendem Alter und wachsender Größe auf bestimmte Fragen stoßen, die sich in Nicht-Unternehmensfamilien in dieser Form normalerweise nicht stellen. Deren regelmäßige Bearbeitung ist die Grundlage für eine nachhaltig stabile Familie und somit auch für eine stabile, wechselseitig fruchtbare Beziehung zwischen Unternehmensfamilie und Familienunternehmen.[2]

3.2.7.1. Grenzen der Familie

Ein problematischer Aspekt, der im Laufe von Generationen bei wachsenden und sich intern verzweigenden Unternehmensfamilien typischerweise beobachtet werden kann, ist die Frage nach der Grenze der Familie.[3] Hier wird, häufig sogar in einer niedergeschriebenen Familienverfassung rechtlich fundiert, festgelegt, wer eigentlich zur Unternehmensfamilie zu zählen ist und wer nicht. Ist Teil der Un-

---

[1] So zelebrieren die beiden fürstlichen Linien Castell-Castell und Castell-Rüdenhausen, obgleich jeweils nur ein Familienmitglied eines Stammes 50% der Anteile an der Fürstlich Castell'schen Bank Credit-Cassa hält, dennoch den Zusammenhalt ihrer jeweiligen Großfamilien. Vgl. hierzu beispielsweise [Castell'sche Kanzlei (2003): Casteller Nachrichten].

[2] Hierzu [Whiteside, M. F., Aronoff, C. E., & Ward, J. L. (1993): How Families Work Together], S. 2: „A strong cohesive family brings a multitude of potential strengths to a business."

[3] So beispielsweise bei [Berenbeim, R. E. (1990): How Business Families Manage the Transition from Owner to Professional Management], S. 103 f.

ternehmensfamilie, wer direkter Nachfahre eines Gründers ist? Zählen die Ehepartner dieser Nachkommen auch dazu oder nur deren Kinder? Ist dabei die Blutsverwandtschaft ausschlaggebend oder sind auch Adoptivkinder eingeschlossen? Sind Kuckuckskinder ein Thema? Wie werden eheähnliche Lebensgemeinschaften behandelt? Spielt es eine Rolle, wie lange eine außereheliche Partnerschaft bereits besteht? Werden gleichgeschlechtliche Lebenspartner ebenso behandelt wie Ehegatten? Welche Bedeutung hat es, wer Anteile am Unternehmen hält und wer nicht? Ist relevant, ob eine Person, eingeheiratet oder als direkter Nachkomme eines Gründers, im Unternehmen arbeitet? Welchen Status haben Schwiegereltern, geschiedene Ehepartner, Kinder aus erster Ehe oder mittlerweile verwitwete, ehemals jedoch eingeheiratete Personen?

Da es, wie oben gesehen, schon für den klassischen Familienbegriff keine einheitliche, tragfähige Definition gibt, kann eine solche für Unternehmensfamilien natürlich auch nicht erwartet werden. So kann bei Mehrgenerationen-Unternehmensfamilien auch beobachtet werden, dass die jeweiligen Regelungen höchst individuell ausfallen und sich über die Zeit möglicherweise verändern. Beispielsweise bestimmen die einen nur direkte Nachfahren eines Gründers als Familienmitglieder und integrieren Partner nur dann, wenn die Ehe bereits eine Mindestzahl an Jahren Bestand hatte, während andere Familien sich dafür entscheiden, die Kriterien weicher zu formulieren.

In manchen Unternehmensfamilien, typischerweise solchen größeren Ausmaßes, sind Binnendifferenzierungen charakteristisch. Es bilden sich gewissermaßen Subgrenzen, beispielsweise entlang der eingebundenen Kleinfamilien, häufig jedoch auch entlang von Stammesgrenzen.[1] Insbesondere in rivalisierenden oder konkurrierenden mehrstämmigen Familien findet eine nicht zu unterschätzende gegenseitige Beobachtung statt. Hierdurch werden die eigenen Grenzen zu den „anderen“ stets aktuell gehalten, was für jeden Teil ausgesprochen identitätsstiftend sein kann. Dies kann im Extremfall dazu führen,

---

[1] Zum näheren Verständnis von mehrstämmigen Familien siehe weiter oben Kap. 3.2.6. Formen von Mehrgenerationen-Unternehmensfamilien, S. 195 ff.

dass man sich über die Negation des Systems in der eigenen Umwelt definiert, also sich stets für das hält, was die anderen nicht sind. Insbesondere im Falle notwendiger Entscheidungen bei Gesellschaftertreffen oder strategischen Fragestellungen kann dieses Muster überlebenskritisch werden.

3.2.7.2. Institutionen der Familie

Die Klärung der Mitgliedschaft in einer Unternehmensfamilie hat in vielerlei Hinsicht wichtige Konsequenzen. Parallel zum zahlenmäßigen Wachstum und der damit einhergehenden Binnendifferenzierung der Familie etablieren sich im Allgemeinen Institutionen unterschiedlichen Typs, um verschiedene Aufgaben innerhalb der Familie zu übernehmen. So finden regelmäßig diverse Familienfeste statt,[1] beispielsweise das jährliche Großfamilientreffen am ersten Juniwochenende oder die jährliche Fahrt von jungen Familienmitgliedern zu einer ausländischen Tochtergesellschaft. Ebenso bilden sich, je nach Familienstruktur, Gremien zur Stabilisierung und routinemäßigen Abwicklung von Gesellschafterkommunikation (Gesellschafterrat; Beirat o.ä.) sowie Einrichtungen zur kontinuierlichen Behandlung familiärer Anliegen (Familienrat) wie beispielsweise der Fürsorge für junge und neue Familienmitglieder, der Protegierung junger Familienmitglieder bei der Karriereplanung, der Organisation familiärer Zusammenkünfte aber auch der Konfliktbearbeitung bei aufkommenden Zwistigkeiten, Regelungen zur Mitarbeit von Familienmitgliedern im Unternehmen usw. Für Institutionen, die sich vornehmlich mit Finanz-, Vermögens- oder Steuerangelegenheiten sowie den damit einhergehenden administrativen und operativen Aufgaben beschäftigen, wird die Bezeichnung *Family Office* verwendet.[2] Para-

---

[1] Vgl. hierzu [Aronoff, C. E., & Ward, J. L. (1992): Family Meetings: How to build a Stronger Family and a Stronger Business].

[2] Die Dienste eines Family Office werden manchmal auch von externen Dienstleistern (Spezialabteilungen von Banken, Vermögensverwaltern, etc.) für die Familie erbracht. Der Aufgabenbereich kann von Fall zu Fall variieren, so zählen einige Family Offices auch nichtfinanzielle Angelegenheiten wie die Organisation von Familientreffen oder Konfliktmanagement zu ihren Aufgaben. Zum

doxerweise gibt sich die Familie organisationale Strukturen und formalisierte Regeln, um die informelle Kommunikation, die Herstellung von Vertrautheit und Vertrauen,[1] kurzum: die Familienkommunikation, aufrechterhalten zu können.[2]

3.2.7.3. Grad der Formalisierung

Hierzu zählt ohne Frage auch die Auseinandersetzung mit dem Formalisierungsgrad familialer Kommunikation. Typischerweise findet in Familien vor allem mündliche Kommunikation statt. Sie reicht aus, um am Frühstückstisch Familie zu reproduzieren und ist manchmal ausgesprochen nützlich, weil mit dieser Kommunikationsform meist eine geringe Verbindlichkeit von Gesagtem verbunden wird. Besprochenes ist schnell vergessen, Geschriebenes nicht. So müssen sich Unternehmensfamilien mit der Differenz von mündlicher und schriftlicher Kommunikation ebenso auseinandersetzen wie mit der Ausbalancierung von formalisierten und informellen Strukturen. Würde sich die Familie mit dem Familienrat verwechseln, bliebe nicht mehr viel an Familienkommunikation übrig. Denn dort, wie auch in anderen Gremien und Institutionen, kommt man häufig nicht umhin, sich über Tagesordnungspunkte zu verständigen, das Gesagte im Ergebnis oder im Ablauf zu protokollieren und vor- oder nachgelagerte Diskussionen schriftlich zu führen, damit sie für andere nachvollziehbar bleiben. Dennoch ist es auch wichtig, parallel hierzu unstrukturierte, informelle und zweckfreie Kommunikation zu fördern, um die Unternehmensfamilie als Familie zu pflegen. Hierzu dienen in der Regel Familientreffen, aus denen manchmal Unternehmensthemen gezielt ausgeklammert werden, indem Gesellschaftersitzungen regelmäßig zu anderen Zeitpunkten und an anderen Orten

Family Office vgl. [Murray, B., Gersick, K. E., & Lansberg, I. (2001): From Back Office to Executive Suite – The Evolving Role of the Family Office.].

1 Zum Unterschied von Vertrautheit als vergangenheitsorientiertem Begriff und Vertrauen als zukunftsgerichtetem Begriff vgl. [Luhmann, N. (1968): Vertrauen. Ein Mechanismus der Reduktion sozialer Komplexität.], S. 20 ff.

2 So bei [Simon, F. B. (2002): Die Familie des Familienunternehmens: Besonderheiten der Familiendynamik], S. 48.

stattfinden. Stattdessen wird versucht, durch gemeinsame Aktivitäten wie Reisen, Besichtigungen oder andere Angebote die „sonstige" Kommunikation anzuregen und somit für die Reproduktion familiärer Kommunikation und zugleich eigener Geschichtsbildung zu sorgen.

3.2.7.4. Funktion der Familie

In langlebigen Unternehmensfamilien ist darüber hinaus die Frage nach der Funktion der eigenen Familie von nicht zu unterschätzender Relevanz. Wofür sind wir da? Für welche Werte stehen wir? Welche gemeinsamen Ansichten prägen die eigene Familie? Familien zeichnen sich typischerweise gerade dadurch aus, dass sie keiner gesellschaftlichen Aufgabenerfüllung unterliegen, sondern ausschließlich ihren eigenen Mitglieder nutzen. Die Familie informiert, wie oben gezeigt,[1] ihre Mitglieder kontinuierlich über diese selbst.

In Unternehmensfamilien ist festzustellen, dass diese Selbstverständlichkeit nicht automatisch gilt. Hier scheint es nicht auszureichen, die Familie durch ihre ureigenste Kommunikation kontinuierlich zu reproduzieren. Wo große Familien mit hundert und mehr Mitgliedern entstehen, konstituieren sich in den jeweiligen Kernfamilien eigene Identitätsmuster, die in der Regel nicht miteinander übereinstimmen. Somit stellt sich bei zunehmender Größe und zunehmendem Alter der Familie die Frage nach der Identität der Großfamilie, nach ihrem Zweck und ihrer Differenz zur eigenen Umwelt (Familienunternehmen, lokale Öffentlichkeit, Medien etc.). Die wiederholte gemeinsame Bearbeitung dieser Fragen ist eines der wichtigsten Elemente einer stabilen Unternehmensfamilie. Hierfür werden gemeinsam beispielsweise Familienverfassungen[2] erstellt und regel-

---

1 Vgl. hierzu weiter oben Kap. 3.2.3. Spezifika familiärer Kommunikation, S. 183 ff.

2 Eine Auflistung möglicher Inhalte einer Familienverfassung findet sich beispielsweise bei [May, P. (2001): Lernen von den Champions: Fünf Bausteine für unternehmerischen Erfolg], S. 197.

mäßig aktualisiert, Familienstrategien[1] erarbeitet und die familiären Werte sowie das eigene Selbstverständnis samt der Aufgaben, die man sich selbst zuspricht, im Rahmen einer Familienvision schriftlich festgehalten.

So gibt es Familien, die ihr Selbstverständnis auf die Wahrnehmung einer regionalen Verantwortung gründen (Sicherung von Arbeitsplätzen, Schaffung und Unterstützung von sozialen Strukturen wie Kindergärten, Schulen, Altenpflege, Mitarbeit in politischen Gremien und religiösen Institutionen) oder ihre Gemeinsamkeit in der Aufrechterhaltung des Unternehmerischen in der eigenen Familie sehen. Hier kommt es möglicherweise zu weiteren zielgerichteten Investitionen oder gar zum Handel mit Unternehmen durch die Familie.[2] Wieder andere Familien finden ihr Selbstverständnis in der Aufrechterhaltung einer gesellschaftlichen Tradition oder Erfüllung gesellschaftlicher Aufträge wie beispielsweise Bildung, für die man sich sowohl als Unternehmens *als auch* als Familie, beispielsweise durch Familienstiftungen, einsetzt.

Im Kern all dieser Aktivitäten liegt die Aufrechterhaltung, also die Reproduktion der Familie selbst. Nur durch Aufrechterhaltung ihrer eigenen, spezifischen Kommunikation kann sich die Familie selbst erkennen und von ihrer Umwelt abgrenzen. Nur durch Mitglieder die kommunizieren und über die kommuniziert werden kann, kann

---

1 Vgl. hierzu [Baus, K. (2003): Die Familienstrategie: Wie Familien ihr Unternehmen über Generationen sichern] oder auch [May, P. (2001): Lernen von den Champions: Fünf Bausteine für unternehmerischen Erfolg], S. 161 ff.

2 [Habbershon, T. G., & Pistrui, J. (2002): Enterprising Families Domain: Family Influenced Ownership Groups in Pursuit of Transgenerational Wealth] nennen diesen Typus *enterprising families*. Diese Familien zeichnen sich dadurch aus, dass unternehmerische Aktivitäten forciert werden und die Familie zugleich als Investorenfamilie agiert, so dass vornehmlich Fremdmanagement in den Unternehmen akzeptiert wird. Haniel ist beispielsweise eine solche Familie, die im Grunde mit Unternehmen handelt. (Vgl. [Wimmer, R., Groth, T., & Simon, F. B. (2004): Erfolgsmuster von Mehrgenerationen-Familienunternehmen], S. 51). Weiterführendes zu Unternehmensfamilien als „Investorenfamilien" findet sich bei [Jaffe, D. T., & Lane, S. H. (2004): Sustaining a Family Dynasty: Key Issues Facing Complex Multigenerational Business- and Investment-Owning Families].

die Familie als komplexes soziales Konstrukt weiter bestehen. Als letztendlicher Zweck der Familie ist also ihr eigenes Überleben anzusehen, das ohne Frage wahrscheinlicher wird, wenn sich die familiäre Kommunikation in solchen undurchschaubaren Gebilden selbst ausdifferenziert und somit kontinuierlich reproduziert.

3.2.7.5. Repräsentanz der Familie

Ein abschließend notwendigerweise zu nennendes Spezifikum, mit dem sich Unternehmensfamilien auseinandersetzen müssen, ist ihre eigene Repräsentanz gegenüber ihrer Umwelt und hier speziell gegenüber dem Unternehmen. Langlebige Familienunternehmen haben erkannt, dass eine Klärung der Repräsentation sowohl der Familie wie auch dem Unternehmen hilft, ein fruchtbares Miteinander herzustellen. Hiermit soll beispielsweise vermieden werden, dass Gesellschafter oder nicht am Unternehmen beteiligte Familienmitglieder auf informellem Wege, sozusagen an der Informationshierarchie vorbei, auf das Unternehmen zugreifen. Der Schaden der entstehen kann, wenn ein Familienmitglied unabgesprochen im Unternehmen Informationen einholt, Anweisungen gibt oder gar wichtige Entscheidungen trifft, ist nicht zu unterschätzen. Wie soll ein Mitarbeiter reagieren, wenn er von einem Mitglied der Eignerfamilie um einen Gefallen oder eine Information gebeten wird? Für ihn ist die Familie erst einmal undurchschaubar, er kann nicht erkennen, ob die Anfrage oder Anweisung nun legitimiert „von ganz oben" kommt oder nicht. Ebenfalls wird ihm unklar sein, wie die Sanktionen im Falle der Nichterfüllung aussehen könnten, schließlich hat nicht er allein über seine weitere Mitgliedschaft in der Organisation zu entscheiden.

Neben einem Verlust an gegenseitiger Vertrautheit von Unternehmen und Familie[1] kann es bei derartigen Vorfällen schnell zu Misstrauen innerhalb der Familie kommen, zu unterstellten Informationsasymmetrien und anschließend zu dem Verdacht, bei anstehenden Entscheidungen übervorteilt zu werden. Es geht also darum, nicht nur innerhalb der Familie für geklärte Verhältnisse zu sorgen,

[1] Vgl. hierzu weiter oben Kap. 3.1.3. Vertrauen und Misstrauen, S. 168 ff.

sondern auch dem Unternehmen klare Ansprechpartner anzubieten. Solange das Unternehmen durch Mitglieder der Unternehmensfamilie geführt wird, entsteht an diesem Punkt meist wenig Konfusion, schließlich sitzt ein „Insider" der Unternehmensfamilie auch im Familienunternehmen und weiß unterschiedliche Familienmitglieder und deren Legitimation einzuschätzen. Jedoch kann auch in diesem Fall nicht automatisch davon ausgegangen werden, dass es keine informellen Verbindungen von Familienmitgliedern zu Mitarbeitern gäbe, die unternehmensintern zu Verwirrung, heimlichen Entscheidungen oder ungewollten Informationsflüssen führen können.

Prekär kann eine ungeklärte Repräsentation der Unternehmensfamilie gegenüber dem Familienunternehmen insbesondere dann werden, wenn das Unternehmen durch ein Fremdmanagement geführt wird. Schließlich kann diesem kaum zugemutet werden, sich seine Ansprechpartner in der Familie selbständig suchen zu müssen, beispielsweise um wichtige Fragen und anstehende Entscheidungen zu klären.[1]

Ebenso wie die Repräsentation der Familie gegenüber dem Unternehmen ist ihre Repräsentation gegenüber der interessierten Öffentlichkeit zu klären. Wer kümmert sich um Anfragen der lokalen Presse? Wer entscheidet über Umfang und Inhalt einer angefragten Berichterstattung in den massenmedialen Sammelwerken?[2] Wer vertritt

[1] Dies können die üblichen Gesellschafterentscheidungen sein (Ausschüttung, langfristige Investitionsvorhaben und strategische Ausrichtung, Akquisitionen etc.), es kann aber ebenso um kleine Aspekte gehen. Hierzu zählt beispielsweise das Abklären von Statements gegenüber den Medien und der Öffentlichkeit, die Akzeptanz von Kunden in Segmenten oder Ländern, die dem familiären Wertekontext zuwider laufen könnten (beispielsweise Tabak-, Rüstungs- oder Pornoindustrie oder Geschäfte mit Schurkenstaaten, der Mafia oder Unternehmen der Bin-Laden-Familie). Vgl. die Äußerung eines amerikanischen Produzenten bei [Berenbeim, R. E. (1990): How Business Families Manage the Transition from Owner to Professional Management], S. 92-94, Pkt. Nr. 10: „Planned Company growth should not be made dependent upon military markets."

[2] Vgl. hierzu [Biallo, H. (1993): Die geheimen deutschen Weltmeister: Mittelständische Erfolgsunternehmen und ihre Strategien], [Dunsch, J. (1996): An den Schalthebeln der Wirtschaft: 33 Unternehmerfamilien im Portrait] und auch

die Familie in lokalen Gremien und bei repräsentativen Anlässen in der Stadt? Was darf und soll an Interna berichtet werden, was nicht? Langlebige Unternehmensfamilien haben hierfür ihre eigenen Regeln, Mechanismen, Rollen oder Institutionen gebildet. Einige haben einen Familiensprecher, der demokratisch gewählt ist, andere haben diese Aufgabe an den Vorsitz des Familienrats gekoppelt oder eine Ältesten-Regelung ausgebildet, nach der die ultimative Repräsentation dem ältesten noch gesunden Familienmitglied zufällt.

3.2.8. Zwischenresümee zur Unternehmensfamilie

Zusammenfassend kann festgehalten werden, dass in Unternehmensfamilien, insbesondere wenn sich komplizierte Systeme wie mehrstämmige Familien, Groß- oder dynastische Familien ergeben, in unterschiedlichen Facetten die Notwendigkeit einer ausgefeilten und routinierten Handhabung der oben beschriebenen Spezifika besteht. Dabei geht es neben den Aufgaben, die in der Unternehmensfamilie zu bearbeiten sind (Familienverfassung, Familienstrategie, geteilte Vision und Wertegerüst, familiäre Regeln und Prinzipien, Aufgaben der Familie gegenüber dem Unternehmen und der Öffentlichkeit, etc.),[1] letztendlich um die Aufrechterhaltung und kontinuierliche Reproduktion einer stabilen Familie. Wichtige Elemente hierfür sind gegenseitiger Respekt,[2] offene Kommunikation untereinander, Zufriedenheit der Mitglieder sowie ein geteiltes Verständnis von Aufgaben und Werten in der Familie, für die Familie und gegenüber Dritten (Öffentlichkeit und Unternehmen).[3]

[Simon, H. (1996): Die heimlichen Gewinner (Hidden Champions): Die Erfolgsstrategien unbekannter Weltmarktführer].

[1] Hierzu weitaus detaillierter [Neubauer, F., & Lank, A. (1998): The Family Business: Its Governance and Sustainability], S. 71 ff., insb. S. 89.

[2] So [Lansberg, I. (2001): And when you finally reach the top ...].

[3] So auch die Forschungsergebnisse einer Studie mit 3.000 Familien. Siehe hierzu [Stinnett, N., & De Frain, J. (1985): Secrets of Strong Families], zitiert bei [Neubauer, F., & Lank, A. (1998): The Family Business: Its Governance and Sustainability], S. 72.

Vom Ausdifferenzierungsgrad der Unternehmensfamilie ist auch das zugehörige Unternehmen in erheblichem Maße betroffen. Für das Unternehmen ist im Umgang mit der Unternehmensfamilie wichtig zu wissen, woran es ist, wo also Misstrauen angebracht ist oder Verlässlichkeit erwartet werden darf. Dies gilt für Fragen zur Strategie, zu Investitionen, Ausschüttungen ebenso wie zur Außenkommunikation, zu Geschäftssegmenten und Weiterem. Das Unternehmen ist also darauf angewiesen, dass sich in der zu einem komplexen System anwachsenden Familie Mechanismen etablieren, mit deren Hilfe die Familie die Spezifika einer Unternehmensfamilie im Griff behält. In großen Familien können derartige Aufgaben zur Vollzeitbeschäftigung einiger weniger Familienmitglieder anwachsen oder aber auf die Schultern vieler Mitglieder verteilt werden. Mit welchen oder wie vielen Personen auch immer eine solche *Funktion* besetzt wird, klar ist, dass es sich um ein bewusst zu gestaltendes *Familienmanagement* auf der Familienseite handelt, das in dieser Form nur in Unternehmensfamilien vorzufinden ist.[1] In späteren Abschnitten wird weiterführend auf solche besonderen Formen zur Organisation von Familie eingegangen.

---

1 Ähnliche Ansätze gibt es z.T. auch in alten Adelsfamilien, die jedoch an vielen Punkten wiederum eigene Spezifika aufweisen. Zur Anschauung sei auf die oben erwähnten Adelsfamilien Castell-Castell und Castell-Rüdenhausen verwiesen, vgl. [Castell'sche Kanzlei (2003): Casteller Nachrichten].

3.3. Das Familienunternehmen: ein Unternehmen mit Familienanschluss

Es versteht sich von selbst, daß man nicht zugleich hohe Prinzipien und hohe Profite haben kann.
(Eberhard von Kuenheim, ehemaliger BMW-Chef)

Unternehmen als Wirtschaftsorganisationen wurden weiter oben schon detailliert diskutiert.[1] Es wurde gezeigt, dass Unternehmen eine Sonderform von Organisationen im Allgemeinen sind. Dabei sind Unternehmen als am Wirtschaftssystem ausgerichtete soziale Systeme zu verstehen, die sich wie jede andere Organisation auch über Entscheidungen, und nur über Entscheidungen, reproduzieren. Um Redundanzen zu vermeiden, beschränkt sich das vorliegende Kapitel auf die Spezifika von Familienunternehmen. Hierbei werden nach einem allgemeinen Blick auf das Phänomen *Familienunternehmen* diejenigen Unternehmensbereiche näher betrachtet, in denen die Familie typischerweise personell vertreten ist: Anteilseignerschaft, Führungspositionen und Kontrollgremien. Die unterschiedlichen Ausgestaltungsmöglichkeiten dieser verschiedenen Dimensionen sorgen bereits für einen großen Teil der Variationsbreite von Familienunternehmen und lassen zugleich erkennen, warum es *das* Familienunternehmen nicht geben kann. Denn in der Praxis treten die betreffenden Merkmale in unterschiedlichen Kombinationen auf.

Im Anschluss an die Darstellung dieser Variationsdimensionen und einem Zwischenresümee wird untersucht, welche Rolle die Familie in den unterschiedlichen Führungsdimensionen spielt.

3.3.1. Der Unterschied des Familienunternehmens

Familienunternehmen haben es in ihrer Systemumwelt mit einer Familie oder mehreren Familien zu tun, die zu dem Unternehmen in einem besonderen Verhältnis stehen. Dass in der Umwelt von Un-

---

[1] Vgl. hierzu Kap. 2.2.1. Organisation als soziales System, S. 78 ff.

ternehmen Familien vorzufinden sind, ist für Unternehmen im Allgemeinen, und so auch für korporative Unternehmen, nichts Besonderes: Bei diesen sind, sofern es für die Organisation von Belang ist, die Familien der jeweiligen Mitarbeiter oder Familien von Anteilseignern in ihrer Umwelt vorzufinden. Allerdings spielen sie für die Reproduktion der Organisation in der Regel keine große Rolle, was die Organisation dazu verleitet, solche Familien schlicht zu übersehen.[1]

Bei Familienunternehmen ist dies augenscheinlich seltener der Fall. Hier wird die Familie als relevante Umwelt des Unternehmens zur Kenntnis genommen und mit Blick auf diesen Zusammenhang manche Entscheidung ausgelöst, konditioniert oder vermieden. Die Unternehmensfamilien sind mit ihren Mitgliedern meist an solchen Stellen im Unternehmen anzutreffen, an denen Führungskommunikation im weitesten Sinne stattfindet, an denen also über Entscheidungen entschieden wird und die Entscheidung über Entscheidungsprämissen (inklusive der Stellenbesetzung, auch durch ein Familienmitglied!) verortet ist. Sie ist also häufig dort vorzufinden, wo intraorganisational in erheblichem Maße Macht verortet wird, wohin Entscheidungen über Rahmensetzungen delegiert werden und wo Führung eingefordert werden kann: an Stellen wie Anteilseigner, Geschäftsleitung, Beirat oder sonstigen Aufsichtsgremien.

Die Organisation hat damit offensichtlich einige Schwierigkeiten. Denn mit einer Familie, der eine eigene, gleichsam unvorhersehbare Eigendynamik unterstellt werden muss, ist ungleich schwieriger zu verfahren als nach *klassischen* Konzepten erwartet werden kann. So reicht es offensichtlich nicht aus, den Anteilseignern ausschließlich Renditeerwartungen zu unterstellen, denen man mit Auszahlung von

[1] Natürlich gibt es auch hier Ausnahmen: So richten Unternehmen z.B. temporäre Arbeitsbefreiungen für Mitglieder ein, wenn diese nachweislich Eltern werden. Auch Beratungsunternehmen und großen Anwaltskanzleien wird nachgesagt, besondere Vorsorge für Familien zu treffen, um die Mitarbeiter besser und länger an das Unternehmen binden zu können. Im Vergleich zur Beachtung einer Unternehmensfamilie durch ein Familienunternehmen sind dies jedoch Marginalien.

Dividenden oder mit nachweisbaren Wertsteigerungen der Anteile im Sinne des Shareholder Values entsprechen könnte. Zumindest kann sich das Unternehmen dadurch nicht gänzlich von sonstigen Einflussnahmen und weitergehenden Interessen der Anteilseigner befreien, so wie es bei anonymen Anteilseignern am Kapitalmarkt durch die Zahlung von Dividenden erreicht wird. Die generalisierten Erwartungshaltungen scheinen hier nicht stabil formuliert werden zu können. Ebenso schwierig ist der Umgang mit Mitarbeitern aus der betreffenden Familie. Auch hier kann alleinig über pekuniäre Entlohnung allein keine Autoritätsunterwerfung eingefordert werden, und eine Bindung der Mitgliedschaft lässt sich nicht dadurch erwirken, dass für die Zukunft langfristige Karrierewege aufgezeigt werden. Bei Personen, die sowohl Mitglied der Unternehmensfamilie wie auch des Familienunternehmens sind, können weitere Komplikationen vorkommen, die mit den klassischen Ansätzen des Personalmanagements nicht vollständig erfasst und bearbeitet werden können. Ähnliche Eigendynamiken ergeben sich entsprechend, wenn Beiräte oder sonstige Aufsichtsgremien nicht nur ihren erwartbaren Funktionen entsprechen und wenn sie nicht, wie sonst üblich, nach Kompetenzen besetzt werden, sondern aufgrund persönlicher Eitelkeiten, alter Konflikte oder mikropolitischer Schachzüge vielleicht nach Familienstämmen. Nicht selten ergeben sich dann in den Aufsichtsgremien von Familienunternehmen paradoxe Situationen. So werden diese Gremien mit Personen besetzt, die aufgrund ihrer Herkunft die gesetzten Aufgaben nur schwer erfüllen können (welcher Anteile haltende Sohn kontrolliert schon langfristig seinen Vater oder kritisiert ihn, ohne von diesem zur Raison gerufen und schlimmstenfalls ersetzt zu werden?). Oder es handelt sich, anders als in Aufsichtsgremien börsennotierter Unternehmen, um Personen, die das Handwerk des Unternehmens nicht ausreichend beherrschen, die ihnen zugedachte Funktion also nur mangelhaft ausführen können. Wer einen großen Teil der Unternehmensanteile erbt beispielsweise, begründet durch die Gleichbehandlung aller Kinder eines Unternehmers, sich jedoch (nur) für Musik, Kunst oder Erziehung interessiert, wird es schwer haben, dem Unternehmen ein guter Anteilseigner zu sein, der im Zweifel über kritische Fragen und Investitionsentscheidungen kompetent mitentscheiden kann.[1]

Allerdings, so muss konstatiert werden, kann die Nichtberechenbarkeit der Familie, mitsamt ihrer Eigendynamik und Weiterentwicklung, für die Reproduktion des Unternehmens auch eine Ressource darstellen. Denn die durch die Nichtberechenbarkeit der Familie entstehende Unsicherheit, sofern sie als solche erkannt wird, zwingt die Organisation, ständig neu zu entscheiden – sei es in Form bestätigender, revidierender, nachjustierender oder verschiebender Entscheidungen. Dies hält die Autopoiesis, also die Reproduktion von Entscheidungen durch Entscheidungen, aufrecht und somit die Organisation am Leben.

Bedrohlich wird es andersherum jedoch immer dann, wenn die Organisation bei der Auseinandersetzung mit dieser nie versiegenden Quelle an Unsicherheit vergisst, auch in anderen relevanten Umwelten nach Irritation, auf die hin entscheiden werden muss, Ausschau zu halten. Dann wird unter Umständen versäumt, sich in ausreichendem Maße mit Nutzenverschiebungen der eigenen Klientel zu beschäftigen, aufkommende Technologiealternativen unter dem Kalkül von Chance und Risiko sowie Kosten und Nutzen im Kontext des eigenen Produkts zu verrechnen, Konsequenzen schwindender Zahlungsmoral auf die eigenen Verpflichtungen hin zu kalkulieren etc. Kurzum: Die Familie des Familienunternehmens kann eine Organisation in sich selbst verwickeln, kann sie ablenken und somit ihre zukünftige Reproduktionsfähigkeit aufs Spiel setzen.[2] Praktisch geschieht dies durch familieninduzierte Konfliktlagen bei Stellenbeset-

---

[1] So berichten [May, P., Redlefsen, M., & Haller, J. (2004): Nicht aktive Gesellschafter in Familienunternehmen: Ergebnisse und Handlungsempfehlungen], S. 3, als Ergebnis einer empirischen Untersuchung zu nicht im Unternehmen mitarbeitenden Anteilseignern: „In weniger als der Hälfte der Familienunternehmen sind die nicht aktiven Gesellschafter in der Lage, den Jahresabschluss beurteilen zu können. In nur 28% der Familienunternehmen werden nicht aktive oder zukünftige Gesellschafter gezielt ausgebildet."

[2] Der Autor berichtet an dieser Stelle aus eigener Erfahrung!

zungen (Kompetenz oder Herkunft?), in der Rendite- und Ausschüttungspolitik (Wie viel kann das Unternehmen ausschütten? vs. Wie viel brauchen die Anteilseigner?), bei der strategischen Ausrichtung angesichts schwer kalkulierbarer und somit riskanter Unsicherheiten (notwendiges Wagnis zur Weiterentwicklung vs. Tendenz zur Risikominimierung?), beim Umgang mit der schwer beeinflussbaren, potentiell Nutzen ebenso wie Schaden stiftenden Reputation der Unternehmensfamilie in Wirtschaft, Medien und Gesellschaft (Autarkie des Unternehmens gegenüber der Familie vs. Bekenntnis zur Familie?).

3.3.2. Das Unternehmen und sein Kapital

Im Folgenden sollen in aller gebotenen Kürze einige unterschiedliche, aber häufig auftretende Dimensionen der kapitalseitigen Umwelt des Familienunternehmens und der dahinter stehenden Anteilseigner skizziert werden, um in weiteren Abschnitten typische Merkmale von familiärer Anteilseignerschaft, Unternehmensführung sowie Aufsichts- und Kontrollgremien entfalten zu können. Diese Ausführungen geben einen ersten Überblick über die empirisch beobachtbare Variationsbreite von Familienunternehmen entlang ihrer Kapitalstrukturierung.

Das klassische Verständnis des Familienunternehmens als Unternehmen, das von *einer* Familie gehalten wird, trifft bei sehr vielen Unternehmen zu. Dabei spielt es keine Rolle, ob es sich um eine Kleinfamilie, mehrstämmige oder Großfamilie handelt. Bei genauerer Betrachtung verzweigt sich die Kapitaleignerschaft insbesondere bei größeren und somit meist auch älteren Unternehmen. Bei ihnen sind nicht selten komplexe Konstellationen unterschiedlicher Anteilseigner vorzufinden, die im Folgenden nur skizzenhaft vorgestellt werden können.

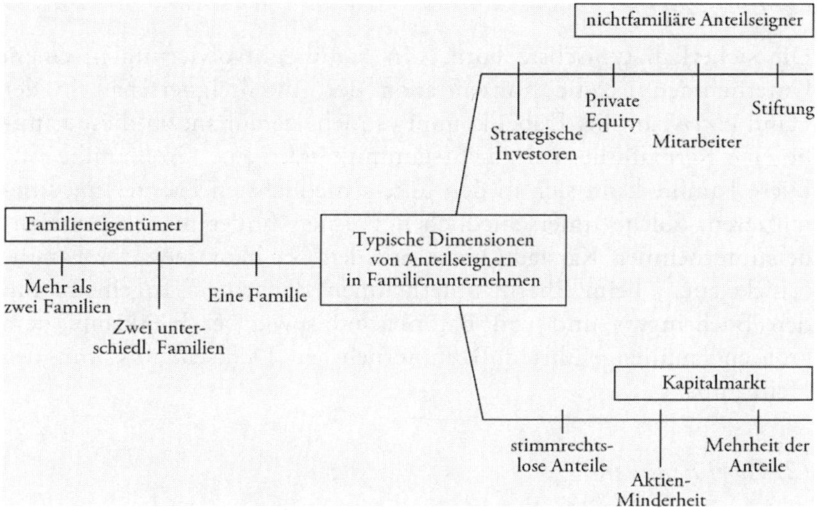

Abbildung 17: Drei typische Dimensionen von Anteilseignern in Familienunternehmen. Eigene Darstellung.

3.3.2.1. Familien als Eigentümer

Dass die Anteile zu großen Teilen von einer oder mehreren Familien gehalten werden, ist eines der zentralen Charakteristika von Familienunternehmen. Mit Blick auf die Unternehmensentwicklung kann dabei keine klare Antwort darauf gegeben werden, ob dies zum Wohl oder Wehe – oder zu keinem Unterschied – für das Unternehmen gereicht.[1] In der Praxis sind häufig verschiedene Familienkonstellationen vorzufinden, mit denen ein Unternehmen zu tun hat.

---

[1] Alle drei Möglichkeiten sind empirisch vorzufinden. Vgl. hierzu für einen ersten Überblick [Peng, M. W., & Jiang, Y. (2004): Family ownership and control in large corporations: The good, the bad, the irrelevant]. Zur weiteren Diskussion vgl. unterschiedliche Analysen, die meist auf der Principal-Agent-Theorie basieren, z.B.: [Schulze, W. S., Lubatkin, M. H., Dino, R. N., & Buchholtz, A. K. (2001): Agency Relationships in Family Firms: Theory and Evidence]; [Gomez-Mejia, L. R., Nunez-Nickel, M., & Gutierrez, I. (2001): The Role of Family Ties in Agency Contracts]; [Anderson, R. C., & Reeb, D. M. (2003): Who Monitors the Family?] u.a.

(1) Eine Familie

Die sicherlich typischste Form von Familieninvolvierung in einem Unternehmen ist die Konzentration der Anteilseignerschaft in der Hand *einer* Familie. Dabei kommt es nicht darauf an, ob diese Familie eine Kernfamilie, eine mehrstämmige oder eine Großfamilie ist.[1] Diese Familie kann sich in den unterschiedlichsten Facetten ausdifferenzieren. Solche unterschiedlichen Formen findet man beim Handelsunternehmen KarstadtQuelle mit den Nachkommen der Familie Schickedanz[2], beim Pharmaunternehmen Boehringer Ingelheim mit den Boehringers und von Baumbachs[3] sowie bei Heitkamp, dem größten familiengeführten Bauunternehmen Deutschlands, mit den Heitkamps.[4]

(2) Zwei Familien

Auf den ersten Blick weniger typisch, in der Praxis aber dennoch anzutreffen ist die Konstellation zweier voneinander unabhängiger Familien. Ein solches Arrangement geht typischerweise auf eine Part-

---

[1] Zu dieser Differenzierung, vgl. Kap. 3.2.6. Formen von Mehrgenerationen-Unternehmensfamilien, S. 195 ff.

[2] Nach dem Tod von Grete Schickedanz im Jahre 1994, die das Unternehmen seit dem Tod ihres Mannes (und Gründers) im Jahre 1977 geführt hatte, halten die Nachkommen (Bühler und Dedi/Riedel, mittlerweile in der dritten Generation) die Anteile in zwei Stämmen gepoolt. Vgl. [Goslich, L. (1996): Der Umbau bei Schickedanz ist ein Kraftakt. Das Versandhaus Quelle bleibt allerdings der Kern.], S. 54 f.

[3] Das von Albert Boehringer 1885 gegründete Unternehmen wird heute in der vierten Generation von drei Stämmen zu je einem Drittel gehalten. „Bei Abstimmung muß Einigkeit erzielt werden", so [Lill, U. (1996): Bescheidenheit und Disziplin als Erfolgsrezept. Der Pharmahersteller Boehringer Ingelheim bleibt seiner Linie treu.], S. 95.

[4] Das Unternehmen wurde 1892 genau dort gegründet, wo die Familie Heitkamp schon seit dem 13. Jahrhundert in Herne Felder bewirtschaftete. Die Zentrale des Unternehmens steht noch heute auf diesem Stück Land. Vgl. [Sturbeck, W. (1996): Übernahmespekulationen sind für Heitkamp nur leere Gerüchte. Das größte Bauunternehmen in Familienhand.], S. 100 f.

nergründung[1] des Unternehmens zurück, wenn sich beispielsweise ein Kaufmann und ein Ingenieur auf das gemeinsame Wagnis eingelassen haben. Gleich zwei Familien im Blick zu behalten kann für ein Unternehmen eine große Herausforderung darstellen.[2] Das gilt insbesondere deshalb, weil die beiden Familien sich unterschiedlich entwickeln. So kann eine differierende Kinderzahl in einer Generation langfristig eine unterschiedliche Entwicklung der Anteile verursachen, insbesondere dann, wenn keine Thronfolgerregelung gewählt wurde. Unterschiedliche Ausprägungsformen von Zweifamilien-Unternehmen finden sich beim Hausgerätehersteller Miele mit den Familien Miele und Zinkann,[3] beim Automobilzulieferer und Schließanlagenhersteller HuF mit den Nachfahren der Gründer Ernst Hülsbeck und August Fürst sowie im Hause des Hörgeräteherstellers Phonak mit den Familien Diethelm und Rihs.[4]

(3) Mehr als zwei Familien

Dass ein Unternehmen langfristig von mehr als zwei Familien gehalten und beeinflusst wird, mag höchst unrealistisch erscheinen, ist in der Praxis jedoch, wenn auch selten, zu finden. So ist beispielsweise SAP ein von drei Partnern gegründetes und über viele Jahre gemein-

---

[1] Vgl. hierzu weiter oben: Abschnitt (3) Partnergründung, S. 191.

[2] Siehe hierzu als Fallbeispiel [Nagel, R., Oswald, M., & Wimmer, R. (2002): AROMA – Zwei Familien und ein Unternehmen suchen ihre Zukunft. Zur Zukunftssicherung in Familienunternehmen.], wo beschrieben wird, welche Komplikationen und Abstsimmungsbedarfe es beispielsweise bezüglich der Nachfolgeregelung im Zweifamilienunternehmen geben kann.

[3] Vgl. hierzu [Helmer, W. (1996): Noch gelten die Grundsätze der Firmengründer. Seit fast hundert Jahren wird Miele von zwei Familien geführt.]. Das Unternehmen wird jeweils von einem Vertreter der Familie in der Geschäftsführung geleitet.

[4] Das Beispiel wurde entnommen aus [Klein, S. B. (2004): Familienunternehmen – Theoretische und empirische Grundlagen], S. 185. Dort finden sich auf den Seiten 184-186 weitere Einzelheiten zum Zweifamilien-Unternehmen.

sam geführtes Unternehmen,[1] ebenso wie das Unternehmen Metro, das von Otto Beisheim sowie den Familien Schmidt-Ruthenbeck und Haniel gemeinsam gehalten wird.

3.3.2.2. Nichtfamiliäre Investoren

Es kommt nicht selten vor, dass es neben der oder den Eigentümerfamilien weitere, nichtfamiliäre Anteilseigner gibt. Nachfolgend sind drei häufige Typen nichtfamiliärer Eigentümer beschrieben.

(1) Strategische Investoren

Zu der Gruppe der strategischen Investoren sind beispielsweise Beteiligungen von anderen Industrieunternehmen zu zählen. So hält z.B. beim bereits erwähnten Schließanlagenherstellen HuF die Firma Siemens VDO Automotive AG 25,1% der Anteile,[2] die Deutsche Bank ist Minderheitsgesellschafterin beim Versicherungsunternehmen Gerling, das von Dr. Rolf Gerling als Gründerenkel geführt wird.[3] Bei der Düsseldorfer SMS AG, einem der führenden Walzwerkbauer weltweit, ist die MAN AG mit 51% der Kapitalanteile und mit 50% der Stimmen beteiligt.[4] Obgleich derartige

---

[1] Vgl. hierzu [Klein, S. B. (2004): Familienunternehmen – Theoretische und empirische Grundlagen], S. 184.

[2] Vgl. hierzu die Selbstdarstellung der Firma Hülsbeck und Fürst GmbH & Co. KG / Huf International GmbH sowie deren Internetpräsenz, die unter www.huf.de zu finden ist.

[3] In den frühen 1970er Jahren wurde bereits die Mehrheit des Unternehmens an Dritte verkauft (Züricher Versicherung u.a.), weil die Belastungen aus der Herstatt-Pleite von Gerling nicht verkraftet werden konnten. Erst Ende der 1970er Jahre konnte Hans Gerling wieder die Mehrheit der Anteile zurückkaufen. Zwischenzeitlich wurden noch einmal 30% der Anteile an die Deutsche Bank verkauft, die später wieder zurück erworben wurde. Dr. Rolf Gerling, der Gründerenkel, hält heute 94% der Firmenanteile, die Deutsche Bank AG hat nach wie vor eine Minderheitsbeteiligung. Vgl. hierzu auch [Sturbeck, W. (1996): Gerling mußte schon zahlreiche Klippen umschiffen. Die Versicherungsgruppe will den Freiraum für Ungewöhnliches bewahren.], S. 69 f.

[4] Die Verbindung ergab sich aus der Fusion zweier Unternehmen Anfang der 1970er Jahre. Diese recht ungewöhnliche Partnerschaft von Familienunterneh-

Beteiligungen mengenmäßig eher untypisch sind, mag es für manche Unternehmen dennoch sinnvoll sein, beispielsweise ihre Vertriebspartner (Gerling) oder Wertschöpfungspartner (HuF) zu beteiligen. Für die Unternehmensführung wird es sehr wohl einen Unterschied machen, ob man es „nur" mit einer bzw. zwei Familien zu tun hat oder ob, wie im Falle HuF, industrielle Investoren mit am Tisch sitzen, welche die Geschicke und Strategien des Unternehmens mitbestimmen und möglicherweise divergierende Ansprüche an die Refinanzierungsfristen von Investitionen oder die Renditen auf das eingesetzte Kapital geltend machen.

(2) Private Equity

Solche zusätzlichen, mit einzukalkulierenden Ansprüche, Blickwinkel und unterstellten Erwartungshaltungen ergeben sich auch, wenn institutionelle Investoren oder Private Equity Gesellschaften mit im Boot sitzen. Insbesondere als Reaktion auf die Verknappung und risikoadäquate Verzinsung von Fremdkapital, die nach der Einführung von Basel II entstand, entwickelten,[1] und entwickeln sich noch immer, alternative Kapitalisierungsformen zum klassischen Bankkredit.[2] Allerdings ist die Finanzierungsform „Private Equity" bei Familienunternehmen nur wenig beliebt. So zeigte eine Studie von KPMG, dass sich die Mehrheit aller befragten Familienunternehmen nur dann zur Aufnahme familienfremden Eigenkapitals durchringen

---

men einerseits und Konzern andererseits, die sich zudem die Stimmrechte im Verhältnis 50% : 50% teilen, hat sich gut bewährt. Vgl. hierzu [Koch, B. (1996): Gelungene Verbindung von Familie und Industriekonzern. An Schloemann Siemag hält die Familie Weiss die Hälfte der Stimmen und 40 Prozent des Kapitals.], S. 85 ff.

1 So auch [Picot, G. (2004): Private-Equity – Alternative Finanzierung für den Mittelstand], S. 147: „ Der Wandel der Kapitalmärkte und Basel II dürften dazu beitragen, dass Private Equity in den nächsten Jahren für eine zunehmende Zahl von Mittelständlern als ernsthafte Alternative zur Fremdfinanzierung in Betracht kommt."

2 Vgl. [Beck, O., & Kolbeck, C. (2004): Kreditrating im Wandel: Implikationen für die Beziehung von Banken und Unternehmen], S. 31.

könnte, wenn die Existenz des Unternehmens wirklich bedroht wäre.[1] Im gleichen Tenor stellt, Max Burger-Calderon, Gründungspartner bei APAX Partners in Deutschland, fest:[2]

> „Private Equity wird nach wie vor von weiten Teilen familiengeführter Unternehmen abgelehnt und – wenn überhaupt – nur als Finanzierungsalternative für sehr spezifische Umbruchsituationen, beispielsweise bei Nachfolgeproblemen, in Betracht gezogen."

Zwar gibt es Familienunternehmen, die zur Finanzierung von Investitionen oder Expansionen auf Private Equity zurückgreifen, doch eine beliebte Finanzierungsform ist es bislang zumindest noch nicht.[3]

(3) Mitarbeiter

Ein häufig diskutierter Aspekt ist die Mitarbeiterbeteiligung. Seitdem in börsennotierten Unternehmen zunehmend Mitarbeiter, insbesondere leitende Angestellte, zumindest teilweise mit Unternehmensan-

---

[1] Vgl. [KPMG, Finance, Apax Partners, & WestLB (2004): Unabhängig erfolgreich. Wachstums- und Finanzierungsstrategien von großen Familienunternehmen.]. Würde dieser Fall eintreten, so die Ergebnisse der Studie weiter, würde die Mehrheit einen strategischen Investor allen anderen Kapitalgebern vorziehen, wobei Beteiligungskapital von einem Finanzinvestor (Private Equity) dem Börsengang noch deutlich vorgezogen wurde. Hierzu auch Dr. Hans-Peter Wild, geschäftsführender Gesellschafter der WILD-Werke: „Bisher haben wir noch jede Akquisition finanzieren können." [Strick, S. (2004): Bekennende Patriarchen: Deutschlands große Familienunternehmen – erfolgreich ohne Kapitalmarktstrategie].

[2] Vgl. hierzu [KPMG, Finance, Apax Partners, & WestLB (2004): Unabhängig erfolgreich. Wachstums- und Finanzierungsstrategien von großen Familienunternehmen.].

[3] Eine Übersicht zu Gestaltungsformen und Konsequenzen der Finanzierung von Familienunternehmen durch Beteiligungsgesellschaften findet sich bei [Achleitner, A.-K., & Achleitner, P. (2000): Die Finanzierung von Familienunternehmen durch Beteiligungsgesellschaften]. Zu einer Übersicht unterschiedlicher alternativer Finanzierungsformen für Familienunternehmen vgl. [Hennerkes, B.-H. (2004): Die Familie und ihr Unternehmen: Strategie, Liquidität, Kontrolle], S. 357.

teilen entlohnt werden, wächst die Diskussion hierüber auch im Hinblick auf Familienunternehmen.[1] Dieser Trend gewann insbesondere durch die Diskussion über den Shareholder Value und die daran anschließende Diskussion geeigneter Steuerungsmodelle, wie beispielsweise das *Economic Value Added*-Konzept (EVA), erheblichen Aufschwung.[2] Man vermutete, dass sich durch die Beteiligung der Mitarbeiter deren Motivation in Richtung Werterzielung steigern ließe. Diese Form ist jedoch bei Familienunternehmen in vielerlei Hinsicht problematisch: Zum einen ist die Eigentümerfamilie in der Regel bestrebt, die Anteile zusammenzuhalten. Zum anderen lässt die Tatsache, dass erfolgreiche Familienunternehmen häufig über eine erhebliche Eigenkapitalquote verfügen und zudem nicht an kurzfristiger Renditemaximierung interessiert sind, rechnerisch keine besonders attraktive Eigenkapitalrendite zu.[3] Auch ist die zugrundeliegende Annahme, dass Menschen tatsächlich ausschließlich nutzenmaximie-

---

[1] Vgl. hierzu beispielsweise das Kapitel „Just Rewards: Compensation And Incentives For Non-Family Executives" bei [Aronoff, C. E., & Ward, J. L. (2000): More than Family: Non-Family Executives in the Family Business], S. 41 ff., oder, aus dem Fundus an Erfahrungen mit deutschen Familienunternehmen schöpfend,: [Hennerkes, B.-H. (2004): Die Familie und ihr Unternehmen: Strategie, Liquidität, Kontrolle], S. 377 ff.

[2] Zu einer Einführung in dies auf Gesamtkapitalrendite ausgerichtete Konzept siehe [Stern, J. M., & Shiely, J. S. (2001): The EVA challenge: implementing value added change in an organization].

[3] Hierzu [Poza, E. J. (2004): Family Business], S. 108 f. und [von Moos, A. (2003): Familienunternehmen erfolgreich führen: Corporate Governance als Herausforderung], S. 81. Nach [Oetker, A. (1999): Stakeholderkonflikte in Familienkonzernen: Ansätze zu ihrer Regelung durch strategische Führungsentscheidungen.], S. 81 f. streben familiär geführte Familienunternehmen laut einer empirischen Untersuchung vielfach Eigenkapitalquoten von 40%-50% an. Alle befragten Teilnehmer stellten die Eigenkapitalquote als wichtiges Kriterium zur finanziellen und strategischen Unabhängigkeit des Familienunternehmens heraus. Die erst kürzlich durchgeführte empirische Analyse von [KPMG, Finance, Apax Partners, & WestLB (2004): Unabhängig erfolgreich. Wachstums- und Finanzierungsstrategien von großen Familienunternehmen.], S. 6 bestätigt diese für manchen eher überraschende Erkenntnis: „86 Prozent der Unternehmen haben eine Eigenkapitalquote von über 30 Prozent; 41 Prozent liegen über 40 Prozent Eigenkapitalquote."

rend agieren, noch nicht wissenschaftlich gesichert.[1] Obgleich es andere Formen der Erfolgsbeteiligung gibt, wie z.B. umsatzbezogene Tantieme, EVA-orientierter Bonus, Genussrechte[2] oder die Etablierung simulierter Kapitalbeteiligungen (so genannte Phantomaktien), experimentieren manche Unternehmen beispielsweise mit der Einrichtung einer Mitarbeiter-GmbH. Diese hält einen gewissen Anteil am Kapital des Unternehmens, die Mitarbeiter sind ihrerseits jedoch „nur“ an der Mitarbeiter-GmbH beteiligt. So kann deren Einfluss bei gleichzeitiger, allerdings mittelbarer Kapitalbeteiligung begrenzt werden.

Bislang sind Mitarbeiterbeteiligungen in Familienunternehmen noch nicht typisch. Es kann jedoch erwartet werden, dass mit zu-

---

1 Zur aktuell geführten Diskussion von Anreizsystemen für (Fremd-)Manager vgl. teils kritisch: [Riceman, S. S., Cahan, S. F., & Lal, M. (2002): Do managers perform better under EVA bonus schemes?], S. 537 ff., [Hahn, D. (2001): Wertsteigerungs-Management (WM): Herausforderungen und Lösungsansätze], S. 103; [Hennerkes, B.-H., & Schröder, M. (1998): Mitarbeiterbeteiligung und Familienunternehmen: Chance oder Irrweg?], S. 625 ff. Speziell zum Ansatz der. „Phantom Stocks“ vgl. [Pellens, B., Crasselt, N., & Rockholtz, C. (1998): Wertorientierte Entlohnungssysteme für Führungskräfte: Anforderungen und empirische Evidenz], S. 13 ff. Kritisch zum Konzept der (unterstellten) Nutzenmaximierung, auf der Anreizsysteme aufbauen, siehe [Mintzberg, H., Simons, R., & Basu, K. (2002): Beyond Selfishness], S. 67 ff. Schlussendlich hat sich die Ökonomie auch noch nicht geeinigt, ob das Management von Organisationen besser mit dem Principal-Agent-Ansatz oder dem Stewardship-Ansatz (der Manager als Treuhänder, Management als Maximierung der Unternehmensziele, nicht der eigenen) beschrieben werden kann. Hierzu einführend: [Davis, J. H., Schoorman, F. D., & Donaldson, L. (1997): Toward a Stewardship Theory of Management], S. 20 ff.

2 [KPMG, Finance, Apax Partners, & WestLB (2004): Unabhängig erfolgreich. Wachstums- und Finanzierungsstrategien von großen Familienunternehmen.], S. 38: „Der Genussschein ist ein Gläubigerpapier, das je nach Ausgestaltung der verbrieften Rechte eher einer Aktie oder einer Anleihe ähnelt und in voller Höhe am Verlust der Gesellschaft teilnimmt. Die Vergütung kann festverzinslich, variabel oder in kombinierter Form erfolgen. Entsprechend der Anforderung der Gesellschaft, kann der Genussschein als Eigenkapital oder Fremdkapital strukturiert werden. Darüber hinaus besteht die Möglichkeit, den Genussschein börsenfähig zu gestalten.“

nehmender Normalisierung von Mitarbeiterbeteilungsmodellen in Familienunternehmen hierzu konkurrenzfähige Alternativen entwickeln werden.[1] Es ist bislang also noch nicht üblich, wenn auch möglich, ehemalige oder aktive Mitarbeiter des Unternehmens im Gesellschafterkreis zu finden, deren Interessen und Belange dann ebenso mitkalkuliert werden müssen wie diejenigen anderer Anteilseigner.[2]

(4) Stiftungen

Eine nicht zu unterschätzende Schattenpräsenz führen Stiftungen, in die Teile des Unternehmens eingebracht wurden. So gibt es Unternehmen wie Aldi, Lidl oder Bertelsmann, deren Anteile vollständig von Stiftungen gehalten werden. Ebenso wurden im Falle des Schraubenherstellers Würth gleich vier Familienstiftungen (für jedes Kind eine eigene) gegründet, auf welche die Beteiligungen am elterlichen Betrieb aufgeteilt wurden.[3] Andere Unternehmensfamilien haben Stiftungen eingerichtet, zu deren Gunsten Anteile von Familienmitgliedern vererbt werden, sollten diese kinderlos bleiben oder die Anteile nicht in der Familie vererben wollen. Solche Stiftungen fungieren somit als „Sammelbecken", aus denen einmal eingebrachte

---

1 Vorschläge hierzu liefern beispielsweise [Cohn, M. (1990): Managing People] sowie [Berkman, A. (1992): Hiring a CEO without giving away the store]; [Aronoff, C. E., & Ward, J. L. (1993): Family Business Compensation]; [McConaughy, D. L. (2000): Family CEOs vs. Nonfamily CEOs in the family-controlled Firm: An Examination of the Level and Sensitivity of Pay to Performance]; [Gomez-Mejia, L. R., Larraza-Kintana, M., & Makri, M. (2003): The determinants of executive compensation in family-controlled publicly traded corporations] und auch [Aronoff, C. E., & Ward, J. L. (2000): More than Family: Non-Family Executives in the Family Business].

2 Vgl. zu einem bereits seit den 1970er Jahren beim Familienunternehmen Wolfcraft erfolgreich laufenden Mitarbeiterbeteiligungsmodell, dem so genannten „Wolfcraft-Modell", basierend auf Überlegungen einer sozialen Betriebswirtschaft [Wolff, R. (2003): Auf Erfolgskurs! Die Soziale Betriebswirtschaft. Ein Programm für unternehmerisch denkende Arbeitnehmer.].

3 Vgl. [Hennerkes, B.-H. (2004): Die Familie und ihr Unternehmen: Strategie, Liquidität, Kontrolle], S. 204.

Anteile in den seltensten Fällen wieder herauszubekommen sind.[1] So kann es über Generationen hinweg dazu kommen, dass neben den Belangen der Eigentümerfamilie auch besondere, und seien es rechtlich begründete, Eigenarten von Stiftungen als Eigenkapitaleigner zu berücksichtigen sind.

3.3.2.3. Anteile am Kapitalmarkt

Einige bekannte Familienunternehmen nutzen den Kapitalmarkt zur Eigenkapitalfinanzierung.[2] Diese Unternehmen sind häufig in kapitalintensiven Branchen zu finden. Während in den USA circa ein Drittel aller S&P 500-Unternehmen familiengeführt sind,[3] ist in Deutschland der Kapitalmarkt zur Teilfinanzierung von Familienunternehmen offenbar weniger beliebt. So gelten im DAX beispielsweise nur SAP, BMW, Altana, Henkel und Metro als Familienunternehmen, während im M-DAX insbesondere Merck, Medion, Schwarz Pharma, AWD, MLP, Fielmann, Douglas, Krones, Techem und WCM zu nennen sind.[4]

(1) Stimmrechtslose Anteile

Manche Familienunternehmen begebenam Kapitalmarkt ausschließlich stimmrechtslose Vorzugsaktien, um in jedem Fall die Mehrheit der Stimmrechte in den Anteilseignergremien auf Familienseite zu

---

1 Zu einer Übersicht unterschiedlicher Stifungslösungen, vgl. [Hennerkes, B.-H. (2004): Die Familie und ihr Unternehmen: Strategie, Liquidität, Kontrolle], S. 202 ff.

2 Zum speziellen Verhältnis von „nur Kapitalmarkt" und „nur Familie" als zwei Extrempunkten eines Kontinuums vgl. [Steier, L. P. (2003): Variants of agency contracts in family financed ventures as a continuum of familial altruistic and market rationalities].

3 Vgl. hierzu [Anderson, R. C., & Reeb, D. M. (2003): Founding-Family Ownership and Firm Performance: Evidence from the S&P 500] und auch [Villalonga, B., & Amit, R. (2004): How Do Family Ownership, Control, And Management Affect Firm Value?].

4 Vgl. hierzu [HVB Equity Research (2004): Die Performance familiengeführter Unternehmen], S. 3.

erhalten. So platzierte beispielsweise die Porsche AG 50% ihres Eigenkapitals in Form von Vorzugsaktien am Kapitalmarkt,[1] die restlichen 50% werden von den Familien Piech und Porsche gehalten.[2] Dem allgemeinen Trend am Kapitalmarkt, stimmrechtslose Vorzugsaktien in Stammaktien umzuwandeln, schließen sich die börsennotierten Familienunternehmen mit frei handelbaren stimmrechtslosen Aktien nicht an.[3] Ihnen ist es offenbar wichtiger, anteilig auf Dividende als auf Stimmrechte zu verzichten.

(2) Minderheit der Anteile

Einige der oben genannten DAX- und M-DAX- Unternehmen geben nur Anteilsminderheiten in den freien Handel. So bündelt Merck beispielsweise 74% der Anteile der Merck KG a.A. in der E.Merck OHG, die vollständig von der Familie gehalten wird und die zugleich persönlich haftende Gesellschafterin der Merck KG a.A. ist. Somit bleibt die faktische Mehrheit nach wie vor in der Hand der Familie, die, im konkreten Fall als Großfamilie organisiert, nach wie vor erheblichen Einfluss auf das Unternehmen ausübt, obgleich die Geschäftsführung fremdbesetzt ist.[4] Das gleiche gilt für das Konsumgüterunternehmen Henkel, bei dem 51,5% der Stammaktien nach wie vor im Besitz der Eigentümerfamilie sind.[5] Neben der Emission stimmrechtsloser Anteile ist die Platzierung der Minderheit stimm-

---

[1] Vgl. [Roller, P. (2001): Erfolgsstory von Porsche erleichtert Manfred Ayasse die Arbeit].

[2] Hierbei handelt es sich um zwei Stämme der gleichen Familie, also um ein Einfamilien-Unternehmen.

[3] So [Erhardt, O., & Nowak, E. (2003): Private Kontrollrechte in deutschen Familienunternehmen], S. 363 f.: „Die Sicherung privater Kontrollrenten ist besonders in Unternehmen zu beobachten, in denen der Großaktionär eine Familie ist. Solche Unternehmen entscheiden sich häufiger für die Ausgabe stimmrechtsloser Vorzugsaktien und – wider den allgemeinen Trend – gegen die Umwandlung von Vorzugsaktien in Stammaktien."

[4] Vgl. [Lanchner, D. (2001): Merck takes its medicine].

[5] Siehe Geschäftsbericht 2004, [Henkel KG a.A. (2004): Geschäftsbericht 2004], S. 18.

rechtsfähiger Anteile der typischste Fall börsennotierter Familienunternehmen.

(3) Mehrheit der Anteile

Aber auch wenn die Mehrheit der Anteile frei gehandelt wird, ist es möglich, das Unternehmen nach wie vor als Familienunternehmen zu führen. So halten Vertreter der Familie Quandt kumuliert beispielsweise 46,6% der Stammaktien der BMW AG, [1] dennoch üben sie maßgeblichen Einfluss auf die langfristige Strategie und die Kontinuität des Unternehmens aus.[2] Diese Form anteiliger Börsennotiz von Familienunternehmen ist jedoch untypisch.

Ganz gleich, welche spezifische Konstellation bei Familienunternehmen gegen ist, auf der Hand liegt, dass die Vermischung unterschiedlicher Anteilseignerstrukturen im Vergleich zu nur börsennotierten Unternehmen für die Unternehmensführung einen wesentlich höheren Grad auszubalancierender Komplexität bedeutet. So hat es der Vorstandsvorsitzende von BMW sowohl mit freien Aktionären (46,88% Freefloat, wiederum zu 40% von institutionellen Anlegern gehalten), mit der Allianz als institutionellem Investor (6,52%) sowie der Familie Quandt als in Stämmen organisierter Familie zu tun (Johanna Quandt als Witwe von Herbert Quandt: 16,7%; ihre Tochter Susanne Klaatten: 12,5% sowie deren Bruder Stefan Quandt:

---

[1] Neben den Stammaktien gibt es noch etwa, gemessen an den Stammaktien, 10% Vorzugsaktien, die ursprünglich für ein Mitarbeiterbeteiligungsprogramm ausgegeben wurden, so der Geschäftsbericht der BMW AG. Die Allianz ist darüber hinaus mit 6,52% als institutioneller Investor bei BMW vertreten. Vgl. hierzu [Kroneck, S. (2002): BMW hat in der IR-Arbeit aus dem Rover-Debakel gelernt].

[2] Die unterschiedlichen Definitionsansätze für Familienunternehmen würden im Falle BMWs zu unterschiedlichen Einordnungen kommen. So würden diejenigen Ansätze, welche die Anteilsmehrheit in der Familie als konstituierendes Kriterium sehen, BMW nicht mehr als Familienunternehmen bezeichnen, wohingegen verhaltensorientierte Ansätze wie bei [Chua, J. H., Chrisman, J. J., & Sharma, P. (1999): Defining the Family Business by Behaviour] die Dominanz bei der strategischen Ausrichtung als Kriterium heranziehen und BMW demzufolge als Familienunternehmen klassifizieren würden.

17,4%). Ein anderes Beispiel ist das mittelständische und familiengeführte Unternehmen HuF, das neben zwei nicht miteinander verwandten Gründerfamilien mit je eigenen Ansprüchen und Dynamiken zugleich noch Siemens VDO als 25,1%-Investor zu integrieren hat. In jedem Fall ist festzuhalten, dass die Konstellation eines Unternehmens mit *einer* Familie, welche die Anteile des Unternehmens hält, zwar häufig vorkommt, im Allgemeinen jedoch einen Idealtypus von Familienunternehmen darstellt.[1] Unter Hinweis auf das durch unterschiedliche Anteilseignergruppen entstehende Komplexitätspotential für die Unternehmensführung soll im Folgenden zunächst auf den Idealtypus zurückgegriffen und somit unter vereinfachten Bedingungen weitergearbeitet werden. In den folgenden Abschnitten über Anteilseigner, Unternehmensführung sowie Aufsichts- und Kontrollgremien wird also die modellhafte Konstellation von *einem* Unternehmen und *einer* Familie (Kern-, Groß- oder mehrstämmige Familie) zugrunde gelegt, um die Variantenvielfalt in Grenzen halten zu können.

3.3.3. Familie und Anteilseignerschaft

Anteilseigner in Familienunternehmen können, wie zuvor dargestellt, sowohl familiärer als auch nichtfamiliärer Herkunft sein. Nichtfamiliäre Eigentümer sind beispielsweise Finanzinvestoren in unterschiedlichen Varianten,[2] Mitarbeiter und Fremdmanager im Rahmen eines Management- bzw. Mitarbeiterbeteiligungsprogramms[3] oder Kapi-

---

[1] Vgl. [Randoy, T., & Goel, S. (2003): Ownership structure, founder leadership, and performance in Norwegian SMEs: implications for financing entrepreneurial opportunities], die die unterschiedlichen Kapitalquellen für norwegische Unternehmen mit Blick auf die Konsistenz und Inkonsistenz unterschiedlicher Kapitalinteressen hin analysiert haben.

[2] Dies entwickelt sich beispielsweise über neue Kapitalformen zwischen Eigen- und Fremdkapital (Mezzanine, etc.) sowie über zunehmendes Interesse strategischer Investoren an Familienunternehmen. Siehe hierzu exemplarisch: [Lange, K.-W., & Schiereck, D. (2003): Nachfolgefragen bei Familienunternehmen: Unternehmenskauf und Private Equity als Alternative zur Börse].

[3] Zum Dilemma zwischen Kontinuität der Eigentümerstruktur einerseits und Beteiligung von Fremdmanagern andererseits vgl. [Oetker, A. (1999): Stakeholderkon-

talmarktteilnehmer bei teils börsennotierten Unternehmen. Klassischerweise ist es jedoch für Familienunternehmen erstrebenswert, die Eigentümerstruktur in der Familie zu halten.[1] die folgende Darstellung konzentriert sich daher auf familiäre Anteilseigner.[2] Familiäre Anteilseigner bilden ein Netz, gewissermaßen ein Subsystem der Unternehmensfamilie, und übernehmen in Personalunion nun funktional ausdifferenzierte Stellen.

Insbesondere in erfahrenen und routinierten, d.h. meist auch älteren, Familienunternehmen bilden die Anteilseigner besondere Kommunikationsmuster aus. Typische Strukturen und Routinen können in Form niedergeschriebener oder schlichtweg tradierter „Quasi-Verträge" vorliegen, welche die Handhabung, Verfügbarkeit und Vererbbarkeit der Anteile, die Ausbildung und Pflichten neuer Gesellschafter[3] oder andere Sachverhalte regeln. Hierzu zählen auch eingeschliffene Routinen, die sich in der Art der Kommunikation oder der Art der Entscheidungsfindung niederschlagen. So kann es tabuisiert sein, seit Jahrzehnten etablierte Ansichten zur Ausgestaltung des Managements in Frage zu stellen oder die Ausschüttungspolitik auf ihre Angemessenheit hin zu diskutieren.

Über die Ausgestaltungsform der Anteilseignerschaft wird sehr häufig, wie oben detaillierter beschrieben,[4] bereits in der ersten Gene-

---

flikte in Familienkonzernen: Ansätze zu ihrer Regelung durch strategische Führungsentscheidungen.], S. 111.

[1] Vgl. hierzu: [Oetker, A. (1999): Stakeholderkonflikte in Familienkonzernen: Ansätze zu ihrer Regelung durch strategische Führungsentscheidungen.], S. 50 f.

[2] Damit wird letztendlich auch dem Gros der Familienunternehmen entsprochen. So stellen [KPMG, Finance, Apax Partners, & WestLB (2004): Unabhängig erfolgreich. Wachstums- und Finanzierungsstrategien von großen Familienunternehmen.], S. 6, als Ergebnis ihrer empirischen Analyse fest: „Bei der überwiegenden Mehrheit (79 Prozent) der Unternehmen gibt es keine familienfremden Gesellschafter."

[3] Zu möglichen Entwicklungsansätzen junger und zugleich zukünftiger (potentieller) Anteilseigner,vgl. [Carlock, R. S., & Ward, J. L. (2001): Strategic planning for family business: Parallel planning to unify the family and the business], S. 128 ff (Ownership education programs).

[4] Vgl. hierzu Kap. 3.2.5. Der Unterschied der Unternehmensfamilie, S. 189 ff.

ration weichenstellend entschieden. Diese Entscheidung beeinflusst sodann die Entwicklungsform der Anteilseignerschaft ebenso wie die Ausgestaltung der Unternehmensfamilie. Tradiert sich über den Zeitverlauf beispielsweise eine Thronfolgerregelung als Vererbungsmuster, so bedeutet dies in der Regel gleichzeitig, dass die Unternehmensfamilie aller Wahrscheinlichkeit nach die Form einer Kleinfamilie annehmen wird. Hingegen wird eine von vorneherein oder von einer bestimmten Generation an praktizierte Streuung der Anteile auf mehrere Kinder zu einer Mehranteilseigner-Struktur führen, was auf der Familienseite in der Regel mit der Ausdifferenzierung in eine Stammes- oder Großfamilie einhergeht.[1]

OETKER schlägt auf der Grundlage seiner empirischen Untersuchungen ein viergliedriges Modell zur Strukturierung der Anteilseignerkonstellationen vor.[2]

---

[1] Zur weiteren Erläuterung dieser Familien- und Anteilseignerformen vgl.: [Wimmer, R., Groth, T., & Simon, F. B. (2004): Erfolgsmuster von Mehrgenerationen-Familienunternehmen], S. 56 ff. [Carlock, R. S., & Ward, J. L. (2001): Strategic planning for family business: Parallel planning to unify the family and the business] schlagen hierzu, basierend auf grundlegenden Überlegungen von [Gersick, K. E., Davis, J. A., McCollom Hampton, M., & Lansberg, I. (1997): Generation to Generation – Life Cycles of the Family Business], eine sechsstufige Gliederung der Anteilseignerschaft vor. Diese unterscheidet sich gegenüber den Ausführungen von WIMMER, GROTH und SIMON insbesondere in der Differenzierung der Großfamilie in die beiden Formen „Cousins' collaboration" und „Family syndicate". Angesichts dessen, dass CARLOCK und WARD diese Überlegungen im Rahmen eines Life Cycle-Modells anstellen und WIMMER, GROTH und SIMON die Ausführungen als allgemein mögliche Formen – zeitverlaufsunabhängig – anbieten, ist die genannte Differenzierung nicht weiter wichtig. Es wird daher tendenziell den Überlegungen von WIMMER, GROTH und SIMON gefolgt.

[2] Derzeit hat sich noch keine einheitliche Klassifizierung von Anteilseignerschaften in der Literatur herausgebildet. Zwar wird das dreiteilige Modell nach [Gersick, K. E., Davis, J. A., McCollom Hampton, M., & Lansberg, I. (1997): Generation to Generation – Life Cycles of the Family Business], S. 29 ff., das Eigentümerunternehmung, Geschwisterunternehmung und Vetternkonsortium unterscheidet, häufig zitiert (vgl. beispielsweise [Ward, J. L. (2004): Perpetuating the Family Business: 50 Lessons Learned from Long-Lasting, Successful Families in Business], S. 31 ff., [Klein, S. B. (2004): Familienunternehmen – Theoretische und empirische Grundlagen], S. 150 ff. u. S. 231 ff.). Jedoch handelt es sich hierbei um ein

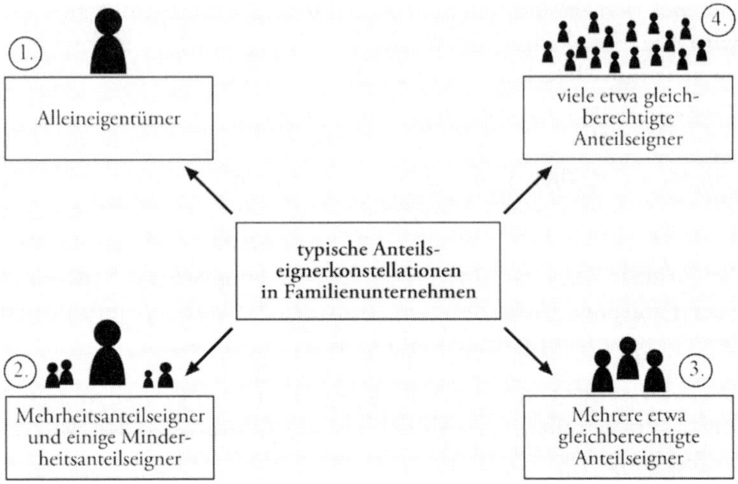

Abbildung 18: Vier typische Konstellationen von Anteilseignerschaften im Familienunternehmen in Anlehnung an OETKER, S. 116 ff. Eigene Darstellung.

3.3.3.1. Ein Alleineigentümer

Dieser Familienunternehmenstyp ist dadurch gekennzeichnet, dass das Eigentum am Unternehmen in den Händen einer einzigen Person liegt. Der Alleineigentümer verfügt aufgrund seiner starken Ei-

dynamisches Modell mit dem der „typische" Werdegang eines Familienunternehmens skizziert werden kann. Die hier gewählte Strukturierung nach [Oetker, A. (1999): Stakeholderkonflikte in Familienkonzernen: Ansätze zu ihrer Regelung durch strategische Führungsentscheidungen.], S. 116 ff., basiert auf den Ergebnissen einer empirischen Untersuchung zu Familienkonzernen und stellt eine Abwandlung dieses Ansatzes dar. Zu weiteren Abwandlungs- und Weiterentwicklungsversuchen, siehe [Carlock, R. S., & Ward, J. L. (2001): Strategic planning for family business: Parallel planning to unify the family and the business], S. 27. Der Sachverhalt der Partner- oder auch Mehrfamiliengesellschaft, welche i.d.R. von zwei aus unterschiedlichen Familien stammenden Personen begründet wird, wird im Folgenden nicht näher betrachtet. Näheres hierzu jedoch bei [Klein, S. B. (2004): Familienunternehmen – Theoretische und empirische Grundlagen], S. 181 ff. sowie [Wimmer, R., Groth, T., & Simon, F. B. (2004): Erfolgsmuster von Mehrgenerationen-Familienunternehmen], S. 67 ff.

gentümerposition über eine dominierende Stellung im Unternehmen. Die Unternehmensführung kann dabei sowohl durch ihn als auch durch einen oder mehrere Fremdmanager erfolgen.

Den Typus der Alleineigentümerschaft vertreten klassischerweise viele Familienunternehmen, die in erster Generation vom Gründer geführt werden. Über die Generationenfolge hinweg nimmt jedoch die Häufigkeit der Alleineigentümerschaft sukzessive ab.[1] Die Alleineigentümerschaft kann nur dann über mehrere Generationen Bestand haben, wenn in jeder Generation die Thronfolgerregelung, wie sie aus dem Adel bekannt ist,[2] angewendet wird. Wenn sie sich langfristig fortsetzt, kann die Konstellation der Alleineigentümerschaft durchaus ein Erfolgsmuster für den Bestand von Familienunternehmen sein.[3]

3.3.3.2. Ein Mehrheitsanteilseigner und einige Minderheitsanteilseigner

Der zweite Familienunternehmenstyp hat in der Regel zwei bis 15 Familienaktionäre.[4] Einer dieser Anteilseigner – der Mehrheitsanteilseigner – verfügt dabei über mehr als 50%, aber weniger als 75% der Anteile. Ihm kommt durch seine starke Eigentümerposition eine dominierende Stellung im Unternehmen zu. Häufig führt er gemeinsam mit Fremdmanagern die Geschäfte der Unternehmung. Die minderheitsbeteiligten Anteilseigner teilen die restlichen Anteile häufig zu etwa gleichen Teilen unter sich auf; an der Führung des Un-

---

[1] Vgl. die empirischen Ergebnisse von [Klein, S. B. (2004): Familienunternehmen – Theoretische und empirische Grundlagen], S. 161 f.

[2] Vgl. hierzu exemplarisch [May, P. (2001): Lernen von den Champions: Fünf Bausteine für unternehmerischen Erfolg], S. 181 ff. sowie weiter oben, Abschnitt (1) Thronfolger-Regelung, S. 191 f.

[3] Vgl. hierzu [Wimmer, R., Groth, T., & Simon, F. B. (2004): Erfolgsmuster von Mehrgenerationen-Familienunternehmen], S. 70 f.

[4] Nach [Klein, S. B. (2004): Familienunternehmen – Theoretische und empirische Grundlagen] gehören in der dritten Generation 90% der von ihr untersuchten Unternehmen zur Gruppe der Mehranteilseignerunternehmen mit zwei bis zehn Gesellschaftern, wobei die Gruppen mit drei, vier und 5-10 Anteilseignern mit jeweils ca. 1/3 nahezu gleich groß sind.

ternehmens sind sie nicht beteiligt. Dennoch schränken sie den Entscheidungsspielraum des (geschäftsführenden) Mehrheitsanteilseigners merklich ein. Beispielsweise können die minderheitsbeteiligten Anteilseigner bei Entscheidungen, die einer 2/3-Mehrheit in der Hauptversammlung bedürfen, ihre Meinungen und Positionen einbringen. Auch bei sog. 75%-Entscheidungen stellen sie gemeinschaftlich eine Sperrminorität und spielen daher für grundlegende Entscheidungen eine wichtige Rolle.

Typischerweise ergeben sich solche ungleichen Anteilsverteilungen aus besonderen Aspekten der Vererbungsstrategie. So koppeln manche Unternehmensfamilien die Weitergabe der Mehrheit am Unternehmen an die Mitarbeit in selbigem, während andere gesellschaftsrechtlich die Möglichkeit verankert haben, nach einer gewissen Zeit mittels Kapitalerhöhungen die Mehrheit zu erlangen, wenn das Unternehmen von einer bestimmten Person kontinuierlich geführt wurde.[1]

3.3.3.3. Mehrere etwa gleichberechtigte Anteilseigner

Der dritte Familienunternehmenstyp hat ebenfalls zwei bis 15 familiäre Anteilseigner. Im Gegensatz zum zweiten Typus sind hier jedoch alle Anteilseigner annähernd gleichmäßig beteiligt, so dass keinem von ihnen durch seine Eigentümerposition eine dominierende Stellung zukommt. Die Führungsstruktur kann hierbei sehr unterschiedlich ausgestaltet sein: eine gleichberechtigte, geschwisterliche Führungsstruktur[2] ist ebenso vorstellbar wie die Unternehmensführung durch ausschließlich einen oder gar keinen der Anteilseigner.

Die Machtstellung jedes einzelnen Anteilseigners ist aufgrund seiner relativen Beteiligungsquote (i.d.R. 10%-40%) zwar limitiert,

---

1 Mehr zu diesen Ansätzen gemischter Vererbungsformen findet sich oben im Abschnitt (3) Mischformen, S. 193

2 So beispielsweise bei Melitta mit einem rotierenden Drei-Brüder-Führungskräftesystem, vgl. [Helmer, W. (1996): Bei Melitta schwört man auf das Rotationsprinzip. Die drei Brüder Bentz wechseln sich in den Zuständigkeiten ab.], S. 135 ff.

jedoch keinesfalls unbedeutend. Zur Durchsetzung von Ansprüchen werden bei mehreren Anteilseignern daher häufig Allianzen mit anderen Anteilseignern gebildet. Zu dieser Gruppe sind daher faktisch auch die so genannten Mehrstammesunternehmen zu rechnen, die ihre Stimmen häufig nach Stämmen poolen und somit auftreten, als wären sie einer von wenigen Anteilseignern.[1]

3.3.3.4. Viele etwa gleichberechtigte Anteilseigner

Im vierten Familienunternehmenstyp hält eine Vielzahl von Anteilseignern, d.h. mehr als 15 und selten über 100 Personen, die Anteile des Unternehmens.[2] Keiner von ihnen verfügt dabei klassischerweise über eine Kapitalbeteiligung von mehr als 10%. Daher kommt in diesem Typus, ebenso wie im zuvor genannten, keinem Anteilseigner kraft seiner relativen Eigentümerposition eine dominierende Rolle zu. Unabhängig davon sind die Anteilseigner, je nach unternehmensinternen Regelungen,[3] teilweise im Management oder in einem Kontrollorgan tätig, wobei die Machtstellung kraft Eigentums aufgrund der relativ geringen Anteilseignerquote deutlich reduziert wird. Je-

---

[1] [Klein, S. B. (2004): Familienunternehmen – Theoretische und empirische Grundlagen], S. 175: „Insgesamt ist zu konstatieren, dass Geschwister-Partnerschaften aufgrund der einerseits sehr engen Beziehung und der langen gemeinsamen Geschichte der Protagonisten und der gestiegenen Komplexität andererseits zu den anfälligsten Formen von Eigentümerstrukturen von Familienunternehmen zählen."

[2] Empirisch zählt dieser Unternehmenstyp zwar zur Minderheit, jedoch ist er gesamtgesellschaftlich von nicht geringer Bedeutung, weil mit ihm häufig alte und zugleich große Familienunternehmen mit vielen Arbeitsplätzen und einer hohen Bruttowertschöpfung verbunden sind. So in [Klein, S. B. (2004): Familienunternehmen – Theoretische und empirische Grundlagen], S. 176 ff. beispielsweise die Familien Freudenberg, Brenninkmeijer (C&A), Haniel, Henkel, Merck, etc. Zu einer Übersicht über die wirtschaftlich wichtigsten Unternehmerfamilien und deren Ausgestaltung,vgl. [Dunsch, J. (1996): An den Schalthebeln der Wirtschaft: 33 Unternehmerfamilien im Portrait].

[3] [Klein, S. B. (2004): Familienunternehmen – Theoretische und empirische Grundlagen], S. 178: „Haniel ist für die Haniel-Familie tabu." Hierzu auch: [Wimmer, R., Groth, T., & Simon, F. B. (2004): Erfolgsmuster von Mehrgenerationen-Familienunternehmen], S. 60.

doch haben familiäre Manager in diesen Unternehmensformen häufig größere Freiheiten in der Ausgestaltung ihrer Funktion, weil sie einem großen Aktionärskreis gegenüberstehen, dessen Entscheidungs- und Handlungsfähigkeit durch die breite Streuung der Anteile und den entsprechend hohen Einigungsbedarf begrenzt ist.[1]

3.3.4. Familie und Besetzung der Geschäftsführung

Die Wahrnehmung der Geschäftsführung durch einen oder mehrere Gesellschafter oder nicht beteiligte Familienmitglieder ist neben der familiären Anteilseignerschaft ein weiteres Grundcharakteristikum des Familienunternehmens.[2] Der Verbindung von familiärer Anteilseignerschaft auf der einen Seite und familiärem Management oder Einflussnahme über Kontrollorgane auf der anderen Seite wird dabei eine besondere Rolle in der Performanz des Unternehmens beigemessen.[3] So koppelt beispielsweise die Familie Brenninkmeijer, Inhaber des Textilhandelsunternehmens C&A, das (treuhänderische) Halten

---

[1] Hierzu explizit: [Oetker, A. (1999): Stakeholderkonflikte in Familienkonzernen: Ansätze zu ihrer Regelung durch strategische Führungsentscheidungen.], S. 117 f.; „Bei mehr als 50% der Familienunternehmen ist eine gemischte Führungskonstellation vorzufinden." [Jeuschede, G. (1998): Suchen, Auswählen, Gewinnen und Halten des Fremdgeschäftsführers], S. 777.

[2] So berichten [KPMG, Finance, Apax Partners, & WestLB (2004): Unabhängig erfolgreich. Wachstums- und Finanzierungsstrategien von großen Familienunternehmen.], S. 6, als Resultat ihrer empirischen Untersuchung über große Familienunternehmen: „70 Prozent der befragten Unternehmen sind inhabergeführt; davon geht eine deutliche Mehrheit davon aus, dass das Unternehmen auch beim nächsten Generationswechsel von einem Familiengesellschafter geführt werden wird; fünf planen die Übergabe an ein externes Management; ein Unternehmer plant den Verkauf."

[3] Hierzu [Villalonga, B., & Amit, R. (2004): How Do Family Ownership, Control, And Management Affect Firm Value?], S. 28 f., die in ihrer Untersuchung diesen Zusammenhang erforschen und zugleich zwischen Gründer und Nachfolger der zweiten Generation unterscheiden: „We find that family ownership cerates value only when it is combined with certain forms of family management and control. Family management adds value as long as the founder serves as the CEO of the family firm, or as its chairman with a non-family CEO. When descendants of the founder serve as CEOs, firm value is destroyed."

von Anteilen an die Mitarbeit der betreffenden Familienmitglieder: Wer nicht mitarbeitet, erhält auch keine Anteile, und wer aus dem Unternehmen ausscheidet oder sich nicht bewährt, muss diese wieder abgeben.[1] Andere Unternehmensfamilien verfolgen divergierende Muster. Daher liegt die Führung eines Familienunternehmens keineswegs zwangsläufig in den Händen der Familie. Insbesondere in größeren Familienunternehmen haben nichtfamiliäre Führungskräfte einen zunehmenden Anteil an der Leitung des Unternehmens inne.[2] In einige Familienunternehmen ist die Mitarbeit von Familienmitgliedern gar explizit verpönt.[3]

An dieser Stelle sei darauf hingewiesen, dass die unterschiedlichen Aufgabenfelder und Dimensionen von Führung im Familienunternehmen weiter unten detailliert auf ihre Familienunternehmensspezifik hin analysiert werden. Daher soll hier nicht über die Besetzung von Führungsstellen durch Mitglieder der Unternehmensfamilie bzw. familienfremde Personen hinausgegangen werden. Die aus den unterschiedlichen Variationsmöglichkeiten hervorgehenden und in der Praxis entsprechend vorzufindenden Konstellationen der Geschäftsführungsbesetzung lassen sich wie folgt strukturieren:[4]

---

[1] Vgl. hierzu [Wimmer, R., Groth, T., & Simon, F. B. (2004): Erfolgsmuster von Mehrgenerationen-Familienunternehmen], S. 60. Ein ähnliches Modell verfolgt beispielsweise auch die Schweizer Bankiersfamilie Pictet.

[2] [Klein, S. B. (2004): Familienunternehmen – Theoretische und empirische Grundlagen], S. 129 ff. stellt den familiären Einfluss auf die Führungsebene des Unternehmens anhand ihrer empirischen Untersuchungsergebnisse prozentual dar und weist dabei nach, dass mit wachsender Unternehmensgröße die Führungsbeteiligung der Familie abnimmt.

[3] So beispielsweise bei Haniel und auch Henkel, vgl. [Klein, S. B. (2004): Familienunternehmen – Theoretische und empirische Grundlagen], S. 178.

[4] In Anlehnung an [Habig, H., & Berninghaus, J. (2004): Die Nachfolge im Familienunternehmen ganzheitlich regeln], S. 7 f. vgl. hierzu auch: [Redlefsen, M. (2003): Der Ausstieg von Gesellschaftern aus großen Familienunternehmen: Eine empirische Untersuchung unter besonderer Berücksichtigung der spezifischen Corporate Governance des Familienunternehmens], S. 66 f.

3.3.4.1. Reine Familiengeschäftsführung

In diesem Fall ist die Geschäftsführung ausschließlich mit einem oder mit mehreren Familienmitgliedern besetzt. Dies ist insbesondere in kleinen Familienunternehmen die typische Führungsstruktur.

3.3.4.2. Familiendominierte Mischgeschäftsführung

In dieser Konstellation wird das Führungsgremium sowohl mit Familienfremden, als auch mit Familienmitgliedern besetzt. Den Vorsitz der Geschäftsführung stellt jedoch typischerweise die Familie.

3.3.4.3. Fremddominierte Mischgeschäftsführung

In dieser Konstellation ist die Geschäftsführung ebenfalls mit Familienfremden und mit Familienmitgliedern besetzt. Im Gegensatz zum zuvor genannten Typus sind die Geschäftsführer aus dem Kreis der Familie jedoch meist in der Minderzahl, so dass die Führung dieses Gremiums damit meist ebenfalls in den Händen eines Externen liegt.

3.3.4.4. Reine Fremdgeschäftsführung

Dieses Gremium ist ausschließlich mit Familienfremden besetzt. Die Familie dominiert hierbei lediglich die Besetzung der Geschäftsführung sowie strategisch wichtige Entscheidungen, die mit den Anteilseignern abzustimmen sind.

3.3.5. Familie und Kontrollgremien

Neben der Geschäftsführung gibt es in Familienunternehmen, insbesondere in älteren Unternehmen,[1] die nicht rechtlich begründete

[1] In älteren Familienunternehmen ist dies in nahezu 90% der Fall. Vgl. hierzu: [Klein, S. B. (2004): Familienunternehmen – Theoretische und empirische Grundlagen], S. 134 sowie zu Besetzung im Rahmen von Mehranteilseigner-Unternehmen [May, P., Redlefsen, M., & Haller, J. (2004): Nicht aktive Gesellschafter in Familienunternehmen: Ergebnisse und Handlungsempfehlungen], S. 9. Prinzipiell ist zu sagen, dass die Zahlen stark variieren. So ermittelte [von Moos, A. (2003): Familienunternehmen erfolgreich führen: Corporate Governance als Herausforderung], S. 66, für die Schweiz beispielsweise, dass lediglich 18% der

Institution des Beirats[1]. Die Installation einer solchen Institution ist immer dann ratsam, wenn von Gesetzes wegen keine Regelung über Kontrollgremien vorgesehen ist. Dies ist regelmäßig dann der Fall, wenn die Rechtsform weder die einer Aktiengesellschaft ist,[2] noch mehr als 500 Mitarbeiter im Unternehmen beschäftigt sind.[3] Für diese Fälle schreibt der Gesetzgeber kraft Rechtsform bzw. kraft Mitbestimmungsgesetz feste Aufsichtsorgane vor. Ist diese Merkmale nicht gegeben, werden entsprechende Strukturen meist freiwillig ergänzt.

Ein solcher Beirat erhält seine Funktion insbesondere dann, wenn neben der Anteilseignerschaft auch die Führung familienseitig besetzt oder dominiert ist, so dass sich ein Kontrollvakuum bildet. Je nach Ausgestaltung des Beirats übernimmt dieser neben beratenden Tätigkeiten, beispielsweise im Rahmen einer anstehenden Nachfolge, häufig auch eine Kontrollfunktion. Aus der Praxis sind darüber hinaus noch andere Formen und Aufgaben des Beirats bekannt, wie z.B. eventuelle Notgeschäftsführung, Streitschlichtungsinstanz oder Repräsentationsfunktion .[4] Die Konstruktion des Beirats sollte sehr indi-

---

schweizerischen Familienunternehmen mit 10 bis 500 Mitarbeitern über einen Familienbeirat (typisch schweizerische Bezeichnung hierfür) verfügen.

[1] Die Bezeichnung *Beirat* ist zwar die geläufigste, jedoch bei weitem nicht die einzige in der Literatur und der Praxis. Weitere sind beispielsweise: *Familienrat*, *Gesellschafterausschuss*, *Verwaltungsrat*, *Aufsichtsrat*.

[2] [von Moos, A. (2003): Familienunternehmen erfolgreich führen: Corporate Governance als Herausforderung], S. 123 mit Verweis auf das Institut für Mittelstandsforschung in Bonn (IfM) aus dem Jahr 1996: „Die in Deutschland von Familienunternehmern am meisten gewählte Rechtsformen sind die OHG, die KG sowie die GmbH. Die Aktiengesellschaft macht einen fast zu vernachlässigenden Teil aus." Vgl. hierzu [Institut für Mittelstandsforschung (1996): Generationswechsel in mittelstandischen Unternehmen. Protokoll des 6. Symposiums des ifm].

[3] Vgl. hierzu [Hennerkes, B.-H., & Binge, C. (1998): Die "richtige" Rechtsform des Familienunternehmens], S. 56 ff.

[4] Zu einer detaillierten Darstellung des Themenkomplexes *Beirat* vgl. insbesondere [Ruter, R. X., & Thümmel, R. C. (1994): Beiräte in mittelständischen Familienunternehmen], [Hennerkes, B.-H. (1998): Familienunternehmen sichern und optimieren.], S. 162 ff., [May, P. (1998): Der Beirat im Familienunternehmen:

viduell an den spezifischen Bedürfnissen und Konstellationen von Familie und Unternehmen ausgerichtet werden. Ein Familienunternehmen, dessen Alleineigentümer auch gleichzeitig alleiniger Geschäftsführer ist, braucht dabei einen anders strukturierten und mit anderen Rechten und Pflichten ausgestatteten Beirat als ein Familienunternehmen, dessen Anteile in unterschiedlichen Stämmen gebündelt sind und bei dem nicht jeder Stamm in der Geschäftsführung vertreten ist. So bietet es sich bei mehreren nicht im Unternehmen mitarbeitenden Anteilseignern an, den Beirat weitestgehend familienextern zu besetzen, um das Vertrauen und somit die nachhaltige Unterstützung dieser Gesellschafter aufrechtzuerhalten.[1] Trotz der Unterschiedlichkeit der Beiräte können hinsichtlich der Besetzung auch hier vier Grundtypen unterschieden werden:

3.3.5.1. Reiner Familienbeirat

Dieser Typ von Beirat ist ausschließlich mit Familienmitgliedern besetzt. Diese Konstellation ist häufig in Mehranteilseigner-Unternehmen zu finden und insbesondere dort etabliert, wo die Geschäftsführung mehrheitlich oder sogar ganz von Externen besetzt wird.

3.3.5.2. Familiendominierter Mischbeirat

Das Beiratsgremium wird in dieser Konstellation sowohl mit Familienfremden als auch mit Familienmitgliedern besetzt. Der Vorsitz des Beirats wird jedoch typischerweise von der Familie gestellt.

Wie gut kann er werden? Wie kann er gut werden?], S. 375 ff. sowie die Dissertation von [Iliou, C. (2004): Die Nutzung von Corporate Governance in mittelständischen Familienunternehmen], S. 164 ff.

[1] Dies ist ein Ergebnis von [Vilaseca, A. (2002): The Shareholder Role in the Family Business: Conflict of Interests and Objectives Between Nonemployed Shareholders and Top Management Team], der die spezifischen Konfliktmuster und Interessen von Gesellschaftern mit Blick auf die Stabilität des Familienunternehmens untersucht hat.

3.3.5.3. Fremddominierter Mischbeirat

Diese Konstellation ist ebenfalls mit Familienfremden und Familienmitgliedern besetzt. Im Gegensatz zum zuvor genannten Typus sind die Familienmitglieder jedoch in aller Regel in der Minderzahl. Die Führung dieses Gremiums liegt damit meist auch in den Händen eines Externen.

3.3.5.4. Reiner Fremdbeirat

Dieses Gremium ist ausschließlich mit Familienfremden besetzt. Die Familie dominiert hier lediglich die Besetzung der Beirats. Das kann insbesondere im Falle eines geschäftsführenden Alleineigentümers kritisch sein, weil dieser den Beirat auch ohne weiteres wieder abberufen kann, falls der zu „unbequem" werden sollte.

3.3.6. Zwischenresümme zum Familienunternehmen

Zusammenfassend kann festgestellt werden, dass Familienunternehmen einige spezielle Charakteristika aufweisen, die so in korporativen Unternehmen nicht vorkommen. So hat es ein Familienunternehmen kapitalseitig mit einer oder mehren Familien zu tun, deren Ansprüche und Eigendynamik es, je nach Konstellation gemeinsam mit Interessen und Ansprüchen anderer Anteilseigner wie Investoren, Stiftungen oder Kapitalmarktanleger, auszubalancieren hat. Bereits in diesem Punkt können sich die Anforderungen an eine Unternehmensführung im Familienunternehmen von einem rein börsennotierten Unternehmen unterscheiden.

Darüber hinaus zeichnen sich Familienunternehmen durch unterschiedliche Anteilsverteilungen sowie durch besondere Formen der Geschäftsführungsbesetzung und der Ausgestaltung von Aufsichts- und Kontrollgremien aus. An diesen unterschiedlichen Stellen treten Mitglieder ein und derselben Unternehmensfamilie ins Unternehmen und tragen hierdurch eine familieneigene Dynamik ins Unternehmen.

3.4. Familie und Unternehmensführung: Ein Unterschied, der einen Unterschied macht?

Weiter oben wurde schon angedeutet, dass in Familienunternehmen manche Entscheidungen mit Verweis auf die Unternehmensfamilie getroffen werden. Doch wie kommt es dazu? Und welche Entscheidungen werden typischerweise mit Bezug auf die Familie getroffen? Lassen sich hierbei Muster erkennen? Und welchen Unterschied machen die besprochenen Charakteristika für die Unternehmensführung in einem Familienunternehmen? Dies alles sind Fragen, die im vorliegenden Abschnitt bearbeitet werden sollen. Dabei wird zunächst untersucht, wie es in einem operativ geschlossenen autopoietischen System überhaupt dazu kommen kann, dass die Familie einen Unterschied macht. Im Anschluss werden die unterschiedlichen Aufgabenfelder von Führung auf familienunternehmenstypische Aspekte hin durchsucht, die im Vergleich zu korporativen Unternehmen einen bedeutenden Unterschied machen. Hierzu wird zum einen der Stand der Familienunternehmensforschung herangezogen und zum anderen selektiv auf die erfahrungsorientierte Ratgeberliteratur verwiesen, die zum Teil einen umfangreicheren empirischen Hintergrund aufweist, als ihn manche wissenschaftliche Studie zugrunde legt. Anschließend soll versucht werden, die gefundenen Spezifika von Führung in Familienunternehmen unter dem Aspekt eines *Familienmanagements* zu diskutieren.

3.4.1. Wobei nimmt das Unternehmen Bezug auf die Familie?

Wenn Unternehmen eine besondere Form von Organisationen sind und Organisationen ihrerseits soziale Systeme, die sich autopoietisch reproduzieren, also operativ geschlossen sind, so reproduzieren sich diese ebenso mittels spezifischer Kommunikation. Organisationen reproduzieren sich, wie oben dargestellt, über Entscheidungen, und nur über Entscheidungen. Sie nehmen Irritationen aus der Umwelt zum Anlass, über die so entstandene Unsicherheit im Hinblick auf die eigene Organisation zu entscheiden, also Unsicherheit zu absorbieren. Wenn Familie in diesem Sinne als Umwelt des Unternehmens verstanden werden kann, wie kann sie dann jenen Reproduktionsmechanismus konditionieren, oder anders gefragt: an welchen Stellen, zu welchen Entscheidungen, lässt sich ein Unternehmen typischerweise von der Unternehmensfamilie irritieren, lässt es sich dazu verleiten, mit Blick auf selbige zu entscheiden? Und wie stellt das Unternehmen eben diese Irritationsfähigkeit sicher?

Zur Bearbeitung dieser Frage lohnt ein Blick auf die Entscheidungsprämissen, an die Entscheidungen anschließen und die gewissermaßen die Funktion von Leitlinien für die Reproduktion des Unternehmens übernehmen.[1] Zu den entscheidbaren Entscheidungsprämissen zählen *Kommunikationswege*, *Entscheidungsprogramme* und *Entscheidungen über Personen.* Darüber hinaus gibt es Prämissen, über die nicht ohne weiteres entschieden werden kann. Hierzu zählen insbesondere die *Organisationskultur* sowie an Fremdreferenzen orientierte *kognitive Routinen* des Systems.

3.4.1.1. Entscheidungen über Kommunikationswege?

Zum einen wird die Familie zum Thema, wenn es um die Entscheidung über Kommunikationswege und somit um die Verteilung und Zurückhaltung von Informationen geht.[2] Formalisierte Kommunika-

---

[1] Zum Begriff der Entscheidungsprämisse, vgl. weiter oben Kap. 2.2.1.2. Reproduktion über Entscheidungen, S. 83 ff. sowie [Luhmann, N. (2000): Organisation und Entscheidung], S. 222 ff. So ebd., S. 238: „Im Ganzen aber wird durch Setzung der Entscheidungsprämissen und ihrer laufenden Justierung ein Rahmen gesetzt, in dem eine Organisation ihre Umwelt konstruieren, Informationen verarbeiten und immer neu Unsicherheit in Sicherheit transformieren kann." Zur Entscheidung über Entscheidungsprämissen in Familienunternehmen und der Rolle der Familie hierbei vgl. [Exner, A. (2005): Wie steuern sich Familienunternehmen? Der Fremdmanager im Spannungsfeld von Familie und Unternehmen].

[2] Hierzu [Luhmann, N. (2000): Organisation und Entscheidung], S. 52: „Operative Schließung heißt [...] nicht, dass ein Organisationssystem keine Kontakte mit der innergesellschaftlichen Umwelt unterhalten kann. [...] Als Empfänger von Kommunikationen regeln die eigenen Strukturen der Organisation, durch welche Informationen man sich irritieren und zu eigener Informationsverarbeitung anregen lässt. Als Absender von Kommunikationen trifft die Organisation Entscheidun-

tionswege in Form von Hierarchien, Abteilungen, Mitzeichnungsberechtigungen oder Projektgruppen verhindern, dass jedes Mitglied jederzeit mit jedem anderen Mitglied reden kann (bzw. reden darf, reden muss oder soll). Kommunikationswege strukturieren Informationsflüsse ebenso wie Informationsgrenzen. Sie vernetzen Stellen miteinander und trennen sie voneinander; sie klären, formell oder informell, wer wo mitzuentscheiden hat und wo die Grenzen von Entscheidungen liegen. So ist es auch möglich, die Familie in manche Kommunikationswege mit einzubinden. Informationen werden dann für die Familie bereitgestellt oder von dieser eingefordert. Mittels formalisierter Kommunikationswege wird also die Familie in den Informationsfluss und somit in Entscheidungsroutinen einbezogen.

In der Praxis ist zu beobachten, dass ein Akquisitionsvorhaben nicht weiter verfolgt wird, wenn seitens der Familie keine Akzeptanz zu erwarten ist; dass alle Ausgaben, die einen bestimmten Betrag überschreiten, dem Senior vorzulegen sind, auch wenn dieser schon pensioniert ist; dass Entscheidungsvorschläge für neue Produkte zuerst der Familie vorgestellt werden müssen und deren Reaktion dann alles Weitere beeinflusst; dass der Personalchef mit dem Abitur des Juniors (oder auch schon früher) anfängt, sich über dessen berufliche Pläne und seine Neigung, im Unternehmen arbeiten zu wollen, informiert, um gegebenenfalls hierfür vorzusorgen; dass Vorschläge zur Dividendenausschüttung erst dann formuliert werden, wenn zuvor schon abgeklärt wurde, was auf Seiten der Gesellschafter mindestens gebraucht wird und Ähnliches.

---

gen darüber, was sie mitteilen will und was nicht. Insofern bleibt die Umwelt für die Organisation eine eigene Konstruktion, deren Realität natürlich nicht bestritten wird. [...] Was im Organisationssystem als Umwelt beobachtet wird, ist immer ein eigenes Konstrukt, also eine Ausfüllung der Fremdreferenz im System. [...] Die Umwelt ermöglicht es, [...] die eigenen Operationen auf eine „Nische" zu beziehen, ohne die Frage zu stellen, wie es kommt, dass die Welt und die Gesellschaft im Besonderen solche Nischen enthält." Hierzu auch [Weick, K. E. (1977): Enactment Processes in Organizations], S. 273: „The ‚outside' or ‚external' world cannot be known [...] The outside is a void, there is only the inside."

3.4.1.2. Entscheidungen über Entscheidungsprogramme?

Wie weiter oben bereits gezeigt, geben Entscheidungsprogramme Informationen über die unterschiedlichen Aufgaben und Funktionen, die in einer Organisation zu erledigen sind. Sie legen fest, worüber entschieden werden soll, und somit auch, was den gesetzten Normen entsprechende und was abweichende Entscheidungen sind. Dabei sind *Zweckprogramme* auf die Erzielung eines festgelegten Zwecks, beispielsweise die Anzahl zu erhaltender Arbeitsplätze, die Ausrichtung zukünftiger Marktaktivitäten oder die zu erzielende Umsatzrendite, ausgerichtet. Die Mittel hierzu bleiben jedoch unbestimmt. *Konditionalprogramme* hingegen sehen ganz bestimmte Mittel für noch unbestimmte Ziele vor. Beispielsweise werden Werksfeuerwehren für noch unbekannte Einsatzzwecke beschäftigt und werden Kostensenkungspotentiale für den Fall identifiziert, dass ein Wettbewerber einen Preiskampf anzetteln sollte. Im Rahmen der eigenen Zweckfindung kommt in Familienunternehmen typischerweise auch die Familie als Umwelt des Unternehmens ins Spiel. Ob bewusst oder unbewusst, explizit oder implizit, es sind Entscheidungen der Familie, die ein Unternehmen heranzieht, um sich über die eigenen Zwecke klar zu werden und um anschließend die passenden Mittel zur Zweckerzielung auswählen zu können. So kann beispielsweise die schlichte Aussage der Familie, dass das Unternehmen auch für die nächsten Generationen ein familiengeführtes Unternehmen bleiben solle, maßgeblichen Einfluss auf hieran anknüpfende Entscheidungen, beispielsweise auf die Finanzplanung oder die Generierung strategischer Optionen haben. Mit Blick hierauf werden Fusionsüberlegungen möglicherweise verworfen, wird der Kapitalmarkt als zukünftige Finanzierungsquelle außer Betracht gelassen oder geben Manager der zweiten und dritten Führungsebene Spekulationen auf die Erlangung der Spitzenposition auf und bewerben sich weg.

Auch im Rahmen von Konditionalprogrammen ist eine Bezugnahme auf die Familie zu beobachten. So sind manche Unternehmen daran gewöhnt, in der Unternehmensfamilie nach relevanten Signalen und Informationen zu suchen,[1] um gegebenenfalls entsprechend reagieren zu können. So kann es in Personalabteilungen heimliche Notfallpläne für den Fall geben, dass der designierte Nachfolger aus der Familie kurzfristig abspringt[2] oder sich als untauglich erweist.[3] Oder es wird ausreichend Liquidität bereitgehalten für den Fall, dass ein Gesellschafter plötzlich verstirbt und somit unerwartete Erbschaftszahlungen anfallen, für den Fall, dass ein Anteilseigner mit dem Verkauf seiner Anteile droht und diese ohne Schaden für das Unternehmen zurückgekauft werden müssen oder für den Fall, dass ein Familienmitglied kurzfristig in private Geldnöte kommt und ihm lieber ein Darlehen aus dem Unternehmen gegeben werden soll, als dass die Angelegenheit publik wird. Hier hat man es mit Entscheidungsprogrammen zu tun, die nach der Wenn-Dann-Regel funktionieren: Wenn Ereignis X beobachtet wird, dann erfolgt Maßnahme Y.

Durch das Einrichten derartiger Entscheidungsprogramme in Form von Regelwerken, Entscheidungsabläufen oder Zweckbestimmungen legen Organisationen gleichsam fest, was als richtig und was als falsch verstanden werden soll. Sie bestimmen beispielsweise, ob Entscheidungen über notwendige Reformmaßnahmen im Sinne des Unternehmens und zwar im Sinne des *Familien*unternehmens sind oder nicht. Ist die vorgetragene Strategie vereinbar mit der Zielsetzung, das Unternehmen langfristig als Familienunternehmen zu führen? Werden neue Geschäftsfelder oder Kontrakte mit einem diktatorischen Regime von der Familie akzeptiert, oder macht man derartige Geschäfte im Unternehmen nicht? Hiervon sind auch *alltägliche* Entscheidungen betroffen. So fragen sich beispielsweise die Marketingfachleute der Firma Hipp bei der Ausgestaltung der nächsten Werbe-

---

[1] Was natürlich ebenso wie alles andere nur in der Organisation stattfinden kann.

[2] So beispielsweise im Falle Steilmann, wo die Tochter nach einem heftigen Streit mit ihrem Vater kurzerhand das Handtuch warf. Vgl. [Weishaupt, G. (2004): Im Schatten der Eichen. Warum Familienunternehmer ihre Nachfolge konsequent regeln sollten].

[3] Andere Unternehmen bereiten sich vielleicht lieber für den Fall vor, dass er tatsächlich kommt.

kampagne, ob Herr Dr. Claus Hipp erneut als Protagonist zur Verfügung steht oder substituiert werden muss. In anderen Unternehmen wird zur Klärung von Zwistigkeiten zwischen Mitarbeitern auf die Seniorchefin im Ruhestand zurückgegriffen.

Die im Rahmen derartiger Zweckprogramme selbstverordneten Ziele und Orientierungen sind keinesfalls immer eindeutig oder konfliktfrei. So zeigen Untersuchungen von Mehrgenerationen-Familienunternehmen, dass diese beispielsweise die paradoxen Forderungen stellen „Wachsen unter Wahrung der unternehmerischen Autonomie“[1] und „Erhalt der unternehmerischen Wandlungsfähigkeit bei gleichzeitiger Wahrung der (Familien-)Traditionen“[2] . Auf diese Weise stabilisiert das Unternehmen die kontinuierliche Bezugnahme auf die Familie als relevante Umwelt des Unternehmens.

---

[1] Hier ist insbesondere die Wachstumsfähigkeit bei gleichzeitig zu wahrender Unabhängigkeit von Banken oder eigenkapitalgebenden Finanziers gemeint (strategische Investoren, Private Equity-Gesellschaften, Kapitalmarkt). Vgl. [Wimmer, R., Groth, T., & Simon, F. B. (2004): Erfolgsmuster von Mehrgenerationen-Familienunternehmen], S. 46 f. Auf die hierzu notwendige, und auch empirisch nachweisbare, relativ hohe Eigenkapitalquote erfolgreicher Familienunternehmen wurde oben bereits hingewiesen. Nach [Oetker, A. (1999): Stakeholderkonflikte in Familienkonzernen: Ansätze zu ihrer Regelung durch strategische Führungsentscheidungen.], S. 81 f. streben familiär geführte Familienunternehmen lt. einer empirischen Untersuchung vielfach Eigenkapitalquoten von 40%-50% an. Alle befragten Teilnehmer stellten die Eigenkapitalquote als wichtiges Kriterium für die finanzielle und strategische Unabhängigkeit des Familienunternehmens heraus. Die erst kürzlich durchgeführte empirische Analyse von [KPMG, Finance, Apax Partners, & WestLB (2004): Unabhängig erfolgreich. Wachstums- und Finanzierungsstrategien von großen Familienunternehmen.], S. 6, bestätigt diese für manche eher überraschende Erkenntnis: „86 Prozent der Unternehmen haben eine Eigenkapitalquote von über 30 Prozent; 41 Prozent liegen über 40 Prozent Eigenkapitalquote.“

[2] Die Schwierigkeit, Bewährtes zu erhalten und dennoch für Neues ausreichend flexibel zu bleiben, wird bei [Wimmer, R., Groth, T., & Simon, F. B. (2004): Erfolgsmuster von Mehrgenerationen-Familienunternehmen], S. 48 ff. beschrieben.

3.4.1.3. Entscheidungen über Personen?

Nur wenn man annimmt, dass verschiedene Personen verschieden entscheiden werden, hat es überhaupt Sinn, Personalfragen als Unterschied zu behandeln, der einen Unterschied macht. Dabei geht LUHMANN von der Überlegung aus, dass Personen aufgrund ihrer unterschiedlichen Kompetenzen der Reproduktion der Organisation an unterschiedlichen Stellen mehr oder weniger dienlich sein können.[1] Wer eine Person kennt, kann sich leicht vorstellen, wie sie über die eine oder andere Frage entscheiden wird. Wenn man beispielsweise eine Juristin einstellt, so geht man in der Organisation davon aus, dass sie andere Entscheidungen trifft als eine Sozialwissenschaftlerin oder eine Ingenieurin. Die jeweiligen Kompetenzen, so die Grundüberlegung, verdanken sie weitgehend der gesellschaftlichen Umwelt (Schulen, Universitäten, Professionen) und sind von der Organisation im Großen und Ganzen nur wenig beeinflussbar. Zwar werden von Organisationen zu diesem Zweck Weiterbildungspro gramme, Outdoortrainings und Coachinginitiativen eingerichtet, doch die Erfahrungen hiermit und die Ergebnisse sind nicht sehr ermutigend.[2]

So ist rasch zu erkennen, dass die Besetzung einer Stelle mit der einen oder anderen Person einen Unterschied bezüglich der Art und Weise macht, *wie* von dieser Stelle Entscheidungen getroffen werden. Ihre Kompetenzen im Umgang mit zu treffenden Entscheidungen sind jeweils unterschiedlich, eine Klassifizierung in „richtig" und „falsch" fällt dabei schwer. Erfolgs- und Misserfolgsbilanzen einer Organisation sind nur in Grenzfällen, gar nicht oder nur kontrovers auf Entscheidungen einzelner Personen zu beziehen. Typischerweise nimmt man daher auch Abstand davon, eine Person mit Verweis auf

---

[1] Zum LUHMANNschen Kompetenzbegriff vgl. [Luhmann, N. (2000): Organisation und Entscheidung], S. 282 f. und S. 286 f.

[2] So [Luhmann, N. (2000): Organisation und Entscheidung], S. 291. Er bezieht sich hierbei auf Programme, bei denen besondere Fertigkeiten trainiert werden (Sprachkenntnisse, Rechtskenntnisse, Polizeitaktik, Umgang mit Computern usw.) und empfiehlt, die erworbenen Fähigkeiten sofort anzuwenden, weil sie anderenfalls rasch verkümmern.

ihre „richtigen“ oder „falschen“ Entscheidungen als „guten Griff“ oder „Missgriff“ zu klassifizieren, es sei denn, die Abweichungen von der *Normalerwartung*[1] sind immens.

Es liegt daher nahe, dass die Besetzung von Stellen mit Mitgliedern der Unternehmensfamilie zumindest theoretisch erheblich zur Form der Reproduktion des Unternehmens beitragen kann, da die spezifischen Kompetenzen von Personen die Art und Weise konditionieren, wie an bestimmten Stellen im Unternehmen entschieden wird. Die betreffenden Familienmitglieder sind dem Unternehmen meist schon lange vorher bekannt, sei es durch Geschichten, durch informelle soziale Kontakte[2] oder den allgemeinen Klatsch. Anders als bei Nichtfamilienmitgliedern entstehen Erwartungshaltungen, die sich nicht ausschließlich auf herumgereichte Lebensläufe, Arbeitszeugnisse und allgemein verfügbare Informationen gründen.So kann es überhaupt nur zu der Vermutung kommen, dass sich bei der Führungsnachfolge durch den Sohn des bisherigen Chefs bestimmte Dinge nicht ändern werden, seien es der Führungsstil, die Prozesse, nach denen Führungsentscheidungen getroffen werden, die verbleibende Distanzierung von bislang unberücksichtigten, potentiellen neuen Märkten. Es werden Erwartungen über Entscheidungsweisen formuliert, die mit dem bisher Bekannten (Geschichten, Erfahrungen mit dem Vater etc.) verrechnet werden und somit zu einer von Nicht-Familienmitgliedern abweichenden *Normalerwartung* führen.

3.4.1.4. Im Rahmen der Organisationskultur?

Weite Teile der Familienunternehmensliteratur bescheinigen der Familie einen einzigartigen Einfluss auf die Organisationskultur des Unternehmens.[3] Dieser Einfluss wird in manchen Arbeiten gar als

---

[1] Zum Begriff der *Normalerwartungen* vgl. weiter unten den Absatz zu „Kognitiven Routinen“.

[2] Oft ist man als Unternehmerkind schon von klein auf in der Firma bekannt und wird schon früh darauf angesprochen, ob man denn später den Betrieb übernehmen wolle. Der Autor spricht hier aus eigener Erfahrung.

[3] Vgl. beispielsweise [Klein, S. B. (2004): Family influence on value creation: A resource-based analysis of the value creation process in family firms].

eines von wenigen Merkmalen betrachtet, die ein Familienunternehmen überhaupt konstituieren.[1] Daher scheint ein Blick auf den Aspekt *Organisationskultur* angebracht, zugleich aber auch deswegen, weil LUHMANN die Organisationskultur als eine Entscheidungsprämisse einführt,[2] über die jedoch im Gegensatz zu den zuvor genannten Entscheidungsprämissen (Kommunikationswege, Entscheidungsprogramme und Personaleinsatz) nicht entschieden werden kann.

Organisationskultur ist nichts Greifbares, nichts, was durch die Anwendung einer benennbaren Regel oder Entscheidung entstanden wäre. Sie ist gewissermaßen da, weil sie immer schon da war. Die sie hervorbringenden Kommunikationen sind in Organisationen eher den Kategorien Klatsch, Tratsch und Unterhaltung als den Entscheidungen zuzuordnen. Organisationskultur dient der Kommunikation gewissermaßen als Schmiermittel und entsteht dort, wo Probleme auftauchen, die nicht durch Anweisungen gelöst werden können. Hierzu LUHMANN:[3]

> „Ihr Ergebnis bleibt anonym produziert, und erst Anthropologen oder Soziologen entdecken die latente Funktion dieser Art von Kommunikation, das Zusammengehörigkeitsbewusstsein und seine moralischen Anforderungen zum Ausdruck zu bringen, *ohne dies direkt*

---

[1] Es sei insbesondere auf den F-PEC-Ansatz von [Astrachan, J. H., Klein, S. B., & Smyrnios, K. X. (2002): The F-PEC Scale of Family Influence: A Proposal for Solving the Family Business Definition Problem] zur Definition von Familienunternehmen verwiesen. Die Bezeichnung *F-PEC* steht dabei für „Family influence through *P*ower, *E*xperience and *C*ulture“ und berücksichtigt daher die drei Dimensionen: Macht (Power), Erfahrung (Experience) und Kultur (Culture) in je unterschiedlicher Weise. Zur weiteren Diskussion dieses Ansatzes vgl. [Klein, S. B., Astrachan, J. H., & Smyrnios, K. X. (2004): The F-PEC Scale of Family Influence: Construction, Validation, and Further Implication for Theory] sowie als Kommentar hierzu [Cliff, J. E., & Jennings, P. D. (2005): Commentary on the Multidimensional degree of family influence construct and the F-PEC Measurement Instrument].

[2] Vgl. hierzu [Luhmann, N. (2000): Organisation und Entscheidung], S. 222 ff., insb. jedoch ebd., S. 239 ff.

[3] [Luhmann, N. (2000): Organisation und Entscheidung], S. 243.

> *zum Thema der Kommunikation zu machen und es damit der Annahme oder der Ablehnung auszusetzen.* [...] Wie man aus der ethnomethodologischen Forschung weiß, sind das starke Kräfte, die die Alltagskommunikation auf ihrer Bahn halten und in der Form von Vertrautheit Prämissen kondensieren, die nicht mehr der Ja/Nein-Probe ausgesetzt, sondern unformuliert akzeptiert werden."

Organisationskultur ist keineswegs ein rein positiv konnotiertes Phänomen. Schließlich gehört dazu auch das routinemäßige Formulieren von Vorwürfen oder Schuldzuweisungen, und schließlich wird das Scheitern mancher Reformvorhaben sowie ganzer Unternehmen der Trägheit der Organisationskultur im Hinblick auf Veränderungen zugerechnet.[1]

Reduziert man die Organisationskultur auf die sie konstituierenden Kernelemente, so trifft man auf Werte, die durch die Geschichte des Systems untermalt und gestützt werden. Dabei sind Werte gewissermaßen Anhaltspunkte in der Kommunikation, die nicht direkt kommuniziert werden und somit der expliziten Thematisierung nur schwer zugänglich sind. Dies ist gemeint, wenn LUHMANN sagt:[2]

> „Wenn man etwa sagt: dieser Vorschlag widerspricht den Traditionen unserer Firma, so wird damit am Wert der Tradition vorbeiargumentiert; man stellt nicht die Tradition zur Diskussion, sondern die Frage, ob der Vorschlag ihr widerspricht oder nicht; und man nimmt allenfalls in Kauf, dass die Inhalte der Tradition interpretiert werden."

---

[1] Vgl. hierzu [Luhmann, N. (2000): Organisation und Entscheidung], S. 243 und S. 246. Hierzu ebd., S. 245: Die Organisationskultur „gilt heute als wichtigstes Hindernis geplanter Innovationen, denn nur wer im Sinne des bisher Üblichen handelt, kann davon ausgehen, dass er Konsens findet." Zur Handhabung organisationskultureller Unterschiede im Rahmen von Integrationsvorhaben, die auf Unternehmensakquisitionen folgen, vgl. [Jansen, S. A. (2004): Management von Unternehmenszusammenschlüssen: Theorien, Thesen, Tests und Tools], insb. S. 335 ff.

[2] [Luhmann, N. (2000): Organisation und Entscheidung], S. 244.

Die Eigenart der besonderen Kultur einer Organisation kommt darin zum Ausdruck, dass explizit oder implizit auf die eigene Geschichte des Systems Bezug genommen wird.

Organisationskultur ist daher auch, wie sich schon abzeichnen dürfte, kein Bestandteil von Statuten eines Systems.[1] Sie ist weder im Gesellschaftervertrag noch in Anstellungskontrakten zu finden und kann, entgegen der Einschätzung einiger Berater, auch nicht als Text über Leitbilder und Selbstverständnisse an die Wand gehängt werden. Sie bleibt den Zwecken interner Kommunikation unzugänglich, und wer dennoch versucht, Organisationskultur als Argument zu verwenden, macht sich eher der Anwendung rhetorischer Mittel verdächtig, als dass damit selbige formuliert werden könnte. So würde sich ein Management, das sich explizit um Organisationskultur bemüht, und sei es nur mit etwas Farbe in den Büroräumen, eher dem Verdacht aussetzen, dass hier Organisationskultur zur Selbstdarstellung des Führungspersonals missbraucht würde.[2]

Inwiefern mag nun die Unternehmensfamilie in die Organisationskultur des Familienunternehmens involviert sein? Da es sich bei der Organisationskultur um eine Entscheidungsprämisse handelt, die sich abhängig von der eigenen Systemgeschichte entlang geführter Kommunikation, also Entscheidungskommunikation, entwickelt, liegt die Verbindung auf der Hand. Die Familie und insbesondere die Gründerfiguren spielen meist sowohl bei der Geschichtsentwicklung als auch bei der Mythenbildung der eigenen Unternehmensgeschichte (Gründermythos) eine elementare Rolle.[3] So ist es nicht unüblich, noch Jahrzehnte nach dem Tod eines Gründers zu hören, dass es das ein oder andere so mit Sicherheit *nicht* gegeben hätte, wenn der

---

[1] So auch [Luhmann, N. (2000): Organisation und Entscheidung], S. 245.

[2] Das Beispiel wurde bei [Luhmann, N. (2000): Organisation und Entscheidung], S. 246, entlehnt.

[3] Dies bestätigen beispielsweise bezüglich eingeschliffener Finanzentscheidungen [Gallo, M. Á., Tàpies, J., & Cappuyns, K. (2004): Comparison of Family and Nonfamily Business: Financial Logic and Personal Preferences], S. 314 f. sowie [Poutziouris, P., Chittenden, F., & Michaelas, N. (1998): The financial affairs of private companies].

Gründer noch leben würde (im Positiven wie im Negativen). Neben der geschichtlichen Entwicklung der Organisation trägt die in Familienunternehmen übliche, meist eine Generation andauernde Führungsstabilität (20-30 Jahre) zur Organisationskultur bei. Mit den Generationswechseln ergeben sich nicht selten Brüche und Risse in der Organisationskultur, die zu einem maßgeblichen Wechsel der Reproduktion, zu einer erheblichen Veränderung in der Art, *wie* Entschieden wird, führen können. Der Nachfolger führt, geprägt von Schule und Universität, überraschend neue mathematische Entscheidungsverfahren ein,[1] bearbeitet die Frage der zukünftigen Ausrichtung des Unternehmens nicht länger markt- sondern ressourcenorientiert und fragt immerzu nach dem Wertbeitrag des einen oder anderen Projekts.[2]

3.4.1.5. Über kognitive Routinen?

Der Begriff der *kognitiven Routine* beschreibt eine Art Routinebildung bezüglich der Umweltirritationen, die intern zu verarbeiten sind.[3] Dabei geht es nicht um alles, was die an der Organisation

---

[1] Beispielsweise das zeitweilig als Allheilmittel proklamierte Instrument der Realoptionen, das als Nachfolger der Discounted Cashflow-Methode gehandelt wird. Diese ist eine Methode, die Vorteilhaftigkeit einer Investition zu beurteilen. Dabei wird auf die finanzmathematischen Grundlagen der Optionspreistheorie zurückgegriffen. Zur Einführung vgl. [Black, F., & Scholes, M. (1976): The Pricing of Options and Corporate Liabilities] sowie [Brealey, R. A., & Myers, S. C. (2000): Principles of Corporate Finance], S. 619 ff.

[2] Erst hierdurch kommt es in Organisationen gelegentlich zur Entwicklung jener großen Persönlichkeiten, die eine neue Ära einleiten, Organisationen sanieren oder die tradierten Gewohnheiten dadurch spürbar machen, dass sie mit ihnen brechen. Dabei erspart der Bruch gleichsam die Legitimation dieser Operationen, die Vergangenheit wird durch Zukunft ersetzt. Vgl. [Luhmann, N. (2000): Organisation und Entscheidung], S. 247. Es ist die zweite oder dritte Generation aus der Unternehmensfamilie, die das Ruder hat herumreißen und das Unternehmen erneut erfolgreich in die nächste Generation führen können.

[3] Kognitive Routinen spielen als Rahmenwerk organisationaler Reproduktion eine wichtige Rolle. So beschreibt [Luhmann, N. (2000): Organisation und Entscheidung], S. 251: „Alle selbstreferentiell konstiutierten Entscheidungsprämissen findet man eingebettet in einen Kontext kognitiver Routinen. Keine Situationsdefi-

beteiligten Menschen wahrnehmen.[1] Vielmehr sollen unter *kognitiven Routinen* diejenigen Identifikationen verstanden werden, die für mehrfachen Gebrauch in Kommunikationen gespeichert sind und bei Bedarf abgerufen werden können. Hierzu zählen beispielsweise Namen und Adressen ebenso wie die Erreichbarkeit von Kunden, mit denen regelmäßig Kontakt gepflegt wird, die Zeit, die es normalerweise dauert, Lieferungen aus der Umwelt zu beziehen oder an sie zu senden, oder Annahmen über die typische Qualität von Dingen (etwa Maschinen, Rohstoffen, Verkehrsmitteln), mit denen die Organisation regelmäßig umgeht.[2] Dabei handelt es sich in der Regel um *Normalerwartungen*, die durch gelegentliche Ausfälle oder Störungen nicht außer Kraft gesetzt werden, sondern in gewissem Umfang fehlerfreundlich oder robust gebündelt sind. LUHMANN schlägt hierzu den Begriff des *Realitätskredits*[3] vor, der vom System gewährt wird und entlang dessen das Systemgedächtnis die eigenen Kognitionen aktuell hält. Es lernt und vergisst gleichermaßen, indem das Registrieren von Wiederholungen als Bewährung behandelt und das Feststellen von Enttäuschungen zum Anlass einzelner Korrekturen und Nachjustierungen genommen wird. Wenn diese Identifikationsrohlinge über einen gewissen Zeitraum gar nicht benötigt, also nicht mehr aktualisiert werden, geraten sie in Vergessenheit.

Gegenüber der Unternehmensfamilie bildet das Familienunternehmen solche kognitiven Routinen, solche „Normalerwartungen", aus und umgekehrt. Hierdurch wird geklärt, was typischerweise vom anderen System erwartet werden kann, ob beispielsweise die Zustimmung zu strategischen Vorhaben erwartet werden darf, ob mit einem Vertreter der Unternehmensfamilie auf jedem Dienstjubiläum ge-

---

nition wäre ohne sie möglich. Auch keine Kausalattribution. Auch keine abgrenzbaren Alternativen, also keine Entscheidungsfreiheiten. Auch könnte das System weder Konditionen interpretieren noch Eignungen von Mitteln für Zwecke unterstellen, gäbe es nicht die Möglichkeit, Identitäten zu kondensieren und als Routinen bei Bedarf abzurufen."

1 So [Luhmann, N. (2000): Organisation und Entscheidung], S. 250.

2 So bei [Luhmann, N. (2000): Organisation und Entscheidung], S. 250.

3 Vgl. [Luhmann, N. (2000): Organisation und Entscheidung], S. 251 f.

rechnet werden kann oder ob lieber nicht kalkuliert werden sollte, dass ein gewährtes Gesellschafterdarlehen absprachegemäß und pünktlich zurückgeführt wird usw.

Kognitive Routinen entstehen also durch Strukturbildung, durch Redundanzen und Rückkopplungseffekte und sind zugleich ein Teil hiervon. Man richtet sich auf typische Irritationen ein. Wenn die Unternehmensfamilie nicht akzeptiert, dass neben klassischen chemischen Produkten auch Giftstoffe für militärische Zwecke produziert werden sollen, so lernt das Unternehmen daraus, in Zukunft vorsichtiger mit Anfragen des Militärs umzugehen (beispielsweise diese zu verschweigen, von vornherein abzulehnen oder sie umzudeuten und somit einem anderen Interpretationsschema zu unterwerfen, um sie dennoch guten Gewissens bearbeiten zu können). Wenn aus der Familie signalisiert wurde, dass das Unternehmen in Zeiten knapper Kassen Unterstützung und Rückhalt (in Form von Kapitaleinlage oder Ähnlichem) erwarten darf, geht das Unternehmen davon aus, dass dies weiterhin zutrifft, weil es immer schon so war. Kognitive Routinen bilden also die Grundlage realitätsnaher Erwartungen, die ein Unternehmen im Verlauf der eigenen Autopoiesis, der zunehmenden Strukturbildung und Binnendifferenzierung, entwickelt. Hierzu LUHMANN:[1]

> „Erst kognitive Routinen erzeugen mithin jenen Entscheidungsspielraum, der dann durch normative Prämissen eingeschränkt werden kann. Als Bedingung der Möglichkeit von Freiheit wird Kognition nicht als Einschränkung von Freiheit erfahren."

Gegenüber der Unternehmensfamilie bildet das Familienunternehmen also solche kognitiven Routinen aus und stabilisiert somit in den eigenen Operationen die Fremdreferenz, also die eigene Bezugnahme auf die Familie.[2] So gesehen spielt die Familie auch an dieser Stelle in der Strukturbildung der Organisation eine Rolle.

---

[1] Vgl. [Luhmann, N. (2000): Organisation und Entscheidung], S. 252.

[2] Hierzu [Luhmann, N. (1984): Soziale Systeme: Grundriß einer allgemeinen Theorie], S. 266: „Jede Kommunikation im sozialen System, und nicht etwa nur eine

3.4.2. In welchen Aufgabenfeldern von Führung sind familienunternehmenstypische Merkmale vorzufinden?

Dass der Unternehmensfamilie seitens der Organisation teils erhebliche Möglichkeiten eingeräumt werden, die Reproduktion der Organisation zu konditionieren (über Kommunikationswege, Programme, Personen, Organisationskultur und kognitive Routinen), wurde in den obigen Abschnitten erläutert. Doch wozu führt diese Konditionierung? Ergeben sich in Familienunternehmen typische Muster der Reproduktion, die für diesen Organisationstyp charakteristisch sind und ihn von anderen Unternehmen unterscheiden?

Um dies herauszufinden, werden in den folgenden sechs Abschnitten die typischen Aufgabenfelder von Führung auf familienunternehmenstypische Merkmale untersucht. Hierzu werden sowohl auffällige Ergebnisse der Familienunternehmensforschung als auch empirisch gestützte Hinweise aus der Ratgeberliteratur selektiv herangezogen. Ziel ist es dabei, einen Überblick über die führungsbezogenen Spezifika von Familienunternehmen zu liefern.

Die Untersuchung gliedert sich analog zu den von WIMMER ET AL.[1] vorgeschlagenen sechs Dimensionen der Unternehmensführung. Sie sind als Differenzen der Organisation zu verstehen, die alle, in je unterschiedlicher Intensität, von der Organisation zu bearbeiten sind. Sie betreffen die kontinuierliche Auseinandersetzung der Organisation mit (1) der Zukunft, (2) relevanten Umwelten der Organisation, (3) knappen Ressourcen, (4) (Re-)Organisation, (5) Personen als Umwelt sowie (6) Selbstbeobachtung und -beschreibung der Organisation in der Gegenwart.

---

grenzüberschreitende Kommunikation nach außen, nimmt die Differenz zur Umwelt in Anspruch und trägt dadurch zur Bestimmung bzw. zur Veränderung der Systemgrenze bei."

[1] Vgl. hierzu [Wimmer, R., Domayer, E., Oswald, M., & Vater, G. (1996): Familienunternehmen – Auslaufmodell oder Erfolgstyp?; Wimmer, R. (1995): Die Funktion des General Managements unter stark veränderten wirtschaftlichen Rahmenbedingungen; Wimmer, R. (1993): Wozu brauchen wir ein General Management?].

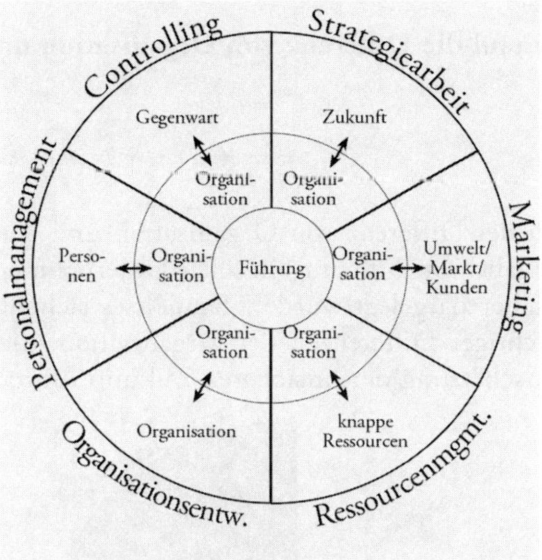

Abbildung 19: Aufgabenfelder von Führung nach WIMMER ET AL., 1995. Eigene Darstellung.

Dieser Ordnungsvorschlag soll gewissermaßen als Suchraster für empirisch identifizierbare typische Merkmale von Familienunternehmen dienen. Zwangsläufig trifft man hiermit auf Spezifika, die im Rahmen der Unternehmensführung in Familienunternehmen einen Unterschied machen. Diese werden im nächsten Kapitel neben die bereits oben identifizierten familienunternehmenstypischen Merkmale in Unternehmensfamilien gestellt, um festzustellen, ob Muster, Gemeinsamkeiten oder Abhängigkeiten zutage treten.

3.4.3. Familie und die Differenz von Organisation und Zukunft

Ich bin die Zukunft.
(Alexander Falk, Sohn eines Stadtplanerfinders)[1]

Die Frage nach der Differenz von Organisation und Zukunft ist eine elementare Aufgabe von Führung in allen Unternehmen. Wie weiter oben ausführlicher dargelegt wurde,[2] handelt es sich hierbei um die Diskussion wichtiger Differenzen der Organisation, die zu einer gemeinsamen Einschätzung der unsicheren Zukunft führt.

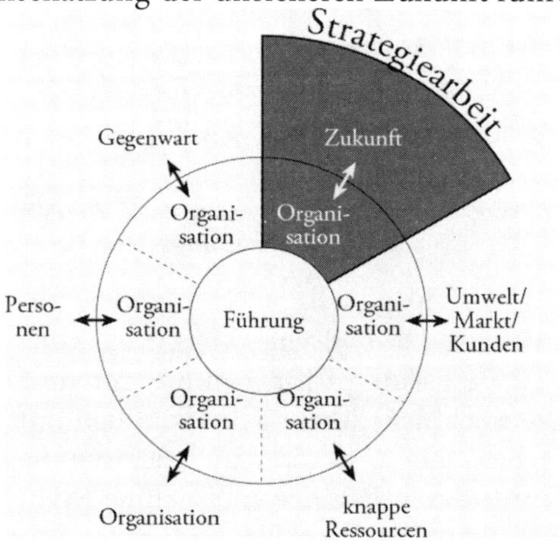

Abbildung 20: Strategiearbeit als Aufgabenfeld von Führung nach WIMMER ET AL. Eigene Darstellung.

Ziel von Strategiearbeit ist es, die Organisation in ein angemessenes Verhältnis zu jener Zukunftswahrnehmung zu setzen, um somit für die eigene, zukünftige Reproduktionsfähigkeit vorzusorgen. Typische Merkmale von Strategiearbeit sind die Analyse der organisationalen

---

[1] So bei [Ax, M. (2004): Er dachte: Ich bin die Zukunft].

[2] Vgl. hierzu weiter oben Abschnitt (1) Die Differenz von Organisation und Zukunft, S. 122 ff.

Umwelt (relevant/irrelevant) und der wahrgenommenen oder erwarteten Dynamik (wahrscheinlich/ unwahrscheinlich) in Bezug auf die eigene Situation (Chancen/Risiken). Parallel hierzu ist die Auseinandersetzung mit den eigenen (Kern-)Kompetenzen (Stärken/ Schwächen) notwendig. Denn letztendlich geht es um das Entwerfen unterschiedlicher möglicher Zukünfte und das Finden einer eigenen Position hierin (können/nicht können; wünschen/wollen). Schließlich sind strategische Reflexionen über die Aufrechterhaltung der eigenen Zukunftsfähigkeit nur dann sinnvoll, wenn sie eine ausreichende Rückbindung an das Alltagsgeschäft erlauben.

Die Literatur beschreibt einige Merkmale von Familienunternehmen, die im Vergleich zu Nichtfamilienunternehmen für diesen Organisationstypus charakteristisch zu sein scheinen. So wird vermutet, Familienunternehmen seien in ihrer Strategiearbeit nach innen gerichtet, würden weniger kapitalintensive Wege gehen als andere Unternehmen, langsameres Wachstum anstreben und weniger global agieren als ihre korporativen Pendants.[1]

Wichtig ist daher im Folgenden darzustellen, in welchen Aspekten sich die Auseinandersetzung mit der eigenen Zukunft von derjenigen in Nichtfamilienunternehmen maßgeblich unterscheidet. Hierzu werden vier typische Unterschiede skizziert: (1) die Art der Strategiearbeit, (2) Variation oder Differenz in der strategischen Zielsetzung, (3) Fristigkeit der Planungen und (4) hierfür verfügbare Ressourcen und Kompetenzen.

3.4.3.1. Art der Strategiearbeit

Die vorherrschende Art, wie in Familienunternehmen Strategiearbeit betrieben wird, ist ebenso wie in Nichtfamilienunternehmen in Form und Inhalt ein gewachsener Prozess. Gute Erfahrungen mit der Strategiearbeit aus der Vergangenheit führen häufig zu einer Verstärkung, weniger Funktionales oder Zielführendes wird entsprechend adjustiert oder fallen gelassen. So entwickeln sich im Laufe der Unterneh-

---

[1] So [Harris, R., Martinez, J., & Ward, J. L. (1994): Is strategy different for the family-owned business?].

mensgeschichte spezielle Formen der Zukunftsbearbeitung, die sich in der Vergangenheit als funktional und zielführend herausgestellt haben.[1] Dabei ergeben sich in Familienunternehmen häufig Muster, die von Nichtfamilienunternehmen abweichen. So ist z.B. festzustellen, dass die Entscheidung über die zukünftige Ausrichtung des Unternehmens in Familienunternehmen oft „Chefsache" ist. Die zu treffenden Entscheidungen bündeln sich an einer oder an sehr wenigen Stellen „an der Spitze" der Organisation. Dieses Muster bietet dem Unternehmen ohne Frage gewisse Vorteile. Beispielsweise sind an diesen Stellen deutlich reduzierte Kosten der Entscheidungsfindung bei gleichzeitig hoher Flexibilität des Unternehmens zu konstatieren.[2] Nicht selten entsteht auf diese Weise aber auch ein spezifisches Abhängigkeitsverhältnis des Unternehmens von einer einzigen Entscheidungsperson.[3] Darüber hinaus besteht die Gefahr, stabilen

---

[1] So auch [Dyer, W. G. J. (2003): The Family: The Missing Variable in Organizational Research], S. 409: „The continuity of the family firm is influenced by its cultural pattern; culture of the firm and family may be isomorphic; family values often differ from business values." Ebenso [Dyer, W. G. j. (1988): Culture an continuity in family firms]; [McCollom, M. E. (1988): Integration in the Family Firm: When the Family System Replaces Controls and Culture] und [Hilburt-Davis, J., & Dyer, W. G. j. (2003): Consulting to family businesses: A practical guide to contracting, assessment, and implementation].

[2] Vgl. hierzu beispielsweise [Goffee, r., & Scase, R. (1985): Proprietorial control in family firms: Some functions of 'quasi-organic' management systems]; [Hall, P. D. (1988): A historical overview of family firms in the United States]; [Tagiuri, R., & Davis, J. A. (1996): Bivalent attributes of the family firm] oder [Poza, E. J., Alfred, T., & Maheshwari, A. (1997): Stakeholder perceptions of culture and management practices in family and family firms – A preliminary report].

[3] Vgl. die Ergebnisse von [Feltham, T. S., Feltham, G., & Barnett, J. J. (2005): The Dependence of Family Businesses on a Single Decision-Maker]. So reduziert sich diese Abhängigkeit empirisch mit (in dieser Reihenfolge) (a.) steigendem Alter des Entscheiders, (b.) der zeitlichen Nähe zum Ausstiegszeitpunkt des Entscheiders, (c.) steigendem Unternehmenswert, (d.) steigender Anzahl der Anteilseigner, (e.) zunehmendem Alter des Unternehmens selbst und (f.) mit zunehmender Verbreitung / Streuung der Stimmrechtsanteile in der Familie. Interessanterweise wurde festgestellt, dass extern besetzte Aufsichtsgremien wie z.B. ein Beirat keinen Einfluss auf die vorherrschende Personenzentrierung haben. Eine tendenzielle Abnahme der Entscheidungszentrierung bei zunehmendem Alter des Un-

Fehleinschätzungen dieser Person hoffnungslos ausgeliefert zu sein und zudem die Blickwinkel anderer Führungskräfte im Unternehmen, die für die Zukunftseinschätzung höchst nützlich sein können, ungenutzt zu lassen.[1] Gibt es darüber hinaus keinen formalisierten Prozess für die Auseinandersetzung mit der organisationalen Zukunft, so droht die Gefahr, dass die hierzu notwendigen Reflexionen im Alltagsgeschäft untergehen und geradezu vergessen werden.[2]

Insbesondere in der amerikanischen Familienunternehmensforschung gibt es Ansätze, solche Aktivitäten in Familienunternehmen organisationstypgerecht zu formalisieren. So schlagen CARLOCK und WARD beispielsweise einen gemeinsamen Strategieentwicklungsprozess von Familie und Unternehmen vor.[3] Auch andere Vertreter arbeiten an Vorschlägen, die den Familien- und Anteilseignerblickwinkel entsprechend prominent positionieren.[4] Dennoch sollte nicht vergessen werden, dass Strategiearbeit eine Führungsaufgabe im Unternehmen ist, die dabei gewisse Aspekte der Familie und der Anteilseigner zu berücksichtigen hat.[5]

---

ternehmens (= Anstieg der Generationen) fanden auch [Morris, M. H., Williams, R. O., Allen, J. A., & Avilia, R. A. (1997): Correlates of Success in Family Business Transitions], S. 388, in ihren Untersuchungen.

[1] Vgl. hierzu die Ausführungen von [Wimmer, R., & Nagel, R. (2002): Systemische Strategieentwicklung]. Sie bezeichnen diesen Typ der Strategiebearbeitung als *intuitive Strategieentwicklung*. Für Näheres hierzu vgl. ebd. S. 35 ff., zu den Nachteilen und Risiken insb. S. 40 f.

[2] Nach den Erkenntnissen von [Sonfield, M. C., & Lussier, R. N. (2004): First-, Second-, and Third-Generation Family Firms: A Comparison], S. 198 kann dieses Muster als stabil verstanden werden. So weisen sie nach, dass nachfolgende Generationen nicht mehr Zeit für strategische Managementaufgaben aufwenden als dies die Gründergeneration tut.

[3] Vgl. [Carlock, R. S., & Ward, J. L. (2001): Strategic planning for family business: Parallel planning to unify the family and the business], S. 24 ff.; für eine Übersicht über den als „parallel planning process" bezeichneten Ansatz, vgl. ebd., S. 46.

[4] Vgl. hierzu bspw. [Habbershon, T. G., & Astrachan, J. H. (1997): Perceptions are Reality: How Family Meetings lead to Collective Action].

[5] Hierzu Henry MINTZBERG in einem Interview mit [Pervin, A. (1997): A Conversation With Henry Mintzberg], S. 195, über die Frage, inwiefern Gesellschafter in

3.4.3.2. Ziele

Zu diesen in die Strategiearbeit zu integrierenden Aspekten gehören die definierten Ziele, nach denen das Familienunternehmen ausgerichtet werden sollte. Wer die ökonomische Literatur zurate zieht, erfährt, dass es hierbei maßgeblich um Gewinnmaximierung oder Wertmaximierung geht. Durchforstet man dagegen die Familienunternehmensliteratur, ergibt sich ein differenzierteres Bild: Hier gibt es Hinweise aus empirischen Untersuchungen, die besagen, dass Familienunternehmen sich in weitaus geringerem Ausmaße der ausschließlichen Wertmaximierung verschreiben.[1] Hierzu George W. Merck II, Sohn des Gründers eines bekannten Familienunternehmens:[2]

> „We try to remember that medicine is for the patient. ... It is not for the profits. The profits follow, and if we have remembered that, they have never failed to appear. The better we have remembered it, the larger they have been."

Dies bedeutet selbstredend nicht, dass Familienunternehmen nicht daran interessiert wären, Geld zu verdienen und auch langfristig ihre Reproduktionsfähigkeit aufrechtzuerhalten. Vielmehr ist gemeint, dass Familienunternehmen neben ökonomischen auch wichtigen nichtökonomischen Zielen und Beschränkungen gerecht werden müssen. Hierzu kann beispielsweise die „Aufrechterhaltung des Familienfriedens"[3] bei strategischen Entscheidungen oder die Arbeits-

---

die Strategiearbeit einzubinden seien: „I think strategic thinking is managerial". Mintzberg sieht die (aktiven wie passiven) Anteilseigner vielmehr als Resonanzfläche für Strategiereflexion.

[1] Vgl. hierzu [Sharma, P., Chrisman, J. J., & Chua, J. H. (1997): Strategic Management of the Family Business: Past Research and Future Challenges], S. 5 ff.

[2] Anlässlich einer Rede am Medical College of Virginia, Richmond, am 1. Dezember 1950, lt. Dem Archiv von Merck & Company, zit. bei [Collins, J. C., & Porras, J. I. (2002): Built to last: Successful habits of visionary companies], S. 194 f.

[3] Man denke an Stammesrivalitäten, die dazu führen, dass im Zweifel mal dem einen, mal dem anderen Stamm entsprochen wird, unabhängig von den vorherrschenden, sachlichen Gegebenheiten.

platzgewähr für eigentlich nicht benötigte Familienmitglieder zählen.[1] Andere Untersuchung gehen gar so weit zu konstatieren, dass die Erfüllung der Familienziele und -bedürfnisse häufig die ausschlaggebenden Faktoren bilden, wenn beispielsweise über die Sitzverlegung neuer Produktionswerke oder der Firmenzentrale, wenn über Finanzstrategien oder über die neuen Unternehmensstrategien zu entscheiden ist.[2] TAGIURI und DAVIS kamen beispielsweise in ihrer Analyse über die maßgeblichen Ziele amerikanischer Familienunternehmen zu folgenden Ergebnissen (in dieser Reihenfolge):[3]

1. zufriedene und produktive Mitarbeiter, die auf die Qualität ihrer Arbeit und das Image ihres Unternehmens stolz sind;
2. Gewährung von Sicherheit und (finanziellen) Vorteilen für die Anteilseigner;
3. Entwicklung neuer und qualitativ hochwertiger Produkte;
4. Etablierung des Unternehmens als guter „corporate citizen"[4];
5. Stabilisierung des Unternehmens, um Arbeitsplatzsicherheit zu gewähren.

---

[1] So bei [Chrisman, J. J., Chua, J. H., & Sharma, P. (2003): Current Trends and Future Directions in Family Business Management Studies: Toward a Theory of the Family Firm], S. 363.

[2] Vgl. hierzu die Überlegungen von [Ward, J. L. (1988): The special role of strategic planning for family businesses]; [Kahn, J. A., & Henderson, D. A. (1992): Location preferences of family firms: Strategic decision of "home sweet home"?]; [Harris, R., Martinez, J., & Ward, J. L. (1994): Is strategy different for the family-owned business?] oder auch [Mishra, C. S., & McConaughy, D. L. (1999): Founding family control and capital structure: The risk of loss of control and the aversion to debt].

[3] Vgl. [Tagiuri, R., & Davis, J. (1992): On the Goals of Successful Family Companies], S. 46 ff.

[4] Mit dem Begriff *corporate citizen* wird im englischsprachigen Raum ein sozial und lokal engagiertes Unternehmen beschrieben, das seine gesellschaftliche Verantwortung ernstnimmt und dieser nachkommt. Die Überlegungen basieren auf der amerikanischen Überzeugung, der Gesellschaft, von der man selbst viel erhält, wieder etwas zurückzugeben. Weitere Informationen zum Corporate Citizenship gibt beispielsweise [Schrader, U. (2003): Corporate Citizenship – Die Unternehmung als guter Bürger?].

Sicherlich gelten diese Ergebnisse weder für alle Familienunternehmen gleichermaßen, noch sind sie unhinterfragt auf deutsche Unternehmen übertragbar. Dennoch machen sie die Spannweite derjenigen Aspekte deutlich, an die sich die strategischen Überlegungen von Familienunternehmen orientieren. Nicht zuletzt, so zeigen weite Teile der Familienunternehmensforschung, verfolgen insbesondere Unternehmen der zweiten oder höheren Generation das klare Ziel, das Unternehmen als Familienunternehmen unabhängig zu erhalten und gesund in die nächste Generation zu übergeben.[1] Letztendlich ist es jedoch die Aufgabe einer jeden Unternehmensführung in Familienunternehmen, die spezifischen Ziele des Unternehmens in Abhängigkeit vom etablierten Erfolgsmuster des Unternehmens und von den Bedürfnissen der Unternehmensfamilie zu definieren und nicht unreflektiert auf ökonomische Maximen zurückzugreifen.

3.4.3.3. Langfristigkeit

Eine weitere Besonderheit liegt in der Fristigkeit von strategischen Überlegungen in Familienunternehmen. Es scheint diesen Organisationstypus auszuzeichnen, dass er die eigenen Planungen anders verfolgen kann als andere Unternehmen. Während beispielsweise börsennotierte Unternehmen durch die Anforderungen des Kapitalmarktes dazu angehalten werden, kontinuierliche (z.B. quartalsweise) Erträge vorzulegen und stets gleichermaßen profitabel zu bleiben, ergibt sich bei Familienunternehmen ein anderes Bild. Weil sie keinem so starken, kurzfristigen Ertragsdruck wie dem des Kapitalmarkts unterliegen, ist es ihnen möglich, auch langfristige Strategien verfolgen zu

[1] Vgl. hierzu exemplarisch: [Ward, J. L. (2004): Perpetuating the Family Business: 50 Lessons Learned from Long-Lasting, Successful Families in Business], S. 27: „After all, what is a family business about if it is not about the next generation?" sowie [von Moos, A. (2003): Familienunternehmen erfolgreich führen: Corporate Governance als Herausforderung], S. 46 ff.; [Redlefsen, M. (2003): Der Ausstieg von Gesellschaftern aus großen Familienunternehmen: Eine empirische Untersuchung unter besonderer Berücksichtigung der spezifischen Corporate Governance des Familienunternehmens], S. 14 ff. und S. 129; [Oetker, A. (1999): Stakeholderkonflikte in Familienkonzernen: Ansätze zu ihrer Regelung durch strategische Führungsentscheidungen.], S. 51 f., und S. 77 ff.

können, die sich möglicherweise erst nach vielen Jahren auszahlen.[1] Hierdurch können sie andere strategische Optionen wahrnehmen, was sich in einem kontinuierlichen, wenn auch langsamen Wachstum, aber häufig auch in einer besserer Performanz niederschlägt als bei börsennotierten Unternehmen.[2] Die Fähigkeit, stabile und langfristige Ziele definieren und verfolgen zu können, wird dabei mit den bei Familienunternehmen per se untrennbaren Bedürfnissen der Familie auf der einen Seite und den strategischen Möglichkeiten des Unternehmens auf der anderen Seite begründet.[3]

Die Langfristigkeit der strategischen Planungen hat jedoch auch sehr pragmatische Gründe. So lassen sich langfristige strategische Planungen für das Unternehmen nicht vornehmen, ohne auch die Frage der Nachfolge in der Unternehmensführung und insbesondere die Frage der Unternehmensanteile mit zu bedenken. Diese wiederum werden häufig von spezifischen Vererbungsplanungen und finanziellen Bedürfnissen beeinflusst.[4] So kann es beispielsweise Sinn machen, die Unternehmensanteile zu einem Zeitpunkt auf die nächste

---

[1] Teilweise wird dieser Aspekt auch mit sehr niedrigen Eigenkapitalkosten begründet. So argumentieren beispielsweise [de Visscher, F. M., Aronoff, C. E., & Ward, J. L. (1995): Financing Transitions: Managing Capital and Liquidity in Your Family Business], dass die erwartete Eigenkapitalrendite bei ansonsten (familiär) zufriedenen Anteilseignern aus der Familie, auf „fast nichts" reduziert würde. [McConaughy, D. L. (1999): Is the Cost of Capital Different for Family Firms?], S. 357, relativiert diese These mit der Bemerkung: „(g)reat family businesses are not content to receive nothing on their investments" und verweist darauf, dass derartiges Verhalten konträr zu ökonomischen Theorien und empirischen Erfahrungen stünde. Statt dessen argumentiert er zugunsten einer Adjustierung der 0-Rendite-Hypothese: „a slight modification of the de Visscher, Aronoff, and Ward model eliminates the extreme solution where the cost of capital goes to 0 (zero) and yet retains the intuition of a family effect."

[2] So beispielsweise [Moscetello, L. (1990): The Pitcairns want you], der konstatiert, dass die Konzentration von Anteilen in der Hand eines familiären Managements zu einer ausgeprägten Zielstrebigkeit, zu wohl definierten Langfristzielen, der Fähigkeit zur angemessenen Selbsteinschätzung sowie der Fähigkeit, große Veränderung ohne Verzicht auf Dynamik umsetzen zu können, führt.

[3] So [Aronoff, C. E., & Ward, J. L. (1994): Set policies to solve future problems].

[4] So bei [Aronoff, C. E. (1999): What makes Family Businesses different?].

Generation zu übertragen, zu dem der Unternehmenswert geringer ist, etwa aus strategischen Gründen (nach umfangreichen Investitionen, die sich erst später auszahlen) oder durch die vorherrschende Marktsituation (Rezession). So ist in Familienunternehmen durchaus zu beobachten, dass Investitionen oder größere Ausschüttungsvorhaben, Akquisitionen oder Desinvestitionen mit eventuell anstehenden Ereignissen in der Unternehmensfamilie, beispielsweise einem Erbgang, abgestimmt werden.

3.4.3.4. Ressourcen und Kompetenzen

Neben der typischen Art der Strategiearbeit, den von kapitalmarktorientierten Unternehmen teilweise erheblich abweichenden Zielen und der Langfristigkeit der strategischen Überlegungen fallen in der strategischen Arbeit von Familienunternehmen noch weitere Aspekte ins Auge, die die eigenen Ressourcen und Kompetenzen betreffen.[1]

So können Familienunternehmen beispielsweise häufig auf langfristig bewährte und somit zuverlässige Beziehungen zu Lieferanten und Kunden zurückgreifen.[2] Diese stabilen Wertschöpfungspartner

---

[1] Zur Analyse der Familie als Wettbewerbsvorteil des Unternehmens bietet sich das Theoriekonzept von [Habbershon, T. G., & Williams, M. L. (1999): A Resource-Based Framework for Assessing the Strategic Advantages of Family Firms.] zur „familiness" als Bündel spezifischer Ressourcen in der Eigentümerfamilie an. Überlegungen zur Anwendbarkeit dieses Konzepts finden sich beispielsweise bei [Makadok, R. (2001): Toward a synthesis of the resource-based and dynamic-capability views of rent creation]; [Sirmon, D. G., & Hitt, M. A. (2003): Managing Resources: Linking Unique Resources, Management, and Wealth Creation in Family Firms]; [Chrisman, J. J., Chua, J. H., & Zahra, S. A. (2003): Creating Wealth in Family Firms Through Managing Resources: Comments and Extensions] [Zahra, S. A., Hayton, J. C., & Salvato, C. (2004): Entrepreneurship in Family vs. Non-Family Firms: A Resource-Based Analysis of the Effect of Organizational Culture] sowie [Mühlebach, C. (2004): Familyness als Wettbewerbsvorteil].

[2] Vgl. [Lyman, A. R. (1991): Customer service: Does family ownership make a difference?]; [Aronoff, C. E., & Ward, J. L. (1995): Family-Owned Businesses: A Thing of the Past or a Model for the Future?] sowie [Poza, E. J., Hanlon, S., & Kishida, R. (2004): Does the Family Business Interaction Factor Represent a Resource or a Cost?], S. 101: „Family firms create value for the customer through an organizational culture that is rooted in close interpersonal relationships with cus-

spielen insbesondere dann eine Rolle, wenn neue Technologien oder Produkte verlässlich entwickelt werden müssen, Risiken geteilt oder Wertschöpfungsteile ausgelagert werden sollen. Auch sind die engen Beziehungen zu den Kunden eine strategische Ressource, weil hier, anders als in manchen Kapitalmarktunternehmen, eine viel gezieltere Abstimmung neuer Vorhaben und somit kundengerechtes Entwickeln ermöglicht wird. Jedoch lassen sich familienunternehmenstypische Ressourcen nicht nur in den marktlichen Umwelten des Unternehmens, sondern auch in der eigenen Belegschaft identifizieren: Familienunternehmen können sich bei der Umsetzung schwieriger oder zäher Vorhaben häufig auf außerordentlich loyale und hinter dem Unternehmen stehende Mitarbeiter verlassen. Diese in der Literatur als *sustainable capital*[1] beschriebene Ressource liegt in der familienunternehmenstypischen Einsatzbereitschaft sowohl von Familienmitgliedern als auch von Mitarbeitern, die zum Tragen kommt, wenn „Not am Mann" sein sollte.

Mit Blick auf die Internationalisierung von Unternehmen wird in der Literatur hervorgehoben, dass Familienunternehmen, die Familienmitglieder in verschiedenen Ländern haben, auf entsprechende Vorteile zurückgreifen können. Durch gemeinsame und zwangsläufig kulturübergreifende Wertvorstellungen in einer (internationalen) Unternehmensfamilie werden kulturelle Barrieren sehr viel schneller und intuitiver überwindbar.[2]

---

tomers and suppliers. This resource is converted by some family firms into a competitive advantage through high quality and high customer service strategies."

[1] So bei [Sirmon, D. G., & Hitt, M. A. (2003): Managing Resources: Linking Unique Resources, Management, and Wealth Creation in Family Firms], die in ihrer Arbeit fünf unterschiedliche, familienunternehmenstypische Kapitalformen annehmen. Hierzu ebd., S. 339: „ The resources are human capital, social capital, patient capital, survivability capital, along with the governance structure attribute." Auf die anderen Kapitalformen wird im Laufe der nächsten Abschnitte noch eingegangen.

[2] Vgl. [Swinth, R. L., & Vinton, K. L. (1993): Do family-owned businesses have a strategic advantage in international joint ventures?].

Diese strategischen Ressourcen können dem Familienunternehmen im nationalen und internationalen Wettbewerb teils erheblich höhere Reaktionsgeschwindigkeit und Flexibilität bei gleichzeitig hohem Qualitätsniveau sichern.[1] Die schnelle Anpassungsfähigkeit an Veränderungen im wirtschaftlichen Umfeld ist häufig als charakteristisch für Familienunternehmen beschrieben worden.[2] Ihnen wird daher nachgesagt, für markoökonomische Schwankungen und Veränderungen weniger anfällig und somit nachhaltig stabiler zu sein.[3]

---

[1] Eine Studie der Boston Consulting Group (BCG) belegt dies mit einer höheren Time-to-Market-Geschwindigkeit von Familienunternehmen, zitiert bei [Poza, E. J. (2004): Family Business], S. 17.

[2] Vgl. hierzu exemplarisch [Dreux, D. R. (1990): Financing family business: Alternatives to selling out or going public].

[3] Vgl. [Donckels, R., & Frohlich, E. (1991): Are family businesses really different? European experiences from STRATOS].

3.4.4. Familie und die Differenz von Organisation und besonderen Umwelten

Hierfür stehe ich mit meinem Namen.
(Dr. Claus Hipp, Babynahrungsproduzent)

Die Auseinandersetzung mit der Differenz von Organisation und relevanten Umwelten wie Markt, Kunden oder Lieferanten ist eine elementare Funktion von Führung in allen Unternehmen. Wie weiter oben detaillierter beschrieben wurde,[1] handelt es sich hierbei um die Diskussion wichtiger Differenzen der Organisation, die zu einer kontinuierlichen Auseinandersetzung mit den eigenen Grenzen zur Umwelt und somit zu relevanten Segmenten in der Unternehmensumwelt, wie etwa den Märkten, führt.

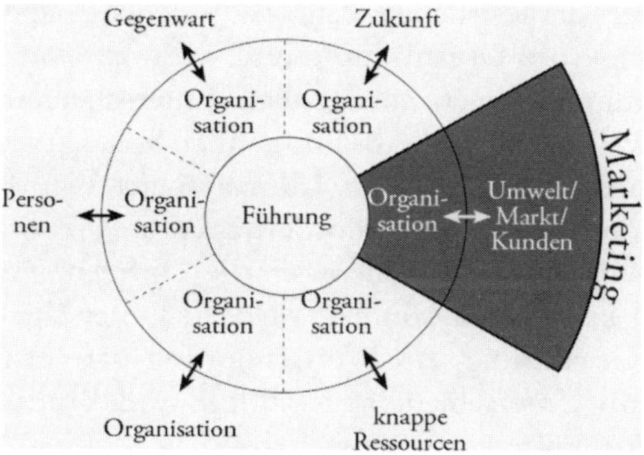

Abbildung 21: Marketing als Aufgabenfeld von Führung nach WIMMER ET AL. Eigene Darstellung.

Ziel der Grenzbearbeitung ist es, die Organisation stets neu an ihre wahrgenommene Umwelt anzupassen und sie somit für ihre eigene Reproduktion fit zu halten. Zu diesem Aufgabenkomplex gehört typischerweise die Frage nach der eigenen Zielgruppe (Markt vs.

[1] Vgl. hierzu weiter oben Abschnitt (2) Die Differenz von Organisation und besonderen Umwelten der Organisation, S. 124 ff.

Kunde). Weiter sind hierunter die Aufgabenbereiche des Kundenmanagements (Kundengewinnung, Kundenbindung und Kundenintegration) ebenso zu subsumieren wie korrespondierende Aufgaben bezüglich Lieferanten, Banken und anderen relevanten Umweltsegmenten. Dabei handelt es sich keineswegs nur um Interaktionsprozesse, sondern auch um Fragen des Innovationsmanagements (Innovation oder Erfüllen von Erwartungen?), des Kooperationsmanagements mit Wertschöpfungspartnern (Kooperation oder Konkurrenz?) und um Aspekte des Bankenmanagements (Transparenz oder Verschlossenheit?).

Die Literatur beschreibt einige Merkmale, die in diesen Bereichen typisch für Familienunternehmen sein dürften. So wird vermutet, dass Familienunternehmen zum Teil einzigartige Beziehungen zu relevanten Umweltsegmenten unterhalten und damit einen wichtigen Beitrag zur Stabilisierung der eigenen Ertragskraft leisten. Im Folgenden soll daher dargestellt werden, in welchen Aspekten sich die Grenzgestaltung von Organisation und Umwelt von derjenigen in Nichtfamilienunternehmen maßgeblich unterscheidet. Hierzu werden, ebenso wie im vorigen Abschnitt über Strategiearbeit, vier typische Unterschiede skizziert: Es wird betrachtet, wie Familienunternehmen mit den steigenden Anforderungen an die Transparenz von Unternehmen umgehen, inwiefern sie die Differenz von Kunde und Markt flexibel handhaben können, welchen Unterschied sie im Hinblick auf die Gewinnung von Wertschöpfungspartnern machen können und ob ein Unterschied in der Pflege und Bindung von Wertschöpfungspartnern festzustellen ist.

3.4.4.1. Transparenz und Verschlossenheit

Bei Familienunternehmen ist häufig ein spezifisches Muster im Umgang mit den eigenen Informationen zu beobachten. Produktbezogene Informationen werden bei diesen Unternehmen zwar ebenso offenen behandelt wie bei ihren korporativen Pendants, doch für finanzorientierte Informationen und aus früheren Generationen übernommene

Patente oder Anwendungswissen gilt genau das Gegenteil.[1] Nicht selten entsteht rund um derartige Informationen eine Art intimer Zirkel, aus dem etwa Finanzinformationen in der Regel nicht hinaustreten. Zu diesem Kreis gehören meist Mitglieder der Unternehmensfamilie sowie langjährige, als vertrauenswürdig erachtete leitende Mitarbeiter, der Steuerberater, der das Unternehmen schon seit Jahrzehnten begleitet, und ähnliche Personen. Finanzinstitute gehören dagegen selten zu diesem Zirkel. Ihnen werden Informationen über das eigene Geschäft nur hoch selektiv zur Verfügung gestellt, wobei man sich gerne an die gesetzten Mindestanforderungen (Jahresabschluss, betriebswirtschaftliche Auswertung) hält. So beschreiben beispielsweise SWINTH und VINTHON:[2]

> „Confidential information is like toothpaste, can't be retrieved once it's out of the tube. [...] Every business has its secrets. Family businesses have more than most."

Allerdings ist es auch ein familienunternehmenstypisches Phänomen, dass einmal gewachsene Vertrauensverhältnisse zwischen Bank und Unternehmen lange Zeiträume überdauern. Der Lieferant von Fremdkapital wird zur Hausbank erklärt, was zugleich gewisse Loyalitäten mitkommuniziert. Beispielsweise hat die Forschung belegt, dass Finanzchefs aus der Eigentümerfamilie signifikant weniger Bankenbeziehungen unterhalten, als dies in Familienunternehmen mit familienfremd besetzten Finanzpositionen der Fall ist.[3] Es scheint ein stark

---

[1] Man denke an dieser Stelle beispielsweise an das schon geradezu mystifizierte Rezept zur Mischung des Kräuterlikörs Underberg. Nur Abkömmlinge des Gründers Hubert Underberg dürfen in Besitz des Rezepts kommen, angeheiratete Ehepartner erst nach 10jähriger erfolgreicher Ehe. Darüber hinaus sind, wohl zur Risikovorsorge, stets zwei Mönche (ein Benediktiner, ein Dominikaner) Träger des Mixturwissens, das nirgendwo niedergeschrieben ist und nur mündlich überliefert werden kann. Diese Träger mischen den Likör noch regelmäßig selbst, eine maschinell hergestellte Mischung gibt es nicht.

[2] So [Barrett, J. E. (2001): How much should you tell them?], S. 1.

[3] So bei [Gallo, M., & Vilaseca, A. (1998): A Financial Perspective on Structure, Conduct, and Performance in the Family firm: An Empirical Study], die zugleich aufzeigen, dass in Familienunternehmen die Position des CFO typischerweise mit

familiär geprägtes Muster zu sein, das sich in Familienunternehmen um die Handhabung und Verbreitung von Finanzinformationen bildet. So berichtet beispielsweise BROWN aus ihrer Beratungspraxis:[1]

> „I've worked with family business owners who didn't even share financial information with family members, much less an outsider."

Derartige Intimität ist in Nichtfamilienunternehmen in dieser Ausprägung nur selten zu finden. Dort werden Finanzinformation beispielsweise zur Messung der Zielerreichung von Mitarbeitern weitaus freizügiger verwendet, werden ausführliche Jahresberichte im Rahmen der Investor-Relations Arbeit als Marketinginstrument ausgestaltet und die erzielte Produktivität, die Rendite auf das eingesetzte Kapital oder die Personalkostenquote im Rahmen von Benchmarkinganalysen mit Konkurrenten verglichen und analysiert. Dieses Muster vergleichsweise transparenter Informationshandhabung ist bei Familienunternehmen ins Gegenteil verkehrt. Ermöglicht wird dies durch rechtsformabhängige Bestimmungen über das Informationsverhalten von Unternehmen. So unterliegen Kapitalgesellschaften, insbesondere Aktiengesellschaften, anderen Veröffentlichungspflichten als Personenunternehmen.[2] Unternehmen mit Börsennotiz werden zu anderen

---

familienfremden Führungskräften besetzt wird; [Gallo, M. Á., Tàpies, J., & Cappuyns, K. (2004): Comparison of Family and Nonfamily Business: Financial Logic and Personal Preferences], S. 313 f. sprechen als Ergebnis ihrer Untersuchungen gar von über 80%. Diese pflegen nicht nur Beziehungen zu mehr Banken als ihre Pendants aus der Unternehmensfamilie, sondern beziehen auch eine größere Vielfalt an Finanzprodukten zur Unternehmensfinanzierung und sind offener für Finanzinnovationen. Vgl. hierzu ebd., S. 40.

[1] Vgl. [Brown, B. M. (2005): Risks and Rewards of Non-Family CEOs]

[2] Grundlage hierfür ist insbesondere der Gläubigerschutz und hiermit einhergehend die Frage nach der Haftung. Während in Kapitalgesellschaften die Haftung auf das Eigen- bzw. Stammkapital begrenzt bleibt, haften bei Personengesellschaften die handelnden Personen vollständig mit ihrem Privatvermögen. Somit obliegen Kapitalgesellschaften mehr Veröffentlichungsauflagen, um den Gläubigern die Möglichkeit zur eigenen Risikoabschätzung zu bieten. Vgl. hierzu [Binz, M. K., Sorg, M. H., & Mayer, G. (2005): Die GmbH & Co. KG], S. 471 ff.

Veröffentlichungen angehalten als Unternehmen in ausschließlichem Privatbesitz.[1] Der Grad an Intransparenz, der in Familienunternehmen möglich ist, kann diesen zum Vorteil gereichen. Es wird vermutet, dass Familienunternehmen strategisch davon profitieren, dass sie ihre Kunden und Mitbewerber im Unklaren darüber halten können, wie sie finanziell aufgestellt sind und wie sich ihre operativen Kosten und somit ihre Margen in einzelnen Wertschöpfungsstufen darstellen.[2]

Insbesondere im Verhältnis zu den eigenen Banken wird die Differenz in der Informations- und Transparenzpolitik offenbar. Obgleich Banken zunehmenden Druck in Richtung auf mehr Transparenz aufbauen, beispielsweise durch die Ratinganforderungen von Basel II,[3] tun sich Familienunternehmen schwer damit, die gewachsenen Muster im Umgang mit Informationen zu durchbrechen. Dabei geht es nicht nur um Finanzinformationen, sondern zunehmend auch um qualitative Kriterien zur Bewertung des Unternehmens. Hierzu gehören die Einschätzung der Managementqualität, Kenntnis und Akzeptanz geplanter Nachfolgeregelungen durch die Bank oder die Bewertung des Innovationsgrades des Unternehmens.[4] Erfolgt keine ausreichende Information, so entsteht häufig gegenseitiges Misstrauen, was Banken nicht selten mit der Kündigung von Kreditengagements oder der Reduktion ihrer Kreditgewähr für das Unternehmen quittieren.

---

[1] Die Veröffentlichungspflichten resultieren weitestgehend aus dem Anlegerschutz und dienen hier insbesondere den Interessen von Kleinaktionären. Hierzu zählen beispielsweise das Kontroll- und Transparenzgesetz (KonTraG) sowie das Transparenz- und Publizitätsgesetz (TransPuG). Näheres hierzu vgl. [Arbeitskreis Schmalenbach (2000): Auswirkungen des KonTraG auf die Unternehmensüberwachung].

[2] So bei [Johnson, S. C. (1990): Why we'll never go public].

[3] Vgl. [Beck, O., & Kolbeck, C. (2004): Kreditrating im Wandel: Implikationen für die Beziehung von Banken und Unternehmen].

[4] Die Kriterien zum Rating von Unternehmen divergieren von Bank zu Bank. Allen gemeinsam ist dabei die Integration von qualitativen Kriterien zur Beurteilung des jeweiligen Wirtschaftsunternehmens, jedoch in unterschiedlicher Intensität. Vgl. [Beck, O., & Kolbeck, C. (2004): Kreditrating im Wandel: Implikationen für die Beziehung von Banken und Unternehmen].

Ein feinfühliger Umgang mit der Transparenz von Informationen gegenüber Kunden, Lieferanten, Banken oder Wettbewerbern gehört also zu den familienunternehmenstypischen Anforderungen an Führung in gewachsenen Familienunternehmen.

3.4.4.2. Fokussierung zwischen Kunde und Markt

Ein weiterer Aspekt ist die Frage, für wen das Unternehmen letztendlich produziert, wer also die eigene Zielgruppe darstellt. So ist es in Familienunternehmen aufgrund gewachsener Strukturen häufig üblich, zu ausgewählten langjährigen Wertschöpfungspartnern und Kunden eine besonders intensive, quasi familiäre Beziehung zu pflegen.[1] Dies ist einerseits besonders vorteilhaft, um eine gute Kenntnis von Kundenbedürfnissen und Kundenanforderungen an die Qualität und Verwendung der eigenen Produkte zu erlangen. Gerade in dieser Hinsicht sind Familienunternehmen mit ihren punktgenauen innovativen Lösungen häufig unschlagbar.[2] Sie haben es über viele Jahre und Jahrzehnte gelernt, sich in ihre Kernkundschaft hineinzuversetzen, deren Problembereiche zu erspüren und dafür Lösungen anzubieten.[3] Andererseits kann ihnen diese Nähe zu den konkreten Kunden auch zum Nachteil werden. So hindert die Fokussierung von einzelnen Kundenbedürfnissen manche Familienunternehmen daran, ihren Absatzmarkt als Ganzes, nicht nur die angestammten Kunden, in den Blick zu nehmen oder zu behalten.[4] Das Risiko besteht darin, die Dynamik des gesamten Marktes zu übersehen, nicht zu bemerken, dass sich die Spielregeln dieses Umweltsegments verändern, auch wenn die angestammten Kunden (möglicherweise selbst Famili-

---

[1] Vgl. [Lyman, A. R. (1991): Customer service: Does family ownership make a difference?], der aufzeigt, dass Familienunternehmen für ihre Integrität und ihre Verbindlichkeit in Geschäftsbeziehungen bekannt sind.

[2] Vgl. [Dreux, D. R. (1990): Financing family business: Alternatives to selling out or going public].

[3] Vgl. hierzu [Wimmer, R., Domayer, E., Oswald, M., & Vater, G. (1996): Familienunternehmen – Auslaufmodell oder Erfolgstyp?], S. 127 ff.

[4] Vgl. [Wimmer, R., Domayer, E., Oswald, M., & Vater, G. (1996): Familienunternehmen – Auslaufmodell oder Erfolgstyp?], S. 133.

enunternehmen) an ihrer Loyalität im Rahmen der erprobten Geschäftsbeziehung erst einmal nichts ändern.[1] In den eigenen Ansichten bestätigt durch das nach wie vor intakte Abnahmeverhältnis zu etablierten Kunden kann das Unternehmen vergessen, sich mit den Normalerwartungen des Marktes zu beschäftigen. So wird beispielsweise nicht ausreichend hinterfragt, welche spezifischen Probleme die eigenen Produkte bei den Käufern eigentlich mittlerweile lösen. Zugleich wird aus falsch verstandener Loyalität gegenüber angestammten Kunden nicht angemessen auf die wechselnden Bedürfnisse des Marktes reagiert, was bereits nicht selten zur Schieflage von Unternehmen geführt hat.[2]

3.4.4.3. Pflege und Bindung von Wertschöpfungspartnern

Die bereits ansatzweise beschriebene Eigenart von Familienunternehmen im Umgang mit ihren Wertschöpfungspartnern (Kunden, Lieferanten, Finanzhäusern oder öffentlichen Institutionen wie Stadt und Gemeinde) ist häufig von Vorteil, wenn es um die Stabilisierung von Geschäftsbeziehungen geht. So vermuten POZA, HANLON und KISHIDA, dass Familienunternehmen durch ihre einzigartige Organi-

[1] So zeigen beispielsweise [Donckels, R., & Frohlich, E. (1991): Are family businesses really different? European experiences from STRATOS], dass Familienunternehmen für andere auch „gute Kunden" sind. Denn statistisch zahlen sie höhere Einkaufspreise als andere Unternehmen, was, gepaart mit der bei [Lyman, A. R. (1991): Customer service: Does family ownership make a difference?] beschriebenen stark ausgeprägten Loyalität, ein ganz besonderes Mischungsverhältnis ergibt.

[2] Ein Beispiel hierfür liefern die Produkte der Firma Birkenstock. Ursprünglich als Gesundheitsschuh konzipiert und daher über Sanitätshäuser vertrieben, avancierte diese Produktkategorie allmählich zum modisch akzeptierten Alltagsgegenstand. Diese Veränderung machte es notwendig, die Vertriebswege zum Massenmarkt hin zu verändern. So wurden nach und nach die etablierten Kaufhausketten und sogar ausgewählte Supermarktketten (Vollsortimenter) in die Vertriebswege mit aufgenommen. Ohne diese Öffnung hätte das etablierte Familienunternehmen Birkenstock dieses Geschäft seinen Konkurrenten überlassen – so übrigens lange Zeit geschehen bei der Firma Berkemann, ebenfalls Produzent von Gesundheitsschuhen, die viele Jahre am etablierten Vertrieb über Sanitätshäuser festhielt und damit im Vergleich erheblich ins Abseits geriet.

sationskultur, basierend auf engen und teils persönlichen Beziehungsangeboten zu Kunden und Lieferanten, einen zusätzlichen Wert für ihre Partner schaffen, den Nichtfamilienunternehmen nicht kopieren können.[1] Einige Familienunternehmen haben diese Besonderheit für sich erkannt und nutzen sie als Wettbewerbsvorteil: Sie konzentrieren sich auf die Herstellung von qualitativ ausgesprochen hochwertigen Produkten, kombiniert mit exzellenten Service- und Dienstleistungsangeboten für ihre Kunden. Dabei setzen sie die häufig beschriebene hohe Reputation der Familie und damit des Familienunternehmens ein, um die Pflege von und Bindung zu Lieferanten, Kunden und anderen externen Stakeholdern zu intensivieren und als Wert an sich zu pflegen.[2] Ihnen werden denn auch häufig hohe Integrität und hohe Verantwortlichkeit im Hinblick auf Austauschbeziehungen zugesprochen.[3]

Neben dem allgemeinen Image von Familienunternehmen gibt es weitere, ganz konkrete Aspekte, die für diesen Organisationstyp charakteristisch sind und die der intensiven Pflege des Verhältnisses zu anderen Organisationen in der Umwelt dienen. Besonders zu nennen ist die häufig beschriebene Ansprechbarkeit der Person an der Spitze, des Vertreters der Unternehmensfamilie, der die Geschäfte in bewährter Tradition pflegt und dessen Tür, im übertragenen Sinne, auch für Vertreter von allerlei Anspruchsgruppen offen steht.[4] Diese sichtbare,

---

[1] Vgl. [Poza, E. J., Hanlon, S., & Kishida, R. (2004): Does the Family Business Interaction Factor Represent a Resource or a Cost?], S. 101.

[2] Vgl. [Lounsbury, M., & Glynn, M. A. (2001): Cultural entrepreneurship: Stories, legitimacy, and the value of acquisition of resources]; [Lyman, A. R. (1991): Customer service: Does family ownership make a difference?] sowie [Aronoff, C. E., & Ward, J. L. (1995): Family-Owned Businesses: A Thing of the Past or a Model for the Future?].

[3] Familienunternehmen sind im Anschluss hieran denn auch gern gesehene Kunden anderer Unternehmen, nicht nur, weil sie vergleichsweise höhere Einkaufspreise zahlen (vgl. [Donckels, R., & Frohlich, E. (1991): Are family businesses really different? European experiences from STRATOS]), sondern auch, weil sie für Verlässlichkeit und somit für die Einhaltung von Absprachen stehen.

[4] Vgl. hierzu die Ausführungen von [Brokaw, L. (1992): Why Family Businesses are best. The competitive edge of family-run businesses].

personifizierte Tradition erlaubt es dem Unternehmen, die Karte „Familienunternehmen" im alltäglichen Geschäft gewinnbringend auszuspielen.[1]

Die einzelnen Faktoren dieser Bindungswirkung bleiben häufig im Hintergrund. Sie wirken als Muster organisationskultureller Eigenarten und sind in der Regel nicht oder nur schwer explizierbar. Beispielsweise wird es kaum gelingen, solche Aspekte im Rahmen eines Missionstatements zu erfassen. Allenfalls würden hier Plattitüden hervorgelockt wie „Für uns steht der Kunde im Mittelpunkt" oder „Wir wollen nachhaltig Wert schaffen", die auch in Nichtfamilienunternehmen zu finden sind. Die eigentlichen Faktoren des familienunternehmenstypischen Umgangs mit Partnern und Kunden, übrigens auch Mitarbeitern,[2] bleiben indessen unbeobachtbar.[3] Siewerden erst dann zu Tage gefördert, wenn es zur Übertretung der zugrundeliegenden Werte kommt, wenn also mit den kulturellen Mustern gebrochen wird. So etwas kann beispielsweise im Rahmen der Führungsnachfolge geschehen, wenn auf die Kernbeziehungen zu Kunde, Lieferant und anderen wichtigen Umweltgruppen nicht ausreichend geachtet wird.[4]

---

[1] So engagieren einige Unternehmen Familienmitglieder beim Abschluss wichtiger Geschäfte oder setzen im Rahmen der Akquisition von Kunden oder Lieferanten auf die ausstrahlende Wirkung der Familie. Näheres hierzu im nächsten Abschnitt.

[2] Hierzu detailliert weiter unten, vgl. Kap. 3.4.7. Familie und die Differenz von Organisation und Personen, S. 311 ff.

[3] Hierzu [Luhmann, N. (2000): Organisation und Entscheidung], S. 244: „Wenn man etwa sagt: dieser Vorschlag widerspricht den Traditionen unserer Firma, so wird damit am Wert der Tradition vorbeiargumentiert; man stellt nicht die Tradition zur Diskussion, sondern die Frage, ob der Vorschlag ihr widerspricht oder nicht; und man nimmt allenfalls in Kauf, dass die Inhalte der Tradition interpretiert werden."

[4] So [Ashley-Cotleur, C., & West King, S. (1999): Family Business and Relationship Marketing: The Impact of Relationship Marketing on Second Generation Family Businesses], S. 1: „As power is transferred from the founder to the next generation, family stresses, organizational issues, and leadership characteristics of the successor take center stage. Established relationships with customers, suppliers, and employees may not receive the attention they deserve. Failure to nurture

3.4.4.4. Gewinnung von Wertschöpfungspartnern

Die von vielen Seiten beschriebene, ausgesprochen vertrauensfördernde Reputation von Familienunternehmen setzen einige Familienunternehmen bereits aktiv in der Kundengewinnung ein.[1] Schließlich ist die wahrgenommene Stabilität und tradierte Verlässlichkeit dieser Unternehmen auch schon Teil ihrer Marke geworden. Markenforschungen bestätigen diesen Wettbewerbsvorteil im Rahmen empirischer Medienforschung.[2] Verstärkt wird dieser Effekt naturgemäß dann, wenn der Familienname auch das Unternehmen bezeichnet, wie es in Deutschland beispielsweise in Unternehmen wie Bahlsen, Draeger, Dr. Oetker, Hipp, Underberg, Miele, Otto, Klett, Droege, Rossmann, Schlecker, Porsche, etc. der Fall ist. Einige dieser Unternehmen nutzen diese Verbindung ganz bewusst im Rahmen ihrer Marketingaktivitäten. So machen Unternehmerpersönlichkeiten wie Dr. Claus Hipp (Fa. Hipp Babynahrung), Albert Darboven (Fa. Idee-Kaffee), Wolfgang Grupp (Fa. Trigema) oder bis vor einigen Jahren Rolf Dittmeyer (Fa. Dittmeyer Valensina) ihre persönliche Glaubwürdigkeit geltend, um die hohe Qualität ihrer Produkte zu signalisieren, und werben persönlich in TV- und Printwerbungen hierfür.[3] Dieses Phänomen ist nicht nur in Deutschland zu beobach-

---

these relationships may cause the loss of key members of these groups, contributing significantly to second generation business failures."

[1] Vgl. hierzu beispielsweise [Ward, J. L., & Aronoff, C. E. (1991): Trust gives you the advantage] und [Tagiuri, R., & Davis, J. A. (1996): Bivalent attributes of the family firm].

[2] So der [MedienTenor (2005): Wie können Familienunternehmen mehr Aufmerksamkeit erhalten?] in einer unveröffentlichten Studie: „ Das Bild der Familienunternehmen ist positiv besetzt. Wenn ein Unternehmen als „Familienunternehmen" bezeichnet wurde, dann war in den letzten dreieinhalb Monaten das Bild erheblich positiver als die Berichterstattung über andere Unternehmen und Branchen. Es lohnt sich demnach, sich als Familienunternehmen aktiv zu positionieren."

[3] Vgl. [Hennerkes, B.-H. (2004): Die Familie und ihr Unternehmen: Strategie, Liquidität, Kontrolle], S. 28.

ten, so berichtet auch BROKAW von ähnlichen Erfahrungen in Amerika.[1]

Es ist jedoch nicht zwingend erforderlich, die familiäre Führungsfigur in den medialen Mittelpunkt der Akquisitionsbemühungen zu stellen, um den positiven Nimbus eines Familienunternehmens in der Kundengewinnung zu nutzen. Häufig wird in den typischen Imageunterlagen (Firmenbroschüre, Produktpräsentation, Internetpräsenz, Firmenchronik) betont, dass es sich um ein Familienunternehmen handelt, und dieses Faktum durch die Darstellung der Entstehungsgeschichte und wichtiger Ereignisse der Firmenhistorie mit Leben gefüllt. Andere Unternehmen mobilisieren zusätzlich Mitglieder der Unternehmensfamilie, um diese bei bestimmten Anlässen wie Firmenjubiläen von Lieferanten, wichtigen Geschäftsabschlüssen mit Kunden oder öffentlichen Vorträgen über den Werdegang des Unternehmens zielgerichtet zur Imagepflege und als Symbol für die Verlässlichkeit und Stabilität des Unternehmens einzusetzen.

---

[1] Vgl. [Brokaw, L. (1992): Why Family Businesses are best. The competitive edge of family-run businesses].

3.4.5. Familie und die Differenz von Organisation und knappen Ressourcen

Can anybody remember when the times were not hard, and money not scarce?
(Ralph Waldo Emerson, Amerikanischer Philosoph)[1]

Die kontinuierliche Beobachtung der Differenz von Organisation auf der einen Seite und Handhabung knapper Ressourcen auf der anderen ist eine elementare Funktion von Führung in allen Unternehmen. Wie weiter oben bereits ausführlicher dargestellt, handelt es sich hierbei um die Diskussion wichtiger Differenzen der Organisation, die auf eine angemessene Handhabung der eigenen Ressourcen zur Erhaltung der eigenen Reproduktionsfähigkeit abzielt.

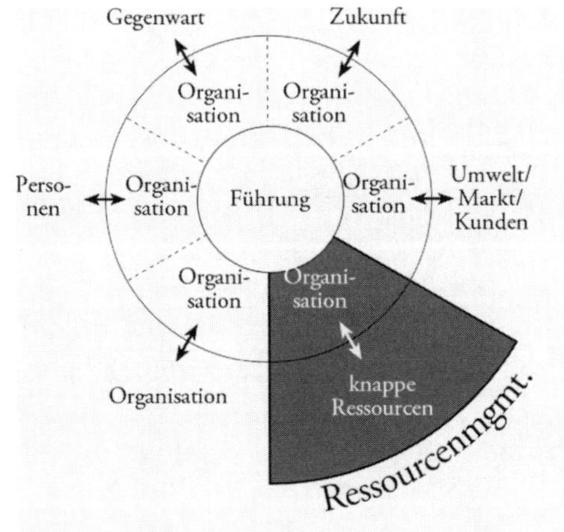

Abbildung 22: Ressourcenmanagement als Aufgabenfeld von Führung nach WIMMER ET AL. Eigene Darstellung.

[1] Ralph W. Emerson, 1803-1882, so bei [Neubauer, F., & Lank, A. (1998): The Family Business: Its Governance and Sustainability], S. 190.

Ziel eines kontinuierlichen Ressourcenmanagements ist es, die Organisation auch langfristig zahlungsfähig zu halten und somit für die zukünftige pekuniäre Reproduktionsfähigkeit der Organisation zu sorgen. Typischerweise gehört zu dieser Ressourcenbearbeitung ein angemessenes Liquiditätsmanagement, um die permanente Handlungsfähigkeit trotz selbst verordneten Ertragsdrucks aufrechterhalten zu können; darüber hinaus geht es um den angemessenen Umgang mit Beobachtungen der Rentabilität (kurzfristig und langfristig), um die Differenz von Kosten und Nutzen stets in einer angemessenen Balance halten zu können. Hierzu ist es wichtig, angemessene Routinen für die Gewinnverwendung (Ausschüttung und Akkumulation) einzurichten, um einerseits die wie auch immer gearteten Erwartungen der Eigenkapitalgeber bedienen zu können, andererseits aber auch für die Akkumulation von Kapital und somit für die Erhöhung der künftigen Zahlungsfähigkeit sorgen zu können. Schließlich setzt sich jede Organisation durch ihre eigenen Entscheidungen bestimmten Risiken aus, die es mit Blick auf ihr Potential zur Gefährdung der zukünftigen Reproduktion unter einem angemessenen Erfolgs-/Risikokalkül im Auge zu behalten gilt. Schlussendlich stellt sich im Rahmen des Ressourcenmanagements regelmäßig die Frage nach dem angemessenen Wachstum (stetig/sprunghaft) und den Möglichkeiten, die unterschiedlichen Vorhaben angemessen finanzieren zu können (Fähigkeit/Möglichkeit). Insbesondere bei Familienunternehmen ist der Umgang mit der Finanzierungsfrage und zugleich mit der Sorge um die Unabhängigkeit von sonstigen Finanzierungsquellen ein vorherrschender Aspekt.

Unterschiedliche Beiträge der Familienunternehmensliteratur lassen vermuten, dass Familienunternehmen im Vergleich zu Nichtfamilienunternehmen in einigen Punkten typische Muster des Ressourcenmanagements ausgebildet haben.[1] So wird ihnen z.B. eine

[1] Vgl. [de Visscher, F. M., Aronoff, C. E., & Ward, J. L. (1995): Financing Transitions: Managing Capital and Liquidity in Your Family Business].

typische Finanzlogik zugeschrieben, die bislang jedoch noch nicht in allein Details ausreichend untersucht wurde.[1]

Im Folgenden werden nun einzelne Aspekte von Familienunternehmen aufgezeigt, die sich in ihrer Ausprägung von Nichtfamilienunternehmen charakteristisch unterscheiden. So wird betrachtet, wie sich dieser Organisationstyp bezüglich Performanz und Wachstum abgrenzt, welche familienunternehmenstypischen Eigenarten regelmäßig bei der Kapitalstruktur und der Gewinnverwendung auftreten, welche Besonderheiten sich bei den Kapitalkosten von Familienunternehmen ergeben und inwiefern sich diese Unternehmen in Sachen Kostenbewusstsein von ihren korporativen Pendants unterscheiden.

3.4.5.1. Performanz und Wachstum

Betrachtet man die Entwicklung von Performanz und Wachstum insbesondere langlebiger Familienunternehmen, so ergibt sich ein überraschend einheitliches Bild des Umgangs mit unterschiedlichen Investitionsmöglichkeiten und mit der damit verbundenen Wertentwicklung des Unternehmens. So scheinen rasches Wachstum oder kurzfristig hohe Ertragschancen bei gleichzeitig hohem Risiko wenig attraktiv für Familienunternehmen zu sein. Stattdessen wird ein kontinuierliches, nicht sprunghaftes Wachstum angestrebt, das zumeist aus eigenen Mitteln bestritten werden soll. Ziel ist es hierbei, die eigene Dynamik unter Kontrolle zu halten, auch wenn dies zu einem langsameren Wachstum oder einer geringeren kurzfristigen Eigenka-

---

[1] So haben [Gallo, M. Á., Tàpies, J., & Cappuyns, K. (2004): Comparison of Family and Nonfamily Business: Financial Logic and Personal Preferences], S. 313 f. beispielsweise herausgefunden, dass die unterschiedliche Finanzlogik nicht etwa auf fehlendes professionelles Wissen der hierfür Verantwortlichen zurückzuführen ist (das gemessene Ausbildungsniveau lässt auf einen durchaus vergleichbaren Stand mit Nichtfamilienunternehmen schließen), sondern vielmehr auf die eingerichteten und tradierten Routinen im Umgang mit den Finanzen, häufig zurückreichend bis zum (bereits verstorbenen) Gründer oder zur ersten Generation.

pitalrendite führen sollte.[1] Von wissenschaftlicher Seite wird dies zum einen mit traditionell bewährten Mustern und zum anderen mit einer in Familienunternehmen vorherrschenden Risikovermeidung begründet.[2] Zugleich dürfte hierbei auch die vorherrschende Aversion gegen zu starke Fremdkapitalpositionen beziehungsweise gegen die Hereinnahme von dritten Eigenkapitalgebern ein ausschlaggebender Grund sein.[3] Zusätzlich spielen strategische Überlegungen bei diesen Entwicklungen eine Rolle: Sofern das Ziel einer Familienunternehmensgeneration darin besteht, das Unternehmen gesund und stabil an die nächste Generation weiterzugeben,[4] scheiden hoch riskante strategische Optionen ebenso als Möglichkeit aus wie die Optimierung der kurzfristigen Ertragskraft zulasten der langfristigen Wert-

---

1 Vgl. hierzu [Wimmer, R., Domayer, E., Oswald, M., & Vater, G. (1996): Familienunternehmen – Auslaufmodell oder Erfolgstyp?], S. 153 ff.

2 Vgl. hierzu [Gallo, M. Á., Tàpies, J., & Cappuyns, K. (2004): Comparison of Family and Nonfamily Business: Financial Logic and Personal Preferences], S. 309 ff. sowie im gleichen Tenor [Daily, C. M., & Dollinger, M. J. (1992): An empirical examination of ownership structure in family and professionally managed firms] und [Gallo, M., & Vilaseca, A. (1998): A Financial Perspective on Structure, Conduct, and Performance in the Family firm: An Empirical Study].

3 So ist als Ergebnis der Untersuchung von [KPMG, Finance, Apax Partners, & WestLB (2004): Unabhängig erfolgreich. Wachstums- und Finanzierungsstrategien von großen Familienunternehmen.] bei großen Familienunternehmen (100 Mio. bis 5 Mrd. € Jahresumsatz) herausgearbeitet worden, dass der Kapitalmarkt nur für eine absolute Minderheit überhaupt in Betracht käme, um Wachstum zu erreichen, und dass strategische Investoren nur von 40% der Befragten als Kapitalgeber akzeptiert würden, falls strategische Ziele auf andere Art und Weise nicht erreicht werden könnten. 55% der befragten Unternehmen könnten sich die Abgabe von Eigenkapitalanteilen überhaupt nur vorstellen, wenn die Situation ansonsten die Existenz des Unternehmens bedrohen würde.

4 So in weiten Teilen der Forschungsliteratur dokumentiert. Vgl. hierzu exemplarisch: [Ward, J. L. (2004): Perpetuating the Family Business: 50 Lessons Learned from Long-Lasting, Successful Families in Business], S. 27: „After all, what is a family business about if it is not about the next generation?“ sowie die weiter oben beschriebenen Ergebnisse der aktuellen Familienunternehmensliteratur zu den spezifischen Zielen dieser Unternehmen: 3.4.3.2. Ziele, S: 264 f.

entwicklung. So stellen ALBACH und FREUND in ihren Untersuchungen fest:[1]

> „Der Wunsch nach finanzieller Unabhängigkeit ist in Familienunternehmen so stark, dass gelegentlich auf Wachstumschancen verzichtet wird, wenn diese nur um den Preis einer höheren Verschuldung realisiert werden können. Selbst strategisch gute Familienunternehmen, die auf langfristig attraktiven Märkten operieren, verfahren nach diesem Muster.“

SIRMON und HITT schlagen für dieses kapitalmarktuntypische Verhalten den Begriff *patient capital* vor.[2] Die Geduld erwächst dabei aus der Zielsetzung, das Unternehmen zu perpetuieren und für zukünftige Generationen nachhaltig und stabil zu führen.[3] Paradoxerweise ergeben sich bei Familienunternehmen aus diesem langfristig orientierten und nachhaltigen Führungsverständnis, entgegen den Erwartungen einiger Finanzexperten, bessere Wertentwicklungen als

---

1 Vgl. [Albach, H., & Freund, W. (1989): Generationswechsel und Unternehmenskontinuität – Chancen, Risiken, Maßnahmen], S. 180. Die Umfrage von [KPMG, Finance, Apax Partners, & WestLB (2004): Unabhängig erfolgreich. Wachstums- und Finanzierungsstrategien von großen Familienunternehmen.] zeigte indessen, dass bei der Mehrzahl aller befragten Unternehmen (64%) Finanzierungsrestriktionen das Wachstum in der Vergangenheit nicht behindert hätten. Ein Viertel aller Befragten räumte jedoch ein, dass sie von strategisch sinnvollen Akquisitionen abgesehen hätten, weil diese wirtschaftlich nicht darstellbar gewesen wären.

2 Vgl. hierzu [Sirmon, D. G., & Hitt, M. A. (2003): Managing Resources: Linking Unique Resources, Management, and Wealth Creation in Family Firms], die in ihrer Arbeit neben dem „patient capital“ noch vier weitere familienunternehmenstypische Kapitalformen identifiziert haben. Hierzu ebd., S. 339: „ The resources are human capital, social capital, patient capital, survivability capital, along with the governance structure attribute.“

3 So u.a. bei [McConaughy, D. L., & Phillips, G. M. (1999): Founders versus descendants. The profitability, efficiency, growth characteristics and financing in large, public, founding-family-controlled firms].

bei Nichtfamilienunternehmen. So stellen ANDERSON und REEB in einer vielbeachteten Untersuchung fest:[1]

> „Contrary to our conjecture, we find family firms perform better than nonfamily firms. [...] Overall, our results are [...] suggesting that family ownership is an effective organization structure."

Andere Untersuchungen kommen zu ähnlichen Ergebnissen.[2] Dennoch ist die Performanzdiskussion noch nicht ausreichend und abschließend geführt. Festzuhalten bleibt in jedem Fall, dass es für Familienunternehmen typisch zu sein scheint, in ihren Überlegungen und Kalkülen bezüglich Performanz und Unternehmenswachstum anderen Mustern zu folgen als korporative Unternehmen, die sich primär an der Kapitalmarktlogik orientieren.

3.4.5.2. Kapitalstruktur und Gewinnverwendung

Die beschriebenen Präferenzen bezüglich Wachstum, Risikovermeidung und Unabhängigkeit schlagen sich selbstredend in der Kapitalstruktur von Familienunternehmen nieder.[3] insbesondere fällt der hohe Eigenkapitalanteil bei langlebigen Familienunternehmen ins

---

[1] Vgl. [Anderson, R. C., & Reeb, D. M. (2003): Founding-Family Ownership and Firm Performance: Evidence from the S&P 500], S. 1301.

[2] Vgl. hierzu beispielsweise [HVB Equity Research (2004): Die Performance familiengeführter Unternehmen]; [Klein, S. B. (2004): Family influence on value creation: A resource-based analysis of the value creation process in family firms]; [Poza, E. J., Hanlon, S., & Kishida, R. (2004): Does the Family Business Interaction Factor Represent a Resource or a Cost?]; [Peng, M. W., & Jiang, Y. (2004): Family ownership and control in large corporations: The good, the bad, the irrelevant]; [Gomez-Mejia, L. R., Nunez-Nickel, M., & Gutierrez, I. (2001): The Role of Family Ties in Agency Contracts]; [Gallo, M., & Vilaseca, A. (1998): A Financial Perspective on Structure, Conduct, and Performance in the Family firm: An Empirical Study]; [Kole, S. (1997): The complexity of compensation contracts of chief executive officers: Determinants of pay-performance sensitivity].

[3] So bei [Gallo, M. Á., Tàpies, J., & Cappuyns, K. (2004): Comparison of Family and Nonfamily Business: Financial Logic and Personal Preferences] und [Mishra, C. S., & McConaughy, D. L. (1999): Founding family control and capital structure: The risk of loss of control and the aversion to debt].

Auge. Hierzu konstatieren ALBACH und FREUND in ihrer Untersuchung:[1]

> „Eigenkapitalquoten von über 50% gibt es bei Familienunternehmen deutlich häufiger als bei Nichtfamilienunternehmen, die in der Regel Eigenkapitalquoten zwischen 20 und 50% aufweisen "

Zu ähnlichen Ergebnissen kommen viele andere Untersuchungen auch.[2] Dabei ist zu bedenken, dass einem Unternehmen im Allgemeinen nur drei typische Formen zur Finanzierung von Wachstumsinvestitionen zur Verfügung stehen. Diese sind (1) Gewinnakkumulation, (2) die Aufnahme von neuem Eigenkapital und (3) die Finanzierung der Investitionen durch Fremdkapital. Da bei Familienunternehmen die dritte Option aufgrund der etablierten uUnabhängigkeitsbestrebungen meist nicht in Frage kommt, konzentriert sich die Frage nach der Finanzierung von Wachstum auf die Eigenkapitalposition. Hier ist anzumerken, dass das Familienunternehmen in vielen Fällen die größte Wertposition im Gesamtvermögen der Unternehmensfamilie darstellt und hierin häufig der größte Teil der verfügba-

---

1 Vgl. [Albach, H., & Freund, W. (1989): Generationswechsel und Unternehmenskontinuität – Chancen, Risiken, Maßnahmen], S. 144.

2 Vgl. etwa [KPMG, Finance, Apax Partners, & WestLB (2004): Unabhängig erfolgreich. Wachstums- und Finanzierungsstrategien von großen Familienunternehmen.], S. 6: „86 Prozent der Unternehmen haben eine Eigenkapitalquote von über 30 Prozent; 41 Prozent liegen über 40 Prozent Eigenkapitalquote."; sowie für amerikanische Unternehmen [Raymond Family Business Institute, & MassMutual (2003): American Family Business Survey], S. 8: „ More than a quarter of respondents (26.1%) report no debt other than trade payables, and another 30.3% note debt levels between 1% and 25% of equity." [Gallo, M. Á., Tàpies, J., & Cappuyns, K. (2004): Comparison of Family and Nonfamily Business: Financial Logic and Personal Preferences] spricht bei spanischen Unternehmen von einer Eigenkapitalquote von 40-50%.Den Tenor dieser Beobachtungen bestätigt [Poza, E. J. (2004): Family Business], S. 108 f.; [von Moos, A. (2003): Familienunternehmen erfolgreich führen: Corporate Governance als Herausforderung], S. 81.; [Oetker, A. (1999): Stakeholderkonflikte in Familienkonzernen: Ansätze zu ihrer Regelung durch strategische Führungsentscheidungen.], S. 81 f. oder [Voigt, J. F. (1990): Familienunternehmen – Im Spannungsfeld zwischen Eigentum und Fremdmanagement], S. 42.

ren Mittel gebunden ist. Von dieser Seite ist also keine maßgebliche Erhöhung des Eigenkapitals zu erwarten. Nichtfamiliäre Anteilseigner kommen typischerweise auch nicht in Betracht.[1] So bleibt Familienunternehmen in der Regel nur die Option der kontinuierlichen und stetigen Gewinnakkumulation über viele Jahre hinweg, gepaart mit einer rigiden Beschränkung unnötiger Kosten, riskanter Investitionen und unnötiger Kapitalabflüsse. Somit wird klar, dass sowohl das typische Muster in der Kapitalstruktur wie auch das charakteristische Muster des Wachstums und der langfristigen Wertentwicklung von Familienunternehmen sich auf den besonderen Umgang mit erzielten Gewinnen zurückführen lassen.

Familienunternehmen sind darauf angewiesen, weite Teile des Gewinns im Unternehmen zu behalten, was sie von Anteilseignern abhängig macht, die hierzu bereit sind. Als Ergebnis einer empirischen Untersuchung bei großen Deutschen Familienunternehmen stellt TERBERGER hierzu fest:[2]

> „Bestehende Regelungen in realen Familienunternehmen sehen meist Regelungen von 10% bis 50% des Gewinns nach Steuern als Ausschüttung an die Gesellschafter vor – beispielsweise schütten die Freudenberg KG & Co und die Melitta Unternehmensgruppe Bentz KG unter 10 %, die Bahlsen KG ca. 12 %-15 %, die Benckiser GmbH ca. 20 %, die Henkel AG ca. 33% und die Miele & Cie KG ca. 50% des Gewinns nach Steuern aus, während bei der Liebherr AG die Erträge sogar fast vollständig im Unternehmen verbleiben.“

---

[1] Weder strategische Investoren, Private Equity noch der Kapitalmarkt sind bei Familienunternehmen beliebte Eigenkapitalfinanzierungsformen. Vgl. hierzu weiter oben die Kap. 3.3.2. Das Unternehmen und sein Kapital, S. 218 ff. sowie Kap. 3.4.5.1. Performanz und Wachstum, S. 284 f.. Die aus einer derart hohen Eigenkapitalposition resultierende Eigenkapitalrendite wäre unter Kapitalmarktgesichtspunkten für fremde Eigenkapitalgeber möglicherweise ohnehin zu gering.

[2] Vgl. [Terberger, D. (1998): Konfliktmanagement in Familienunternehmen: Ein eignerorientiertes Konzept zur professionellen Konfliktbewältigung in Familienunternehmen], S. 165.

Nun ist der Anteil des ausgeschütteten Gewinns nicht mit der Kapitalrendite zu verwechseln. Hat man es mit einem Unternehmen in einer kapitalintensiven Branche zu tun, das bei einer angestrebten hohen Unabhängigkeit von Finanzierungspartnern eine hohe Eigenkapitalquote erfordert, und bedenkt man die in Untersuchungen ermittelte tendenzielle Vernachlässigung kurzfristig greifender Renditeoptimierungen, wird schnell klar, dass die tatsächlich verfügbare Eigenkapitaldividende im Zweifel nicht allzu üppig ausfallen dürfte.[1] Bedenkt man darüber hinaus, dass sich die Vermögensentwicklung der Anteilseigner bei geringen Eigenkapitalrenditen weitestgehend auf den kontinuierlichen Wertanstieg der Anteile begrenzt, die zudem nicht wirklich fungibel sind, so lässt sich erahnen, warum die Ausschüttungspolitik in Familienunternehmen häufig zu intensiv und emotional geführten Auseinandersetzungen führen kann. Zugleich verleiht dies der oben eingeführten Bezeichnung *patient capital* ein noch stärkeres Gewicht.

3.4.5.3. Kapitalkosten

Selbstverständlich hat die Art der Finanzierungsstruktur auch Einfluss auf die Kapitalkosten eines Familienunternehmens. So stellen ANDERSON, MANSI und REEB in einer Untersuchung fest, dass Unternehmen, deren Kapitalanteile größtenteils in Familienhand liegen, günstiger an Fremdkapital kommen als andere.[2] Zur Begründung führen sie aus:

---

[1] Hierzu [KPMG, Finance, Apax Partners, & WestLB (2004): Unabhängig erfolgreich. Wachstums- und Finanzierungsstrategien von großen Familienunternehmen.], S. 6: „Der Verzinsung des eingesetzten Kapitals steht in der Regel keine angemessene Ausschüttung gegenüber. Man kann davon sprechen, dass die Eigentümerfamilie das Unternehmen durch den Zinsverzicht bzw. die Thesaurierung regelrecht subventioniert. Vorteile dieser „Subventionierung" sind vor allem aber die Ausfallrisikominderung und die größere Unabhängigkeit von Entscheidungskriterien Dritter (z.B. Banken)."

[2] Vgl. [Anderson, R. C., Mansi, S. A., & Reeb, D. M. (2003): Founding family ownership and the agency cost of debt], S. 263. Zugleich ermittelten sie (ebd., S. 283 f.), dass sich die Fremdkapitalkosten von Unternehmen, die von einem Nachfolger des Gründer-CEOs als CEO geführt werden, erhöhen. Begründet

„Founding family firms have incentive structures that result in fewer agency conflicts between equity and debt claimants. This suggests that bond holders view founding family ownership as an organizational structure that better protects their interests."

Der Blick auf die Kosten des Eigenkapitals ist bei nicht börsennotierten Unternehmen naturgemäß schwierig, da diese klassischerweise vom Kapitalmarkt abgeleitet werden. In der Höhe variieren sie entsprechend den spezifischen Risiken, denen ein Unternehmen im Vergleich zu anderen Unternehmen unterliegt. Hierbei spielen typische Risikostrukturen von Branchen (so genannte Branchenbetas) sowie individuelle Risikodeterminanten des jeweiligen Unternehmens eine gewichtige Rolle. Darüber hinaus spiegeln sich hierin das allgemeine Marktniveau sowie die Verzinsungshöhe alternativer Finanzanlagen wider (Opportunitätszinssatz).[1] Insgesamt geht die Finanztheorie davon aus, dass Eigenkapitalkosten marktbasierend und somit abhängig vom Investment, nicht vom Investor seien. Der Faktor Familie würde bei diesen Überlegungen keinerlei Rolle spielen können. Unglücklicherweise geht die Finanztheorie dabei von Annahmen aus, die auf Familienunternehmen in dieser Form nicht zutreffen. Hierzu gehört beispielsweise die vollständige Transparenz des Investitionsrisikos, die Verfügbarkeit von (ebenfalls transparenten) Investitionsalternativen sowie die Liquidität der Investition. All dies ist in Familienunternehmen nicht vorzufinden, was die Ermittlung von Eigenkapitalkosten im Rahmen der klassischen Finanzierungstheorie erschwert. Neue Ansätze versuchen, alternative Wege zu finden und

---

wird dies mit der steigenden Skepsis bezüglich des zu erwartenden Unternehmenserfolgs. Inwieweit dies mit den meist nicht mehr erfolgreich von der zweiten in die dritte Generation geführten Unternehmen zusammenhängen könnte, wurde leider nicht untersucht.

[1] Zur Ermittlung von Eigenkapitalkosten bei börsennotierten Unternehmen vgl. [Stern, J. M., & Shiely, J. S. (2001): The EVA challenge: implementing value added change in an organization].

somit auf die Besonderheiten von (nicht börsennotierten) Familienunternehmen einzugehen.[1]

ADAMS, MANNERS, ASTRACHAN und MAZZOLA schlagen hierzu ein Modell vor, das die Eigenkapitalkosten in Abhängigkeit von den Erwartungen der Anteilseigner ermittelt.[2] Sie gehen davon aus, dass sich der Preis von Eigenkapital nicht anhand alternativer Investitionen sondern in Abhängigkeit von den Ansprüche der Anteilseigner ermitteln lässt. Hierzu beziehen sie die Variablen Rentabilität, Ausschüttungsquote, Eigenkapitalquote und beabsichtigte Wachstumsrate ein.

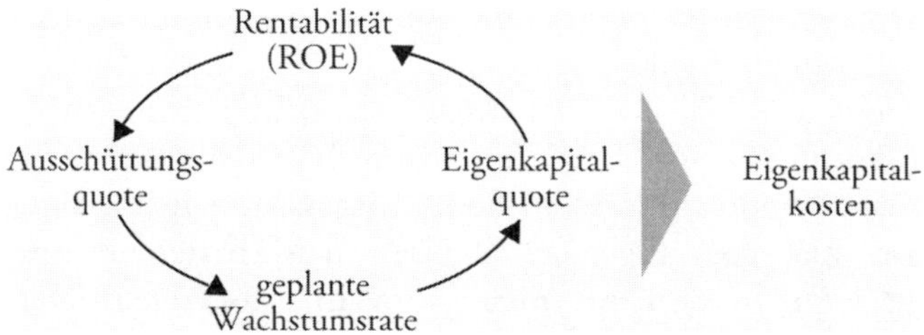

Abbildung 23: Modell zur Ermittlung von Eigenkapitalkosten bei Familienunternehmen nach ADAMS, MANNERS, ASTRACHAN und MAZZOLA. Eigene Darstellung.

Sie postulieren eine zirkuläre Abhängigkeit dieser Größen, die sie in einem kausalen Verhältnis sehen. So ergeben sich nach diesem Modell geringe Kapitalkosten, wenn bei gegebener Eigenkapitalquote die Rentabilität hoch, die angestrebte Ausschüttungsquote gering und das geplante Wachstum ebenfalls gering ist. Erwarten die Anteilseigner jedoch eine hohe Unabhängigkeit des Unternehmens (hohe Eigenkapitalquote) bei branchenüblicher Rentabilität und erwarten zudem ein überdurchschnittliches Marktwachstum bei hohen Ausschüt-

[1] So beispielsweise [McConaughy, D. L. (1999): Is the Cost of Capital Different for Family Firms?], der versucht, den Faktor „Familie" in die Überlegungen zu Eigenkapitalkosten einzuflechten.

[2] Vgl. [Adams, A. F., Manners, G. E., Astrachan, J. H., & Mazzola, P. (2004): The Importance of Integrated Goal Setting: The Application of Cost-of-Capital Concepts to Private Firms], insb. S. 293.

tungsquoten, so wird deutlich, dass sich hieraus Eigenkapitalkosten ergeben, die nicht mehr realisierbar sind. Die nachfolgende Tabelle verdeutlicht einige Varianten:

	erwartetes Wachstum: 10%		erwartetes Wachstum: 20%	
bei einer EK-Quote von:	Ausschüttungsquote 40%	Ausschüttungsquote 60%	Ausschüttungsquote 40%	Ausschüttungsquote 60%
75%	13,5 %	19,7%	26%	38,5%
50%	10,3%	14,5%	18,6%	27,0%
25%	7,1%	9,2%	11,3%	15,4%

(Basis: alternativer Zinssatz 6%; Steuerquote 35%)

Abbildung 24: Übersicht unterschiedlicher Eigenkapitalkosten nach ADAMS, MANNERS, ASTRACHAN und MAZZOLA, S. 294. Eigene Darstellung.

Dieses Modell kann je nach interessierender Variable gelesen werden. So lässt sich z.B. ermitteln, welche Rentabilität ein Unternehmen darzustellen hätte, wenn gleichzeitig eine risikoadäquate, kapitalmarktübliche Verzinsung von beispielsweise 13% bei einem unabhängig finanzierten Unternehmen (50% EK-Quote) und einem erwarteten Wachstum von 20% erwartet würde.

Ansätze, die versuchen, Eigenkapitalkosten kapitalmarktunabhängig zu ermitteln, stecken bislang noch in den Anfängen. Wichtig ist an dieser Stelle jedoch, dass man es bei Familienunternehmen keineswegs mit der gleichen Kapitallogik zu tun hat wie in börsennotierten Unternehmen.

3.4.5.4. Kostenbewusstsein

Der vorliegende Abschnitt schließt die Betrachtung familienunternehmenstypischer Merkmale im Bereich des Ressourcenmanagements ab. Er fokussiert die häufig vom Durchschnitt abweichende Art der Kostenstruktur.

So weisen laut empirischen Untersuchungen Familienunternehmen durchschnittlich signifikant geringere operative Kosten auf als vergleichbare Unternehmen (nach Größe, Mitarbeiteranzahl und Umsatz) der gleichen Branche und Wertschöpfungsposition.[1] Die Autoren dieser Studie vermuten die Ursache in geringeren Miet- und Leasingverpflichtungen, in einem geringen Anteil ausgelagerter Arbeiten (besonders Forschung und Entwicklung), in geringeren Werbe- und Marketingaufwendungen sowie geringeren Beratungsaufwendungen. Gleichzeitig weisen Familienunternehmen signifikant geringere Abschreibungen auf, was für eine vergleichsweise geringere Kapitalintensität der eigenen Arbeitsorganisation oder einen geringeren Grad vertikaler Integration sprechen könnte.

Die Beobachtung, Familienunternehmen seien im Umgang mit ihren eigenen Kostenpositionen besonders rigide, bestätigen auch andere Wissenschaftler.[2] So konstatiert beispielsweise WIMMER,[3] der Mangel an Ressourcen in Verbindung mit attraktiven, ehrgeizigen Vorhaben mache erfinderisch und schärfe den Sinn für einen verantwortungsvollen Umgang mit den Mitteln, die dem Unternehmen zur Verfügung stehen. Als Grundlage hierfür gelten die historisch gewachsenen Muster im Umgang mit den unternehmerischen Kostenpositionen. So berichtet OETKER als Ergebnis seiner Untersuchungen:[4]

---

[1] Vgl. [Gallo, M. Á., Tàpies, J., & Cappuyns, K. (2004): Comparison of Family and Nonfamily Business: Financial Logic and Personal Preferences], S. 312.

[2] Um eine Beobachtung des Autors hinzuzufügen: Wer prosperierende Familienunternehmen einmal jenseits der für Besucher eingerichteten Konferenzräume und Gästehäuser besucht und besichtigt hat, wird festgestellt haben, dass diese mit den Stahl- und Glaspalästen von Nichtfamilienunternehmen häufig wenig gemein haben. Es sei an dieser Stelle an die immer noch in vielen Unternehmen vorherrschenden Linoleumböden der 1970er und 1980er Jahre erinnert.

[3] Vgl. [Wimmer, R., Domayer, E., Oswald, M., & Vater, G. (1996): Familienunternehmen – Auslaufmodell oder Erfolgstyp?], S. 156.

[4] Vgl. [Oetker, A. (1999): Stakeholderkonflikte in Familienkonzernen: Ansätze zu ihrer Regelung durch strategische Führungsentscheidungen.], S. 72.

> „Von allen befragten Stakeholdern wird der Wert Bescheidenheit als fester Bestandteil der Unternehmens-philosophie und -kultur in Familienkonzernen gefordert. Durch die effektive Vermittlung dieses Wertes im Familienkonzern, d.h. im Unternehmen sowie insbesondere in der Familie, soll der Lebensstil der Familienmitglieder wesentlich geprägt werden. Damit wird insbesondere beabsichtigt, Ausschüttungsansprüche der Eigentümerfamilie gering zu halten, um eine erfolgreiche Weiterentwicklung des Unternehmens nicht zu behindern.“

Solche Wertvorstellungen perpetuieren sich bei Familienunternehmen häufig zugleich in der Familie wie auch im Unternehmen. Es wird als eigener Wert angesehen, sparsam zu sein. Ein familienfremder Unternehmensführer sollte sich also nicht darüber wundern, wenn ihm manche ansonsten üblichen Investitions- und Kostenplanungen ebenso wie umfangreiche Beratungsunterstützung, kapitale Dienstfahrzeuge oder die Einrichtung von unterschiedlichen Stabsstellen zur Unterstützung seiner Arbeit (persönliche Pressereferentin, Assistenz, Chauffeur, etc.) im Familienunternehmen verwehrt bleiben.

3.4.6. Familie und die Differenz von Organisation und Organisation

Form follows function follows form.
(Peter Bjerrum, dänischer Architekt)[1]

Die Frage nach der Differenz von Organisation und (Re-)Organisation ist eine grundlegende Funktion von Führung in allen Unternehmenstypen. Wie weiter oben ausführlich dargelegt, handelt es sich hierbei um die Diskussion wichtiger Differenzen der Organisation, die zu einer ständigen Auseinandersetzung mit der angemessenen und zukunftsfähigen Form organisierter Organisation führt.

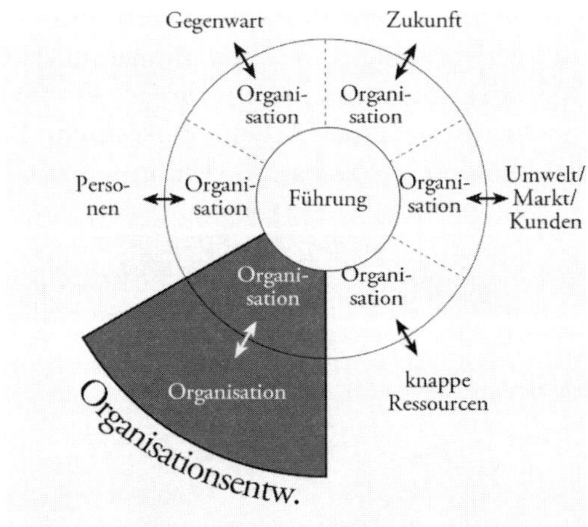

Abbildung 25: Organisationsentwicklung als Aufgabenfeld von Führung nach WIMMER ET AL. Eigene Darstellung.

Ziel der Reorganisation, im ökonomischen Jargon auch als *Organisationsentwicklung* bekannt, ist es, die Organisation in ein angemessenes Verhältnis zu den organisationalen Anforderungen zu setzen, um

[1] [Bjerrum, P. (2001): Form follows function follows form].

unter Einbeziehung ihrer selbst gesetzten Ziele, der vermuteten Zukunft, der wahrgenommenen Anforderungen ihrer Umwelt sowie unter Einbeziehung des eigenen Umgangs mit knappen Ressourcen mit Blick auf die aktuelle und zukünftige Reproduktionsfähigkeit angemessen arbeitsfähig zu bleiben. Typische Merkmale der Reorganisationsarbeit sind die Auseinandersetzung mit den eigenen Kommunikations- und Entscheidungswegen (oben/unten; formalisiert/informell), den Prozessen der Entscheidungsfindung und dem Umgang mit hierbei auftretenden Konflikten und Fehleinschätzungen (stellenbezogene Ad-hoc-Entscheidungen vs. formalisierte Gremienarbeit; fehlerfreundlich vs. fehlerfeindlich). Ebenso hat sich die Arbeit an der Reorganisation mit Fragen der geeigneten Führungsstrukturen (Verhältnis von Führenden und Geführten, von Zentralisierung und Dezentralisierung) sowie der Einrichtung funktional förderlicher Aufsichts- und Kontrollmechanismen (Vertrauen/Kontrolle; unternehmerische Selbstorganisation/funktionale Ausführung) auseinander zu setzen. Hieran schließt die angemessene Reflexion über die etablierten Aufbau- und insbesondere Ablaufstrukturen an, die unter dem Blickwinkel ihrer konsistenten Kunden- und Marktausrichtung (Innenorientierung/Außenorientierung) sowie ihrer Wertbeiträge (wertschaffend/wertvernichtend) kontingent zu setzen sind. Auf diese Weise findet in angemessenem Umfang eine Reflexion über die eigenen Wertschöpfungsprozesse statt. Gesamtorganisational heißt dies, die Muster im eigenen Umgang mit Veränderungen im Rahmen eines Veränderungsmanagements zu hinterfragen und ein arbeitsfähiges Verhältnis zwischen Erhalt von Etabliertem einerseits und notwendiger Zerstörung und Neuaufbau andererseits zu entwickeln.

Die Literatur hat in dieser umfangreichen Dimension von Führung einige Merkmale identifiziert, die für Familienunternehmen im Vergleich zu Nichtfamilienunternehmen charakteristisch zu sein scheinen. Einige dieser Besonderheiten werden im Folgenden detaillierter beschrieben. So wird vermutet, dass Familienunternehmen typische Muster in der Formalisierung der organisationalen Kommunikation ausgebildet haben, dass sie typische Merkmale in ihren Entscheidungsstrukturen aufweisen, dass ihr Umgang mit den eigenen Organisationsstrukturen markante Aspekte ausbildet und darüber hinaus auffällige Merkmale im Rahmen etablierter Aufsichts- und Kontrollstrukturen zu finden sind.

3.4.6.1. Formalisierung der Kommunikation

Die mündliche Übermittlung ist ein Charakteristikum von Kommunikation in Familien. Hierin unterscheiden sie sich typischerweise von Unternehmen, bei denen ein weitaus höheres Maß an schriftlicher Kommunikation vorherrscht.[1] Insbesondere die Bürokratieforschung hat mit Verweis auf die notwendige Aktenführung die Entpersonalisierung der Organisation aufgezeigt.[2] Gerade in der Art und Weise, wie kommuniziert wird, wird in Familienunternehmen die Verbindung mit der Familie offenbar. Als gewachsene Muster haben sich hier meist wenig formalisierte Kommunikationsnetze etabliert, die sich zum einen durch ihre dominierende Mündlichkeit und zum anderen durch ihre Personenzentriertheit auszeichnen. Hierzu bemerkt WIMMER treffend:[3]

> „Es wurde schon mehrfach betont, dass Familienunternehmen eine ganz spezifische Kommunikationskultur ausprägen. Auf Grund ihrer Nähe zu familialen Gepflogenheiten sind in solchen Unternehmen kaum sehr formelle, hierarchisch-bürokratische Muster des Miteinander-Umgehens anzutreffen. Es überwiegt der anlassbezogene, direkte

---

1 Vgl. [Simon, F. B. (1999): Organisationen und Familien als soziale Organisationen unterschiedlichen Typs] und [Simon, F. B. (1999): Familien, Unternehmen und Familienunternehmen. Einige Überlegungen zu Unterschieden, Gemeinsamkeiten und den Folgen.].

2 Vgl. [Weber, M. (1921): Wirtschaft und Gesellschaft. Grundriß der verstehenden Soziologie], S. 124: „7. Es gilt das Prinzip der A k t e n m ä ß i g k e i t [sic!] der Verwaltung, auch da, wo mündliche Erörterung tatsächlich Regel oder geradezu Vorschrift ist: mindestens die Vorerörterungen und Anträge und die abschließenden Entscheidungen, Verfügungen und Anordnungen aller Art sind s c h r i f t l i c h fixiert. Akten u n d kontinuierlicher Betrieb durch B e a m t e zusammen ergeben: das B u r e a u, als d e n Kernpunkt jedes modernen Verbandshandelns."

3 [Wimmer, R., Domayer, E., Oswald, M., & Vater, G. (1996): Familienunternehmen – Auslaufmodell oder Erfolgstyp?], S. 143.

> mündliche Kontakt zwischen zwei, drei Personen. Die Verständigung orientiert sich am persönlichen Vertrauensverhältnis. Die starke Personenorientierung impliziert in der Regel auch eine geringere soziale Distanz im Miteinander."

Dieser geringe Formalisierungsgrad der Kommunikation wird in vielen Forschungsberichten über Familienunternehmen erwähnt.[1] Dabei sind insbesondere zwei Aspekte hervorzuheben. Zum einen ist dies die Neigung, schriftliche Kommunikation zu vernachlässigen. Dieses Verhalten mag den Vorteil enormer Kommunikationsgeschwindigkeit mit sich bringen, insbesondere wenn Entscheidungen zu treffen sind. Der Nachteil liegt in der geringen Nachvollziehbarkeit der geführten Kommunikation für Dritte. Dabei sind Organisationen auf ein Mindestmaß an geregelter Schriftlichkeit angewiesen, da hierin ihr Gedächtnis liegt.[2] Anderenfalls würden sie sich den handelnden Personen vollständig ausliefern, was für die langfristige Überlebenssicherung einer Organisation ein erhebliches Risiko darstellen kann.

Der andere Aspekt liegt in der geringen Akzeptanz prozessual und institutionell formalisierter Kommunikation. In Familienunternehmen werden im Vergleich zu ihren korporativen Pendants weitaus weniger Gremien, Task Forces oder Komitees eingerichtet, werden Entscheidungen tendenziell eher „auf dem Gang" als in formalisierten Entscheidungsrunden getroffen. So konstatiert Wimmer mit Blick auf Familienunternehmen treffend:[3]

---

[1] Vgl. exemplarisch [Barrett, J. E. (2003): Outplace all enemies] oder [Daily, C. M., & Dollinger, M. J. (1992): An empirical examination of ownership structure in family and professionally managed firms].

[2] So [Baecker, D. (1995): Durch diesen schönen Fehler mit sich selbst bekannt gemacht. Das Experiment der Organisation.], zit. bei [Wimmer, R., Domayer, E., Oswald, M., & Vater, G. (1996): Familienunternehmen – Auslaufmodell oder Erfolgstyp?], S. 144.

[3] [Wimmer, R., Domayer, E., Oswald, M., & Vater, G. (1996): Familienunternehmen – Auslaufmodell oder Erfolgstyp?], S. 144.

> „Miteinander reden hält von der Arbeit ab. Genaugenommen sind Arbeiten und Kommunizieren Gegensätze. Aufwendige Besprechungen stehlen die Zeit. Diese weitverbreitete Tendenz zur Verknappung der innerbetrieblichen Kommunikation auf das Allernotwendigste unterstellt, dass man sich ohnehin fast „blind“ versteht. Ist das nicht der Fall, dann stimmt irgend etwas nicht. Aus diesem Grund werden Missverständnisse sehr rasch als persönliches Versagen interpretiert.“

In Familienunternehmen herrscht häufig eine Kultur der persönlichen Einigung untereinander, die zugleich darauf angewiesen ist, dass man sich „von selbst“ versteht. Eine ausgefeilte Routine im Umgang mit Missverständnissen, Konflikten oder abweichenden Erwartungen ist daher allenfalls auf der persönlichen Ebene vorzufinden: Es wird Personen „nachgesehen“, etwas falsch verstanden oder anderes im Sinn gehabt zu haben.[1]

3.4.6.2. Entscheidungsstrukturen

Dieser typische Umgang mit wenig formalisierten Informationswegen führt fast zwangsläufig zu ausgesprochen charakteristischen Entscheidungsstrukturen in Familienunternehmen. So wird in weiten Teilen der Familienunternehmensliteratur die besonders starke Personenzentrierung von Entscheidungswegen hervorgehoben.[2] Der Vorteil dieser Strukturierung liegt in einem Gewinn an Flexibilität und Ge-

---

[1] Dieser tendenziell selbstverständliche Umgang mit Grundwerten der Kommunikation bietet Anlass zur weiteren Analyse. So berichten beispielsweise [Adams, J. S., Taschian, A., & Shore, T. H. (1996): Ethics in family and nonfamily owned firms: An exploratory study] von einem weitaus geringeren Grad der Formalisierung im Umgang mit ethischen Aspekten und Grundwerten von Kommunikation und Entscheidung. Sie vermuten, dass in Familienunternehmen die etablierten Verhaltensweisen über die Ausdifferenzierung von Rollen und den damit verbundenen Anforderungen und Erwartungen geklärt werden.

[2] So beispielsweise [Morris, M. H., Williams, R. O., Allen, J. A., & Avilia, R. A. (1997): Correlates of Success in Family Business Transitions], S. 388: „Decision making tends to be more centralized.“

schwindigkeit bei zu treffenden Entscheidungen.[1] Hierdurch erlangen, so wird vermutet, Familienunternehmen im Gegensatz zu den eher trägen Großunternehmen einen großen Teil ihrer Wettbewerbsfähigkeit.[2] Die Kehrseite der Medaille dürfte in der Abhängigkeit der Organisation von einigen wenigen Personen liegen.[3]

In Familienunternehmen ist die Organisation nicht selten „um eine Person herum" gestaltet.[4] Viele überlebenswichtige Informations- und Entscheidungswege richten sich an einer bestimmte Stelle aus, die häufig mit dem Gründer der Organisation oder einem familiären

---

[1] So gleichlautend [Goffee, r., & Scase, R. (1985): Proprietorial control in family firms: Some functions of 'quasi-organic' management systems]; [Hall, P. D. (1988): A historical overview of family firms in the United States]; [Tagiuri, R., & Davis, J. A. (1996): Bivalent attributes of the family firm] oder auch [Poza, E. J., Alfred, T., & Maheshwari, A. (1997): Stakeholder perceptions of culture and management practices in family and family firms – A preliminary report].

[2] Eine Studie der Boston Consulting Group (BCG) dokumentiert dies mit einer höheren Time-to-Market-Geschwindigkeit von Familienunternehmen, zitiert bei [Poza, E. J. (2004): Family Business], S. 17.

[3] So [Feltham, T. S., Feltham, G., & Barnett, J. J. (2005): The Dependence of Family Businesses on a Single Decision-Maker], die feststellten, dass sich dieser Effekt in Abhängigkeit von unterschiedlichen Merkmalen statistisch reduziert. So verringert sich die Dependenz empirisch mit (1) steigendem Alter des Entscheiders, (2) zeitlicher Nähe zum Ausstiegszeitpunkt des Entscheiders, (3) steigendem Unternehmenswert, (4) steigender Anzahl der Anteilseigner, (5) zunehmendem Alter des Unternehmens und (6) mit zunehmender Verbreitung / Streuung der Stimmrechtsanteile in der Familie. Interessanterweise wurde festgestellt, dass extern besetzte Aufsichtsgremien wie etwa ein Beirat keinen Einfluss auf die vorherrschende Personenzentrierung haben. Eine tendenzielle Abnahme der Entscheidungszentrierung bei zunehmendem Alter des Unternehmens (= Anstieg der Generationen) fanden auch [Morris, M. H., Williams, R. O., Allen, J. A., & Avilia, R. A. (1997): Correlates of Success in Family Business Transitions], S. 388, in ihren Untersuchungen. [Sonfield, M. C., & Lussier, R. N. (2004): First-, Second-, and Third-Generation Family Firms: A Comparison], S. 198 widerlegen diese These jedoch mit ihren Untersuchungsergebnissen.

[4] So stellt beispielsweise auch [Albach, H., & Freund, W. (1989): Generationswechsel und Unternehmenskontinuität – Chancen, Risiken, Maßnahmen], S. 37, fest. „Auch größere Familienunternehmen neigen tendenziell stärker dazu, alle Führungskompetenzen auf einige wenige Personen zu übertragen."

Nachfolger desselben besetzt ist. Ein derartiger Aufbau der Entscheidungsorganisation führt oft zu einem ausgeprägt autokratischen, gleichsam patriarchalischen Führungsstil.[1] Entsprechend seltener ist ein partizipativer Führungsstil und die damit verbundene Delegation von Entscheidungsverantwortung anzutreffen. Obgleich weite Teile der Familienunternehmensforschung dies im Rahmen von Professionalisierungsbestrebungen von Familienunternehmen anmahnen,[2] scheinen die Muster tendenziell zentralisierter Entscheidungsstrukturen dennoch sehr stabil und somit funktional relevant zu sein. So stellt WIMMER treffend fest:[3]

> „Das verbindliche Festlegen von Verantwortlichkeiten, der Respekt vor übertragenen Kompetenzen, das Einrichten und Pflegen von spezialisierten Kommunikationsanlässen, das offene Bewältigen von unvermeidlichen Konfliktsituationen, all das sind Fähigkeiten, die normalerweise in einer familialen Organisationskultur nicht ausgeprägt werden."

---

[1] Hierzu [Aronoff, C. E. (1999): What makes Family Businesses different?], S. 2: „The culture is most often paternalistic. Paternalism is promoted due to long terms of leadership and the need to gain people's allegiance without sharing much power or information."

[2] So beispielsweise bei [Perrigo, A. E. B. (1975): Delegation and succession in the small firms]; [Hofer, C. W., & Charan, R. (1984): The transition to professional management: Mission impossible?]; [Mathews, G. H. (1984): Run your business or build an organization?]; [Goffee, r., & Scase, R. (1985): Proprietorial control in family firms: Some functions of 'quasi-organic' management systems] oder [Firnstahl, T. W. (1986): Letting go]. [Sorenson, R. L. (2000): The Contribution of Leadership Style and Practices to Family and Business Success] ermittelte in seinen Untersuchungen, dass ein partizipativer Führungsstil in Familienunternehmen positiv mit der Mitarbeiterzufriedenheit und dem Mitarbeitereinsatz sowie mit der Zielwerterreichung sowohl des Familienunternehmens wie auch der Unternehmensfamilie korreliert.

[3] Vgl. [Wimmer, R., Domayer, E., Oswald, M., & Vater, G. (1996): Familienunternehmen – Auslaufmodell oder Erfolgstyp?], S. 139 f.

3.4.6.3. Organisationsstrukturen

Die beschriebenen Entscheidungsstrukturen, die sich um den Gründer bzw. dessen Nachfolger herum bilden, sind nach Meinung vieler Forscher typisch für Familienunternehmen. Daneben ergeben sich noch zwei weitere organisationale Muster dieses Organisationstyps.

Zum einen zeigen unterschiedliche Forschungsergebnisse, dass Familienunternehmen augenscheinlich über sehr effiziente Organisationsstrukturen verfügen. So wird ihnen eine hohe Flexibilität im Hinblick auf Veränderungsbedarf attestiert, die sich in einem hohen Maß an Kundenorientierung[1] sowie einer hohen Time-to-Market-Geschwindigkeit niederschlägt. Die Erlangung der hohen Anpassungsfähigkeit wird mit dem geringen Grad an Formalisierung sowie mit einer teilweisen Dezentralisierung (dort, wo sie stattfindet) begründet.[2] Gleichzeitig wird jedoch auch festgestellt, dass sich Familienunternehmen weiterhin an ihrer Tradition orientieren und ihre Veränderungsdynamik stets unter Rückgriff auf die eigene Tradition und die eigenen Werte realisieren. Möglicherweise liegt genau hierin der Schlüssel gleichzeitiger Stabilität und Flexibilität im Rahmen von Veränderungsprozessen. Messbar wird der Effizienzvorsprung von Familienunternehmen beispielsweise in geringeren Personalkosten[3] und niedrigeren Kosten der Gesamtorganisation. So können Familienunternehmen ihre Stärken, nach den Überlegungen von LEVERING und MOSKOWITZ, insbesondere in arbeitsintensiven Branchen ausspielen.[4]

---

1 Vgl. hierzu ausführlich weiter oben Kap. 3.4.4. Familie und die , S. 271 ff.

2 Vgl. hierzu [Hatum, A., & Pettigrew, A. (2004): Adaptation Under Environmental Turmoil: Organizational Flexibility in Family-Owned Firms] sowie [Dreux, D. R. (1990): Financing family business: Alternatives to selling out or going public].

3 Vgl. [Levering, R., & Moskowitz, M. (1993): The ten best companies to work for in America]; die Untersuchungen von [Gallo, M. Á., Tàpies, J., & Cappuyns, K. (2004): Comparison of Family and Nonfamily Business: Financial Logic and Personal Preferences] bestätigen diese Ergebnisse bei spanischen Unternehmen jedoch nicht.

4 Vgl. [Levering, R., & Moskowitz, M. (1993): The ten best companies to work for in America].

Ein anderer, hiervon gänzlich verschiedener Aspekt liegt im Organisationsdesign von Familienunternehmen. So wurde festgestellt, dass in manchen Unternehmen die organisationale Gliederung nicht ausschließlich nach ökonomischen oder marktlichen Anforderungen erfolgt. Vielmehr werden teilweise Aspekte berücksichtigt, deren Ursprung in der Familie liegt und deren Berücksichtigung bei Nichtfamilienunternehmen undenkbar wäre. So gibt es Unternehmen, die ihre Geschäftsfeldaufteilung nach der Anzahl potentieller Nachfolger strukturieren, indem sie z.B. für drei eintrittswillige Kinder das Unternehmen in drei etwa gleich große Geschäftseinheiten segmentieren, damit „für jeden genügend Platz ist". Hierzu WARD mit einem Beispielfall aus seiner Beratungspraxis ausführlich:[1]

> „Jacob [...] created four businesses under the umbrella of a holding company and put each of his children in charge of one of the entities. [...] In other words, Jacob designed the business around his vision for the family and the capabilities and number of children that he had. I see this all the time. Consciously or subconsciously, a business strategy is designed with the capabilities of, the strengths and weaknesses of, and the number of children in mind. The number of businesses with a strategy that reflects the structure and characteristics of the family is amazing. Is that wrong? What I have learned is that it is reality."

Auch werden Unternehmen im Rahmen eines Plan B manchmal bewusst „realteilungsfähig" gehalten für den Fall, dass ein vielleicht schon über Generationen dauernder Konflikt in der Eigentümerfamilie nicht zu lösen ist und die Aufspaltung des Unternehmens in zwei separate, mehr oder weniger lebensfähige Einheiten die letzte Rettung

[1] [Ward, J. L. (2004): Perpetuating the Family Business: 50 Lessons Learned from Long-Lasting, Successful Families in Business], S. 18 f.. So besteht beispielsweise auch das Unternehmen Melitta aus drei Geschäftsbereichen und wird von drei Brüdern geführt. Inwiefern dies beabsichtigt ist, lässt sich an dieser Stelle nicht klären. Vgl. hierzu [Helmer, W. (1996): Bei Melitta schwört man auf das Rotationsprinzip. Die drei Brüder Bentz wechseln sich in den Zuständigkeiten ab.].

bietet.[1] In anderen Familienunternehmen ist darüber hinaus zu beobachten, dass ein nach ökonomischen Gesichtspunkten nicht mehr wichtiger oder strategisch unpassend gewordener Teilbereich nicht geschlossen oder desinvestiert wird, weil dort ein Mitglied der Unternehmensfamilie arbeitet, das an anderer Stelle nicht benötigt würde, oder weil dieser Geschäftsbereich für das Unternehmen einen traditionellen, firmengeschichtlichen Wert darstellt. Es werden also bewusst interne „Zuschussgeschäfte" akzeptiert und mit anderen als den typisch ökonomischen Begründungen legitimiert. Dies geschieht zuweilen durch performatives Stabilisieren von Tabus („Wer auf die Idee kommt, hieran etwas zu verändern, fliegt!") oder durch Mystifizierung respektive Glorifizierung jenes Geschäftsbereichs („hiermit fing alles an";[2] „dieses Segment aufrechtzuerhalten ist unser gesellschaftlicher Auftrag"[3]). Ähnliches beschreiben GERSICK ET AL.:[4]

---

[1] Typischerweise ist diese Maßnahme immer dann notwendig, wenn auf der Privatseite nicht ausreichend Liquidität bzw. Vermögen vorhanden ist, um die andere Partei auszubezahlen (was der Regelfall sein dürfte). So sind derartige Realteilungen beispielsweise aus Fällen bekannt wie Bahlsen, vgl. [o.V. (1999): Bahlsen zerfällt in drei Unternehmen: Backwarenhersteller wird unter Gründerenkeln aufgeteilt – Konsequenz aus Streit über Unternehmensstrategie]; Voith, vgl. [Rupf, H. (2001): Vom Glück verwöhnt: Ein Leben für Voith], S. 184 ff. und auch Tchibo/Hertz, vgl. [Nicolai, B. (2003): Bei Tchibo geht ein mehr als drei Jahrzehnte langer Familienstreit zu Ende]; [May, P. (2001): Lernen von den Champions: Fünf Bausteine für unternehmerischen Erfolg], S. 176, ebenso bei Quandt, Burda, Aldi, Dassler u.a. [May, P. (2001): Lernen von den Champions: Fünf Bausteine für unternehmerischen Erfolg], S. 183 f.

[2] In einem dem Autor bekannten Speditionsunternehmen wurde daher ein Teil des Fuhrparks „der ersten Stunde" in einer dunklen Werkstattecke eingemottet und nicht liquidiert, was aus ökonomischen Überlegungen heraus nicht zu begründen ist.

[3] So geschehen bei einem deutschen Verlagshaus, das seine auf Belletristik spezialisierte Tochtergesellschaft jahrzehntelang mit diesem Argument legitim intern quersubventionierte und aufrechterhielt. Mittlerweile ist jener Teilbereich des Konzerns durch zwei Bestseller unerwartet profitabel geworden.

[4] [Gersick, K. E., Davis, J. A., McCollom Hampton, M., & Lansberg, I. (1997): Generation to Generation – Life Cycles of the Family Business], S. 5.

„Similarly, an apparently illogical expansion strategy for a growing company may make sense only when one understands the needs of coowner siblings to keep their divisions equal size, no matter what.“

Die Aufrechterhaltung von organisationalen Gegebenheiten, die keinem rein ökonomischen Grundsatz folgen, versucht die Forschung mit Kosten zu belegen. Auch wird untersucht, inwiefern sich Familienunternehmen hierin von anderen Unternehmen unterscheiden. So bietet die Principal-Agent-Theorie Anhaltspunkte dafür, dass Familienunternehmen aus der speziellen Konstellation von Anteilseignerschaft und Unternehmensführung geringere Kosten entstehen müssten. Gleichzeitig kennt diese Theorie aber auch entgegengesetzte Effekte wie etwa den des vorherrschenden Altruismus und der Manifestation ökonomisch schädlicher Strukturen. Letzteres wird mit dem Begriff *entrenchment*, manchmal auch als *Login-Effekt,* bezeichnet. Gemeint ist im Falle von Familienunternehmen insbesondere, dass sich an bestimmten Stellen in der Organisation, beispielsweise in der Unternehmensführung, Personen „festsetzten“, die für die betreffenden Tätigkeiten eigentlich nicht kompetent genug sind, die dort jedoch nicht ohne weiteres ausgetauscht werden können. Entsprechend ist der Begriff *entrenchment* als das „Verschanzen“ oder „Eingraben“ bestimmter Personen auf ihren Stellen zu übersetzen. Dass dies der Fall sein kann, ist nachvollziehbar, wenn man überlegt, wer in einem eigentümergeführten Unternehmen denn die Kompetenz und den Auftrag hat, für eine angemessene Besetzung der Geschäftsführung zu sorgen – der aktuell amtierende Geschäftsführer selbst. Zur Diskussion über letztendlich resultierende, höhere oder niedrigere „Agentenkosten“ hat sich bislang noch keine klare Position herausgebildet. CHRISMAN, CHUA und SHARMA fassen jedoch die Auseinandersetzung treffend zusammen, indem sie feststellen:[1]

[1] Vgl. [Chrisman, J. J., Chua, J. H., & Sharma, P. (2003): Current Trends and Future Directions in Family Business Management Studies: Toward a Theory of the Family Firm], S. 20. Im Falle von Altruismus wirken laut [Schulze, W. S., Lubatkin, M. H., Dino, R. N., & Buchholtz, A. K. (2001): Agency Relationships in Family Firms: Theory and Evidence] und [Schulze, W. S., Lubatkin, M. H., & Dino, R. N. (2003): Toward a theory of agency and altruism in family firms] agenten-

„In summary, researchers have shown that both altruism and entrenchment have positive and negative effects on family firm performance.“

Die Diskussion über höhere oder niedrigere Kosten, die aus der Anwendung der Principal-Agent-Theorie resultierte, hält weiter an. Ob jedoch die Messung von höheren oder niedrigeren Kosten bei Familienunternehmen im Vergleich zu Nichtfamilienunternehmen tatsächlich durch solche singulären Kausalitätsvermutungen begründet werden kann, bleibt anzuzweifeln. Immerhin würde dies voraussetzen, dass die jeweiligen Geschäftsmodelle, die Branchen und die Wertschöpfungsposition sowie individuell ausgeprägte Muster etwa des Umgangs mit knappen Ressourcen oder der Risikoaffinität vs. Risikoaversität u.ä. je eine untergeordnete Rolle spielten. Quod erat demonstrandum!

---

kostenerhöhend insbesondere Probleme des „free ridings“, positiv gefärbte Wahrnehmungen der Performance von Nachfolgern durch die Eltern etc. Agentenkosten-reduzierend können Konstellationen reziproken Altruismus' von Familie und Unternehmen wirken, beispielsweise in der günstigen Bereitstellung physischer Assets durch die Familie bei gleichzeitiger Ausschüttung nicht-pekuniärer Renditen. Vgl. hierzu insbesondere [McConaughy, D. L., & Phillips, G. M. (1999): Founders versus descendants. The profitability, efficiency, growth characteristics and financing in large, public, founding-family-controlled firms] und [Chua, J. H., & Schnabel, J. (1986): Nonpecuniary benefits and asset market equilibrium]. Im Falle des „entrenchments“ weisen insbesondere [Gomez-Mejia, L. R., Nunez-Nickel, M., & Gutierrez, I. (2001): The Role of Family Ties in Agency Contracts] und [Morck, R., & Yeung, B. (2003): Agency problems in Large Family Business Groups] nach, dass Familienunternehmen hier schlechter gestellt seien als Nichtfamilienunternehmen. Zum gegenteiligen Schluss kommen die Untersuchungen von [Burkart, M., Panunzi, F., & Shleifer, A. (2003): Family Firms]und [Mustakallio, M., Autio, E., & Zahra, S. A. (2002): Relational and contractual governance in family firms: Effects on strategic decision making], letztere mit dem Argument, dass in Familienunternehmen durch ausgeprägte formale und insbesondere soziale Kontrolle automatisch Korrekturen entstünden.

3.4.6.4. Corporate Governance

Eine gerade in den letzten Jahren intensiv geführte Diskussion dreht sich um die Gestaltung angemessener Aufsichts- und Kontrollgremien, also um die so genannte „Corporate Governance“[1], in Familienunternehmen. Dabei geht es gerade bei eigentümergeführten Unternehmen um die Einrichtung und angemessene Besetzung eines Beirats, der dem Unternehmer zum einen für inhaltliche Fragen zur Seite steht, zum anderen aber auch das Augenmerk auf die Geschicke jener Führungskraft richtet. Hintergrund ist die im deutschen Wirtschaftsrecht bei kleineren Kapitalgesellschaften (GmbH) sowie bei Personengesellschaften (OHG; KG sowie Mischformen wie GmbH & Co KG) nicht gesetzlich vorgeschriebene Einrichtung derartiger Organe, die im Falle der AG beispielsweise über den Aufsichtsrat institutionalisiert sind.

Die Installation eines solchen Organs ist immer dann ratsam, wenn das Gesetz keine Regelung bezüglich Kontrollgremien vorgibt. Je nach Ausgestaltung kann ein Beirat unterschiedliche Tätigkeiten erfüllen: Neben beratenden Tätigkeiten, beispielsweise im Rahmen einer anstehenden Nachfolge, übernimmt er häufig eine explizite Kontrollfunktion, steht für eine potentielle Notgeschäftsführung bereit, fungiert als Streitschlichtungsinstanz oder dient (bei prominenter Besetzung) der Repräsentation nach außen.[2] Die Konstruktion des

---

[1] Der Begriff *corporate governance* ist mittlerweile auch im Deutschen etabliert. (Eine Übersicht findet sich bei [Shleifer, A., & Vishny, R. W. (1997): A Survey of Corporate Governance].) So beschäftigt sich der im Jahr 2003 von der (durch die Regierung einberufenen) Cromme-Komission entwickelte Corporate-Governance-Kodex mit der Einrichtung angemessener Aufsichts- und Kontrollstrukturen in börsennotierten Unternehmen. Vgl. hierzu [Regierungskommission (2003): Deutscher Corporate Governance Kodex]. Auch für Familienunternehmen wird aktuell ein Corporate-Governance-Kodex diskutiert. Die aktuelle Fassung findet sich bei [Kommission Governance Kodex für Familienunternehmen (2004): Governance Kodex für Familienunternehmen].

[2] Zu einer detaillierten Darstellung des Themenkomplexes *Beirat* vgl. insbesondere [Ruter, R. X., & Thümmel, R. C. (1994): Beiräte in mittelständischen Familienunternehmen], [Hennerkes, B.-H. (1998): Familienunternehmen sichern und

Beirats richtet sich maßgeblich nach den spezifischen Bedürfnissen und der jeweiligen Konstellation von Familie und Unternehmen. So wird in einem Familienunternehmen, dessen Alleineigentümer gleichzeitig alleiniger Geschäftsführer ist, ein mit anderen Rechten und Pflichten ausgestatteter Beirats benötigt als in einem Unternehmen, das von mehreren Stämmen gehalten wird, von denen nicht jeder in der Geschäftsführung vertreten ist.

Der personalen Besetzung solcher Kontrollgremien kommt dabei eine erhebliche Rolle zu. Während einerseits verständlich ist, dass nicht-aktive Gesellschafter aus der Familie eine entsprechende Position im Beirat beanspruchen, zeigt die Forschung andererseits, welche positiven Effekte insbesondere aus der externen Besetzung von Kontrollgremien erwachsen können. So wird beispielsweise argumentiert, dass externe Mitglieder neue Perspektiven und Ideen ins Unternehmen bringen,[1] dass sie bei Zwistigkeiten für eine Schiedsfunktion weitaus besser geeignet sind,[2] dass sie im Prozess der Nachfolge hilfreich sind, indem sie dem Übernehmenden unterstützend zur Seite stehen können,[3] dass sie die Stärken und Schwächen des Unternehmens als Außenstehende objektiver beurteilen können[4] und als Feedback-Instanz und zugleich „günstiges" Beratungsgremium für den Unternehmer fungieren können.[5] Aber es wird auch die Meinung vertreten, dass solche externen Vertreter nicht frei in der Beurteilung des Unternehmers seien, weil sie schließlich von selbigem eingesetzt wurden und insofern nicht „unparteiisch" agieren könnten.[6] Wieder andere vermuten, dass professionell agierende Managementteams,

---

optimieren.]S. 162 ff., [May, P. (1998): Der Beirat im Familienunternehmen: Wie gut kann er werden? Wie kann er gut werden?], S. 375 ff..

[1] Vgl. [Jain, S. K. (1980): Look to outsiders to strengthen business boards].

[2] So bei [Lane, S. H. (1989): An organizational development/team building approach to consultation with family businesses].

[3] Vgl. [Harris, T. B. (1989): Some comments on family boards].

[4] [Mathile, C. L. (1988): A business owner's perspective on outside boards].

[5] Vgl. [Heidrick, G. W. (1988): Selecting outside directors].

[6] Vgl. [Alderfer, C. P. (1988): Understanding and consulting to family business boards].

effektive Finanzplanungs- und Controllingsysteme sowie formalisiert betriebene strategische Planung externe Aufsichts- und Kontrollpersonen obsolet machen würden.[1]

Wie auch immer im Hinblick auf die Besetzung des Beirats entscheiden wird, klar ist, dass diese Einrichtung typischerweise in Familienunternehmen vorzufinden ist und dass sie auf ein Kontrollvakuum reagiert, das in dieser Form in Nichtfamilienunternehmen systematisch nicht vorkommt.

---

[1] Vgl. [Jonovic, D. L. (1989): Outside review in a wider context: An alternative to the classic board].

3.4.7. Familie und die Differenz von Organisation und Personen

I really love working for these people, but I need more structure. It's nice to be treated like family, but I'd like to know more about where my job begins and ends and how I'm doing.

(N.N., Fremdmanager eines Familienunternehmens)[1]

Die kontinuierliche Bearbeitung der Differenz von Personen und der Organisation ist eine grundlegend wichtige Funktion in allen Unternehmen. Wie weiter oben bereits skizziert,[2] handelt es sich hierbei um die Auseinandersetzung mit wichtigen Differenzen, die darauf abzielt, die Leistungsfähigkeit und Leistungsbereitschaft der Organisationsmitglieder im Sinne des Unternehmens sicherzustellen.

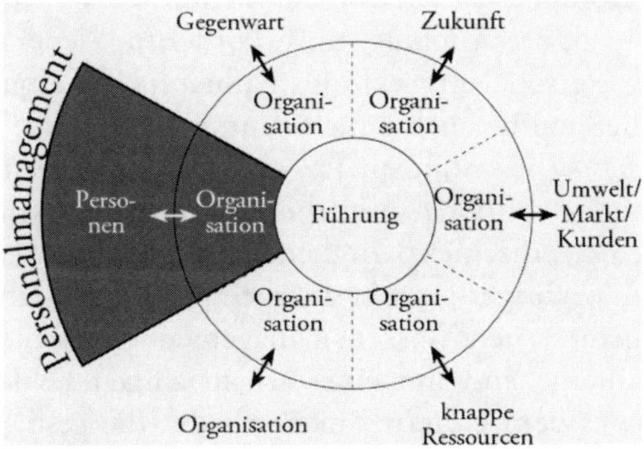

Abbildung 26: Personalmanagement als Aufgabenfeld von Führung nach WIMMER ET AL. Eigene Darstellung.

Ziel des Personalmanagements ist es, die Abhängigkeit von personellen Ressourcen unter Berücksichtigung von Autonomiebestrebungen

---

[1] Zitat entnommen aus [Poza, E. J., & Alfred, T. (1996): What the silent majority thinks (but may not tell you)].

[2] Vgl. weiter oben Abschnitt (5) Die Differenz von Organisation und Personen, S. 134 ff.

der Beteiligten angemessen produktiv zu gestalten, um somit die Reproduktion der Organisation in einer zukunftsfähigen Art und Weise aufrechtzuerhalten. Typische Merkmale dieser Personalarbeit liegen daher in der intensiven Auseinandersetzung mit den unterschiedlichen Interessen und wechselseitigen Erwartungen der Personen und der Organisation. Diese kommen beispielsweise im Rahmen der Mitarbeitergewinnung zum Tragen. Hierbei hat sich die Organisation mit ihrem eigenen Bedarf auseinander zu setzen, die Passung von Personen und Unternehmen angemessen zu beurteilen und sich umgekehrt einer ebensolchen Beurteilung auszusetzen. Insbesondere im Rahmen der Suche nach neuen Führungskräften hat sie über deren Herkunft (Aufsteiger/(Quer-)Einsteiger) ebenso zu entscheiden wie über deren Passung zur Organisation und zu den gestellten Aufgaben (Kompetenz/Sympathie). Geht es um die Karriereerwartungen eigener Mitglieder, so hat sie sich über die angemessenen Kriterien (Loyalität vs. Kompetenz) ebenso klar zu werden wie über die eigene Bereitschaft zur Unterstützung und Förderung jener Kriterien im Rahmen von Personalentwicklungsmaßnahmen (Begabung/Qualifikation). Schließlich ist auch zunehmend eine adäquate Auseinandersetzung mit der Arbeitsatmosphäre und mit den Mustern des Umgangs miteinander vonnöten, um die Leistungsbereitschaft und Leistungsfähigkeit der einzelnen Mitglieder für die Organisation zu mobilisieren. Ein wichtiger Aspekt hierbei ist die Auseinandersetzung mit einem angemessenen Wissensmanagement (Wissen/Nichtwissen) und damit einhergehend mit einer arbeitsfähigen Fehler- und Konfliktkultur, die es dem Unternehmen erlaubt, die gestiegene Umwelt- und Binnenkomplexität nachhaltig handhabbar zu halten.

Die Literatur zu Familienunternehmen hat in diesem organisationalen Wirkungsfeld verschiedene Merkmale identifiziert, die sich von Nichtfamilienunternehmen unterscheiden. So konstatieren ASTRACHAN und KOLENKO als Ergebnis ihrer Untersuchungen, dass auch in Familienunternehmen das Personalmanagement ein wichtiger Faktor für den Erfolg des Unternehmens ist,[1] dass dieser in der Familienunternehmenspraxis jedoch nicht immer erkannt und entsprechend bearbeitet wird.[2] Natürlich gilt auch hier, dass nicht alle Familienunternehmen genau die gleichen Muster ausgeprägt haben. Dennoch scheint es typische Ähnlichkeiten zwischen Familienunternehmen zu geben, die offensichtlich von den Ausprägungen ihrer korporativen Pendants abweichen.

Daher werden im Folgenden kurz die charakteristischen Merkmale in der Mitarbeitergewinnung betrachtet, bevor differierende Aspekte bei der Mitarbeiterbindung und -motivation beleuchtet werden. Hieran anschließend werden Eigentümlichkeiten im Umgang mit Fragen der Karriereentwicklung aufgezeigt, um schließlich familienunternehmenstypische Spezifika der Entlohnungs- und Belohnungsstrukturen vorzustellen.

3.4.7.1. Mitarbeitergewinnung

Um den Besonderheiten von Familienunternehmen im Hinblick auf die Mitarbeitergewinnung Rechnung zu tragen, scheint es angemessen, neben allgemeinen Charakteristika vor allem den Bereich der Führungskräftegewinnung näher zu beleuchten.

Weiter oben wurde bereits beschrieben, dass Familienunternehmen häufig ein eigenes Bild nach außen präsentieren, das nicht zuletzt durch den langen Bestand des Unternehmens und die damit einhergehenden Traditionen und Routinen sowie durch die Unternehmensfamilie geprägt wird. Während dieses Spezifikum im Hinblick auf Qualitätserwartungen und Kundenbindung vorteilhaft für

---

[1] Dies wurde auch wie in allgemeinen, also nicht familienunternehmensbezogenen Untersuchungen bereits festgestellt. Vgl. hierzu [Ulrich, D., & Lake, D. (1990): Organizational capability: competing from the inside out].

[2] Vgl. [Astrachan, J. H., & Kolenko, T. A. (1994): A Neglected Factor Explaining Family Business Success: Human Resource Practices], S. 260: „Positive associations were found between human resource management practices and gross firm revenues and the CEO/owner's personnel income level."

das Unternehmen ist,[1] kann im Hinblick auf die Mitarbeitergewinnung in manchen Unternehmen geradezu das Gegenteil gelten. Zwar stehen Familienunternehmen auch hier häufig für Stabilität und Kontinuität, was in Zeiten von Arbeitsplatzunsicherheit ein nicht zu unterschätzendes Attraktivitätsmerkmal werden kann,[2] jedoch kann das Image eines weniger dynamischen, weniger karrierefördernden und traditionsbewussten, gar altbackenen Unternehmens insbesondere bei jüngeren Arbeitskräften überwiegen. Und diese sind, nach Ansicht der Wissenschaft, häufig die Hauptzielgruppe für Familienunternehmen, denn Familienunternehmen rekrutieren tendenziell lieber junge Leute, die dann selbst ausgebildet und im Laufe der Jahre ans Unternehmen gebunden werden. So werden denn auch Führungskräfte bevorzugt aus den eigenen Reihen rekrutiert, wobei langjährige Betriebszugehörigkeit und die Treue zum Unternehmen hohe Werte sind.[3] Doch gerade darin scheinen Familienunternehmen einen Wettbewerbsnachteil gegenüber Nichtfamilienunternehmen zu haben. So zeigte eine Untersuchung von COVIN[4] unter amerikanischen Hochschulabsolventen, dass diese lieber in Nichtfamilienunternehmen oder, sofern vorhanden, im eigenen Familienunternehmen arbeiten würden als in Familienunternehmen Dritter.[5] Diejenigen, die dennoch Familienunternehmen bevorzugten, gaben an, den Abwechslungsreichtum der anstehenden Tätigkeiten, das eigenverantwortliche Handeln, die kontinuierliche Weiterentwicklung und Fortbildung, die Chancen auf ein höheres Einkommen und die in

---

[1] Vgl. hierzu weiter oben Kap. 3.4.4. Familie und die , S. 271 ff.

[2] So wirbt der Inhaber des in Deutschland ansässigen Textilunternehmens Trigema, Wolfgang Grupp, in TV-Werbungen mit einer Arbeitsplatzgarantie für seine Mitarbeiter und deren Kinder. Vgl. [o.V. (2003): Und es geht doch! Erfolgreiche Unternehmensführung gegen den Strom].

[3] Vgl. [Hilse, H., & Wimmer, R. (2002): Sind Unternehmer die besseren Manager? Besondere Chancen und Risiken von Führungsstrukturen in Familienunternehmen], S. 171.

[4] So [Covin, T. J. (1994): Profiling Preference for Employment in Family-Owned Firms], S. 291.

[5] Vgl. [Covin, T. J. (1994): Profiling Preference for Employment in Family-Owned Firms], S. 295.

Familienunternehmen vorherrschende persönlichen Wertschätzung attraktiv zu finden. Auch andere Autoren attestieren Familienunternehmen positive Eigenschaften,[1] die im Wettbewerb um neue Potentiale aber augenscheinlich nicht vollends gegen die vorherrschenden Negativmerkmale ausgespielt werden können.[2] So scheint es letztendlich eine Frage der Selbstdarstellung und damit einhergehend meist des eingesetzten Finanzumfangs zu sein, ob ein Unternehmen sich in seinen Bemühungen um kompetenten Nachwuchs gegenüber der Konkurrenz durchsetzen kann oder nicht.[3] Daher überrascht es nicht, dass gerade hier häufig wenig marktorientierte Muster ausgeprägt zu sein scheinen.[4] ASTRACHAN und KOLENKO berichten davon,[5] dass nahezu die Hälfte aller von ihnen untersuchten Familienunternehmen mit einem Umsatz über 1 Mio. $ keine ausformulierten Entlohnungsstrukturen hätten, nicht über Arbeitsplatzbeschreibungen ver-

---

1 Hierzu gehören die hohe Loyalität zwischen Arbeitgeber und Angestellten, bessere Erfolgsmöglichkeiten für Frauen, die Wahrnehmung qualitativ hochwertiger Produkte sowie der ausgesprochene Respekt gegenüber der eigenen Tradition; vgl. hierzu [Donnelly, R. (1964): The family business]; [Prokesch, S. (1986): Renewing traditional values].

2 Beispielsweise exi4stieren Bedenken gegenüber der Art und Weise, wie in Familienunternehmen Entscheidungen zustande kommen, gegenüber der Qualifikation zukünftiger Kollegen und Mitarbeiter, bezüglich der Fluktuation nichtfamiliärer Führungskräfte, bezüglich der unterstellten geringen Veränderungsbereitschaft sowie Bedenken bezüglich der Fairness in Arbeitsumfang und korrespondierender Entlohnung; vgl. hierzu [Levinson, H. (1973): Conflicts that plague family business]; [Rosenblatt, P. C. (1999): The Interplay of Family System and Business System in Family Farms during Economic Recession].

3 So berichten [Levering, R., & Moskowitz, M. (1993): The ten best companies to work for in America] von durchschnittlich geringeren Gewinnungskosten bei Familienunternehmen.

4 [Albach, H., & Freund, W. (1989): Generationswechsel und Unternehmenskontinuität – Chancen, Risiken, Maßnahmen], S. 46 und S. 234 f. stellen beispielsweise einen erheblichen Professionalisierungsrückstand im Hinblick auf das Personalmanagement, insbesondere die Personalrekrutierung und die Personalentwicklung, fest.

5 Vgl. [Astrachan, J. H., & Kolenko, T. A. (1994): A Neglected Factor Explaining Family Business Success: Human Resource Practices].

fügten und keine etablierten Kriterien und Prozesse zur Auswahl und kontinuierlichen Potentialeinschätzung eingerichtet hätten.[1]

Gerade die Gewinnung von Nachwuchsführungskräften stellt in vielen Familienunternehmen ein Problem dar. So ist es beispielsweise in kleinen und mittelgroßen Unternehmen die häufig der Familie vorbehaltene Führungsposition, die qualifizierte Manager von einem Engagement in diesem Unternehmen abhält. Als Gründe werden weiterhin die oft als geringer wahrgenommene Förderung der eigenen Potentiale und Fähigkeiten, ein als geringer wahrgenommener Professionalitätsgrad des Unternehmens sowie die Begrenzungen des eigenen Vermögensaufbaus identifiziert.[2] So hat sich in zahlreichen Familienunternehmen das Muster bewährt, offene Führungspositionen eher aus den eigenen Reihen zu besetzen als von außen. Sofern externe Führungskräfte rekrutiert werden, ist das familienunternehmenstypische Muster der Personenzentrierung in der Begutachtung und Auswahl der Kandidaten zu beobachten. Hierbei wird großer Wert auf die Passung des Kandidaten zum Unternehmen und den dort gepflegten Werten und Traditionen, aber auch zur Familie selbst, gelegt, wenn es sich um die Besetzung der Top-Managementebene handelt. So berichten WIMMER ET AL. aus der eigenen Forschungs- und Beratungsarbeit über die Auswahl von externen Führungskräften: [3]

---

[1] Darüber hinaus verfügten nach diesen Untersuchungen nur 16% aller untersuchten Unternehmen über schriftliche Anforderungsprofile für den Eintritt von Familienmitgliedern ins Unternehmen.

[2] So nachzulesen bei [Dunn, B. (1995): Success themes in Scottish family enterprises: Philosophies and practices through the generations]; [Covin, T. J. (1994): Profiling Preference for Employment in Family-Owned Firms]; [Covin, T. J. (1994): Perceptions of family-owned firms: The impact of gender and educational level]; [Horton, T. P. (1986): Managing in a family way]; [Burack, E. H., & Calero, C. M. (1981): Seven perils of family business] oder [Donnelly, R. (1964): The family business]. Der letztgenannte Aspekt wird in einem späteren Abschnitt noch einmal detaillierter dargestellt.

[3] Vgl. [Wimmer, R., Domayer, E., Oswald, M., & Vater, G. (1996): Familienunternehmen – Auslaufmodell oder Erfolgstyp?], S. 171 und ebd., S. 179. Andere praxisnahe Autoren bestätigen dieses Vorgehen. Vgl. [Hennerkes, B.-H. (2004): Die

„Im Auswahlprozess selbst sind wir immer wieder auf die Praxis gestoßen, dass sich die Entscheidungsträger nicht nur die Kandidaten genau angesehen haben, sondern auch deren Partner und das gesamte private Umfeld. Insbesondere bei Fremdmanagern von außen ist dieses Dazupassen zur Familie und das Sicherheit-Gewinnen über eine entsprechende Vertrauenswürdigkeit ein zentrales Selektionskriterium. [...] Was wirklich zählt, sind eine hohe persönliche Loyalität zum Unternehmen und die Bereitschaft, sich überdurchschnittlich einzusetzen und da zu sein, wenn man gebraucht wird.“

Als Begründung hierfür wird zum einen typischerweise auf die besondere Tradition und Kultur des Unternehmens im Umgang miteinander verwiesen, die es Neueinsteigern besonders auf den Topebenen ausgesprochen schwer machen, sich erfolgreich zu integrieren.[1] Zum anderen kommen insbesondere hochrangige Führungskräfte aber auch der ausgeprägten Intimsphäre der Unternehmensfamilie sehr nahe, einem kommunikativen Raum, der ansonsten nur Familienmitgliedern oder sehr langjährigen und als ausgesprochen vertrauenswürdig eingeschätzten Nichtfamilienmitgliedern zugestanden wird. So wird die Entscheidung über eine (potentiell) in den geschützten Raum der Familie vordringende Führungsfigur in Familienunternehmen typischerweise zu einer personenzentrierten Angelegenheit, einer Gefühlssache, die letztendlich nicht aufgrund von Qualifikationsmerkmalen zu bestimmen ist.[2]

Familie und ihr Unternehmen: Strategie, Liquidität, Kontrolle] , S. 175 ff; [Poza, E. J. (2004): Family Business], S. 121 ff.; [Simon, F. B. (2002): Der Dritte in der Eltern-Kind-Beziehung: Familiäre Funktionen des Fremdmanagers.]; [Aronoff, C. E., & Ward, J. L. (2000): More than Family: Non-Family Executives in the Family Business], S. 3 ff.

1 WIMMER ET AL. sprechen an dieser Stelle von einem „enorm starken Immunsystem“ von Familienunternehmen gegenüber Neulingen und potentiellen „Eindringlingen“. Vgl. hierzu [Wimmer, R., Domayer, E., Oswald, M., & Vater, G. (1996): Familienunternehmen – Auslaufmodell oder Erfolgstyp?], S. 172.

2 Hierzu [Wimmer, R., Groth, T., & Simon, F. B. (2004): Erfolgsmuster von Mehrgenerationen-Familienunternehmen], S. 73: „ Das Fremdmanagement wird eher nach Kriterien des "Zur-Firma-Passens" ausgesucht ("nette und normale Leute", "keine Selbstprofilierer, die gern in der Zeitung stehen"). Dies sind eigentlich e-

3.4.7.2. Mitarbeiterbindung und Motivation

Neben den strukturellen Besonderheiten von Familienunternehmen bei der Mitarbeitergewinnung ergeben sich charakteristische Unterschiede auch im Hinblick auf die Mitarbeiterbindung und den Umgang mit Motivation und der dahinter stehenden Arbeitsatmosphäre.

Vor dem Hintergrund seiner Praxiserfahrungen mit zahlreichen Familienunternehmen empfiehlt WARD beispielsweise, sich insbesondere mit unterschiedlichen Aspekten der Bindung von kompetenten Führungskräften und Nachwuchsführungskräften zu beschäftigen.[1] So verweist er auf die häufig gegebene Notwendigkeit, die einzelnen Leistungen von Führungskräften durch Bonuszahlungen oder nichtmonetären Formen der Anerkennung stärker zu betonen und zu honorieren.[2] In jedem Fall sollten den eigenen (zukünftigen) Führungskräften herausragende Karrierepotentiale im Unternehmen und zugleich marktübliche Möglichkeiten zur Bildung eigener Privatvermögen aufgezeigt werden können.[3]

---

her familiäre, d.h. persönliche Beziehungen prägende, Kriterien. ". Darüber hinaus ebd., S. 56: „ Bei Freudenberg werden Fremdmanager beispielsweise nur eingestellt, wenn sie sich an den Werten der Familie orientieren. "Er muss halt passen und normal sein", sagt Reinhard Freudenberg über die Auswahl von Fremdmanagern. [...] Freudenberg hat sich z.B. von einem Manager mit guter wirtschaftlicher Performance getrennt, weil er "eben nicht mehr passte" und man die Grundwerte der Kultur in Gefahr sah. [...] Hat ein Familienfremder einmal das Vertrauen gewonnen, gehört er (halb) zur Familie."

[1] Vgl. hierzu [Ward, J. L. (1997): Growing the family business: Special challenges and best practices]; [Ward, J. L. (1987): Keeping the Family Business Healthy].

[2] Hierzu treffend [Kohn, A. (1994): Warum Incentive-Systeme oft versagen], S. 22: „Menschen, die Außerordentliches leisten, mag es freuen, dafür bezahlt, ja mehr noch gut bezahlt zu werden. Aber solche Leute werden nicht wegen der Gehaltsüberweisung aktiv, sondern weil sie das gerne tun, was sie tun."

[3] Dieser Punkt wird weiter unten noch detaillierter erörtert. Es sei jedoch bereits an dieser Stelle angemerkt, dass die in vielen anderen Unternehmen übliche Zahlung in Form von Mitarbeiteraktien oder Optionen in Familienunternehmen üblicherweise gemieden wird, weil die Anteile vollständig in der Familie gehalten werden. Daher müssen sich diese Unternehmen über angemessene alternative Entlohnungsformen Gedanken machen, um im Kampf um hochkarätige Führungskräfte konkurrenzfähig zu bleiben.

Nimmt man diese Hinweise ernst, führen sie zwangsläufig zur Etablierung angemessener Formen der Potentialentwicklung, um die aktuellen und zukünftigen Führungskräfte bei ihrer Zielerreichung zu unterstützen. POZA[1] verweist darüber hinaus darauf, dass die Partizipation nichtfamiliärer Führungskräfte bei strategischen und operativen Unternehmensplanungen zunehmend ein kritischer Erfolgsfaktor in der Bindung und Motivation dieser Mitarbeiter sei. Diese Überlegungen ergeben insbesondere dann einen Sinn, wenn man vergleicht, welche typischen positiven Erwartungen marktseitig mit Familienunternehmen verbunden werden, zu denen zum einen insbesondere mehr eigenverantwortlicheres Handeln und zum anderen das rasche Partizipieren an verantwortungsvollen Entscheidungen zu rechnen sind. Werden diese Erwartungen nicht erfüllt, kann ein Familienunternehmen auch für die bereits vorhandenen Nachwuchsführungskräfte sukzessive an Attraktivität einbüßen.

Abstrahiert man von den Führungskräften, so zeigt sich, dass Familienunternehmen aufgrund ihrer geschichtlichen Verbindung mit der Unternehmensfamilie und den daraus hervorgegangenen Strukturen und Mustern oft über einen einzigartigen Wettbewerbsvorteil im Hinblick auf die Mitarbeitermotivation und die vorherrschende Arbeitsatmosphäre verfügen.[2] So wird in der Literatur festgestellt, dass die familiären Strukturen eine hohe Arbeitsmotivation, fest verankerte Loyalitäten der Mitarbeiter sowie ein hohes Maß an Verantwortungsgefühl hervorriefen.[3] Zudem ist zu vernehmen, dass die Belegschaft häufig in den Genuss besonderer Treue- und Fürsorgeverpflichtun-

---

[1] Vgl. [Poza, E. J., & Alfred, T. (1996): What the silent majority thinks (but may not tell you)].

[2] Auch hier gelten die Aussagen selbstredend nicht pauschal für alle Familienunternehmen. Es sind auch Beispiele bekannt, in denen ein überaus autokratischer Führungsstil des Eigentümer-Unternehmers, gepaart mit einer cholerischen, machtbezogenen oder selbstverliebten Persönlichkeit, genau zum Gegenteil geführt hat.

[3] Vgl. [Tagiuri, R., & Davis, J. (1982): Bivalent Attributes of the family firm. Working Paper, Harvard Business School, Cambridge, Mass.; Reprinted 1996].

gen des Unternehmers und der Unternehmensfamilie käme,[1] dass eine allgemein familiäre Arbeitsatmosphäre die Folge sei[2] ebenso wie eine höhere Arbeitsflexibilität,[3] gepaart mit einem außerordentlich hohen Engagement der Mitarbeiter.[4] So wird angenommen, dass die Emergenz von teils familientypischen Strukturen in Unternehmen zu einer gesamtheitlichen Stabilisierung der Belegschaft führe.[5] Dies beschreibt auch WIMMER:[6]

> „Sehr viel Kraft beziehen die meisten Familienunternehmen aus ihrer spezifischen Kultur. Sie vermögen ein ungewöhnlich starkes Zugehörigkeits- und Gemeinschaftsgefühl zu erzeugen. Nicht selten ist eine ganz hohe Identifikation mit dem Unternehmen und der Eigentümerfamilie zu beobachten. Damit verbunden ist vielfach eine Einsatz- und Leistungsbereitschaft der Mitarbeiter, die weit über ein „normales" Arbeitgeber-Arbeitnehmerverhältnis hinausgeht. Viele Beschäftigte investieren Zeit und Energie für „ihre" Firma, ohne sofort einen monetären Ausgleich für erbrachte Zusatzleistungen zu verlangen; dies alles in der Hoffnung, dass sich das eigene Engagement in der Zukunft schon irgendwann einmal auszahlen wird."

Genau dieses, aus den Mustern familienähnlicher Strukturen hervorgehende Phänomen bezeichnen SIRMON und HITT als einen der

---

[1] Vgl. [König, D. (1986): Die mittelgroße Familienunternehmung in der Rechtsform der Aktiengesellschaft: Eine Analyse unter dem Gesichtspunkt der Property Rights Theorie], S. 108.

[2] So bei [Ward, J. L. (1988): The special role of strategic planning for family businesses]; [Horton, T. P. (1986): Managing in a family way] und [Hayes, J. L. (1981): All in the Family].

[3] Vgl. [Goffee, r., & Scase, R. (1985): Proprietorial control in family firms: Some functions of 'quasi-organic' management systems].

[4] Vgl. [Horton, T. P. (1986): Managing in a family way] und bereits bei [Donnelly, R. (1964): The family business].

[5] Vgl. [Brokaw, L. (1992): Why Family Businesses are best. The competitive edge of family-run businesses].

[6] Vgl. [Wimmer, R., Domayer, E., Oswald, M., & Vater, G. (1996): Familienunternehmen – Auslaufmodell oder Erfolgstyp?], S. 173.

markantesten Wettbewerbsvorteile von Familienunternehmen gegenüber ihren korporativen Pendants. Sie schlagen hierfür den Begriff *survivability capital* vor und definieren wie folgt:[1]

> „Survivability capital represents the pooled personal resources that family members are willing to loan, contribute, or share fort he benefit of the family business."

So kann das „survivability capital" dem Unternehmen dazu verhelfen, auch in ökonomisch schlechten Zeiten stabil zu bleiben, beispielsweise im Anschluss an eine missglückte Expansionsinvestition oder in Zeiten wirtschaftlicher Rezession, wenn die Gürtel etwas enger geschnallt werden müssen und das Unternehmen auf die Unterstützung der Belegschaft und der Familie angewiesen ist. Nicht selten ist dann von ausgesprochen kooperativen Betriebsräten zu lesen oder davon, dass gewerkschaftlich beschlossene Streiks in manchen Familienunternehmen nur formal umgesetzt und von weiten Teilen der Belegschaft gewissermaßen heimlich unterlaufen werden.[2] Dieses „Netz organisationaler Sicherheit", wie die genannten Autoren es bezeichnen, steht Nichtfamilienunternehmen aufgrund mangelnder Loyalität, weniger starken Bindungen und geringeren langfristigen (moralischen) Verpflichtungen der Belegschaft üblicherweise nicht zur Verfügung.

3.4.7.3. Karriereplanung und Potentialentwicklung

Nimmt man nun erneut die Entwicklung von Führungskräften im Rahmen von Karriereplanungen und Potentialentwicklungen in den

---

[1] Vgl. [Sirmon, D. G., & Hitt, M. A. (2003): Managing Resources: Linking Unique Resources, Management, and Wealth Creation in Family Firms], S. 343.

[2] So berichtete eine Duisburger Unternehmerin aus der metallverarbeitenden Industrie, dass bei einem von der IG Metall ausgerufenen Streik nach Absprache mit der Geschäftsleitung (!) nur einige wenige Mitarbeiter plakativ streikend den Haupteingang des Unternehmens besetzten, während im Hindergrund alle anderen Mitarbeiter freiwillig weiter arbeiteten. Nach einer minimalen „Streikzeit" verließen dieselben Protestierenden denn auch ihre Stellung und wechselten an ihre Arbeitsplätze, um die Streikzeit nach Feierabend noch einmal freiwillig (!) nachzuarbeiten.

Blick, so zeigen sich weitere strukturelle Besonderheiten von Familienunternehmen.

So berichten weite Teile der Familienunternehmensforschung von weniger stark formalisierten und vorgezeichneten Karrierewegen, wie sie beispielsweise in börsennotierten Unternehmen häufig vorzufinden sind. Grund hierfür kann zum einen die meist wesentlich geringe Größe und somit die geringere Erfahrung mit „zu entwickelnden" Nachwuchsführungskräften und Managern sein. Jedoch kann auch die vorherrschende Personenorientierung hierfür ursächlich sein. Nicht selten werden in Familienunternehmen für fähige Mitarbeiter neue Stellen eingerichtet oder eigene Aufgabenfelder geschaffen, um diese Personen ihren Fähigkeiten und Kompetenzen entsprechend einsetzen und entwickeln zu können. So beschreiben beispielsweise FIEGENER ET AL., dass in Familienunternehmen eigene Formen der Kompetenzentwicklung genutzt würden.[1] Während Nichtfamilienunternehmen tendenziell auf externe Entwicklungsangebote wie Managementakademien, Seminare oder universitäre Fortbildungsangebote zurückgreifen, erfolgt in Familienunternehmen die Personalentwicklung gewissermaßen „on the job".[2] So werden den betreffenden Personen beispielsweise größere Projekte zur eigenverantwortlichen Durchführung übergeben oder bestimmte Kunden- oder Lieferantensegmente zur selbstständigen Betreuung unterstellt. Dieser sprichwörtliche „Wurf ins kalte Wasser" hat für das Erlangen von Erfahrungswissen sicherlich erhebliche Vorteile; allerdings bleiben eventuelle Bedürfnisse nach Erwerb explizierbarer Qualifikationen

---

[1] Vgl. hierzu die Ausführungen von [Fiegener, M. K., Brown, B. M., Prince, R. A., & File, K. M. (1996): Passing on Strategic Vision: Favored Modes of Successor Preparation by CEOs of Family and Nonfamily Firms].

[2] WIMMER ET AL. beschreiben in diesem Kontext die häufig anzutreffende Einstellung von Unternehmern, Kompetenz und Führungsfähigkeit sei eine Sache von Begabung und Anlagen, nicht von entwickelbaren Fähigkeiten. In diesem Kontext ist auch der hier zitierte Ausspruch zu verstehen: „Gute Leute benötigen keine besondere Förderung." Vgl. hierzu [Wimmer, R., Domayer, E., Oswald, M., & Vater, G. (1996): Familienunternehmen – Auslaufmodell oder Erfolgstyp?], S. 179.

durch MBAs, Seminare o.ä., beispielsweise zur Erhöhung des eigenen Marktwertes, unbefriedigt.

Ähnlich verhält es sich mit der Wahrnehmung des eigenen „Vorankommens" auf der imaginären Karriereleiter. Während zumeist größere Unternehmen oder Dienstleistungsgesellschaften wie Beratungs- oder Wirtschaftsprüfungshäuser klar abgegrenzte Karrierestationen definieren, anhand derer das eigene Vorankommen verfolgt werden kann, ist der Aufstieg im Familienunternehmen häufig weitaus schwieriger mit der jeweils eigenen Peergroup zu vergleichen. Wenn für manche Personen eigens Stellen geschaffen werden, um deren Fähigkeiten und Lernpotentialen zu entsprechen, ist nicht sichtbar geklärt, wie diese Positionen im Verhältnis zur bereits etablierten hierarchischen Ordnung der Organisation einzustufen sind. Insbesondere bei projektorientierten, also auf Endlichkeit angelegten Stelle ist dies der Fall. Verstärkt wird diese Tendenz durch die in Familienunternehmen typischerweise weniger etablierten Feedbackmechanismen (wie halbjährliche 360°-Gespräche oder Zielvereinbarungen und Zielerreichungsgespräche).[1] Diese Unklarheit beinhaltet eine geringere Nachvollziehbarkeit von Personalentscheidungen seitens der Belegschaft. Wo klare Kriterien und allseits bekannte Potentialeinschätzungen fehlen, liegt der Verdacht nahe, dass Stellen weniger nach Kompetenz als nach Sympathie oder persönlicher Vertrautheit vergeben werden. Ein so geschürtes Misstrauen, der Verdacht auf Nepotismus wird insbesondere dann zum Problem, wenn ungeklärt bleibt, nach welchen Kriterien Familienmitglieder im Unternehmen beschäftigt werden oder worauf geachtet wird, wenn es um die Besetzung der Führungsstelle(n) im Familienunternehmen geht. Solange offen kommuniziert wird, dass in einem Unternehmen Herkunft (aus der Unternehmensfamilie) vor Kompetenz (des Aspiranten) geht

[1] Vgl. [Poza, E. J., & Alfred, T. (1996): What the silent majority thinks (but may not tell you)], die auf die häufig fehlenden oder nur gering ausgebildeten Feedbackmechanismen und den hierzu in Kontrast stehenden Bedarf bei Fremdmanagern, insbesondere jedoch auch unter „verwandten" Familienmitgliedern im Familienunternehmen hinweisen. Zur Ausgestaltung derartiger Feedbackmechanismen vgl. beispielsweise [Nagel, R., Oswald, M., & Wimmer, R. (1999): Das Mitarbeitergespräch als Führungsinstrument.].

– oder auch umgekehrt –, kann jeder mit klaren Erwartungen an die eigene Karriereplanung herangehen. Heikel wird und bleibt es jedoch immer dann, wenn die Merkmale und Kriterien im Dunkeln bleiben.[1] Dabei befindet sich ein Familienunternehmen gerade im Umgang mit der Führungsstelle häufig in einem Dilemma: Einerseits ist oft historisch begründet, dass die Topposition einem Mitglied der Unternehmensfamilie zusteht. Andererseits muss aber auch ein Familienunternehmen damit rechnen, dass sich der betreffende Kandidat als unfähig oder schlichtweg unwillig herausstellt oder dass ein designierter Nachfolger aufgrund einer plötzlichen Erkrankung oder eines Unfalls doch nicht zur Verfügung steht.[2] Insbesondere dann macht es sich bezahlt, wenn das Unternehmen, gewissermaßen auf Vorrat, bereits interne Kandidaten hierfür ausgebildet hat.[3] Natürlich kann es vorkommen, dass der kompetente Aspirant dann schon nicht mehr im Unternehmen ist, weil ihm die Besetzung der Topposition zuvor als schon entschiedene „Familiensache“ signalisiert wurde[4] und er sich, wie ähnlich denkende, kompetente Fremdmanager auch, bereits anderweitig orientiert hat.[5]

---

[1] Dies ist jedoch der Normalfall. So berichten [Astrachan, J. H., & Kolenko, T. A. (1994): A Neglected Factor Explaining Family Business Success: Human Resource Practices] als Ergebnis einer Studie, dass lediglich 16% aller von ihnen untersuchten Unternehmen über schriftliche Anforderungsprofile für den Eintritt von Familienmitgliedern ins Unternehmen verfügen.

[2] Für detaillierte Ausführungen zu derartigen Vorfälle und angemessenere Wege zu deren Prävention vgl. [Wiechers, R. (2004): Die Unternehmerfamilie: ein Risiko des Familienunternehmens? – Zum Umgang mit familieninduzierten Risiken im Familienunternehmen.], insb. Kap. 3.2 und Kap. 4.3.

[3] So als Empfehlung bei [Clarfeld, R. A. (1994): Preparing a nonfamily leader for emergencies].

[4] Hierzu ergänzend zeigen [Poza, E. J., Alfred, T., & Maheshwari, A. (1997): Stakeholder perceptions of culture and management practices in family and family firms – A preliminary report], dass familienfremde Manager eine Führungsnachfolge durch einen Vertreter aus der Familie signifikant häufiger erwarten als dies Familienmitglieder tun. Somit erwarten sie gleichzeitig, wie aus der Untersuchung hervorgeht, dass sie von einer Erlangung der Topposition ausgeschlossen sind.

[5] Hierzu [Morris, M. H., Williams, R. O., Allen, J. A., & Avilia, R. A. (1997): Correlates of Success in Family Business Transitions], S. 388: „Non-family employees may

3.4.7.4. Belohnungs- und Entlohnungsstrukturen

Über das allgemeine Lohnniveau in Familienunternehmen gibt es bislang keine sicheren Aussagen. Während DONCKELS und FROHLICH zu Beginn der 1990er Jahre in ihren europaweiten Untersuchungen feststellten, dass Familienunternehmen durchschnittlich höhere Gehälter zahlen, zeigen die Ergebnisse von GALLO, TÀPIES und CAPPUYNS zu über 300 untersuchten Unternehmen in Spanien zum Ende jenes Jahrzehnts genau das Gegenteil. Ob es Unterschiede im allgemeinen Lohnniveau gibt und, falls ja, in welchen Relationen, kann daher nicht einheitlich zusammengefasst werden.

Allerdings scheinen Untersuchungen zur Entlohnung von Führungskräften in Familienunternehmen erstaunlich konsistente Ergebnisse zu liefern. So ist bei GOMEZ-MEJIA und TOSI zu lesen, dass familienfremde Unternehmenslenker zwischen 15,4% und 29,5% höher entlohnt werden als ihre Pendants aus Eigentümerfamilien.[1] Als mögliche Gründe nennen CHUA, CHRISMAN und SHARMA die höhere zu handhabende Komplexität für Nichtfamilienmitglieder sowie eine anteilige Kompensation dafür, dass sie die absolute Spitzenposition mit einer geringeren Wahrscheinlichkeit erlangen werden als Familienmitglieder (Wettbewerb vs. vorgezeichneter Karrieretrack).[2] MCCONAUGHY schließt hieran mit einer vergleichenden Analyse von familienfremden CEOs in Familienunternehmen und deren Pendants aus der Unternehmensfamilie an.[3] Dabei stellte er fest, dass die familienfremde Geschäftsführung eines Familienunternehmens zwar ein signifikant höheres *Gehalt* bezieht als Mitglieder

---

perceive real limits to their upward mobility and personal opportunities within the firm."

[1] Vgl. [Gomez-Mejia, L. R., & Tosi, H. L. (1995): CEO compensation monitoring and firm performance].

[2] Vgl. [Chrisman, J. J., Chua, J. H., & Litz, R. A. (2004): Comparing the Agency Costs of Family and Non-Family Firms: Conceptual Issues and Exploratory Evidence], S. 97.

[3] Vgl. [McConaughy, D. L. (2000): Family CEOs vs. Nonfamily CEOs in the family-controlled Firm: An Examination of the Level and Sensitivity of Pay to Performance].

aus der Unternehmensfamilie,[1] dass sie an der *Wertsteigerung* des Unternehmens jedoch faktisch nicht beteiligt ist. Gleichzeitig bleiben Nichtfamilien-CEOs mit durchschnittlich 6,5 Jahren wesentlich weniger lang in ihrer Position, als dies Familien-CEOs tun (17,6 Jahre), und somit in etwa ebenso lang wie CEOs von börsennotierten Unternehmen. Er argumentiert, dass gerade deswegen incentivebasierte Vergütungsformen für Fremdmanager gefunden werden müssten, um deren Tätigkeiten mit Blick auf die Ziele des Unternehmens angemessen performanzorientiert entlohnen zu können. Dabei ist allerdings zu berücksichtigen, dass die Ziele von Familienunternehmen auch, wie weiter oben gezeigt,[2] in anderen Kriterien liegen können als dies bei rein wertbeitragsmaximierend ausgerichteten, börsennotierten Unternehmen typischerweise der Fall ist.

So lohnt der Blick auf die Etablierung von incentivebasierten Systemen und Entlohnungsformen, die auf die privaten Vermögensbildungsoptionen nichtfamiliärer Manager auf der einen Seite und die Nichtverfügbarkeit der Unternehmensanteile auf der anderen reagieren. Insbesondere in Deutschland sind hierzu aktuell noch keine einheitlichen Muster zu erkennen. Zwar setzen einige Unternehmen performanzorientierte Boni zur variablen Entlohnung ein, diese orientieren sich jedoch zumeist an kurzfristigen Kriterien wie Umsatzsteigerung oder erzieltes operatives Ergebnis. So zitieren POZA und ALFRED, stellvertretend für viele andere Fremdmanager ihrer Untersuchung, zwei dieser Vertreter mit den Worten:[3]

---

[1] So ermittelte er bei seinen Vergleichsunternehmen ein durchschnittliches Gesamtgehalt von $ 813.900 zzgl. $ 34.600 sonstige Zahlungen = $ 848.500 für Familien-CEOs und von $ 1.215.600 Grundgehalt zzgl. $ 167.800 sonstige Zahlungen = $ 1.383.400 Gesamtgehalt bei Nichtfamilien-CEOs. Dabei hielt der Familien-CEO jedoch durchschnittlich 6,13% der Unternehmensanteile, während der Nichtfamilien-CEO durchschnittlich lediglich mit 0,36% am Unternehmenserfolg und dessen Wertsteigerung beteiligt war.

[2] Vgl. weiter oben Kap. 3.4.3.2. Ziele, S. 264 f.

[3] Vgl. [Poza, E. J., & Alfred, T. (1996): What the silent majority thinks (but may not tell you)].

„Owners only look at sales and profitability here. Other corporations would have more criteria to evaluate you against.“

„Bonuses are performance-based, but we have very loose goals. In fact, goal-setting is non existent, which means that the bonus is subjective.“

So kann zumindest im Hinblick auf bonusorientierte variable Entlohnungssysteme festgehalten werden, dass sich in Familienunternehmen noch keine ähnlichen Muster in den vorherrschenden Entlohnungsstrukturen ausgebildet haben wie in korporativen Unternehmen.[1] Dabei zeigen andere Untersuchungen, dass auch in Familienunternehmen bei incentivebasierten Zahlungen, sofern sie objektiv und professionell gehandhabt werden, sehr wohl positive Korrelationen zur Gesamtperformanz des Unternehmens festzustellen sind.[2]

Bezüglich der Identifikation passender vermögensbildender Entlohnungssysteme für Familienunternehmen scheint die Wissenschaft noch ebenso unsicher zu sein wie die Beratungspraxis. Zwar beschreibt beispielsweise BERKMAN Vermögensbildungsalternativen zur Abgabe von Anteilen, beispielsweise in Form von Abschlusszahlungen nach einem gewissen Zeitraum in Abhängigkeit von Kenngrößen wie Umsatz, EBIT oder ROCE.[3] Auch ARONOFF und WARD schlagen alternative Formen vor,[4] ein einheitliches, familienunterneh-

---

[1] So beschreibt beispielsweise [Kole, S. (1997): The complexity of compensation contracts of chief executive officers: Determinants of pay-performance sensitivity], dass in familiengeführten Unternehmen nur in seltenen Fällen überhaupt incentivebasierte Entlohnungsformen etabliert seien.

[2] Vgl. hierzu [Schulze, W. S., Lubatkin, M. H., Dino, R. N., & Buchholtz, A. K. (2001): Agency Relationships in Family Firms: Theory and Evidence], S. 99 ff.

[3] Vgl. [Berkman, A. (1992): Hiring a CEO without giving away the store].

[4] Vgl. [Aronoff, C. E., & Ward, J. L. (2000): More than Family: Non-Family Executives in the Family Business], S. 41 ff. Hierzu gehören beispielsweise (1) „Pot of Gold“: „If you're here with me for 10 years, I'm going to give you a $ 1 million bonus“; (2) „langfristorientierte Boni“, die sich in ihrer Bemessung auf einen Zeitraum von 3-5 Jahren beziehen; (3) so genannte „phantom stocks“, die eine Kapitalbeteiligung simulieren und am Ende der Arbeitszeit „vergütet“ werden (Prob-

menstypisches Muster hat sich hierfür jedoch noch nicht herausgebildet.

3.4.8. Familie und die Differenz von Organisation und Selbstbeobachtung

Ein System kann nur sehen, was es sehen kann.
Es kann nicht sehen, was es nicht sehen kann.
Es kann auch nicht sehen, dass es nicht sehen kann,
was es nicht sehen kann.
(Niklas Luhmann, Systembeobachter)[1]

Die Frage nach der Differenz von Organisation und ihrer gegenwärtigen Selbstbeobachtung ist eine elementare Funktion von Führung in allen Unternehmen. Wie oben ausführlicher dargelegt wurde,[2] handelt es sich hierbei um die Diskussion wichtiger Differenzen der Organisation im Umgang mit selbst angefertigten Beschreibungen der eigenen Organisation.

Ziel dieser auch als *Controlling* oder *Strategisches Controlling* bezeichneten Führungsfunktion ist es, die Organisation in ein angemessenes Verhältnis zu ihrer gegenwärtigen Organisiertheit zu stellen, um an unterschiedlichen Stellen in der Organisation für eine gemeinsam geteilte Selbsteinschätzung zu sorgen.[3]

---

lem hierbei: Bewertung!); sowie (4) „Kapitalanteile in anderen Familieninvestments“ wie Fondsvermögen, Immobilien oder anderen Unternehmen, nicht jedoch in dem jeweiligen Unternehmen.

[1] Vgl. sinngemäß [Luhmann, N. (1986): Ökologische Kommunikation. Kann die moderne Gesellschaft sich auf ökologische Gefährdungen einstellen?], S. 52.

[2] Vgl. weiter oben Abschnitt (6) Die Differenz von Organisation und , S. 137 ff.

[3] So bei [Wimmer, R., Domayer, E., Oswald, M., & Vater, G. (1996): Familienunternehmen – Auslaufmodell oder Erfolgstyp?], S. 178.

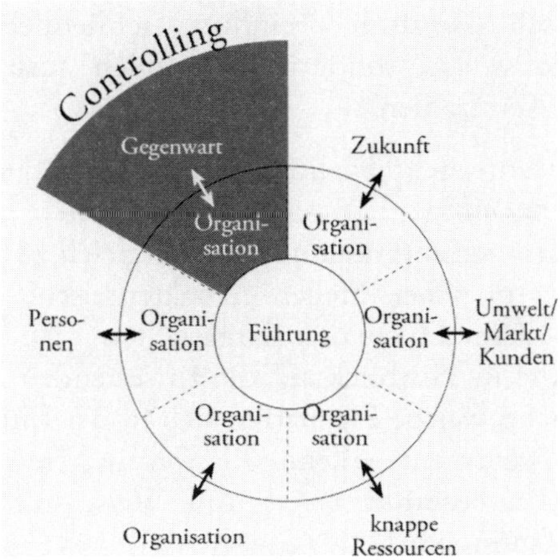

Abbildung 27: Strategisches Controlling als Aufgabenfeld von Führung nach WIMMER. ET AL. Eigene Darstellung.

Typische Merkmale der strategischen Controllingarbeit sind die Auswahl angemessener Steuerungs- und Zielgrößen, insbesondere im Hinblick auf ihre zeitliche Orientierung (vergangenheitsorientierte vs. zukunftsorientierte Kennzahlen), ihre Referenzorientierung (organisationale Kenngrößen vs. Kenngrößen über beobachtete Merkmale der Umwelt) sowie ihre Vollständigkeit und Erhebbarkeit („Soft Facts" vs. „Hard Facts"). Dabei ist es wichtig darauf zu achten, wer an der Selektion der Kenngrößen beteiligt ist, da diese langfristig der Selbsteinschätzung und Entscheidungsunterstützung dienen sollen (Differenz von gemeinsamer Selektion vs. Diktat). Auch ist zu erörtern, in welchem Umfang die erhobenen Messgrößen den unterschiedlichen Ebenen der Organisation und den unterschiedlichen Stellen verfügbar gemacht werden sollen. Hierbei spielt der häufig tradierte Umgang mit der Differenz der Vertraulichkeit jener Messgrößen einerseits und ihrer offenen Handhabung andererseits eine gewichtige Rolle. Ebenso ist zu beachten, wie im Rahmen der eigenen organisationalen Entscheidungskommunikation mit solchen Selbstbeschreibungen umgegangen wird. Werden für „schlechte Zahlen" Schuldige gesucht? Oder werden angemessene Anschlussentscheidungen erörtert, um gegensteuern zu können? Das Etablieren angemessener Reaktions- und Anschlussmuster beeinflusst schließlich nicht nur die weitere Operationsweise, sondern letztendlich auch die zukünftige Erhebung jener Kennzahlen.[1]

Die Familienunternehmensliteratur gibt bezüglich der eigenen Selbstbeobachtung einige Hinweise, die vermuten lassen, dass sich auch hier bei Familienunternehmen im Vergleich zu ihren korporativen Pendants an manchen Stellen charakteristische Muster etabliert haben. Daher soll im Folgenden dargestellt werden, welchen Unterschied die Familie in Hinblick auf die zu setzenden Ziele und somit Kenngrößen macht, welche Eigenarten sich in der Intensität eingesetzter Controllinginstrumente erkennen lassen und inwiefern in Familienunternehmen in besonderer Art und Weise mit den ermittelten Ergebnissen verfahren wird.

3.4.8.1. Ausrichtung und verwendete Zielgrößen

Die unterschiedlichen Analysen der Ziele von Familienunternehmen[2] lassen vermuten, dass es im Vergleich zu Nichtfamilienunternehmen weitaus weniger selbstverständlich um selbstverordnete Ziele wie Gewinnmaximierung, Optimierung der Eigenkapitalrendite, des „Return on Capital Employed" (ROCE) oder ähnliche, vorwiegend quantitative und ertragsorientierte Zielgrößen geht.[3] Zumindest theo-

---

[1] Unter Berücksichtigung von Rückkopplungseffekten ist zu verstehen, warum es in manchen Organisationen zu geschönten Zahlen, zu heimlichen stillen Reserven oder „geglätteten" Umsatzmeldungen kommt. Schließlich ist es vorteilhafter, kontinuierlich leicht ansteigende Zahlen zu melden (und gelobt zu werden), als Schwankungen zu berichten, für die man zur Rechenschaft gezogen und verantwortlich gemacht wird.

[2] Vgl. hierzu weiter oben Kap. 3.4.3.2. Ziele, S. 264 f.

[3] So [Sharma, P. (2004): An Overview of the Field of Family Business Studies: Current Status and Directions for the Future], S. 6: „It is generally accepted that these firms aim to achieve a combination of financial and nonfinancial goals." Ebenso zu finden bei [Davis, J. A., & Tagiuri, R. (1989): The influence of life-stage on father-son work relationships in family companies]; [Olson, P. D., Zuiker, V. S., Danes, S. M., Stafford, K., Heck, R. K. Z., & Duncan, K. A. (2003): Impact of family and business on family business sustainability] oder auch [Stafford, K.,

retisch ist zu vermuten, dass sich diese Abweichung auch in den angefertigten Selbstbeschreibungen der aktuellen Lage der Organisation wiederfinden sollte. Familienunternehmen dürften beispielsweise der Mitarbeiterzufriedenheit und der eigenen Innovationskraft ebenso viel Gewicht beimessen wie der Erlangung produktiver und ertragsorientierter Zielgrößen.

Umso erstaunlicher sind wissenschaftliche Beobachtungen hinsichtlich der von Familienunternehmen angefertigten Selbstbeschreibungen und der zugrundeliegenden Kriterien. So ist festzustellen, dass in Familienunternehmen ausgefeilte Controllingsystemen, die sowohl „weiche" wie „harte" Kriterien beobachten, nur sehr sparsam eingesetzt werden.[1] Daher sind elaborierte Selbstbeobachtungsinstrumente, die das eigene Unternehmen im Hinblick auf die zukünftige Reproduktionsfähigkeit widerspiegeln, nur selten anzutreffen. Dabei gibt es mittlerweile über das reine Finanzcontrolling hinaus interessante Ansätze, die versuchen, auch „weiche" Bereiche in die Controllingpraxis einzubeziehen. In diesem Zusammenhang ist insbesondere das Instrumentarium der „Balanced Scorecard"[2] bekannt geworden, bei dem neben finanzwirtschaftlichen Kennzahlen auch Kennzahlen in den Beriechen „Lernen und Wachstum", „Prozesse" und „Kundenzufriedenheit" erhoben werden.[3] Nach wie vor dominieren in Familienunternehmen jedoch einfach konzipierte und zumeist auf Ergebnissen des Rechnungswesens beruhende, vergangen-

---

Duncan, K. A., Dane, S., & Winter, M. (1999): A research model of sustainable family businesses].

1 Vgl. [Wimmer, R., Domayer, E., Oswald, M., & Vater, G. (1996): Familienunternehmen – Auslaufmodell oder Erfolgstyp?], S. 175.

2 Vgl. [Kaplan, R. S., & Norton, D. P. (1997): The Balanced Scorecard: Strategien erfolgreich umsetzen].

3 Vgl. [Hilse, H., & Wimmer, R. (2002): Sind Unternehmer die besseren Manager? Besondere Chancen und Risiken von Führungsstrukturen in Familienunternehmen], S. 354.

heitsorientiertre Messgrößen, zu denen Umsatz, Deckungsbeitrag, Liquidität u.ä. gehören.[1]

Darüber hinaus werden jene Größen in der Regel vorgegeben (Diktat) oder sind Relikte aus der Vergangenheit, die gewachsene Muster im Umgang mit der Selbstbeobachtung repräsentieren („wie es immer schon war"). Eine gemeinsame Auseinandersetzung über angemessene und für das tägliche Geschäft nützliche Merkmale findet eher selten statt.

3.4.8.2. Umfang und Hintergründe

Hierzu passt die Beobachtung mancher Wissenschaftler, dass der Umfang der zur Selbstbeschreibung erhobenen Daten und der damit einhergehenden Verfahren und Instrumente nicht gerade als umfangreich beschrieben werden kann. So haben Familienunternehmen nachweislich geringere Monitoring- und Kontrollkosten als Nichtfamilienunternehmen.[2] Dieses Muster im Umgang mit der Selbstbeobachtung scheint darüber hinaus kein Merkmal einer bestimmten Generation zu sein. So fanden SONFIELD und LUSSIER bei ihren Analysen heraus, dass nachfolgende Generationen keinesfalls wesentlich ausgefeiltere Methoden und Verfahren des Finanzmanagements einsetzten, als dies bei der vorhergehenden Generation der Fall war.[3]

Die Hintergründe für dieses eingeschliffene Muster in Familienunternehmen werden in deren sparsamem Umgang mit Ressourcen sowie in der geringen Notwendigkeit zum Einsatz von Controllingsystemen jenseits der Führungsspitze gesehen.[4] Hierzu HILSE und WIMMER treffend:[1]

---

[1] Hierzu [Poza, E. J., & Alfred, T. (1996): What the silent majority thinks (but may not tell you)], S. 7: „Owners only look at sales and profitability here."

[2] Vgl. [Daily, C. M., & Dollinger, M. J. (1992): An empirical examination of ownership structure in family and professionally managed firms].

[3] Vgl. [Sonfield, M. C., & Lussier, R. N. (2004): First-, Second-, and Third-Generation Family Firms: A Comparison], S. 198.

[4] [Poza, E. J., Hanlon, S., & Kishida, R. (2004): Does the Family Business Interaction Factor Represent a Resource or a Cost?], S. 101, vermuten, dass die Reduktion

> „Weil in Familienunternehmen alle Dinge, die mit Geld und Eigentum zu tun haben, auf die Unternehmensspitze, also meist die Familie konzentriert sind und ansonsten einem Tabu unterliegen, und wegen einer generell großen Sparsamkeit fristet das Führungsfeld Controlling dort ein eher stiefmütterliches Dasein."

Dabei wird gleichzeitig angemahnt, dass Familienunternehmen sich mittelfristig mit den eingeschliffenen Mustern kritisch auseinandersetzen müssten. Nicht nur der wachsende Transparenzdruck, resultierend aus Basel II und anderen rechtlichen und quasi-rechtlichen Regelungen,[2] auch die zunehmende Ausweitung der Controllingaktivitäten der eigenen Lieferanten und Kunden (beispielsweise im Falle der Automobilindustrie)[3] würden viele Familienunternehmen schon bald hierzu anhalten.

---

von Finanzreportings, regulierenden Compliance-Richtlinien und geringeren administrativen Kosten im Vergleich zu Nichtfamilienunternehmen durch die Überlappung von Familie und Unternehmen, insbesondere durch die Personalunionen beider Systeme, zustande kommt. Die Tradierung derartiger Muster wird auch noch vorgefunden, wenn die Familie gar nicht mehr im Management der Unternehmen aktiv ist. [Morris, M. H., Williams, R. O., Allen, J. A., & Avilia, R. A. (1997): Correlates of Success in Family Business Transitions], S. 388, vermuten darüber hinaus, dass die in Familienunternehmen eingerichtete Kontrolle über „informelle Kontrollsysteme" beispielsweise der sozialen Kontrolle stattfindet (Hintergrund: Personenorientierung in Familienunternehmen!).

1 [Hilse, H., & Wimmer, R. (2002): Sind Unternehmer die besseren Manager? Besondere Chancen und Risiken von Führungsstrukturen in Familienunternehmen], S. 354. Im Tenor ähnlich: [Wimmer, R., Domayer, E., Oswald, M., & Vater, G. (1996): Familienunternehmen – Auslaufmodell oder Erfolgstyp?], S. 175.

2 Wie beispielsweise der aktuell diskutierten Abstrahlwirkung des Kontroll- und Transparenzgesetzes mindestens auf kleinere Kapitalgesellschaften wie der GmbH und auch auf Personengesellschaften. Vgl. hierzu [Arbeitskreis Schmalenbach (2000): Auswirkungen des KonTraG auf die Unternehmensüberwachung].

3 Viele Zuliefererunternehmen der Automobilindustrie sind Familienunternehmen. In dieser mittlerweile gering integrierten Industrie (Reduktion der Wertschöpfungstiefe der Hersteller) sind die Automobilproduzenten zunehmend von ihren Lieferanten abhängig. Hierzu werden mittlerweile angemessene Formen des Lieferantencontrollings unter den Namen *Vendors Controlling*, *-Audit* oder *Supplier*

3.4.8.3. Bereitstellung der Selbstbeobachtung

Werden zu beobachtende Zielwerte nicht im Rahmen einer gemeinsamen Auseinandersetzung von verschiedenen Führungsebenen selektiert und hat man es mit einem ohnehin eher sparsamen Instrumentarium zu tun, wird schnell klar, dass solche Systeme ihre ursprüngliche Funktion nur eingeschränkt erfüllen können. Dabei sind insbesondere auch Führungskräfte, die nicht zur Unternehmensfamilie gehören, grundlegend auf jene zahlenmäßig untermauerten, die Geschäftsprozesse begleitenden Navigationssysteme angewiesen, um ihre Aufgaben verantwortungsvoll ausfüllen zu können.[1] Unglücklicherweise werden dennoch die erhobenen Ergebnisse in Familienunternehmen häufig nur im engsten Kreis besprochen.[2] Hierzu WIMMER:[3]

> „Wenn's um die Finanzen geht, trifft man in der Regel auf einen ganz besonders geschützten Intimbereich jener Mitglieder der Eigentümerfamilie, die sowohl in der Familie wie im Unternehmen das Sagen haben. Übers Geld redet man nicht offen. Diesbezügliche Entscheidungen werden im engsten Kreis wirklich eingeweihter Personen gefällt. [...] Traditionelle Sparsamkeit und die Tendenz, eine besondere Aura der Exklusivität um alle Finanzfragen aufzubauen, wirken zusammen und verhindern, dass im Unternehmen ein tragfähiges Wissen um die Eckdaten der eigenen wirtschaftlichen Entwicklung entstehen und darauf aufbauend eine entsprechende Bereitschaft zur Verantwortungsübernahme wachsen kann."

Relationship Management diskutiert. Zur Kalkulation der eigenen Risiken werden die Hersteller ihre Lieferanten zukünftig dazu anhalten, angemessene Transparenz bezüglich deren eigener Risiken und aktueller Konstitution herzustellen.

[1] Vgl. [Wimmer, R., Domayer, E., Oswald, M., & Vater, G. (1996): Familienunternehmen – Auslaufmodell oder Erfolgstyp?], S. 176.

[2] Vgl. [Hilse, H., & Wimmer, R. (2002): Sind Unternehmer die besseren Manager? Besondere Chancen und Risiken von Führungsstrukturen in Familienunternehmen], S. 354.

[3] Vgl. [Wimmer, R., Domayer, E., Oswald, M., & Vater, G. (1996): Familienunternehmen – Auslaufmodell oder Erfolgstyp?], S. 174 f.

So mag es auch nicht verwundern, dass es in Familienunternehmen häufig zur oben beschriebenen, stabil etablierten Zentralisierung von Entscheidungsstrukturen[1] und zur Degradierung kompetenter Führungskräfte zu teuer bezahlten Adjutanten kommt.[2] Wie könnten sie auch in angemessener Art und Weise verantwortlich handeln, ohne über das hierzu notwendige Handwerkszeug sowie angemessen legitimierte Verantwortlichkeit zu verfügen?

Letztendlich hilft jedoch nicht die Frage nach dem „Warum", sondern die Frage danach, was „der Fall" ist.[3] Familienunternehmen haben nun einmal in vielerlei Hinsicht, ob bewusst oder unbewusst, im Verlauf der Zeit spezifische Muster ausgebildet, die sich in vielen Fällen erstaunlich ähneln. Diese je nach Unternehmen mehr oder weniger stark ausgeprägten Charakteristika haben dann auch mit der Frage zu tun, wie die Unternehmensfamilie und das Familienunternehmen einander im Laufe ihrer Geschichte wechselseitig beeinflusst haben.[4]

---

[1] Vgl. hierzu weiter oben Kap. 3.4.6.2. Entscheidungsstrukturen, S. 300 ff.

[2] [Poza, E. J., & Alfred, T. (1996): What the silent majority thinks (but may not tell you)], S. 3, weisen auf die Gefahr dieser Konstellation hin und konstatieren, dass die Einschätzungen von Eigentümer-Unternehmern über die Konstitution des eigenen Unternehmens tendenziell optimistischer ausfallen, als dies bei noch nicht aktiven Nachfolgern oder Fremdmanagern der Fall ist.

[3] So konstatiert [Ward, J. L. (2004): Perpetuating the Family Business: 50 Lessons Learned from Long-Lasting, Successful Families in Business], S. 19 mit einer gewissen Ernüchterung: „Early in my career as an academic in strategic planning, I would have gone straight to the strategic plan without regard for the family. I would have worried that when family factors nibble into the bottom line, isn't that weakening the business competitivity? [...] What I have learned is that it is reality."

[4] So auch [Wimmer, R., Domayer, E., Oswald, M., & Vater, G. (1996): Familienunternehmen – Auslaufmodell oder Erfolgstyp?], S. 179.

3.5. Die Funktion des Familienmanagements in Unternehmen und Familie

3.5.1. Familienmanagement im Familienunternehmen

In den vorherigen Kapiteln konnte gezeigt werden, dass die Familie eines Familienunternehmens an vielen Stellen des Unternehmens und im Rahmen unterschiedlicher Entscheidungsnotwendigkeiten einen Unterschied machen kann. Natürlich muss betont werden, dass diese Merkmale nicht in allen Unternehmen gleichermaßen auftreten. Jedes Familienunternehmen ist einzigartig und bildet daher auch ganz eigene Muster im Umgang mit und in der Einbindung von der Unternehmensfamilie aus. Nichtsdestoweniger sind die zuvor skizzierten, empirisch beobachteten Besonderheiten in Familienunternehmen häufig anzutreffen. Wer also die Unternehmensführung in einem Familienunternehmen verantwortet, unabhängig davon ob es sich um ein Mitglied der Unternehmensfamilie oder einen familienfremden Manager handelt, tut gut daran, mit jenen typischerweise von der klassischen ökonomischen Disziplin abweichenden familienunternehmenstypischen Besonderheiten zu rechnen. Denn wer beispielsweise die Kapitalstruktur eines Unternehmens mit dem Ziel einer maximalen Eigenkapitalrendite optimiert (Leverage-Effekt), sollte dies nur tun, wenn damit die Unabhängigkeitsanforderungen der Unternehmensfamilie gewahrt bleiben. Wer neue Geschäftsfelder zu erschließen versucht, sollte dies mit Blick auf sehr langfristig orientierte Strategien, möglicherweise vorherrschende Tabus[1] und unter Berücksichtigung der vorherrschenden Risikoneigung tun. Wer auf der Suche nach exzellenten Nachwuchsführungskräften ist, sollte die familienunternehmenstypischen Aspekte des Unternehmens im Hinterkopf haben und möglicherweise Veränderungen an der Mitarbeitergewinnung, den Karrieremöglichkeiten oder Entlohnungssystemen

[1] Beispielsweise: „Keine Geschäfte mit Rüstungsunternehmen“, wie in einem realen Fallbeispiel bei [Berenbeim, R. E. (1990): How Business Families Manage the Transition from Owner to Professional Management], S. 92 nachzulesen.

vorschlagen. Und wer eine längerfristig orientierte, dezentrale Organisationsgestaltung im Auge hat, sollte sich der typischerweise zentralisierten und wenig formalisierten Entscheidungsstrukturen und der stark personenorientierten Unternehmenskultur bewusst sein und zugleich die Instrumente zur Selbstbeobachtung auf ihre Passung kritisch überprüfen.

3.5.2. Familienmanagement in der Unternehmensfamilie

Doch nicht nur im Familienunternehmen gilt es, typische Merkmale, die aus der Verbindung von Unternehmen und Familie resultieren, im Blick zu behalten. Wie weiter oben gesehen, ergeben sich auf der Seite der Familie ebenfalls Besonderheiten, deren Beachtung und Behandlung einen nachhaltigen Beitrag zur Kontinuität und Stabilität des Familienunternehmens leisten. So kann die Auseinandersetzung mit den Grenzen der eigenen Familie und mit der Organisation derselben ab einer gewissen Familiengröße unumgänglich sein. Ebenso kommt man nicht umhin, die durch die Unternehmensanteile verursachte geschäftliche Kommunikation im Rahmen der Familie im Blick zu behalten, um unsachliche Konflikte und vermeidbare Diskrepanzen nach Möglichkeit schon im Vorwege unwahrscheinlicher zu machen. Ebenso familienuntypisch wie unternehmensfamilientypisch ist es, für die Reproduktion der eigenen Familie als Unternehmensfamilie Sorge zu tragen und rechtzeitig beispielsweise Trainings- und Entwicklungsangebote für die nächste Generation bereitzuhalten. Schließlich sollen die Anteilseigner der nächsten Generation die Unternehmensfamilie verantwortungsvoll und nachhaltig weiter pflegen. [1] Hierzu gehört dann typischerweise auch die angemessene Ausei-

---

[1] Hierzu [Jaffe, D. T., & Lane, S. H. (2004): Sustaining a Family Dynasty: Key Issues Facing Complex Multigenerational Business- and Investment-Owning Families], S. 91: „The sense of cause and effect between management of their assets and returns is not inherited; it must be developed. So, each new family owner must develop a sense of fiduciary responsibility, an understanding of his or her role, a realistic expectation of return, an understanding of risk, and be willing to be part of relevant decision. A strong sense of entitlement usually leads to unrealistic expectations and conflict with reality. The issue is to teach new stakeholders how to be responsible owners and their roles in various family entities.“

nandersetzung mit der familieneigenen Tradition, ihrer Geschichte und ihren Grundüberzeugungen und der – ansonsten familienuntypischen – Frage, wofür man als Familie steht und was die eigene Identität begründet.

3.5.3. Zwischenresümee

Der Unterschied, den die Familie im Familienunternehmen macht, ist ohne Frage eine wichtige Gestaltungsaufgabe im Rahmen der Unternehmensführung in Familienunternehmen, denn sie kommt, anders als in korporativen Unternehmen, in unterschiedlichen Entscheidungsprozessen vor. Ebenso ergeben sich zu managende Anforderungen innerhalb der Familie, die gleichfalls durch die Kopplung der beiden Systeme entstehen.

Insbesondere auf der Unternehmensseite bleibt dem gebildeten Unternehmenslenker nichts anders übrig, als das Unternehmen als Familienunternehmen zu akzeptieren und somit die Familie in das eigene Kalkül mit einzubeziehen. Allen Professionalisierungsaufforderungen der bereits etwas betagten Familienunternehmensliteratur[1] zum Trotz scheint es Familienunternehmen nicht zu gelingen, ihren familiären Anschluss abzuschütteln, um sich wie ein korporatives Unternehmen ohne familiäre *(Stör-)*Einflüsse zu verhalten. Es obliegt der Führung von Familienunternehmen, egal ob familienfremd oder aus der Unternehmensfamilie stammend, sich im Rahmen der Führung auch mit der Unternehmensfamilie auseinander zu setzen.

Wie diese unterschiedlichen familienunternehmenstypischen Aspekte sowohl innerhalb der Familie wie auch innerhalb des Unternehmens gebündelt als „Familienmanagement“ verstanden werden können, wo diese Managementerfordernisse entstehen, wie und in wessen Verantwortung sie organisiert werden können, soll daher im folgenden Kapitel dargestellt werden.

---

[1] Vlg. hierzu beispielsweise [Albach, H., & Freund, W. (1989): Generationswechsel und Unternehmenskontinuität – Chancen, Risiken, Maßnahmen]

4. Familienmanagement zwischen Unternehmen und Familie

The success of family firms depends on the effective management of the overlap between family and business, rather than on resources or processes in either the family or the business systems.
(Pramodita Sharma, Familienunternehmensforscherin) [1]

In dem vorliegenden Kapitel sollen konkrete Vorschläge dazu entworfen werden, wie mit den charakteristischen Aspekten der Verbindung von Unternehmen und Familie umgegangen werden kann. Es geht also um die Frage, wie ein Management der Differenz von Unternehmensfamilie und Familienunternehmen sowohl im Hinblick auf die Familie als auch im Hinblick auf das Unternehmen aussehen kann. Zunächst wird dargestellt, welche zu bearbeitenden Differenzen hierbei typischerweise eine Rolle spielen, welche unterschiedlichen Aufgabenfelder also zu einer solchen *Managementaufgabe* gehören. Im Anschluss hieran wird untersucht, welche organisationalen und strukturellen Verankerungen angemessen scheinen und an welchen *Stellen* jene *Aufgaben* typischerweise *kondensieren*, also zur Bearbeitung anstehen. Auch wird der Frage nachgegangen, welchen Unterschied die personelle Besetzung jener Stelle(n) (mit einem Familienmitglied oder einem Fremdmanager) möglicherweise macht und welche Konsequenzen sich hieraus ergeben. Das Kapitel schließt mit der Ausarbeitung eines umfangreichen, zirkulären Prozessmodells. Dieses stellt eine aus der Sicht des Autors angemessene Form zur Handhabung der typischen Herausforderungen dar, die sich aus der Kopplung eines Unternehmens und einer Familie ergeben. Dabei wird die Unternehmensseite ebenso beleuchtet wie die Familienseite, um mit einer kritischen Betrachtung des Gesamtprozesses zu schließen. *Familienmanagement* ist, wie gezeigt werden soll, eine Manage-

[1] Vgl. [Sharma, P. (2004): An Overview of the Field of Family Business Studies: Current Status and Directions for the Future], S. 5.

mentaufgabe, deren angemessene Ausgestaltung sich die beiden unterschiedlichen, sich jedoch aneinander orientierenden Systeme teilen. Dabei wird zu zeigen sein, dass es Familienunternehmen und Unternehmensfamilien nur gemeinsam möglich ist, ein nachhaltig stabiles, sich aufeinander beziehendes und sich gegenseitig voraussetzendes Familienmanagement aufrecht zu erhalten.[1]

---

[1] Hierzu [Sharma, P. (2004): An Overview of the Field of Family Business Studies: Current Status and Directions for the Future], S. 7: „Relational issues have been found central to the sustainability and success of family firms“. Siehe hierzu auch [Olson, P. D., Zuiker, V. S., Danes, S. M., Stafford, K., Heck, R. K. Z., & Duncan, K. A. (2003): Impact of family and business on family business sustainability] und [Ward, J. L. (1997): Growing the family business: Special challenges and best practices].

4.1. Aufgabenfelder des Familienmanagements

Im nun folgenden Abschnitt geht es zunächst um die Aufgabenfelder und Differenzen, deren permanente Bearbeitungsbedürftigkeit aus der Verbindung von Unternehmen auf der einen Seite und Familie auf der anderen resultiert. Diese Aufgaben- oder Differenzenbündel sollen mit dem Begriff *Familienmanagement* bezeichnet werden.

4.1.1. Zum Begriff Familienmanagement

Warum *Familienmanagement*? Dieser Begriff ist in der Literatur bislang nicht üblich und noch weitestgehend unbelegt. In einigen wenigen Publikationen wird er verwendet, um die Besetzung einer Unternehmensposition durch ein Familienmitglied (im Unterschied zu einem familienfremden Manager) zu beschreiben.[1] Dieser Sachverhalt, d.h. die Besetzung der Führungsposition mit einem Mitglied der Unternehmensfamilie, wird jedoch in anderen Texten als *familiäres Management* oder *Unternehmensführung aus der Familie* bezeichnet. Daher kann nicht davon ausgegangen werden, dass der Begriff als Bezeichnung einer familienseitig besetzten Unternehmensposition bereits fest etabliert wäre.

An anderen Stellen, beispielsweise bei Wimmer, Groth & Simon sowie bei May, wird der Begriff *Familienmanagement* verwendet, um die organisatorischen Notwendigkeiten eines zur komplexen Unternehmensfamilie[2] anwachsenden sozialen Systems *Familie* zu beschreiben.[3] Dabei geht es um die Handhabung organisationaler

[1] Vgl. hierzu exemplarisch [Klein, S. B. (2004): Familienunternehmen – Theoretische und empirische Grundlagen], S. 219 f. und 239 ff.

[2] Der Begriff der komplexen Unternehmensfamilie wurde oben bereits näher erläutert. Vgl. hierzu Kap. 3.2.7. Organisationale Spezifika von komplexen Unternehmensfamilien, S. 202 ff.

[3] So beispielsweise bei [Wimmer, R., Groth, T., & Simon, F. B. (2004): Erfolgsmuster von Mehrgenerationen-Familienunternehmen], S. 11 sowie bei [May, P., Redlefsen, M., & Haller, J. (2004): Nicht aktive Gesellschafter in Familienunternehmen: Ergebnisse und Handlungsempfehlungen], S. 9 f.

Fragen innerhalb der Unternehmensfamilie und um deren Ausgestaltung.

Der im vorliegenden Text verwendete Begriff *Familienmanagement* lehnt sich an diese Begriffsverwendung an, beinhaltet darüber hinaus jedoch noch einen weiteren wesentlichen Teil und wird somit gewissermaßen als doppeldeutiger Begriff verwendet. Er bezeichnet zum einen die Auseinandersetzung der Familie mit organisationalen Fragen, so wie es auch die zuvor genannten Autoren vorschlagen. Darüber hinaus soll der Begriff aber auch auf das Unternehmen angewendet werden. Hier bezeichnet er die Auseinandersetzung mit familienbezogenen Aspekten im Unternehmen und stellt sich somit neben Begriffe wie *Kundenmanagement* oder *Bankenmanagement*, die andere Umweltbearbeitungen erfassen. Der Reiz dieser gewissermaßen janusköpfigen Verwendung des Begriffs *Familienmanagement* liegt darin, dass er ein Bündel an Themen, Differenzen und Herausforderungen bezeichnet, das sich aus der wechselseitigen Bezugnahme der beiden Systeme *in* beiden Systemen ergibt. Er umfasst somit ein Netz von Aufgaben, die teilweise nicht eindeutig zuzuordnen sind, also nicht ausschließlich in dem einen oder ausschließlich in dem anderen System zur Bearbeitung anstehen. Dieses Aufgabennetz überspannt somit beide Systeme und ist *mit Blick auf beide* und *in beiden* Systemen mit jeweils eigenem Fokus abzuarbeiten.

Familienmanagement, also die Auseinandersetzung und Handhabung familienunternehmenstypischer Aspekte im Unternehmen und in der Familie, kann daher als Netz unterschiedlicher Merkmale verstanden werden. *Diese bilden in jedem System ein einzigartiges Muster aus, das die Besonderheit jedes einzelnen Familienunternehmens und jeder Unternehmensfamilie kennzeichnet.* Die Handhabung, Pflege und Weiterentwicklung dieses Netzwerks einzigartiger und typischer Merkmale ist der Inbegriff von *Familienmanagement.*

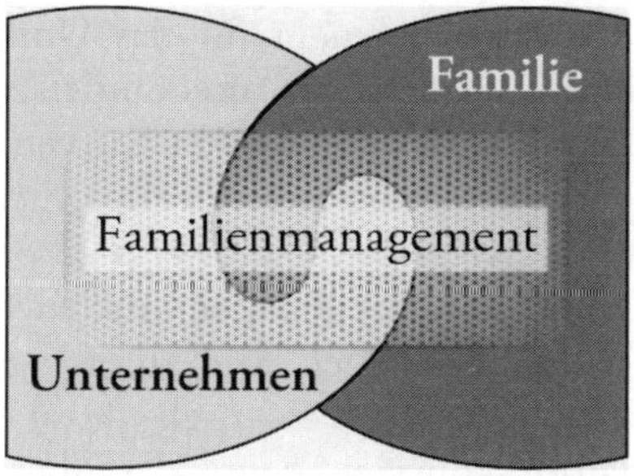

Abbildung 28: Familienmanagement als Netz unterschiedlicher Besonderheiten zwischen Unternehmen und Familie. Eigene Darstellung.

Familienmanagement hält also, anders gesprochen, die Grenzen von Familie und Unternehmen zueinander fruchtbar und ermöglicht somit die wechselseitige Bezugnahme beider Systeme aufeinander und ihre angemessene Distanzierung voneinander. Die spezifische Qualität von Familienmanagement liegt dabei in der kommunikativen Einbindung, und somit Ausgrenzung, des jeweils anderen Systems. Dies geschieht durch die hoch selektive Bezugnahme auf die vom jeweils anderen System bereitgestellte Komplexität und deren Verarbeitung im Rahmen der eigenen Reproduktion.[1]

4.1.2. Ziele des Familienmanagements

Dabei geht es im Kern, systemtheoretisch reformuliert, um die Ausgestaltung der Grenze der beiden Systeme, die sich voneinander abgrenzen und sich somit zugleich aufeinander beziehen. Familienmanagement wird damit zu einem Grenzmanagement, das die Identität der Familie als Unternehmensfamilie durch die Bezugnahme auf das Unternehmen aufrechterhält, zugleich aber deren Reproduktionsfähigkeit als Familie sicherstellt. Gleichzeitig wird das Familienmana-

[1] Über den „Import" von beobachteter Komplexität hinaus gehört die Repräsentanz des eigenen Systems im Umweltsystem ebenfalls zu dieser spezifischen Kommunikation. Die Repräsentanz wird über eingerichtete Grenzstellen des eigenen Systems, also des Unternehmens oder der Familie, vollzogen. Hierzu ausführlicher weiter unten, vgl. Kap. 4.3.2. Repräsentation des Familienunternehmens in der Unternehmensfamilie, S. 414 ff.

gement zu einem Grenzmanagement für das Unternehmen, das die Bezugnahme auf und angemessene Auseinandersetzung mit der Familie als eigene Umwelt ebenso zu leisten hat wie die Distanzierung von ihr, um sicherzustellen, dass es sich selbst nicht mit der Familie verwechselt.[1] Familienmanagement bezweckt also, die Verbindung beider Systeme wahrscheinlich zu halten, auch wenn beide Systeme ihrer eigenen Reproduktion folgen und ihrer eigenen strukturellen Drift unterliegen[2] und es somit theoretisch nie zu einem ausgeglichenen, stabilen Verhältnis kommen *kann*, das über längere Zeit konstant bliebe. Bei angemessenem Familienmanagement ergibt sich also eine Koevolution von Familie und Unternehmen im Verlauf der Zeit, und Familienmanagement wird zu einer dauerhaften Funktion, deren Ausgestaltung allenfalls in Teilen temporäre Stabilität erlangen kann.

Die ökonomisch orientierte Familienunternehmensforschung reformuliert diese Herausforderung als Maximierungsproblem und schließt weitere Untersuchungen und Analysen an. So plädiert SHARMA beispielsweise dafür, jenes Kopplungsverhältnis als Herausforderung zur Maximierung von Finanzkapital auf der einen Seite und von emotionalem Kapital auf der anderen Seite zu verstehen.[3]

---

[1] Der Begriff des *Grenzmanagements* findet sich in sehr ausgearbeiteter Form beispielsweise bei [Jansen, S. A. (2004): Management von Unternehmenszusammenschlüssen: Theorien, Thesen, Tests und Tools], S. 271 ff. Im Rahmen der organisationalen Ausdifferenzierung des Familienmanagements wird auf die Grenzstellen als Kondensationspunkte noch detaillierter eingegangen. Vgl. hierzu weiter unten Kap. 4.2. Organisation des Familienmanagements, S. 372 ff.

[2] Hierzu [Baecker, D. (2002): Wozu Systeme?], S. 90: „Die Reproduktion des Systems in einer Umwelt wird erkauft durch eine Drift des Systems, die man als evolutionär beschreiben kann [...]. In jedem Falle jedoch gilt: Das System reproduziert sich nicht als Identisches, sondern als Differentes." Die in diesem Zitat angesprochene kontinuierliche Weiterentwicklung von Systemen im Rahmen ihrer eigenen Reproduktion ist der Grund, weshalb das Zusammenspiel, also das Auseinander- und Voneinander-getrennt-Halten von Unternehmen und Familie, eine fortwährende Aufgabe ist und nie abgeschlossen sein kann. Beide Systeme unterliegen dieser eigenen Drift.

[3] Vgl. [Sharma, P. (2004): An Overview of the Field of Family Business Studies: Current Status and Directions for the Future], S. 6 f., ebenso [Sorenson, R. L. (2000): The Contribution of Leadership Style and Practices to Family and Busi-

4.1.3. Typische Themen der Differenzbearbeitung: Die 5 K des Familienmanagements

Wenn die Muster, die sich in Familienunternehmen und Unternehmensfamilien ausbilden, jeweils hoch individuell sind, erklärt sich von selbst, warum es nicht *die eine* oder *richtige* Form von Familienmanagement geben kann.[1] Die gewachsenen Merkmale des Aufgabennetzes sind von Familienunternehmen zu Familienunternehmen und von Unternehmensfamilie zu Unternehmensfamilie sehr unterschiedlich. Somit lässt sich auch nur bedingt von *den* Themenfeldern des Familienmanagements sprechen. Dennoch ergeben sich bei einem Blick in die vorliegende Forschungsliteratur, in die Ratgeberliteratur und andere empirische Berichte[2] an vielen Punkten erstaunliche Ähnlichkeiten, weswegen im Folgenden typische Themenbündel zu unterschiedlichen, thematisch vorherrschenden oder im Rahmen von Entscheidungen und Routinen bearbeiteten Differenzen vorgestellt werden. Diese Themenbündel lassen sich in fünf für ein Familienmanagement charakteristische Dimensionen gliedern:[3]

---

ness Success]. Andere ökonomisch orientierte Ansätze reformulieren dies als Minimierungsproblem, beispielsweise zur Minimierung von Prinzipal-Agenten-Kosten oder Transaktionskosten. Vgl. hierzu beispielsweise als Vertreter dieser Ansätze jeweils [Poza, E. J., Hanlon, S., & Kishida, R. (2004): Does the Family Business Interaction Factor Represent a Resource or a Cost?]; [Mitchell, R. K., Morse, E. A., & Sharma, P. (2003): The transacting cognitions of nonfamily employees in the family businesses setting].

[2] Hierzu gehören beispielsweise Berichte von Beratungs- oder Finanzinstitutionen, Fallbeispiele etc. Zu entsprechenden Studien, vgl. [KPMG, Finance, Apax Partners, & WestLB (2004): Unabhängig erfolgreich. Wachstums- und Finanzierungsstrategien von großen Familienunternehmen.]; [Raymond Family Business Institute, & MassMutual (2003): American Family Business Survey].

[3] [Sharma, P. (2004): An Overview of the Field of Family Business Studies: Current Status and Directions for the Future], S. 8 ruft dazu auf, mittelfristig an einem Beobachtungsraster zur kontinuierlichen Interaktion von Familienunternehmen und Unternehmensfamilie zu arbeiten. Ihr schwebt dabei eine *Family Business Score Card* vor.

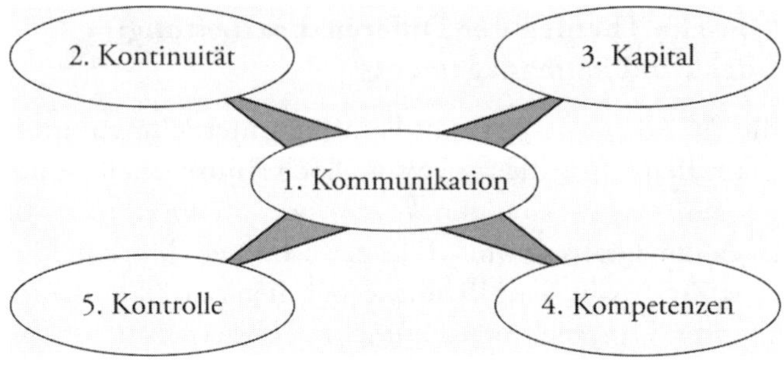

Abbildung 29: die 5 K des Familienmanagements. Eigene Darstellung.

Diese fünf Dimensionen und die darin enthaltenen klassischen Differenzen sollen im Folgenden kurz dargestellt werden. Sie werden an späterer Stelle noch einmal detaillierter und praxisorientierter im Rahmen eines vorzuschlagenden *Familienmanagement-Prozesses* aufgegriffen. Um Redundanzen soweit als möglich zu vermeiden, werden daher nachfolgend eher theoretisch orientierte Aspekte beleuchtet.

4.1.3.1. Themenbündel 1: Kommunikation

Zur Einführung in den ersten Themenbereich sei auf ein Zitat bei WARD zurückgegriffen, der von folgendem Beispiel berichtet:[1]

> „When one firm was sold to a large conglomerate amid a great deal of family turmoil, its CEO was asked by a reporter why the family had failed to carry on with its business. „Three reasons," he answered. „Communication. Communication. Communication." What he meant, of course, was „Lack of communication. Lack of communication. Lack of communication." "

Auch andere Autoren konstatieren, dass sich zahlreiche Aspekte in der Kopplung von Familie und Unternehmen um die Bearbeitung un-

[1] Vgl. [Ward, J. L. (2004): Perpetuating the Family Business: 50 Lessons Learned from Long-Lasting, Successful Families in Business], S. 15.

terschiedlicher Differenz von *Kommunikation* gruppieren.[1] Und tatsächlich könnte die angemessene Bearbeitung der nachfolgend diskutierten Differenzen in vielen Familienunternehmen und Unternehmensfamilien im wahrsten Sinne des Wortes *kriegsentscheidend* für eine zukunftsfähige Koevolution beider Systeme sein.

(1) Zwischen Kommunikation und Nichtkommunikation

Wie sollte sich ein soziales System reproduzieren können, wenn nicht über *Kommunikation*? Kommunikation ist in ihrer je spezifischen Ausprägungsform die grundlegende Operation sozialer Systeme, zu denen Organisationen (also auch Unternehmen) ebenso zählen wie Familien. So sind die Abarbeitung von Differenzen, die Diskussion von Themen, die Entscheidung von Unentscheidbarem und die Aktualisierung von Personen als Erwartungscollagen nur mittels *Kommunikation* möglich. Damit ist offenbar, dass sich *ohne Kommunikation* ein System nicht reproduzieren kann. Eine Großfamilie z.B., die keine Anlässe mehr findet, sich mit ihren Mitgliedern und mit der Abgrenzung der eigenen Familie von anderen Systemen zu befassen, zerfällt unweigerlich. Die Aufrechterhaltung einer angemessenen Menge *systemeigener Kommunikation*, beispielsweise familiärer Kommunikation, ist also ohne Alternative die Existenzgrundlage eines Systems. Wer als Familie – gleiches gilt für andere Systeme auch – überleben will, kann dies nur durch das Schaffen ausreichender *Kommunikationsanlässe* und ausreichender Themen, über die es zu befinden gilt und die genug Diskrepanzen oder Uneinigkeiten bieten, um weiter zu kommunizieren.

Hieraus folgt, dass auch in Familienunternehmen die Aufrechterhaltung einer ausreichenden Auseinandersetzung mit der Unterneh-

---

[1] So beispielsweise bei [Hilse, H., & Simon, F. B. (2000): Familienunternehmen und die Kunst des Managements von Paradoxien]; [Simon, F. B. (1999): Organisationen und Familien als soziale Organisationen unterschiedlichen Typs] oder auch [Terberger, D. (1998): Konfliktmanagement in Familienunternehmen: Ein eignerorientiertes Konzept zur professionellen Konfliktbewältigung in Familienunternehmen], S. 93.

mensfamilie, sei es implizit oder explizit, Grundlage für die eigene Reproduktion als Familienunternehmen ist.

(2) Zwischen sachorientierter und personenorientierter Kommunikation

Eine häufig beschriebene familienunternehmenstypische Differenz in der *Art der Kommunikation* basiert auf der Unterschiedlichkeit beider Systeme. Während im Unternehmen eher *sachorientierte*, explizierte Kommunikation geführt wird, herrscht in Familien eine emotionalere, häufig implizit geführte, in jedem Fall jedoch *personenorientierte Kommunikation* vor. Unternehmen haben für Irritationen und Unsicherheiten zu sorgen, um sich mittels Entscheidung zu reproduzieren; Familien reproduzieren sich im Gegensatz dazu über die Aktualisierung von Personenkenntnissen und zeichnen sich durch eine prinzipiell vorherrschende Indeterminiertheit ihrer Themen aus.[1] Nicht umsonst wird die Familie daher als ein System „enthemmter Kommunikation“ bezeichnet.[2]

So ist es beispielsweise in Familienunternehmen nicht selten, dass in einer Kommunikation, die Familienmitglieder miteinander im Unternehmen führen, *Argumente* mit *Angriffen* auf eine Person verwechselt werden. Ob man will oder nicht: In Familienunternehmen hat man es bei Gesellschafterversammlungen nicht nur mit Entscheidungskommunikation zu tun, denn gleichzeitig werden in solchen Settings Rollenkenntnisse von Familienmitgliedern aktualisiert und ausgetauscht. So kann bei der spezifischen Konstellation von Stellenbesetzungen, zumindest potentiell, gewissermaßen doppelt kommuniziert werden. Je nach gewachsenem Muster wird dann in den betreffenden Gremien möglicherweise (fast) ausschließlich *unternehmensorientierte* Kommunikation gepflegt, wohingegen es sich in anderen Unternehmen eingebürgert hat, solche Kommunikationsanlässe als *Bühnen* für die Familienkommunikation zu nutzen. Hier werden

---

[1] Vgl. hierzu ausführlicher weiter oben die Kap. 2.2.3.4. Worüber wird im Rahmen von Führung entschieden?, S. 120 ff. sowie Kap. 3.2.3. Spezifika familiärer Kommunikation, S. 183 ff.

[2] [Luhmann, N. (1990): Sozialsystem Familie], S. 203.

Dissonanzen aktuell gehalten, familiale Gleichheitsbestrebungen ausgehandelt und andere *personenorientierte Kommunikationsmuster* im Rahmen der Gesellschafterversammlung reproduziert[1] – nicht selten zum Schaden des Unternehmens.[2]

Insbesondere für familienfremde Führungskräfte kann eine solche Situation ausgesprochen schwierig zu handhaben sein. Selbst wenn sie die familienunternehmenstypischen Kommunikationsmuster durchschauen, dürfte es ihnen dennoch schwer fallen, sich angemessen, im Sinne und zum Wohle des Unternehmens richtig zu verhalten.[3] Sich dem Sog der Parteinahme zu entziehen, fällt in solchen Situationen häufig schwer, und dennoch ist es Aufgabe einer familienfremden Führungskraft, das Unternehmen arbeits- sprich: entscheidungsfähig zu halten. Denn dass sie die Gesellschafter austauschen, umerziehen, steuern oder beherrschen könnte, ist unwahrscheinlich. So helfen in der Regel Appelle an die Vernunft der familiären Gesellschafter wenig, denn die Aktualisierung noch offener Rechnungen, das Heranziehen bekannter Rollenmuster einer Person oder das bewusste oder unbewusste Vergessen von (mündlich) Mitgeteiltem sind typisch – und somit hochgradig vernünftig – aus dem Blickwinkel der familiären Kommunikation.

---

[1] Über die besondere Brisanz schriftlich gepflegter Kommunikation in solchen Konstellationen, beispielsweise über Aktenvermerke, Sitzungsprotokolle etc., vgl. [Simon, F. B. (2002): Gerechtigkeit, Richtigkeit und Rechtmäßigkeit: Entscheidungsfindung in Familienunternehmen.], insb. S. 65 ff.

[2] Vgl. hierzu bei [Wiechers, R. (2004): Die Unternehmerfamilie: ein Risiko des Familienunternehmens? – Zum Umgang mit familieninduzierten Risiken im Familienunternehmen.] insb. Kap. 3.2.4: Keine Zeit mehr für das Geschäft – der Streit der Gesellschafter.

[3] So appelliert beispielsweise [Poza, E. J. (2004): Family Business], S. 123, an die Unternehmensfamilie, in solchen Fällen einen Fremdmanager nicht in die Kommunikationsverstrickungen einzubeziehen und ihn nicht *zum Argument* der einen oder anderen Partei werden zu lassen. Die Verlockung hierzu ist in einem höchst emotional, gewissermaßen existenziell geführten Konflikt jedoch ausgesprochen groß.

(3) Zwischen mündlicher und schriftlicher Kommunikation

Die Auseinandersetzung mit der Differenz zwischen *mündlicher* und *schriftlicher Kommunikation* ist in beiden Systemen, also in der Familie ebenso wie im Unternehmen, gleichermaßen angebracht. Diese Auseinandersetzung findet indessen meist – wenn überhaupt – implizit statt. Über den Verlauf der Zeit bilden und stabilisieren sich bestimmte Muster, und niemand weiß, warum. So kommt es in Familienunternehmen vor, dass Unternehmensentscheidungen mündlich, auf Zuruf, gewissermaßen *zwischen Tür und Angel* getroffen werden. Was eine enorme Beschleunigung von Entscheidungsfindungen bedeuten kann, enthält aber auch gleichzeitig Risiken, die Nichtfamilienunternehmen durch die Dokumentation und somit Nachvollziehbarkeit von Entscheidungen (Protokolle, *schriftliche* Arbeitsanweisungen, Sitzungsergebnisse etc.) beschränken. Neben Geburtstagsbriefen und Weihnachtskarten haben Familien typischerweise wenig Erfahrung mit *schriftlicher* Kommunikation. Anders in Unternehmensfamilien: Hier werden Vereinbarungen *schriftlich* getroffen, Verträge fixiert, Streitigkeiten zur besseren gerichtlichen Nachvollziehbarkeit und zum vermeintlich eigenen Nutzen verschriftlicht, und in großen Familien findet man sogar eigene Gesellschafterzeitungen, wie auch das Zitat aus der Castell'schen Zeitung in der Einleitung der vorliegenden Arbeit zeigt.[1]

Im Rahmen der Verkopplung der beiden Systeme müssen sowohl Familien wie auch Unternehmen jeweils für das eigene System einen angemessenen Umgang mit der Unterschiedlichkeit von *schriftlicher* und *mündlicher* Kommunikation finden. Dies führt beispielsweise auf der Familienseite nicht selten zu einem ausgefeilten Umgang mit Konflikten und zu einer Professionalisierung des ansonsten vorherrschenden Habitus, der darauf beruht, dass man „sich schon irgendwie verstehen" wird, was in der Regel nicht reflexionsbedürftig ist.

---

[1] Vgl. hierzu weiter oben Kap. 1.2. Forschungsfeld und Forschungsfrage, S. 51 ff.. Ähnliche Beobachtungen machten auch [Wimmer, R., Groth, T., & Simon, F. B. (2004): Erfolgsmuster von Mehrgenerationen-Familienunternehmen], vgl. oben S. 59.

(4) Zwischen offener und intimisierter Kommunikation

Im Hinblick auf die *Offenheit* von Kommunikation sind auf Unternehmens- und auf Familienseite je unterschiedliche Umgangsformen beobachtbar. So kommt es, wie oben bereits ausführlicher beschrieben, auf der Unternehmensseite nicht selten zu einer *Intimisierung* im Umgang mit allem, was die Unternehmensfinanzen und sonstige Geldangelegenheiten betrifft.[1] Ist ein derartiges Verhalten zu ausgeprägt, kann es zu Problemen kommen, wenn das Unternehmenswachstum voranschreitet und der Bedarf an Dezentralisierung von Entscheidungen und somit an hierfür kompetenten und ausreichend informierten Führungskräften kontinuierlich ansteigt.[2].

Ein anderes Ausprägungsmuster derselben Differenz wird auf der Seite der Unternehmensfamilie immer dann sichtbar, wenn sich diese in Stämmen organisiert oder auf andere Arten binnendifferenziert. Hier konkurrieren dann unterschiedliche Kommunikationsräume miteinander: die Kommunikation der Kernfamilie mit derjenigen der Großfamilie; die Kommunikation innerhalb eines Stammes im Gegensatz zur gesamten Familie oder die Kommunikation der Anteilseigner im Kontrast zu nicht Anteilen haltenden Familienmitgliedern. Es bilden sich im Laufe der Zeit unterschiedliche Formen des Umgangs mit der Differenz von *offener* und eher *intimisierter Kommunikation* aus, die es im Familienmanagement häufig zumindest im Blick zu behalten, möglicherweise auch zu irritieren gilt. So ist bei einigen Unternehmensfamilien zu beobachten, dass sie ganz bewusst versuchen, die Gesellschafterkommunikation von der sonstigen Großfamilienkommunikation abzukoppeln, indem unterschiedliche Institutionen hierfür (Familientreffen vs. Gesellschaftertreffen) etabliert werden oder ganz explizit für die Anerkennung und Klärung

---

[1] So weiter oben in den Kap. 3.4.5. Familie und die Differenz von Organisation und knappen Ressourcen, S. 282 ff. sowie Kap. 3.4.8. Familie und die Differenz von Organisation und , S. 328 ff.

[2] Neben der geringen Ausnutzung der vorhandenen Kompetenzen im Unternehmen wird zugleich selten an einer arbeitsfähigen Form der Konflikt- und Fehlerbehandlung im Unternehmen gearbeitet.

einer legitimen Differenz von Kleinfamilie und Großfamilie gesorgt wird.

4.1.3.2. Themenbündel 2: Kontinuität

Im vorigen Abschnitt wurden Differenzen aufzeigt, die in der Art der Kommunikation begründet sind. Gemeint sind damit Differenzen der Kommunikation, die nur mittels Kommunikation thematisiert werden können, also einer Reflexion der eigenen Kommunikation bedürfen. Neben diesen kommunikationsbezognen Differenzen ergeben sich aus der Verbindung von Familienunternehmen und Unternehmensfamilie noch weitere, sachorientierte Differenzen, die in beiden Systemen auf eigene Art und Weise thematisiert und somit kommunikativ bearbeitet werden. Dies betrifft alle vier nächstgenannten Themenbündel: *Kontinuität, Kapital, Kompetenzen* und *Kontrolle*. Auch hier gilt, dass die kommunikative Behandlung nicht zwangsläufig explizit oder planorientiert erfolgt. Vielmehr prägt jedes Unternehmen und jede Familie hier ganz eigene Muster aus. Dennoch kann in zahlreichen Familienunternehmen und Unternehmensfamilien diese Auseinandersetzung – explizit oder implizit geführt – beobachtet werden.

So kann es für beide Systeme und ihr ureigenstes Identitätsverständnis problematisch werden, wenn sie sich, ihrer eigenen *structural drift* folgend, gegenseitig aus dem Blick verlieren. Kommt es beispielsweise zu einem Desinteresse der Familie am Unternehmen oder zur mangelnden Berücksichtigung familiärer Interessen im Unternehmen, beispielsweise in der Strategiearbeit, im Umgang mit finanziellen Ressourcen oder in der Integration von Familienmitgliedern als Mitarbeiter, so kann dies mittelfristig das Ende sowohl des Familienunternehmens als auch damit einhergehend der Unternehmensfamilie – und umgekehrt – bedeuten. Dies sind Punkte, die die Kontinuität und somit die Reproduktion beider Systeme betreffen. Dabei sind unterschiedliche Differenzen im Rahmen der Auseinandersetzung mit der Kontinuität des eigenen Systems typisch.

(1) Zwischen Kontinuität und Diskontinuität

Die Sorge um die Unternehmenskontinuität ist beispielsweise ein typisches Thema, an dem sich die Differenz von *Kontinuität* und *Diskontinuität* im Familienunternehmen zeigen lässt. Die Begrenzung verfügbaren Eigenkapitals für die langfristige Weiterentwicklung bei vergleichsweise hoher Risikoaversion der Anteilseigner zwingt ein Unternehmen dazu, mit der eigenen Geschäftssteuerung wohlüberlegt umzugehen. Das vorherrschende Streben nach Unabhängigkeit erfordert zudem in der Regel eine hohe Eigenkapitalquote, was nicht nur für das aktuelle Geschäft, sondern auch für bevorstehende Investitionen gilt. Ein *diskontinuierliches* Wachstum, beispielsweise mittels sprunghafter Vergrößerung der eigenen Geschäftsbasis durch Akquisitionen oder Fusionen, ist bei Familienunternehmen in der Regel nicht möglich. Denn Kapitalanteile stehen typischerweise nicht als Akquisitionswährung zur Verfügung, und größere Mengen von Fremdkapital sind häufig ebenso unerwünscht wie zusätzliche Eigenkapitalgeber (Private Equity-Investoren und andere).[1] Ebenso wie auf Gesamtunternehmensebene kann sich die Differenz von *Kontinuität* und *Diskontinuität* in Familienunternehmen auf der Ebene der Geschäftsfelder bemerkbar machen. Während Nichtfamilienunternehmen in der Eingliederung neuer Geschäftsfelder oder der Ausgliederung bzw. Desinvestition bestehender Geschäftsfelder oder Wertschöpfungsbereiche durchaus geübt zu sein scheinen, sind im Familienunternehmen erhebliche Einschnitte und Umbauten in der eigenen Organisation – häufig mit Verweis auf die eigene Tradition – erschwert. Große Veränderungen, die dann auch eine ganze Generation zur Stabilisierung zur Verfügung haben, ergeben sich weitaus häufiger im Rahmen der Führungsnachfolge.[2]

[1] Vgl. hierzu etwas ausführlicher, Kap. 3.3.2. Das Unternehmen und sein Kapital, S. 218 ff.

[2] Diese Beschreibung ist natürlich zu idealtypisch formuliert, denn auch in Familienunternehmen finden innerhalb einer Generation erhebliche Veränderungen statt. Dennoch entspricht einer Generation in vielen Familienunternehmen häufig eine gewisse Ära, was bei korporativen Unternehmen vergleichsweise seltener ist. Vgl. beispielsweise hierzu die Entwicklung des Unternehmens Voith entlang

Eine eigene Form der Auseinandersetzung mit der *Differenz* von *Kontinuität* und Diskontinuität ist auf Seiten der Unternehmensfamilie zu finden. Sie zeigt sich insbesondere in deren Umgang mit den eigenen Traditionen und Werten. Häufig pflegen Unternehmensfamilien besondere Bräuche oder Prinzipien, die noch vom Gründer etabliert wurden, und orientieren ihre Wertschätzung von Personen an deren Einhaltung familiär geprägter Werte wie beispielsweise Sparsamkeit, Eloquenz und Freude an Sprache oder respektvolles Verhalten gegenüber Mitarbeitern aus dem Unternehmen und Familienmitgliedern, die vom Verwandtschaftsgrad her weit entfernt sind. Ein krasser Bruch mit solchen Mustern, anhand derer insbesondere komplex organisierte Unternehmensfamilien sich selbst wiedererkennen können, kann die Reproduktion der Familie zumindest stark irritieren. Inwiefern mit erheblichen *Diskontinuitäten* umgegangen werden kann, beispielsweise mit einer an kapitalistischen Überlegungen und leistungsorientierten Grundsätzen nicht interessierten 1968er Generation oder mit Familienteilen, die in ihren kulturellen Grundwerten auseinanderdriften, weil sie über die ganze Welt verstreut leben, lässt sich nicht pauschal sagen. Dass so etwas eine Gesamtfamilie komplexerer Natur jedoch auf eine erhebliche Probe im Umgang mit ihrer Differenz von *Kontinuität* und *Diskontinuität* stellen kann, dürfte deutlich sein.

(2) Zwischen Zielorientierung und fehlenden explizierbaren Zielen

Familien benötigen typischerweise keine Auseinandersetzung mit ihrer Zukunft, keine Strategiearbeit und auch keine Fragen nach den eigenen Kernkompetenzen. Wozu auch? Man könnte, tautologisch formuliert, sagen, sie leben so lange, wie sie eben leben. Dennoch bilden sie Strukturen und Muster aus, die es ihnen erlauben weiterzumachen. Ähnliches ist in Familienunternehmen zu beobachten. Wie weiter oben beschrieben,[1] wird dort die Differenz von *Zielorien-*

unterschiedlicher Generationen bei [Rupf, H. (2001): Vom Glück verwöhnt: Ein Leben für Voith].

[1] 13Vgl. weiter oben Kap. 3.4.3.1. Art der Strategiearbeit, S. 261 ff.

tierung und *fehlenden explizierbaren Zielen* nicht selten sehr intuitiv bearbeitet. Emergente Strategien sind die Folge. Diese Unternehmen bilden, anders als viele Nichtfamilienunternehmen, Formen der *Zielbearbeitung* aus, die eher familientypisch als unternehmenstypisch sind.

Insbesondere in komplexeren Unternehmensfamilien ist zu erkennen, dass man sich, eigentlich unternehmenstypisch, explizit mit den *eigenen Zielen* der Familie auseinandersetzt. So werden Familienvisionen formuliert, Familienstrategien erarbeitet[1] und zuweilen selbstdefinierte Aufgaben im Rahmen eines gesamtgesellschaftlichen Engagements gefunden, denen man sich als Familie verschreibt. So sorgen manche Familien durch eigens eingerichtete Familienstiftungen oder durch die gemeinsame Übernahme eines gesellschaftlichen Auftrags (wie *Verbesserung des Tierschutzes* oder *Kampf gegen Krebs*) für eine Gemeinsamkeit, die die Familie über die familiäre Kommunikation hinaus mit einer *Zielorientierung* versorgt. Den meisten Unternehmensfamilien gemein ist jedoch, dass sie sich dem Unternehmen verschreiben und sich in der tradierten Pflicht sehen, das Familienvermögen – und somit in der Regel auch das Unternehmen – gesund und werthaltig in die nächste Generation zu bringen. Dies ist schon eine weitreichende Aufgabe, die vielerlei Anstrengungen und persönliches Engagement erfordert.

(3) Zwischen Bewahrung und Weiterentwicklung

Eine klassische Aufgabe in der Auseinandersetzung mit der systemeigenen *Kontinuität* ist die Behandlung der Differenz von *Bewahrung* und *Weiterentwicklung*. Diese ist zwar nicht zwangsläufig familienunternehmenstypisch, bildet in Familienunternehmen jedoch charakteristische Muster aus. Würde sich ein Unternehmen zu sehr der eige-

[1] So beispielsweise in leicht verständlicher Form dargestellt bei [Baus, K. (2003): Die Familienstrategie: Wie Familien ihr Unternehmen über Generationen sichern]. Die Aspekte der Familienstrategie werden jedoch weiter unten im Rahmen der Prozessexplikation detaillierter besprochen. Siehe hierzu Kap. 4.3.3.2. Kontinuität, S. 427 ff.

nen Tradition und der *Bewahrung* der eigenen Werte verschreiben, dann würde die notwendige Veränderungsbereitschaft fehlen, um sich mit der eigenen dynamischen Umwelt auseinandersetzen zu können. Dass derartiges Verhalten in Familienunternehmen jedoch nicht selten vorkommt, dokumentieren Sprichwörter in verschiedenen Sprachen (vgl. auch die Einleitung): „Der Vater erstellt's, der Sohn erhält's, beim Enkel zerfällt's". Dabei beschreibt das *Erhalten* des Unternehmens vornehmlich das *Konservieren* bereits bestehender Strukturen, gewissermaßen das Verwalten von Bestehendem.

Würde ein Unternehmen im Gegensatz hierzu seine Herkunft und Tradition negieren und ausschließlich seine Weiterentwicklung fokussieren, so gingen ihm möglicherweise wichtige Wettbewerbsvorteile verloren, die aus eingeschliffenen Routinen und geteilten Ansichten bezüglich der eigenen Organisation oder weiten Teilen der gemeinsamen Organisationskultur resultieren. Es gilt also, in Familienunternehmen ein zukunftsfähiges Muster für die Auseinandersetzung mit der Differenz von *Bewahrung* einerseits und *Weiterentwicklung* andererseits zu finden.

Das gleiche gilt selbstredend für die zugehörigen Unternehmensfamilien.[1] Wenn sie zu sehr in Traditionen und Gründungsmythen verhaftet bleiben, fehlt ihnen die notwendige Auseinandersetzung mit aktuellen Phänomenen. Beispielhaft kann hier die vorherrschende Variationsbreite von (Kern-)Familienformen erwähnt werden, die sich in den letzten fünfzig Jahren erheblich verändert hat. Während es mittlerweile typisch ist, dass Männer wie Frauen erwerbstätig sind und womöglich beide ihre Karriereorientierung vor familiäre Werte und Kinderwunsch stellen, finden sich zunehmend *Familien*formen, deren gesellschaftlicher Status noch weitgehend ungeklärt ist. Wie wird in Großfamilien beispielsweise mit neuen Lebensformen wie etwa gleichgeschlechtlichen Partnerschaften, alleinerziehenden Eltern,

---

[1] Vgl. hierzu das Kap. *Unflexible Familienkultur – Wandel als Kraftprobe* bei [Terberger, D. (1998): Konfliktmanagement in Familienunternehmen: Ein eignerorientiertes Konzept zur professionellen Konfliktbewältigung in Familienunternehmen], S. 88 ff.

so genannten Patchworkfamilien[1] oder Adoptivkindern umgegangen? Unternehmensfamilien sind dann auch durch ihre spezifische Umgangsform mit der eigenen Vergangenheit im Rahmen einer zukunftsorientierten Gegenwart gekennzeichnet, indem sie eigene Muster in der Handhabung der Differenz von *Bewahrung* und *Weiterentwicklung* entwickelt haben.

4.1.3.3. Themenbündel 3: Kapital

Neben der Auseinandersetzung mit der systemeigenen Kontinuität ist die Behandlung unterschiedlicher Aspekte und Differenzen im Umgang mit *Kapital* charakteristisch für Familienunternehmen ebenso wie für Unternehmensfamilien.

(1) Zwischen Kapitalisierung und Ausschüttung

So bearbeiten Familienunternehmen die Differenz von *Kapitalisierung* einerseits und *Ausschüttung* andererseits in je unterschiedlichen Formen. Dies geschieht in einer gemeinsamen Auseinandersetzung von Unternehmen und Familie. Manche Familienunternehmen und ihre Unternehmensfamilien haben die Routine entwickelt, weite Teile ihrer Gewinne im Unternehmen zu belassen und somit Eigenkapital für langfristiges Wachstum und kontinuierliche Wertentwicklung bereitzuhalten. Diese Unternehmensfamilien haben zugleich eigene Formen im Umgang mit der legitimen Erwartbarkeit von Rentabilität gefunden, die mit den Unternehmensanteilen verbunden ist. Nicht selten jedoch herrscht bei diesen Arrangements eine Scheineinigkeit. Ein Dissens über die Ausschüttungspolitik des Unternehmens, verbunden mit Forderungen nach einer angemessenen Verzinsung oder der Liquidierbarkeit der Anteile ist dann zwangsläufig die Folge, wenn auch erst nach ein oder zwei Generationen. Jedoch sollte nicht

---

[1] Dieser relativ neue Begriff bezeichnet Familien, bei denen die Eltern Kinder aus früheren Ehen oder Partnerschaften in eine neue Beziehung eingebracht haben. Die Kinder einer Patchworkfamilie sind also nicht zwangsläufig biologisch verwandt. Dabei kann es sogar vorkommen, dass Kinder eines solchen Haushalts mit keinem der beiden Elternteile biologisch verwandt sind.

übersehen werden, dass manche Unternehmensfamilien auch die Tradition entwickelt haben, allseitig akzeptierte Ausschüttungsregelungen zu finden. Diese können zum Beispiel in der Etablierung einer konjunkturunabhängigen Mindestausschüttung oder anderen Formen der Dividendenpolitik bestehen. Die Auseinandersetzung mit entsprechenden Ausschüttungsformen ist dabei sowohl auf Unternehmens- wie auch auf Familienseite häufig ein diffiziles Unterfangen.

Ebenso sind Konstellationen von Familienunternehmen und Unternehmensfamilien bekannt, die hierzu konträre Formen gefunden haben. So gibt es Familienunternehmen, die regelmäßig, auch in wirtschaftlich schweren Zeiten, zum „Aderlass" gezwungen werden und denen damit kontinuierlich das Kapital und die Liquidität entzogen wird, die sie bräuchten, um für ihre Überlebenssicherung, beispielsweise im Rahmen von notwendigen Neuinvestitionen, vorzusorgen. Solche Muster der Auseinandersetzung mit der Differenz von *Kapitalisierung* und *Ausschüttung* führen nicht selten zu einer längerfristigen Schwächung von Unternehmen. Während in wirtschaftlich starken Zeiten noch wenig hiervon zu spüren ist, treten die Schwierigkeiten in Zeiten der Rezession unweigerlich zutage. Wie viele dieser Wirtschaftszyklen ein solches Unternehmen zu überleben vermag, lässt sich nicht sagen. Klar ist jedoch, dass es sich bei diesem Extremfall um ein Muster handelt, das für das Unternehmen langfristig weitaus schwieriger, wenn auch empirisch nicht selten, ist.[1]

(2) Zwischen Sicherheit und Riskanz des Kapitals

Im Umgang mit der *Riskanz des Kapitals* eines (Familien-)Unternehmens einerseits und dem *Familienunternehmen als Kapitalinvestition* der Unternehmensfamilie andererseits ergeben sich von Fall zu Fall jeweils eigene Muster. Für Familienunternehmen ist es häufig eine besondere Herausforderung, die Differenz zwischen *Kapitalsicherheit* auf der einen Seite und *Kapitalriskanz* auf der anderen ange-

---

[1] Inwiefern derartige Muster damit korrelieren, dass Unternehmen nicht (mehr) die dritte Generation überdauern, ist leider bislang noch nicht untersucht worden.

messen zu handhaben. Auf Seiten des Unternehmens ist dabei ein risikobehafteter Umgang mit Kapital unumgänglich. Beispielsweise basieren neue Investitionen auf einer Zukunftseinschätzung von Kapitalflüssen, die gegenwärtig nicht überprüfbar ist. Ein Unternehmen hat sich *im Kern* mit dem Eingehen und der angemessenen Handhabung von Risiken zu beschäftigen, um sein Handeln auf die korrespondierenden Chancen ausrichten zu können.[1] Nichts anderes ist ein Unternehmen: die Bearbeitung von Unsicherheit mittels Entscheidungen in einem Kalkül von Kosten und Nutzen auf der einen Seite sowie von Chancen und Risiken auf der anderen.

Derartige Operationen sind einer Familie fremd. Sie hat keine Gewinne zu erwirtschaften, um sich als System reproduzieren zu können.[2] Der Umgang mit Unsicherheiten und deren Transformation in bearbeitbare Risiken mittels Entscheidungen[3] ist daher keine selbstverständliche und eingeübte Disziplin in Familien. Viele *Unternehmens*familien haben jedoch ihren eigenen Umgang mit der Differenz von *Kapitalsicherheit* und *Kapitalriskanz* gefunden und wissen mit der vorherrschenden Risikoaversion umzugehen. Manche Unternehmensfamilien gewinnen gar einen erheblichen Teil ihres Selbstverständnisses durch die Selbstbeschreibung als *unternehmerische Familie* oder *Investorenfamilie*.[4] Dennoch ist immer wieder ein Gefälle der Risikoneigung innerhalb der Familie erkennbar. So ist nicht selten

---

[1] Vgl. [Baecker, D. (1999): Die Form des Unternehmens], S. 14.

[2] So bei [Simon, F. B. (2002): Familien und Unternehmen. Überlegungen zu Unterschieden, Gemeinsamkeiten und den Folgen.], s. 27: „Familien gehen nicht Bankrott oder, wenn sie es doch tun, zerbrechen sie daran meist nicht, d.h. ihre Überlebensbedingung ist nicht ökonomisch definiert. Natürlich brauchen auch Familien Einnahmen, um ihren Lebensunterhalt zu bestreiten, aber sie müssen ihn nicht als Einheit erwirtschaften."

[3] Vgl. [Baecker, D. (1999): Die Form des Unternehmens], S. 27.

[4] Vgl. [Habbershon, T. G., & Pistrui, J. (2002): Enterprising Families Domain: Family-Influenced Ownership Groups in Pursuit of Transgenerational Wealth], S. 229, die an dieser Stelle von *enterprising families* sprechen.

von einer Risikoscheu bei nicht im Unternehmen aktiven Gesellschaftern zu lesen.[1]

Entsprechend hat sich auch das Familienunternehmen mit einem, im Gesellschafterkreis teils ungeübten, Umgang mit unternehmerischen Risiken auseinander zu setzen, der zwar typisch für Unternehmenssysteme, jedoch untypisch für Familiensysteme ist[2]. Daher kann es insbesondere bei einem heterogenen Gesellschafterkreis schwer fallen, sich auf eine einheitliche *Risikopolitik*, und somit auf eine konsistente Wachstums- und Geschäftspolitik, zu einigen.

(3) Zwischen gebundenem und liquidem Kapital

Ähnlich verhält es sich im Umgang mit der *Bindung* vorhandenen Kapitals. Während Nichtfamilienunternehmen typischerweise versuchen, ihre liquiden Mittel so weit als möglich ertragsoptimal zu investieren, neigen Familienunternehmen häufiger zum Vorhalten von Liquidität. Dies resultiert nicht zuletzt aus der oben beschriebenen familienunternehmenstypischen Gewinnakkumulation und der hier-

---

[1] Vgl. hierzu [Terberger, D. (1998): Konfliktmanagement in Familienunternehmen: Ein eignerorientiertes Konzept zur professionellen Konfliktbewältigung in Familienunternehmen], S. 77 f. und S. 91 sowie [Redlefsen, M. (2003): Der Ausstieg von Gesellschaftern aus großen Familienunternehmen: Eine empirische Untersuchung unter besonderer Berücksichtigung der spezifischen Corporate Governance des Familienunternehmens], S. 20 f.

[2] So basieren weite Teile der Kapitalmarkttheorie auf dem *capital asset pricing model*, einem Theoriemodell, das jede Investition auf ihr Chance/Risiko-Verhältnis hin analysiert und sie anhand dieser Größen im Rahmen einer Portfolioanalyse mit anderen Investitionen vergleichbar hält. So werden nach diesen im Rahmen der Ökonomie allen Akteuren des Kapitalmarktes anheim gestellten Kalkulationen unterschiedliche Unternehmenswerte begründet. Es erfolgt ein Rückführung auf die Risiken einer Investition (Branche, Wertschöpfungsstufe, Reifegrad, Marktposition, eigene Risikodiversifikation des Unternehmens etc.) im Verhältnis zu deren zukünftig erwarteten Erträgen. Vergleiche hierzu weiter [Markowitz, H. M. (1952): Portfolio Selection] sowie zu einer einführenden Übersicht [Brealey, R. A., & Myers, S. C. (2000): Principles of Corporate Finance], S. 187 ff.

mit einhergehenden, im Vergleich oft hohen Eigenkapitalquote.[1] Es scheint ein typisches Phänomen von Familienunternehmen zu sein, dass ausreichende Liquidität – über die Notwendigkeiten des geschäftlichen Betriebs hinaus – vorgehalten wird. Hierzu OETKER:[2]

> „Das Halten von Liquidität dient der Unabhängigkeit von außenstehenden Kapitalgebern, d.h. insbesondere Kreditinstituten. [...] Liquide Mittel werden hierbei vor allem für Akquisitionen sowie für Notsituationen, wie insbesondere Erbfällen, gehalten. In Erbfällen kann das Unternehmen, sei es über Ausschüttungen bei Kapitalgesellschaften oder durch Entnahmemöglichkeiten bei Personengesellschaften, die Entrichtung der Erbschaftsteuer für die Erben gewährleisten, so dass diese nicht gezwungen werden, aus Mangel an liquiden Mitteln Anteile des Unternehmens zu verkaufen."

Die Differenz von *gebundenem* vs. *liquidem* oder *leicht liquidierbarem* Kapital erhält noch eine weitere Konnotation, wenn man die Blickrichtung zur Familienseite hin wechselt. Hier spielt diese Differenz mit Blick auf die jeweilige Vermögenslage der einzelnen Gesellschafter und deren Kernfamilien eine wichtige Rolle. Nicht selten sind sie aufgrund der gehaltenen Unternehmensanteile ausgesprochen vermögend, haben in der Regel jedoch keinerlei Möglichkeit, über dieses Vermögen in gleicher Weise zu verfügen wie bei anderen Formen von Investitionen (Immobilien, Wertpapiere etc.).[3] Verkäufe von Anteilen

---

[1] Vgl. hierzu weiter oben, Kap. 3.4.5.2. Kapitalstruktur und Gewinnverwendung, S. 287 f.

[2] [Oetker, A. (1999): Stakeholderkonflikte in Familienkonzernen: Ansätze zu ihrer Regelung durch strategische Führungsentscheidungen.], S. 82.

[3] § 14 Abs. 1 Grundgesetz liefert die Grundlage mit dem Recht, das Eigentum zu nutzen (usus), es in Form und Substanz zu verändern (abusus), seine Erträge und Verluste einzubehalten (usus fructus) und die Einzelrechte an dem Eigentum vollständig oder teilweise auf Dritte zu übertragen. Diese Grundlage, die im Rahmen der Property Rights-Theorie diskutiert wird, kann in Familienunternehmen regelmäßig zu Problemen führen. Vgl. hierzu [Klein, S. B. (2000): Familienunternehmen – Theoretische und empirische Grundlagen], S. 120 ff. sowie [Redlefsen, M. (2003): Der Ausstieg von Gesellschaftern aus großen Familienun-

sind meist tabu, manche Familien sanktionieren solche Überlegungen gar mit dem Ausschluss der betreffenden Person und ihrer Angehörigen aus dem Familienkreis.[1] Für ein Familienunternehmen wäre es häufig nur schwer zu akzeptieren, wenn die bislang ausschließlich in der Familie gehaltenen Unternehmensanteile nun von Investoren außerhalb der Familie gehalten würden; ebenso ist dies eine unattraktive Konstellation für die potentiellen Investoren selbst. Wie in der Praxis häufig zu beobachten ist, ist das Finden und Tradieren brauchbarer und allseits akzeptierter Umgangsformen mit der Diskrepanz oft *erheblicher Vermögenswerte* einerseits und deren *Illiquidität* andererseits ein ausgesprochen schwieriges Unterfangen.[2]

4.1.3.4. Themenbündel 4: Kompetenzen

Ein weiteres Feld häufig behandelter Differenzen rankt sich um den Themenkomplex der *Kompetenzen*. So sind auf Unternehmensseite ebenso wie im Familiensystem typische Fragestellungen und hierauf reagierende Klärungsmuster vorzufinden, die für Nichtfamilienun-

---

ternehmen: Eine empirische Untersuchung unter besonderer Berücksichtigung der spezifischen Corporate Governance des Familienunternehmens], S. 14.

[1] Hierzu [Koch, B. (1995): Das Familienvermögen ist seit 1789 in der Bank gut aufgehoben], S. 26: „Ein Ausscheiden aus dem Eigentümerkreis ist im Grunde nicht erwünscht. Sollte jemand den Wunsch haben, sein Erbe anderweitig zu verwenden, so wird dies „decouragiert", wie von Oppenheim es nennt." [Ward, J. L. (2004): Perpetuating the Family Business: 50 Lessons Learned from Long-Lasting, Successful Families in Business], S. 69 f. empfiehlt jedoch aus seiner Beratungserfahrung, die Daumenschrauben bei verkaufswilligen Anteilseigner nicht zu fest anzuziehen und diesen vielmehr angemessene Möglichkeiten zum Verkauf anzubieten. Insbesondere empfiehlt er, den Verkauf von Anteilen nicht zu stigmatisieren, weil die Anteile langfristig ohnehin bei aktiven und engagierten Familienmitgliedern besser aufgehoben seien.

[2] Vgl. [Terberger, D. (1998): Konfliktmanagement in Familienunternehmen: Ein eignerorientiertes Konzept zur professionellen Konfliktbewältigung in Familienunternehmen], S. 81 ff. sowie ausführlich bei [Redlefsen, M. (2003): Der Ausstieg von Gesellschaftern aus großen Familienunternehmen: Eine empirische Untersuchung unter besonderer Berücksichtigung der spezifischen Corporate Governance des Familienunternehmens], S. 26 ff.

ternehmen und Familien ohne Unternehmensanschluss untypisch sind.

(1) Zwischen Kompetenz und Inkompetenz

In Unternehmensfamilien ist insbesondere die Auseinandersetzung mit den *Fähigkeiten* der einzelnen zum Familiensystem gehörenden Personen von Interesse. Was in Familien ohne Unternehmensanschluss als *zur Person gehörig* hingenommen und in die Erwartungscollage einbezogen wird, kann in Unternehmensfamilien weitaus häufiger zum Thema werden. Dabei geht es nicht selten um den Bildungsgrad der verschiedenen Personen, die Fähigkeit, die Familie nach außen angemessen zu repräsentieren, und nicht zuletzt um die Fähigkeit, den Lebensstandard für sich und die eigene Kernfamilie selbst aufrechtzuerhalten und somit in keiner oder nur geringer Abhängigkeit vom Unternehmen und dessen Ausschüttungen zu stehen. Diese Form der Thematisierung kann in Unternehmensfamilien als eine Art Konfliktprävention vor ansonsten drohenden Auseinandersetzungen über Ausschüttungsansprüche gegenüber dem Unternehmen, Subventionszahlungen innerhalb des Familienkreises oder rufschädigendes Verhalten gelten.

Diese Differenz von *Kompetenz* und *Inkompetenz* wird auch dann explizit oder implizit thematisiert, wenn es um die Mitarbeit von Familienmitgliedern im Familienunternehmen geht. Dies betrifft keineswegs nur die Klärung der Führungsnachfolge, sondern auch die Mitarbeit von Familienmitgliedern auf anderen Stellen und Hierarchieebenen. Wo die unternehmensseitig benötigten Kompetenzen häufig nicht die entscheidenden Kriterien für oder gegen die Mitarbeit von Familienmitgliedern im Unternehmen bilden, darf von Unternehmen zumindest gehofft werden, dass die zu Unternehmensmitgliedern erhobenen und auf irgendwelchen Stellen beschäftigten Familienmitglieder dort zumindest keinen Schaden anrichten. Es darf oder muss also auf ein *Mindestmaß an Kompetenz* oder Intelligenz gehofft werden, insbesondere dann, wenn andere als kompetenzbezogene Kriterien über die Unternehmensmitgliedschaft von Familienmitgliedern entscheiden.

(2) Zwischen wirtschaftlicher und sonstiger Kompetenz

Gewissermaßen eine Verfeinerung der zuvor genannten Differenz von Kompetenz und Inkompetenz stellt diejenige von *wirtschaftlicher Kompetenz* und *andersgearteter Kompetenz* dar. Gemeint ist damit die Fähigkeit, als Familienmitglied und häufig auch als Anteilseigner die Geschicke des Unternehmens zu verstehen und angemessen zu beurteilen, auch wenn der eigene Lebensunterhalt als Lehrer, Politiker, Bauingenieur, Grafiker, Architekt oder Theologe, d.h. in wirtschaftsfernen Gesellschaftsbereichen, erworben wird. So erfordern unterschiedliche Aufgabenfelder rund um das Unternehmen, beispielsweise im Rahmen von Gesellschafterversammlungen, Aufsichts- oder Beiratsmandaten, privaten Liquiditätsbedarfsermittlungen oder der Einschätzung und Bewertung aktueller Strategiefragen, ein ausreichendes Maß an wirtschaftswissenschaftlicher Kompetenz. MAY, REDLEFSEN und HALLER berichten als Ergebnis einer empirischen Untersuchung zu nicht-aktiven Gesellschaftern von Familienunternehmen:[1]

> „Die Untersuchung zeigt, dass in diesem Zusammenhang große Defizite bestehen. Nicht-aktive Gesellschafter werden nur unzureichend auf ihre Rolle im Familienunternehmen vorbereitet. In weniger als der Hälfte der Familienunternehmen sind die nicht aktiven Gesellschafter in der Lage, den Jahresabschluß beurteilen zu können. In nur 28% der Familienunternehmen werden nicht aktive oder zukünftige Gesellschafter gezielt ausgebildet."

Doch kann von einem Familienmitglied, das vielleicht schon in frühen Jahren Anteile des Unternehmen geerbt hat, sich aber ausschließlich für klassischen Gesang, Sinologie, Geschichte oder Puppenspielerei interessiert, überhaupt verlangt werden, sich derartige Kompetenzen anzueignen? Hier sind Unternehmensfamilien regelmäßig in der Zwickmühle. Schließlich herrscht in Familien kein ausgeprägt hierarchisches Verhältnis, das es erlauben würde, entfernte Onkel oder

---

[1] [May, P., Redlefsen, M., & Haller, J. (2004): Nicht aktive Gesellschafter in Familienunternehmen: Ergebnisse und Handlungsempfehlungen], S. 3.

Tanten ohne weiteres zu einem Lehrgang zu schicken oder in ein Traineeprogramm zu entsenden oder ihnen mit Kündigung oder Familienausschluss im Falle der Nichterfüllung zu drohen. Andererseits ist es dem Unternehmen langfristig nicht zuzumuten, auf exzellente Kompetenzen beispielsweise in Form eines professionellen Aufsichtsrats oder Beirats zu verzichten oder auf ein entsprechendes Verständnis im Gesellschafterkreis für temporär ausbleibende Gewinne, notwendige Kapitalnachschüsse oder andere wirtschaftlich notwendige Maßnahmen.

(3) Zwischen Kompetenz und Person

Besonders markant herrscht insbesondere in Familienunternehmen die Differenz von *Kompetenz* und *Person* vor. Wie bereits weiter oben gezeigt wurde, sind in Familienunternehmen besondere und individuelle Formen im Umgang mit dieser Differenz zu finden, beispielsweise in der Art der Karriereentwicklung oder im Umgang mit gemeinsam geteilten Feedbackkriterien.[1] Wo anstelle nachvollziehbarer Kriterien eher *Sympathie* zur Beurteilung von Boni oder weiteren Karriereschritten herangezogen wird, wo bei der Besetzung der Führungsposition unklar mit dem Verhältnis von Kompetenz auf der einen Seite und Herkunft (Familienmitglied oder Nichtfamilienmitglied) auf der anderen Seite umgegangen wird, ist die Handhabung der Differenz von *Kompetenz* und *Person* wenig erfolgversprechend. Manche Unternehmen sind deshalb dazu übergegangen, klare Kriterien für den Eintritt von Familienmitgliedern ins Unternehmen aufzustellen und zu regeln, in welchem Verhältnis die *Herkunft einer Person* zu den erwarteten *Kompetenzen* stehen muss, um beispielsweise die Unternehmensführung erreichen zu können.[2]

---

[1] Vgl. hierzu weiter oben Kap. 3.4.7. Familie und die Differenz von Organisation und Personen, S. 311 ff.

[2] Diese Auseinandersetzung ist in der Literatur an vielen Stellen dokumentiert. So sprechen beispielsweise [Lansberg, I., & Beckhard, R. (1983): A Conversation With Richard Beckhard: On Family Firms], S. 39 zitiert bei [Siefer, T. (1996): Du kommst später mal in die Firma! Psychosoziale Dynamik von Familienunternehmen], S. 117) von der Auseinandersetzung *Blut vs. Kompetenz*. Siehe hierzu auch

Die gleiche Differenz kommt in Unternehmensfamilien an vielen Stellen zum Tragen, beispielsweise immer dann, wenn es um die Besetzung einer Stelle im Beirat oder im Familienrat geht, oder ein Vertreter der nachfolgenden Generation zum zukünftigen Unternehmensführer aufgebaut werden soll. In mehrstämmigen Familien beansprucht nicht selten ein Familienzweig die Stellenbesetzung für sich, mit dem Argument, dass der andere Stamm bereits in der vorangegangenen Generation am Zuge gewesen sei. Welche Lösung der langfristigen Förderung und Unterstützung des Unternehmens besser zuträglich ist, bleibt dabei häufig sekundär.

4.1.3.5. Themenbündel 5: Kontrolle

Nachdem nun bereits vier thematische Bündel von Differenzen als gleichermaßen charakteristisch für Familienunternehmen und Unternehmensfamilien diskutiert wurden, bleiben nun die Differenzen zu erörtern, die im Zusammenhang mit dem Komplex *Kontrolle* stehen.

(1) Zwischen Kontrolle und Kontrolllosigkeit

Die Differenz von *Kontrolle* und *Kontrolllosigkeit* wurde oben bereits im Rahmen der vorherrschenden Corporate Governance ansatzweise

---

[von Moos, A. (2003): Familienunternehmen erfolgreich führen: Corporate Governance als Herausforderung], S. 110: „Die Erfahrung lehrt, dass nur Kompetenz und nicht Herkunft entscheiden darf"; im gleichen Tenor [Klein, S. B. (2000): Familienunternehmen – Theoretische und empirische Grundlagen], S. 224; [Oetker, A. (1999): Stakeholderkonflikte in Familienkonzernen: Ansätze zu ihrer Regelung durch strategische Führungsentscheidungen.], S. 67; [Lorz, R. (1998): Rechtliche und steuerliche Gestaltungen der Nachfolge in Familienunternehmen], S. 699; [Hennerkes, B.-H. (1998): Familienunternehmen sichern und optimieren.], S. 386 f.; [Gersick, K. E., Davis, J. A., McCollom Hampton, M., & Lansberg, I. (1997): Generation to Generation – Life Cycles of the Family Business], S. 193 ff.; [Wimmer, R., Domayer, E., Oswald, M., & Vater, G. (1996): Familienunternehmen – Auslaufmodell oder Erfolgstyp?], S. 269; [Siefer, T. (1996): Du kommst später mal in die Firma! Psychosoziale Dynamik von Familienunternehmen], S. 184 ff.; [Albach, H., & Freund, W. (1989): Generationswechsel und Unternehmenskontinuität – Chancen, Risiken, Maßnahmen], S. 264 f.

erläutert.[1] Empirisch ist zu beobachten, dass Familienunternehmen unterschiedliche Muster im Umgang mit einem möglicherweise entstehenden *Kontrollvakuum* ausgebildet haben: Während manche die Einrichtung zusätzlicher Aufsichts- und Kontrollinstanzen mit Verweis auf die dabei entstehenden Kosten und den Zeitaufwand für die unterschiedlichen Besprechungen ablehnen, sehen andere die Einrichtung eines familienfremd besetzten Beirats als angemessene Form des Umgangs mit dieser Differenz. Zwischen diesen beiden Extremen sind viele Variationen zu finden. Hierzu gehören z.B. mit Familienmitgliedern besetzte Aufsichtsgremien, Austauschzirkel mit befreundeten Unternehmern, regelmäßige Management- und Strategieaudits. In vielen Unternehmen ist die Bearbeitung der Differenz von Kontrolle und Kontrollosigkeit ein explizit diskutiertes Thema, andere – vorwiegend jüngere Familienunternehmen – behandeln die Frage jedoch eher intuitiv oder negieren ihre Relevanz, was auch eine Form der Auseinandersetzung ist.

Auf der Seite der Familie findet die Differenz von *Kontrolle* und *Kontrolllosigkeit* in anderer Weise ihren Niederschlag. Obgleich eine Familie kein typischer Raum für etablierte Kontrollstrukturen ist, zumindest unter Erwachsenen, kann dies in Unternehmensfamilien anders sein. Wo man sich im Rahmen einer Großfamilie auf gemeinsame Wertvorstellungen, gesellschaftliche Aufgaben oder Ähnliches beruft und hierin wichtige Elemente der eigenen Identität findet, kann die Sorge um die Reproduktion der Unternehmensfamilie zu Strukturen führen, die denjenigen in Unternehmen durchaus ähneln. Insbesondere in größeren Familien kümmern sich Institutionen wie der *Familienrat*[2] im Rahmen einer *Family Governance*[3] um die Inte-

---

[1] Vgl. hierzu weiter oben Kap. 3.4.6.4. Corporate Governance, S. 308 ff.

[2] Detailliertere Informationen hierzu finden sich weiter unten in Kap. 4.3.3.5. Kontrolle, S. 441 f.

[3] Hierzu [Davis, J. (2001): The Three Components of Family Governance], S. 1: „There are three components to family governance: (1.) Periodic (typically annual) assemblies of the family; all families in business can benefit from this activity. (2.) Family council meetings for those families that benefit from a representative group of their members doing planning, creating policies, and strengthening

ressen der Familienmitglieder gegenüber dem Unternehmen – und umgekehrt. So kontrolliert diese Instanz die Wahrung der formulierten Interessen der Familie einerseits und organisiert die Meinungsbildung und somit eine Ansprechbarkeit der Familie für das Unternehmen andererseits.

(2) Zwischen Kontrollieren und Kontrolliertwerden

Aus derartigen Formalisierungen und der Einrichtung von Institutionen ergeben sich zugleich Verhältnisse, die zumindest auf eine Hierarchisierung hin beobachtet werden können. So stellt die Familie ein auf Gleichbehandlungserwartungen ausgerichtetes soziales System dar,[1] in dem Hierarchisierungen zwar immer vorkommen können und auch empirisch beobachtbar sind, dessen Differenz von *Kontrollierenden* und *Kontrollierten* jedoch jederzeit thematisiert und als aktualisierte Personenzuschreibung weiterverarbeitet werden kann. „Wir kennen dich schon immer als einen, der versucht, alles zu bestimmen" wäre z.B. eine Feststellung, die in der typischen Art familiärer Kommunikation ein oben/unten-Verhältnis ad hoc kommunikativ weiterverarbeitet. Es bleibt in Familien also typischerweise ungeklärt, mindestens jedoch unausgesprochen, wer wem was zu sagen hat und wer nicht. Wer einen anderen erfolgreich kontrollieren

---

business-family communication and bond; (3.) A family constitution—the family's policies and guiding vision and values that regulate members' relationship with the business." Zu weiteren Erläuterungen vgl. [Jaffe, D. T., & Lane, S. H. (2004): Sustaining a Family Dynasty: Key Issues Facing Complex Multigenerational Business- and Investment-Owning Families] oder auch [Gersick, K. E. (2002): Staying connected while growing apart; Gersick, K. E. (2002): Part II: Governance in the Evolving Business Family].

[1] So ist bei [Simon, F. B. (2002): Gerechtigkeit, Richtigkeit und Rechtmäßigkeit: Entscheidungsfindung in Familienunternehmen.], S. 61 zu lesen: Wann immer in Familien Entscheidungen zu treffen sind, orientieren sich diese langfristig an einem abstrakten Gerechtigkeitsprinzip, „das auf die Familienmitglieder als Personen bezogen ist. Die ‚Gleichheit vor dem familiären Gesetz' bezieht sich auf den Status als Mitglied der Familie. Wer diesen Status hat, hat ihn ungeachtet seiner konkreten Leistungen für die Familie, und er ist mit Gleichheitsansprüchen verbunden."

will, benötigt auf der anderen Seite jemanden, der sich kontrollieren lässt. Dies mag im Eltern-Kind-Verhältnis noch, mit Einschränkungen und bis zu einem gewissen Alter der Kinder, möglich sein. Unter Geschwistern führt derartiges Verhalten jedoch eher zum Konflikt als zu einer Ordnung mit einem *Kontrollierenden* auf der einen Seite und einem *Kontrollierten* auf der anderen. Das macht die Anwendung der unterschiedlichen, in der Literatur diskutierten Ansätze zur *Family Governance* nicht gerade einfach. Wer mit Familientreffen etwa die *Stärkung der Familie* bezweckt, ist darauf angewiesen, dass die Familienmitglieder an diesen Treffen auch teilnehmen. Fühlt sich jemand hierzu jedoch gedrängt oder gar funktionalisiert, so wäre es nicht überraschend, wenn er sich dagegen zur Wehr setzt, beispielsweise durch Nichterscheinen oder durch Veranstalten eines konkurrierenden Familientreffens am gleichen Tag an einem anderen Ort. Auch wenn dieses Beispiel zugegebenermaßen ein wenig überzogen ist, verdeutlicht es die in Familien vorzufindende Differenz von *Kontrollieren* und *Kontrolliertwerden*.

Unternehmensfamilien haben die besondere Aufgabe, hierfür erfolgsversprechende Formen zu entwickeln. Günstig ist dabei eine allseits geschätzte Tradition solcher Ereignisse. Doch auch in *Familienunternehmen* vermag die Differenz eine wichtige Rolle zu spielen. Obgleich Unternehmen im Rahmen einer hierarchischen Ordnung mitsamt der informellen Hierarchie im Hindergrund ansonsten kein Problem mit Kontrollstrukturen haben, kann dies der Fall sein, wenn verschiedene Positionen mit Familienmitgliedern besetzt sind. Stehen beispielsweise zwei Verwandte (zwei Brüder oder Vater/Sohn) in der Organisation in einem hierarchischen Verhältnis zueinander, ist also beispielsweise der Sohn Leiter einer Tochtergesellschaft und der Vater

Leiter der Holding,[1] ist nicht automatisch klar, wie mit Kontrollaufgaben und Feedbackmechanismen verfahren wird.[2]

(3) Zwischen Vertrauen und Misstrauen

Ein wichtiger Aspekt im Umgang mit Kontrolle ist neben den bislang genannten die Handhabung der Differenz von *Vertrauen* und *Misstrauen*. Während *Kontrolle* im Kontext vom *Misstrauen* rapide zu einem oft verdeckt stattfindenden Überprüfen, zu einem argwöhnischen Beäugen führen kann, ist eine auf *Vertrauen* basierende Kontrolle viel eher in der Lage, gestaltend zu wirken. Dabei ist *Vertrauen* vs. *Misstrauen* als zukunftsgerichtete Erwartung zu verstehen, die auf gemachten Erfahrungen basiert.[3] Es bilden sich über die Zeit je individuelle Muster im Umgang mit dieser Differenz. die sodann als erfolgs- oder misserfolgsverstärkende Faktoren in Familienunternehmen fungieren.

Diese etablierten Muster können insbesondere in der Unternehmensfamilie zu Konstellationen führen, die sich für die Bedürfnisse des Unternehmens schädlich auswirken. So kommt es in Familien, die in Stämmen organisiert sind, vor, dass sich Misstrauen und Argwohn ähnlich wie Konflikte über Generationen hinweg weitervererben. Man glaubt dem eigenen Cousin kein Wort und weiß nicht einmal, warum. So sehr Stämme für Konflikte und interfamiliäre Erwartungsstrukturen stabilisierend wirken können, so destabilisie-

---

[1] Gleiches gilt für andere Konstellationen, beispielsweise wenn der Junior die Geschäfte führt und der Vater dem Beirat vorsitzt oder wenn der eine Bruder Vorstandsvorsitzender ist und der andere diesen durch seine Funktion als Aufsichtsratsvorsitzender zu kontrollieren hat.

[2] Gerade Familienmitglieder vermeiden daher nach einer empirischen Untersuchung von [Poza, E. J., & Alfred, T. (1996): What the silent majority thinks (but may not tell you)] oftmals unbewusst klassische Feedbackinstrumente wie 360°-Feedbacks zur kontinuierlichen Evaluation der eigenen Leistungsfähigkeit sowie zur Erörterung von Verbesserungsbedarf und –potential.

[3] Zum Unterschied von Vertrautheit als vergangenheitsorientiertem Begriff und Vertrauen als zukunftsgerichtetem Begriff vgl. [Luhmann, N. (1968): Vertrauen. Ein Mechanismus der Reduktion sozialer Komplexität.], S. 20 ff.

rend können sie für die Reproduktion der Familie als *ein* soziales System sein. Wenn kaum noch Meinungen oder Überzeugungen geteilt werden, wenn im Hinblick auf das Unternehmen keine gemeinsamen Ansichten mehr formuliert werden können, ist die Zukunftsfähigkeit der Familie zumindest fraglich.

Eine derartige familiäre Dynamik bleibt aus Sicht des Unternehmens nicht ohne Folgen. Auch hier bilden sich, in der Auseinandersetzung mit der Familie, kontinuierlich aktualisierte Erwartungen und Erfahrungen, die an den Grenzen des Unternehmens zu Mustern kondensieren.[1] Ob eine Unternehmensfamilie aus Sicht des Unternehmens für Stabilität und Verlässlichkeit steht oder für ein unbestimmbares Risiko, dessen man sich nach den Erfahrungen der Vergangenheit bewusst sein sollte, hängt von den erinnerten Erfahrungsstrukturen und den hierdurch geprägten Normalerwartungen ab. Die Differenz von Vertrauen auf der einen Seite und Misstrauen auf der anderen bildet also eigene Muster auch auf Seiten des Unternehmens aus, die in Nichtfamilienunternehmen so nicht vorzufinden sind.

[1] Vgl. hierzu weiter oben die Ausführungen über kognitive Routinen als *Normalerwartungen* von sozialen Systemen in der Auseinandersetzung mit ihrer Umwelt, Kap. 2.2.1.3. Binnendifferenzierung und Strukturaufbau, S. 90 ff.

4.2. Organisation des Familienmanagements

Die oben angestellten Überlegungen haben bereits deutlich gemacht, dass es sich beim *Familienmanagement* um eine nicht generisch handhabbare Ansammlung von Aufgaben handelt. Vielmehr konnte gezeigt werden, welche Themenbündel in diesem Zusammenhang bearbeitet werden müssen, also *was* zu managen ist. Im vorliegenden Abschnitt soll nun dargestellt werden, *wo* Familienmanagement stattfinden kann, um im darauffolgenden Abschnitt in Form einer abschließenden Prozessbetrachtung vorzuschlagen, *wie* Familienmanagement operativ aussehen könnte.

Die Frage, *wo* Familienmanagement stattfindet, spaltet sich in zwei unterschiedliche Aspekte auf. Zum einen wird die Frage relevant, wo Familienmanagement als Bündel kommunikativ zu behandelnder und somit aufrecht zu erhaltender Differenzen im Rahmen von Organisationsstrukturen und Stellen verortet werden kann. Es bedarf somit der Beantwortung des ersten Teils der forschungsleitenden Frage der vorliegenden Arbeit, die lautet:

> *Sollte die angemessene Handhabung familienunternehmenstypischer Aspekte im Familienunternehmen als Teilaufgabe der Unternehmensführung verstanden werden? Falls ja, schließt sich die Frage an, wie jene Managementaufgabe systematisiert und somit handhabbar gemacht werden kann.*

Die Frage nach der Verortung der verschiedenen, im Rahmen des Familienmanagements zu behandelnden Differenzen und Aspekte ist für das Unternehmen *sowie* für die Familie zu stellen. Hierzu werden nachfolgend eine organisationstheoretische Analyse und ein Vorschlag zur Verankerung des Familienmanagements vorgestellt.

Zum anderen wird die Frage relevant, *von wem* das Familienmanagement übernommen werden kann. Es geht also darum, wer die Ausgestaltung und Aufrechterhaltung dieser Managementfunktion übernehmen sollte, um in der speziellen Konstellation von Familienunternehmen auf der einen Seite und Unternehmensfamilie auf der anderen für eine tragfähige Koevolution beider Systeme zu sorgen. Somit wird analysiert, welche Formen der Stellenbesetzung in Familienunternehmen typischerweise vorzufinden sind und welche Konsequenzen sich hieraus für die Funktion des Familienmanagements ergeben. Diese Diskussion ist zugleich relevant für die vorliegende Forschungshypothese, die besagt:

> *[...] dass in Familienunternehmen die Auseinandersetzung mit der Unternehmensfamilie eine eigene Funktion im Rahmen der Unternehmensführung ist. Dabei hat jene als Familienmanagement zu bezeichnende Managementfunktion zur Aufgabe, die aus dem Kopplungsverhältnis von Unternehmen und Familie entstehenden Charakteristika in beiden Systemen derart zu handhaben, dass die langfristige Überlebensfähigkeit sowohl des Familienunternehmens wie notwendigerweise auch der Unternehmensfamilie gewahrt bleibt.*

Dies gilt es im vorliegenden Kapitel zu verifizieren, zu falsifizieren oder alternativ zu reformulieren.

4.2.1. Organisationstheoretische Verankerung: Das Modell der doppelten Grenzstelle

Zunächst jedoch zu der Frage: Wo findet Familienmanagement statt? An welchen Stellen kondensiert Familienmanagement?[1] Hierzu wird auf das oben bereits erläuterte Konzept der Grenzstelle zurückgegriffen[2] und untersucht, inwiefern dieses zur Erklärung der organisatio-

---

[1] Zum Begriff der Stelle, vgl. [Luhmann, N. (2000): Organisation und Entscheidung], S. 233: „Die Stelle [...] ist nichts weiter als eine inhaltsleere Identität mir auswechselbaren Komponenten. Sie hat den Umfang der zeitlich begrenzten Arbeitskraft einer Person [...], lässt aber offen, welche Person die Aufgabe erfüllt. Sie muss jeweils mit einer bestimmten Aufgabe versehen werden, aber diese Aufgabe kann sich ändern oder kann so pauschal definiert sein, dass sie durch Weisungen oder durch Eigenentscheidungen des Stelleninhabers ausgefüllt werden muss."

[2] Vgl. hierzu weiter oben Kap. 2.2.5. Grenzstellen als Kondensationspunkt von Führung, S. 148 ff.

nalen Einbettung von *Familienmanagement* im Familienunternehmen und der Unternehmensfamilie herangezogen werden kann.

Grenzstellen sind typisch für Organisationen und sind, wie die Bezeichnung schon sagt, an deren Grenzen vorzufinden.[1] Sie übernehmen zwei wichtige Aufgaben in der Reproduktion der System/Umwelt-Grenze:

(1.) Sie interpretieren und filtern für das System hoch selektiv Informationen aus dessen Umwelt und reformulieren diese zur weiteren systeminternen (kommunikativen) Verarbeitung.

(2.) Sie repräsentieren, natürlich ebenso selektiv, das System für die systemeigene Umwelt. Schließlich vermag keine (Grenz-)Stelle, das gesamte System zu repräsentieren, sondern immer nur Ausschnitte davon.

Ausgestattet mit diesen Funktionen sind Grenzstellen in unterschiedlichen Bereichen der Organisation vorzufinden: Vertriebs- und Außendienststellen zählen ebenso hierzu wie diejenigen des Einkaufs, des Kundenservice sowie – zu weiten Teilen – der Unternehmensführung.[2]

---

[1] Vgl. [Luhmann, N. (1964): Funktionen und Folgen formaler Organisation], S. 221: „In jedem Falle handelt es sich [bei Grenzstellen] um herausspezialisierte Funktionen für den Verkehr mit einem bestimmten Umweltsektor."

[2] Es sei auf die oben aufgeführten Ergebnisse der Work-Activity-Forschung, insbesondere auf die Ergebnisse von MINTZBERG, verwiesen, die zeigen, dass die Unternehmensführung zu großen Teilen mit dem Handhaben (Selektieren, Filtern, Interpretieren, Weitergeben) von Informationen beschäftigt ist. Vgl. hierzu weiter oben Kap. 2.2.5.5. Kondensation von Führungskommunikation an Grenzstellen, S. 152 ff. sowie speziell zu den Ergebnissen MINTZBERGs [Mintzberg, H. (1973): The Nature of Managerial Work].

4.2.1.1. Familienmanagement, Führung und Grenzstellen

Die Führungskräfte sind es denn auch, die, wie weiter oben gezeigt, im Rahmen ihrer Führungskommunikation familienunternehmenstypische Aspekte zu bedenken haben.[1] Im Hinblick auf manche Aspekte der Unternehmensführung halten sie in der Familie nach auffälligen Informationen Ausschau, um diese der Organisation zur Verarbeitung bereit zu stellen, sie auszufiltern oder schlicht zu übersehen. Dies kann, wie in der ausführlichen Analyse familienunternehmenstypischer Merkmalen im Rahmen von Führung gezeigt,[2] vielfältige Aspekte der Unternehmensführung betreffen, sei es die Strategiearbeit, seien es finanzierungsorientierte Fragen oder Fragen zur (Re-)Organisation, zur Mitarbeit im Unternehmen, zum Umgang mit Selbstbeobachtung oder der Außendarstellung gegenüber Kundschaft und Markt. Gleichzeitig sind es auch diese Unternehmensführungsstellen, die typischerweise das Unternehmen gegenüber der Familie repräsentieren. Sie sind es, die in angemessenem Umfang Antworten auf mögliche Fragen bereithalten müssen, um damit eine hoffentlich wohlmeinende und kooperative Anteilseignerschaft zu versorgen.[3]

So sind es also die Führungsstellen der Organisation, die im Rahmen ihrer Führungskommunikation einen Teil der skizzierten Aufgabenfelder des Familienmanagements handhaben können. Man hat es dabei mit einer Grenzstelle der Organisation zu tun, die sich als Teil des Familienmanagements auf die Familie ausrichtet. Es ist

---

[1] Welcher im Vergleich zu Nichtfamilienunternehmen erkennbare Anstieg an *zu verrechnender Komplexität* bei Familienunternehmen vorherrscht, zeigen [Mitchell, R. K., Morse, E. A., & Sharma, P. (2003): The transacting cognitions of nonfamily employees in the family businesses setting] in einer Untersuchung, die die Entscheidungsstrukturen von Fremdmanagern in Familienunternehmen auf Basis der *transaction cognition theory* analysiert.

[2] Vgl. weiter oben Kap. 3.4. Familie und Unternehmensführung: ein Unterschied, der einen Unterschied macht?, S. 244 ff.

[3] LUHMANN schreibt hierzu, solche Grenzstellen hätten *einen guten Eindruck des Systems* zu machen. Vgl. [Luhmann, N. (1964): Funktionen und Folgen formaler Organisation], S. 221.

diese Grenzstelle, die es im Rahmen von Familienmanagement erlaubt, die Familie im Auftrag des Unternehmens in den Blick zu nehmen. Und es ist diese Grenzstelle die es begünstigt, dass die Differenz des Unternehmens und der Familie, also die Bezugnahme auf die Familie als Umwelt des Unternehmens, nahezu ungehindert in Teilen der organisationalen Führungskommunikation (Reproduktion von Entscheidungen) vorkommen kann. *Die Grenzstelle ermöglicht also die Repräsentation des Unternehmens gegenüber der Familie (nach wie vor als deren Umwelt!) und hält gleichzeitig die Familie als interne Umweltkonstruktion der Entscheidungsreproduktion zugänglich.*[1]

4.2.1.2. Was ist mit der Familie?

Jedoch sind nicht alle Aspekte des Familienmanagements für Führungsstellen zugänglich, geschweige denn von direktem Interesse. Wie eine Unternehmensfamilie sich im Detail ausdifferenziert, wie sie die Frage nach ihren eigenen Grenzen thematisiert, welche selbstgesetzten (gesellschaftlichen) Ziele sie verfolgt, ob und wie sie für ausreichende Kommunikation sorgt, damit die Unternehmensfamilie sich als soziales System reproduzieren kann, das alles sind Fragen, die aus einer organisationstheoretischen Sicht für die Unternehmensführung, wenn überhaupt, dann von nur nachrangigem Interesse sein kann. Letztendlich ist und bleibt die Familie als System in der Umwelt des Unternehmens für Mitglieder des Unternehmens prinzipiell unerreichbar.

Insbesondere komplexe Unternehmensfamilien, die über mehrere Generationen ihre eigene Reproduktion als Unternehmensfamilie aufrechterhalten und ausdifferenzieren konnten, geben interessante Einblicke in die Ausgestaltung von Funktionen und Stellen innerhalb der Familie. Untypisch für Familien im Allgemeinen, bilden sie unterschiedliche kommunikative Knotenpunkte in Form selbstgeschaffener Gremien und Stellen aus, die mit unterschiedlichen Auf-

---

[1] Hierzu [Luhmann, N. (1964): Funktionen und Folgen formaler Organisation], S. 223 f.: Grenzstellen haben überdies „für Frieden an der Grenze zu sorgen, für Ausgleich von Spannungen, für Beschwichtigung des Publikums und für rechtzeitige Vorbereitung des Systems auf notwendige Programmänderungen."

gaben, sprich Erwartungserwartungen, ausgestattet werden. So ist zu beobachten, dass Mehrgenerationen-Unternehmensfamilien eigens Stellen einrichten, um die Bezugnahme auf das Unternehmen und die eigene Repräsentation gegenüber dem Unternehmen zu regeln. Während manche Familien diese Ausdifferenzierung eher implizit vollziehen, indem sie einem *Familienoberhaupt* oder einem *Familienpatriarchen* diese Aufgabe zusprechen, regeln andere Familien dasselbe beeindruckend explizit und formal, indem sie einen Familienrat gründen, dessen Mitglieder basisdemokratisch und nur für einen gewissen Zeitraum gewählt werden. Ob als emergentes Phänomen im Verlauf der Zeit oder als bewusst geplante und konzipierte Institution: Viele Unternehmensfamilien scheinen ein Äquivalent zur Grenzstelle des Familienunternehmens auszubilden. *Sie differenzieren eine eigene Grenzposition aus, die unter anderem die Aufgabe hat, die Geschicke des Unternehmens als Umwelt des Familiensystems auf interessante und kommunikationsbedürftige Differenzen hin abzusuchen, diese zu interpretieren, gegebenenfalls zu filtern und auszusieben oder sie als Irritation innerhalb des eigenen Systems zur kommunikativen Weiterverarbeitung bereitzustellen. Diese Stellen übernehmen gleichzeitig die Repräsentationsfunktion der Familie gegenüber dem Unternehmen, indem sie ebenso selektiv Informationsangebote für das Unternehmen bereitstellen.* Auf dessen Anschlussnahme haben sie jedoch keinen direkten Einfluss, schließlich handelt es sich beim Unternehmen um ein System in der Umwelt der Familie, und die Umwelt ist für die Familie per se unerreichbar. Ebenso kann diese funktionalisierte Stelle[1] die Familie persönlich repräsentieren, indem die betreffenden Personen beispielsweise bei Betriebsjubiläen oder wichtigen Kundenterminen eingebunden werden.

---

1 ... oder Stellen: Im Folgenden wird der Singular verwendet, wobei explizit darauf hingewiesen sei, dass es sich durchaus um mehrere Grenzstellen sowohl auf Familien- wie auf Unternehmensseite handeln kann. Vgl. hierzu beispielsweise das Unternehmen Melitta (Minden), das von drei Brüdern geführt wird. Solche mehrfachen Grenzstellen sind, mindestens mit Blick auf die Repräsentationsfunktion, auch in denjenigen Fällen identifizierbar, in denen Vater und Sohn (noch) gemeinsam im Unternehmen aktiv sind.

Fasst man beide Aspekte zusammen, so hat man es im Rahmen des Familienmanagements mit einem Modell zweier Grenzstellen zu tun, die in jedem System jeweils auf das andere ausgerichtet sind und somit die eigene Grenze zum anderen System vital und fruchtbar zu halten vermögen. Diese auf beiden Seiten der ineinandergreifenden Systeme Unternehmen und Familie vorhandenen Grenzstellen halten sich zwar auch gegenseitig im Blick. Doch das Unternehmen beobachtet über die Grenzstelle auf der Familienseite hinaus noch weitere Aspekte der Familie, ebenso wie andersherum die auf die Familie angesetzten Grenzstellen des Unternehmens nicht mit dem Unternehmen als Ganzes verwechselt werden. Auch hier achtet die Familie in ihrer eigenen hoch spezifischen Selektivität auf das gesamte Unternehmen und richtet manche Kommunikationsangebote an mehr Stellen als nur an ihr eigenes Äquivalent.[1]

Das Familienmanagement mit seinen Aufgabenfeldern und Fragestellungen kondensiert somit an diesen beiden Stellen und spannt ein Aufgabennetz über zwei prinzipiell voneinander unabhängige Systeme. Die Behandlung der als *Familienmanagement* bezeichneten Aufgaben obliegt somit zwei voneinander verschiedenen, aber korrespondierenden Stellen im System *Unternehmen* einerseits und im System *Familie* andererseits.

Im Hinblick auf die Forschungsfrage wird spätestens an dieser Stelle klar, dass das *Familienmanagement* nicht allein Aufgabe der Unternehmensführung ist. Ihr kommt zwar ein wesentlicher Teil dieser Aufgabe zu, aber diejenigen Aspekte, welche die Reproduktion der Familie betreffen, sind für die Unternehmensführung unzugänglich.

---

[1] Man denke nur an die zu Beginn beschriebene Gesellschafterzeitung, die an alle Mitarbeiter verteilt wird. Hierzu jedoch noch ausführlich im Kap. 4.3.4.2. Schriftliche Repräsentation, S. 449 f.

4.2.2. Der Unterschied der Stellenbesetzung

I'm their friend, but I'm not their friend

(N.N., Fremdmanager, über seine Stellung zur Familie)[1]

Jene beiden Stellen, einmal auf Seiten des Unternehmens, einmal auf Seiten der Familie, sind, wie alle anderen Stellen auch, typischerweise mit Personen zu besetzen.[2] Empirisch ist zu beobachten, dass in vielen Fällen *beide* Stellen *gleichzeitig* mit ein und derselben Person besetzt sind. Es handelt sich dabei um ein Mitglied der Unternehmensfamilie, das *zugleich* auch Mitglied des Unternehmens ist. Diese Person führt dann die Geschicke des Unternehmens und handhabt zugleich typische Fragen innerhalb der Unternehmensfamilie, repräsentiert die Familie im Unternehmen und umgekehrt. Empirisch sind jedoch auch andere Formen der Stellenbesetzung zu finden. Hierzu CARLOCK und WARD:[3]

> „In many families, the CEO of the business also serves as the family's chief arbiter. This arrangement is often effective, especially in first-generation entrepreneurial firms. Historically, the father has assumed the role of family decision-maker. [...] Finding a successor for the family leader is equally as important to the long-term health of the family business as is finding a successor for the chief executive."

---

[1] So bei [Poza, E. J., & Alfred, T. (1996): What the silent majority thinks (but may not tell you)].

[2] Hierzu [Luhmann, N. (2000): Organisation und Entscheidung], S. 232: „Wenn Personen eingestellt werden, wird ihnen eine bestimmte Aufgabe zugewiesen, und das erfordert zugleich die Zuordnung zu bestimmten Abteilungen und bestimmten hierarchischen Ebenen. Ein Krankenpfleger wird eingestellt, um in einer bestimmten Abteilung eines bestimmten Krankenhauses eine bestimmte Aufgabe zu erfüllen. [...] Es ist kaum vorstellbar, dass Personen rekrutiert werden, ohne dass man ihnen bestimmte Tätigkeiten zuweist; so wenig, wie man sich vornehmen wird, eine Aufgabe zu erfüllen, ohne festzulegen, wer die entsprechenden Tätigkeiten ausführen soll."

[3] Vgl. [Carlock, R. S., & Ward, J. L. (2001): Strategic planning for family business: Parallel planning to unify the family and the business],S. 98 f.

Es macht also einen Unterschied, mit welcher Person die unterschiedlichen Stellen besetzt werden, denn jede Stellenbesetzung mit einer Person hat immer auch eine Einschränkung der Funktionserfüllung zur Folge. Psychische Systeme sind in ihrer Fähigkeit, komplexe Zusammenhänge zu erfassen, ebenso natürlich begrenzt wie in ihrer jeweils unterschiedlichen Fähigkeit zur Teilnahme an organisationaler Entscheidungskommunikation oder an der spezifischen Familienkommunikation. Somit reduziert jede Person die sie umgebende Komplexität typischerweise auf ein Maß, mit dem sie umzugehen weiß. Es macht also einen Unterschied, wer die Grenzstellen besetzt und die entsprechenden Aufgaben in eigener Weise ausfüllt. Welche Chancen und Probleme hieraus erwachsen können, wird in den nachfolgenden Abschnitten untersucht. Dabei werden vier in der Praxis typischerweise anzutreffende Fälle skizziert.

4.2.2.1. Der Patriarch in Unternehmen und Familie

Der in der Praxis wohl am häufigsten vorkommende Fall ist der nun skizzierte.[1] Hierbei werden beide funktional voneinander getrennten Stellen von ein und derselben Person besetzt. Dabei repräsentiert der geschäftsführende Gesellschafter die Familie im Unternehmen und sorgt für die Selektion und interne Verarbeitung unternehmensrelevanter Informationen aus der Familie. So zumindest aus theoretischer Sicht. Zwar werden die beiden Systeme somit relativ *nah* beieinander gehalten, dennoch ergeben sich im Vergleich zu anderen Konstellationen auch Nachteile. So werden bei der Repräsentation qua Person typischerweise selten alternative Formen der Informationsbereitstellung erprobt. Zwar erhalten Mitgesellschafter aus der Familie jährlich eine Bilanz zur Information, andere wichtige Merkmale bleiben jedoch in der Person jenes Patriarchen gebündelt.[2] Genauso verhält es

---

1 Insbesondere bei jüngeren Familienunternehmen ist diese Konstellation häufig. Diese Unternehmen sind auch in der Regel eigentümergeführt. Vgl. [Klein, S. B. (2004): Familienunternehmen – Theoretische und empirische Grundlagen], S. 217.

2 Hierzu detaillierter, vgl. weiter unten Kap. 4.2.2.1. Der Patriarch in Unternehmen und Familie, S. 380 ff.

sich andersherum: Welche Aspekte aus der Familie für das Unternehmen relevant sein könnten, unterliegt der Interpretation dieser Person. Sie hat die wechselseitige Repräsentanz mit sich selbst zu verhandeln und kann dabei nicht auf die Erfahrungen zweier sozialer Systeme miteinander zurückgreifen. Diese Form der Stellenbesetzung *beider* Stellen mit *einer* Person kann daher die Ausdifferenzierung wechselseitiger Bezugnahme beider Systeme aufeinander einschränken.

4.2.2.2. Trennung von familiärer Unternehmensführung und Familienführung

Aufgrund dieser Nachteile scheint es wenig überraschend, dass die Besetzung der beiden funktional sehr unterschiedlichen Stellen mit einer einzigen Person langfristig eher vermieden wird. So schreibt WARD als Ergebnis seiner Untersuchungen bei Mehrgenerationen-Familienunternehmen:[1]

> „Typically, the family leader and the business leader are not one and the same. Older successful business families have learned that when the business leader is also the family leader, the message that comes across is that the reason the family is doing what it is doing (having a reunion or a retreat, e.g.) is to support, strengthen and protect the business. But that's not the point of family leadership."

Während WARD die Differenz der Zielsetzung herausstellt (Reproduktion der Familie als Familie und des Unternehmens als Unternehmen), ergeben sich bei genauerer Betrachtung auch sehr pragmatische Gründe für die Form einer differierenden Grenzstellenbesetzung. Insbesondere Mehrgenerationen-Unternehmensfamilien differenzieren sich über die Generationen hinweg aus und wachsen zu komplexen Unternehmensfamilien heran. So ergeben sich organisationale Fragestellungen im Rahmen der Familie, die nicht zuletzt auch die Vertretung der Familie gegenüber dem Unternehmen betreffen.

---

[1] [Ward, J. L. (2004): Perpetuating the Family Business: 50 Lessons Learned from Long-Lasting, Successful Families in Business], S. 124.

Beispielsweise werden Familienräte gegründet, um die Familie gegenüber dem Unternehmen angemessen vertreten zu können und andererseits dem Unternehmen eine Adresse für Kommunikationsangebote zu bieten, die sich *an die Familie als solche* richten.

Allerdings ist die Einrichtung einer Institution wie der Familienrat nicht zwingend. So berichten CARLOCK und WARD aus ihrer Praxis:[1]

> „Finding a successor for the family leader is equally as important to the long-term health of the family business as is finding a successor for the chief executive. As a result, some families deliberately groom a leader who will cultivate family unity and see that everyone feels appreciated in his or her individual roles. In some cases, this is the oldest son or daughter not employed by the business or another family member with special skills in human behavior. In others, it might be the spouse of the successor. Occasionally, a younger sibling of either gender takes the role."

So ist es nicht zwangsläufig das Bilden formal organisierter Strukturen (Gremien oder Räte), das die personelle Trennung der beiden Stellen aufrechterhält. Ebenso kann es üblich werden, dass bei Besetzung der Unternehmensführung durch ein Familienmitglied sich ein anderes um die Belange der Familie im Rahmen des Familienmanagements kümmert.

4.2.2.3. Das familienfremd geführte Unternehmen und die organisierte Familie

Es kommt vor, dass diese beiden *Formen* organisierter Familienführung, also Familienrat oder anderes Mitglied aus der Unternehmensfamilie, auch dann gelten, wenn die Unternehmensführung nicht länger von einem Mitglied der Unternehmensfamilie besetzt ist.[2]

---

[1] Vgl. [Carlock, R. S., & Ward, J. L. (2001): Strategic planning for family business: Parallel planning to unify the family and the business], S. 98 f.

[2] GALLO und VILLASECA vermuten, dass dies zunehmend der Fall sein wird. So beschreiben sie [Gallo, M., & Vilaseca, A. (1998): A Financial Perspective on

VON SCHULTZENDORFF stellt als Ergebnis seiner empirischen Analysen zum Thema *Fremdmanager in Familienunternehmen* unterschiedliche Formen von familienfremder Unternehmensführung vor, indem er deren Eintreten zeitlich wie folgt differenziert:[1]

Zustandekommen des Einsatzes (geplant ↑ / ↓ ungeplant)	Ziel: Dauerlösung	Ziel: Übergangslösung
geplant	• Bewusste Trennung von Eigentum und Verfügungsgewalt • Verbreiterung der Unternehmensleitung • Kontinuitätssicherung	• Nutzung familienfremden Know-hows für zeitlich begrenzte, aber grundlegende Umwälzungen im Unternehmen • Nachfolger aus der Familie noch zu jung für Leitungspositionen
ungeplant	• Unvorhergesehener Tod / Ausfall eines Eigentümermanagers ohne eigene/qualifizierte/interessierte Nachkommen	• Plötzliche Krise im Unternehmen, zu deren Bewältigung Wissen und Fähigkeiten der Eigentümerfamilie nicht ausreichen (temporäres Krisenmanagement)

Abbildung 30: Einsatzarten des Fremdmanagers nach VON SCHULTZENDORFF

Es zeigt sich, dass es *den* typischen Fremdmanager in Familienunternehmen nicht gibt, sondern dass das Thema *Fremdmanagement* differenzierter zu betrachten ist. Jeder der Situationskontexte in der obigen Grafik erfordert die Besetzung der Unternehmensführungsstelle mit jeweils unterschiedlichen Personen. So sind Krisenmanager typischerweise aus anderem Holz geschnitzt als langfristig etablierte, mög-

Structure, Conduct, and Performance in the Family firm: An Empirical Study], S. 43: „In fact, it has been observed that more than 40% of family owners' sons and daughters close to finishing undergraduate studies have no intention of getting involved in the family business“ und verweisen dabei auf die Ergebnisse von [Birley, S. (1986): Succession in the family firm: The inheritor's view].

[1] Vgl. [von Schulzendorff, D. (1984): Fremdmanager in Familienunternehmen: Eine empirische Analyse], S. 149.

licherweise schon seit vielen Jahren im Unternehmen arbeitende „Eigengewächse", welche die Leitungsfunktion dauerhaft innehaben.

Das Führen eines Familienunternehmens ist für eine familienfremde Person, wie in der Analyse familienunternehmenstypischer Merkmale im Rahmen von Führung bereits herausgearbeitet, auch jenseits situativer Notwendigkeiten ein anderes Geschäft als die Führung von Nichtfamilienunternehmen. Hinzu kommt die spezifische Konstellation mit der Unternehmensfamilie, die WIMMER ET AL. wie folgt beschreiben:[1]

> „Topmanager, die nicht der Eigentümerfamilie angehören, sind an einer wichtigen, aber auch heiklen Nahtstelle angesiedelt. Sie stehen gleichsam zwischen dem Unternehmen einerseits und der Eigentümerfamilie andererseits. Sie können auf Sicht nur erfolgreich sein, wenn sie in ihrer Führungsarbeit fürs Unternehmen auch die Interessenslage der Eigentümer inklusiver der oft konflikthaften Familienkonstellationen mitberücksichtigen."

So gesehen ergeben sich für familienfremde Führungskräfte ganz besondere Kompetenzanforderungen, schließlich werden sie nicht nur im Rahmen ihrer Führungsrolle mit den zuvor skizzierten familienunternehmenstypischen Aspekten konfrontiert sein, sondern werden es zudem im Rahmen ihrer Repräsentanzfunktion mit der Familie zu tun haben.[2] Hat die Unternehmensfamilie ihre eigene Grenze im Blick und dafür beispielsweise einen Familienrat eingerichtet oder

---

[1] [Wimmer, R., Domayer, E., Oswald, M., & Vater, G. (1996): Familienunternehmen – Auslaufmodell oder Erfolgstyp?], S. 172.

[2] Eine Checkliste mit Merkmalen zur Identifikation passender Fremdmanager findet sich bei [Crego, E. T. (1989): A Checklist for Nonfamily Managers] sowie weitere Ansatzpunkte bei [Houston, P., & Bernhard, E. (2000): Going outside for talent]; [Hutcheson, J. O. (2002): In Between CEOs? Try a "Bridge Manager"] und [Geller, D. (2004): When it's time to hire a non-family CEO]. Typisch hierbei sind Einfühlungsvermögen, die Fähigkeit, sich hintanstellen zu können, in Konfliktsituationen unparteiisch bleiben zu können und ähnliche Wertekategorien zu favorisieren wie die Familie (Sparsamkeit, Pressescheu, geringer Hang zur Selbstdarstellung, Verantwortungsbewusstsein etc.).

die Auseinandersetzung mit dem Unternehmen explizit oder implizit an eine oder mehrere Personen als Vertreter der Familie delegiert, ist die Rolle des Fremdmanagers geklärt. Er ist dann der Vertreter des Unternehmens, der familiäre Aspekte im Unternehmen zu verarbeiten hat (langfristige Zielausrichtung; Unabhängigkeit; konstantes Wachstum etc.) und das Unternehmen gegenüber der Eignerfamilie zu vertreten hat.

Derartige Fälle geklärter Rollensettings sowohl auf Unternehmens- wie auf Familienseite finden sich beispielsweise bei familienfremd geführten Familienunternehmens wie Haniel, Merck und anderen wieder.

4.2.2.4. Ungeklärte Familienführung bei fremdgeführten Unternehmen

Die vierte in der Praxis vorkommende Konstellation in der Besetzung der beiden Stellen ist der nun skizzierte Fall. Hierbei handelt es sich auf Unternehmensseite um eine familienfremde Besetzung der Leitungsfunktion und somit meist auch der Grenzstelle zur Familie. Auf der anderen Seite, also im Familiensystem, ist die Besetzung jener Grenzstelle indessen ungeklärt. Es ist also nicht klar, wer sich um organisatorische Aufgaben in der Familie zu kümmern hat; ebenso bleibt offen, wie die Repräsentanz der Unternehmensfamilie gegenüber dem Unternehmen gehandhabt werden soll.

So kommt es nicht selten dazu, dass ein Fremdmanager in der Familie gewissermaßen einen Ansprechpartner suchen geht, und sich inmitten einer nicht hierarchisch geordneten Familie (familientypisch!) verliert. Bleibt die Grenzstellenfunktion auf Familienseite ungeklärt, ist auch der Weg für informelle und wenig geordnete Repräsentanzen der Unternehmensfamilie gegenüber dem Unternehmen frei. So knüpfen Mitglieder der Unternehmensfamilie bei Bedarf repräsentative Verbindungen ins Unternehmen hinein. Man denke hierbei nur an die Anekdote, die auf einschlägigen Kongressen immer wieder erzählt wird:[1]

[1] Der Wahrheitsgehalt jener Geschichte kann nicht überprüft werden. Allerdings erfüllt sie ihren Zweck, indem sie eine gemeinte Situation treffend skizziert. Ich

> Der Unternehmer kommt von der Geschäftsreise zurück und fragt nach seiner Sekretärin. Sein Sohn hatte sie zwischenzeitlich entlassen. Er war elf Jahre alt, und sie hatte nicht genug Buntstifte für ihn vorgehalten.

Diese kleine Geschichte mag verdeutlichen, worum es geht: Ein Unternehmen ist häufig nicht darauf eingestellt, routiniert mit Anforderungen umzugehen, die von der Unternehmensfamilie formuliert werden. Sollten sie befolgt werden, weil es sich hierbei um einen Eigentümer handelt? Oder sollte man Anfragen mit dem Argument ablehnen, man würde nur Anweisungen des eigenen Chefs befolgen? Was ist, wenn man sich Vorteile, beispielsweise im Rahmen der nächsten Beförderungsrunde, verspricht? Was ist, wenn ausgerechnet der Anfragende möglicherweise schon bald der eigene Chef sein kann?[1] Solche Probleme entstehen selbstredend nicht nur im Falle des fremdgeführten Familienunternehmens. Ist die Führungsstelle durch ein Mitglied der Unternehmensfamilie besetzt, kann es jedoch leichter fallen, die Repräsentanz der Familie in dieser Person zu verorten und sich im Falle derartiger Anfragen mit dieser abzustimmen.

Eine *mindestens personell* ungeklärte Grenzstelle auf der Familienseite kann die zukunftsgerichtete Koevolution von Unternehmen und Familie stören. Unglücklicherweise könnte der Fremdmanager, selbst wenn er es wollte, diese Aufgabe gar nicht mit übernehmen. Auch wenn er von manchen Familienmitgliedern vielleicht als jemand beschrieben wird, der schon *fast* zur Familie gehört, so macht dieses *fast* hier einen entscheidenden Unterschied. Er gehört nicht zur Familie und wird es auch nie – es sei denn, er wird adoptiert oder die Familie bindet ihn in ihrer Familienkommunikation entsprechend als Familienmitglied ein. Ansonsten bleibt dem Fremdmanager die Familie kommunikativ verschlossen. Er wird allenfalls in ausgesuchten Fällen, beispielsweise zur Konfliktklärung oder als Konfliktargument,

---

danke David Klett für das Aufschreiben der Geschichte. Vgl. [Klett, D. (2005): Zwischen Kompetenz und Herkunft – zwischen Gleichheit und Selektion: Paradoxe Anforderungen an Familienunternehmen und ihre Unternehmensfamilien], S. 64.

[1] So zumindest potentiell möglich im skizzierten Fall des elfjährigen Sohns.

von dem einen oder anderen Familienmitglied mit ins (familiäre) Spiel gebracht. Zu einem Teil der Familie wird er jedoch typischerweise nicht, vermag also auch nicht deren Selbstorganisations- und Reproduktionsgeschicke zu beeinflussen.

4.2.3. Resümee zur Organisation von Familienmanagement

Die Analyse der *Organisation des Familienmanagements*, also die Frage nach der organisationalen Verankerung jener Aufgabenfelder sowie nach der je unterschiedlichen Besetzung dieser Stellen, förderte Interessantes zutage. Zum einen zeigte sich, dass es sich bei *Familienmanagement* nicht um eine Managementfunktion handelt, die typischerweise an *einer* Stelle verortet werden kann. Vielmehr ergeben sich *korrespondierende Grenzstellen* sowohl im Unternehmen wie auch in der Familie, die gleichermaßen zur kontinuierlichen Aufrechterhaltung und Vitalisierung der Grenze zwischen Familienunternehmen und Unternehmensfamilie beitragen. So hat das Familienmanagement auf der Unternehmensseite dafür zu sorgen, dass die Familie selektiv auf unternehmensrelevante Aspekte hin abgesucht wird und diese bei Bedarf in der Entscheidungskommunikation (Führungskommunikation) des Unternehmens thematisiert werden. Gleichzeitig unternimmt die Grenzstelle auf der Unternehmensseite, ebenso hoch selektiv, eine repräsentative Funktion des Unternehmens gegenüber der Familie. Ähnliches findet sich auf der Seite der Familie. Auch hier sind repräsentative Aspekte der Unternehmensfamilie gegenüber dem Unternehmen zu klären und zu organisieren, wobei die betreffende Stelle gleichzeitig die Aufgabe hat, organisationale Fragen für die Aufrechterhaltung einer reproduktionsfähigen Familie zu klären. *Familienmanagement* wird mithin zu einem Aufgabennetz, das sich über zwei Systeme spannt, das gleichzeitig jedoch auch an zwei unterschiedlichen Stellen maßgeblich kondensiert und somit im Rahmen der je eigenen Reproduktion routiniert und verankert wird.

Dabei macht es einen Unterschied, welche Person oder welche Personen jene Aufgaben an den jeweiligen Stellen wahrnehmen. In der Praxis, insbesondere bei jüngeren Familienunternehmen, übernimmt häufig ein und dieselbe Person, der *Unternehmer*, beide Rollen, besetzt also beide Stellen gleicchzeitig. Er hat somit im Unternehmen im

Rahmen der organisationalen Autopoiesis für eine angemessene Bezugnahme auf die Familie zu sorgen, gleichzeitig hat er aber auch die Reproduktion der Familie als Unternehmensfamilie im Blick zu behalten. In der Praxis sind aber ebenso Fälle zu finden, wo die familienseitigen Aufgaben von einem anderen Familienmitglied übernommen werden als demjenigen, welches das Unternehmen führt. Diese Variante hat sich nach Ansicht einiger Familienunternehmensexperten gar als einer von mehreren Erfolgsfaktoren von langlebigen Familienunternehmen herausgestellt. Auf der Unternehmensseite kann das *Familienmanagement* auch in den Händen eines familienfremden Managers liegen, typischerweise dann, wenn diesem gleichzeitig die Leitung des Unternehmens obliegt. Er ist darauf angewiesen, dass es auf Familienseite ein äquivalentes Pendant zu ihm gibt, schließlich ist er nicht Teil der Familie und kann die Aufgabe dort nicht, wie der *Unternehmer* es häufig tut, gleich mit erledigen. Ist die Stelle auf der Familienseite nicht etabliert, gibt es keine Routinen für deren Aufgabenerfüllung, so kann das notwendige Maß an *Familienmanagement* langfristig möglicherweise nicht angemessen aufrechterhalten werden. Damit gerät die Reproduktion der Unternehmensfamilie und die Koevolution beider Systeme in Gefahr.

4.3. Familienmanagement als zirkulärer Prozess

Basierend auf den obigen Überlegungen zur organisationalen Verankerung von Familienmanagement und auf dem hieraus gewonnenen Konzept zweier Grenzstellen soll im nun folgenden Abschnitt ein Vorschlag zur Operationalisierung des Familienmanagements erarbeitet werden. Hierzu werden zunächst unterschiedliche Spielarten[1] des Familienmanagements untersucht, bevor im Anschluss ein Vorschlag zu einem formalisierten Prozess entworfen wird. Dieser greift die im Rahmen der vorliegenden Arbeit bereits diskutierten Aspekte von *Familienmanagement* auf und bündelt sie in einem zirkulären Prozessvorschlag. Dieser wird als *Familienmanagement-Prozess* bezeichnet.

Grundsätzlich ist zu konstatieren, dass in jedem Familienunternehmen, und somit in jeder Unternehmensfamilie, eine ganz spezifische Form von Familienmanagement vorherrscht. Sie mag ausgeprägt sein oder auch nicht, mag implizit ablaufen oder auch ganz oder in einzelnen Aspekten formalisierten und explizierten Regeln folgen. Sie mag kontinuierlich Thema sein oder nur ab und an Relevanz gewinnen, mag von einer einzigen Person oder mehreren betrieben werden. Es gibt in der Praxis also unterschiedliche *Spielarten des Familienmanagements*, die sich mehr oder weniger funktional etabliert haben. Jene emergenten Routinen und Muster sind es, die die Koevolution von Familie und Unternehmen aufrechterhalten und die je eigene Logik des einen Systems mit derjenigen des anderen sowohl angemessen zusammen- wie auseinanderhalten können.

---

[1] Wimmer verwendet den Begriff der *Spielarten* in verschiedensten Kontexten, um aufzuzeigen, welche unterschiedlichen Möglichkeiten eines Sachverhalts beobachtbar sind bzw. sich bereits nebeneinander eingebürgert haben. So spricht er beispielsweise von den *Spielarten der Generationsablösung bei Familienunternehmen*, vgl. [Wimmer, R., Domayer, E., Oswald, M., & Vater, G. (1996): Familienunternehmen – Auslaufmodell oder Erfolgstyp?], S. 280 ff., oder von den *Spielarten der Strategieentwicklung*, vgl. [Wimmer, R., & Nagel, R. (2002): Systemische Strategieentwicklung], S. 29 ff.

Familienmanagement ist also nichts, was man als Familienunternehmen oder Unternehmensfamilie von sich weisen könnte. Ohne die Auseinandersetzung mit der angeschlossenen Familie wäre das Unternehmen kein Familienunternehmen – und ohne die kontinuierliche Bezugnahme auf und Distanzierung von dem Unternehmen wäre die Familie keine Unternehmensfamilie.[1] Die Frage nach dem *Familienmanagement* ist also keine Frage nach dem *Ob*, sondern eine nach dem *Wie*.

	Im Unternehmen	**In der Familie**
Intuitiv	Implizite und situative Antizipation familiärer Interessen im Unternehmen	Sporadische Thematisierung von Familienunternehmensaspekten in der Familie
Formalisiert	Gremien, Stellenbeschreibungen, ...	Familienrat, gewählte Vertreter, Institutionen, Verantwortlichkeiten

Abbildung 31: Wo und wie findet Familienmanagement statt? Eigene Darstellung.

In der Praxis sind, wie weiter oben beschrieben,[2] nicht selten intuitiv betriebene *Formen des Familienmanagements* vorzufinden. Dies resultiert meist aus der Besetzung der identifizierten Grenzstellen auf Unternehmens- und Familienseite mit ein und derselben Person. Dieses Muster kann sehr stabil funktionieren, insbesondere hält es den Abstimmungs- und Koordinationsaufwand gering. Diese *Form des Familienmanagements* ist jedoch nicht möglich, wenn auf der Familienseite die Koordination von einer oder mehrerer anderen als der im Unternehmen tätigen Person übernommen wird oder wenn das Unternehmen von einer familienfremden Führungskraft geleitet wird. In diesen Fällen scheint es angebracht, manche Aspekte und Fragestel-

[1] Vgl. hierzu weiter oben Kap. 3.1.1. Das paradoxe Verhältnis von Familienunternehmen und Unternehmensfamilie, S. 162 f.

[2] Vgl. hierzu weiter oben Kap. 4.2.2. Der Unterschied der Stellenbesetzung, S. 379 ff.

lungen des Familienmanagements expliziter auszugestalten, möglicherweise Routinen einzurichten oder Institutionen zu schaffen. Hierfür kann der nachfolgend vorgeschlagene *Familienmanagement-Prozess* ein Modell sein, das es ermöglicht, die je eigenen Fragestellungen sowie die Interessen und Anforderungen von Unternehmen und Familie angemessen zu bearbeiten und auszutarieren.

Der *Familienmanagement-Prozess* orientiert sich an den Kernfunktionen der beiden Grenzstellen in Unternehmen und Familie, nämlich der Informationsgewinnung und Weiterverarbeitung von Irritationen im Rahmen der eigenen Reproduktion einerseits sowie der Repräsentationsfunktion des eigenen Systems gegenüber dem Umweltsystem andererseits.[1]

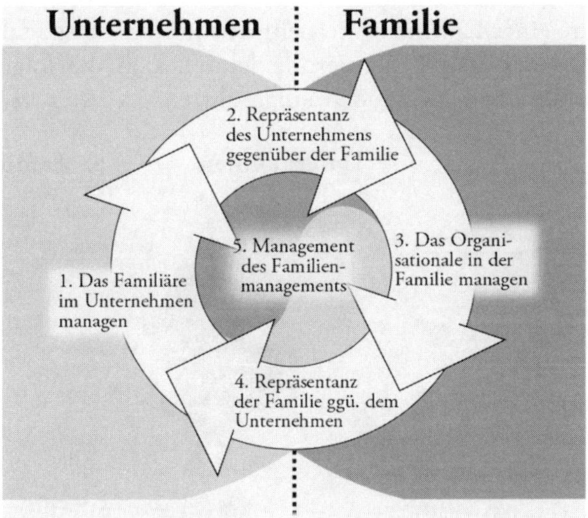

Abbildung 32: Familienmanagement als zirkulärer Prozess. Eigene Darstellung.

Der Prozess gliedert sich somit in 4+1 Abschnitte, die nachfolgend detaillierter untersucht werden. (1) Zuerst wird die Auseinanderset-

---

[1] So bei [Aldrich, H., & Herker, D. (1977): Boundary Spanning Roles and Organization Structure], S. 218: „Two classes of functions are performed by boundary roles: information processing and external representation."

zung mit familienunternehmenstypischen Merkmalen im Familienunternehmen untersucht, woran sich (2) die Analyse der spezifischen Repräsentanz des Unternehmens gegenüber der Familie anschließt. Darauf folgt (3) eine Betrachtung, wie innerhalb der Unternehmensfamilie organisationale Aspekte im Rahmen der eigenen Reproduktion gehandhabt werden können, um anschließend (4) die Repräsentation der Familie gegenüber dem Unternehmen näher in Augenschein zu nehmen. Abschließend (5) wird untersucht, welcher Eigendynamik das Familienmanagement ausgesetzt ist und wie dies gehandhabt werden kann.

4.3.1. Familienmanagement im Familienunternehmen

Zunächst geht es darum, wie im Unternehmen verschiedene typische Aspekte eines Familienunternehmens konkret ausgestaltet werden können. Zur besseren Orientierung lehnen sich die folgenden Abschnitte an die oben als Modell eingeführten *5K des Familienmanagements* an.

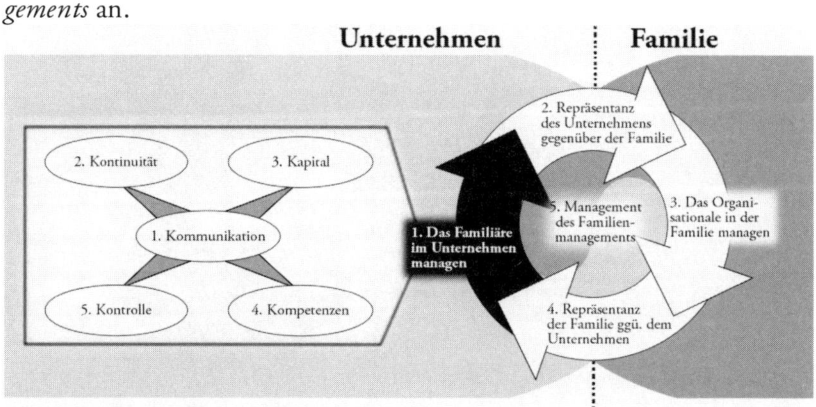

Abbildung 33: Das Familiäre im Unternehmen managen. Eigene Darstellung.

Dieses Modell geht davon aus, dass auf der Familienseite ebenso wie auf Seiten des Unternehmens gewisse Eigenarten aus der Kopplung beider Systeme entstehen, die als immer wieder zu klärende Fragen typisch für ein Familienunternehmen sind. Der Appell jedes Prozessschrittes würde, um die einzelnen, nachfolgend dargestellten Facetten auf einen Punkt zu bringen, lauten:

Rechnen Sie mit Familiarität in unterschiedlichen Bereichen des Unternehmens!
Kalkulieren Sie die unkalkulierbare Familie mit ein!

Dass dieser Ansatz in Mehrgenerationen-Familienunternehmen verfolgt wird, zeigen die Beobachtungen, die WIMMER, GROTH und SIMON in einer dreijährigen empirischen Untersuchung von langlebigen Familienunternehmen machten. Wie sie beschreiben, wird in den verschiedenen Unternehmensbereichen die Familie mit ins Kalkül genommen.[1] Es werden nachfolgend spezifische Aspekte (1) der Kommunikation des Unternehmens sowie (2) der Kontinuität, (3) des Kapitals und der Themenfelder, (4) der Kompetenzen und (5) der Kontrolle dargestellt, um anschließend an verschiedenen Stellen auf hilfreiche Instrumente zur angemessenen Realisierung zu verweisen.

4.3.1.1. Kommunikation

Wird die Familie ausgiebig in das Familienunternehmen eingebunden, kann sie auf die interne und externe Kommunikation an vielen Stellen ausgesprochen unterstützend wirken. Eine wesentliche Adresse für bereitgestellte Informationen sind *die Banken* als Lieferanten des Unternehmens. Wie oben bereits beschrieben, haben Familienunternehmen nicht selten eine ambivalente Einstellung zu diesen Stakeholdern. Einerseits sind die Geschäftsbeziehungen häufig über viele Jahre sehr stabil, was eine gegenseitige, zumindest jedoch eine unternehmensseitige Loyalität begründet. Andererseits ist gerade dieses Verhältnis nicht selten durch einen starken Protektionismus bezüglich der eigenen Finanz- und Controllingzahlen getrübt. Dies führt auch bei den Banken häufig zu einer misstrauischen und kritischen Beäugung sowohl des Unternehmens als auch der Eigentümerfamilie. Interessiert sich der Sohn oder die Tochter, also die nächste Generati-

[1] Vgl. [Wimmer, R., Groth, T., & Simon, F. B. (2004): Erfolgsmuster von Mehrgenerationen-Familienunternehmen], S. 71.

on, für das Unternehmen? Werden sie als kompetent eingeschätzt? Sind die regelmäßig getätigten Privatentnahmen angemessen oder zu hoch? Was passiert, wenn sich der zweite Familienstamm bei den nächsten Reorganisationsbemühungen erneut querstellt? Wenn er möglicherweise gar den Verkauf der Anteile androht? Eine Familie, die sich zu diesen Fragen in angemessener Weise verhält, beziehungsweise auch ihre Vertreter, kann durchaus für die Vitalisierung dieser besonderen Stakeholderbeziehung sorgen, kann jedoch die zunehmenden Transparenzanforderungen, beispielsweise im Rahmen von Basel II, nicht substituieren. Mit einer hiermit einhergehenden aktiven Form der Bankenkommunikation hat sich das Unternehmen intensiv auseinanderzusetzen, wenn es auch langfristig Teile seiner Investitionen zu angemessenen Konditionen mit Fremdkapital finanzieren möchte.

Eine nicht zu unterschätzende Wirkung kann die Einbindung der Familie und ihrer Vertreter auch im Verhältnis zu anderen *Kunden und Lieferanten* haben.[1] Während einige Unternehmen dazu übergehen, die Familie offensiv in die Produktwerbung einzubeziehen,[2] nutzen andere Unternehmen Vertreter der Familie gezielt in wichtigen Kunden- oder Lieferantenkontakten als Repräsentanten der Familie hinter dem Unternehmen. Die Familienvertreter stehen dann häufig für die traditionellen Werte von Kaufleuten, zu denen Verlässlichkeit und Ehrlichkeit ebenso zählen wie das Interesse an einer langfristigen Partnerschaft.

Neben diesen sehr genau zu beschreibenden Stakeholdern gibt es jedoch auch die unbestimmbare Allgemeinheit, deren Meinungsbildung für das Unternehmen genauso von Interesse ist. Denn auch diese nicht genau identifizierbaren Teile der eigenen Umwelt sind potentielle Kunden oder zukünftige Mitarbeiter oder können in ande-

---

[1] Vgl. hierzu [Lyman, A. R. (1991): Customer service: Does family ownership make a difference?].

[2] So bei HIPP Babynahrung (Dr. Claus Hipp), IDEE-Kaffee (Albert Darboven), Trigema (Wolfgang Grupp) oder bis vor einigen Jahren bei DittmeyerValensina („Onkel" Rolf Dittmeyer).

rer Art und Weise für das Unternehmen relevant werden.[1] Wenn die Allgemeinheit wenig Möglichkeiten hat, eigene Eindrücke und Erfahrungswerte mit dem betreffenden Unternehmen zu sammeln, verläuft die Meinungsbildung dieser unbestimmbaren Umweltgröße typischerweise über die Massenmedien.[2] Damit werden auch diese zu einer wichtigen Zielgröße für die vom Unternehmen bereitgestellten Informationen. Auch in solchen Informationsangeboten kann die Familie bzw. ihre Vertreter, die Tradition als Familienunternehmen, damit verbunden die Selbstbeschreibung über Werte, Grundüberzeugungen und die auch zukünftig angestrebte Kontinuität des Unternehmens eine nützliche Rolle spielen. Viele Unternehmen nutzen dies gezielt, indem sie sich auf der eigenen Internetseite, in selbst herausgegebenen Firmenchroniken, Familienbiographien, Pressemeldungen und anderen medialen Formen als Familienunternehmen beschreiben und die eigene Tradition herausstellen.

Doch nicht nur in den Informationsmaßnahmen, die auf Anschlusskommunikation bei anderen Unternehmen gerichtet sind, kann die Familie sinnvoll eingebunden werden. Auch im Hinblick auf die Gewinnung und insbesondere die Bindung von *Mitarbeitern* können die Familie und die von ihr geprägten Muster im Unternehmen von großem Nutzen sein. Ob es um die Anerkennung herausragender Arbeitsleistungen, um die Motivation der Mitarbeiter, um die Würdigung langjähriger Loyalität etwa im Rahmen von Fir-

---

[1] Nach FREEMAN: Eigentümer, Angestellte, Vereinigungen jeglicher Art, Kunden, Interessenvertreter jener Kunden (z.B. Stiftung Warentest), Wettbewerber, Lieferanten, Medien, Umweltaktivisten, Regierung, lokale öffentliche Interessengruppen, politische Gruppierungen, die Finanzierungsägide, Handelsverbände, sonstige Aktivistengruppen und „special interest"-Gruppen. Vgl. hierzu insbesondere [Freeman, R. W. (1984): Strategic Management: A Stakeholder Approach].

[2] Vgl. hierzu [Luhmann, N. (1996): Die Realität der Massenmedien], S. 9: „Was wir über unsere Gesellschaft, ja über die Welt, in der wir leben, wissen, wissen wir durch die Massenmedien. Das gilt nicht nur für unsere Kenntnis der Gesellschaft und der Geschichte, sondern auch für unsere Kenntnis der Natur. Was wir über die Stratosphäre wissen, gleicht dem, was Platon über Atlantis weiß: Man hat davon gehört."

menjubiläen oder um das Begrüßen neuer Mitarbeiter geht, überall kann die Einbindung von Mitgliedern der Unternehmensfamilie oder die explizite Pflege der familiären Muster des Unternehmens von Vorteil sein. Diese in der Sprache der Ökonomie als *nichtmonetäre Entlohnung* bezeichneten Maßnahmen können an vielen Stellen für die Mitarbeiterzufriedenheit, die Motivation und den notwendigen Teamgeist Wunder wirken. Hierbei handelt es sich um einen echten Wettbewerbsvorteil von Familienunternehmen gegenüber korporativen Unternehmen, der den letzteren keinesfalls in gleicher Form zur Verfügung steht.

Um die angemessene Einbindung der Familie sicherzustellen, bedarf es jedoch eines teilweise erheblichen *Koordinationsaufwandes*. So müssen die Vertreter der Presseabteilung zur richtigen Zeit und im angemessenen Umfang im Austausch mit Familienvertretern stehen, müssen mit Betreuern von Schlüsselkunden gemeinsame Herangehensweisen entworfen werden etc. Zur Koordination von Informationen zwischen Familienmitgliedern auf der einen Seite und Mitarbeitern des Unternehmens auf der anderen gehören jedoch ebenso die notwendigen Austauschrunden zwischen Finanz- und Controllingstellen und Vertretern des Familienrats, die Diskussion zwischen mit Risikofragen betrauten Mitarbeitern und der Unternehmensfamilie[1] usw.

Hilfreiche Instrumente zum Einsatz der Familie in der organisationalen Kommunikation sind in unterschiedlichen Formen von Publikationen zu finden. Der Auftritt von Familienmitgliedern in der Firmenbroschüre, wo diese Statements zu einem neu entwickelten Produkt abgeben, oder das regelmäßig von einem Familienmitglied verfasste Editorial in der eigenen Mitarbeiterzeitschrift sind nur einzelne Beispiele hierfür. Ebenso sinnvoll können selbst erstellte Firmenchroniken oder publizierte Bücher über die Entstehung und Entwicklung des Unternehmens und der Unternehmensfamilie sein.

---

[1] Zur Notwendigkeit der Auseinandersetzung mit der Unternehmensfamilie im Rahmen des unternehmerischen Risikomanagements vgl. [Klett, D., & Wiechers, R. (2005): Die Unternehmensfamilie: ein Risiko des Familienunternehmen?].

Darüber hinaus ist nicht zu unterschätzen, welche Wirkung es hat, wenn ansonsten im Unternehmen nicht mitarbeitende Mitglieder der Unternehmensfamilie bei typischen Unternehmensereignissen wie Firmen- und Mitarbeiterjubiläen, bei der Eröffnung und regelmäßigen Visite von Tochtergesellschaften, bei Schlüsselterminen mit Kunden oder Lieferanten unterschiedlicher Art u.ä. eingebunden sind.

4.3.1.2. Kontinuität

In Fragen zur Kontinuität des Unternehmens ist die Unternehmensfamilie ohnehin häufig eingebunden. Diese Einbindung lässt sich anhand von vier wichtigen Aspekten noch klarer herausarbeiten. Ein besonders markanter Aspekt liegt in der Identifikation und Formulierung von *Unternehmenszielen* im Rahmen der Strategiearbeit. Hier sollte die Familie an bestimmten Punkten beteiligt sein, wenn man den Fortbestand des Unternehmens als Familienunternehmen eher wahrscheinlich als unwahrscheinlich machen möchte. So bedarf es der kontinuierlichen Berücksichtigung der Familienbedürfnisse bezüglich der Mindestausschüttung, der Risikoneigung und damit einhergehend der familiären Vorstellungen über Wachstumsintensität und Wertentwicklung in der eigenen Strategiearbeit. Langfristig wird es sich wahrscheinlich kein Familienunternehmen leisten können, die Geschäftsfeldentwicklung im Widerspruch zu bestimmten Grundwerten der Familie voranzutreiben, seien die Geschäftsfelder auch noch so lukrativ. Eine Familie, die sich gegen Rüstungsgeschäfte, gegen die Förderung von Prostitution, gegen „weiche“ Drogen wie Tabak und Alkohol oder gegen Tierquälerei ausspricht, dürfte eine Unternehmensentwicklung in jenen Bereichen, und sei sie auch nur indirekt, wohl nicht tolerieren.

Kontinuität heißt zumeist auch Langfristigkeit. Gerade in Hochzeiten des Shareholder-Value-Denkens, des Drangs nach kurzfristigen Unternehmenserfolgen und der quartalsweise anzufertigenden Berichterstattung in korporativen Unternehmen kann das Familienunternehmen seine Stärke in der Langfristplanung und der damit verbundenen *langfristigen Wertentwicklung* ausspielen. Dabei ist zu beachten, dass sich auch finanzielle Belastungen ergeben können, beispielsweise wenn ein Übergang in die nächste Generation ansteht.

Hier haben Familienunternehmen Planungen für untypisch lange Zeiträume vorzuhalten, die selbstredend nicht absolut richtig sein können, die jedoch den Weitblick kontinuierlich schärfen, wenn sie regelmäßig aktualisiert werden. So ist es für Familienunternehmen sinnvoll, eine 50-Jahresplanung aufzustellen, wie sie in korporativen Unternehmen wohl kaum vorzufinden ist, eine Planung, welche die Generationenfolge und die damit einhergehende Schwächung privater und vermutlich auch unternehmensseitiger Liquiditäts- und Vermögensbestände ebenso einbezieht wie mögliche Rezessionen infolge von Konjunkturschwankungen.[1] Erst anhand solcher Überlegungen lassen sich beispielsweise Erbgänge zu wertoptimalen Zeitpunkten planen. In Zeiten einer Rezession z.B. kann der Firmenwert deutlich geringer ausfallen, ebenso wie nach großen Investitionen, die sich erst später refinanzieren.

Darüber hinaus kann ein feinfühliger Umgang mit dem *Spannungsfeld von Unternehmenstradition* auf der einen Seite und notwendiger *Innovation* auf der anderen für die Kontinuität des Unternehmens als Familienunternehmen förderlich sein. Ohne Frage stellen die Tradition und die hieraus gewachsenen Muster für die meisten Familienunternehmen spezifische und wichtige Ressourcen dar, die im Wettbewerb einen entscheidenden Vorteil bringen können. Hierzu zählen etablierte Verfahren oder der gewachsene Umgang zwischen den Mitarbeitern ebenso wie das gewachsene Image und die Marke des Unternehmens. Solche Stärken gilt es zu pflegen und weiterzuentwickeln, um als Unternehmen auch zukünftig wettbewerbsfähig zu bleiben. Die für die Familie möglicherweise vollkommen überraschend aufkommenden Überlegungen zum Verkauf oder zur Schließung eines vielleicht noch vom Gründer aufgebauten Geschäftsbereichs kann ebenso weitreichende Folgen haben wie das zu lange Herauszögern solcher Vorhaben aufgrund fehlender Veränderungsbereitschaft. Gleiches gilt für den Umgang mit etablierten Mustern und Routinen jeglicher Art. Nur ein übereinstimmendes Verständnis

[1] So berichtete ein Fremdmanager eines großen deutschen Familienunternehmens mit 24.000 Mitarbeitern, er würde in derartige Planungen alle 7-10 Jahre eine Rezession einkalkulieren, die jeweils circa. 5-10% der Belegschaft *kosten* würde.

dieses Spannungsverhältnisses und ein Bewusstsein für die Vorzüge und Gefahren bei extremer Bevorzugung entweder der einen oder der anderen Seite wird dazu beitragen können, die Kontinuität des Unternehmens als Familienunternehmen wahrscheinlich zu machen.

Um das Unternehmen als erfolgreiches Familienunternehmen zu entwickeln, bedarf es einer langfristig stabilen Form der *Unabhängigkeitsvorsorge*, die in dieser Form in Nichtfamilienunternehmen weitaus seltener bzw. in extremer Ausprägung mitunter gar nicht zu finden ist. Sich sowohl vom Eigenkapital- wie vom Fremdkapitalmarkt unabhängig zu halten, ist sicher keine leichte Aufgabe und wird in den einschlägigen Lehrbüchern der Ökonomie auch nicht beschrieben.[1] Dennoch ist dies einer der zentralen Erfolgsfaktoren langfristig erfolgreicher Familienunternehmen.[2] Dies im Rahmen einer Strategie auszuloten, die sowohl die Wachstums-, Risiko- und Fokussierungsbedürfnisse der Familie als auch die Marktanforderungen berücksichtigt, ist ohne Frage schwierig. Gibt es darüber hinaus in der Familie Differenzen in grundlegenden Fragen oder droht sie über kurz oder lang auseinanderzubrechen, so mag es zusätzlich sinnvoll sein, das Unternehmen hier und da auf seine potentielle Realteilungsfähigkeit zu überprüfen, um im Fall der Fälle nicht aus einem gesunden Unternehmen zwei kranke machen zu müssen oder den Verkauf als einzige Lösungsoption zur Verfügung zu haben.[3] Derartige Überlegun-

---

1 Ganz im Gegensatz hierzu werden dort optimale Finanzierungsstrukturen nach Maßgabe der Renditemaximierung diskutiert. So ergibt sich beispielsweise der *Leverage-Effekt*, der durch einen hohen Einsatz vergleichsweise günstigeren Fremdkapitals die Eigenkapitalrendite proportional ansteigen lässt. Vgl. hierzu beispielsweise [Brealey, R. A., & Myers, S. C. (2000): Principles of Corporate Finance], S. 228 ff.

2 Vgl. hierzu [Wimmer, R., Groth, T., & Simon, F. B. (2004): Erfolgsmuster von Mehrgenerationen-Familienunternehmen], S. 46 ff.

3 Realteilungen sind beispielsweise bekannt aus den Fällen Bahlsen, vgl. [o.V. (1999): Bahlsen zerfällt in drei Unternehmen: Backwarenhersteller wird unter Gründerenkeln aufgeteilt – Konsequenz aus Streit über Unternehmensstrategie]; Voith, vgl. [Rupf, H. (2001): Vom Glück verwöhnt: Ein Leben für Voith], S. 184 ff. sowie Tchibo/Hertz, vgl. [Nicolai, B. (2003): Bei Tchibo geht ein mehr als drei Jahrzehnte langer Familienstreit zu Ende]; [May, P. (2001): Lernen von den

gen haben es dem Unternehmen Bahlsen beispielsweise ermöglicht, nach zum Teil öffentlichkeitswirksamen Streitigkeiten der Brüder das Unternehmen in *süß* und *salzig* aufzuteilen und daraus die in ihren Kernbereichen nicht miteinander konkurrierenden Unternehmen Bahlsen und Lorenz entstehen zu lassen.

Die *Instrumente*, die sich für diesen Aspekt des Familienmanagements anbieten, sind unterschiedlicher Natur. Zum einen bedarf es eines Strategieprozesses, der die Familie und das Unternehmen integriert[1] und in dem sehr langfristig orientierte Aspekte wie Risikoneigung, Branchenfokus, Internationalisierungsgrad oder die Wertschöpfungsposition des Unternehmens gemeinsam auszuloten sind. Zum anderen sind es ebenfalls langfristig orientierte Instrumente der Finanz- und Liquiditätsplanung, die sowohl auf Unternehmens- wie Familienseite den Fortbestand als Familienunternehmen fest im Auge behalten und die langfristige Unabhängigkeit ebenso einbeziehen wie angemessene, weil wertoptimale Zeitpunkte für Erbgänge im Rahmen einer Planungsfrist von bis zu 50 Jahren. Solche Instrumente werden von der klassischen Ökonomie typischerweise (noch) nicht bereitgestellt, da diese noch nicht auf Familienunternehmen eingestellt ist. Hier ist also noch die eigene Kreativität in der Entwicklung gefragt, bis die Wissenschaft unterstützende Modelle anzubieten hat.

4.3.1.3. Kapital

In dem umfangreichen Themenfeld rund um Aspekte des Kapitals sieht es ähnlich aus. Auch hier gibt es einige Punkte, die einen besonderen Umgang mit der Einbeziehung der Unternehmensfamilie benötigen. Und auch hier sind ausgefeilte Modelle bislang ausgespro-

---

Champions: Fünf Bausteine für unternehmerischen Erfolg], S. 176 sowie bei Quandt, Burda, Aldi, Dassler u.a., vgl. [May, P. (2001): Lernen von den Champions: Fünf Bausteine für unternehmerischen Erfolg], S. 183 f.

[1] Einen Vorschlag hierzu liefern [Carlock, R. S., & Ward, J. L. (2001): Strategic planning for family business: Parallel planning to unify the family and the business], insb. S. 46 ff., die einen *parallel planning process* für Familienunternehmen vorschlagen, in den sowohl die Familie wie auch das Unternehmen in angemessenem Umfang eingebunden wird.

chen rar. Ein besonders wichtiger Aspekt ist der oben bereits skizzierte Widerspruch zwischen *Risikoaversion und Wachstumsfähigkeit*. Die in vielen Gesellschafterkreisen herrschende Distanzierung von hohen unternehmerischen Risiken erklärt sich aus mehreren Aspekten. Zum einen sind insbesondere Anteilseigner, die im Unternehmen nicht aktiv sind, wesentlich weiter vom Unternehmen und somit von dessen Märkten mit deren Chancen und Risiken entfernt. Aus der Distanz, die beispielsweise ein passiver Gesellschafter hat, mögen Chancen weniger attraktiv und gewinnversprechend wirken als aus der Nähe eines geschäftsführenden Gesellschafters. Hinzu kommt die bei passiven Gesellschaftern häufig geringere Kompetenz zur Einschätzung von Chancen und Risiken in bestimmten Märkten des eigenen Unternehmens.[1] Argwohn oder historisch gewachsenes Misstrauen gegenüber dem geschäftsführenden Familienmitglied mögen diese Tendenz verstärken. Eine weitere Erklärung für das Phänomen stammt aus der Ökonomie: Häufig bilden die Unternehmensanteile den mit Abstand größten Anteil eines Familienvermögens. Nicht selten ist sogar das gesamte private Vermögen im Unternehmen gebunden. Im Rahmen einer Portfolioanalyse würde man in diesem Fall von einem Klumpenrisiko sprechen, eine Diversifikation ist auf der privaten Vermögensebene kaum mehr möglich.[2] Dementsprechend wird versucht, die Risiken innerhalb des Unternehmens, gewissermaßen als Portfolio unterschiedlicher Investitionsaktivitäten, in Grenzen zu halten. Eine risikoaverse Grundhaltung und somit Anforderung an das Unternehmen ist nicht selten die Folge. Auf der anderen Seite befinden sich Familienunternehmen häufig in eng definierten Nischenmärkten und können in diesen ihre jeweilige Stärke ausspielen.[3] Dort lassen sich aber nur konzentrierte Nischenstrategien

---

[1] Vgl. hierzu [May, P., Redlefsen, M., & Haller, J. (2004): Nicht aktive Gesellschafter in Familienunternehmen: Ergebnisse und Handlungsempfehlungen].

[2] Vgl. [Markowitz, H. M. (1952): Portfolio Selection] sowie zu einer einführenden Übersicht [Brealey, R. A., & Myers, S. C. (2000): Principles of Corporate Finance], S. 187 ff.

[3] Vgl. hierzu die überaus interessanten Auflistungen von [Simon, H. (1996): Die heimlichen Gewinner (Hidden Champions): Die Erfolgsstrategien unbekannter

und keine risikodiversifizierenden Portfoliostrategien verfolgen, was der Diskrepanz von Risikoaversion und Wachstum nicht gerade zuträglich ist. Hinzu kommt der weiter oben skizzierte, zeitweilige Bedarf nach zusätzlichem Wachstumskapital. Allerdings haben Familienunternehmen gelernt, mit dieser Beschränkung zu leben, denn schließlich kann ein erwirtschafteter Gewinn nur akkumuliert *oder* ausgeschüttet werden. Kommt hierzu noch die Bedingung hoher Eigenkapitalquote bei neuen Investitionsvorhaben zwecks zu erhaltender Unabhängigkeit, bedeutet dies entweder ein sehr langsames, dafür aber kontinuierliches Wachstum oder einen sehr hohen Ertragsdruck auf der Rentabilitätsseite, was neben den ebenfalls beschriebenen kostensparenden Aspekten in Familienunternehmen häufig nur mit entsprechend risikoaffinen Strategien realisierbar ist.

Gerade hier zeigt sich ein weiterer Aspekt im Bereich des Kapitals. Die *Ausschüttungspolitik* kann zumindest langfristig, bei gegebener Rentabilität und Wachstumsfähigkeit im eigenen Markt, über die Unabhängigkeit des Unternehmens als Familienunternehmen entscheiden. So verhindern über lange Jahre getätigte hohe Ausschüttungen langfristig die Wachstumsfähigkeit des Unternehmens, weil diesem zur unabhängigen Finanzierung von Investitionsvorhaben die Akkumulation des Eigenkapitals fehlt. Die andere Alternative besteht darin, das Unternehmen langfristig in einen hohen Verschuldungsgrad zu treiben, weil nicht ausreichend Eigenkapital zur Finanzierung von notwendigen Ersatz- oder Wachstumsinvestitionen vorhanden ist. So konstatiert auch OETKER als Ergebnis seiner empirischen Analysen von großen deutschen Familienunternehmen:[1]

> „Mindestausschüttungen belasten generell die Kapitalkraft und die Finanzierungsmöglichkeiten des Unternehmens und haben so eine negative Wirkung auf die Existenzsicherung des Unternehmens."

Weltmarktführer] und [Biallo, H. (1993): Die geheimen deutschen Weltmeister: Mittelständische Erfolgsunternehmen und ihre Strategien].

[1] Vgl. [Oetker, A. (1999): Stakeholderkonflikte in Familienkonzernen: Ansätze zu ihrer Regelung durch strategische Führungsentscheidungen.], S. 66. Zur Regelung von Mindestausschüttungen vgl. ebd., S. 191 f.

Dabei sitzt das Unternehmen zwischen zwei Stühlen: Zum einen hat es für das von der Familie bereitgestellte Kapital früher oder später entsprechende Ausschüttungen vorzunehmen, weil die Gesellschafter sonst möglicherweise das Interesse am Unternehmen verlieren und an Verkauf denken oder weil sie sonst schlichtweg in finanzielle Schwierigkeiten kommen können.[1] Andererseits hat das Unternehmen mit Blick auf die eigene Zukunftsfähigkeit für eine ausreichende Zahlungsfähigkeit zu sorgen, was eher gegen umfangreiche Ausschüttungen spricht. Es ist also notwendig, die Ausschüttungspolitik unter Einbindung der Unternehmensfamilie zu klären und regelmäßig neu abzustimmen. Hierzu hat die Praxis unterschiedliche Formen von Ausschüttungsmöglichkeiten ausgearbeitet, zu denen z.B. Mindestausschüttung, feste Prozentsätze oder feste Beträge unabhängig vom erwirtschafteten Gewinn zur Finanzierung des Lebensstandards zählen.[2]

Neben diesen beiden Aspekten ist in Familienunternehmen die Unternehmensfamilie auch in die *langfristige Liquiditätsplanung* des Unternehmens einzubeziehen. Insbesondere deshalb, weil häufig der wesentliche Teil des Privatvermögens im Unternehmen investiert ist, muss die Familie bei den regelmäßig von Generation zu Generation anstehenden Erbgängen oft auf die Liquidität des Unternehmens zurückgreifen, weil die anfallenden Zahlungsverpflichtungen aus der Erbschaftssteuer ansonsten nicht beglichen werden könnten. Der langfristig entstehende Liquiditätsbedarf geht jedoch über erwartbare Erbgänge hinaus. So sind typischerweise Anteilsverschiebungen in-

---

1 [May, P., Redlefsen, M., & Haller, J. (2004): Nicht aktive Gesellschafter in Familienunternehmen: Ergebnisse und Handlungsempfehlungen] beschreiben, dass ein Großteil der passiven Gesellschafter wesentliche Teile ihres Lebens typischerweise aus den Dividenden und Ausschüttungen des Unternehmens finanzieren.

2 Eine eigene Aufstellung, teilweise mit Praxisbeispielen, findet sich beispielsweise bei [Oetker, A. (1999): Stakeholderkonflikte in Familienkonzernen: Ansätze zu ihrer Regelung durch strategische Führungsentscheidungen.], S. 101 f. und bei [Terberger, D. (1998): Konfliktmanagement in Familienunternehmen: Ein eignerorientiertes Konzept zur professionellen Konfliktbewältigung in Familienunternehmen], S. 165 f.

nerhalb der Eigentümerfamilie, die durch den Verkaufswillen oder Verkaufsdruck eines Gesellschafters ausgelöst werden, ebenfalls zu Lasten der Unternehmensliquidität zu realisieren. Woher sollten private Mittel zur Begleichung eines erheblichen Kaufpreises für solche Anteile auch kommen, wenn das Privatvermögen weitestgehend im Unternehmen steckt?[1] Auch wenn es, zumindest nach gängigen Lehrbüchern der Ökonomie, keinesfalls zu den Aufgabenfeldern im Finanzressort eines Unternehmens gehört, die Liquiditätsbedürfnisse irgendwelcher Akteure außerhalb des Unternehmens zu berücksichtigen, ist dies in Familienunternehmen dennoch häufig angemessen. Eine kontinuierliche Abstimmung dieses Punktes mit der Unternehmensfamilie hilft dem Unternehmen jedenfalls, auch langfristig als Familienunternehmen reproduktionsfähig zu bleiben.

Neben einer langfristig orientierten Liquiditätsplanung mag es für Familienunternehmen auch sinnvoll sein, ähnlich den weiter oben skizzierten Konditionalprogrammen,[2] *Notfall-Liquiditätspläne* für unterschiedliche Eventualitäten zu entwickeln. Ob diese Aktivitäten eher ins Risikomanagement fallen oder in einem Finanzressort zu verorten sind, ist an dieser Stelle nicht wichtig. Relevant ist dagegen, dass Gesellschafter von Familienunternehmen nicht selten kurzfristigen und plötzlichen Zusatzbedarf an Liquidität haben, sei es aufgrund einer Scheidung, sei es, um den Kindern ein nicht eingeplantes Auslandsstudium an einer renommierten Universität zu finanzieren, sei es, um eine eigene Immobilie zu erwerben oder aufgrund

---

1 [Oetker, A. (1999): Stakeholderkonflikte in Familienkonzernen: Ansätze zu ihrer Regelung durch strategische Führungsentscheidungen.], S. 82: „Das Halten von *Liquidität* dient der Unabhängigkeit von außenstehenden Kapitalgebern, d.h. insbesondere Kreditinstituten. [...] Liquide Mittel werden [...] vor allem für Akquisitionen sowie für Notsituationen, wie insbesondere Erbfälle, gehalten. In Erbfällen kann das Unternehmen, sei es über Ausschüttungen bei Kapitalgesellschaften oder durch Entnahmemöglichkeiten bei Personengesellschaften, die Entrichtung der Erbschaftsteuer für die Erben gewährleisten, so dass diese nicht gezwungen werden, aus Mangel an liquiden Mitteln Anteile des Unternehmens zu verkaufen."

2 Vgl. hierzu weiter oben Kap. 2.2.1.4. Konditionierung von Entscheidungen, S. 96 ff.

sonstiger, unverschuldeter Notlagen. In solchen Fällen muss das Unternehmen häufig „einspringen" und mit Liquidität zur Seite stehen, weil auf der Privatseite schlicht nicht genug akkumuliert werden konnte. Man denke nur an die (nicht unübliche) Konstellation, dass Dividenden formal an die Gesellschafter ausgeschüttet werden, die gezahlten Beträge jedoch sogleich wieder in Form von Gesellschafterdarlehen dem Unternehmen zur Verfügung gestellt werden (müssen). Gibt es nun Finanzbedarf auf der Familienseite, so müssten beispielsweise Gesellschafterdarlehen in erheblichem Maße fällig gestellt werden und das Unternehmen könnte in beträchtliche Liquiditätsschwierigkeiten kommen, falls jenes Kapital fest gebunden wurde. Für die unterschiedlichen, kaum antizipierbaren Fälle privaten Liquiditätsbedarfs reicht es in der Regel aus, ein angemessenes Notfallpolster einzuplanen.[1] Das Bereithalten abspaltungsfähiger Unternehmensteile, beispielsweise in Form investierten Immobilienvermögens, stellt eine weitere Möglichkeit dar, falls es sich um größere Summen, etwa infolge von unglücklich verlaufenden Ehestreitigkeiten oder Scheidungen, handeln sollte.[2]

Für die Kapitalhandhabung in Familienunternehmen bieten sich unterschiedliche *Instrumente zur Unterstützung* an. An erster Stelle steht eine ausgefeilte und explizit geregelte Dividendenpolitik, die regelmäßig, beispielsweise im Abstand von 2-3 Jahren, neu auf ihre Angemessenheit für Unternehmen und Familie zu beurteilen ist. Darüber hinaus ist es notwendig, auch Aspekte der Familie in das eigene Risikomanagement zu integrieren, um frühzeitig erhebliche

---

[1] OETKER spricht davon, dass die von ihm untersuchten Familienunternehmen bis zu einer Milliarde DM Liquidität vorhielten, für den Fall, dass erwartete oder unerwartete Erbgänge, Anteilsverschiebungen aufgrund von Gesellschafterstreitigkeiten oder Sonstiges (vor-)finanziert werden müssten. Vgl. hierzu [Oetker, A. (1999): Stakeholderkonflikte in Familienkonzernen: Ansätze zu ihrer Regelung durch strategische Führungsentscheidungen.], S. 82.

[2] Vgl. hierzu den in der Presse behandelten Fall im Hause Otto (Otto-Versand), bei dem Scheidungsstreitigkeiten eines Otto-Bruders zu erheblichen Komplikationen führten. Siehe [Jensen, S., & Klusmann, S. (2004): Otto: Die Spiegel-Pleite und ein Rosenkrieg treffen die erfolgsverwöhnte Versandhaussippe hart].

Risiken erkennen und diesen rechtzeitig entgegentreten zu können.[1] Zusätzlich ist es wichtig, sowohl für kurzfristige wie auch für langfristige Überlegungen, die Familie in die Liquiditätsplanung des Unternehmens zu integrieren. Was hilft es, dass ein Bedarf ein *privater* ist, wenn dieser kaum *privat* finanziert werden kann, weil alles Vermögen im Unternehmen gebunden ist? Letztendlich ist es sinnvoll, zur Realisierung von Wachstumsoptionen kontinuierlich an alternativen Finanzierungsformen neben den klassischen Wegen *Kapitalerhöhung*; *Gewinnakkumulation* und *Bankkredit* zu feilen. Zu solchen kreativen Alternativen gehören seit einiger Zeit Formen wie Asset Backed Securities (ABS) oder Mezzanine-Kapital.[2]

4.3.1.4. Kompetenzen

Ein weiteres Anwendungsfeld für Familienmanagement ist rund um das Themenfeld *Kompetenzen* gebündelt. Denn der Umgang mit Kompetenzen ist im Familienunternehmen, wie weiter oben beschrieben, nicht selten charakteristisch anders als in korporativen Unternehmen. Es wird davon ausgegangen, dass sich in den familienähnlichen, im Unternehmen gewachsenen Mustern häufig zentralisierte Organisationsstrukturen mit einem autokratischen Führungsstil paaren. Dies kann für eine Organisation hoch funktional sein, insbesondere dann, wenn das Unternehmen noch relativ klein ist und Entscheidungsgeschwindigkeit vor Entscheidungsqualität geht. Ab einer gewissen Unternehmensgröße ist jedoch eine zunehmende *Delegation von Verantwortung*, gepaart mit einem partizipativen Führungsstil, funktionaler für die langfristige Überlebenssicherung des Unternehmens. Die hierzu notwendigen Kompetenzen im Umgang mit Verantwortung müssen in Familienunternehmen häufig erst trainiert, die notwendigen Instrumente wie etwa organisationsweit

---

[1] Ob dies eine Unternehmensaufgabe oder beispielsweise ein Aufgabenfeld eines Familienrates ist, vermag von Fall zu Fall variieren. Zum grundsätzlichen Ansatz, vgl. [Klett, D., & Wiechers, R. (2005): Die Unternehmensfamilie: ein Risiko des Familienunternehmen?]

[2] Vgl. hierzu [Lange, K.-W., & Schiereck, D. (2003): Nachfolgefragen bei Familienunternehmen: Unternehmenskauf und Private Equity als Alternative zur Börse].

verfügbare Controllinginstrumente erst etabliert und der partizipative Umgang hiermit kultiviert werden. Die durch die Verbindung von Familie und Unternehmen entstandenen Strukturen gilt es regelmäßig und kritisch auf ihre Funktionalität hin zu hinterfragen, um nicht von einem Führungsvakuum oder disfunktionalen Führungsstrukturen eingeholt und an einem proprietären Wachstum gehindert zu werden.

Zusätzlich fokussiert der Schwerpunkt *Kompetenzen* auch die *Mitarbeit von Familienmitgliedern* im Unternehmen. Häufig werden nicht nur die Leitungsfunktion, sondern auch andere Stellen mit Familienmitgliedern besetzt oder werden hierfür geschaffen. Dabei bleibt für Außenstehende, seien es Mitarbeiter oder externe Beobachter, häufig im Dunkeln, ob eine Stelle durch eine organisationale Notwendigkeit begründet war und die Besetzung nach kompetenzbezogenen Kriterien erfolgte oder ob andersherum eine nicht betriebsnotwendige Stelle zur Beschäftigung eines Familienmitglieds geschaffen wurde bzw. die Besetzung einer wichtigen Stelle anhand des Merkmals *Herkunft* statt *Kompetenz* erfolgte.[1] Die Literatur identifiziert bei langlebigen Familienunternehmen die Auflösung dieser Diskrepanz durch die Schaffung klarer Eintrittsstatuten für Familienmitglieder als Erfolgsmuster.[2] Die Klärung der Anforderungen an Familienmitglieder im Vergleich zu Nichtfamilienmitgliedern erlaubt es den Familienmitgliedern darüber hinaus bereits früh, die eigenen Möglichkeiten im Unternehmen auszuloten und die eigene Eignung kritisch zu prüfen, falls Interesse an der Mitarbeit im Unternehmen besteht.

---

[1] Zu einer detaillierten Auseinandersetzung mit der paradoxen Anforderung an Familienunternehmen, die Differenz von *Kompetenz* und *Herkunft* stets neu zu bearbeiten, vgl. [Klett, D. (2005): Zwischen Kompetenz und Herkunft – zwischen Gleichheit und Selektion: Paradoxe Anforderungen an Familienunternehmen und ihre Unternehmensfamilien], insb. S. 72 ff.

[2] Vgl. hierzu exemplarisch für viele weitere Artikel [Wimmer, R., Groth, T., & Simon, F. B. (2004): Erfolgsmuster von Mehrgenerationen-Familienunternehmen], S. 35 ff. sowie [Ward, J. L. (2004): Perpetuating the Family Business: 50 Lessons Learned from Long-Lasting, Successful Families in Business], S. 75 ff.

Neben der Thematisierung von Familienmitgliedern und deren Formen von Mitarbeit lohnt der Blick auf zwei wichtige Aspekte, die nichtfamiliäre Führungskräfte betreffen.[1] Der *Führungskräfteentwicklung* kommt in Familienunternehmen ein besonderes Gewicht zu, insbesondere dann, wenn neben familienfremden Führungskräften noch Familienmitglieder im Unternehmen mitarbeiten oder in Zukunft (wieder) mitarbeiten sollen. Insbesondere für karriereorientierte familienfremde Führungskräfte macht es einen erheblichen Unterschied, wie klar und in welcher Weise mit Familienmitgliedern im Unternehmen verfahren wird und ob manche Positionen von vorneherein unerreichbar sind. Der Verdacht des praktizierten Nepotismus liegt ansonsten schnell nahe. Dabei sind gerade Familienunternehmen darauf angewiesen, kompetente Führungskräfte zu entwickeln. Sie müssen auf starke Alternativen zur Besetzung der Führungsstelle zurückgreifen können, falls sich ein vorgesehener Nachfolger aus der Familie als unfähig oder unwillig herausstellen sollte oder krankheits- oder unfallbedingt an der Ausübung seiner Führungsfunktion gehindert sein sollte. Jedoch ist dies nicht nur in Notsituationen der Fall. Auch vor, während und nach der eigentlichen Führungsnachfolge sind Fremdmanager diejenigen, die für die Kontinuität des Unternehmens gegenüber Mitarbeitern und insbesondere gegenüber externen Stakeholdern zu sorgen haben. So ist die Führungskräfteentwicklung, verbunden mit Detailaspekten wie Karriereplanung, Führungskräftebindung und –motivation sowie das Einrichten und Pflegen ausgefeilter Feedbacksysteme,[2] in Familienunternehmen häu-

---

[1] Vgl. hierzu die Untersuchungen von [Astrachan, J. H., & Kolenko, T. A. (1994): A Neglected Factor Explaining Family Business Success: Human Resource Practices].

[2] Feedbacksysteme sind in Familienunternehmen aus Sicht der Fremdmanager häufig ebenso mangelhaft ausgebildet und verbesserungsbedürftig wie aus Sicht von mitarbeitenden Familienmitgliedern. Vgl. hierzu [Poza, E. J. (2004): Family Business], S. 127 sowie [Poza, E. J., & Alfred, T. (1996): What the silent majority thinks (but may not tell you)]. Zur möglichen Ausgestaltung von Feedbackmechanismen vgl. [Nagel, R., Oswald, M., & Wimmer, R. (1999): Das Mitarbeitergespräch als Führungsinstrument.].

fig ebenso mangelhaft wie überlebensnotwendig für die langfristige Sicherung der Reproduktionsfähigkeit.

Der zweite Aspekt, der vor allem nichtfamiliäre Führungskräfte betrifft, liegt in den *Entlohnungsmechanismen* verankert. In der einschlägigen Literatur ist dokumentiert, dass in Familienunternehmen häufig weniger kreative Formen der leistungsorientierten Entlohnung herrschen.[1] Insbesondere ist die Partizipation nichtfamiliärer Mitarbeiter am langfristigen Unternehmenserfolg, dem sich Familienunternehmen schließlich meist verschreiben, untypisch.[2] Noch ist unklar, wie sich eine steigende Akademikerquote einerseits und eine abnehmende Geburtenrate andererseits langfristig auf den Markt für Führungskräfte auswirken. Klar ist jedoch, dass es sich Familienunternehmen nicht leisten können, im Vergleich zu Nichtfamilienunternehmen an Attraktivität zu verlieren. Dabei gilt es, die bereits angesprochene Motivation und Karriereperspektive, auch mit Blick auf die Führungsfunktion, ebenso zu klären wie die Frage nach angemessener Vergütung. Schließlich sollte es auch in Familienunternehmen für Nichtfamilienmitglieder möglich sein, im Laufe einer ambitionierten Karriereentwicklung einen privaten Vermögensaufbau zu realisieren. In korporativen Unternehmen dienen hierzu klassischerweise

---

[1] Die besondere Form des Umgangs mit Entlohnung ist zum Teil ebenfalls ein Ergebnis gewachsener Strukturen, die denjenigen in Familien ähneln. So beschreibt SIMON als ein typisches Muster von Familien: „Es gibt kaum ein System, in dem einzelne Personen in gleicher Weise bereit sind, das Risiko einzugehen, dass ihre Opfer und Leistungen nicht entlohnt werden. In keinem anderen sozialen System gibt es vergleichbar viel Bereitschaft zur Selbstausbeutung (und damit auch Gefahr der Ausbeutung) der Beteiligten. Sie geht im Extrem bis zu Selbstaufgabe." Vgl. hierzu [Simon, F. B. (2002): Familien und Unternehmen. Überlegungen zu Unterschieden, Gemeinsamkeiten und den Folgen.], S. 25.

[2] So auch bei [May, P. (2005): Fremdmanager im Familienunternehmen – Wie man sie findet, wie man sie bindet], S. 16: „Immer noch tun sich viele Unternehmerfamilien schwer damit, ihren Fremdmanagern eine – auch nur zeitlich begrenzte – Beteiligung am Unternehmen oder zumindest an dessen Wertentwicklung einzuräumen. Sie werden es schwer haben, im härter werdenden Konkurrenzkampf um die besten Köpfe zu bestehen. Warum sollte ein Kandidat im Familienunternehmen auf etwas verzichten, was im Konzern längst zum Standardbestandteil der Gesamtvergütung gehört?"

Unternehmensbeteiligungen, Optionen, unterschiedliche Formen von Bonifikationen und Tantiemen. Gerade führende Mitarbeiter werden also am Risiko ebenso beteiligt wie an den Erträgen der Unternehmensentwicklung, eine Maßnahme, die auch angemessen erscheint, um diese zu unternehmerischem Handeln zu ermuntern. Wenn in Familienunternehmen die Anteile jedoch strikt indisponibel sind, empfiehlt es sich, diese Besonderheit durch die Entwicklung anderer Formen auszugleichen. Die Ratgeberliteratur berichtet an dieser Stelle von mehr oder weniger innovativen Entlohnungsmechanismen wie Phantomaktien oder Langfristbonifikationen.[1]

Für die Handhabung des Themenbündels *Kompetenzen* bieten sich unterschiedliche *Instrumente zur Unterstützung* an. An erster Stelle steht die Auseinandersetzung mit Kriterien für die Mitarbeit von Familienmitgliedern im Unternehmen, und dies nicht nur mit Blick auf die Führungsposition, sondern auch für andere Positionen im Unternehmen. Daneben empfiehlt sich die kontinuierliche Beschäftigung mit Formen der Personalentwicklung (Coaching, Feedbackformen etc.), die bei korporativen Unternehmen etabliert sind, sowie damit einhergehend die kritische Reflexion des im Unternehmen eingesetzten Controllings und dessen Ausgestaltung und Anwendung. Darüber hinaus ist eine Ausgestaltung der Karriereplanung für Familienmitglieder wie für Nichtfamilienmitglieder im Familienunternehmen von Vorteil, um die wechselseitig bestehenden

---

[1] Zur aktuell geführten Diskussion von Anreizsystemen für (Fremd)Manager vgl. teil kritisch: [Riceman, S. S., Cahan, S. F., & Lal, M. (2002): Do managers perform better under EVA bonus schemes?], S. 537 ff., [Hahn, D. (2001): Wertsteigerungs-Management (WM): Herausforderungen und Lösungsansätze], S. 103; [Hennerkes, B.-H., & Schröder, M. (1998): Mitarbeiterbeteiligung und Familienunternehmen: Chance oder Irrweg?], S. 625 ff. sowie speziell zum Ansatz von so genannten *Phantom Stocks* [Pellens, B., Crasselt, N., & Rockholtz, C. (1998): Wertorientierte Entlohnungssysteme für Führungskräfte: Anforderungen und empirische Evidenz], S. 13 ff. Gerade in der Familienunternehmensliteratur wird diskutiert, ob das Management von Organisationen besser mit dem Principal-Agent-Ansatz oder dem Stewardship-Ansatz (Manager als Treuhänder, Management als Maximierung der Unternehmensziele, nicht der eigenen) dargestellt werden kann. Hierzu einführend: [Davis, J. H., Schoorman, F. D., & Donaldson, L. (1997): Toward a Stewardship Theory of Management], S. 20 ff.

Erwartungen regelmäßig klären zu können. Abschließend ist es dringend notwendig, die Entlohnungsmechanismen im Vergleich zur Konkurrenz stets kritisch im Blick zu behalten, um familienunternehmenstypische Muster nicht bis zur Wettbewerbsunfähigkeit zu pflegen. Dabei spielt die Höhe von Entlohnungen ebenso eine Rolle wie die etablierten Formen der Entlohnungen und Gratifikationen für gute Leistung (sowohl einzelner Mitarbeiter wie des gesamten Unternehmens).

4.3.1.5. Kontrolle

Für die gewachsenen und etablierten Muster rund um den Themenkomplex *Kontrolle* spielt die Unternehmensfamilie eine gewichtige Rolle. Dabei sind insbesondere organisationale, strategische und operative Aspekte zu unterscheiden. Zu den *organisationalen* Aspekten gehört die regelmäßige Reflexion und Überarbeitung der Aufsichts- und Kontrollgremien im Rahmen einer angemessenen *Corporate Governance*.[1] Insbesondere bei Personengesellschaften und bei Kapitalgesellschaften in der Rechtsform der GmbH sind von Seiten des Gesetzes keine entsprechenden Strukturen vorgesehen. Daher hat sich bei erfolgreichen Familienunternehmen die Einrichtung eines kompetent besetzten Beirats als wichtiger Erfolgsfaktor zur Sicherstellung der langfristigen Überlebensfähigkeit des Unternehmens erwiesen.[2] Die Besetzung dieses Gremiums und die Gestaltung seiner Rechte und Pflichten kann nicht pauschal beschrieben werden. Sie variieren von Unternehmen zu Unternehmen und lassen sich an die jeweiligen

---

[1] Eine Übersicht zu allgemeinen Aspekten der Corporate Governance findet sich bei [Shleifer, A., & Vishny, R. W. (1997): A Survey of Corporate Governance]. Vgl. hierzu auch weiter oben Kap. 3.4.6.4. Corporate Governance, S. 308 ff.

[2] Zu einer detaillierten Darstellung des Themenkomplexes *Beirat* vgl. insbesondere [Ruter, R. X., & Thümmel, R. C. (1994): Beiräte in mittelständischen Familienunternehmen], [Hennerkes, B.-H. (1998): Familienunternehmen sichern und optimieren.], S. 162 ff., [May, P. (1998): Der Beirat im Familienunternehmen: Wie gut kann er werden? Wie kann er gut werden?], S. 375 ff. sowie die Dissertation [Iliou, C. (2004): Die Nutzung von Corporate Governance in mittelständischen Familienunternehmen], S. 164 ff.

Bedürfnisse und besonderen Situationen anpassen.[1] Für ein Familienunternehmen kann es überlebenswichtig sein, diese Instanz nicht aus rein formalen Gründen oder aus der Verpflichtung gegenüber der Bank einzurichten, sondern sie als echtes Kontrollorgan zu nutzen. Andernfalls bliebe diese Funktion unbearbeitet.

Strategische Aspekte im Rahmen der *Kontrolle* liegen in der Handhabung des *strategischen Controllings* und somit der Selbstbeschreibungsfunktion des Unternehmens. Auf welche Punkte hin soll die Entwicklung des Unternehmens beobachtet werden? Welche Ziele und Zwecke werden verfolgt? In teils börsennotierten, teils familiengehaltenen Unternehmen wie Porsche, Merck, BMW und anderen stellt sich beispielsweise die Frage, wie sehr den Anforderungen des Kapitalmarktes gefolgt werden sollte bzw. muss und in welchem Maß eher familienunternehmenstypische Aspekte der langfristigen Erfolgsbeobachtung dominieren sollten.[2] Darüber hinaus ist nicht zuletzt in einem strategischen Kalkül die Transparenz der eigenen Selbstbeobachtungen zu überprüfen. Wie weiter oben beschrieben, wird es gegenüber dem Fremdkapitalmarkt schwieriger, langfristig eine auf Verschwiegenheit und Intransparenz ausgerichtete Informationspolitik zu betreiben, wenn man mittelfristig einige Investitionen über diese Finanzierungsquelle darstellen möchte.[3] Doch nicht nur gegenüber externen Stakeholdern ist die Frage der Transparenz klärungswürdig, sie spielt auch mit Blick auf die organisationsinterne Thematisierung von Selbstbeobachtungen eine wichtige Rolle.

---

[1] So sind neben beaufsichtigenden und kontrollierenden Aufgaben aus der Praxis auch Aufgaben bekannt wie Beratung, Notgeschäftsführung, Streitschlichtung oder Repräsentationsfunktionen. Zur näheren Erörterung dieses Themas vgl. die in der vorhergehenden Fußnote genannte Literatur.

[2] So stellte sich der Vorstandsvorsitzende der Porsche AG, Wendelin Wiedeking, öffentlichkeitswirksam gegen die Veröffentlichung von Quartalsberichten des Unternehmens. Vgl. hierzu [Lamparter, D. H. (2001): Nicht alles so machen wie die Amerikaner].

[3] Vgl. hierzu weiter oben Kap. 4.3.1.1. Kommunikation, S. 393 ff.

So ist es für das Alltagsgeschäft des etablierten Controllings ein wichtiger Unterschied, wer über welche Formen der Selbstbeobachtung verfügt, um auf dieser Basis die eigenen Aufgaben gestalten zu können. Hieraus folgt unweigerlich, dass das Setzen der Kriterien, mit denen die Organisation beobachtet wird, funktional betrachtet kein Diktat sein darf, sondern notwendigerweise von den wichtigsten Führungskräften in einem partizipativen Prozess mitbestimmt werden muss. Diese Form der Selbstkontrolle ist notwendig, um kontinuierlich ein gemeinsam geteiltes und akzeptiertes Bild der eigenen Organisation zu erstellen und die Ausrichtung des Unternehmens zu gestalten, konkret: Entscheidungen im Sinne der eigenen langfristigen Überlebenssicherung zu treffen.

Die hier zum Tragen kommenden *Instrumente*, deren Anwendung im Rahmen eines Familienmanagements notwendig wird, sind weitestgehend schon genannt. Es ist die regelmäßige und kritische Auseinandersetzung mit den Rechten und Pflichten, jedoch auch mit der Einbindung eines Beirats im, und Abgrenzung vom alltäglichen Geschäft. Hierzu gehört die regelmäßige Thematisierung der Frage, wie die Familie in diesem oder anderen Gremien vorkommt und welche Konsequenzen sich hieraus für das Unternehmen ergeben. Daneben zeichnet sich die Notwendigkeit ab, sich mit Formen des strategischen und operativen Controllings auseinander zu setzen, die für korporative Unternehmen typisch sind. Dabei ist aber darauf zu achten, dass die familienunternehmenstypischen Muster nicht zerstört werden, sondern vielmehr hieran angeknüpft wird, indem beispielsweise andere als rein monetäre Zielgrößen in die Zweckbestimmung der Selbstbeobachtung integriert werden und eher langfristige als kurzfristige Erfolgsmessungen vorherrschen.[1]

---

[1] Die Praxis bietet mittlerweile solche Ansätze, ein prominenter Vertreter ist hierbei die Balanced Scorecard, in der qualitative ebenso wie quantitative Messgrößen berücksichtigt werden. Zum Instrumentarium der Balanced Scorecard vgl. einführend [Kaplan, R. S., & Norton, D. P. (1997): The Balanced Scorecard: Strategien erfolgreich umsetzen].

4.3.2. Repräsentation des Familienunternehmens in der Unternehmensfamilie

Nachdem nun detailliert dargestellt wurde, wie mit familienunternehmenstypischen Aspekten im Unternehmen verfahren werden kann, um den dort verankerten Anteil des Familienmanagements zu realisieren, wird der Blick nun auf die Repräsentation des Unternehmens gegenüber der Familie gerichtet. Es werden unterschiedliche Formen erläutert, in denen das Unternehmen in und gegenüber der Familie repräsentiert wird. Dabei liegt die Verantwortung für die angemessene Repräsentation bei der bzw. den zuvor beschriebenen Grenzstelle(n) des Unternehmens.

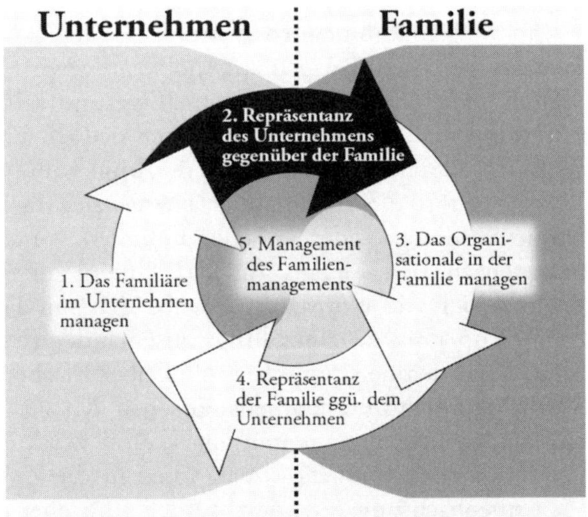

Abbildung 34: Repräsentanz des Unternehmens in der Familie. Eigene Darstellung.

Im Folgenden werden vier typische Formen der Repräsentanz vorgestellt, zu der (1) die Repräsentation durch Personen, (2) die Repräsentation durch schriftliche Kommunikation, (3) die indirekte Repräsentation und (4) die kontextuale Repräsentation des Unternehmens gegenüber der Familie gehören.

4.3.2.1. Persönliche Repräsentation

Die Mitgliedschaft in einer Organisation ist Teil einer Person, d.h. Teil einer Collage, die über den Menschen als Ganzes zu informieren versucht.[1] So gesehen kann ein Mitglied des Familienunternehmens von der Familie durchaus als *Vertreter* des Unternehmens identifiziert werden, wenn seine Ausübung der Mitgliedschaftsrolle im Vordergrund steht. Insbesondere eine Person, deren Stellenbeschreibung die Übernahme von Repräsentationsfunktionen vorsieht – so wie regelmäßig im Fall der oben beschriebenen Grenzstellen – [2] kommt typischerweise genau für diese Form persönlicher Repräsentation des Unternehmens in Frage. Wie gesehen, gibt es hierbei unterschiedliche Formen der personellen Besetzung. So kann die repräsentierende Person gleichzeitig Mitglied der Unternehmensfamilie sein und hat aufgrund der doppelten Mitgliedschaft dann nicht nur Aufgaben innerhalb der Unternehmensfamilie, sondern auch Aufgaben des Familienunternehmens zu erfüllen. Hierzu gehört das oben beschriebene Management des Familiären im Unternehmen ebenso wie die nun zu beschreibende Aufgabe der Repräsentation des Unternehmens gegenüber der Familie. Andererseits kann diese Funktion jedoch auch von einem familienfremden Mitglied des Familienunternehmens übernommen werden. Dies ist immer dann der Fall, wenn die Unternehmensführung mit einem Nichtfamilienmitglied besetzt ist.

---

[1] LUHMANN grenzt den Begriff der *Person* von demjenigen des *individuellen Vollmenschen im Vollzug seiner lebenden und psychischen Autopoiesis* ab, um zu zeigen, dass unter Personen lediglich besondere, hoch selektive Formen der Bobachtung zu verstehen sind [Luhmann, N. (2000): Organisation und Entscheidung], S. 285.

[2] Vgl. hierzu weiter oben Kap. 4.2.1.1. Familienmanagement, Führung und Grenzstellen, S. 375 ff.

Die Repräsentationsfunktion wird typischerweise gegenüber unterschiedlichen binnendifferenzierten Gruppierungen der Unternehmensfamilie erfüllt. So hat der Repräsentant das Unternehmen auch gegenüber den nicht im Unternehmen Beschäftigten angemessen präsent zu halten.[1] Dies ist eine Voraussetzung für einen gut informierten und interessierten Gesellschafterkreis anstelle einer anonymen Masse von Familiengesellschaftern. Letztere brächte dem Familienunternehmen nicht nur keinen Mehrwert, sondern würde dieses sogar gefährden.[2] In welcher Form die Repräsentanz erfolgen kann, variiert von Fall zu Fall und von Tradition zu Tradition. Manche Unternehmensfamilien organisieren regelmäßige Gesellschafterrunden im Rahmen von Familientreffen, andere trennen beide Sphären voneinander und pflegen eine eigendynamische Kommunikation zwischen Gesellschaftern außerhalb familiärer Zusammenkünfte. Diese Runden können rein informativer Natur sein, können aber auch im Rahmen von Strategiediskussionen stattfinden, um insbesondere die nichtaktiven Gesellschafter zu einer kritischen Auseinandersetzung mit den Planungen des Unternehmens zu ermuntern. Die *persönliche Repräsentanz* des Unternehmens erfolgt immer dann, wenn an derartigen Runden der oder die Vertreter des Unternehmens teilnehmen und das Unternehmen gewissermaßen durch die persönlichen Mitgliedschaft eines bestimmten Vertreters repräsentiert wird.

Neben der Auseinandersetzung mit aktiven und insbesondere nicht-aktiven Gesellschaftern geht es typischerweise auch um die *Repräsentation des Unternehmens* gegenüber der *Familie*. Auch hier sei darauf hingewiesen, dass die unterschiedlichen Möglichkeiten der Stellenbesetzung (Mitglied der Familie vs. familienfremder Vertreter) durchaus einen Unterschied machen. Insbesondere dann, wenn bei Zusammenkünften der Familie das Unternehmen stets durch die

---

[1] [Luhmann, N. (1964): Funktionen und Folgen formaler Organisation], S. 221 beschreibt dies mit dem Hinweis, Vertreter der Grenzstellen hätten für einen guten Eindruck des Systems in dessen Umwelt zu sorgen.

[2] Vgl. [Wimmer, R., Groth, T., & Simon, F. B. (2004): Erfolgsmuster von Mehrgenerationen-Familienunternehmen], S. 11 sowie ebd., S. 59.

personifizierte Repräsentanz einer familiären Führungskraft zugegen, quasi *mit am Tisch*[1] war, kommt es zur Suche nach neuen Modi automatisch immer, wenn die Führungsfunktion eines Tages nicht mehr durch ein Familienmitglied besetzt ist. Besonders wenn Familienkommunikation und gesellschafterrelevante Kommunikation nicht klar voneinander getrennt werden, stellt sich beispielsweise die Frage, ob der Fremdmanager nun auch zu Familientagen einzuladen sei.

Dass dies manchmal, jedoch nicht zwangsläufig der Fall ist, zeigen Praxiserfahrungen, von denen die Ratgeberliteratur zu berichten weiß.[2] Schließlich ergeben sich bei solchen Gelegenheiten, wo die Familie zusammenkommt und somit ihre eigene Reproduktion weiter pflegt, zugleich interessante Formen der Kommunikation mit weiteren Subgruppierungen. An dieser Stelle sind die *Vertreter der nächsten Generation*, die jungen Familienmitglieder, besonders zu nennen. Ihnen gilt insbesondere in Mehrgenerationen-Familienunternehmen ein erhebliches Interesse, schließlich sind sie die künftigen Vertreter der Unternehmensfamilie, manche von ihnen auch die Anteilseigner oder gar Mitarbeiter im Familienunternehmen, sei es in Leitungsfunktion oder an anderen Stellen.[3] Neben der persönlichen Repräsentation ergeben sich mit Blick auf die junge Generation noch einige weitere Möglichkeiten, die weiter unten detaillierter dargestellt werden.[4]

Konkrete Ansatzpunkte zur Organisation der *persönlichen Repräsentation* finden sich beispielsweise im Rahmen ausgewählter Familien-

---

1 Vgl. [Simon, F. B. (2002): Die Familie des Familienunternehmens: Besonderheiten der Familiendynamik], S. 43.

2 Vgl. die Beschreibung jenes Spannungsverhältnisses bei [Simon, F. B. (2002): Der Dritte in der Eltern-Kind-Beziehung: Familiäre Funktionen des Fremdmanagers.].

3 Vgl. hierzu [Wimmer, R., Groth, T., & Simon, F. B. (2004): Erfolgsmuster von Mehrgenerationen-Familienunternehmen], S. 59 sowie [O'Hara, W. (2004): Centuries of Success: Lessons from the World's Most Enduring Family Businesses] und [Ward, J. L. (2004): Perpetuating the Family Business: 50 Lessons Learned from Long-Lasting, Successful Families in Business].

4 Vgl. hierzu weiter unten Kap. 4.3.2.4. Kontextuale Repräsentation, S. 421 ff.

feierlichkeiten, bei denen auch Firmenrepräsentanz erwünscht ist. Darüber hinaus gibt es unterschiedliche Formen der *Repräsentation* gegenüber aktiven und insbesondere nicht-aktiven Gesellschaftern, z.B. persönliche Präsentationen von Geschäftsberichten und Frage-Antwort-Runden zwischen Gesellschaftern und Firmenrepräsentanten oder die Einbindung des Gesellschafterkreises als *Sounding Board* [1] der Geschäftsleitung für neue strategische Vorhaben und Überlegungen. Was die junge Generation anbetrifft, so eignen sich persönliche Treffen zwischen Unternehmensrepräsentanten und Junioren, um das Interesse am Unternehmen, soweit vorhanden, frühzeitig zu fördern und somit frühzeitig eine kritische Auseinandersetzung dieser jungen Leute mit dem Unternehmen zu ermöglichen.

4.3.2.2. Schriftliche Repräsentation

Eine weitere Facette der Repräsentation des Unternehmens gegenüber der Unternehmensfamilie beruht auf schriftlichen Informationen. Diese werden zur *gefälligen Anschlussnahme* bereitgestellt, ohne bestimmen zu können, inwiefern oder ob überhaupt hierauf Bezug genommen wird. Weite Teile dieser Kommunikation fallen unter das, was man in korporativen Unternehmen mit dem Begriff *Investor Relations Management* bezeichnen würde. Dort werden Geschäftberichte wie Werbeprospekte gestaltet und Quartalsberichte verschickt oder online zum Herunterladen angeboten, die bereits gewonnene oder potentielle Investoren vom Unternehmen begeistern, von dessen herausragender Zukunftsfähigkeit überzeugen sollen, um sie anschließend zum Kauf der Anteile am Kapitalmarkt zu bewegen. Ein direktes Analogon hierzu kann es in Familienunternehmen nicht geben. Eine vielleicht als *Family Relationship Management* zu bezeichnende Funktion könnte sich keinesfalls auf die werbemäßige

---

[1] Der Begriff *Sounding Board* beschreibt eine Konstellation, in der ein präsentierter Gedanke von einem Kreis hierzu legitimierter Personen auf seine Schlüssigkeit überprüft und hinterfragt wird, kritische Aspekte herausgearbeitet und gegebenenfalls alternative Ansätze entwickelt werden. Im Wesentlichen handelt es sich somit um ein Feedback-Instrument, das eine kritische Auseinandersetzung mit den Inhalten mit sich bringt.

Kommunikation von Finanzzahlen beschränken, würde zu kurz greifen, wenn nur aktuelle oder potentielle Anteilseigner in den Blick genommen würden und dürfte zudem nicht davon ausgehen, dass eine finanzorientierte Sprache, wie unter Kapitalmarktteilnehmern üblich, verstanden würde.

Somit ist es in Familienunternehmen eine Herausforderung, repräsentative Informationen für die Familie bereitzustellen, die von dieser als relevante Information aufgegriffen und mit hoher Wahrscheinlichkeit auch im Sinne des Unternehmens verstanden werden. Genau diese pauschal formulierte Anforderung der *Familienverständlichkeit* von unternehmensrelevanten Informationen ist nicht einfach zu realisieren. Wie muss man kommunizieren, um Gesellschafter, die selbst wirtschaftlich aktiv sind, nicht zu langweilen? Wie müssen nicht-aktive Gesellschafter oder nicht-beteiligte Familienmitglieder angesprochen werden, damit diese die bereitgestellten Informationen auch aufgreifen und verstehen können auch wenn diese normalerweise eher in wirtschaftfernen Bereichen zu hause sind? Welche Semantik ist angemessen für junge Leute, welche für kleine Kinder? Die hier skizzierten Fragen sind nicht leicht zu beantworten, müssen aber im Rahmen der unternehmenseigenen Kommunikation, die an die Familie gerichtet ist, bedacht werden. Denn die Unternehmensfamilie ist weder ein kooperierendes Unternehmen noch eine als homogen zu verstehende Zielgruppe mit gleichen Bedürfnissen.

Sucht man nach *konkreten Anhaltspunkten*, an denen genau diese *schriftliche Repräsentation* ausgerichtet werden soll, so kann man dem eigenen Beobachtungsvermögen und Ideenreichtum freien Lauf lassen. Sicherlich ist ein angemessener Geschäftsbericht, der weitere Erläuterungen zu verschiedenen Positionen bereithält, ein erster Ansatz. Hierüber hinaus kann an ein Strategierundschreiben gedacht werden, gewissermaßen ein regelmäßiger Brief der Unternehmensführung, in dem aktuelle strategische Überlegungen und bereits begonnene Veränderungen vorgestellt werden; ein Brief, der nicht als Marketinginstrument missbraucht werden darf, wenn er nach drei oder vier Ausgaben immer noch als ehrliches und kritisches Berichtsblatt wahrgenommen werden soll. Darüber hinaus kann es Sinn machen, ausgewählte Publikationen wie Mitarbeiterzeitungen oder

Kundenzeitschriften auch an die Familienmitglieder zu schicken, damit diese sich in Magazinform über die eigenen Produkte und unternehmensinternen Entwicklungen informieren können. Vieles Weitere ist denkbar, an dieser Stelle jedoch nicht vollständig darstellbar.

4.3.2.3. Indirekte Repräsentation

Eine häufig eher unterschätzte Form der Repräsentation des Unternehmens gegenüber der Unternehmensfamilie hat ebenfalls meist Schriftform, wird jedoch nicht vom Unternehmen direkt initiiert. Die Rede ist von Berichten über das Unternehmen in den Massenmedien. Diese Medien agieren als hoch selektive Beobachter des Unternehmens und liefern der Öffentlichkeit mit ihren Informationsangeboten Mutmaßungen und Verkürzungen, die nach Neuigkeitswert ausgewählt und teils mit *geschmacksverstärkenden* Ausagen gespickt sind. Da auch Familienmitglieder, zumindest potentiell, zu den Rezipienten regionaler oder überregionaler Massenmedien zählen, ist zu vermuten, dass sie ebenso wie Außenstehende über solche Informationsangebote mit dem eigenen Unternehmen bekannt gemacht werden.

Ob es sich hierbei um positive oder negative Berichte handelt, um kritische Aussagen oder wohlwollende Darstellungen, klar ist, dass diese Art der Repräsentation, wenn auch vom Unternehmen nicht unmittelbar initiiert, dennoch einen wesentlichen Unterschied in der Informationsbereitstellung für die Familie machen kann. Und weil dies so ist, könnte es sich aus Sicht des Unternehmens beispielsweise anbieten, die ohnehin von Medienagenturen zugesandten Presseclippings auch den Familienmitgliedern zur Verfügung zu stellen, beispielsweise als monatliche Zusammenstellung mit dem Titel *Unser Unternehmen in der Öffentlichkeit*. Dies eröffnet die Möglichkeit, unangenehmen oder misskreditierenden Berichterstattungen offen zu begegnen und der Familie positive oder neutrale Berichte als Beobachtungsergebnis der medialen Öffentlichkeit bereitzustellen. Natürlich lässt sich nicht sagen, ob sich das Interesses der Familie am Unternehmen hierdurch intensiviert oder ob es gar zur kontinuierlichen Pflege einer gemeinsamen Vertrauensbasis kommt. Jedoch scheint dies durch solche Maßnahmen wahrscheinlicher zu werden, so dass damit für eine kritisch interessierte und informierte Unternehmensfamilie gesorgt werden kann.

4.3.2.4. Kontextuale Repräsentation

Im Unterschied zu den gerade beschriebenen Repräsentationsformen geht es im Folgenden um eine augenscheinlich pragmatische, möglicherweise jedoch nichtsdestoweniger wirkungsvolle Form der Unternehmensrepräsentation gegenüber der Familie. Gemeint ist die Repräsentation des Unternehmens durch Teile seiner selbst, beispielsweise durch Räumlichkeiten, ausländische Tochtergesellschaften etc.

Selbstredend gibt es innerhalb einer Familie, die sich weiter binnendifferenziert, unterschiedliche Adressaten, die an manchen Veranstaltungen interessierter sein mögen als an anderen. So kommen beispielsweise für interessierte Familienmitglieder, nicht zwangsläufig nur für Anteilseigner, regelmäßige Reisen zu internationalen Tochtergesellschaften in Frage. Manche Unternehmen organisieren jährliche Familienreisen zu ausländischen Niederlassungen, geben vor Ort in einem mehrtägigen Programm einen Überblick über die dortigen Marktgegebenheiten und kulturellen Eigenarten, stellen wichtige Partner und Zulieferer vor und klären die Dynamik und wichtigen Risiken des betreffenden Geschäftssegments. Gleichzeitig wird diese schon lange im voraus festgelegte Auslandsfahrt (beispielsweise immer die zweite Oktoberwoche) zu einem anschließenden Familientreffen genutzt. Nachdem also zwei bis drei Tage lang das Unternehmen und dessen Umfeld besichtigt wurden, fährt die Familie für einige weitere Tage gemeinsam an einen Ort, um dort die familiäre Kommunikation in interessanter Atmosphäre weiter zu pflegen.

Andere Formen, die sich (vor allem) an die junge Generation richten, sind z.B. eine regelmäßig stattfindende Technikpräsentation des Unternehmens, die Erklärung von neuen Forschungs- und Entwicklungsansätzen und dergleichen. Hier präsentiert sich das Unternehmen kontinuierlich und hält die Familie darüber informiert, was es im eigenen Markt Neues gibt, was die aktuelle Herausforderung der Forschungsabteilung ist, wozu dies und jenes gut sein könnte etc.

Das Unternehmen präsentiert sich somit gewissermaßen performativ, lässt sich beobachten und stellt sich der Familie als Kontext zur Verfügung.

Solche Repräsentationsformen können bei Unternehmen erstaunlich konkrete Gestalt annehmen. Manche Unternehmen stellten etwa der jungen Generation ausgewählte Instrumente ihrer Personalabteilung zur Verfügung und ermöglichen damit, dass sich im Unternehmen ein *Karrierecenter für Familienmitglieder* etabliert und dass die eigenen Coachingstrukturen sowie etablierte Potentialeinschätzungsinstrumente auch Familienmitgliedern zur Verfügung stehen. Andere ermöglichen Familienmitgliedern das Betanken ihrer Fahrzeuge an der Firmentankstelle zu günstigeren Konditionen, die Nutzung von besonderen Einkaufskonditionen über das Unternehmen o.ä.[1] Durch solche Leistungsangebote wird das Unternehmen hoch selektiv erlebbar und kann den Familienmitgliedern über Informationen und Zahlungsmittel (Dividenden) hinausgehende, konkrete Nutzenangebote machen.

[1] Man denke an Flottenverträge beim lokalen Autohändler oder Einkaufsvergünstigungen für Büromaterialen.

4.3.3. Familienmanagement in der Unternehmensfamilie

It seems the greater the business success,
the more conscious effort we need to keep the family together.
(N.N., Familienunternehmer der 3. Generation)[1]

Nachdem die vorigen beiden Abschnitte sich mit der Handhabung familienunternehmenstypischer Aspekte im Unternehmen und mit der funktionalen Repräsentation des Unternehmens gegenüber der Familie beschäftigt haben, wechselt der nun folgende Abschnitt die Perspektive. Er fokussiert den Umgang mit unternehmensfamilientypischen Aspekten in der Familie und thematisiert diese Fragen unter Bezugnahme auf das Modell der 5 K des Familienmanagements, analog zum ersten Abschnitt des Familienmanagement-Prozesses.

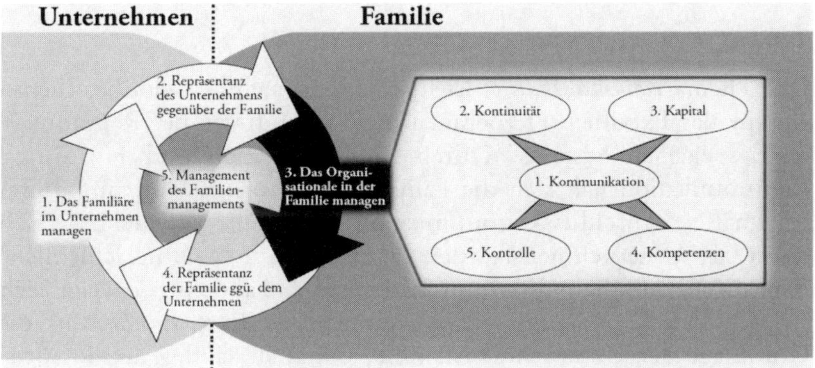

Abbildung 35: Das Organisationale in der Familie managen. Eigene Darstellung.

Dieses Modell geht, wie oben bereits beschrieben, davon aus, dass nicht nur auf der Unternehmensseite, sondern auch auf Seiten der Familie gewisse Eigenarten aus der Kopplung beider Systeme entstehen, die als immer wieder zu klärende Fragen typisch für eine Unter-

[1] Entnommen aus [Aronoff, C. E., & Ward, J. L. (1994): Beware of the family-business paradox].

nehmensfamilie sind. Der Appell dieses Prozessschrittes würde also etwa lauten:

Rechnen Sie mit dem Unterschied, den ein Unternehmen für eine Familie machen kann!

Organisieren Sie die Familie als Unternehmensfamilie!

Dass dieser Ansatz typischerweise eher bei komplexen Unternehmensfamilien und weniger bei kleinen Unternehmensfamilien vorkommt, zeigen die Beobachtungen von WIMMER, GROTH und SIMON, die aus deren Untersuchung von langlebigen Familienunternehmen resultieren.[1] Nachfolgend sollen nun spezifische Aspekte im Rahmen (1) der Kommunikation der Familie sowie (2) der Kontinuität, (3) des Kapitals sowie der Themenfelder, (4) der Kompetenzen und (5) der Kontrolle dargestellt werden. Dabei wird verschiedentlich auf hilfreiche Instrumente zu deren Realisierung verwiesen.

4.3.3.1. Kommunikation

Das Thema *Kommunikation* ist für die Unternehmensfamilie, ebenso wie für das Familienunternehmen, eine Grundfrage der Reproduktion des eigenen Systems. Durch Kommunikation und nur durch Kommunikation hält sich die Familie „am Laufen". Und nur durch regelmäßige Anschlusskommunikation hat sie die Möglichkeit, sich selbst als Unternehmensfamilie zu erkennen und unterschiedliche Aspekte als familiäre Kommunikation zu behandeln. So zeigt sich schnell: Die *Kultivierung regelmäßiger Kommunikationsanlässe* ist die Grundlage der Unternehmensfamilie. Ohne sie fände Familie allenfalls temporär statt, und es wäre schwierig, jene kommunikativen Inseln als System einer gemeinsamen Familienkommunikation zu verstehen. Es erstaunt daher nicht, dass weite Teile der Ratgeberliteratur, die sich mit langlebigen Familienunternehmen und deren Unternehmensfamilien beschäftigen, raten, für eine ausreichende Kommunikation innerhalb der Familie zu sorgen. Insbesondere für große

---

[1] Vgl. [Wimmer, R., Groth, T., & Simon, F. B. (2004): Erfolgsmuster von Mehrgenerationen-Familienunternehmen], S. 74.

Unternehmensfamilien empfiehlt die Literatur regelmäßige, beispielsweise halb- oder dritteljährliche Familientreffen.[1] Diese dienen dem gegenseitigen Austausch und der Aktualisierung von Personenbeschreibungen einzelner Mitglieder.[2] Man lernt sich immer wieder kennen, bestätigt alte (Vor-)Urteile und Erfahrungen, woraus sich wieder neue Erwartungen ergeben. Diese regelmäßige Pflege familiärer Kommunikation ist die Voraussetzung dafür, sich überhaupt als Großfamilie beschreiben und eine gemeinsame Identität der Familie überhaupt formulieren zu können.

Dabei sollte jedoch nicht versucht werden, der natürlichen Drift[3] einer Großfamilie entgegenzuwirken. Ein derart komplexes System verhält sich anders als eine Kleinfamilie, denn man hat es hier mit mehr oder weniger lose verbundenen Kleinfamilien zu tun, die sich in Differenz zu dieser Großfamilie als eigene Einheiten beschreiben. Diese kommunikativen Differenzen konstituieren die Binnendifferenzierung der Familie und sind damit strukturbildend in der kontinuierlichen Ausdifferenzierung und Weiterentwicklung der Unternehmensfamilie. Eine derartige *Eigendynamik von Familienteilen* kann nicht aufgehalten, erst recht nicht untersagt werden. Ein gemeinsames Familienverständnis lässt sich weder verordnen, noch durch sozialen Druck oder anderswie erwirken. Vielmehr sollte man solche Differenzen als Merkmale der Familie begreifen, die die Familie als Unternehmensfamilie am Leben erhalten. Man denke nur an kulturelle Differenzen, sei es auf nationaler Ebene (die Schwaben, die Hamburger, die Rheinländer) oder auf internationaler (die Amerikaner, die Franzosen, die Deutschen). Wenn sich solche Differenzen in der Familie herausbilden, können sie ebenso konfliktbegründend wie befruchtend wirken. Man kann sie thematisieren und im Rahmen

---

[1] Vgl. [Poza, E. J. (2004): Family Business], S. 151. Eine übersichtliche Darstellung zur Ausgestaltung von Familientreffen findet sich bei [Aronoff, C. E., & Ward, J. L. (1992): Family Meetings: How to build a Stronger Family and a Stronger Business].

[2] Vgl. hierzu weiter oben Kap. 3.2.2. Familie als soziales System, S. 180 ff.: Die Familie hält ihre Mitglieder kommunikativ über ihre eigenen Personen informiert.

[3] Vgl. [Baecker, D. (2002): Wozu Systeme?], S. 90.

von aktuellen Personenzuschreibungen als Teil familiärer Kommunikation pflegen, kann sie jedoch nicht negieren. Sie sind, mal mehr, mal weniger, Teil einer komplexen Unternehmensfamilie und können nur kommunikativ eingefangen werden.

Ein weiteres Merkmal unternehmensfamiliärer Kommunikation ist die Ausbildung von zum Teil *organisationsähnlichen Kommunikationsformen.* Bei der Handhabung einer komplexen Familie kann es notwendig sein, auf schriftliche Kommunikation (Einladungen, Tagesordnungen, Berichte) zurückzugreifen, auf bestimmte Formalisierungen (Gesellschafterverträge, fixierte Familienverfassung etc.) und Institutionen (jährliches Treffen, Kleiderordnung, gepflegte Sprachform). Solche eher unternehmensähnlichen Formen der Kommunikation sind ab einer gewissen Größe notwendiger Teil der Kommunikation in Unternehmensfamilien.[1] Ihre Handhabung gehört zum *Familienmanagement,* wenn ohne sie die familiäre Kommunikation und somit die Reproduktion der Familie als Unternehmensfamilie nicht sichergestellt werden könnte.

Ein letzter, thematisch etwas anders gelagerter Punkt im Themenfeld *Kommunikation* betrifft die Art der Kommunikation nach außen. Familien sind, wie LUHMANN sagt, ein System „enthemmter Kommunikation“,[2] da zumindest theoretisch alles und jeder zum Thema werden kann. Selbst wenn es beispielsweise tabuisierte Themen gibt, können diese jederzeit als vorherrschende Tabus thematisiert werden, über deren Angemessenheit sich wunderbar streiten lässt. Daher ist eine Familie, anders als ein Unternehmen, in der *Einhaltung von vereinbarten Geheimnissen* in der Regel wenig geübt. In der Familie können Geheimnisse schnell mitgeteilt und *als Geheimnis* weitergegeben werden. Im Hinblick auf das Unternehmen und unternehmensrelevante Informationen, die innerhalb der Familie ungeschützt thematisiert werden können, bedarf es jedoch mitunter eines für Familien atypischen Umgangs mit *geheimen* Informationen. Wenn bei teils

---

[1] Vgl. hierzu [Wimmer, R., Groth, T., & Simon, F. B. (2004): Erfolgsmuster von Mehrgenerationen-Familienunternehmen], S. 59.

[2] So [Luhmann, N. (1990): Sozialsystem Familie], S. 203.

börsennotierten Familienunternehmen in der Familie bereits vorab über die Quartalszahlen befunden wird oder wenn geplante Akquisitionen oder neu anzumeldende Patente in der Familie thematisiert werden, kann dies dem Unternehmen erheblichen Schaden zufügen, sofern mit diesen Informationen nicht unternehmenstypisch verfahren wird. Dabei mag es der Familie zumindest nicht automatisch in den Sinn kommen, dass mit solchen Informationen anders zu verfahren ist als mit anderen Themen. Eine weitere Aufgabe eines *Familienmanagements* liegt also auch darin, für eine ausreichende Sensibilität und für Verantwortungsbewusstsein im Umgang mit Informationen zu werben und zu ausgewählten Punkten vielleicht sogar vertragliche Vereinbarungen zu treffen.[1]

Typische *Formen der Pflege* und Weiterentwicklung der familiären Kommunikation sind insbesondere Zusammentreffen jeglicher Art sowie die Verbindung der Familienmitglieder miteinander auch jenseits formalisierter Treffen. Manche Unternehmen unterhalten hierzu beispielsweise ein Familienlandhaus, häufig landschaftlich schön gelegen, das von allen Familienmitgliedern genutzt werden kann und das einen Rahmen für Familientreffen bietet.[2]

4.3.3.2. Kontinuität

Die Zukunftsfähigkeit der Familie im Auge zu behalten oder gar zu thematisieren, ist wohl sehr untypisch für Familien. Dennoch steht dies bei Unternehmensfamilien im Rahmen eines ausgefeilten *Familienmanagements* typischerweise auf der Tagesordnung. Selbst wenn dies nicht expliziter Schwerpunkt des Familienmanagements ist, wer-

---

[1] Man denke hier an den oben beschriebenen Fall der vorab bekannten Quartalszahlen eines teilweise börsennotierten Unternehmens. Hierbei handelt es sich um so genannte *kursbeeinflussende Informationen,* die gesetzlich begründet im Rahmen einer so genannten *ad hoc-Mitteilung* allen Kapitalmarktteilnehmern gleichzeitig zur Verfügung gestellt werden *müssen.* Vgl. hierzu ausführlich [Schlittgen, V. (1999): Die Ad-hoc-Publizität nach § 15 WpHG].

[2] Eine umfangreiche Darstellung zur Ausgestaltung von Familientreffen findet sich bei [Aronoff, C. E., & Ward, J. L. (1992): Family Meetings: How to build a Stronger Family and a Stronger Business].

den dennoch Aspekte thematisiert und zur Klärung gestellt, die genau für diese Beschäftigung mit der eigenen Reproduktionsfähigkeit als Unternehmensfamilie sorgen.

So kommen Unternehmensfamilien nicht umhin, ihr *Selbstverständnis als Unternehmensfamilie* in irgendeiner Form zu bearbeiten. Dies kann entweder explizit, anhand hierzu eingerichteter Prozesse und Institutionen erfolgen oder auch emergent. Dabei ist beispielsweise zu klären, wer eigentlich zur Familien zu zählen ist und wer nicht. Diese Frage nach der eigenen Grenze ist nicht leicht zu beantworten. Sind Stiefkinder wie eigene Kinder zu behandeln? Sind angeheiratete Personen Mitglied der Kernfamilie, wenn diese über die Blutsverwandtschaft zu einem Gründer definiert wird?[1] Typischerweise liefert die Gründung des Unternehmens, an dem sich die Unternehmensfamilie ausrichtet, auch den Beginn der Unternehmensfamilie. Es wird daher die Gründerfigur als Anfang der Familienentwicklung gesehen und, weiter oder enger gefasst, die hieraus hervorgehende direkte Verwandtschaft als Familie bestimmt. Welche Kriterien jedoch nun die Familie definieren, klärt auch dieser fixierte Anfangspunkt noch nicht.

Neben den Fragen zur Mitgliedschaft gehören noch einige andere Aspekte zu einem geklärten Selbstverständnis als Unternehmensfamilie. So hat man sich beispielsweise darüber zu verständigen, wie intensiv die Großfamilie gelebt werden soll. Hilft man sich gegenseitig bei persönlichen Schwierigkeiten, so wie es in Kleinfamilien häufig der Fall ist, oder ist jede Kleinfamilie mehr oder weniger auf sich gestellt und allenfalls eingebettet in einen großfamiliären Verbund? Sind finanzielle Probleme anders zu behandeln als beispielsweise Liebeskummer oder Krankheitsfälle? Solche Themen werden meist nicht explizit geregelt, bilden aber dennoch im Verlauf der Zeit ein eigenes, ganz spezifisches Muster dieser Unternehmensfamilie heraus.

Anders als bei der meist implizit verlaufenden Selbsteinschätzung der Familie lässt sich im Rahmen eines *Familienmanagements* weitaus

[1] Vgl. weiter oben eine ausführlichere Diskussion dieser Problematik, Kap. 3.2.7.1. Grenzen der Familie, S. 204 ff.

expliziter fragen, welche *langfristige Perspektive* eine solche Familie hat. Hier geht es darum, wie sich die Familie langfristig entwickeln soll, welche Folgen unterschiedliche Erbfolgestrategien für die Familie haben werden, worin die Familie – wenn überhaupt – ihr Selbstverständnis finden könnte, wenn das Unternehmen beispielsweise aus wirtschaftlichen Gründen zerfallen würde etc. Derartige Überlegungen werden häufig im Rahmen so genannter *Familienstrategien* erörtert, es werden Familienverfassungen entworfen oder, im amerikanischen Raum sehr beliebt, Familienvisionen oder –missionen erarbeitet. Typischerweise ist es notwendig, hierzu einen wesentlichen Teil der eigenen *Familiengeschichte* aufzuarbeiten, schwierige Ereignisse der Vergangenheit zu thematisieren und eher zu kultivieren als zu tabuisieren.[1] Ebenso sind gemeinsame Auffassungen über bestimmte Grundwerte und Überzeugungen herauszuarbeiten, die für die Familie charakteristisch sind und auch dem Unternehmen als Leitorientierung dienen können. Typische Beispiele sind die Aversion gegen Rüstungs- und Betäubungsmittelindustrien, die Förderung der Demokratie und die Ablehnung von Tierversuchen jeglicher Art.[2]

Eine Thematisierung der eigenen Vergangenheit und Zukunft geht typischerweise damit einher, dass die *Grenze zwischen der Familie und ihrer Umwelt* ausgelotet wird. So hat sich eine Familie zu fragen, wie sie zu dem eigenen Unternehmen steht, ob sie sich in den Dienst von dessen Bedürfnissen stellt[3] oder ob sie vielmehr das Unternehmen als Mittel zur Aufrechterhaltung der eigenen Familie versteht. Einige Aspekte dieser Grenzbearbeitung werden unten detaillierter

---

[1] Man denke an vergangene Streitigkeiten zwischen zwei Stämmen, an denen die Familie und das Unternehmen beinahe zerbrochen wären und die als *ewiges Mahnmal* zur Abschreckung kultiviert werden.

[2] Ein solches Statement eines amerikanischen Produzenten findet sich beispielsweise bei [Berenbeim, R. E. (1990): How Business Families Manage the Transition from Owner to Professional Management], S. 92-94, Pkt. Nr. 10: „Planned Company growth should not be made dependent upon military markets."

[3] So das Ergebnis der empirischen Untersuchungen von [Wimmer, R., Groth, T., & Simon, F. B. (2004): Erfolgsmuster von Mehrgenerationen-Familienunternehmen], S. 73.

erläutert, so dass hier noch nicht vorgegriffen werden soll.[1] Jedoch muss an dieser Stelle notwendigerweise die Klärung des Zugriffs auf betriebliche Ressourcen zur privaten Nutzung angesprochen werden. Weiter oben wurde argumentiert, dass die Bereitstellung von Ressourcen (Güter, Dienstleistungen) durch das Unternehmen eine interessante Form der gegenseitigen Bezugnahme sein kann. Hierzu mögen die Nutzung der firmeneigenen Tankstelle, des Fahrzeugpflegedienstes oder des Gärtners ebenso gehören wie der Zugriff auf vorteilhafte Rahmenverträge des Unternehmens beispielsweise mit einem Automobilhersteller oder der hauseigenen Versicherungsgesellschaft. Weite Teile der Ratgeberliteratur sehen allerdings in der unterschiedlichen Nutzung betrieblicher Ressourcen einen wiederkehrenden Quell familiärer Konflikte.[2] Diese gründen sich zumeist auf das für Familien typische Prinzip der Gleichbehandlung. Warum sollte dem einen etwas zustehen, was dem anderen verwehrt bleibt? Die Behandlung solcher Differenzen bedarf in jedem Fall einer gemeinsam getragenen Regelung. Das Prinzip *jeder oder keiner* könnte hier ebenso eine Lösung sein wie abgestufte Nutzungsrechte innerhalb der Familie.

Die Bearbeitung der Grenze zur eigenen Umwelt ist jedoch mit der Bearbeitung der Grenze zum eigenen Unternehmen keineswegs erschöpft. Mehrgenerationen-Unternehmensfamilien thematisieren darüber hinaus beispielsweise ihre Rolle *im Hinblick auf die Gesellschaft*. So wird der Frage nachgegangen, wofür die eigene Familie in der Gesellschaft steht, welche Rolle sie übernommen hat und welche sie zukünftig ausfüllen sollte. Man hat darüber zu befinden, wer viel-

---

[1] Hierzu zählen beispielsweise die im nächsten Abschnitt zu behandelnden Aspekte des Kapitals. Weiter oben wurde bereits die Mitarbeit von Familienmitgliedern im Unternehmen thematisiert.

[2] [May, P., Redlefsen, M., & Haller, J. (2004): Nicht aktive Gesellschafter in Familienunternehmen: Ergebnisse und Handlungsempfehlungen], S. 8 ff. empfehlen die klare Regelung der Inanspruchnahme betrieblicher Sonderleistungen, [Hennerkes, B.-H., & Kirchdörfer, R. (1998): Mängel in Gesellschaftsverträgen von Familienunternehmen], S. 77 fordern gar eine strikte gesellschaftsvertragliche Untersagung der Nutzung betrieblicher Ressourcen für private Zwecke, ggf. sogar mit Rückzahlungspflichten oder Sanktionen bei Verstoß.

leicht mit der Familie rechnet, sich auf sie verlässt oder von ihr abhängig ist. [1] Die Auseinandersetzung mit der eigenen Rolle in der Gesellschaft hilft einer Unternehmensfamilie im Übrigen, weitere Umweltbereiche als relevant zu identifizieren, aus denen sie ihre eigene Identität gewinnen kann, indem sie sich auf diese bezieht und sich zugleich von diesen differenziert.

Die sich für diesen Aspekt des Familienmanagements *anbietenden Instrumente* sind unterschiedlicher Art. Zum einen erscheint es sinnvoll, die Familiengeschichte im Rahmen einer Familienchronik zu erarbeiten, um die eigene Herkunft, in der Vergangenheit gemeinsam gemeisterte Krisen und andere Charakteristika der eigenen Familie kennen zu lernen.[2] Ein solches „Familiengedächtnis" hilft beispielsweise neuen (angeheirateten) Familienmitgliedern zu verstehen, welche Muster sich in der familiären Kommunikation warum etabliert haben und welche Funktion oder historische Grundlage die eine oder andere Eigenart der Familie hat. Neben der Auseinandersetzung mit der eigenen Herkunft ist es sinnvoll, das Selbstverständnis beispielsweise in einer gemeinsam erstellten Familienverfassung, in einer gemeinsam formulierten und regelmäßig auf ihre Aktualität überprüften Familienvision oder –mission herauszuarbeiten. Darüber hinaus gilt es im Rahmen einer Familienstrategie wichtige einzelne Aspekte zu erarbeiten,[3] die nicht zuletzt auch das Familienunternehmen dabei

---

[1] Man denke hier an regelmäßige Spenden einer Familie an ein SOS-Kinderdorf, das vielleicht nur durch diese Zuwendungen die eigene Arbeit finanzieren kann.

[2] Derartige Familienchroniken gibt es häufig bei etablierten Unternehmensfamilien. Bekannte Beispiele sind die Chroniken über die Familie Krupp ([Rother, T. (2003): Die Krupps: Durch fünf Generationen Stahl]), Quandt ([Jungbluth, R. (2004): Die Quandts: Ihr leiser Aufstieg zur mächtigsten Wirtschaftsdynastie Deutschlands]), Oetker ([Jungbluth, R. (2004): Die Oetkers: Geschäft und Geheimnisse der bekanntesten Wirtschaftsdynastie Deutschlands]) oder Flick ([Ramge, T. (2004): Die Flicks: Eine Deutsche Familiengeschichte über Geld, Macht und Politik]), um nur einige solcher Fälle zu nennen.

[3] Als Einführung zum Thema *Familienstrategie* aus einem Ratgeberblickwinkel vgl. [Baus, K. (2003): Die Familienstrategie: Wie Familien ihr Unternehmen über Generationen sichern].

unterstützen können, sich auf die Ziele und Werte der Unternehmensfamilie einzustellen.

4.3.3.3. Kapital

In dem umfangreichen Themenfeld rund um Aspekte, die das Kapital betreffen, sieht es ähnlich aus. Auch hier gibt es im Rahmen von *Familienmanagement* Punkte, die zur Aufrechterhaltung der Reproduktionsfähigkeit der Familie sowie zu einer wechselseitigen Verbindung von Unternehmen und Familie beachtet werden müssen. Einer der hervorstechenden Aspekte ist der Umgang mit *strategischen Risiken des Familienvermögens*.[1] Hierbei geht es insbesondere um drei wichtige Punkte. Zum einen ist das Familienvermögen häufig zu großen Teilen im Unternehmen investiert. Dies führt zu einem erheblichen Klumpenrisiko. Manche Unternehmensfamilien verfolgen daher ganz bewusst die Strategie, ihr Vermögen auf Privatseite so weit wie möglich zu diversifizieren, unterschiedliche Investitionsformen einzugehen und somit das Gesamtrisiko zu mindern.[2] Möglich wird dies durch zielgerichtete und sukzessive Verbreiterung der Investitionsbasis auf privater Ebene und durch Engagements in unterschied-

---

[1] Eine detaillierte Erörterung zur Handhabung von Familienvermögen über mehrere Generationen hinweg findet sich bei [Hughes, J. E. J. (2004): Family Wealth: Keeping it in the family. How Family Members and Their Advisers Preserve Human, Intellectual, and Financial Assets for Generations]. Er schlägt eine Betrachtung und Planung von Familienvermögen über den Zeitraum von mindestens 100 Jahren respektive vier Generationen vor, um sicherzustellen, dass tatsächlich langfristig gedacht wird.

[2] Vgl. hierzu [Habbershon, T. G., & Pistrui, J. (2002): Enterprising Families Domain: Family-Influenced Ownership Groups in Pursuit of Transgenerational Wealth] und deren Ausführung zu „enterprising families", die sich dadurch auszeichnen, dass sie unternehmerische Aktivitäten forcieren und zugleich als Investorenfamilie agieren. Weiterführendes zu Unternehmensfamilien als „Investorenfamilie" findet sich auch bei [Jaffe, D. T., & Lane, S. H. (2004): Sustaining a Family Dynasty: Key Issues Facing Complex Multigenerational Business- and Investment-Owning Families] In Deutschland führt die Familie Wirtz in Stollberg beispielsweise zwei unterschiedliche Unternehmen (*Dalli* als Tensidproduzent und *Grünenthal* als spezialisiertes Pharmaunternehmen), vgl. [Scheele, M. (2005): Resistent gegen alle Krisen].

lichen Unternehmen. Ist eine Risikostreuung auf Privatseite nicht gewollt oder nicht möglich, beispielsweise weil kaum privates Vermögen gebildet wird, richtet sich der Blick auf die Risikopolitik des Unternehmens. Schließlich bildet dieses, gewissermaßen als Verlängerung, das Privatvermögen im Unternehmen ab. Ist nun über strategische Fragen und somit über die Risikostrategie zu befinden, so betreffen die Überlegungen gewissermaßen gleichzeitig das Unternehms- wie das Familienkapital. So wird eine unternehmensstrategische Entscheidung zu einer existenziellen Entscheidung für die Familie.[1] Ein dritter Punkt, der die Risikohandhabung des Familienvermögens betrifft, liegt in der Identifikation und Mitigation von Risiken, die vom Unternehmen unabhängig sind. So bedeutet es erhebliche finanzielle Risiken, wenn für unerwartete Todesfällen oder überraschende Scheidungen nicht vorgesorgt wird, beispielsweise durch vorab fixierte Erbfolgepläne oder rechtsgültige Eheverträge. Geht man auf der Familienseite auf die Suche nach Schadenspotentialen, die das Familienvermögen bedrohen, so stellt man schnell fest, wie vielfältig die Ereignisse sind, die hier in Betracht kommen können, so beispielsweise die Spielsucht eines Familienmitglieds oder der überzogene Lebensstil einer nachfolgenden Generation.[2]

Ein weiterer das Kapital betreffender Aspekt schließt gewissermaßen direkt an das eben Ausgeführte an. Er fokussiert die *Entwicklung und Fungibilität des Privatvermögens.* Gerade in komplexen Unternehmensfamilien können sich erhebliche Differenzen ergeben, wenn sich die Privatvermögen einzelner Familienteile unterschiedlich gut entwickeln und es so zu einem asymmetrischen Wohlstandsniveau innerhalb der Familie kommt. Verdeutlichen lässt sich dies am (fikti-

---

[1] Bedenkt man, dass die Existenz des Unternehmens neben der monetären Wertgenerierung noch andere Funktionen in der Familie sicherstellt, beispielsweise der Identitätsstiftung dient, öffentliches Ansehen und Wertschätzung der Familienmitglieder mitgeneriert oder zukünftige Beschäftigungschancen für Familienmitglieder bereithält, wird klar, warum viele Unternehmen eine risikoaverse Strategie bevorzugen, insbesondere dann, wenn der Kreis der Familie wächst.

[2] Vgl. hierzu ausführlicher [Klett, D., & Wiechers, R. (2005): Die Unternehmensfamilie: ein Risiko des Familienunternehmen?].

ven) Beispiel zweier Familienteile, die ihre privaten Vermögen außerhalb der gleichverteilten Unternehmensanteile unterschiedlich investiert haben. Während die einen im Jahr 2000 eine konservative Investitionspolitik verfolgten und das Jahr mit einer durchschnittlichen Rendite von +8,5% vor Steuern abschlossen, verfolgte der andere Familienstamm eine progressive Richtung, engagierte sich umfangreich in Wachstumswerten des Neuen Marktes und schloss das Jahr 2000 mit einem Verlust von 50% des investierten Kapitals ab. Auch wenn der skizzierte Fall ein konstruierter Extremfall ist, der ausschließlich der Verdeutlichung dient, ist er nicht unrealistisch.[1] Aus solchen Entwicklungen können sich immense Probleme innerhalb der Familie ergeben. Während der eine Familienteil an der historisch gewachsenen Ausschüttungspolitik des Unternehmens festhalten möchte, insistiert der andere Stamm verständlicherweise auf einer Erhöhung jener Dividenden, um das eigene Vermögen wieder auf ein angemessenes Niveau zu bringen. Solchen Asymmetrien kann eine einheitliche Pflege des Familienvermögens außerhalb der Unternehmensanteile vorbeugen. Hierauf haben sich so genannte *Family Offices* spezialisiert. Sie bündeln die freien Vermögen der Familie, legen sie gemeinsam an, können aufgrund der Bündelung bessere Konditionen erwirken, möglicherweise gar eigene Fonds auflegen und sorgen insbesondere für gleiche Wertzuwächse bei allen, die mit einem gewissen Prozentsatz am Gesamtvermögen beteiligt sind.[2]

Neben solchen Gleichschaltungen in der Wertentwicklung des Privatvermögens stellt sich regelmäßig die *Frage nach dessen Fungibilität.* Hiervon sind nicht zwangsläufig nur sonstige Vermögenswerte jenseits der Unternehmensanteile betroffen. Auch die Unternehmensanteile können zur Disposition gestellt werden, wenn sich innerfamiliär Querelen über strategische Vorhaben oder andere Punkte erge-

---

[1] Dies gibt zumindest ein Bericht über den Erben des Stadtplanunternehmens *Falk* zu bedenken. Vgl. [Frentz, C. v. (2003): Alexander Falk: Millionär, patentgefaltet].

[2] Detaillierte Informationen zu Family Offices finden sich beispielsweise bei [Murray, B., Gersick, K. E., & Lansberg, I. (2001): From Back Office to Executive Suite – The Evolving Role of the Family Office.].

ben, wenn dringender privater Finanzbedarf entsteht oder ein Familienstamm schlicht das Interesse am Unternehmen verliert und zum unangenehmen Gesellschafter mutiert, der auf den Verkauf der eigenen Anteile insistiert.[1] Die Fungibilität der Unternehmensanteile ist daher ein wichtiges Thema im Rahmen des Familienmanagements. Während durch gesellschaftsvertragliche Regelungen die „Daumenschrauben" zumindest theoretisch sehr fest angezogen werden können und der Verkaufswille durchaus gehemmt werden kann, gibt WARD zu bedenken, dass es langfristig keine angemessene Lösung ist, wenn ein Unternehmen in den Händen uninteressierter oder zum Unternehmen negativ eingestellter Gesellschafter liegt.[2] In der Praxis lassen sich daher unterschiedliche Formen finden, wie mit dieser Herausforderung umgegangen wird. Die Bandbreite reicht dabei von familienintern inszenierten Börsen zum Austausch von Unternehmensanteilen bis zur vertraglichen Regelung von Möglichkeiten und Konsequenzen vom Ausstieg aus dem Gesellschafterkreis.[3]

---

[1] In einer empirischen Analyse zeigt [Redlefsen, M. (2003): Der Ausstieg von Gesellschaftern aus großen Familienunternehmen: Eine empirische Untersuchung unter besonderer Berücksichtigung der spezifischen Corporate Governance des Familienunternehmens], dass es sich hierbei keinesfalls um ein seltenes Phänomen handelt. So haben die von ihm untersuchten Unternehmen pro Generation im Schnitt 2,38 Verkaufsfälle erlebt. Dies zeigt, dass Verkaufsfälle weitaus häufiger gehandhabt werden müssen als die Frage der Führungsnachfolge. Vgl. hierzu ebd., S. 165.

[2] Vgl. hierzu [Ward, J. L. (2004): Perpetuating the Family Business: 50 Lessons Learned from Long-Lasting, Successful Families in Business], S. 69 f.: „I find, ironically, that the more freedom of exit is available, the less family members will fight for it or even exercise it." Weitere Hinweise finden sich ebd., S. 109 f.

[3] Vgl. hierzu das Beispiel der spanischen Familie Codorníu bei [Ward, J. L. (2004): Perpetuating the Family Business: 50 Lessons Learned from Long-Lasting, Successful Families in Business], S. 109 f., die einen derartigen Marktplatz eingerichtet hat. Andere Familien haben vertraglich vereinbart, dass jemand, der seine Anteile verkaufen möchte, auch aus der Familie ausgeschlossen wird. So bei [Koch, B. (1995): Das Familienvermögen ist seit 1789 in der Bank gut aufgehoben], S. 26: „Ein Ausscheiden aus dem Eigentümerkreis ist im Grunde nicht erwünscht. Sollte jemand den Wunsch haben, sein Erbe anderweitig zu verwenden, so wird dies „decouragiert", wie von Oppenheim es nennt."

Eine Möglichkeit, derartigen Verkaufswünschen oder –notwendigkeiten sowie anderen Konfliktpotentialen vorzubeugen, liegt in der *fortwährenden Kalkulation der Ausschüttungsbedürfnisse der jeweiligen Gesellschafter*. Diejenigen, die finanziell von den Dividendenzahlungen des Unternehmens mehr oder weniger abhängig sind, müssen mit ihren Bedürfnissen ernst genommen werden. Argumente wie „jeder ist für sich selbst verantwortlich" oder „das Unternehmen kann aktuell nicht mehr ausschütten" helfen wenig, wenn nun einmal eine Abhängigkeit besteht, in welcher Form auch immer. Auch Minderheitsanteilseigner haben ein erhebliches Potential, auf ihre Ausschüttungshöhe zu drängen und ansonsten höchst unangenehme Konsequenzen einzuleiten. Man denke nur an den oben bereits skizzierten Umgang mit sensiblen Unternehmensinformationen gegenüber der Öffentlichkeit oder der Presse. So gibt es Familien, die neben einer Regelung zur Ausschüttungspolitik (Mindestausschüttung; fixe Beträge je Gesellschafter unabhängig von der Unternehmensentwicklung etc.) ein gemeinsames Notfallpolster anlegen, um Familienmitgliedern in Notsituationen helfen zu können. Über mehrere Jahre wird dann ein Teil der ausgeschütteten Rendite von allen eingezahlt und als *Sondervermögen* auf Familienseite für den Bedarfsfall vorgehalten. Wenn der Bedarfsfall eintritt, vermeidet der so entstandene *Notfallfonds* eine zusätzliche Belastung des Unternehmens; zudem stärkt er den Zusammenhalt der Familie, falls diese der Meinung ist, sich in solchen Situationen gegenseitig helfen zu wollen.

Der abschließend zu nennende finanzielle Aspekt betrifft die *Vergütung des Familienmanagements* auf der Familienseite selbst. Wie bereits an dieser Stelle deutlich geworden sein dürfte, ergeben sich insbesondere in komplexen Unternehmensfamilien zum Teil erhebliche Organisations- und Pflegenotwendigkeiten: Es müssen Treffen initiiert und veranstaltet, Familienräte gegründet und Weiterbildungen für Familienmitglieder organisiert werden. Das Erstellen einer Familienchronik soll in Angriff genommen werden, dann ist der betreffende Journalist zu betreuen etc. In einer sich professionell organisierenden Unternehmensfamilie können diese Aufgaben eine Vollzeitbeschäftigung darstellen. Im Rahmen des Familienmanagements muss also zumindest thematisiert werden, wer diese Funktionen übernimmt und in welcher Form die betreffende Person dafür entlohnt werden soll oder kann. Dabei muss es nicht unbedingt eine finanzielle Vergütung sein, die einen angemessenen Ausgleich zwischen im Rahmen des Familienmanagements aktiven und weniger aktiven Familienmitgliedern herstellt. Dennoch sollte zumindest im Auge behalten werden, ob nichtmonetäre Entlohnungsformen ausreichen (beispielsweise Stolz auf die Tätigkeit im Familienmanagement, Steigerung der eigenen Reputation durch die Vertretung der Familie gegenüber der Presse, Befriedigung des eigenen Pflichtbewusstseins, bei pensionierten Familienmitgliedern: Schaffung einer neuen Aufgabe) oder ob für bestimmte Aufgabengebiete auch eine monetäre Honorierung zu erwägen ist.

Abschließend sollen nun einige typischerweise eingesetzte *Instrumente* zur Ausgestaltung der genannten Aufgaben und Differenzen im Rahmen des *Familienmanagements* auf Familienseite skizziert werden. Insbesondere bei älteren oder größeren Unternehmensfamilien hat sich die Einrichtung eines internen oder externen *Family Office* bewährt. Darüber hinaus ist es notwendig, gemeinsam getragene Regelungen für den Fall aufkommender Verkaufswünsche zu erarbeiten, den bereits bestehenden oder in Zeiten schwacher Dividendenausschüttungen möglichen privaten Finanzbedarf von Familienmitgliedern ernst zu nehmen und hierfür gegebenenfalls vorzusorgen. Die Einrichtung eines gemeinsam gespeisten Notfallpolsters kann ein hilfreiches Instrument hierzu sein. Andere Familien richten ein eigenes *Liquiditätskomitee* ein,[1] um zusätzlich auch die Riskanzen des eigenen Familienvermögens regelmäßig abzuschätzen und zu beobachten. Darüber hinaus bietet es sich an, mit Blick auf eine gemeinsame Einschätzung der Risikopolitik des Unternehmens einen

[1] Vgl. hierzu [Vilaseca, A. (2002): The Shareholder Role in the Family Business: Conflict of Interests and Objectives Between Nonemployed Shareholders and Top Management Team], S. 311. Die Einrichtung derartiger Komitees ermöglicht es darüber hinaus, möglichst viele Familienmitglieder mit unterschiedlichen Rollen und Aufgaben aktiv und engagiert zu halten. So heißt es beispielsweise bei [Aronoff, C. E., & Ward, J. L. (1994): Beware of the family-business paradox]: "Encourage family members not employed in the business to be active leaders of family meetings and events."

30-50-Jahresplan zu erstellen, mit dem die eigenen Erwartungen zur Wertentwicklung ebenso in den Blick genommen werden können wie die hiermit korrespondierenden Risiken der zu verfolgenden Strategie. Derartige Überlegungen münden zudem nicht selten in einer Art Gesellschaftervereinbarung, die eine gemeinsame Position für die nächsten 10 oder 15 Jahre festschreibt und damit auch dem Unternehmen die Möglichkeit gibt, auf eine gemeinsam erarbeitete Meinung der Unternehmensfamilie zurückzugreifen.

4.3.3.4. Kompetenzen

Im Hinblick auf das Themenfeld der *Kompetenzen* ergeben sich in komplexen Unternehmensfamilien Strukturen, die so für andere Familien untypisch sind. Beispielsweise bilden sich Formen heraus, die eine kontinuierliche *Weiterbildung von Familienmitgliedern* ermöglichen, sei es im Rahmen einer eigens eingerichteten *Familienakademie* oder im Rahmen einzelner Seminare oder Workshops. Hierdurch lässt sich eine Routine der kontinuierlichen Auseinandersetzung mit der eigenen Tradition und Herkunft etablieren, neue Familienmitglieder (beispielsweise Ehepartner) erhalten die Möglichkeit, mehr über die Familie zu lernen, und zugleich können wichtige Themen, die das Familienunternehmen betreffen, vital gehalten werden. Darüber hinaus wird hierdurch die Aufrechterhaltung der familiären Kommunikation und somit die Reproduktion der Unternehmensfamilie gefördert, indem immer neue Anlässe geboten werden, gemeinsam zu lernen, sich dabei gegenseitig (immer wieder neu) kennzulernen und somit familiäre Strukturen und familiäre Kommunikation zu reproduzieren.

Solche *Familienakademien* bekommen eine weitere Funktion, wenn sie Weiterbildungsformate zu *unternehmensrelevanten Themen* anbieten. So gilt es beispielsweise, nicht-aktive Gesellschafter in wirtschaftlichen Fragestellungen des Unternehmens kompetent und kritikfähig zu halten. So können diese über neue Strömungen im wirtschaftlichen Geschehen informiert werden, beispielsweise über neue Bilanzierungsrichtlinien oder neue Gesetze bezüglich der Informations- und Transparenzpflicht von Unternehmen. Darüber hinaus können hierzu in regelmäßigen Runden relevante Aspekte des eigenen Unternehmens vorgestellt und thematisiert werden. So finden sich in der Unternehmensfamilie möglicherweise ausreichend viele Interessierte, die sich mit den vergangenen und zukünftigen Herausforderungen des Unternehmens auseinandersetzen, mehr über den oder die Kernmärkte erfahren, das Geschäftsmodell diskutieren und im Vergleich zu anderen Ansätzen kritisch hinterfragen, Ideen zur Zukunft des eigenen Produktportfolios entwickeln möchten usw.

Derartige Weiterbildungsformen, die sich an alle Familienmitglieder richten, erschöpfen sich jedoch nicht in der Behandlung rein unternehmensbezogener Aspekte. Ebenso können Qualifikationen zum Thema *Erbschaftssteuer und Vererbungsstrategien* oder Seminare zu *Risiko- und Altersvorsorge* veranstaltet werden. Theoretisch kann *alles, was gemeinsam interessiert,* hier thematisiert werden. WARD[1] nennt als die drei wichtigsten: (1) zwischenmenschliche Aspekte und Konfliktmanagement, (2) Aspekte der Persönlichkeitsentwicklung und (3) Themen zur Kultur der Familie. Auch ist denkbar, dass sich die Familienmitglieder im Rahmen einer solchen Akademie gegenseitig weiterbilden. Schließlich sind typischerweise die Interessen sehr verschieden, und nicht jeder ist im Unternehmen oder im Wirtschaftskontext aktiv. Manche Familienmitglieder sind vielleicht Steinmetz, Pianist, Lehrer oder Stabhochspringer. Nichts spräche dagegen, wenn diese im Rahmen von kleinen Workshops anderen interessierten Familienmitgliedern ihre Professionen näher brächten, indem sie beispielsweise einen Malkurs anbieten, in die Kunst des Steinmetzens einführen oder jungen Familienmitgliedern die Technik des Stabhochsprungs beibringen.[2]

---

[1] Vgl. [Ward, J. L. (2004): Perpetuating the Family Business: 50 Lessons Learned from Long-Lasting, Successful Families in Business], S. 120 ff.

[2] Es sollte an dieser Stelle an die weiter oben herausgearbeiteten Kernaspekte von Familie erinnert werden: Die Familie hält ihre Mitglieder kommunikativ über ihre eigenen Personen informiert. Derartige Workshops und Seminare im Rahmen einer *Familienakademie* fördern eine kontinuierliche Auseinandersetzung der Familienmitglieder untereinander. Vgl. hierzu weiter oben Kap. 3.2.2. Familie als soziales System, S. 180 ff.:

Weiterbildungsformate können jedoch auch ganz konkreten Zielen folgen. So gibt es Unternehmen, die für am Unternehmen interessierte junge oder (noch) nicht aktive Familienmitglieder *besondere Vorbereitungskurse* anbieten. Diese zielen auf die notwendigen Kompetenzen etwa eines Beiratsmitglieds, einer Aufsichtsratsperson oder eines Unternehmensführers ab, oder sie erläutern schlichtweg die Rechte und Pflichten eines *guten* Gesellschafters.[1] Gerade *junge Leute werden von Mehrgenerationen-Unternehmensfamilien häufig besonders gefördert*. Sie werden dabei unterstützt, ihren eigenen Interessen nachzugehen, indem sie beispielsweise mit Mitgliedern des Unternehmens oder der Familie in regelmäßigen Coachings Möglichkeiten für ihre Zukunftsgestaltung ausloten, herausragende Praktikumsangebote erhalten und bei Interesse exzellente universitäre oder außeruniversitäre Ausbildungs- und Bildungsangebote nutzen können. Solche Unterstützung erfolgt aus unterschiedlichen Motiven: Je besser die nachfolgende Generation ausgebildet ist, desto geringer ist die Wahrscheinlichkeit, dass sie in Zukunft auf die Ausschüttungen des Unternehmens angewiesen ist. Darüber hinaus sind Angehörige der jungen Generation schon früh Repräsentanten der Unternehmensfamilie sowie des Unternehmens, was sie je nach gesellschaftlicher Bedeutung der Unternehmensfamilie schnell zu Personen des öffentlichen Interesses machen kann. Und falls Angehörige der jungen Generation Interesse an der Mitarbeit oder gar der Leitung des Unternehmens entwickeln sollten, so ist eine exzellente Ausbildung und Vorbereitung erst recht im Sinne des Unternehmens.

Zur Realisierung der zuvor genannten Möglichkeiten greifen Unternehmensfamilien im Rahmen ihres *Familienmanagements* auf unterschiedliche *Instrumente* zurück. Insbesondere für die Aus- und Weiterbildung der jungen Generation richten manche Unternehmensfamilien spezielle familienweite Ausbildungsfonds ein. Diese funktionieren gewissermaßen nach einem umgekehrten Generatio-

---

[1] Dieses Thema wird vor allem in der amerikanischen Literatur unter dem Begriff *responsible ownership* diskutiert. Vgl. hierzu beispielsweise [Ward, J. L. (2004): Perpetuating the Family Business: 50 Lessons Learned from Long-Lasting, Successful Families in Business], S. 116 ff.

nenvertrag: Danach hat jeder junge Mensch Anspruch auf die bestmögliche Ausbildung, die er erhalten kann; die Kosten hierfür (Studiengebühren etc.) werden aus einem gemeinsamen Topf gedeckt. Nach seiner Ausbildung zahlt er über einen gewissen Zeitraum einen fixen oder prozentualen Anteil seines Gehalts wieder in diesen Topf zurück. So ist sichergestellt, dass auch die nachfolgenden Generationen von dieser Institution profitieren können. Andere Unternehmen ermöglichen solchen jungen Menschen die Nutzung von karrierebezogenen Kompetenzen im Unternehmen (Karrierecenter) oder Coachings innerhalb der Familie. Neben dieser besonderen Zielgruppe richten sich die Angebote einer Gesellschafter- oder Familienakademie typischerweise auch an alle anderen Familienmitglieder. Je nach Thema handelt es sich hierbei um eine Art regelmäßige Weiterbildung für Gesellschafter oder um kontinuierliche Angebote für Familienmitglieder, die es ihnen erlauben, die Familienkommunikation aufrechtzuerhalten und weiter zu pflegen. Dabei ist es durchaus möglich, manche Themen gemeinsam mit anderen, befreundeten Unternehmensfamilien zu bearbeiten, um auch so regelmäßig voneinander zu lernen.

4.3.3.5. Kontrolle

Neben den vorgestellten Themenbündeln *Kommunikation, Kontinuität, Kapital* und *Kompetenzen* ist auch der nachfolgend näher erläuterte Bereich *Kontrolle* typischerweise Gegenstand eines ausgefeilten *Familienmanagements*. So gehört es zu den *Governance-Strukturen in Unternehmensfamilien*, für eine angemessene und faire *Meinungsbildung innerhalb der Familie* zu sorgen.[1] Schließlich sollen, wie bereits an unterschiedlichen Stellen beschrieben, geteilte Werte und gemeinsame Einschätzungen der eigenen Stellung in der Gesellschaft oder des eigenen Unternehmens gebildet werden; auch ist durch eine

[1] Eine Übersicht zu den unterschiedlichen Governance-Strukturen in Unternehmensfamilien findet sich beispielsweise bei [Carlock, R. S., & Ward, J. L. (2001): Strategic planning for family business: Parallel planning to unify the family and the business], S. 71 ff. sowie bei [Neubauer, F., & Lank, A. (1998): The Family Business: Its Governance and Sustainability], S. 71 ff.

frühzeitige Thematisierung unterschiedlicher Ansichten und Bedürftigkeiten eine angemessene Konfliktprävention zu betreiben. Allerdings dürfte es schwer und zugleich wenig nützlich sein, in Familien basisdemokratische Abstimmungsprozesse oder halbjährliche Befragungen zu unterschiedlichen Themen zu etablieren. Vielmehr müssen Formen gefunden werden, unterschiedliche familiäre Aspekte thematisierbar und diskutierbar zu halten. Hierfür kann das Zusammenspiel von regelmäßigen Familientreffen und Familienrat eine sinnvolle und nützliche Organisationsform darstellen; Näheres dazu später.

Ähnliches ist im Hinblick auf die Anteilseigner zu leisten. Hier sind z.B. die Fragen zu beantworten, wie die *Meinungsbildung im Gesellschafterkreis* ablaufen soll (Entscheidungsprozesse), welche Rolle unterschiedliche Anteilshöhen dabei spielen (Stimmrechtsverteilung) etc. Sollten gesellschafterrelevante Fragestellungen mittels Abstimmung nach Köpfen entschieden werden? Oder vielmehr geordnet nach Stämmen? Oder nach Anteilshöhen? Sollten Entscheidungen eher demokratisch oder vielmehr einstimmig erfolgen? Was passiert, wenn augenscheinlich unlösbare Konflikte auftreten? Werden dann externe Partner zu Rate gezogen? Hier entwickeln unterschiedliche Unternehmensfamilien durchaus eigene, voneinander abweichende Vorgehensweisen und implizite oder explizite Regelungen. Während manche Unternehmen dem Motto folgen „solange es gut geht, geht es gut", haben andere ein festgelegtes Prozedere für den Fall eines auftretenden Konflikts erarbeitet. Welche Form der Entscheidungsfindung *die* angemessene Variante wäre, lässt sich nicht pauschal sagen. Häufig sind gewachsene Muster ausschlaggebend für die angemessene Form im jeweils spezifischen Kontext.

In jedem Fall bleibt innerhalb der Unternehmensfamilie zu klären, wer in den *unterschiedlichen Aufsichts- und Kontrollgremien* des eigenen Unternehmens präsent sein kann oder darf. Während manche Familien diese Frage von der formalen Verteilung der Unternehmensanteile abkoppeln und solche Positionen auch Familienmitgliedern ohne Anteile anbieten,[1] ist in anderen Familien die Besetzung bestimmter Positionen strikt mit der Verfügung über Anteile verbunden.[2] So ist zu klären, wer einem Familien- oder Gesellschafterrat angehören darf. Darüber hinaus ist zu regeln, wie diese Personen gewählt oder berufen werden, wie lange sie diese Ämter bekleiden, welche Rechte und Pflichten ihnen jeweils zugesprochen werden und welche Konsequenzen bei Nichteinhalten von Regeln und Verpflichtungen drohen.

Über die unterschiedlichen Gremien und Kontrollstrukturen hinaus muss festgelegt werden, wer die *Organisation der Familienorganisation* sicherstellt. Wo also wird darüber entschieden, welche Gremien eingerichtet werden sollen, welche Fragen dringend zu behandeln sind, welche Stellen neu geschaffen und welche Stellen wieder abgeschafft werden sollten? In der einschlägigen Literatur gilt die Einrichtung vieler unterschiedlicher Stellen und Funktionsbündel prinzipiell als Gewinn für eine Unternehmensfamilie. So schreibt beispielsweise WARD hierzu:[3]

> „Smart business-owning families deliberately create meaningful roles that offer talented, giving, helpful family members who are not in the business a chance to shine. What's more, they treat the leaders on the family side – the family council members and the foundation directors, for

---

[1] So zum Beispiel die Unternehmensfamilie Merck, Darmstadt. Hierzu [Wimmer, R., Groth, T., & Simon, F. B. (2004): Erfolgsmuster von Mehrgenerationen-Familienunternehmen], S. 62, Fußnote 31: „Das Unternehmen Merck geht ganz bewusst so weit, die Gesellschaftergremien (Familien- und Gesellschafterrat) auch für die angeheirateten Familienmitglieder zu öffnen."

[2] Im Falle Brenninkmeijer (C&A) dürfen beispielsweise nur diejenigen Familienmitglieder Unternehmensanteile halten, die auch im Unternehmen mitarbeiten. Hören sie auf zu arbeiten, müssen sie die Unternehmensanteile wieder abgeben, vgl. [Wimmer, R., Groth, T., & Simon, F. B. (2004): Erfolgsmuster von Mehrgenerationen-Familienunternehmen], S. 60, Fußnote 30.

[3] Vgl. [Ward, J. L. (2004): Perpetuating the Family Business: 50 Lessons Learned from Long-Lasting, Successful Families in Business], S. 128; derselbe Tenor findet sich beispielsweise bei [Aronoff, C. E., & Ward, J. L. (1994): Beware of the family-business paradox].

> example – with the same level of respect, appreciation, and admiration that they shower on family members who serve on the business's board or in its management.“

Es muss also auch geklärt werden, wer für die Organisation jener Stellenorganisation verantwortlich zeichnet, wie die Stelle besetzt wird, wie lange sie besetzt bleibt usw. In vielen Unternehmen gehört dies zum Aufgabenfeld des *Familienrats*. Dieser Familienrat kümmert sich um die Organisation von Belangen der Unternehmensfamilie. Er beruft zu unterschiedlichen Themen Komitees oder Arbeitsgruppen, die sich dann um unterschiedliche Themen rund um die im Rahmen des Familienmanagements beschriebenen Fragestellungen kümmern. Hierzu gehört beispielsweise ein Komitee, das sich um die Familienweiterbildung oder eine Familienakademie kümmert, ein weiteres, das die regelmäßige Organisation von Familientreffen im Auge behält, während ein drittes Gremium mit unterschiedlichen Kalkulationen stets für ein ausreichendes Maß an verfügbarer Liquidität sorgt. Daneben mag sich eine weitere Arbeitsgruppe um die Bestimmung gesellschaftlicher Aufgaben für eine einzurichtende Stiftung kümmern, die Erarbeitung einer Familienchronik oder den Aufbau eines Familienarchivs initiieren und begleiten o.ä. All diese Gremien, Räte, Arbeitsgruppen und Komitees bieten vielfältige Möglichkeiten der Mitarbeit an der Aufrechterhaltung der eigenen Familie, so dass sich viele Familienmitglieder an unterschiedlichen Stellen für die Reproduktion der Unternehmensfamilie engagieren können. Ein Nebeneffekt hierbei ist, dass neben die Besetzung der Führungsrolle im Unternehmen oder neben die Erlangung einer der raren Beiratsplätze nun die Besetzung anderer, ebenfalls wichtiger Rollen und Stellen tritt. Die Nachfolgefrage verliert somit ein wenig an Prominenz und hierdurch an Konfliktpotential, beispielsweise zwischen unterschiedlichen Familienstämmen.

Neben bzw. unter der zuvor bereits skizzierten *Institution* des Familienrats sind, je nach Organisationsform, verschiedene Institutionen wie Gremien, Räte, Arbeitsgruppen oder Task Forces angesiedelt, die sich unterschiedlichen Themen widmen und somit für ein angemessenes Maß an Governance-Strukturen in der Unternehmensfamilie sorgen. Das große Ganze bildet dann das Familientreffen oder die

Familienversammlung, aus der sich typischerweise die unterschiedlichen weiteren Organisationsformen ergeben. Ob jedoch ein Juniorenrat, ein Liquiditätskomitee, ein Gremium zur Errichtung einer Familienakademie oder sonstige Einrichtungen angemessen und sinnvoll sind, bleibt im Einzelfall und von Familie zu Familie zu entscheiden.

4.3.4. Repräsentation der Unternehmensfamilie im Familienunternehmen

Der vorletzte Abschnitt des *Familienmanagement-Prozesses* fokussiert die Frage nach der Repräsentation der Familie gegenüber dem Unternehmen als ihrer Umwelt. Hierzu sollen, wie beim unternehmensseitigen Äquivalent, unterschiedliche Formen erläutert werden, wie die Familie in und gegenüber dem Unternehmen repräsentiert wird. Dabei liegt die Verantwortung für die angemessene Bearbeitung dieser Repräsentation bei der oder den zuvor beschriebenen Grenzstelle(n) der Familie.

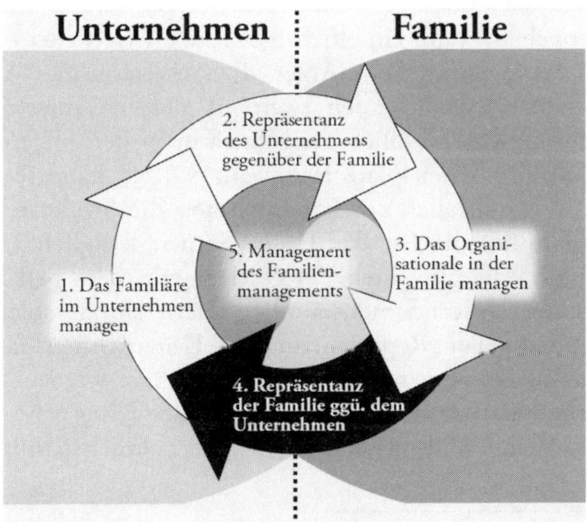

Abbildung 36: Repräsentanz der Familie im Unternehmen. Eigene Darstellung.

Hierzu werden im Folgenden die bereits bekannten vier typischen Formen der Repräsentanz vorgestellt: (1) die Repräsentation durch Personen, (2) die Repräsentation durch schriftliche Kommunikation, (3) die indirekte Repräsentation und (4) die kontextuale Repräsentation der Familie gegenüber dem Unternehmen.

4.3.4.1. Persönliche Repräsentationen

Personen kommen in Organisationen nur als Mitglieder und nur in der Form von Stellenbesetzungen vor. Es gibt keine andere Form, wie Personen jenseits von Stellen oder Funktionen zu verorten wären. Wenn die Reinigungsfrau im Unternehmen aktiv ist, so nicht als Vollmensch *Frau Müller* sondern als Ausschnitt ihrer Person,[1] als Trägerin eines Aufgabenbündels, das im Rahmen der organisationalen Binnendifferenzierung vorgesehen ist. Genauso werden Personen aus der Unternehmensfamilie im Unternehmen zu verorten versucht. Wer als Mitglied der Unternehmensfamilie im Unternehmen erscheint, wird als Anteilseigner, als Assistent oder *Berater* des Unternehmers o.ä. behandelt. So kann eine Organisation unfähig sein, damit umzugehen, wenn ein elfjähriger Junge (wie weiter oben in der Anekdote) aus persönlichem Ärger die Sekretärin des Vaters und zugleich Vorstandsvorsitzenden während dessen Abwesenheit entlässt.[2] In der Geschichte blieb die Sekretärin in den folgenden Tagen tatsächlich ihrem Arbeitsplatz fern, ganz so, als habe ihr Chef ihr gekündigt. Wie soll auch ein Unternehmen die Strukturen der Unternehmensfamilie, die für das Unternehmen lediglich Umwelt ist, detailgenau im Auge behalten? So gesehen gilt, dass prinzipiell jede Person aus der Unternehmensfamilie, sofern sie als solche erkannt wird, als potentieller Repräsentant der Unternehmensfamilie und somit zumeist der Eigentümerschaft betrachtet werden kann, was enorme Irritationen mindestens auf Seiten des Unternehmens auslösen kann. Viele Mehrgenerationen-Unternehmensfamilien haben

---

[1] Vgl. [Luhmann, N. (2000): Organisation und Entscheidung], S. 285.

[2] Vgl. weiter oben Kap. 4.2.2.4. Ungeklärte Familienführung bei fremdgeführten Unternehmen, S. 385 f.. Im beschriebenen Fall hatte die Sekretärin nicht genug Buntstifte für den Kleinen vorgehalten, was zu der geschilderten Reaktion führte.

dieses Problem bereits erkannt und treffen hierfür Vorsorge.[1] Die spanische Unternehmensfamilie Codorníu hat sogar eine Regel aufgestellt, die es den Familienmitgliedern verbietet, selbständig Kontakt zu Mitgliedern des Managements aufzunehmen. Stattdessen wurde ein Gremium gebildet, das die Anliegen von Anteilseignern geordnet gegenüber dem Management vertritt, bespricht und klärt.[2] Hierzu merkt WARD an:[3]

> „Successful business-owning families [...] realize, that it's out of line for owners to ask the business for personal favors („Can you send some employees over to help me move some furniture?" or a more subtle request to senior management for help with a personal charity). They understand that they should not be expressing opinions about a particular employee to management but that they should be going through proper channels [...]."

Hier wird deutlich, weshalb die Repräsentanz der Unternehmensfamilie gegenüber dem Familienunternehmen sehr feinfühlig und überlegt zu behandeln ist, wenn unnötige und zuweilen ungewollte Irritationen dem Unternehmen gegenüber vermieden werden sollen.[4] Hat eine Unternehmensfamilie beispielsweise einen Familienrat eingerichtet, der auch weite Teile des Familienmanagements innerhalb der Familie organisiert, so vertritt dieser häufig zugleich die Interessen der Familie und der Anteilseigner gegenüber dem Unternehmen oder sorgt für eine angemessene alternative Form der Repräsentation.

---

[1] Vgl. [Ward, J. L. (2004): Perpetuating the Family Business: 50 Lessons Learned from Long-Lasting, Successful Families in Business], S. 118 f.

[2] Vgl. [Crosbie, A. (2000): Don't Leave it to the Children: Starting, Building and Sustaining a Family Business], S. 162 f.

[3] Vgl. [Ward, J. L. (2004): Perpetuating the Family Business: 50 Lessons Learned from Long-Lasting, Successful Families in Business], S. 119.

[4] An dieser Stelle soll explizit nicht ausgeschlossen werden, dass manche Kontaktaufnahmen seitens der Unternehmensfamilie ganz bewusst diese Ziele verfolgen, beispielsweise um heimlich Informationen an der *Linie* vorbei zu erlangen oder sich persönliche Vorteile zu verschaffen.

Geklärte und routinierte Formen der persönlichen Repräsentation können jedoch ausgesprochen nützlich sein. So signalisieren im Unternehmen mitarbeitende Familienmitglieder beispielsweise die Nähe der Unternehmensfamilie zu *ihrem* Unternehmen. Wird etwa die Führungsposition schon über Generationen hinweg von einem Familienmitglied übernommen, so kann dies als Signal für angestrebte Kontinuität und Stabilität des Unternehmens gewertet werden. Wenn die Unternehmensführung dagegen familienfremd besetzt ist, hat die Repräsentation der Unternehmensfamilie durch das persönliche Erscheinen von Familienmitgliedern zu bestimmten Anlässen eine positive Wirkung. Wo die Familie bei Firmenjubiläen, bei der Eröffnung neuer Produktionsstätten oder ausländischer Tochtergesellschaften, bei der Veröffentlichung des Jahresabschlusses oder bei der Begrüßung eines neuen Jahrgangs von Auszubildenden präsent ist, signalisiert sie ebenfalls ihr persönliches Interesse am Unternehmen und personifiziert zugleich Traditionen, Werte und Kontinuität.

Darüber hinaus ist gerade bei familiengeführten Unternehmen (aber nicht nur dort) die Wirkung nicht zu unterschätzen, welche die selektive Präsenz der jungen Generation haben kann. Denn Mitarbeiter und Geschäftspartner interessieren sich erstaunlich früh für die vermeintliche Kompetenz der Junioren und stellen Mutmaßungen über deren Interesse an der (späteren) Weiterführung des Unternehmens an. Hier wird noch einmal deutlich, was weiter oben bereits skizziert wurde: Als Mitglieder der Unternehmensfamilie repräsentieren sie diese, ob sie möchten oder nicht. Ein auffällig luxuriöses Automobil, das der Junior womöglich auch noch auf dem Chefparkplatz abstellt, mag im Unternehmen beispielsweise als Indiz für eine schwindende Sparsamkeit in der Unternehmensfamilie, gepaart mit einer zunehmenden Überheblichkeit, gewertet werden.

Zur Klärung der Repräsentation der Unternehmensfamilie gegenüber dem Unternehmen sind also Fingerspitzengefühl und Routine gleichermaßen gefragt. Als *hilfreiche Maßnahme* hat sich bei Mehrgenerationen-Unternehmensfamilien die explizite Thematisierung dieses Anliegens erwiesen. Ob sich hieraus geschriebene oder ungeschriebene Regeln ergeben, ob mit Konsequenzen offen gedroht oder diese nur vermutet werden, ist von Fall zu Fall verschieden. Klar ist jedoch, dass eine wohlgeordnete Form der Repräsentation dem Unternehmen zum Vorteil gereichen kann, weil so beispielsweise die in der Familie verankerten Traditionen, Grundüberzeugungen und Werte in personifizierter Form präsentiert und veranschaulicht werden können. Dies geschieht klassischerweise im Rahmen von Unternehmensjubiläen, bei wichtigen Geschäftsabschlüssen oder sonstigen herausragenden Anlässen. Die Wirkung kommt schließlich dem eigenen Unternehmen zugute, beispielsweise in Form einer hohen Loyalität der Mitarbeiter, einem Vertrauensvorschuss von wichtigen Partnern wie Hausbanken, Kunden, Lieferanten oder sonstigen Stakeholdern.

4.3.4.2. Schriftliche Repräsentation

Eine weitere Facette der Repräsentation der Unternehmensfamilie gegenüber dem Familienunternehmen stellen schriftliche Informationen dar. Diese können ebenfalls nur zur *gefälligen Anschlussnahme* bereitgestellt werden, ohne jedoch beeinflussen zu können, inwiefern oder ob überhaupt hieran angeschlossen wird. Ein Beispiel dieser Form schriftlicher Repräsentation wurde zu Beginn der vorliegenden Arbeit im Kapitel über den Forschungskontext vorgestellt.[1] Die dort zitierten *Casteller Nachrichten*[2] sind eine Art Gesellschafterzeitschrift, die von der Unternehmensfamilie herausgegeben wird und, neben anderen Adressaten, vor allem den Mitarbeitern der Fürstlich-Castell'sche Credit-Casse KG a.A. zugeschickt wird. Hier berichtet die Unternehmensfamilie von Ereignissen aus und in der Familie (z.B. Hochzeiten), von Besuchen der Familienmitglieder im Unternehmen und bei gesellschaftlichen Anlässen, hier werden Reden abgedruckt usw.[3] Die Zeitschrift berichtet über die Tradition und Her-

---

[1] Vgl. hierzu weiter oben Kap. 1.2.1. Klärung des Forschungskontextes, S. 51 f.

[2] Vgl. [Castell'sche Kanzlei (2003): Casteller Nachrichten].

[3] So lautet eine Überschrift: „In Castell und Rüdenhausen freuten sich beide Fürstenpaare über die schulischen Erfolge ihrer Enkelkinder. Dazu luden Fürst und Fürstin Castell zu einem Fest in den Casteller Schlossgarten." Der Rest des Artikels behandelt die Feier und enthält Skizzen zu einigen der jungen Leute. Vgl. [Castell'sche Kanzlei (2004): Casteller Nachrichten], S. 13.

kunft der Familie, stellt einzelne Familienmitglieder vor und präsentiert augenscheinlich alltägliches Familienleben. Auch äußern sich Familienmitglieder zu Produkten des eigenen Unternehmens und drücken auf diesem Wege unmissverständlich ihre Wertschätzung aus. So gibt es in der genannten Zeitschrift eine Rubrik namens *Stimmen zum Silvaner*, in der Familienmitglieder oder andere bekannte Persönlichkeiten ihre Vorliebe für diese Rebsorte, die für den Castell'schen Weinanbau typisch ist, in einigen wohlgemeinten Zeilen zu Papier bringen. Eine solche Gesellschafterzeitschrift ist nicht einzigartig für das Haus Castell, sondern ist auch in anderen Familienunternehmen zu finden.[1]

Neben solchen gibt es natürlich noch viele weitere Formen schriftlicher Repräsentation, beispielsweise regelmäßig verfasste, offene Gesellschafterbriefe bzw. Familienbriefe an die Belegschaft. Ebenso fallen andere Schriftstücke wie Gesellschaftervereinbarungen oder Strategierichtlinien, schriftlich fixierte Beschlüsse oder Familienstatuten in diese Kategorie, wenn sie dem Unternehmen als Information bereitgestellt werden.

4.3.4.3. Indirekte Repräsentation

Auch Unternehmensfamilien werden verschiedentlich, gewollt oder ungewollt, Gegenstand indirekter Repräsentation. Dies ist beispielsweise der Fall, wenn lokale Massenmedien über karitative Engagements der Unternehmensfamilie berichten, wenn die Familie im Manager-Magazin in der Rubrik *Deutschland, deine Unternehmer*[2] vorgestellt wird oder in der Rubrik *Die 100 reichsten Deutschen* auftaucht. Sie müssen immer mit Beobachtung rechnen und können nie wissen, wo und wie über sie massenmedial berichtet wird. Natürlich mag die öffentliche Berichterstattung über karitative Engagements der

---

[1] Vgl. beispielsweise [Wimmer, R., Groth, T., & Simon, F. B. (2004): Erfolgsmuster von Mehrgenerationen-Familienunternehmen], S. 59. Sie werden natürlich nicht nur an die Mitglieder des Unternehmens verteilt und bilden gleichzeitig eine weitere Form, die Kommunikation innerhalb der Unternehmensfamilie zu intensivieren.

[2] Vgl. [o.V. (2004): Editorial: Deutschland, Deine Unternehmer].

Unternehmensfamilie gern in Kauf genommen werden. Schließlich liegt hierin, ökonomisch gesprochen, ein geldwerter Aspekt der *Corporate Citizenship*.[1] Weniger gern liest man jedoch Berichte über peinliche Missetaten eines jugendlichen Familienmitglieds oder über die Spielsucht eines Miteigentümers einer Privatbank. So berichtet ein designierter Nachfolger in einem Interview:[2]

> „[...] My parents made a federal case out of every mistake I made. When I goofed off at school or got into some minor scrapes as a teenager, they'd blast me about what that would do to the family's image in the community."

Auf diese Weise kann auch die Öffentlichkeit die Unternehmensfamilie hochselektiv und indirekt gegenüber dem Unternehmen repräsentieren. Auch hier gilt: Jedes Familienmitglied ist potentieller Repräsentant, ob es will oder nicht.

4.3.4.4. Kontextuale Repräsentation

Eine letzte Form der Repräsentation der Unternehmensfamilie gegenüber dem Unternehmen ist die Bereitstellung familiärer Kontexte, in denen das Unternehmen präsent sein kann. Die Familie zeigt sich zumindest kontextuell, wenn sie dem Unternehmen beispielsweise ausgesuchte Immobilien für regelmäßige Weiterbildungen oder Strategiewochenenden zur Verfügung stellt, in denen ungestört gearbeitet werden kann. In den bereits erwähnten Casteller Nachrichten ist z.B. ein Bericht über die aktuellen Herausforderungen im Vermögensmanagement zu lesen; dabei zeigt ein großes Bild eine Gruppe von zehn Unternehmensmitarbeitern an einer Sitzungstafel im Garten vor dem Jagdschlösschen der Familie, einem gepflegten Gebäude mit außen

---

[1] Mit dem Begriff *Corporate Citizenship* wird im englischsprachigen Raum ein sozial und lokal engagiertes Unternehmen beschrieben, das seine gesellschaftliche Verantwortung Ernst nimmt und dieser nachkommt. Weitere Informationen zum Phänomen *Corporate Citizenship* gibt beispielsweise [Schrader, U. (2003): Corporate Citizenship – Die Unternehmung als guter Bürger?].

[2] Vgl. [Kepner, E. (1983): The Family and the Firm: A Coevolutionary Perspective], S. 65.

angebrachten Geweihen und Familienwappen über der Eingangspforte.[1] Ähnlich hat bis vor einiger Zeit die Marketingabteilung des Industrieunternehmens Voith im schwäbischen Heidenheim in der alten Gründervilla am Berg oberhalb des kleinen Städtchens residiert.[2] Beides sind Beispiele dafür, wie sich die Familie repräsentiert, ohne persönlich aufzutreten, Briefe oder sonstige Schriftstücke zu verfassen. Wenn Strategierunden in einem Landhaus der Unternehmensfamilie stattfinden oder wenn zu bestimmten anderen Anlässen in deren private Räume geladen wird, wird dies seine Wirkung nicht verfehlen.[3] Auch auf diese Weise können sich Zuschreibungen zur Unternehmensfamilie ergeben, die sich möglicherweise in der Unternehmenskultur niederschlagen.

4.3.5. Management des Familienmanagements

Im vorliegenden Abschnitt, der den nun aus 4+1 Komponenten bestehenden *Prozessvorschlag eines Familienmanagements* abschließt, wird der Prozess in einer zeitlichen Perspektive reflektiert. Es werden daher mögliche Veränderungen des *Familienmanagements*, gewissermaßen das Management des Familienmanagements selbst, thematisiert.

---

[1] Vgl. [Castell'sche Kanzlei (2004): Casteller Nachrichten], S. 2 f.

[2] Mittlerweile ist die beeindruckend gelegene, feudal anmutende und repräsentative Immobilie renovierungsbedürftig, weswegen die Abteilung nicht mehr in diesem Gebäude untergebracht ist.

[3] Ein Verleger veranstaltet beispielsweise jährlich die Redaktionsleitersitzung bei sich zu Hause, in einer ansehnlichen, bereits vom Unternehmensgründer bewohnten Villa in einer Hanglage Stuttgarts.

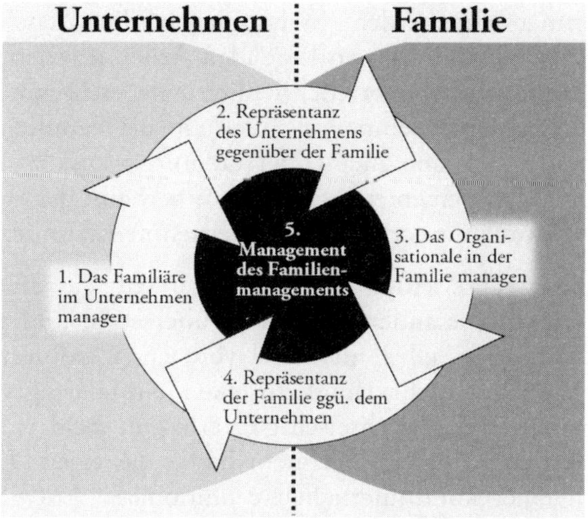

Abbildung 37: Das Familienmanagement managen. Eigene Darstellung.

Um den Blick hierfür zu schärfen ist es notwendig, sich noch einmal in aller gebotenen Kürze mit der Reproduktion von Systemen im Allgemeinen zu beschäftigen. Durch die Autopoiesis von sozialen Systemen verändern und stabilisieren sich diese stets gleichzeitig und kontinuierlich. Hierzu schreibt BAECKER wie folgt:[1]

> „Die Reproduktion des Systems in einer Umwelt wird erkauft durch eine Drift des Systems, die man als evolutionär beschreiben kann [...]".

Sowohl beim Unternehmen wie auch bei der Familie hat man es mit sozialen Systemen zu tun, die sich mittels ihrer eigenen Kommunikation konstituieren und reproduzieren. Sie unterliegen in ihrer eigenen Operation ständiger Veränderung, die nach nichtlinearen Prinzipien erfolgt, also in ihrem Ergebnis nicht prognostizierbar ist. Somit machen sowohl Familien als auch Unternehmen jene von BAECKER als *Drift* bezeichnete Veränderung durch, deren Folgen unabsehbar sind. Dieser Gedanke wurde von WIMMER, GROTH und SIMON auf Fami-

[1] [Baecker, D. (2002): Wozu Systeme?], S. 90.

lienunternehmen angewendet.[1] Es ist offensichtlich, dass ein *Familienmanagement*, wie es in der vorliegenden Arbeit skizziert wird, hiervon nicht unberührt bleibt. Schließlich setzt selbiges sowohl im Hinblick auf das Unternehmen als auch auf die Familie stets an der Differenz beider Systeme zueinander an und fokussiert die hieraus entstehenden Managementerfordernisse innerhalb des Familienunternehmens wie auch innerhalb der Unternehmensfamilie.

Ein solches wechselseitiges Grenzmanagement, das die Drift jedes Systems jeweils in das andere System zu übersetzen und zu operationalisieren hat, bleibt selbst nicht frei von jenen evolutionären Tendenzen. Es kann sich nicht darauf einstellen, ein Gleichgewicht einzurichten, um damit das wechselseitige Verhältnis beider Systeme zueinander definiert zu haben. Vielmehr hat es das eigene *Familienmanagement* in einer kontinuierlichen evolutionären Entwicklung stets mitzumanagen und regelmäßig dessen Angemessenheit zu reflektieren. Gegebenenfalls muss die Ausgestaltung des *Familienmanagements* variiert werden, möglicherweise sind vorherige Ansätze überflüssig geworden oder müssen neue hinzuerfunden werden. Entfernen sich beide Systeme, also Familie und Unternehmen, zu weit voneinander, so kann es auch vorkommen, dass sich das *Familienmanagement* seine eigene Überflüssigkeit attestieren muss.

In der Praxis wird daher versucht, hierzu einen Beobachterblickwinkel zu institutionalisieren. In manchen Konstellationen bietet sich hierfür gerade ein familienfremd besetzter Beirat an, der diese Funktion übernehmen kann. Als dritte Partei im Familienmanagement obliegt ihm dann die Aufgabe, eine ausreichende Auseinandersetzung des Unternehmens mit der Familie im Blick zu behalten, aber gleichzeitig auch zu beobachten, ob auf Familienseite die Grenze zum Unternehmen kontinuierlich in angemessener Weise vital gehalten wird. Der Beirat ist für diese Aufgabe geeignet, weil er meist schon über viele Jahre hinweg mit vertrauenswürdigen und kompetenten Personen besetzt ist. Somit bildet er eine externe, glaubwürdige Autorität

---

[1] Vgl. [Wimmer, R., Groth, T., & Simon, F. B. (2004): Erfolgsmuster von Mehrgenerationen-Familienunternehmen],S. 9.

sowohl für das Unternehmen wie auch für die Familie, eine Autorität, die durch den langjährigen Aufbau von Vertrauen und Respekt entstanden ist und die beispielsweise in Konfliktfällen die Konfliktbearbeitung sicherstellen und somit für die kontinuierliche Weiterentwicklung des *Familienmanagements* sorgen kann.

4.4. Resümee zum Familienmanagement-Prozess

Der in den obigen Abschnitten entwickelte Prozess zur Ausgestaltung eines Familienmanagements ist ein Vorschlag zur Operationalisierung der notwendigen Auseinandersetzung mit den Irritations- und Ausgestaltungserfordernissen von Familienunternehmen und Unternehmensfamilien, um die je eigene Grenze zum korrespondierenden System (Familie oder Unternehmen) zu bearbeiten. Dabei hat sich gezeigt, dass es sich streng genommen um zwei Managementerfordernisse, um zwei Seiten ein und derselben Medaille handelt. *Familienmanagement* findet sowohl im Familienunternehmen als auch in der Unternehmensfamilie statt. Dabei sind je eigene Spezifika mit Verweis auf das andere System in die eigene Reproduktion einzuflechten. Das Unternehmen hat sich mit der Familie als relevanter Umwelt auseinander zu setzen und manche Aspekte im Rahmen der eigenen Reproduktion zu berücksichtigen. Zugleich hat es eigene Formen der Repräsentation gegenüber dieser relevanten Umwelt auszuarbeiten, um langfristig ein angemessenes Grenzmanagement gegenüber der Unternehmensfamilie aufrechterhalten zu können. Gleiches gilt im Prinzip für die Unternehmensfamilie. Auch sie hat im Rahmen ihrer eigenen Reproduktion charakteristische Aspekte im Hinblick auf das Unternehmen als relevante Umwelt des eigenen Systems zu verarbeiten, um auch langfristig als Unternehmensfamilie zu überleben. Zugleich obliegt es ihr, die eigene Repräsentation gegenüber dem Unternehmen als Teil der systemeigenen Umwelt auszugestalten und somit die eigene Systemgrenze stets neu angemessen zu bearbeiten. Diese beiden reziproken Grenzbearbeitungsfunktionen, die gleichermaßen einer fruchtbaren Konstellation beider Systeme zueinander dienen, werden mit dem Begriff *Familienmanagement* bezeichnet. Dabei unterliegt das *Familienmanagement* einer Eigendynamik, die aus den je eigenständigen evolutionären Entwicklungen beider Systeme, also Familie ebenso wie Unternehmen, resultiert. Eine Stabilisierung der Bezugnahmen beider Systeme aufeinander ist daher nur temporär möglich. Weitaus wichtiger ist es, für eine kontinuierliche Auseinandersetzung mit den Grenzbearbeitungsfunktionen sowohl auf Seiten des Unternehmens wie auf Seiten der Familie zu sorgen.

5. Zusammenfassung und Forschungsausblick

Die zu Beginn formulierte forschungsleitende Frage lautete, ob es zum Aufgabenbereich von Führung gehört, familienunternehmenstypische Aspekte im Familienunternehmen zu handhaben und auszugestalten. Dabei besagte die Forschungshypothese:

> *[...] dass in Familienunternehmen die Auseinandersetzung mit der Unternehmensfamilie eine eigene Funktion im Rahmen der Unternehmensführung ist. Dabei hat jene als Familienmanagement zu bezeichnende Managementfunktion zur Aufgabe, die durch die angeschlossene Unternehmensfamilie entstehenden Charakteristika im Unternehmen und der Familie derart zu handhaben, dass die langfristige Überlebensfähigkeit sowohl des Familienunternehmens wie notwendigerweise auch der Unternehmensfamilie gewahrt bleibt.*

An diese Vermutung schlossen sich unterschiedliche Analysen an. So wurde zunächst ein Überblick über die Führungs- und Managementtheorie gegeben, um anschließend einen angemessenen Führungsbegriff zu entwickeln. Dieser basierte auf dem systemtheoretischen Verständnis von Organisationen als Systeme, die sich über Kommunikation, genauer: über Kommunikation von Entscheidungen, reproduzieren. Dieser Ansatz steht in einigen Punkten im Widerspruch zum Führungsbegriff der klassischen Ökonomie. So versteht das systemorientierte Theoriefundament *Führung* als *Funktion einer Organisation*, nicht als außenstehende Steuereinheit von Unternehmen. Es bricht somit zwangsläufig mit klassischen Ansätzen, die Führung als außerhalb der Organisation befindlich annehmen und ihre Aufgabe darin sehen, ein Unternehmen als Mittel unter Zuhilfenahme von Planung und Organisation auf bestimmte Ziele hin auszurichten. Dieser Ansatz setzt ein mechanistisches Modell von Organisationen voraus, das auf Trivialität und Kausalität fußt. Die Systemtheorie hingegen beschreibt Organisationen als zu komplex, als dass sie fremdgesteuert werden könnten. Zudem spricht sie Systemen zu, für ihre eigenen Ziele und Zwecke zu sorgen und somit selbst für ihr eigenes Überleben verantwortlich zu sein. *Führung* ist in diesem

Modell als ein Teil der undurchschaubaren Organisation zu verstehen, der bestimmte Funktionen im Rahmen der eigenen Reproduktion zugewiesen bekommt. Diese unterschiedlichen Funktionen und Aufgaben wurden in der vorliegenden Arbeit in einer umfangreichen Analyse entwickelt und beschrieben. Dabei wurde festgestellt, dass sich *Führung* um die *Vitalisierung wichtiger Differenzen* im Rahmen der eigenen Entscheidungsreproduktion kümmert. Hierzu gehören insbesondere strategische, kunden- und marktorientierte, finanzpolitische, reorganisationale und personalpolitische Fragen sowie Aspekte der Selbstbeobachtung und Selbstbeschreibung.

Nach einer Abgrenzung des Führungsbegriffs vom Managementbegriff wurde anschließend untersucht, *wo* Führung in einem *organisationstheoretischen Modell* zu verorten ist. Hierzu wurde das Konzept der *Grenzstelle* vorgestellt. Grenzstellen übernehmen, ganz ähnlich wie die Führung, die Selektion, Interpretation und Reformulierung von Informationen aus der Umwelt eines Systems und haben zugleich die Aufgabe, das System gegenüber der Umwelt zu repräsentieren. Es wurde gezeigt, dass die Stellen in Organisationen, an denen Führungsaufgaben kondensieren, typischerweise den Charakter von Grenzstellen haben.

In der Darstellung des Forschungskontextes wurden unterschiedliche Charakteristika sowohl von Familienunternehmen wie auch von Unternehmensfamilien beschrieben und der Stand der Familienunternehmensforschung resümiert. Hierbei wurden zu Beginn unterschiedliche Aspekte aufgezeigt, die das *Verhältnis von Familie und Unternehmen* in einem systemtheoretischen Theoriekontext reformulierten. Dabei wurden Fragen der *Hierarchie*, des *Vertrauens und Misstrauens* sowie der *doppelten Kontingenz* beleuchtet. Im Anschluss daran wurden unterschiedliche Aspekte von *Unternehmensfamilien* skizziert. Nach einer allgemeinen Charakterisierung familiärer Kommunikation wurden unterschiedliche Spezifika von Unternehmensfamilien identifiziert und erörtert. Hierzu zählen der besondere Umgang mit der eigenen Systemgrenze, die Etablierung unterschiedlicher Institutionen und Funktionen zur Organisation der Unternehmensfamilie sowie verschiedene Spezifika in der Kommunikation. Anschließend wurden unterschiedliche Charakteristika des *Familienun-*

ternehmens vorgestellt. Hierzu zählen besondere Aspekte des Kapitals und der Anteilseignerschaft, der Geschäftsführungsbesetzung sowie der Kontrollgremien.

Anschließend wurde als Kernanalyse der vorliegenden Arbeit der Bereich *Führung in Familienunternehmen* näher untersucht. Dabei wurde der aktuelle Stand der Forschungsliteratur hierzu ausgewertet und gezeigt, dass die unterschiedlichen Aufgabenbereiche von Führung in einem Familienunternehmen vielfältige Charakteristika haben, die sich von Nichtfamilienunternehmen unterscheiden. Diese Analyse wurde entlang der sechs unterschiedlichen von WIMMER ET AL. vorgeschlagenen Dimensionen (1) Strategie, (2) Marketing, (3) Finanzen, (4) Reorganisation, (5) Personal und (6) Controlling strukturiert. Das Ergebnis dieser Analyse zeigt deutlich, dass die Verbindung von Unternehmen und Familie auch im Unternehmen zu typischen und stabilen Differenzen führt, die es im Rahmen von Führung im Auge zu behalten gilt. Jene Besonderheiten des Familienunternehmens, ebenso wie die der Unternehmensfamilie, wurden unter dem Begriff des *Familienmanagements* zusammengefasst und es wurde vorgeschlagen, die Dimension als *neue Managementdimension* zu diskutieren.

Hierzu wurde im letzten Kapitel diese neue Managementdisziplin als *Funktion* einer Organisation umfassend erläutert. Nachdem die hiermit einhergehenden Aufgabenfelder und Fragestellungen im Detail vorgestellt wurden, wurde ein *organisationstheoretisches Modell* vorgeschlagen, das diese Managementfunktion sowohl im Familienunternehmen wie in der Unternehmensfamilie verortet. Dieses *Modell der doppelten Grenzstelle* verdeutlicht die Reziprozität von Familienmanagement auf beiden Seiten und klärt zugleich, welche Aufgabenbereiche und Fragen in je eigener Weise in dem einen oder anderen System (Unternehmen, Familie) zur Bearbeitung stehen. Nachdem sowohl die Funktion als auch die organisationale Verortung geklärt wurde, fokussierte die weitere Analyse unterschiedlichen Formen der *personellen Besetzung* jener Stellen. Dabei zeigte sich, dass in vielen Familienunternehmen, insbesondere in jüngeren, beide Stellen zumeist mit ein und derselben Person besetzt sind: mit dem *Unternehmer*, also dem *geschäftsführenden Gesellschafter*. Mit zunehmendem Alter eines Familienunternehmens variiert jene Besetzung, die beiden Familienmanagementstellen driften auseinander. So kann beispielsweise die Führungsposition des Unternehmens mit einer familienfremden Person besetzt werden, und spätestens dann stellt sich die Frage nach der Ausgestaltung der Familienmanagementfunktion auf der Familienseite.

Nach der Analyse der Aufgabenbereiche, der organisationalen Verortung und der Möglichkeiten zur personellen Ausgestaltung jenes Familienmanagements wurde ein Modell vorgeschlagen, welches das *Familienmanagement* sowohl auf Unternehmens- wie auf Familienseite *als zirkulären Prozess* reformuliert. Dieser *Familienmanagement-Prozess* beinhaltet (1) die familiären Aspekte im Unternehmen angemessen zu handhaben, (2) die Repräsentation des Unternehmens gegenüber der Familie sicherzustellen, (3) die organisationalen Aspekte in der Familie angemessen zu behandeln sowie (4) die Repräsentation der Familie gegenüber dem Unternehmen zu klären. Im Anschluss wurde dieser Familienmanagement-Prozess aus einer zeitlichen Perspektive reflektiert und aufgezeigt, dass er einer erheblichen Eigendynamik unterliegt, weil er zwei Systeme überspannt, die jedes für sich einer eigenen Drift unterliegen. Es ist also notwendig, den Familienmanagement-Prozess selbst in angemessenem Maße zu managen und dessen Ausgestaltung auf seine Angemessenheit hin regelmäßig zu reflektieren.

Als Ergebnis der Arbeit konnte gezeigt werden, dass sich die Ausgangshypothese zum Teil bestätigte, in Teilen aber auch reformuliert werden musste. So ist Familienmanagement zwar eine eigene Funktion, die im Rahmen der Unternehmensführung auszugestalten ist. Jedoch sind Teile jener Gestaltungsaufgaben in der Familie verortet und somit für das Unternehmen als geschlossenes System nicht zugänglich. Hier bedarf es eines eigenständigen Managements seitens der Familie, um gemeinsam mit dem Familienmanagement auf Unternehmensseite die langfristige Überlebensfähigkeit sowohl des Familienunternehmens wie notwendigerweise auch der Unternehmensfamilie zu bewahren.

Die vorliegende Arbeit hat einen ersten Schritt zur Reformulierung familienunternehmenstypischer Gestaltungsaufgaben in der Führungs- und Managementtheorie unternommen. Dies kann als erster Beitrag zur Gliederung und Ausarbeitung dieser Thematik in der Ökonomie und der Organisationstheorie verstanden werden. Nach Ansicht des Autors ist damit zu rechnen, dass es in Zukunft noch zahlreiche Beiträge zu diesem Thema sowohl in der Management- wie auch in der Führungsliteratur geben wird, die sukzessive in einer eigenen Theorie der *Führung in Familienunternehmen* münden können. Bis dahin ist der Weg jedoch noch weit. Beispielsweise sind Erkenntnisse rund um die Unternehmensfamilie noch immer sehr gering. Doch gerade hier sind Forschungsergebnisse wichtig, damit die Familienunternehmensforschung weiß, mit wem sie es zu tun hat, wenn sie auf die Unternehmensfamilie als Unterschied des Familienunternehmens verweist.

Aber auch die unternehmensorientierte Familienunternehmensforschung hat in den nächsten Jahren noch viele Aufgaben zu erfüllen und Fragen zu beantworten. So ist beispielsweise noch nicht ausreichend untersucht, welche theoretischen Modelle für die unterschiedlichen Teilaufgaben von Führung bereitgestellt werden können. Es gibt bislang noch keine angemessene Theorie zur *Finanzierung von Familienunternehmen*, noch kein Modell zu deren *Wachstum und Entwicklung*, kein theoretisches Gerüst zu *variablen Entlohnungsstrukturen* in Familienunternehmen, kaum Hinweise zu einem zielführenden *Personalmanagement* oder zu *strategischem Marketing* in Familienunternehmen, das die Besonderheiten jenes Organisationstypus angemessen berücksichtigt. Diese Aufzählung gilt stellvertretend für viele andere Teildisziplinen der Ökonomie, die sich bislang noch nicht auf das Phänomen *Familienunternehmen* eingelassen haben. Es ist also noch ein langer Weg, der jedoch zu einem attraktiven Ziel führt. Nach Ansicht des Autors wird dies hoffentlich irgendwann in einem eigenständigen Ansatz der *Betriebswirtschaft für Familienunternehmen* münden, der gleichberechtigt neben die Forschung zu *korporativen Unternehmen* zu stellen ist und der die Ausdifferenzierung der Ökonomie nach Organisationstypen, nicht nur nach Unternehmensgrößen, angemessen berücksichtigt.

6. Verzeichnisse

6.1. ABBILDUNGSVERZEICHNIS

6.2. Abkürzungsverzeichnis

Abb.	=	Abbildung
AG	=	Aktiengesellschaft
Aufl.	=	Auflage
Anm.d.V.	=	Anmerkung des Verfassers
Ausg.	=	Ausgabe
Bd.	=	Band
ggü.	=	gegenüber
ggü. d.	=	gegenüber der
GmbH	=	Gesellschaft mit beschränkter Haftung
i.H.v.	=	in Höhe von
i.S.v.	=	im Sinne von
Jhg.	=	Jahrgang
Kap.	=	Kapitel
KG	=	Kommanditgesellschaft
Mio.	=	Millionen
mind.	=	mindestens
o.V.	=	ohne Verfasser
Tsd.	=	Tausend

6.3. LITERATURVERZEICHNIS

ACHLEITNER, A.-K., & ACHLEITNER, P. [2000]: Die Finanzierung von Familienunternehmen durch Beteiligungsgesellschaften in: Jeschke, D., Kirchdörfer, R., & Lorz, R. (Hrsg.): Planung, Finanzierung und Kontrolle im Familienunternehmen. Festschrift für Prof. Dr. Brun-Hagen Hennerkes, München: Beck, 2000, 127-148

ADAMS, A. F., MANNERS, G. E., ASTRACHAN, J. H., & MAZZOLA, P. [2004]: The Importance of Integrated Goal Setting: The Application of Cost-of-Capital Concepts to Private Firms in: Family Business Review, XVII (4), 287-302

ADAMS, J. S., TASCHIAN, A., & SHORE, T. H. [1996]: Ethics in family and nonfamily owned firms: An exploratory study in: Family Business Review, 9 (2), 157-170

ALBACH, H., & FREUND, W. [1989]: Generationswechsel und Unternehmenskontinuität – Chancen, Risiken, Maßnahmen, Gütersloh: Verlag Bertelsmann Stiftung, 1989

ALCORN, P. B. [1982]: Success and survival in the family-owned business, New York: McGraw-Hill, 1982

ALDERFER, C. P. [1988]: Understanding and consulting to family business boards in: Family Business Review, 1 (3), 249-261

ALDRICH, H. E. [1979]: Organizations and Environments, New Jersey. Englewoods Cliffs, 1979

ALDRICH, H. E., & CLIFF, J. E. [2003]: The pervasive effects of family on entrepreneurship: Toward a family embeddedness perspective in: Journal of Business Venturing, 18 (5), 573-596

ALDRICH, H., & HERKER, D. [1977]: Boundary Spanning Roles and Organization Structure in: Academy of Management Review, 2 (2), 217-230

ALDRICH, H. E., & MINDLIN, S. [1978]: Uncertainty and Dependence: Two Perspectives on Environment in: Karpik, L. (Hrsg.): Organization and Environment: Theory, Issues and Reality, London: Sage, 1978, 149-170

ANDERSON, R. C., MANSI, S. A., & REEB, D. M. [2003]: Founding family ownership and the agency cost of debt in: Journal of Financial Economics, 68 (2), 263-285

ANDERSON, R. C., & REEB, D. M. [2003]: Founding-Family Ownership and Firm Performance: Evidence from the S&P 500 in: The Journal of Finance, LVIII (3), 1301-28

ANDERSON, R. C., & REEB, D. M. [2003]: Who Monitors the Family, http://papers.ssrn.com/sol3/papers.cfm?abstract_id=369620, 2003

ANDERSON, R. C., & REEB, D. M. [2003]: The Balance of Power: Who Monitors the Family, http://papers.ssrn.com/sol3/papers.cfm?abstract_id=110303, 2003

ANSOFF, H. I. [1976]: Managing Surprise and Discontinuity: Strategic Response to Weak Signals in: Zeitschrift für betriebswirtschaftliche Forschung (ZfbF), 28, 129-152

ANSOFF, H. I. [1980]: Strategic Management, London: Basingstoke, 1980

ARBEITSKREIS SCHMALENBACH [2000]: Auswirkungen des KonTraG auf die Unternehmensüberwachung in: Der Betrieb, Beilage Nr. 11/2000, 1-11

ARONOFF, C. E. [1998]: Megatrends in Family Business in: Family Business Review, XI (3), 181-86

ARONOFF, C. E. [1999]: What makes Family Businesses different? in: National Grovers Association (Hrsg.): Newsletter Dec/2002, Reprinted from Family Business Advisor, 1999, Marietta, GA: Family Enterprise Publishers,1999

ARONOFF, C. E., & WARD, J. L. [1992]: Family Meetings: How to build a Stronger Family and a Stronger Business, Family Business Leadership Series No. 2, Business Owner Resources, Marietta, GA: Family Enterprise Publishers, 1992

ARONOFF, C. E., & WARD, J. L. [1993]: Family Business Compensation, Family Business Leadership Series, Business Owner Resources, Marietta, GA: Family Enterprise Publishers, 1993

ARONOFF, C. E., & WARD, J. L. [1994]: Beware of the family-business paradox in: US Chamber of Commerce (Hrsg.): Nation's Business, Ed. Oct., 1994

ARONOFF, C. E., & WARD, J. L. [1994]: Set policies to solve future problems in: Nation's Business, 82 (7), 70-71

ARONOFF, C. E., & WARD, J. L. [1995]: Family-Owned Businesses: A Thing of the Past or a Model for the Future? in: Family Business Review, 8 (2), 121-130

ARONOFF, C. E., & WARD, J. L. [2000]: More than Family: Non-Family Executives in the Family Business, Marietta: Family Enterprise Publishers, 2000

ASHLEY-COTLEUR, C., & WEST KING, S. [1999]: Family Business and Relationship Marketing: The Impact of Relationship Marketing on Second Generation Family Businesses in: Working Paper, presented at the USABE/SBIDA Annual National Conference, San Diego, California, 13-17 Jan. 1999, 1-14

ASTRACHAN, J. H. [2003]: Discussion: Commentary on the special issue: the emergence of a field in: Journal of Business Venturing, 18 (5), 567-572

ASTRACHAN, J. H., KLEIN, S. B., & SMYRNIOS, K. X. [2002]: The F-PEC Scale of Family Influence: A Proposal for Solving the Family Business Definition Problem in: Family Business Review, XV (1), 45-58

ASTRACHAN, J. H., & KOLENKO, T. A. [1994]: A Neglected Factor Explaining Family Business Success: Human Resource Practices in: Family Business Review, 7 (3), 251-262

ASTRACHAN, J. H., & SHANKER, M. C. [2003]: Family Businesses' Contribution to the U.S. Economy: A Closer Look in: Family Business Review, XVI (3), 211-219

AX, M. [2004]: Er dachte: Ich bin die Zukunft, Die Welt, Ausg. 02.12.2004

BAECKER, D. [1993]: Die doppelte Schließung der Organisation in: teoria sociologica, 2, 147-187

BAECKER, D. [1994]: Postheroisches Management. Ein Vademecum, Berlin: Merve, 1994

BAECKER, D. [1995]: Durch diesen schönen Fehler mit sich selbst bekannt gemacht. Das Experiment der Organisation in: Heitger, B., Schmitz, C., & Gester, P.-W. (Hrsg.): Managerie – Systemisches Denken und Handeln im Management, 3. Jahrbuch, Heidelberg: Carl-Auer Verlag, 1995, 210-230

BAECKER, D. [1999]: Die Form des Unternehmens, Frankfurt am Main: Suhrkamp, 1999

BAECKER, D. [1999]: Organisation als System, Frankfurt am Main: Suhrkamp, 1999

BAECKER, D. [2000]: Niklas Luhmann und die Manager in: Krass, S., Fuchs, P., Bolz, N., & Gumbrecht, H. U. (Hrsg.): Beobachtungen der Moderne. Hörbuch, Rede vom 03.10.1999, Heidelberg: Carl Auer Systeme Verlag

BAECKER, D. [2002]: Wozu Systeme, Berlin: Kadmos Verlag, 2002

BAECKER, D. [2003]: Organisation und Management, Frankfurt am Main: Suhrkamp, 2003

BAECKER, D. [2003]: The Form of the Firm in: Working Paper (finished), forthcoming in: Organization: The Critical Journal on Organization, Download unter: http://homepage. mac.com/baecker, 2003

BAECKER, D. [2004]: Wer rechnet schon mit Führung, Working Paper (finished), zur Veröffentlichung angenommen in: Soziale Systeme, http://homepage.mac.com/Baecker, 2004

BAECKER, D. [2004]: Welchen Unterschied macht das Management, Working Paper (finished), http://www.homepage.mac.com/-Baecker, 2004

BARALDI, C., CORSI, G., & ESPOSITO, E. [1997]: GLU. Glossar zu Niklas Luhmanns Theorie sozialer Systeme. Frankfurt/Main: Suhrkamp

BARNARD, C. I. [1938]: The Functions of the Executive, Cambridge, MA: Harvard University Press, 1938

BARNES, L. B., & HERSHON, S. [1976]: Transferring power in the family business in: Harvard Business Review, 54 (4), 105-114

BARNEY, J. B. [1991]: Firm resources and sustained competitive advantage in: Journal of Management, 17 (1), 99-120

BARRETT, J. E. [2001]: How much should you tell them? in: Family Business Magazine, Spring 2001

BARRETT, J. E. [2003]: Outplace all enemies in: Family Business Magazine, Winter 2003

BARRY, B. [1975]: The development of organization structure in the family firm in: Journal of General Management, 3 (1), 42-60

BASS, B. M., & STOGDILL, R. M. [1990]: Bass and Stogdill's Handbook of Leadership: Theory, Research, & Managerial Applications, 3. Aufl., New York: The Free Press, 1990

BATESON, G. [1981]: Ökologie des Geistes – Anthropologische, psychologische, biologische und epistemologische Perspektiven, Frankfurt am Main: Suhrkamp, 1981

BAUCH, J. [2002]: Gesundheit als sozialer Code. Von der Vergesellschaftung des Gesundheitswesens zur Medikalisierung der Gesellschaft, Weinheim: Juventa, 2002

BAUS, K. [2003]: Die Familienstrategie: Wie Familien ihr Unternehmen über Generationen sichern, Wiesbaden: Gabler Verlag, 2003

BECHTLE, C. [1983]: Die Sicherung der Führungsnachfolge in der Familienunternehmung, Diss., St. Gallen, 1983

BECK, U. [1986]: Risikogesellschaft. Auf dem Weg in eine andere Moderne, Frankfurt am Main: Suhrkamp, 1986

BECK, O., & KOLBECK, C. [2004]: Kreditrating im Wandel: Implikationen für die Beziehung von Banken und Unternehmen, Wittener Diskussionspapiere, Heft Nr. 128, Witten: Fakultät für Wirtschaftswissenschaft; Universität Witten/Herdecke, 2004

BERENBEIM, R. E. [1990]: How Business Families Manage the Transition from Owner to Professional Management in: Family Business Review, 3 (1), 69-110

BERKMAN, A. [1992]: Hiring a CEO without giving away the store in: Family Business Magazine, Autumn 1992

BEUSHAUSEN, J. [2002]: Die Konstruktion von Gesundheit und Krankheit im sozialen System Familie – Theorie und Empirie, Diss., Universität Oldenburg, 2002

BIALLO, H. [1993]: Die geheimen deutschen Weltmeister: Mittelständische Erfolgsunternehmen und ihre Strategien, Wien: Ueberreuter, 1993

BINZ, M. K., SORG, M. H., & MAYER, G. [2005]: Die GmbH & Co. KG, 10. Aufl., München: Beck, 2005

BIRD, B., WELSCH, H., ASTRACHAN, J. H., & PISTRUI, D. [2002]: Family Business Research: The Evolution of an Academic Field in: Family Business Review, XV (4), 337-350

BIRLEY, S. [1986]: Succession in the family firm: The inheritor's view in: Journal of Small Business Management, 24, 36-43

BIRLEY, S. [2001]: Owner-manager attitudes to family and business issues: A 16 country study in: Entrepreneurship Theory and Practice, 26 (2), 63-76

BJERRUM, P. [2001]: Form follows function follows form in: Nordisk Arkitekturforskning, 3, 87-90

BLACK, F., & SCHOLES, M. [1976]: The Pricing of Options and Corporate Liabilities in: Journal of Political Economy, 81, May/June, 637-659

BLEICHER, K. [2004]: Das Konzept Integriertes Management: Visionen – Missionen – Programme, 7. überarbeitete und erweiterte Aufl., Frankfurt am Main, New York: Campus Verlag, 2004

BLOM, T., & VAN DIJK, L. [1999]: A theoretical frame of reference for family systems therapy? An introduction to Luhmann's theory of social systems in: Journal of Family Therapy, 21, 195-216

BREALEY, R. A., & MYERS, S. C. [2000]: Principles of Corporate Finance, Sixth Ed., 2000, Boston et al.: Mc Graw Hill, 2000

BROKAW, L. [1992]: Why Family Businesses are best. The competitive edge of family-run businesses in: Inc. Magazine, 14 (3),

BROWN, B. M. [1999]: Die Entwicklung von Führungskräften in Unternehmerfamilien in: OrganisationsEntwicklung, OE-Spezial 3: Familienunternehmen, 24-39

BROWN, B. M. [2005]: Risks and Rewards of Non-Family CEOs, Farleigh Dickinson Unversity, Download unter: http://view.fdu.edu, 2005

BÜHNER, R. [1993]: Shareholder Value – Eine Analyse von 550 großen Aktiengesellschaften in der Bundesrepublik Deutschland in: Die Betriebswirtschaft, 53 (6), 749-770

BURACK, E. H., & CALERO, C. M. [1981]: Seven perils of family business in: Nation's Business, January, 62-64

BURKART, M., PANUNZI, F., & SHLEIFER, A. [2003]: Family Firms in: The Journal of Finance, LVIII (5), 2167-2201

CALDER, G. H. [1961]: The peculiar problems of family businesses in: Business Horizons, 4 (3), 93-102

CAMPBELL, N. D., & HERIOT, K. C. [2001]: Which family-controlled business remains family-controlled? A resource based approach, Working Paper (SSRN), 2001

CARLOCK, R. S., & WARD, J. L. [2001]: Strategic planning for family business: Parallel planning to unify the family and the business, New York: Palgrave, 2001

Castell'sche Kanzlei [2003]: Casteller Nachrichten, Ausg. 33, Würzburg: Eigenverlag, 2003

Castell'sche Kanzlei [2004]: Casteller Nachrichten, Ausg. 34, Würzburg: Eigenverlag, 2004

CHRISMAN, J. J., CHUA, J. H., & LITZ, R. A. [2003]: A unified systems perspective of family firm performance: an extension and integration in: Journal of Business Venturing, 18 (5), 467-472

CHRISMAN, J. J., CHUA, J. H., & LITZ, R. A. [2004]: Comparing the Agency Costs of Family and Non-Family Firms: Conceptual Issues and Exploratory Evidence in: Entrepreneurship Theory and Practice, 28 (4), 335-354

CHRISMAN, J. J., CHUA, J. H., & SHARMA, P. [2003]: Current Trends and Future Directions in Family Business Management Studies: Toward a Theory of the Family Firm in: Coleman White Paper Series, 1-63

CHRISMAN, J. J., CHUA, J. H., & ZAHRA, S. A. [2003]: Creating Wealth in Family Firms Through Managing Resources: Comments and Extensions in: Entrepreneurship Theory and Practice, 27 (4), 359-365

CHUA, J. H., CHRISMAN, J. J., & SHARMA, P. [1999]: Defining the Family Business by Behaviour in: Entrepreneurship Theory and Practice, 23 (4), 19-39

CHUA, J. H., CHRISMAN, J. J., & SHARMA, P. [2003]: Succession and Nonsuccession Concerns of Family Firms and Agency Relationship With Nonfamily Managers in: Family Business Review, XVI (2), 89-107

CHUA, J. H., & SCHNABEL, J. [1986]: Nonpecuniary benefits and asset market equilibrium in: Financial Review, May, 112-118

CLARFELD, R. A. [1994]: Preparing a nonfamily leader for emergencies in: Family Business Magazine, Summer 1994

CLIFF, J. E., & JENNINGS, P. D. [2004]: Commentary on the Multidimensional degree of family influence construct and the F-PEC Measurement Instrument in: Working Paper (finished), under review, to be published in Family Business Review, mittlerweile erschienen in: Family Business Review, 29 (3); S. 341 f.

COHN, M. [1990]: Managing People in: Family Business Magazine, July/August 1990

COLLINS, J. C., & PORRAS, J. I. [2002]: Built to last: Successful habits of visionary companies, New York: Harper Business, 2002

COVIN, T. J. [1994]: Profiling Preference for Employment in Family-Owned Firms in: Family Business Review, 7 (3), 287-296

COVIN, T. J. [1994]: Perceptions of family-owned firms: The impact of gender and educational level in: Journal of Small Business Management, 32 (3), 29-39

CREGO, E. T. [1989]: A Checklist for Nonfamily Managers in: Family Business Magazine, Premiere 1989

CROSBIE, A. [2000]: Don't Leave it to the Children: Starting, Building and Sustaining a Family Business, Dublin: Marino Books, 2000

CYERT, R. M., & MARCH, J. G. [1963]: A Behavioral Theory of the Firm, Englewoods Cliff, NJ: Prentice Hall, 1963

DAILY, C. M., & DOLLINGER, M. J. [1992]: An empirical examination of ownership structure in family and professionally managed firms in: Family Business Review, 5 (2), 117-136

DAVIS, J. [2001]: The Three Components of Family Governance in: Harvard Business School Working Paper, Pub. Date: 12. Nov. 2001

DAVIS, J. A., & TAGIURI, R. [1985]: Bivalent attitudes of the family firm in: Paper presented at the Western Academy of Management Meeting, March 29, 1-9

DAVIS, J. A., & TAGIURI, R. [1989]: The influence of life-stage on father-son work relationships in family companies in: Family Business Review, 2 (1), 47-74

DAVIS, J. H., SCHOORMAN, F. D., & DONALDSON, L. [1997]: Toward a Stewardship Theory of Management in: Academy of Management Review, 22 (1), 20-47

DAVIS, P. S., & HARVESTON, P. D. [1998]: The Influence of Family on the Family Business Succession Process: a Multi-Generational Perspective in: Entrepreneurship Theory and Practice, 22 (3), 31-53

DE VISSCHER, F. M., ARONOFF, C. E., & WARD, J. L. [1995]: Financing Transitions: Managing Capital and Liquidity in Your Family Business, Family Business Leadership Series, Business Owner Resources, Marietta, GA: Family Enterprise Publishers, 1995

DONCKELS, R., & FROHLICH, E. [1991]: Are family businesses really different? European experiences from STRATOS in: Family Business Review, 4 (2), 149-160

DONNELLY, R. [1964]: The family business in: Harvard Business Review, 42, 93-105

DREUX, D. R. [1990]: Financing family business: Alternatives to selling out or going public in: Family Business Review, 3 (3), 225-243

DUNEMANN, M., & BARRETT, R. [2004]: Family Business and Succession Planning: A Review of the Literature in: Study of the Family and Small Business Research Unit; Faculty of Business and Economics, Monash University, 1-48

DUNN, B. [1995]: Success themes in Scottish family enterprises: Philosophies and practices through the generations in: Family Business Review, 8 (1), 17-28

DUNN, B. [1999]: The Family Factor: The Impact of Family Relationship Dynamics on Business-Owning Families during Transitions in: Family Business Review, XII (1), 41-60

DUNSCH, J. [1996]: An den Schalthebeln der Wirtschaft: 33 Unternehmerfamilien im Portrait, Stuttgart: DVA, 1996

DYER, W. G. J. [1988]: Culture and continuity in family firms in: Family Business Review, 1 (1), 37-50

DYER, W. G. J. [1989]: Integrating Professional Management into a Family Owned Business in: Family Business Review, 2 (3), 221-235

DYER, W. G. J. [2003]: The Family: The Missing Variable in Organizational Research in: Entrepreneurship Theory and Practice, 27 (4), 401-416

ECKRICH, C. J., & MCCLURE, S. L. [2004]: Working for a Family Business: A Non-Family Employee's Guide to Success, Marietta: Family Enterprise Publishers, 2004

ERHARDT, O., & NOWAK, E. [2003]: Private Kontrollrechte in deutschen Familienunternehmen in: Die Betriebswirtschaft, 63 (4), 363-377

EXNER, A. [2005]: Wie steuern sich Familienunternehmen? Der Fremdmanager im Spannungsfeld von Familie und Unternehmen in: Hernsteiner, 18 (1), 17-22

FAMILY FIRM INSTITUTES [2005]: Facts and Perspectives on Family Business Around the World, http://www.ffi.org, 2005

FAYOL, H. [1929]: Allgemeine und industrielle Verwaltung., München, Berlin: Oldenbourg

FELTHAM, T. S., FELTHAM, G., & BARNETT, J. J. [2005]: The Dependence of Family Businesses on a Single Decision-Maker in: Journal of Business Venturing, 43 (1), 1-15

FIEGENER, M. K., BROWN, B. M., PRINCE, R. A., & FILE, K. M. [1996]: Passing on Strategic Vision: Favored Modes of Successor Preparation by CEOs of Family and Nonfamily Firms in: Journal of Small Business Management, 34 (3), 15-26

FIRNSTAHL, T. W. [1986]: Letting go in: Harvard Business Review, 64 (5), 14-18

FISCHER, T. M. [1995]: Budgets als Führungsinstrument in: Kieser, A., Reber, G., & Wunderer, R. (Hrsg.): Handwörterbuch der Führung, 2., neu gestaltete und ergänzte Aufl., Stuttgart: Schäffer-Poeschel, 1995, 155-164

FLEMING, Q. J. [2000]: Keep the family baggage out of the family business: Avoiding the seven deadly sins that destroy family business, New York: Fireside, 2000

FLÖREN, R. [1998]: The significance of family business in the Netherlands in: Family Business Review, 11 (2), 121-134

FÖRSTER, H. V. [1993]: Für Niklas Luhmann: wie rekursiv ist Kommunikation? in: teoria sociologica, 1/2, 61-85

FREEMAN, R. W. [1984]: Strategic Management: A Stakeholder Approach, Boston u.a.: Pittman Press, 1984

FRENTZ, C. V. [2003]: Alexander Falk: Millionär, patentgefaltet in: Manager Magazin, Ausg. 13.08.2003

GALLO, M., & GARCIA PONT, C. [1988]: La empresa familiar en la economia Espanola in: Diskussionspapier, Instituto de Estudios Superiores de la Empresa

GALLO, M., & SVEEN, J. [1991]: Internationalizing the family business: Facilitating and restraining factors in: Family Business Review, 4 (2), 181-190

GALLO, M. Á., TÀPIES, J., & CAPPUYNS, K. [2004]: Comparison of Family and Nonfamily Business: Financial Logic and Personal Preferences in: Family Business Review, XVII (4), 303-318

GALLO, M., & VILASECA, A. [1998]: A Financial Perspective on Structure, Conduct, and Performance in the Family Firm: An Empirical Study in: Family Business Review, 11 (1), 35-48

GELLER, D. [2004]: When it's time to hire a non-family CEO in: Family Business Magazine, Spring 2004

GERSICK, K. E. [2002]: Staying connected while growing apart in: Families in business, Feb/2002, 68-70

GERSICK, K. E. [2002]: Part II: Governance in the Evolving Business Family in: Families in Business, Apr/2002, 77-79

GERSICK, K. E., DAVIS, J. A., MCCOLLOM HAMPTON, M., & LANSBERG, I. [1997]: Generation to Generation – Life Cycles of the Family Business, Boston: Harvard Business School Press, 1997

GERSICK, K. E., LANSBERG, I., DESJARDINS, M., & DUNN, B. [1999]: Stages and Transitions: Managing Change in the Family Business in: Family Business Review, 12 (4), 287-297

GESTRICH, A. [1999]: Geschichte der Familie im 19. und 20. Jahrhundert, München: JHack Goody, 1999

GESTRICH, A., KRAUSE, J.-U., & MITTERAUER, M. [2003]: Geschichte der Familie, Stuttgart: Kröner, 2003

GLANVILLE, R. [1979]: The Form of Cybernetics: Whitening the Black Box in: Society of General Systems Research (Hrsg.): General Systems Research: A Science, a Methodology, a Technology, Louisville: Society for General Systems Research, 1979, 35-42

GLANVILLE, R. [1982]: In every white box there are two black boxes, trying to get out in: Behavioral Science, 27, 1-11

GLASSMANN, R. B. [1985]: Persistence and Loose Coupling in Living Systems. Behavioral Science, 18, 83-98

GOFFEE, R., & SCASE, R. [1985]: Proprietorial control in family firms: Some functions of 'quasi-organic' management systems in: Journal of Management Studies, 22 (1), 53-68

GOMEZ-MEJIA, L. R., LARRAZA-KINTANA, M., & MAKRI, M. [2003]: The determinants of executive compensation in family-controlled publicly traded corporations in: Academy of Management Journal, 44 (2), 226-237

GOMEZ-MEJIA, L. R., NUNEZ-NICKEL, M., & GUTIERREZ, I. [2001]: The Role of Family Ties in Agency Contracts in: Academy of Management Journal, 44 (1), 81-95

GOMEZ-MEJIA, L. R., & TOSI, H. L. [1995]: CEO compensation monitoring and firm performance in: Academy of Management Journal, 37 (4), 1002-1016

GOSLICH, L. [1996]: Der Umbau bei Schickedanz ist ein Kraftakt. Das Versandhaus Quelle bleibt allerdings der Kern in: Dunsch, J. (Hrsg.): An den Schalthebeln der Wirtschaft: 33 Unternehmerfamilien im Portrait, Stuttgart: DVA, 1996, 54-58

GROCHLA, E. [1976]: Betrieb, Betriebswirtschaft und Unternehmung in: Grochla, E., & Wittmann, W. (Hrsg.): Handwörterbuch der Betriebswirtschaftslehre, 4. Aufl., Stuttgart: Poeschel, 1976, 541-557

GÜNTHER, G. [1979]: Cognition and Volition: A Contribution to a Cybernetic Theory of Subjectivity in: Günther, G. (Hrsg.): Beiträge zur Grundlegung einer operationsfähigen Dialektik, Bd. 2, Hamburg, 1979, 203-240

GUTENBERG, E. [1951]: Grundlagen der Betriebswirtschaftslehre. Erster Band: Die Produktion, 24., unveränd. Aufl. (1983), Heidelberg: Springer, 1951

HABBERSHON, T. G., & ASTRACHAN, J. H. [1997]: Perceptions are Reality: How Family Meetings lead to Collective Action in: Family Business Review, 10 (1), 37-52

HABBERSHON, T. G., & PISTRUI, J. [2002]: Enterprising Families Domain: Family-Influenced Ownership Groups in Pursuit of Transgenerational Wealth in: Family Business Review, XV (3), 223-237

HABBERSHON, T. G., & WILLIAMS, M. L. [1999]: A Resource-Based Framework for Assessing the Strategic Advantages of Family Firms in: Family Business Review, XII (1), 1-22

HABBERSHON, T. G., WILLIAMS, M. L., & MACMILLAN, I. C. [2003]: A Unified Systems Theory of Family Firm Performance in: Working Paper (finished), under review, to be published in Journal of Business Venturing, 1-34

HABIG, H., & BERNINGHAUS, J. [2004]: Die Nachfolge im Familienunternehmen ganzheitlich regeln, zweite, neu bearbeitete und erweiterte Aufl., Berlin et al.: Springer Verlag, 2004

HAHN, D. [2001]: Wertsteigerungs-Management (WM): Herausforderungen und Lösungsansätze in: Horvárth, P. (Hrsg.): Strategien erfolgreich umsetzen, Stuttgart: Schaeffer-Poeschel, 2001, 77-106

HALL, P. D. [1988]: A historical overview of family firms in the United States in: Family Business Review, 1 (1), 51-68

HANDLER, W. C. [1989]: Methodological issues and considerations in studying family businesses in: Family Business Review, 2 (3), 257-276

HANDLER, W. C. [1994]: Succession in Family Business: A Review of the Research in: Family Business Review, VII (2), 133-157

HARRIS, R., MARTINEZ, J., & WARD, J. L. [1994]: Is strategy different for the family-owned business? in: Family Business Review, 7 (2), 159-174

HARRIS, T. B. [1989]: Some comments on family boards in: Family Business Review, 2 (2), 150-152

HATUM, A., & PETTIGREW, A. [2004]: Adaptation Under Environmental Turmoil: Organizational Flexibility in Family-Owned Firms in: Family Business Review, 17 (3), 237-258

HAYES, J. L. [1981]: All in the Family in: Management Review, 70 (7), 4-5

HECK, R. K. Z. [2004]: A Commentary on "Entrepreneurship in Family vs. Non-Family firms: A Resource-Based Analysis of the Effect of Organizational Culture" in: Entrepreneurship Theory and Practice, 28 (4), 383-389

HECK, R. K. Z., & STAFFORD, K. [2001]: The vital institution of family business: Economic benefits hidden in plain sight in: McCann, G. K., & Upton, N. (Hrsg.): Destroying myths and creating value in family business, Deland, Fl.: Stetson University Press, 2001, 9-17

HEIDRICK, G. W. [1988]: Selecting outside directors in: Family Business Review, 1 (3), 281-285

HELMER, W. [1996]: Bei Melitta schwört man auf das Rotationsprinzip. Die drei Brüder Bentz wechseln sich in den Zuständigkeiten ab in: Dunsch, J. (Hrsg.): An den Schalthebeln der Wirtschaft: 33 Unternehmerfamilien im Portrait, Stuttgart: DVA, 1996, 135-139

HELMER, W. [1996]: Noch gelten die Grundsätze der Firmengründer. Seit fast hundert Jahren wird Miele von zwei Familien geführt in: Dunsch, J. (Hrsg.): An den Schalthebeln der Wirtschaft: 33 Unternehmerfamilien im Portrait, Stuttgart: DVA, 1996, 150-154

Henkel KG a.A. [2004]: Geschäftsbericht 2004, Düsseldorf: Eigenverlag, 2004

HENNERKES, B.-H. [1998]: Familienunternehmen sichern und optimieren, Frankfurt am Main, New York: Campus Verlag, 1998

HENNERKES, B.-H. [2004]: Die Familie und ihr Unternehmen: Strategie, Liquidität, Kontrolle, Frankfurt am Main/New York: Campus Verlag, 2004

HENNERKES, B.-H., & BINGE, C. [1998]: Die "richtige" Rechtsform des Familienunternehmens in: Hennerkes, B.-H., & Kirchdörfer, R. (Hrsg.): Unternehmenshandbuch Familiengesellschaften: Sicherung von Unternehmen, Vermögen und Familie, 2., neubearb. und wesentlich erw. Aufl., Köln et al.: Heymann, 1998, 33-62

HENNERKES, B.-H., & KIRCHDÖRFER, R. [1998]: Mängel in Gesellschaftsverträgen von Familienunternehmen in: Hennerkes, B.-H., & Kirchdörfer, R. (Hrsg.): Unternehmenshandbuch Familiengesellschaften: Sicherung von Unternehmen, Vermögen und Familie, 2., neubearb. und wesentlich erw. Aufl., Köln et al.: Heymann, 1998, 63-110

HENNERKES, B.-H., & SCHRÖDER, M. [1998]: Mitarbeiterbeteiligung und Familienunternehmen: Chance oder Irrweg? in: Hennerkes, B.-H., & Kirchdörfer, R. (Hrsg.): Unternehmenshandbuch Familiengesellschaften: Sicherung von Unternehmen, Vermögen und Familie, 2., neubearb. und wesentlich erw. Aufl., Köln et al.: Heymann, 1998, 625-634

HILBURT-DAVIS, J., & DYER, W. G. J. [2003]: Consulting to family businesses: A practical guide to contracting, assessment, and implementation, New York: Willey, 2003

HILSE, H., & SIMON, F. B. [2000]: Familienunternehmen und die Kunst des Managements von Paradoxien, Working Paper (unpublished), 2000

HILSE, H., & WIMMER, R. [2002]: Sind Unternehmer die besseren Manager? Besondere Chancen und Risiken von Führungsstrukturen in Familienunternehmen in: Joka, H. J. (Hrsg.): Führungskräfte-Handbuch, Heidelberg: Springer Verlag, 2002, 234-260

HITT, M. A., IRELAND, R. D., & HOSKISSON, R. E. [2001]: Strategic Management: Competitiveness and Globalization, 4. Aufl., Cincinnati, OH: South-Western, 2001

HODGE, B. J., ANTHONY, W. P., & GALES, L. M. [1996]: Organization Theory, 5. Aufl., Upper Saddle River, NJ: Prentice-Hall, 1996

HOFER, C. W., & CHARAN, R. [1984]: The transition to professional management: Mission impossible? in: American Journal of Small Business, 9 (1), 1-11

HORTON, T. P. [1986]: Managing in a family way in: Management Review, 75 (2), 3

HORVÁTH, P. [1995]: Controlling und Führung in: Kieser, A., Reber, G., & Wunderer, R. (Hrsg.): Handwörterbuch der Führung, 2., neu gestaltete und ergänzte Aufl., Stuttgart: Schäffer-Poeschel, 1995, 211-226

HOUSTON, P., & BERNHARD, E. [2000]: Going outside for talent in: Family Business Magazine, Spring 2000

HUBLER, T., & AYRES, G. [1996]: Family Business Management Course, St. Paul, MN: University of St. Thomas, 1996

HUGHES, J. E. J. [2004]: Family Wealth: Keeping it in the family. How Family Members and Their Advisers Preserve Human, Intellectual, and Financial Assets for Generations, New York: Bloomberg Press, 2004

HUTCHESON, J. O. [2002]: In Between CEOs? Try a "Bridge Manager" in: Family Business Magazine, Summer 2002

HVB Equity Research [2004]: Die Performance familiengeführter Unternehmen, von P.-T. Hasler, 18.06.2004, Frankfurt: Eigenverlag, 2004

IBRAHIM, A. B., & ELLIS, W. H. [1994]: Family Business Management: Concepts and Practice, Dubuque, IA: Kendall/Hunt Publishing, 1994

ILIOU, C. [2004]: Die Nutzung von Corporate Governance in mittelständischen Familienunternehmen, Diss. Universität Witten/Herdecke, 2004

ILLICH, I. [1976]: Die Nemesis der Medizin: Die Kritik der Medikalisierung des Lebens, 4. überarbeitete und ergänzte Auflage (1995), München: Beck Verlag, 1976

Initiative Qualitätssicherung NRW e.V. [2004]: Frühwarnindikatoren für den Mittelstand in: RiskNews, 1 (1), 7

Institut für Mittelstandsforschung [1996]: Generationswechsel in mittelständischen Unternehmen. Protokoll des 6. Symposiums des ifm, Mannheim: ifm, 1996

Institut für Mittelstandsforschung [2004]: Jahrbuch zur Mittelstandsforschung, 1/2004, Wiesbaden: Deutscher Universitätsverlag, 2004

JAFFE, D. T., & LANE, S. H. [2004]: Sustaining a Family Dynasty: Key Issues Facing Complex Multigenerational Business- and Investment-Owning Families in: Family Business Review, XVII (1), 81-98

JAIN, S. K. [1980]: Look to outsiders to strengthen business boards in: Harvard Business Review, 58 (4), 162-170

JANSEN, S. A. [2004]: Management von Unternehmenszusammenschlüssen: Theorien, Thesen, Tests und Tools, Stuttgart: Klett-Cotta, 2004

JENSEN, M. C., & MECKLING, W. H. [1976]: Theory of the Firm – Managerial Behavior, Agency Costs and Ownership Structure in: Journal of Financial Economics, 3 (3), 305-360

JENSEN, S., & KLUSMANN, S. [2004]: Otto: Die Spiegel-Pleite und ein Rosenkrieg treffen die erfolgsverwöhnte Versandhaussippe hart, Manager Magazin, 34 (6)

JEUSCHEDE, G. [1998]: Suchen, Auswählen, Gewinnen und Halten des Fremdgeschäftsführers in: Hennerkes, B.-H., & Kirchdörfer, R. (Hrsg.): Unternehmenshandbuch Familiengesellschaften: Sicherung von Unternehmen, Vermögen und Familie, 2., neubearb. und wesentlich erw. Aufl., Köln et al.: Heymann, 1998, 768-778

JOHANNISSON, B., & HUSE, M. [2000]: Recruiting outside board members in the small family business: An ideological challenge in: Entrepreneurship and Regional Development, 12 (4), 353-378

JOHNSON, S. C. [1990]: Why we'll never go public in: Family Business, 1 (4), 16-21

JONOVIC, D. L. [1989]: Outside review in a wider context: An alternative to the classic board in: Family Business Review, 2 (2), 125-140

JUNGBLUTH, R. [2004]: Die Quandts: Ihr leiser Aufstieg zur mächtigsten Wirtschaftsdynastie Deutschlands, Bergisch Gladbach: Bastei Lübbe, 2004

JUNGBLUTH, R. [2004]: Die Oetkers: Geschäft und Geheimnisse der bekanntesten Wirtschaftsdynastie Deutschlands, Frankfurt am Main: Campus Verlag, 2004

KAHN, J. A., & HENDERSON, D. A. [1992]: Location preferences of family firms: Strategic decision of "home sweet home"? in: Family Business Review, 5 (3), 271-282

KAPLAN, R. S., & NORTON, D. P. [1997]: The Balanced Scorecard: Strategien erfolgreich umsetzen, aus dem Amerik. übersetzt von P. Horváth, B. Kuhn-Würfel u. C. Vogelhuber, Stuttgart: Schaeffer-Poeschel, 1997

KAUFMANN, F.-X. [1994]: Läßt sich Familie als gesellschaftliches Teilsystem begreifen? in: Herlth, A., Brunner, E. J., Tyrell, H., & Kriz, J. (Hrsg.): Abschied von der Normalfamilie? Partnerschaft kontra Elternschaft, Heidelberg: Springer, 1994, 42-63

KEPNER, E. [1983]: The Family and the Firm: A Coevolutionary Perspective in: Organizational Dynamics, Summer 1983, 57-70

KIESER, A. [1999]: Human Relations-Bewegung und Organisationspsychologie in: Kieser, A. (Hrsg.): Organisationstheorien, 3. Aufl., Stuttgart: Kohlhammer, 1999, S. 101-132

KIESER, A., REBER, G., & WUNDERER, R. [1995]: Handwörterbuch der Führung, 2., neu gestaltete und ergänzte Aufl., Stuttgart: Schäffer-Poeschel, 1995

KIRCHGÄSSNER, G. [2000]: Homo Oeconomicus. Das ökonomische Modell individuellen Verhaltens und seine Anwendungen in den Wirtschafts- und Sozialwissenschaften. Tübingen: Mohr Siebeck, 2000.

KIRSCH, W., & ZU KNYPHAUSEN, D. [1992]: Führung und Management. Begriffsstrategische Überlegungen am Beispiel des Personalmanagements in: Zeitschrift für Personalforschung, 6, 217-237

KLEIN, S. B. [2000]: Family Businesses in Germany: Significance and Structure in: Family Business Review, XIII (3), 157-181

KLEIN, S. B. [2000]: Familienunternehmen – Theoretische und empirische Grundlagen, Wiesbaden: Gabler, 2000

KLEIN, S. B. [2003]: Family Business Research in German Publications 1990-2000, The INSEAD Initiative for Family Enterprise, Fontainebleau: Elektr. Eigenverlag, 2003

KLEIN, S. B. [2004]: Family influence on value creation: A resource-based analysis of the value creation process in family firms in: working Paper (finished), to be published in Family Business Review.

KLEIN, S. B. [2004]: Familienunternehmen – Theoretische und empirische Grundlagen, 2. Aufl., Wiesbaden: Gabler, 2004

KLEIN, S. B. [2004]: KMU und Familienunternehmen in: Zeitschrift für KMU und Entrepreneurship, 52 (3), 153-173

KLEIN, S. B., ASTRACHAN, J. H., & SMYRNIOS, K. X. [2004]: The F-PEC Scale of Family Influence: Construction, Validation, and Further Implication for Theory in: working Paper, under review, to be published in Family Business Review

KLETT, D. [2005]: Zwischen Kompetenz und Herkunft – zwischen Gleichheit und Selektion: Paradoxe Anforderungen an Familienunternehmen und ihre Unternehmensfamilien, Diplomarbeit, Universität Witten Herdecke, Witten: UW/H, 2005

KLETT, D. [2005]: Zwischen Kompetenz und Herkunft – zwischen Gleichheit und Selektion: Paradoxe Anforderungen an Familienunternehmen und ihre Unternehmensfamilien, Heidelberg: Carl-Auer-Verlag, 2005

KLETT, D., & WIECHERS, R. [2005]: Die Unternehmensfamilie: ein Risiko des Familienunternehmen? in: RiskNews, 2 (3), 44-50

KLIMECKI, R. G. [1995]: Organisationsentwicklung und Führung in: Kieser, A., Reber, G., & Wunderer, R. (Hrsg.): Handwörterbuch der Führung, 2., neu gestaltete und ergänzte Aufl., Stuttgart: Schäffer-Poeschel, 1995, 1652-1664

KOCH, B. [1995]: Das Familienvermögen ist seit 1789 in der Bank gut aufgehoben, Frankfurter Allgemeine Zeitung, Nr. 52/1995 vom 02.03.1995

KOCH, B. [1996]: Gelungene Verbindung von Familie und Industriekonzern. An Schloemann Siemag hält die Familie Weiss die Hälfte der Stimmen und 40 Prozent des Kapitals in: Dunsch, J. (Hrsg.): An den Schalthebeln der Wirtschaft: 33 Unternehmerfamilien im Portrait, Stuttgart: DVA, 1996, 85-89

KOHN, A. [1994]: Warum Incentive-Systeme oft versagen in: Harvard Business Manager, 2/94, 15-23

KOLE, S. [1997]: The complexity of compensation contracts of chief executive officers: Determinants of pay-performance sensitivity in: Journal of Financial Economics, 43, 79-104

Kommission Governance Kodex für Familienunternehmen [2004]: Governance Kodex für Familienunternehmen, Fassung der Kommission vom 4. September 2004, Bonn: Eigenverlag, 2004

KÖNIG, D. [1986]: Die mittelgroße Familienunternehmung in der Rechtsform der Aktiengesellschaft: Eine Analyse unter dem Gesichtspunkt der Property Rights Theorie, Diss., Universität zu Köln, Bergisch Gladbach: Universität Köln, 1986

KOTLER, P. [1997]: Marketing Management, 9th ed., Englewood Cliffs: Prentice Hall, 1997

KOTTER, J. P. [1982]: The General Managers, Paperback Ed., 1986, New York: Free Press, 1982

KPMG, Finance, Apax Partners, WestLB [2004]: Unabhängig erfolgreich. Wachstums- und Finanzierungsstrategien von großen Familienunternehmen, Eigenverlag, 2004

KRONECK, S. [2002]: BMW hat in der IR-Arbeit aus dem Rover-Debakel gelernt, Börsen-Zeitung, Nr. 108, vom 08.06.2002

LAMPARTER, D. H. [2001]: Nicht alles so machen wie die Amerikaner, Die Zeit, Ausg. 29, www.zeit.de

LANCHNER, D. [2001]: Merck takes its medicine in: Institutional Investor, 27-30

LANE, S. H. [1989]: An organizational development/team building approach to consultation with family businesses in: Family Business Review, 2 (1), 5-16

LANGE, K.-W., & SCHIERECK, D. [2003]: Nachfolgefragen bei Familienunternehmen: Unternehmenskauf und Private Equity als Alternative zur Börse, Heidelberg: Finanz Colloquium Heidelberg, 2003

LANSBERG, I. [1983]: Managing human resources in family firms: The problem of institutional overlap in: Organizational Dynamics, 12 (1), 39-46

LANSBERG, I. [2001]: And when you finally reach the top ... in: Family Business Magazine, Summer 2001,

LANSBERG, I., & BECKHARD, R. [1983]: A Conversation With Richard Beckhard: On Family Firms in: Organizational Dynamics, 12 (1), 29-38

LEACH, P., KENWAY-SMITH, W., HART, A., MORRIS, T., AINSWORTH, J., BETERLSEN, E., et al. [1990]: Managing the Family business in the UK: A Stoy Hayward Survey in Conjunction With the London Business School, London: Stoy Hayward, 1990

LEE, D. S., LIM, G. H., & LIM, W. S. [2003]: Family business succession: Appropriation risk and choice of successor in: Academy of Management Review, 28 (4), 657-666

LEVERING, R., & MOSKOWITZ, M. [1993]: The ten best companies to work for in America in: Business and Society Review, 85 (1), 26-38

LEVINSON, H. [1973]: Conflicts that plague family business in: Harvard Business Review, March-April, 90-98

LILL, U. [1996]: Bescheidenheit und Disziplin als Erfolgsrezept. Der Pharmahersteller Boehringer Ingelheim bleibt seiner Linie treu in: Dunsch, J. (Hrsg.): An den Schalthebeln der Wirtschaft: 33 Unternehmerfamilien im Portrait, Stuttgart: DVA, 1996, 95-99

LITZ, R. A. [1995]: The family business: Toward definitional clarity in: Family Business Review, 8 (2), 71-81

LITZ, R. A. [1997]: The family firm's exclusion from business school research: Explaining the void, addressing the opportunity in: Entrepreneurship Theory and Practice, 21 (3), 55-71

LORZ, R. [1998]: Rechtliche und steuerliche Gestaltungen der Nachfolge in Familienunternehmen in: Hennerkes, B.-H., & Kirchdörfer, R. (Hrsg.): Unternehmenshandbuch Familiengesellschaften: Sicherung von Unternehmen, Vermögen und Familie, 2. neubearb. und wesentlich erw. Aufl., Köln et al.: Heymann, 1998, 693-751

LOUNSBURY, M., & GLYNN, M. A. [2001]: Cultural entrepreneurship: Stories, legitimacy, and the value of acquisition of resources in: Strategic Management Journal, 22, 545-564

LUHMANN, N. [1964]: Funktionen und Folgen formaler Organisation, 5. Aufl. (1999), Berlin: Duncker & Humblot, 1964

LUHMANN, N. [1968]: Zweckbegriff und Systemrationalität, 6. Aufl. (1999), Frankfurt am Main: Suhrkamp, 1968

LUHMANN, N. [1968]: Vertrauen. Ein Mechanismus der Reduktion sozialer Komplexität, 4. Aufl. (2000), Stuttgart: Lucius und Lucius, 1968

LUHMANN, N. [1969]: Legitimation durch Verfahren, 3. Aufl., Frankfurt am Main: Suhrkamp, 1969

LUHMANN, N. [1975]: Interaktion, Organisation, Gesellschaft: Anwendungen der Systemtheorie in: Luhmann, N. (Hrsg.): Soziologische Aufklärung 2, 1975, 9-20

LUHMANN, N. [1975]: Macht, 3. Aufl. (2003), Stuttgart: Lucius und Lucius, 1975

LUHMANN, N. [1984]: Soziale Systeme: Grundriß einer allgemeinen Theorie, Frankfurt am Main: Suhrkamp, 1984

LUHMANN, N. [1986]: Ökologische Kommunikation. Kann die moderne Gesellschaft sich auf ökologische Gefährdungen einstellen, 3. Aufl. (1990), Opladen: Westdeutscher Verlag, 1986

LUHMANN, N. [1987]: Tautologie und Paradoxie in den Selbstbeschreibungen der modernen Gesellschaft in: Zeitschrift für Soziologie, 16 (3), 161-174

LUHMANN, N. [1988]: Organisation in: Küpper, W., & Ortmann, G. (Hrsg.): Mikropolitik: Rationalität, Macht und Spiele in Organisationen, Opladen: Westdeutscher Verlag, 1988, 165-186

LUHMANN, N. [1988]: Sozialsystem Familie in: System Familie, 1, 75-91

LUHMANN, N. [1990]: Die Wissenschaft der Gesellschaft, Frankfurt am Main: Suhrkamp, 1990

LUHMANN, N. [1990]: Der medizinische Code in: Luhmann, N. (Hrsg.): Soziologische Aufklärung, Opladen: Westdeutscher Verlag, 1990, 183-195

LUHMANN, N. [1990]: Ich sehe was, was Du nicht siehst. in: Luhmann, N. (Hrsg.): Soziologische Aufklärung 5, Opladen: Westdeutscher Verlag, 1990, 228-234

LUHMANN, N. [1990]: Sozialsystem Familie in: Soziologische Aufklärung 5, 196-217

LUHMANN, N. [1991]: Die Form „Person" in: Soziale Welt, 42 (2), 166-175

LUHMANN, N. [1993]: Organisation im Wirtschaftssystem in: Luhmann, N. (Hrsg.): Soziologische Aufklärung 3, 3. Aufl. Opladen: Westdeutscher Verlag, 1993, 390-414

LUHMANN, N. [1994]: Die Wirtschaft der Gesellschaft, Frankfurt am Main: Suhrkamp, 1994

LUHMANN, N. [1995]: Die Soziologie und der Mensch in: Luhmann, N. (Hrsg.): Soziologische Aufklärung 6, Opladen: 1995

LUHMANN, N. [1995]: Das Recht der Gesellschaft, Frankfurt am Main: Suhrkamp, 1995

LUHMANN, N. [1996]: Die Realität der Massenmedien, 3. Aufl. (2004), Wiesbaden: VS Verlag, 1996

LUHMANN, N. [1997]: Die Gesellschaft der Gesellschaft, Frankfurt am Main: Suhrkamp, 1997

LUHMANN, N. [2000]: Organisation und Entscheidung, Wiesbaden: Westdeutscher Verlag, 2000

LUHMANN, N. [2000]: Entscheidungen in der "Informationsgesellschaft" in: Transkript, Vortrag am 17.12.2000, verteilt über die Luhmann-Liste, 1-12

LUHMANN, N. [2002]: Einführung in die Systemtheorie in: Baecker, D. (Hrsg.): Einführung in die Systemtheorie, Heidelberg: Carl-Auer Systeme Verlag, 2002

LUHMANN, N. [2002]: Die Politik der Gesellschaft, Herausgegeben von André Kieserling, Frankfurt am Main: Suhrkamp, 2002

LUHMANN, N. [2002]: Die Religion der Gesellschaft, Herausgegeben von André Kieserling, Frankfurt am Main: Suhrkamp, 2002

LUHMANN, N. [2002]: Das Erziehungssystem der Gesellschaft, Herausgegeben von Dieter Lenzen, Frankfurt am Main: Suhrkamp, 2002

LYMAN, A. R. [1991]: Customer service: Does family ownership make a difference? in: Family Business Review, 4 (3), 303-324

MACHARZINA, K. [2003]: Unternehmensführung. Das internationale Managementwissen: Konzepte – Methoden – Praxis, 4. Aufl., Wiesbaden: Gabler Verlag, 2003

MACHIAVELLI, N. [2001]: Der Fürst, Frankfurt am Main, Leipzig: Insel Verlag, 2001

MAKADOK, R. [2001]: Toward a synthesis of the resource-based and dynamic-capability views of rent creation in: Strategic Management Journal, 22, 387-401

MALIK, F. [1984]: Strategie des Managements komplexer Systeme: Ein Beitrag zur Management-Kybernetik evolutionärer Systeme, 7. durchges. Aufl. (2002) Bern et al.: Haupt Verlag, 1984

MARCH, J. G. [1990]: Die Unternehmung als politische Koalition in: March, J. G. (Hrsg.): Entscheidung und Organisation, Aus dem Engl. von Karl-Heinz Gschrey. Mit fachwiss. Bearb. durch Thomas v. Lingen und Herbert Woratschek, Wiesbaden: Gabler, 1990

MARCH, J. G., & SIMON, H. A. [1958]: Organizations, New York: Wiley, 1958

MARKOWITZ, H. M. [1952]: Portfolio Selection in: Journal of Finance, 7 (March), 77-91

MARTENS, W., & ORTMANN, G. [2004]: Organisationen in Luhmanns Systemtheorie, Working Paper, 2004

MATHEWS, G. H. [1984]: Run your business or build an organization? in: Harvard Business Review, 62 (2), 34-44

MATHILE, C. L. [1988]: A business owner's perspective on outside boards in: Family Business Review, 1 (3), 231-237

MATURANA, H. R., & VARELA, F. J. [1990]: Der Baum der Erkenntnis. Die biologischen Wurzeln menschlichen Erkennens, München: Goldmann, 1990

MAY, P. [1998]: Der Beirat im Familienunternehmen: Wie gut kann er werden? Wie kann er gut werden? in: Hennerkes, B.-H., & Kirchdörfer, R. (Hrsg.): Unternehmenshandbuch Familiengesellschaften: Sicherung von Unternehmen, Vermögen und Familie, 2., neubearb. und wesentlich erw. Aufl., Köln et al.: Heymann, 1998, 359-374

MAY, P. [2001]: Lernen von den Champions: Fünf Bausteine für unternehmerischen Erfolg in: 2. Aufl., 2004, Bonn: Intes-Verlag, 2001

MAY, P. [2005]: Fremdmanager im Familienunternehmen – Wie man sie findet, wie man sie bindet in: Hernsteiner, 18 (1), 14-16

MAY, P., REDLEFSEN, M., & HALLER, J. [2004]: Nicht aktive Gesellschafter in Familienunternehmen: Ergebnisse und Handlungsempfehlungen, Bonn: INTES-Selbstverlag, 2004

MCCOLLOM, M. E. [1988]: Integration in the Family Firm: When the Family System Replaces Controls and Culture in: Family Business Review, I (4), 399-417

MCCONAUGHY, D. L. [1999]: Is the Cost of Capital Different for Family Firms? in: Family Business Review, 12 (4), 353-360

MCCONAUGHY, D. L. [2000]: Family CEOs vs. Nonfamily CEOs in the family-controlled Firm: An Examination of the Level and Sensitivity of Pay to Performance in: Family Business Review, 13 (2), 121-131

MCCONAUGHY, D. L., & PHILLIPS, G. M. [1999]: Founders versus descendants. The profitability, efficiency, growth characteristics and financing in large, public, founding-family-controlled firms in: Family Business Review, 12, 123-132

MCKENNA, R. [1996]: Wenn Kunden zu Partnern bei der Entwicklung und Herstellung der Produkte werden in: Harvard Business Manager, 2

MedienTenor [2005]: Wie können Familienunternehmen mehr Aufmerksamkeit erhalten, Bonn: Eigenverlag, 2005

MEIER, L. [2002]: Middelhoff verlässt Bertelsmann, Financial Times Deutschland, Ausg. 28.07.2002

MILLER, N. J., FITZGERALD, M. A., WINTER, M., & PAUL, J. [1999]: Exploring the Overlap of Family and Business Demands: Household and Family Business Manager's Adjustment Strategies in: Family Business Review, 12 (3), 253-268

MINGERS, J. [2002]: Can social systems be autopoietic? Assessing Luhmann's social theory in: Sociological Review, 50 (2), 278-288

MINTZBERG, H. [1973]: The Nature of Managerial Work, New York et al.: Harper & Row, 1973

MINTZBERG, H. [1998]: Covert leadership: Notes on managing professionals. Knowledge workers respond to inspiration, not supervision. in: Harvard Business Review, November-December, 140-147

MINTZBERG, H., AHLSTRAND, B., & LAMPEL, J. [1999]: Strategy Safari: eine Reise durch die Wildnis des strategischen Managements, Frankfurt am Main, Wien: Ueberreuter, 1999

MINTZBERG, H., SIMONS, R., & BASU, K. [2002]: Beyond Selfishness in: Sloan Management Review, Fall, 67-74

MISHRA, C. S., & MCCONAUGHY, D. L. [1999]: Founding family control and capital structure: The risk of loss of control and the aversion to debt in: Entrepreneurship Theory and Practice, 23 (4), 53-64

MITCHELL, R. K., MORSE, E. A., & SHARMA, P. [2003]: The transacting cognitions of nonfamily employees in the family businesses setting in: Journal of Business Venturing, 18 (5), 533-551

MORCK, R., & YEUNG, B. [2003]: Agency problems in Large Family Business Groups in: Entrepreneurship Theory and Practice, 27 (4), 367-382

MORRIS, M. H., WILLIAMS, R. O., ALLEN, J. A., & AVILIA, R. A. [1997]: Correlates of Success in Family Business Transitions in: Journal of Business Venturing, 12, 385-401

MOSCETELLO, L. [1990]: The Pitcairns want you in: Family Business Magazine, February

MÜHLEBACH, C. [2004]: Familyness als Wettbewerbsvorteil, Diss., St. Gallen, Bern: Haupt, 2004

MÜLLER-STEWENS, G., & LECHNER, C. [2001]: Strategisches Management: Wie strategische Initiativen zum Wandel führen, Stuttgart: Schäffer-Poeschel, 2001

MURRAY, B., GERSICK, K. E., & LANSBERG, I. [2001]: From Back Office to Executive Suite – The Evolving Role of the Family Office. in: Private Wealth Management, 111-114

MUSTAKALLIO, M., AUTIO, E., & ZAHRA, S. A. [2002]: Relational and contractual governance in family firms: Effects on strategic decision making in: Family Business Review, 14 (3), 325-334

NAGEL, R., OSWALD, M., & WIMMER, R. [1999]: Das Mitarbeitergespräch als Führungsinstrument, Ein Handbuch der OSB für Praktiker, Stuttgart: Klett-Cotta, 1999

NAGEL, R., OSWALD, M., & WIMMER, R. [2002]: AROMA – Zwei Familien und ein Unternehmen suchen ihre Zukunft. Zur Zukunftssicherung in Familienunternehmen. in: Simon, F. B. (Hrsg.): Die Familie des Familienunternehmens. Ein System zwischen Gefühl und Geschäft, Heidelberg: Carl-Auer-Verlag, 2002, 315-338

NAVE-HERZ, R. [1994]: Familie heute: Wandel der Familienstrukturen und Folgen für die Erziehung, 2. überarb. und erg. Aufl. (2002) Darmstadt: Primus Verlag, 1994

NEUBAUER, F., & LANK, A. [1998]: The Family Business: Its Governance and Sustainability, New York: Palgrave Macmillan, 1998

NICOLAI, B. [2003]: Bei Tchibo geht ein mehr als drei Jahrzehnte langer Familienstreit zu Ende, Die Welt, Ausg. 19.08.2003

OETKER, A. [1999]: Stakeholderkonflikte in Familienkonzernen: Ansätze zu ihrer Regelung durch strategische Führungsentscheidungen, Lohmar, Köln: Eul Verlag, 1999

O'HARA, W. [2004]: Centuries of Success: Lessons from the World's Most Enduring Family Businesses, Avon, MA: Adams Media, 2004

OLSON, P. D., ZUIKER, V. S., DANES, S. M., STAFFORD, K., HECK, R. K. Z., & DUNCAN, K. A. [2003]: Impact of family and business on family business sustainability in: Journal of Business Venturing, 18 (5), 639-666

o.V. [1999]: Bahlsen zerfällt in drei Unternehmen: Backwarenhersteller wird unter Gründerenkeln aufgeteilt – Konsequenz aus Streit über Unternehmensstrategie, Die Welt, Ausg. 17.06.1999

o.V. [2003]: Johannes Rau über Heinz-Horst Deichmann in: Manager Magazin, Heft 7, vom 20.06.2003, 112-114

o.V. [2003]: Und es geht doch! Erfolgreiche Unternehmensführung gegen den Strom in: WebBäcker, 3 (47), 1-2

o.V. [2004]: Editorial: Deutschland, deine Unternehmer in: Ausg. 02.03.2004, 1

PELLENS, B., CRASSELT, N., & ROCKHOLTZ, C. [1998]: Wertorientierte Entlohnungssysteme für Führungskräfte: Anforderungen und empirische Evidenz in: Pellens, B. (Hrsg.): Unternehmenswertorientierte Entlohnungssysteme, Stuttgart: Schaeffer-Poeschel, 1998, 1-28

PENG, M. W., & JIANG, Y. [2004]: Family ownership and control in large corporations: The good, the bad, the irrelevant in: Working Paper (SSRN)

PERRIGO, A. E. B. [1975]: Delegation and succession in the small firms in: Personnel Management, May, 35-37

PERROW, C. [1972]: Complex organizations, Glenview, ILL: Scott, Foresman, and Company, 1972

PERVIN, A. [1997]: A Conversation With Henry Mintzberg in: Family Business Review, 10 (2), 185-198

PHILLIPS, R. [2003]: Stakeholder Theory and Organizational Ethics, San Francisco: Berrett-Koehler Publishers, 2003

PICOT, G. [2004]: Private-Equity – Alternative Finanzierung für den Mittelstand in: M&A Review, 4, 147

POERKSEN, B. [2002]: Die Gewissheit der Ungewissheit. Gespräche zum Konstruktivismus, Heidelberg: Carl Auer Systeme Verlag, 2002

POUTZIOURIS, P., CHITTENDEN, F., & MICHAELAS, N. [1998]: The financial affairs of private companies, presented at the Family Business Network 9th World Conference in Paris, Paris: FBN, 1998

POZA, E. J. [2004]: Family Business, Mason, OH: South-Western, 2004

POZA, E. J., & ALFRED, T. [1996]: What the silent majority thinks (but may not tell you) in: Family Business Magazine, Autumn 1996

POZA, E. J., ALFRED, T., & MAHESHWARI, A. [1997]: Stakeholder perceptions of culture and management practices in family and family firms – A preliminary report in: Family Business Review, 10 (2), 135-155

POZA, E. J., HANLON, S., & KISHIDA, R. [2004]: Does the Family Business Interaction Factor Represent a Resource or a Cost? in: Family Business Review, XVII (2), 99-118

PROKESCH, S. [1986]: Renewing traditional values, New York Times, Ausg. 10.06.1986

RAMGE, T. [2004]: Die Flicks: Eine Deutsche Familiengeschichte über Geld, Macht und Politik, Frankfurt am Main: Campus, 2004

RANDOY, T., & GOEL, S. [2003]: Ownership structure, founder leadership, and performance in Norwegian SMEs: implications for financing entrepreneurial opportunities in: Journal of Business Venturing, 18 (5), 619-637

RAYMOND FAMILY BUSINESS INSTITUTE, MASSMUTUAL [2003]: American Family Business Survey, New York, Springfield: Eigenverlag, 2003

REDLEFSEN, M. [2003]: Der Ausstieg von Gesellschaftern aus großen Familienunternehmen: Eine empirische Untersuchung unter besonderer Berücksichtigung der spezifischen Corporate Governance des Familienunternehmens, Diss. Wissenschaftliche Hochschule für Unternehmensführung (WHU), Vallendar, 2003

Regierungskommission [2003]: Deutscher Corporate Governance Kodex, in der Fassung vom 21. Mai 2003, Berlin: Eigenverlag, 2003

RICEMAN, S. S., CAHAN, S. F., & LAL, M. [2002]: Do managers perform better under EVA bonus schemes? in: The European Accounting Review, 11 (3), 537-572

ROGOFF, E. G., & HECK, R. K. Z. [2003]: Evolving research in entrepreneurship and family business: recognizing family as the oxygen that feeds the fire of entrepreneurship in: Journal of Business Venturing, 18 (5), 559-566

ROLLER, P. [2001]: Erfolgsstory von Porsche erleichtert Manfred Ayasse die Arbeit, Börsen-Zeitung, Nr. 213, 03.11.2001

ROMEI, R. [1990]: La dinamica della organizzazione: Le costanti di compartimento dei sistemi organizzativi aziendali in azione, 5. Aufl., Milano: F. Angeli, 1990

ROSENBLATT, P. C. [1999]: The Interplay of Family System and Business System in Family Farms during Economic Recession in: Family Business Review, 4 (1), 45-57

ROTHER, T. [2003]: Die Krupps: Durch fünf Generationen Stahl, Bergisch Gladbach: Bastei Lübbe, 2003

RÜEGG-STÜRM, J. [2002]: Das neue St. Galler Management-Modell: Grundkategorien einer integrierten Managementlehre, 2. durchges. Aufl. (2003), Bern: Haupt Verlag, 2002

RUPF, H. [2001]: Vom Glück verwöhnt: Ein Leben für Voith, Stuttgart, Leipzig: Hohenheim Verlag, 2001

RUTER, R. X., & THÜMMEL, R. C. [1994]: Beiräte in mittelständischen Familienunternehmen, Stuttgart et al.: Boorberg, 1994

SCHARIOTH, J., & HUBER, M. [2003]: Achieving Excellence in Stakeholder Management, Heidelberg: Springer-Verlag, 2003

SCHEELE, M. [2005]: Resistent gegen alle Krisen in: Manager Magazin, Ausg. 14.02.2005

SCHIRMER, F. [1991]: Aktivitäten von Managern: Ein kritischer Review über 40 Jahre "Work Activity"-Forschung in: Staehle, W. H. & Sydow, J. (Hrsg.): Managementforschung 1, Berlin, New York: Walter de Gruyter, 1991, 205-253

SCHLITTGEN, V. [1999]: Die Ad-hoc-Publizität nach § 15 WpHG, Diss., Univ. Heidelberg, Frankfurt: Europ. Verlag für Wissenschaften, 1999

SCHÖNWÄLDER, T., WILLE, K., & HÖLSCHER, T. [2004]: George Spencer-Brown: Eine Einführung in die "Laws of Form", Lehrbuch, Wiesbaden: VS Verlag, 2004

SCHRADER, U. [2003]: Corporate Citizenship – Die Unternehmung als guter Bürger, Berlin: Logos, 2003

SCHULZE, W. S., LUBATKIN, M. H., & DINO, R. N. [2003]: Toward a theory of agency and altruism in family firms in: Journal of Business Venturing, 18 (4), 473-490

SCHULZE, W. S., LUBATKIN, M. H., DINO, R. N., & BUCHHOLTZ, A. K. [2001]: Agency Relationships in Family Firms: Theory and Evidence in: Organization Science, 12 (2), 99-116

SHANE, S., & VENKATARAMAN, S. [2000]: The promise of entrepreneurship as a field of research in: Academy of Management Review, 25 (1), 217-226

SHARMA, P. [2004]: An Overview of the Field of Family Business Studies: Current Status and Directions for the Future in: Family Business Review, XVII (1), 1-36

SHARMA, P. [2002]: Stakeholder mapping technique: Toward the development of a family firm typology in: Paper presented at the Academy of Management meetings, Denver, CO

SHARMA, P., CHRISMAN, J. J., & CHUA, J. H. [1997]: Strategic Management of the Family Business: Past Research and Future Challenges in: Family Business Review, 10 (1), 1-35

SHLEIFER, A., & VISHNY, R. W. [1997]: A Survey of Corporate Governance in: The Journal of Finance, LII (2), 737-7

SIEFER, T. [1996]: Du kommst später mal in die Firma! Psychosoziale Dynamik von Familienunternehmen, Heidelberg: Carl-Auer-Systeme Verlag, 1996

SIEGRIST, H. [1995]: Geschichte der Führung – Industrialisierung in: Kieser, A., Reber, G., & Wunderer, R. (Hrsg.): Handwörterbuch der Führung, 2., neu gestaltete und ergänzte Aufl., Stuttgart: Schäffer-Poeschel, 1995, 1102-1111

SIM, F. M., TAKEI, Y., & SPENCE; L.D. [1981]: Explication Loose Coupling. In: Lasker, G. E., Applied Systems and Cybernetics, New York: Pergamon Press, 958-963

SIMON, F. B. [1999]: Organisationen und Familien als soziale Organisationen unterschiedlichen Typs in: Soziale Systeme, 5, 181-200

SIMON, F. B. [1999]: Familien, Unternehmen und Familienunternehmen. Einige Überlegungen zu Unterschieden, Gemeinsamkeiten und den Folgen in: OrganisationsEntwicklung, 4, 16-23

SIMON, F. B. [2000]: Grenzfunktionen der Familie in: System Familie, 13, 140-148

SIMON, F. B. [2001]: Die Familie des Familienunternehmens in: Familiendynamik: Interdisziplinäre Zeitschrift für systemorientierte Praxis und Forschung, 21 (4), 359-377

SIMON, F. B. [2002]: Nachbemerkung: Die Entkopplung von Familie und Unternehmen: Ein System zwischen Gefühl und Geschäft in: Simon, F. B. (Hrsg.): Die Familie des Familienunternehmens: Ein System zwischen Gefühl und Geschäft, Heidelberg: Carl-Auer-Verlag, 2002, 367-372

SIMON, F. B. [2002]: Familien und Unternehmen. Überlegungen zu Unterschieden, Gemeinsamkeiten und den Folgen. in: Simon, F. B. (Hrsg.): Die Familie des Familienunternehmens. Ein System zwischen Gefühl und Geschäft, Heidelberg: Carl-Auer-Verlag, 2002, 17-34

SIMON, F. B. [2002]: Der Dritte in der Eltern-Kind-Beziehung: Familiäre Funktionen des Fremdmanagers in: Simon, F. B. (Hrsg.): Die Familie des Familienunternehmens. Ein System zwischen Gefühl und Geschäft, Heidelberg: Carl-Auer-Verlag, 2002, 17-34

SIMON, F. B. [2002]: Die Familie des Familienunternehmens: Besonderheiten der Familiendynamik in: Simon, F. B. (Hrsg.): Die Familie des Familienunternehmens. Ein System zwischen Gefühl und Geschäft, Heidelberg: Carl-Auer-Verlag, 2002, 35-54

SIMON, F. B. [2002]: Gerechtigkeit, Richtigkeit und Rechtmäßigkeit: Entscheidungsfindung in Familienunternehmen in: Simon, F. B. (Hrsg.): Die Familie des Familienunternehmens: Ein System zwischen Gefühl und Geschäft, Heidelberg: Carl-Auer-Verlag, 2002, 55-72

SIMON, F. B., & C/O/N/E/C/T/A-Autorengruppe [1992]: Radikale Marktwirtschaft. Die Grundlagen des systemischen Managements, 4. Aufl. (2001), Heidelberg: Carl-Auer-Verlag, 1992

SIMON, F. B., WIMMER, R., GROTH, T. [2005]: Mehr-Generationen-Familienunternehmen. Erfolgsgeheimnisse von Oetker, Merck, Haniel u. a., Heidelberg: Carl-Auer-Verlag, 2005

SIMON, H. [1996]: Die heimlichen Gewinner (Hidden Champions): Die Erfolgsstrategien unbekannter Weltmarktführer, Reprint, Heyne (1998), Frankfurt, New York: Campus, 1996

SIRMON, D. G., & HITT, M. A. [2003]: Managing Resources: Linking Unique Resources, Management, and Wealth Creation in Family Firms in: Entrepreneurship Theory and Practice, 27 (4), 339-358

SONFIELD, M. C., & LUSSIER, R. N. [2004]: First-, Second-, and Third-Generation Family Firms: A Comparison in: Family Business Review, XVII (3), 189-202

SORENSON, R. L. [2000]: The Contribution of Leadership Style and Practices to Family and Business Success in: Family Business Review, 13 (3), 183-200

SPEKMAN, R. E. [1979]: Influence and Information: An Exploratory Investigation of the Boundary Role Person's Basis of Power in: Academy of Management Journal, 22 (1), 104-117

SPENCER-BROWN, G. [1969]: Laws of Form, Lübeck: Bohmeier Verlag, 1969

STAFFORD, K., DUNCAN, K. A., DANE, S., & WINTER, M. [1999]: A research model of sustainable family businesses in: Family Business Review, 12 (3), 197-208

SPRANGER, E. [1925]: Lebensformen. Geisteswissenschaftliche Psychologie und Ethik der Persönlichkeit. Halle: Max Niemeyer, 1925

STEIER, L. P. [2003]: Variants of agency contracts in family financed ventures as a continuum of familial altruistic and market rationalities in: Journal of Business Venturing, 18 (5), 597-618

STEINLE, C. [1995]: Führungsdefinitionen in: Kieser, A., Reber, G., & Wunderer, R. (Hrsg.): Handwörterbuch der Führung, 2., neu gestaltete und ergänzte Aufl., Stuttgart: Schäffer-Poeschel, 1995, 523-533

STEINMANN, H., & SCHREYÖGG, G. [2002]: Management: Grundlagen der Unternehmensführung, 5., überarb. Aufl., Wiesbaden: Gabler, 2002

STERN, J. M., & SHIELY, J. S. [2001]: The EVA challenge: implementing value added change in an organization, with Irwin Ross, New York: Wiley, 2001

STINNETT, N., & DE FRAIN, J. [1985]: Secrets of Strong Families, New York: Berkeley Books, 1985

STRICK, S. [2004]: Bekennende Patriarchen: Deutschlands große Familienunternehmen – erfolgreich ohne Kapitalmarktstrategie in: Finance, Juli/August, 10-16

STURBECK, W. [1996]: Übernahmespekulationen sind für Heitkamp nur leere Gerüchte. Das größte Bauunternehmen in Familienhand in: Dunsch, J. (Hrsg.): An den Schalthebeln der Wirtschaft: 33 Unternehmerfamilien im Portrait, Stuttgart: DVA, 1996, 100-104

STURBECK, W. [1996]: Gerling mußte schon zahlreiche Klippen umschiffen. Die Versicherungsgruppe will den Freiraum für Ungewöhnliches bewahren in: Dunsch, J. (Hrsg.): An den Schalthebeln der Wirtschaft: 33 Unternehmerfamilien im Portrait, Stuttgart: DVA, 1996, 69-74

SVENDSON, A. [1998]: The stakeholder strategy: profiting from collaborative business relationships, San Francisco: Berrett-Koehler Publishers, 1998

SWINTH, R. L., & VINTON, K. L. [1993]: Do family-owned businesses have a strategic advantage in international joint ventures? in: Family Business Review, 6 (1), 19-30

TAGIURI, R., & DAVIS, J. [1982]: Bivalent attributes of the family firm, Working Paper, Harvard Business School, Cambridge, Mass.; Reprinted (1996) in: Family Business Review, 9 (2), 199-208

TAGIURI, R., & DAVIS, J. [1992]: On the Goals of Successful Family Companies in: Family Business Review, V (1), 43-62

TAGIURI, R., & DAVIS, J. A. [1996]: Bivalent attributes of the family firm in: Family Business Review, 9 (2), 199-208

TERBERGER, D. [1998]: Konfliktmanagement in Familienunternehmen: Ein eignerorientiertes Konzept zur professionellen Konfliktbewältigung in Familienunternehmen in: Diss. Nr. 2133, Universität St. Gallen

The Henokiens Association of family and bicentenary companies [2003]: Becoming Henokien one day. 51 Questions to prepare the handing down of a family company, Paris: Selbstverlag, 2003

TUI AG [2004]: Geschäftsbericht 2004. Werte bewegen. Details überzeugen. Hannover: Eigenverlag, 2004

ULRICH, H., & KRIEG, W. [1972]: St. Galler Management-Modell, 3. Aufl. (1974) Bern: Haupt Verlag, 1972

ULRICH, D., & LAKE, D. [1990]: Organizational capability: competing from the inside out, New York: Wiley, 1990

VILASECA, A. [2002]: The Shareholder Role in the Family Business: Conflict of Interests and Objectives Between Nonemployed Shareholders and Top Management Team in: Family Business Review, 15 (4), 299-320

VILLALONGA, B., & AMIT, R. [2004]: How Do Family Ownership, Control, and Management Affect Firm Value? in: Working Paper (SSRN)

VOIGT, J. F. [1990]: Familienunternehmen – Im Spannungsfeld zwischen Eigentum und Fremdmanagement, Wiesbaden: Gabler, 1990

VON GLASERFELD, E. [1992]: Konstruktion der Wirklichkeit und des Begriffs der Objektivität in: Carl Friedrich von Siemens Stiftung (Hrsg.): Einführung in den Konstruktivismus, 7. Aufl. (2003), Pieper Verlag, 1992, 9-40

VON MOOS, A. [2002]: Corporate Governance im Familienunternehmen in: Der Schweizer Treuhänder, 1059-1064

VON MOOS, A. [2003]: Familienunternehmen erfolgreich führen: Corporate Governance als Herausforderung, Zürich: Verlag Neue Zürcher Zeitung, 2003

VON SCHULZENDORFF, D. [1984]: Fremdmanager in Familienunternehmen: Eine empirische Analyse, Diss. Nr. 922, Hochschule St. Gallen, Konstanz: Maus, 1984

WALGENBACH, P. [1995]: Organisationsentwicklung und Führung in: Kieser, A., Reber, G., & Wunderer, R. (Hrsg.): Handwörterbuch der Führung, 2., neu gestaltete und ergänzte Aufl., Stuttgart: Schäffer-Poeschel, 1995, 1682-1688

WARD, J. L. [1987]: Keeping the Family Business Healthy, San Francisco: Jossey-Bass, 1987

WARD, J. L. [1988]: The special role of strategic planning for family businesses in: Family Business Review, 1 (2), 105-118

WARD, J. L. [1997]: Growing the family business: Special challenges and best practices in: Family Business Review, 10 (4), 323-337

WARD, J. L. [2004]: Perpetuating the Family Business: 50 Lessons Learned from Long-Lasting, Successful Families in Business, Hampshire, New York: Palgrave Macmillan, 2004

WARD, J. L., & ARONOFF, C. E. [1991]: Trust gives you the advantage in: Nation's Business, 79 (8), 42-45

WATZLAWICK, P. [2003]: Wie wirklich ist die Wirklichkeit, München: Pieper, 2003

WEBER, M. [1921]: Wirtschaft und Gesellschaft. Grundriß der verstehenden Soziologie, 5. rev. Aufl., Studienausgabe (1980), Tübingen: Mohr, 1921

WEICK, K. E. [1976]: Educational Organizations as Loosly Coupled Systems. Administrative Science Quaterly, 21, 1-19

WEICK, K. E. [1977]: Enactment Processes in Organizations in: Staw, B. M., & Salancik, G. R. (Hrsg.): New Directions in Organizational Behavior, Chicago: St. Claire Press, 1977, 267-299

WEICK, K. E. [1995]: Der Prozeß des Organisierens, Übers. von Gerhard Hauck, Frankfurt am Main: Suhrkamp, 1995

WEICK, K. E. & SUTCLIFFE, K. M. [2001]: Managing the Unexpected. Assuring High Performance in an Age of Complexity. San Francisco: Jossy-Bass, 2001

WEICK, K. E. & SUTCLIFFE, K. M. [2003]: Das Unerwartete Managen. Wie Unternehmen aus Extremsituationen lernen. Stuttgart: Klett-Cotta, 2003

WEISHAUPT, G. [2004]: Im Schatten der Eichen. Warum Familienunternehmer ihre Nachfolge konsequent regeln sollten, Handelsblatt, Ausg. 27.07.2004

WESTHEAD, P. [1997]: Ambitions, "external" environment and strategic factor differences between family and non-family companies in: Entrepreneurship and Regional Development, 9 (2), 127-157

WESTHEAD, P., & COWLING, M. [1998]: Family firm research: The need for a methodological rethink in: Entrepreneurship Theory and Practice, 32 (1), 31-56

WHITE, H. C. [1992]: Identity and Control: A Structural Theory of Action, Princeton, NJ: Princeton UP, 1992

WHITE, P. [1994]: Voss, Sydney: Vintage, 1994

WHITESIDE, M. F., ARONOFF, C. E., & WARD, J. L. [1993]: How Families Work Together, Family Business Leadership Series No. 4, Business Owner Resources, Marietta, GA: Family Enterprise Publishers, 1993

WIECHERS, R. [2004]: Die Unternehmerfamilie: ein Risiko des Familienunternehmens? – Zum Umgang mit familieninduzierten Risiken im Familienunternehmen. Norderstedt: BoD, 2004

WILD, J. [1974]: Unternehmensführung. Festschrift für Erich Kosiol zu seinem 75. Geburtstag, Berlin: Duncker & Humblot, 1974

WIMMER, R. [1993]: Wozu brauchen wir ein General Management? in: Hernsteiner, 3, 4-12

WIMMER, R. [1995]: Die Funktion des General Managements unter stark veränderten wirtschaftlichen Rahmenbedingungen in: Heitger, B., Schmitz, C., & Gester, P.-W. (Hrsg.): Managerie – Systemisches Denken und Handeln im Management, 3. Jahrbuch, Heidelberg: Auer-Verlag, 1995, 74-117

WIMMER, R. [2002]: Aufstieg und Fall des Shareholder Value-Konzepts in: OrganisationsEntwicklung, 2002 (4), 70-83

WIMMER, R., DOMAYER, E., OSWALD, M., & VATER, G. [1996]: Familienunternehmen – Auslaufmodell oder Erfolgstyp, Wiesbaden: Gabler, 1996

WIMMER, R., GROTH, T., & SIMON, F. B. [2004]: Erfolgsmuster von Mehrgenerationen-Familienunternehmen, Wittener Diskussionspapiere, Sonderheft. Nr. 2, Witten: Fakultät für Wirtschaftswissenschaft; Universität Witten/Herdecke, 2004

WIMMER, R., DOMAYER, E., OSWALD, M., & VATER, G. [2005]: Familienunternehmen – Auslaufmodell oder Erfolgstyp, 2. überarb. Aufl., Wiesbaden: Gabler, 1996

WIMMER, R., & NAGEL, R. [2002]: Systemische Strategieentwicklung, Stuttgart: Klett-Cotta, 2002

WINTERER, P. [2004]: Im Kloster Andechs tobt der Bier-Krieg in: Stern, 10.11. 2004

WOLFF, R. [2003]: Auf Erfolgskurs! Die Soziale Betriebswirtschaft. Ein Programm für unternehmerisch denkende Arbeitnehmer, Kempenich: Eigenverlag, 2003

WORTMAN, J., M. S. [1994]: Theoretical foundations for family-owned businesses: A conceptual and research based paradigm in: Family Business Review, 7 (1), 3-27

WUNDERER, R. [1995]: Führungsforschung und Betriebswirtschaftslehre in: Kieser, A., Reber, G., & Wunderer, R. (Hrsg.): Handwörterbuch der Führung, 2., neu gestaltete und ergänzte Aufl., Stuttgart: Schäffer-Poeschel, 1995, 666-679

YUKL, G. [1989]: Managerial leadership: A review of theory and research in: Journal of Management, 15 (2), 251-289

ZAHRA, S. A., HAYTON, J. C., & SALVATO, C. [2004]: Entrepreneurship in Family vs. Non-Family Firms: A Resource-Based Analysis of the Effect of Organizational Culture in: Entrepreneurship Theory and Practice, 28 (4), 363-381

ZAHRA, S. A., & SHARMA, P. [2004]: Family Business Research: A Strategic Reflection in: Family Business Review, XVII (4), 331-346

ZALEZNIK, A. [2004]: Managers and Leaders: Are They Different? (reprint from 1977) in: Harvard Business Review, 82 (1), 74-81

ZIMMER, D. [1998]: Das Gesetz zur Kontrolle und Transparenz im Unternehmensbereich in: Neue Juristische Woche, 51 (48), 3521-3534

Für Anregungen, Rückfragen oder
Kritik erreichen Sie den Autor
via E-Mail unter:

ralph@wiechers.biz